鲁鹏 著

Institution and Ethics 制度与伦理

山东人民出版社·济南

国家一级出版社 全国百佳图书出版单位

图书在版编目（CIP）数据

制度与伦理 / 鲁鹏著. -- 济南：山东人民出版社，2023.5
ISBN 978-7-209-13665-5

Ⅰ. ①制… Ⅱ. ①鲁… Ⅲ. ①社会制度－伦理学－研究－中国
Ⅳ. ①B82-051

中国版本图书馆CIP数据核字（2022）第132570号

制度与伦理
ZHIDU YU LUNLI

鲁 鹏 著

主管单位	山东出版传媒股份有限公司
出版发行	山东人民出版社
出 版 人	胡长青
社　　址	济南市市中区舜耕路517号
邮　　编	250003
电　　话	总编室（0531）82098914
	市场部（0531）82098027
网　　址	http://www.sd-book.com.cn
印　　装	济南万方盛景印刷有限公司
经　　销	新华书店

规　　格	16开（169mm×239mm）
印　　张	32.5
字　　数	470千字
版　　次	2023年5月第1版
印　　次	2023年5月第1次
ISBN 978-7-209-13665-5	
定　　价	82.00元

如有印装质量问题，请与出版社总编室联系调换。

序　言

人以共同活动的方式存在，故而称之为社会存在物。

共同活动和社会存在是同一事物的两种表述，一个是就内容而言的，共同活动产生或蕴含人们之间相互交往的关系，形成共同体；一个是就形式而言的，将共同活动及其产生的关系之网概括为人的存在方式，用社会范畴加以指称。人只能以共同活动或社会的方式存在，这在人类先祖还是动物的时候就已经决定了，人的社会属性和自然属性原本是同一的，自然属性中包含合群性。

马克思强调实践，把它看作整个人类社会的基础："这种活动、这种连续不断的感性劳动和创造、这种生产，正是整个现存的感性世界的基础，它哪怕只中断一年，费尔巴哈就会看到，不仅在自然界将发生巨大的变化，而且整个人类世界以及他自己的直观能力，甚至他本身的存在也会很快就没有了。"① 实践以共同活动的方式进行。个人通过实践表现和证明自己的存在，他加入共同活动中，只有在共同活动中才能获得自身存在发展的条件；社会——从家庭到国家——也通过实践表现和证明自己的存在。如果我们把小的共同体看作国家的一部分，把国家看作人类社会一部分，它们各自也有加入更大范围的共同活动的问题，故而也有存在发展的条件问题。在实践—存在这一点上，人类是共通的，不分国家、地区、民族，在实践活动方式这一点上人类是殊异的，有国

① 《马克思恩格斯文集》第1卷，人民出版社2009年版，第529页。

家、地区、民族的分别，产生风俗习惯、生产生活、文化认同、发展状况的不同。实践在一般意义上表现人的存在，实践活动方式在具体和历史的意义上表现人的存在，人类社会政治、经济、思想观念的多样性，源于实践活动方式的差异性。

生存发展是人活动的目的，也是人所以共同活动的原因。文明史之前的共同活动主要为了生存，制约氏族成员生存的因素主要有两个，一是生活资料，二是外族杀掳。获取生活资料的行动需要氏族成员共同参与，抵御外族侵犯也需要氏族成员并肩而立。文明史以降，发展逐渐成为共同活动的主题，生存问题以新的形式存在并包含在发展中，被当作发展问题来看待。制约发展的主要因素，一是生产，二是国家力量。还是为了获取生活资料和抵御外族侵犯，重点却已不是获取生活资料和抵御外族侵犯这一目的本身，而是生产和国家力量。生产决定了获取生活资料的多寡，国家力量决定了能否抵御外族侵犯，这个道理无需多说。生产和国家力量包含丰富的内容，展开一个近乎无限的可能性空间。生产中有工具、工艺问题，生产关系、生产方式问题；工具、工艺中有科学技术问题，生产关系、生产方式中有产权问题、分配问题、人在生产中的地位和作用问题。国家力量包含生产力、包含科技智力和军力，更包含社会治理能力。它不是单个要素，也不是单个要素的加和，而是系统力量、综合国力。政治在系统中扮演组织协调的角色，从结构上看，它建立在经济基础之上，从实践上看，它是系统运行的中枢。

回顾生存发展的历程可以发现一种现象，开始作为手段服务于目的的因素，后来成为目的而又产生为它服务的手段，手段再成为目的又要求为达成自己更新手段。生存是目的，发展是手段；发展是目的，生产力是手段；生产力是目的，科学技术和管理是手段；管理是目的，伦理规范、制度法律是手段，等等。人类活动的领域因此越来越广，行业划分、社会分工越来越细，各种因素纵横交错，你中有我，我中有你，相互作用，互为因果。不消说，共同活动不是不存在了，而是更丰富更复杂了，人的关系不是疏离了，而是更紧密更加相互依赖了。在今天，通信系统、电力系统等哪怕一个结构要素发生问题，都会使社会生活陷入混乱。在今天，"一户人家"的行为可能对"地球村"的其他"家庭"产生重大影响。如果我们把这一现象看作文明的进步，从中可以得到一个启迪：目的非常重要，目标不清楚会导致迷失；但滞留在目的却于目标实现无益，由目的不断演化出手段，方能将愿望变为现实，推动发展和文明的提升。

从一开始就有一些因素，它们破坏共同活动，销蚀共同体的关系结构，产生离心作用，阻碍目标实现。它们和生存发展如影随形，凡有共同活动的地方都有这样的因素。

设定外部因素为生存发展的环境条件，是共同活动改变的对象，破坏共同活动的因素便指向或存在于共同体内部，使得我们关注该问题的原因也在于它的内部性。我们用冲突一词指称这些因素。

冲突在史前史中有其特点：氏族部落之间的冲突时有发生，氏族部落内部的冲突鲜有记载。我们看到的是和谐的画面，氏族成员围坐在一起商讨氏族事务，他们相互关心、相互帮助、共同分享劳动所得，他们生死与共，一个成员受到伤害，其他成员有义务为他讨回公道（血族复仇），因此文明社会的人赞赏他们的关系、他们的品德，甚至有人将那个时代称作"黄金时代"。进入文明史后，情形有了极大的变化，地球上最社会性的人制造了地球上最血腥的冲突，国家间的冲突不说，即使国家内部冲突，其剧烈程度也是地球上哪怕最凶残的动物无法比拟的。

冲突的发生有一个源点——个人与社会的关系。隐含在个人与社会关系中的核心因素是利益，个人与社会的冲突归根结底是利益冲突。人依赖社会，依赖共同体，但这种依赖始终携带"自私的基因"——只是因为在社会或共同体中个人才能生存，才有发展，他才依赖社会，依赖共同体，一旦有了可能，有了条件，一部分人感到离开他人自己也能生存，且能比他人过得更好，就会把个人利益置于优先地位；一旦他认为有可能、有能力让他人乃至整个共同体为自己服务，就会实施奴役，窃天下为己有，将个人利益置于社会利益之上，用个人利益代表社会利益。个人利益的出现是一个重大节点。原始社会没有个人利益，或者人们无意识中认为氏族部落的利益就是个人利益，所以原始公社内部没有明显激烈的冲突；原始和文明交接之际有了个人利益，从此拉开冲突的帷幕。达尔文适者生存、优胜劣汰的进化论，霍布斯人对人是狼的丛林说，在生物学意义上适切于史前史，在社会学意义上适切于文明史。因此，当人们对由是衍生出的种种丑恶现象和社会苦难不满时，自然而然将矛头指向私有制，指向个人利益，从政治、经济、伦理道德和思想文化各个角度全方位予以谴责批判。人们有理由谴责批判，却没有能力消除个人利益和私有制。伴随着个人利益和私有制的出现，谴责批判一直不绝于耳，伴随着不绝于耳的谴责批判，个人利益和私有制长存不衰，任何试图消除它们的努力都没有达到预期，采用极端强制的方式方法还带来出乎预料的后果。历史经验告诉我们，解决以冲突指称的种种社会问题，不能以去除个人利益为预设，而是在承认个人利益前提下寻求它与社会利益的相容相洽。理论反思告诉我们，个人消解于社会，没有独立个性，没有自由和权利，无论对其本身还是对社会都不是值得期待的状况，都不是善或善的生活。这样说表面上是在肯定个人、个人利益，其实也肯定了事情的另一面——社会、社会利益。个人从来不可能摆脱社会而独立，个人利益从来不可能脱离社会得到满足，他只是有了一定的自由空间，其对社会的依赖采取了新的形式，表面看来独立的活动，个体生产者的劳动、鲁滨孙的荒岛生活、学者的研究工作，实际上都与社会有千丝万缕的联系。"由此可以得出结论：一个人的发展取决于和他直接或间接进行交往的其他一切人的发展；彼此发生关系的个人的世世代代是相互联系的，后代的肉体的存在是由他们的前代决定的，后代继承着前代积累起来的生产力和交往形式，这就决定了他们这一代的相互关系。总之，我们可以看到，发展不断地进行着，单个人的历史决不能脱离他以前的或同时代的个人的历史，而是由这种历史决定的。"[1]

---

[1]　中国人民大学编：《马克思恩格斯论人性、人道主义和异化》，人民出版社1984年版，第234页。

个人不可能脱离社会，他的追求、他的个人利益又冲击社会，产生销蚀瓦解社会的动能，这是人的自我矛盾，也是社会的自我矛盾。理论上没有理由认为共同体不会瓦解，历史上这类现象比比皆是。所有共同体内部都存在紧张和冲突，有时会达到十分尖锐的程度，所有共同体都有瓦解的可能。因此需要一套规范体系，它能缓解冲突，把冲突限制在一定秩序的范围内，保障社会的稳定，维系共同体的存在和发展，这套规范体系就是制度和伦理。李普塞特说："社会学分析的核心就是关注准则，关注个体心目中所特有的行为期望模式。"社会制度是人类生存的必要条件，它可以持久地经受得住一些严重的矛盾或冲突而不至于崩溃；社会制度可以进行重大调整，以减缓紧张冲突；当存在着一些特定的权力关系或缺乏替代结构关系的基础时，也可以坚持继续运行不做调整。[1]雷切尔斯认为，在霍布斯那里，道德不依赖于任何其他事物，道德应当被作为利己的人而产生的实践问题的解决方式来理解。我们都想生活得尽可能地好，但是，除非拥有和平、合作的社会秩序，否则我们就不能实现繁荣。而如果没有规范，我们就不可能有和平、合作的社会秩序。规范是理解伦理学的关键。[2]

制度一词早已有之，人们对它理解各异。直到20世纪中叶诺思说"制度是一个社会的游戏规则，更规范地说，它们是为决定人们的相互关系而人为设定的一些制约"[3]以后，才形成较为普遍一致的看法——制度是"社会规则"。诺思心目中的社会规则包含正式规则和非正式规则，非正式规则涵盖习俗惯例、伦理道德，也就是说，习俗惯例、伦理道德在诺思那里也是制度。笔者赞成制度是社会规则，不赞成把非正式规则看作制度而主张制度仅指正式规则，其理由在《制度与发展关系研究》

---

① 李普塞特：《一致与冲突》，张华青等译，上海人民出版社1995年版，第12、20页。
② 雷切尔斯：《道德的理由》（第五版），杨宗元译，中国人民大学出版社2009年版，第143页。
③ 诺思：《制度、制度变迁与经济绩效》，上海三联书店1994年版，第3页。

中已有阐释。①因此本书中的制度含义非常明确，指正式规则。

伦理范畴有两种理解。多数人将伦理与道德等同，伦理学因而就是关于道德的学说；少数人将伦理与道德区分，道德是主观的，伦理是主客观统一的，伦理是有序的生活，道德是有序生活的一个部分。本书中的伦理范畴取道德等同含义。一方面，它合乎伦理学的主流，已成为约定俗成的认知；另一方面，更重要的其实不是它为多数人所主张，而是对伦理和道德加以区分没有实质性的理论和实践意义。黑格尔区分伦理和道德，我们在《法哲学原理》中没有看到他所谓"本质上不同"的本质意义，主观性和主客观统一是任何理论和实践都要面对的问题，不唯伦理和道德所独有；把家庭看作伦理直接的自然的形式，把市民社会看作丧失了直接统一性而产生分化的形式，把国家看作返回自身并在其中统一起来的形式，②不过满足了构建体系的需要，它对《法哲学原理》是重要的，对伦理学研究和道德实践来说没那么重要。因此，本书中伦理和道德的交替使用只是出于表述上的方便，没有特殊含义。

伦理有规范和德性之分。规范伦理把道德看作一套规范体系，由此探讨它对人、社会关系和社会生活的作用、意义。德性伦理把道德看作人的品性，由此探讨它在人的成长、人的生活和人的交往行为中的作用、意义。德性源自于内，规范存在于外。"内"是对个人而言的，德性是个人的一种品性；"外"是对社会而言的，规范是社会共同体对所有个体成员的要求；德性和规范的关系某种意义上可以在个体道德和社会道德的关系的角度上审视。

从发生学角度看，德性先于规范，规范由德性而来，是德性在对象化过程中所表现出来的愿望的概括。某种/些愿望在行动中表现出来，产生对他人有益的结果并为多数人认可赞扬，对其加以总结概括便形成为伦理规范。但也仅仅在发生学意义上德性先于规范，规范一旦形成，

---

① 参见拙著《制度与发展关系研究》，人民出版社2002年版，第11~12页。
② 黑格尔：《法哲学原理》，范扬、张企泰译，商务印书馆1961年版，第173~174页。

反过来便成为德性的标准，成为个体修身养性的参照。判断一个人的德性，不是依据他天性中具有的某些因素，例如所谓怜悯之心，而是依据已然形成的规范。

德性和规范之间存在紧张。按德性论，一个人的行为须出自内心的要求，它不是手段而是目的。按规范论，一个人的行为须合乎规范的要求，规范本身具有目的性特征，这个目的本身具有外在性，个体按照它的要求去做，可能出自内心，也可能出自别的考虑，例如害怕受到谴责，希望得到赞扬，甚至是为得到功名利禄。在德性论看来，一个人的行为如果本身不是目的，而是为了符合外部的要求或得到某种东西的手段，这个行动与道德无涉。而在规范论的逻辑中，只要该行为合乎规范的尺度它就是道德的。

我们关注的重心是社会，不是个人，是个人利益产生后如何规范人的行为以防范它们瓦解共同体的问题，不是修身、齐家、治国、平天下的问题。伦理在这里和制度并列，被看作社会规范体系之一，它显然是外在的，不是内在的，是为了规范所欲达到的目的服务的，故而不适合从德性角度论说。因此本书中与制度相对的伦理主要指规范伦理，依据论说的需要兼及德性及行为。

研究者考察的问题和介入的角度常常会对理论学说、观点范畴作出差异性的彰显。这些理论学说、观点范畴可能确实有不同的理论地位和价值，也可能只是由于研究者的角度而使一方面得到彰显另一方面受到遮蔽，总之不能简单地认为没有得到彰显的是不重要的。进而言之，既然是从某个问题某种角度切入，这个问题和角度在理论和实践上的意义如何，就可以成为评判的线索，确定和把握它们适切的范围、条件也显得特别紧要。"真理"总是和一定范围条件联系在一起的，过度和不及常常使理论学说、观点判断发生偏差，德性如此，规范也是如此。

古希腊哲学中，德性作为人之品性不仅包括道德品质，也包括知识、技能、才华、意志等。亚里士多德说："德性分为两类：一类是理智的，一类是伦理的。理智德性大多数是由教导而生成、培养起来的，所以需要经验和时间。伦理德性则是由风俗习惯熏陶出来的，因此把'习惯'（ethos）一词的拼写方法略加改变，就形成伦理（ethike）这个名称。由此可见，我们的伦理德性没有一种是自然生成的，因为没有一种自然存在的东西能够被习惯改变。……所以，我们的德性既非出于本性而生成，也非反乎本性而生成；自然给了我们接受德性的能力，而这种能力的成熟则通过习惯而得以完成。""我们自然地接受的这份赠礼，先以潜能的形式被我们随身携带，然后再以现实活动的方式被展示出来（在人这是显而易见的）……正如其他技术一样，我们必须先进行有关德性的现实活动，才能获得德性。""总地说来，品质是来自相应的现实活动。所以，一定要十分重视现实活动的性质。品质正是以现实活动的性质来决定的。"[①]德性如是，包含理智，"美德"和"善的生活"的情形相似，都含义广泛而不能简单地等同于今天伦理学意义上的"道德"和"道德生活"，这一点需要注意。同样值得注意的还有，亚里士多德不仅指出德性包括理智，还强调"一定要十分重视现实活动的性质。品质正是以现实活动的性质来决定的。"这与马克思的观点相通，是非常深刻的洞见。

希腊先贤对德性、美德、善的生活的理解阐释有"路径依赖"的痕迹。早期社会制度和伦理是不分的，道德哲学家把氏族部落的某些规定看作原始人的道德，法学家和人类学家把氏族部落的某些规定看作原始人的法，被他们看作道德或法的东西都是人类社会初始状态的规范，他们如何看待这些规范，区分的意义上抽取还是不分的意义上混同，在这里并不重要，重要的是在初始社会的习俗惯例中，在原始禁忌和祭祀仪式中，它们浑然一体。制度和伦理的分立是跨入文明门槛以后的事情，经历了一段漫长的过程。先是在制度和伦理统一的总体架构下有了法律，有了"刑"，有了政治制度和社会生产生活的专门规定，个人的应

① 亚里士多德：《尼各马科伦理学》，苗力田译，中国社会科学出版社1990年版，第25～26页。

然状态和德性联系在一起，社会的应然状态和伦理规范联系在一起，人们从伦理角度看待美好社会、善的生活，赋予理想国、大同社会伦理的内涵。然后在15世纪以降的欧洲发生了实质性的分立，马基雅维里的《君主论》可视为一个标志，从此开始了真正独立意义上的制度演变历程，发生了一系列具有历史意义的制度变迁，制度的空间大大拓展，渗透到社会生活方方面面，举凡对民生社稷有重要影响的行为—关系，都靠制度规定、调节和解决。和制度变迁相比，伦理显得相对稳定，几千年前的道德规范几千年后人们仍然遵循，先贤们提倡的美德后人依然奉为人之为人的准绳，因此当变迁发生后，制度所允许的行为常常和人们熟悉的道德发生冲突，致使精神困惑、灵魂不安。

思想观念对制度和伦理的建构、变迁以及二者关系的把控影响重大。儒家思想之于古代中国的制度与伦理，马克思主义之于现代中国和社会主义国家的制度与伦理，宗教神学对古代欧洲和阿拉伯世界的制度与伦理，西方思想特别是近代经济学、政治学、法学之于现代社会的制度与伦理，都是极好的史证。但最终决定制度和伦理建构、变迁及其二者关系的是实践。

苏美尔城邦时期有过一段立法高潮，其背景是，两河流域的灌溉农业进一步发展，青铜工具被普遍使用，各种生产工具均有改善，生产分工已经相当细致，手工业生产率显著提高，国内外的商业贸易也有长足发展，巴比伦、西帕尔等城市成为重要的商贸中心，大量奴隶主从事经商活动，王室垄断着国内外的大宗贸易。在此过程中，高利贷侵入农村，大批小生产者丧失土地，遭遇债务奴役，土地私有制以及租佃雇佣关系和高利贷活动空前增长的同时，两河流域的社会分化日益严重，奴隶和平民对上层社会的反抗斗争不断，加之外部入侵的危险，使得统治者意识到必须制定法律，以法制的方式进行统治，这是两河流域各城邦的历代统治者统治经验的总结。

法律的内容反映了生活实践。在《亚述法典》保存较完整的荆三表中，第一表是有关财产关系的，其中涉及土地转让的条款甚多，第二表则与债务及债务奴役有关，有许多细致的规定。法律条文的复杂烦琐折射了社会生活的丰富多样，按照一般经验，正式规则所规范的只是人类习俗的冰山一角，而人类习俗所规范的又只是人类行为的冰山一角。

规则的制定来自生活经验，法自然是早期人类最主要的经验。历法即明证，人们按照自然节气耕作、生活、祭祀。葛兆光说，儒者从宇宙法则中获得了政治合理的依据，并从中引申出一套关于法律制度的思路，"春夏生长，圣人象而为令，秋冬杀藏，圣人则而为法，故令者教也，所以导民人，法者刑罚也，所以禁强暴也，二者，治乱之具，存亡之效也"。[①]《洪范》的源头也是自然。

卡多左明确地将法律和生活联接在一起："始终贯穿了整个法律的一个恒定假设就是，习性的自然且自发的演化确定了正确与错误的界限。如果对习惯略加延伸，就会将习惯与习惯性道德、流行的关于正确行为的标准、时代风气等同起来。这就是传统的方法与社会学方法的接触点。它们都扎根在同一土地上。各自都维护着行为和秩序之间、生活与法律之间的互动。生活塑造了行为的模子，而后者在某一天又会变得如同法律那样固定起来。法律维护的就是这些从生活中获得其形式和形状的模子。"[②]

公民大会是希腊城邦制度的重要设置，它的最积极的参与者是手工业者和商人。他们和农牧民不同，更多的是以个人为单位同他人进行商品交换，因此更想自己做主，更想表达自己的意愿，更想对影响自己生产和交换活动的城邦内外事务提出自己的主张。这同近代资产阶级崛起时追求自由、平等、博爱相似。

共同体的大小和人口多寡直接影响直接民主还是间接民主（代议制）。邦小人寡者有条件实行直接民主，地方人众者只能实行间接民主。

---

　　①　葛兆光：《七世纪前中国的知识、思想与信仰世界》第一卷，复旦大学出版社1998年版，第382～383页。
　　②　卡多佐：《司法过程的性质》，苏力译，商务印书馆2000年版，第38页。

对希腊城邦而言，正如芬纳所说，这也形成一个死结，城邦如果扩张自己的地域和人口，直接民主将消亡，它的形式不适用于内容（广大的区域、众多的人口）。城邦如果不扩张地域和人口，它在外部强大敌对力量面前就无力自保，最终也要被人消灭。

伦理方面的情形同样如此。"人们在彼此交往中既尝到过干不正义的甜头，又尝到过遭受不正义的苦头。两种味道都尝到了之后，那些不能专尝甜头不吃苦头的人，觉得最好大家成立契约：既不要得不正义之惠，也不要吃不正义之亏。打这时候起，他们中间才开始订法律立契约。他们把守法践约叫合法的、正义的。这就是正义的本质与起源。"①

节俭抑或放纵享乐是一个伦理问题，也是一个社会问题。前者为普通百姓所尊崇，后者为富裕阶层所喜好。普通百姓尊崇节俭的生活和他们的生活状况相关——经济上是紧张的，物质上是匮乏的，条件不允许他们放纵自己的欲望，否则等待他们的只能是更加不堪的生活。富人追求享乐乃因为他们有条件过这样的生活，除了给自己带来愉悦和满足，不会产生财力承受方面的麻烦，至少没有当下的危机。享乐还是节俭由穷人和富人的物质生活条件决定，不由他们的心灵和本性决定。从人的本性讲，穷人也希望享乐，只要条件允许，他们也乐于享乐。他们并非反对享乐，并非因为有人享乐而说社会不公，他们是因为自己无论怎样努力也得不到享乐，而另一些人却可以衣来伸手、饭来张口，所以才造反，才革命，才要求改变社会。节俭对穷人是有益的，在长期的生活实践中它变成劳动阶层的道德规范；享乐是可能的，在长期生活实践中它成为富人阶层追求的标配。物质生活条件决定了不同阶层的道德，一旦物质生活条件发生改变，他们对节俭和享乐的态度就会有所不同。

还可以分析企业制度创新与边际收益增减的关系，中国经济体制改革与解放发展生产力的关系，新教伦理与资本主义经济的关系等等。它们以自己的存在向世人表明，制度和伦理无论在发轫之际，发展之中，

---

① 柏拉图:《理想国》，郭斌和、张竹明译，商务印书馆1986年版，第46页。

还是现在，实践都是它的源泉、动力，也是它的基础、目的。

制度与伦理的关系问题因其在实践中的作用问题而起。作用本身是实践赋予的，表现为制度和伦理对共同体需要——发展、稳定、调控、秩序、善的生活等——的满足程度。

制度是众多个体行为及其产生的诸多关系之间的一个均衡点，在这一点上，秩序得以确立，稳定得以维系，生产生活得以正常运行。制度达成的均衡即是所谓社会"底线"，它是一个范围，一个空间，一个关节点或临界点，一旦被打破，个体行为会演变成一切人反对一切人的战争，国家将在混乱无序中趋向崩溃。制度的功能就在于划出行为的边界，防范混乱、无序、崩溃发生。为此它不惜以惩罚相威胁，以暴力为后盾，强制人们遵循和服从。但也正是因为坚守的是"底线"，运用的是惩罚之暴力的手段，制度规定的空间使人的行为不能"超越"。它是必要的，但却是有限的；其所采用的强制方式对于维系秩序和稳定来说不可或缺，和人的意愿之间存在冲突。人民让渡自己的部分权力给国家，以便它能建章立制守住"底线"，但在变化面前死守"底线"，用暴力方式对待要求变革的议论和行为，事情也会走向反面，革命就是因此发生的。

伦理的作用在于促使人的行为向上提升。规范伦理为个体行为确定了一个高于制度规定的"底线"的点，在这一点上，人们的行为带有超越性，秩序的维系带有自愿性，社会稳定获得"内心"的支撑，生产生活得以缓解制度的"冷酷"更加和谐和有效。德性伦理主张按"绝对命令"行事，它强调责任义务，促使人的行为趋向崇高，且无止境。不消说，当人人都是道德模范行为楷模的时候，秩序、稳定不再成为问题，外在要求是为多余，规范只具有组织学意义。这是一种至善境况，令人心向往之、肃然起敬。但考虑到以下情况，规范伦理还是必要的：人人皆有道德之心，人人不能皆成圣贤。人非圣贤，孰能无过。"过"就要有界线、有尺度、有准则、有规范。"向上提升"的两个层面代表相对区分的两个空间：社会道德状况和个人道德境界。用伦理规范人的行为，应当注意规范伦理的"均衡点"和德性伦理无止境的差异，倘若混淆，这种情形时有发生，以"圣人境界"为尺度衡量人的行为，道德在生活中将高不可及。

能够满足需要时人们并不在意制度和伦理的同一或分立，伦理被看作理想社会、美好生活的表征和人之为人应然的追求，成为各种制度安排的旨归，成为安身立命的家园。只是随着社会生活越来越丰富，社会分化程度越来越高，人的行为—关系越来越复杂，矛盾冲突越来越广泛，同一的制度和伦理已经不能有效规范人的活动了，政治、法律、经济等各项制度才一个个分立出来。这一点在社会转型时期表现得最为鲜明。

转型时期的重要特征之一是社会失范。"光荣革命"后，英国"全国没有统一的选民标准，各地实行不同的选举人资格，不仅城乡间选举权不同，而且各市镇又有各自的规定。一个小小的英格兰，选举权的差别可以有几十种甚至上百种之多。"[1] 托克维尔这样描述大革命时期的法国："我发现这次革命比它历史上的任何事件更加惊人。它在行动中如此充满对立，如此爱走极端，不是由原则指导，而是任感情摆布；它总是比人们预料的更坏或更好，时而在人类的一般水准之下，时而又大大超过一般水准；这个民族的主要本性经久不变，以至在两三千年前人们为它勾划的肖像中，就可辨出它现在的模样；同时，它的日常思想和好恶又是那样多变，以至最后变成连自己也料想不到的样子，而且，对它刚做过的事情，它常常像陌生人一样吃惊……它长于英雄行为，而非德性，长于天才，而非常识，它适于设想宏大的规划，而不适于圆满完成伟大的事业。"[2]

失范的直接原因是原有的制度、规范、秩序、生产方式和生活方

---

① 钱乘旦、陈意新：《走向现代国家之路》，四川人民出版社1987年版，第161页。

② 托克维尔：《旧制度与大革命》，冯棠译，桂裕芳、张芝联校，商务印书馆1992年版，第241页。

式、思想观念、习俗惯例被打破，一切法律、秩序都失去了其原有的约束力，新的制度、规范、秩序、生产方式和生活方式、思想观念、习俗惯例尚未建立，或者虽然已经确立，却不完善，尚在"生长"中，人们对它还不适应，还未能养成习惯。新的期盼、新的诉求在社会内部产生了，现有的制度、规范、秩序、生产方式和生活方式、思想观念、习俗惯例等等却阻碍它们的实现。新的外部因素出现了，它的侵入打破了一个国家原有的平衡，使之陷入生死存亡的境地，要救亡图存必须发展强大自身，而这种发展同样受到原有的制度、规范、秩序、生产方式和生活方式、思想观念、习俗惯例等等的阻碍。西方国家的转型是内源的，发展中国家的转型是外源的。19～20世纪的历史告诉我们，外源转型中的失范现象更为尖锐和复杂。

从发展的眼光看，失范是必然的。历史中总有某些阶段，一个国家、一个民族不打破原有的规范就不能改变现状，就不能完善提升繁荣富强。从发展的眼光看，规范是必然的。打破原有的规范不是目的，在任何情况下，实现打破原有规范的目的——发展宗亲、繁荣富强——离开规范都绝无可能。因此，不破固然不立，破而不立后果更糟。"现代化需要社会所有主要领域产生持续变迁这一事实，意味着它必然因接踵而至的社会问题、各种群体间的分裂和冲突，以及抗拒、抵制变迁运动，而包含诸种解体和脱节的过程。因此，解体和脱节构成了现代化的一个基本部分，每一个现代和现代化社会都必须对此加以应付。"[①]怎样应对，用道德收拾人心还是用法律、制度构建新秩序？这大致是一个所欲立者是什么以及它是否能够满足发展需要的问题。由此引出不同的方略，有人主张德治，有人主张法治，有人认为道德和法律都是新秩序不可缺少的故而不应用非此即彼的方式看待它们，德治和法治应当相结合。

---

① 艾森斯塔德：《现代化：抗拒与变迁》，张旅平等译，中国人民大学出版社1988年版，第23页。

我们知道，制度和伦理在任何一个社会中均不可或缺，伦理不能取代制度的功能，制度不能取代伦理的作用。许多事情适合于制度调控，当一个人说"良心值多少钱"时，能够约束他的唯有制度；许多事情适合于伦理规范，当一个人不违反任何制度却在工作中投机取巧时，提升他的德性要靠伦理。我们也知道，现实中总会遇到这样的诉求，让制度做伦理的事，伦理做制度的事。提出这种诉求的人通常偏爱伦理，伦理在他们心目中就是人生社会的目的。伦理一旦成为目的，它便不再是社会结构要素，不再是实践意义上的规范体系，它需要社会结构提供支持，需要实践手段开通道路。除了制度没有什么结构要素能够为它提供支持；除了教育没有什么实践手段能够帮它开通道路。这样一来，社会规范体系只剩下一条臂膀，制度与伦理的关系成为制度与"大同社会"的关系。

本书探讨的制度与伦理的关系不是制度与"大同社会"的关系，而是两个规范体系的关系。它们有共同的源头，不同的演变。它们的关系隐含在历史中，隐含在人们从事的活动中，也隐含在它们各自的作用中。"唯物主义历史观从下述原理出发：生产以及随生产而来的产品交换是一切社会制度的基础；在每个历史地出现的社会中，产品分配以及和它相伴随的社会之划分为阶级或等级，是由生产什么、怎样生产以及怎样交换产品来决定的。所以，一切社会变迁和政治变革的终极原因，不应当到人们的头脑中，到人们对永恒的真理和正义的日益增进的认识中去寻找，而应当到生产方式和交换方式的变更中去寻找；不应当到有关时代的哲学中去寻找，而应当到有关时代的经济中去寻找。对现在社会制度的不合理性和不公平、对'理性化为无稽，幸福变成痛苦'的日益觉醒的认识，只是一种征兆，表示在生产方法和交换形式中已经不知不觉地发生了变化，适合于早先的经济条件的社会制度已经不再同这些变化相适应了。同时这还说明，用来消除已经发现的弊病的手段，也必然以或多或少发展了的形式存在于已经发生变化的生产关系本身中。这些手段不应当从头脑中发明出来，而应当通过头脑从生产的现成物质事实中发现出来。"①

　　这是一个普遍适用的方法论原则。当我们把经济、把生产方式和交换方式看作人所从事的活动和人们的生活实践方式时，它可以说明制度和伦理的产生，可以说明制度和伦理的变化，也可以帮助我们认识不同国家、地区制度和伦理的差异、特点，制度的历史性和道德的相对性。人们有时候被理论因素和历史事件所吸引，这些因素或者描绘了应然状态并给出逻辑证明，或者展现了"剧作者""剧中人"在历史事件中的主体能动作用，历史在此过程中呈现出复杂性、多样性、非线性，既让人们感受到必然性，也让人们感受到偶然性，其中包括历史人物一念之间情感动机这样的偶然性。唯物主义历史观不排斥理论的和历史的这些因素，只是把它们置于人创造历史的活动之中，把复杂性、多样性、非线性、必然和偶然等等看作实践本身的特性，并认为"凡是把理论引向神秘主义的神秘东西，都能在人的实践中以及对这种实践的理解中得到合理的解决。"②

---

① 《马克思恩格斯文集》第9卷，人民出版社2009年版，第283～284页。
② 《马克思恩格斯文集》第1卷，人民出版社2009年版，第501页。

目　录

第一章　制度与伦理的起源

探讨制度和伦理，有必要追溯它们的起源，确定它们根在哪里，源自何处。一方面，从"源"入手可知"江河"，更好地认识经过一系列演变发展到今天的制度和伦理。另一方面，经过漫长发展的事物有一种遮蔽效应，人们为它们花样翻新的形式陶醉，反而忘记了万变不离之"宗"，忘记了事物的奥秘通常隐藏在它的诞生处，从"源"入手有助于我们借助"回忆"更好地体悟制度和伦理存在的理由。

一、起源的"设定"

中国学术对制度和伦理史的研究一般起自上古三代，着力于夏、商、周的政治法律制度和伦理思想规范，上古三代留下的文献资料成为研究尧、舜、禹甚至更早时期中国制度和伦理的依据。因此，约成书于3000年前，号称中国第一部上古历史文献、中国古代最早的一部历史文献汇编的《尚书》，得到诸多方家的强调和重视。

然而从《尚书》开始研究规范的起源远远不能满足要求，因为无论制度还是伦理，在《尚书》记载的时代都已经存在。属于商书的《洪范》和属于周书的《吕刑》不说，虞夏书《尧典》中有五典：父义、母慈、兄友、弟恭、子孝，有刻在器物上的刑罚规定（"象以典刑"）："流宥五刑，鞭作官刑，扑作教刑，金作赎刑。"《皋陶谟》中除了五常五刑（即墨、劓、剕、宫、大辟五种刑罚），还记有九德（"宽而栗，柔而立，愿而恭，乱而敬，扰而毅，直而温，简而廉，强而义"）、五礼（天子、诸侯、卿大夫、士、庶人）、五服（天子、诸侯、卿、大夫、士五等礼服）。不仅有一系列制度和伦理的规定，《尧典》还展现出用五常教人、慎用刑罚的施政取向；《皋陶谟》中说：以德教之，以刑警之，君主践行道德，就能上下协力，治理好国家，办理好事情。显然，依《尚书》的记载，在尧时代，中国就有了制度和伦理、法律和道德的分工而立，且已达到相当成熟的程度，贯穿中国几千年的德政理念也在此时发端。所以，《尚书》或许可以看作德治体制的源头，却不是制度和伦理的源头。

《尚书》有《今文尚书》《古文尚书》之别。明清学者经考证认为，相传由汉代孔安国传下来的《古文尚书》是伪造的，这个看法在中国传统文化研究中几成定论。即使《今文尚书》，按钱穆先生的观点，"亦不尽可信，如尧典、禹贡等，大概尽是战国时代人之作品。最早的应该算盘庚三篇，大概在西元前1300年左右。但究竟是否真系商代文件，现在尚无可断定。"[1]因而人们有理由怀疑，战国人的作品难免注入写作者自己的偏好，打上时代的印记。战国时，儒家思想已经开始流传，虽然我们不能说战国时代的印记就是儒家印记，但由周公到孔子，上溯到尧舜，将德主刑辅、以德治国的理念编撰到《尚书》中去，是完全可能的。

无论《尚书》可信还是不尽可信，法律和道德已经开始各司其职还是浑然一体，都清楚地表明，寻找制度和伦理的源头还须再向前追溯。

尧之前是三皇五帝，围绕他们的事迹有许多传说，时间大约在四千年前。那个时候，在黄河和长江流域居住着许多氏族部落，依郭沫若的考证，这些氏族部落已完成了由母权制向父权制的转变[2]，由此可以断定，他们所处的历史发展阶段属于原始社会较后时期。

然而，当我们追溯到原始社会试图从中发见制度和伦理的起源时，我们遇到了同《尚书》相比有过之而无不及的可信度问题。原始社会没有文

---

[1] 钱穆：《中国文化史导论》（修订本），商务印书馆1994年版，第65页。

[2] 郭沫若：《中国史稿》（第一册），人民出版社1976年版，第107～108页。

献，没有以文字记录的氏族部落及其成员活动的轨迹，以至于英国著名人类学家拉德克利夫－布朗把知识源自直接观察和接触，和知识来自文献记录看作人类学研究与历史研究不同之所在。[①]早期人类学家主要依据传教士和探险家的记录，比照自己生活于其中的社会制度和文化研究原始社会的人类生活。这导致了先入为主，导致了以讹传讹，由此构建的理论不乏偏颇之见和似是而非的结论，甚至出现了不同的研究者到同一个地方对同一个部落、同一个土著居民做田野调查，却得到完全不同的回答和得出完全不同结论的事情。有鉴于此，马林诺夫斯基在人类学研究中力倡田野调查。他反对以推测和假设为根据构建理论的研究方法，认为只有深入原始部落中做近距离的观察，才能了解他们的生活和关系，还原他们的本来面貌，发现他们处理生活问题和彼此关系的规则。而在田野调查中，马林诺夫斯基强调人类学者不能根据口头陈述和规则来研究人，而应重视他们的行为。[②]其他一些研究者也提出了他们的批评和主张。列维－布留尔说，泰勒为首的英国人类学派在研究原始民族时，对它们的制度、信仰等不是从事实本身中寻找解释，而是用现成的解释去套事实。[③]拉德克利夫－布朗将一些人类学家采用的历史推测研究法的特征概括为，通过对于起源的假设来解释一种或多种社会制度的特征。[④]他反对这种方法，主张根据现实向我们展示的画面解决社会文化的起源问题。马林诺夫斯基的方法是正确的，但它却同它所批评的推测法、假设法一起把我们带入"起源困境"。按马林诺夫斯基，真切地把握没有文字文献的原始社会，看清现实向我们展示的画面，最好的办法是田野调查。马林诺夫斯基为此在特罗布里安德岛上生活了三

[①] 拉德克利夫－布朗：《原始社会的结构与功能》，潘蛟等译，中央民族大学出版社1999年版，第2页。

[②] 参见马林诺夫斯基：《原始社会的犯罪与习俗》，原江译，云南人民出版社2002年版，序言第1页。

[③] 参见列维－布留尔：《原始思维》，丁由译，商务印书馆1981年版，第9页。

[④] 参见拉德克利夫－布朗：《原始社会的结构与功能》，潘蛟等译，中央民族大学出版社1999年版，第52页。

年，另一位人类学家摩尔根在田野调查过程中于1847年被易洛魁人中的塞内卡部鹰氏族收养为其成员。人类学家们作为文明社会的成员来到原始部落，这些部落散布在从北美、非洲到澳大利亚、亚洲广袤的土地上，彼此存在生产生活方式的差异、习俗的差异、发展程度的差异，它们呈现什么样态，人类学家们就只能观察到什么样态，不可能知道的比这更多。他们或许能够看到这些部落的未来，但难以观察到这些部落更早的过去。那么，他们如何知道被他们叫做制度、伦理、法律、道德乃至习俗的原始规范是怎样产生的？从时间上判断，当人类学家开展田野调查时，他们深入的部落有些已经站在文明门槛的边缘，那么他们看到并将其归之于制度、伦理、法律、道德乃至习俗的原始规范又是从哪里来的？这些原始规范一定有自己的演化过程，这个过程又从何时开启？

涂尔干为我们解决"起源困境"提供了一种思路。他在考察原始宗教时说："如果我们所要了解的起源是最初的确切起点，那么这个问题就毫无科学性而言了，应该坚决地予以拒斥。因为宗教的最初形成并没有确定的时刻，所以我们也没有必要借助玄思，找到通往那个时刻的途径。像所有人类制度一样，宗教并不起始于某个地方。因此，所有这类想法都是极不可信的；它们只是些主观的和武断的构想，没有任何约束。"[1]在这里，涂尔干把宗教看作制度是否恰当并不重要，重要的是如何确定起源。如果我们不能从时间上确定制度和伦理的起源，我们以什么为参照从事这项研究呢？涂尔干接下来的话给出了回答："然而，我们所提出的则是全然不同的问题。我们所要做的就是要找到某种方法，将宗教思想和宗教仪轨的最基本形式所赖以为基础的、并始终存在着的原因辨别出来。"[2]宗教思想和宗教仪轨最基本的形式所赖以存在的基础性原因隐含于原初社会的事实中，涂尔干主张根据社会事实而非人类心智来解释宗教思想和宗教仪轨最基本的形式。"集体意识"是他的理论的一个核心概念，在他那里，集体意识对

---

[1]　涂尔干：《宗教生活的基本形式》，渠东、汲喆译，上海人民出版社1999年版，第9页。

[2]　涂尔干：《宗教生活的基本形式》，渠东、汲喆译，上海人民出版社1999年版，第9页。

个体意识和行为有强制性的影响，集体意识通过社会化过程植根在个人意识中，其本身是由该社会的聚合形式决定的并且是通过各种象征仪式来维持和强化的。他说："社会学的基本前提就是：人类制度是绝不能建立在谬误和谎言的基础之上的；否则，社会学就不可能存在下去。"①由于把宗教看作社会制度，故而在涂尔干的思想中"任何宗教都不是虚假的，就其自身存在的方式而言，任何宗教都是真实的；任何宗教都是对既存的人类生存条件作出的反应，尽管形式有所不同。"②哪怕"最野蛮和最古怪的仪式，以及最奇异的神话，都传载着人类的某些需要以及个体生活或社会生活的某个方面。"③与这一研究思路相一致，他提出了设定原初宗教的方法："一个宗教体系倘若能够满足以下两个条件，我们就可以说这即是我们所能见到的最原始的宗教：首先，应该能在组织得最简单的社会中找到它；其次，不必借用先前宗教的任何要素便有可能对它作出解释。"④

　　涂尔干的思路给我们以启发，尽管一些具体表述或观点可以商榷。比如"人类制度是绝不能建立在谬误和谎言的基础之上的；否则，社会学就不可能存在下去"的说法，作为对社会学提出的要求是正确的，如果是对历史提出的要求，即历史上的人类制度绝不能建立在谬误和谎言的基础之上，则与事实不符。历史中相当一段时间里人类制度的建构和谬误脱不开干系，即使今天，集权专制国家政治制度的基础中仍充满谎言。再如"任何宗教都不是虚假的，就其自身存在的方式而言，任何宗教都是真实的"的说法，仅就它们"都是对既存的人类生存条件作出的反应"而言是正确的，"反应"本身则有虚假与否的问题。有一点在这里应当予以注意：即使虚假的反应也是那个时代人们真实状态的表现，在那种环境条件下人们只能作出这样的反应，不能作出今天人们普遍认为正确的反应，对于过去的他们来说，这就是真，世界就是这样。正是基于这一点，恩格斯说："自发的宗教，如

① 涂尔干：《宗教生活的基本形式》，渠东、汲喆译，上海人民出版社1999年版，第2页。
② 涂尔干：《宗教生活的基本形式》，渠东、汲喆译，上海人民出版社1999年版，第3页。
③ 涂尔干：《宗教生活的基本形式》，渠东、汲喆译，上海人民出版社1999年版，第3页。
④ 涂尔干：《宗教生活的基本形式》，渠东、汲喆译，上海人民出版社1999年版，第1页。

黑人对偶像的膜拜或雅利安人共有的原始宗教，在它产生的时候，并没有欺骗的成分"。①也是基于这一点，我们说，从思想史、发展史角度看，后人不应一见到虚假就指责前人，只当存在真假两种可能，人们放弃了其中一种而选择了另一种时，这类指责批判才是恰当的。

不过这些不影响我们借鉴涂尔干的思路对制度和伦理的起源给予设定。本书所谓制度和伦理的起源，指称与下述两点相吻合的人类行为－关系：首先，它们是我们在最早的历史时期和社会生活中能够发现的，我们能发现的人类行为－关系过去怎样不得而知，我们以我们能发现的人类行为－关系实际怎样作为起源的标志。其次，它们带有普遍性、共同性的特征，与今天人类社会的制度、伦理存在"遗传变异"关系。

所以这样假定，是因为我们只能做历史允许做的事情，我们所能见到的就是历史允许我们借以研究探讨的，如果一种存在状态是我们看到的演进链条的尽头——原初状态，我们就把这种存在状态设定为制度和伦理的起源地。这样设定不同于拉德克利夫－布朗批评的"历史推测研究法"，不同于预先假定原始社会存在某种美德、规范然后以此为据构建自己理论的做法，它只是给出一个开放性的时空范围，一个宽松的限定条件，至于在这个范围和条件下发生了什么，制度和伦理的原初状态是怎样的，它们和什么发生了关系或者说围绕着什么而发生，有什么样的特点，只要不依任何先入为主之见，而依它们的本来面貌导出即可。

二、原初状态

在我们能够追溯到的最早的历史时期普遍存在家庭和氏族，存在着生产活动和财产关系，存在着解决纠纷的做法和禁止性规定。家庭是最小的共同体，至今亦复如是；氏族是原始社会早期的共同体形式，其后有极大的变化，氏族、胞族、部落消亡，发展出国家和今天人们心目中的社会。

---

① 《马克思恩格斯全集》第19卷，人民出版社1963年版，第327页。

本章的思路，是把家庭和氏族（包括部落）看作两个相互联系但各有特性的系统，它们有不同的行为—关系，产生不同的习俗惯例，一个聚焦于日常生活，一个聚焦于组织治理；联结两个系统的，是以生存为目的的生产—关系，以及与之相应的原初规范。

1.家庭

摩尔根说，氏族的出现基于三个条件：亲属的团结；完全以母系为本位的世系；氏族内部禁止通婚。[①] 按此说法，禁止内部通婚的外婚制应当早于氏族，进而家庭的存在早于氏族。摩尔根甚至说"家族之产生与氏族无关，它从低级形态发展到高级形态完全不受氏族的影响"。[②]

家庭之前是否存在群婚状态是一个有争议的问题。摩尔根持肯定态度。他在《古代社会》中划分了五种婚姻家庭形态，血婚制家族、伙婚制家族、偶婚制家族、父权制家族和专偶制家族。其中，血婚制家族被界定为"若干兄弟和若干姊妹相互集体通婚"，并且认为"这种最早的家族形态同它所建立的这种亲属制度一样，在古代曾普遍地流行过。"[③] 中国古代文献也有相似的说法："其民聚生群处，知母不知父，无亲戚兄弟夫妻男女之别，无上下长幼之道。"[④] "长幼侪居"，"男女杂游"[⑤]。两性关系描述的比血婚状态还乱，既无年龄和行辈的婚配限制，也无父母子女、兄弟姊妹的界分，异性之间均可任意选择作为发生性行为的对象。但在比尔基埃《家庭史》一书的序中，列维-斯特劳斯说，人类学家和社会学家们尽管在其他问题上有分歧，却在一点上是一致的，那就是一律摒弃了认为存在"原始杂处"阶段的陈旧理论，认为一夫一妻制婚姻和家庭在人类很早的阶段就已存在。"如

---

① 摩尔根：《古代社会》（上册），杨东莼等译，商务印书馆1977年版，第67页。

② 摩尔根：《古代社会》（上册），杨东莼等译，商务印书馆1977年版，第227页。

③ 摩尔根：《古代社会》（上册），杨东莼等译，商务印书馆1977年版，第25页。

④ 《吕氏春秋·恃君览》，陈奇猷校释：《吕氏春秋新校释》，上海古籍出版社2002年版，第1330页。

⑤ 《列子·汤问》，杨伯峻撰：《列子集释》，中华书局1979年版，第164页。

今，总的倾向是承认'家庭生活'（在我们赋予这个词组的意义上）在人类社会的长河中都是存在的。家庭建立在一男一女结合之上，他们开始居家度日，生儿育女，这种结合持续时间可长可短，但总是得到社会承认"。[1]

韦斯特马克将婚姻定义为"得到习俗或法律承认的一男或数男与一女或数女相结合的关系，并包括他们在婚配期间相互所具有的以及他们对所生子女所具有的一定权利和义务"。[2]这个定义和列维-斯特劳斯对家庭的理解几乎完全相同，后者认为，家庭是以一个男人和一个女人持续时间长短不等而得到社会赞同的结合以及他们的子女为基础的。的确，婚姻和家庭的联系如此密切，以至于可以把它们看作一件事情的两个方面。结婚的行为产生夫妻关系，夫妻关系构成家庭。直到今天人们还常常把婚姻和家庭连在一起述说，实在是因为它们产生之初就与同一个存在紧密联系在一起。

家庭除了包括婚姻关系，还包括亲属关系。基本家庭存在父母与子女、同父母的子女之间、夫妻三种关系，它们构成亲属关系的第一顺序。第二顺序的亲属关系是通过一个共同的成员，例如祖父、母舅、姨母等，来把两个基本家庭联结而成的。第三顺序的亲属关系是指堂兄弟和舅母。在任一社会中，一定数量的亲属关系是根据社会意义来认可的，即这些关系是与一定的权利和义务或与特定的行为模式联系在一起的。拉德克利夫-布朗将由此认定的关系称作亲属制度，他用这个术语（当然不是他的发明，也不是他的专用术语，而是人类学家共同使用的范畴）作为亲属和婚姻制度或亲属和姻亲制度的简称。这是我们见到的最早的制度，"基本家庭"在拉德克利夫-布朗那里被看作亲属制度的结构单位。[3]

家庭是人类最早也是人类最小的共同体。任何共同体都带有社会性。当马克思把社会性看作人的本质属性时，他主要是以文明社会为参照，并

---

① 比尔基埃等主编：《家庭史》，袁树仁等译，三联书店1998年版，第8页。

② 韦斯特马克：《人类婚姻史》第1卷，李彬等译，刘宇等校，商务印书馆2002年版，第33页。

③ 拉德克利夫-布朗：《原始社会的结构与功能》，潘蛟等译，中央民族大学出版社1999年版，第54、53页。

没有考虑文明史以前远古社会的情境，一旦加入考虑，就有新的因素出现。恩格斯的两种生产理论就是在阅读了摩尔根《古代社会》后写作的《家庭、私有制和国家的起源》中提出来的："根据唯物主义观点，历史中的决定性因素，归根结蒂是直接生活的生产和再生产。但是，生产本身又有两种。一方面是生活资料即食物、衣服、住房以及为此所必需的工具的生产；另一方面是人自身的生产，即种的蕃衍。一定历史时代和一定地区内的人们生活于其下的社会制度，受着两种生产的制约：一方面受劳动的发展阶段的制约，另一方面受家庭的发展阶段的制约。劳动越不发展，劳动产品的数量，从而社会的财富越受限制，社会制度就越在较大程度上受血族关系的支配。"①

恩格斯论述中的"新因素"有两点：其一，人的生产，即种的繁衍。它是人类先天具有的生物性的活动，越早时期该活动的生物性特征越显明。即使今天，生殖活动的生物本能和机制依然是夫妻行为和相关医学活动的基础，没有这个基础，就不需要婚姻家庭和相关医学科学了。因此，学者们的如下看法是正确的：婚姻植根于人的本能，研究婚姻不能脱离这种本能，不能脱离它的生物学基础。这意味着，人的自然属性和人的社会属性是基于某种需要而做的相对划分，如果对二者做绝对化的理解和区别，我们可能会犯"过度"的错误。因为，至少在人类社会早期，社会性是和生物性，和本能，和种的繁衍联系在一起的，恩格斯所谓最社会化的动物其祖先不能不是合群的说法，已经暗喻了生物性和社会性的统一。

这个统一的存在形式就是家庭。家庭建立在生物及心理基础上，异性相吸，一种本能促使他们去繁衍，另一种本能促使母亲去养育子女，这些都是实实在在的天性。还有一种本能，它驱使男女生活在一起，其中隐含的男性保护女性、对性爱对象怀有依恋之情的倾向，构成这种本能的基础。提出这些看法的学者没有忘记社会性的一面。例如，韦斯特马克在强调了婚姻研究不能脱离生物学基础后接着说，分析考察婚姻习俗（惯例、遗风）

---

① 《马克思恩格斯文集》第4卷，人民出版社2009年版，第15～16页。

时，如果不联系到它们存在的环境而予以仔细考察，就很容易得出最为武断的结论。①比尔基埃认为，单是生物性的原因不能解释家庭的存在，无论是父亲还是母亲的身份都不能概括为生物性的角色，这正像父爱和母爱一样，是由社会方面的因素决定的。②在谈到一妻多夫制产生的原因时，比尔基埃认为其社会性的成分大于性的成分，女人娶妻即是从一个侧面给出的证明。③列维－斯特劳斯在为比尔基埃等主编的《家庭史》写的序言中指出，家庭具有二元性，它既建立在生物性需求（生儿育女等）之上，又受某些社会方面的限制和制约，家庭是人之天性与文化之间的妥协。④应当说，这是一种永远无法摆脱的二元性。

其二，越早期的人类，社会制度越在较大程度上受血族关系支配。借用韦斯特马克的话说，"在人类社会，这些本能不仅产生了习惯，而且产生出习俗和制度的规则。作为具有这类本能并在智力上得到充分发展的社会生物，人们会对遗弃妻子儿女的男人产生道德上的憎恶。……公众在道德上的憎恶或非难，乃是形成习俗规则以及各种权利和义务的本源。可见，婚姻制度和家庭有着相同的根源，这就是我在本章中所论述的'习性'或'习惯'。"⑤家庭形式也同社会组织形式一样，是各种约束集合在一起的产物，这些约束反映了亲属制度，也反映了家庭身居其中的社会体制。⑥

婴儿的啼哭唤来一双手的抚慰，使其第一次有了"外部存在"的潜意识，也有了与之对应的"我"的概念。妈妈、爸爸以及其他亲属的称谓词，进一步强化了"自家人"和"外人"的意识，关系范畴由此自然萌发。"我"是个体，加上一个"们"成为复数后，"自我"可以跨越个体融入群

---

① 韦斯特马克：《人类婚姻史》第1卷，李彬等译，刘宇等校，商务印书馆2002年版，著者前言第3页。

② 比尔基埃等主编：《家庭史》，袁树仁等译，三联书店1998年版，第100页。

③ 比尔基埃等主编：《家庭史》，袁树仁等译，三联书店1998年版，第90～91页。

④ 比尔基埃等主编：《家庭史》，袁树仁等译，三联书店1998年版，第6页。

⑤ 韦斯特马克：《人类婚姻史》第1卷，李彬等译，刘宇等校，商务印书馆2002年版，第71页。

⑥ 比尔基埃等主编：《家庭史》，袁树仁等译，三联书店1998年版，第85页。

体，以"我们家""我们氏族""我们部落""我们民族""我们国家"的形式存在。"我"与"我们"之间蕴含着个人与集体（国家、社会）、公与私的关系，众多规范在整合这些分化的关系时衍生出来，逐渐形成我们所熟悉的观念和行为方式。"自我"以"我们家"等方式的出现，一方面凸显了人的社会性，另一方面引出了延续至今的互动难题：个体与集体、公与私如何相处？进而企业、地区、不同利益集团之间、国家之间、独立国家与人类社会之间在相互交往中持怎样的观念和方式才是恰当的？时至今日我们也不能说已经解决了这个难题。

夫妻关系是最古老的两个人的关系。它绝不单纯是两性关系，同时还是一种经济关系、契约关系，规定着男女共同居住、共同生产生活。该关系同时意味着夫妻双方共同面对由自身行为、外部环境和生存资料等因素引致的后果。在结成婚姻关系的过程即订婚或订亲过程中，发生男方与女方之间有关礼物、义务和双方利益交换的关系，这种交换关系可以建立友谊，将敌人变成朋友，将陌生人变成亲戚，并使之产生持续下去的基础。比尔基埃就此说道："如果每一个小的生物性单位都不愿过贫困的生活，不愿心怀恐惧，不愿遭到毗邻而居的其他生物性单位的仇恨和敌视，它就必须放弃闭关自守；它必须牺牲自己的特性和连续性，向联姻的各种做法开放门户。"[1] 于是，婚姻成为某一系列特殊关系的始基，通过它形成一个相互联系的圈子，女子在其中扮演了作为交换和保持关系的媒介、手段的角色，演出一幕幕"政治婚"的历史剧，和亲遂成为个人之间、家族之间、国家之间达成某种关系的政治策略，复杂多样的利益考量尽在其中。

家庭是一个组织。它以社会存在方式把符合人的根本需求的欲望——食欲、性欲，生殖欲——融入自身，一方面使子女得到初期抚养和保护，使之获得独立生活所必须的体能和技能，另一方面构建了一个通往社会的窗口，一个情感、认知、人伦习俗秩序的孵化器。对于每一个个体来说，家是将先辈与后代同自己联系在一起的纽带，是最古老最深切的情感源泉，

---

① 比尔基埃等主编：《家庭史》，袁树仁等译，三联书店1998年版，第7页。

是他的体魄和个性形成的首个场所。家也因此成为社会最底层的结构要素和社会关系最坚硬的内核。夫妻关系之外，父母与子女的关系、同父异母或同母异父与子女的关系、兄弟姐妹之间的关系，以及其他亲属关系，同样是最古老的社会关系。或许正是因为如此，福尔特说："家庭生活领域是一种社会关系体制，通过这种社会关系体制，繁衍核与环境及整个社会结构构成一体。"①

拉德克利夫－布朗说得对，在一种特定亲属制度的各个特征之间存在着一种互相依存的复杂关系，基本家庭的联结形成一种网络——谱系关系，它可以无限延伸，形成一种社会结构，一种明确的社会群体存在。在大多数的氏族部落中，个人间的社会关系很大程度上要在亲属制度的基础上调节，而这种规范调节又是通过每种认定的亲属关系形成的一种固定的行为模式来实现的。②家庭因此成为一些学者社会性研究的历史起点，也成为他们社会性研究的逻辑起点。

家庭共同体中人与人的关系以某种方式受群体习惯的规范。有行为—关系的地方都有规范。韦斯特马克对此给出一个描述：家庭从一种原始习俗发展而来，男女在一起生活成为一种习性，这种习性首先得到习俗认可，继而得到法律认可，最终形成为一种社会制度。③规范产生以后，依靠这一体系，人们将一切情感反应、道德态度、习俗责任等，纳入一定的范型。

最早的规范以家庭和两性关系为主要对象。父慈、子孝、兄良、弟悌、夫义、妇听、长惠、幼顺等所谓"人义"即发轫于此；君仁、臣忠是在此基础上的进一步演变，宗法等级制度和亲属关系或亲属制度有斩不断的关系。婚姻制度不用再说，其他如刑法、民法等法律的一些禁止性规定，也都可以在这里找到源头。

---

① 转引自比尔基埃等主编：《家庭史》，袁树仁等译，三联书店1998年版，第85页。

② 拉德克利夫－布朗：《原始社会的结构与功能》，潘蛟等译，中央民族大学出版社1999年版，第54～56、19、30页。

③ 韦斯特马克：《人类婚姻史》第1卷，李彬等译，刘宇等校，商务印书馆2002年版，第34页。

在这个领域中存在着妻子陪葬的习俗，存在着寡妇再婚被视为不仅危及自身而且会危及新丈夫的惯例。由于财产的积累和贫富差距的出现，家庭对其成员的婚姻可能带来的经济上的利害日趋关注，家长越来越不愿让子女由着自己的意愿自由择偶，因而引出包办、买卖婚姻。伊富高人那里有一套相当严格的家族内部的"法律"。科曼奇人那里，通奸的女人被交给太阳神和大地神处死，通奸的男人则不受惩罚。一个男人杀了他的妻子，不论有无正当理由，都不算杀人。这是男人的特权，被杀死的女人的亲属也不会向这个特权挑战。但一个男人不能杀死另一个男人，一旦杀死另一个男人，调解无效，被害方的亲属便会运用武力进行报复。它不会导致世仇，仅仅是杀人者一人被处死。杀死一个男人宠爱的马类似杀人。[①]

通奸之被习俗规范强力禁止，是因为它是一种背信弃义的行为，被视为侵害财产之罪，是给男人带来屈辱和伤害的侵害男人名誉的罪行。韦斯特马克从心理角度解释这种伤害：它主要出于受害丈夫所怀有的嫉妒心，以及社会对这种嫉妒心的同情，而社会的同情，自然又取决于社会上一般男子感同身受的嫉妒心，如果没有对女人的独占欲，通奸也就不是什么罪过了。独占欲正是所有嫉妒心的根源。[②]一个社会对通奸所持态度并非只源于这一个因素，更重要的是，男子也有通奸行为，男子的通奸行为除了受害丈夫以决斗方式发泄不满，看不到类似女子那般社会规范的惩罚，而所谓通奸是侵害财产之罪，只有以妻子为丈夫的财产为前提才说得通。这表明男子享有特权和女子享有不平等地位的伦理和法规，在原始社会即已存在。

禁止乱伦被比尔基埃看作人类社会组织的第一部法律，目的是为了防止乱伦产生的一系列问题，包括自然选择问题。[③]乱伦指具有血缘关系的人通婚或发生性关系，最常见的是母子或父女通婚，一旦氏族内部发生这样的行为，具有血缘关系的人通婚，就是乱伦。对于乱伦，原始人有不同的态

---

① 霍贝尔：《原始人的法》，严存生等译，贵州人民出版社1992年版，第123页。

② 韦斯特马克：《人类婚姻史》第1卷，李彬等译，刘宇等校，商务印书馆2002年版，第279页。

③ 比尔基埃等主编：《家庭史》，袁树仁等译，三联书店1998年版，第39页。

度。有些氏族部落比较宽容，甚至允许近亲结婚，多数氏族部落则予以严厉禁止。在后者那里，人们相信谁干了这种事，就会邪气缠身，灾难临头，痛苦、疾病乃至死亡会接踵而至，是故土著居民一提到违反外族通婚的念头就会惊恐万分。北美的科曼契人将乱伦视为畜生的行为，特罗布里安德群岛的美拉尼西亚人将乱伦视为犯罪和对神灵的亵渎。佤族禁止乱伦的原因是：谷物长不好，饿死许多人，兄妹分居后谷物丰收。因此兄妹通婚是天地不容的行为，触怒鬼神，降灾人们。同性发生性行为者，首先必抄其家，其亲属的牲畜必遭宰杀，可能还被逐出村落。[1]在马林诺夫斯基看来，这些就是原始法律的观念，而且，在道德方面，他们也愿意严格维护这一观念。[2]这种发自内心的信念——不管它是蒙昧的还是迷信的——所引生的恐惧对人们行为的遏制作用十分强大，违反者会失去原有的社会地位，给自己带来耻辱，被别人以异样的眼光审视，深恶痛绝。允许与禁止并存，反映了自然状态向文明状态过渡进程中新旧事物互渗杂糅的特征。站在文明的立场，禁止乱伦无疑具有重要意义，从禁止乱伦的氏族成员作出的反应中，我们看到了强制，看到了信念，看到了羞耻心，看到了法律和伦理的影子。

与乱伦相对并成为其否定的是外婚制，对乱伦的禁止——有学者认为——为外婚制开辟了道路。

外婚制是婚姻家庭领域第一个禁止性规范，是人类社会最早的禁止性规范之一，规范的内容是一群体成员不得与该群体内的人通婚。氏族共同体多由家族成员组成，他们彼此之间存在血缘关系。如果说过去兄妹可以结婚，近亲可以组成家庭，现在这种行为不被允许了。亲缘关系越近越成为通婚的障碍，外婚制成为氏族部落或亲属群体内部婚姻行为的强制规定。

"外婚制"一词由麦克伦南首创。把外婚制看作婚姻家庭领域第一个禁止性规范，是因为它有着能做什么或不能做什么的清晰的边界，这个边界

---

[1] 万建中：《禁忌与中国文化》，人民出版社2001年版，第51页。

[2] 马林诺夫斯基：《原始社会的犯罪与习俗》，原江译，云南人民出版社2002年版，第52页。

当然不是一下子形成的。马林诺夫斯基认为，求偶、做爱、选择、结合等，在任何社会中都有一套通行的文化风俗规定。它们有种种规则，禁止或赞成——即使不强制——某人间的婚姻；此外还有各种真正的文化要素改变了自然的冲动，产生出关于什么是动人可爱的标准。[①]马林诺夫斯基的说法可以从众多学者的研究成果中得到印证。但在外婚制诞生的年代（旧石器时代中晚期），文化风俗对求偶、做爱、选择、结合等等的规定远不是那么清晰，其在不同的氏族部落中的表现也不是那么统一、一致。较为清晰、一致的影响和作用发生在较晚时期，至少是在原始社会较晚时期方才出现。从探讨制度和伦理起源的角度看，萌芽状态的文化风俗具有重要价值；从严格确定某种制度或伦理的产生的角度看，萌芽状态的文化风俗还不好作为人类行为在婚姻家庭领域第一个规范。我们这样说没有把外婚制和马林诺夫斯基的文化论对立起来的意思，文化论所谓的各种规则中包含外婚制。我们在这里只是想说明什么样的规则可以称为制度，以及在存在种种规则的情况下为什么说外婚制是第一个禁止性规范。学者们经常用法律或制度一类术语指称族内具有血缘关系的人禁止通婚的现象，这样做多少有些权且如此的意思，即后来的研究者要称谓某类现象，或对它们作出抽象概括，便依据被概括的现象和自己的理解用自己时代的语词予以赋名。由于学者们研究的对象存在于几万年甚至十几万年前，没有文字，没有当时人们对它的称呼或者有称呼而不为我们所知，学者们不得不用现代的术语称谓它们。学者们只能如此，但不得已的做法毕竟融入了后世的理解，其所使用的概念术语在思想文化史上有特定的含义，这使得学者们在用它们指称原初社会现象时产生两种可能，一是恰当的，原始行为—关系和现代概念术语的含义相吻合，一是不那么恰当，原始行为—关系和现代概念术语的含义不那么吻合。以亲属制度为例，它所表征的现象在时间上早于外婚制，人类学家常常用它指称早期人类的亲属关系，其中包括婚姻关系。一些人类学家也把氏族、婚姻、家庭、图腾、巫术、宗教看作制度，即使今天，

---

① 马林诺夫斯基:《文化论》，费孝通译，中国民间文艺出版社1987年版，第26页。

市场经济、大学、企业、工厂等也被一些学者称作制度。然而稍加分析就会发现，这些所谓制度，要么是普遍性的现象，要么是普遍性的活动，并不具有制度做什么不做什么、该怎样做不该怎样做的规范含义，其中有些最多是一种建制，不能说是规则。外婚制不同，和那些外延宽泛、内涵模糊的概念指称相比，它清晰界分了做什么不做什么，是明确而普遍的禁止性规定，切合制度这个概念的现代语义。所以，外婚制是制度，其他的不是制度，包括与外婚制对应的内婚制。

马林诺夫斯基对外婚制有相当高的评价，说它将社会分裂及竞争的要素同社区日常所需的合作分离开来，保障了后者的稳续。①这个在婚姻家庭史上具有重要地位的制度安排是因何而生的？麦克伦南提出"溺杀女婴说"：无论打仗还是寻找食物，女孩都是致弱因素，于是为生存而斗争的部落中就有了杀死女婴的残酷举措，结果导致本氏族部落女性人数减少，不得不到外部寻妻。斯宾塞提出"抢掠说"：在征战中打败对方，就可以大肆抢掠，把他们的女人带回家来，使之成为自己的妻子。由于妻子是"战利品"，娶异族女人为妻就成为勇敢的象征，反之没有异族女人为妻的人则会被人耻笑，背负懦弱的名声。久而久之，那些好战的氏族部落便定出一种强制性的要求，娶妻必取外族妻。迪尔凯姆提出"图腾说"：认为外婚制产生于宗教情感，血，尤其是女人的经血，具有某种巫术力，对血以及它的巫术力的敬畏可以追溯到图腾崇拜上，因此图腾崇拜是外婚制的终极原因，进而也是禁止乱伦的规定的终极原因。还有一种"性淡漠说"：同一氏族的男女从小生活在一起，他们朝夕相处，彼此非常熟悉，正因为如此也就缺乏"性吸引力"，当他们长大成人时更愿意和其他氏族的人通婚。这种说法偏重心理层面，多主观推测的成分，少事实考据的支持，但韦斯特马克认为，这是产生外婚制的根本原因。②比较有影响的是"自然选择说"：近

---

① 马林诺夫斯基：《文化论》，费孝通译，中国民间文艺出版社1987年版，第31页。

② 韦斯特马克：《人类婚姻史》，李彬等译，刘宇等校，商务印书馆2002年版，第611、614、629、638页。

亲结婚生育的子女容易发育不良、体弱多病、畸形，按照优胜劣汰的法则，原初先民为避免种族衰亡而逐渐走向外婚制。摩尔根、弗雷泽和《古代法》的作者亨利·梅因均持这种看法。但马林诺夫斯基认为近亲结婚是否有害，遗传学尚无定论。[①]因此他不从自然选择的角度而是从社会学角度论证了外婚制的极端重要性：性欲冲动极富颠倒迷惑的性质，它是社会分裂的力量。若允许两性的热情侵入家庭之中，非但会引起妒忌及竞争而解散家庭组织，还因之会破坏其他种种特殊关系所赖以形成的亲属的基本联系。一旦允许乱伦，就不能存在巩固的家庭，不能有亲属组织的基础，会使一个社区的秩序完全破坏。[②]"自然选择说"依据于生物学，"马林诺夫斯基说"依据于社会学。两种说法合并一起可能是对外婚制起源比较合理的解释。当然，这是我们站在今天智识的基础上"从后思索"的结果，早期人类不可能有这样的认知，他们更相信自然发生的事情并据此选择自己的适应性的行为。韦斯特马克对"自然选择说"有所置疑，他认为近亲结婚会生育出身体有缺陷的子女的认识，要经过长期观察才能得到，而这超出了蒙昧人的智能范围。这个置疑其实对"马林诺夫斯基说"也适用，要得出近亲结婚导致解散家庭、破坏亲属关系和社区秩序的认识，同样超过了蒙昧人的智能范围。现代科学在这个问题上虽然没有达成一致，但近亲结婚生出畸形婴儿的机率（4%）高于非近亲结婚生出畸形婴儿的机率（2%）却是争辩双方都同意的。笔者以为这已经为"自然选择说"提供了支持，尽管是不那么充分的支持。而"马林诺夫斯基说"则得到了进入文明社会后全部文化发展史的支持，它已经不需要医学科学的数据为后盾，单凭人伦教化的熏陶就足以让

①　现代科学在这个问题上仍然争论不休。主流观点认为近亲结婚导致遗传悲剧，但澳大利亚默多克大学比较基因组学的教授艾伦-比托花了30年的时间研究这一课题后发现，亲表兄妹结婚所生子女大部分是健康的。通过对11个国家进行的调查研究，艾伦-比托发现非近亲夫妇生出畸形婴儿的几率是2%，而近亲夫妇生出畸形婴儿的几率只不过增加到4%而已。据说这个比率在遗传学上根本算不了什么。此外他们还指出，很多名人如爱因斯坦、达尔文、希特勒等，都是亲表兄妹间结婚。亲表兄妹结婚在有些国家很普遍，比如像在巴基斯坦、南亚和中东国家。（参见好搜百科：http://baike.haosou.com/doc/5418041.html）

②　马林诺夫斯基：《文化论》，费孝通译，中国民间文艺出版社1987年版，第30~31页。

人对"乱伦"产生出强烈的厌恶感。由是我们看到，基于生物性的原因产生出人的社会性活动的改变，基于社会性的原因产生出人对某些本能性情感的拒斥。[①]

在婚姻家庭领域，还有一些与制度和伦理有关的行为—关系胚芽。女子在婚前享有性自由，结婚之后则必须服从丈夫，丈夫对妻子的性权力是排他的，婚姻的性交权仅只存在夫妻之间。蒙昧部落的人往往把妻子当成自己的财产，把奸夫看成窃贼。爱斯基摩男人可以租赁和交换妻子，可以让妻子陪别人睡觉以显示自己的"好客"，但绝不允许通奸。通奸或公开地占有别人的妻子是对丈夫地位的公然挑战，结果之一是相互残杀。他们心目中的通奸，是没有得到自己的同意与别人发生关系，而经过丈夫同意与别人发生关系是因纽特人生活中正常的事。婚姻为了家族繁衍，"怀孕常常包蕴在道德价值的空气中，孕妇亦被逼处于一特殊的生活情况中，为了胎儿的安全，她必须遵守种种规矩和禁忌"。[②]母亲对子女的关爱照顾已不用说，父亲同样要担负起抚养保护家庭的责任，抛弃妻子儿女的男人会引起道德上的憎恶，这种道德上的憎恶与其说是智力发展的结果，不如说它不合乎人的情感。

婚姻家庭是一个专门的领域，对它的研究卷帙浩繁，以上所说不过凤毛麟角，且相反的事例（现象）在相同的时期、不同的族群中大量存在。探讨制度和伦理的起源不可能也没必要将它们的胚芽一一择出；至于相反的事例（现象），如果它们被今天的人们普遍拒斥的话，那么曾经的存在恰恰衬托出"胚芽"破土而出后与"适者生存"的关联，展现了制度和伦理"进化"的方向。

---

① "当地有一位祭司告诉我，有一对相隔12代的宗亲结了婚，虽然教会是准许这种人通婚的，但他听后仍感到为人所不齿，'因为他们本是兄妹关系啊'。"（韦斯特马克：《人类婚姻史》，李彬等译，刘宇等校，商务印书馆2002年版，第603～604页。）有教会的时代是文明时代，祭司说的话是文明时代人们对近亲结婚本能地产生厌恶感的缩影。

② 马林诺夫斯基：《文化论》，费孝通译，中国民间文艺出版社1987年版，第27页。

2.氏族部落

由家庭而氏族，由氏族而部落，由部落而民族、而国家，氏族是始基于家庭的社会关系扩展链条中的第一个环节。"氏族既是社会机体/制度的基本单元，自然就成为社会生活和活动的中心。"①

一般认为氏族是家族的集合，家族是家庭联系的扩展，所以氏族也可看作家庭的扩展。在原始社会，"亲族关系便是最重要的社会组织，它决定群体的结构形式，规定居住的方式，安排财产和知识传递的方式。"②进入文明社会后，可以看到这样的景观：村庄是家庭的扩大，数个村庄构成乡区，由乡区组成的共同体就是城邦。"城邦的长成出于人类'生活'的发展，而其实际的存在却是为了'优良的生活'。早期各级社会团体都是自然地生长起来的，一切城邦既然都是这一生长过程的完成，也该是自然的产物。""等到由若干村坊组合而为'城市（城邦）'，社会就进化到高级而完备的境界。"③

"合群的动物"对于说明人这个最社会性的存在物不可能从不合群的动物演变而来是可以的，对于说明人为什么要合群、为什么具有且需要那么紧密的社会关系是不够的。在后一个问题上，马林诺夫斯基批评了一种观点：氏族之能够完整地统一起来，如果不是群体本能，就是无所不在的群体情感。马林诺夫斯基反对基于本能和情感的社会说，认为互惠是氏族社会结构的基础。④互惠提供了对"优良的生活"的一种解释进路，更提供了对原始生存的解释进路——面对敌人时，群体为个体提供保护；狩猎采集时，集体行动增大了获取食物的几率；生儿育女时，后代可以得到群体中其他成员的照料。凡此种种，先是在人类早期的小群体中萌发，再在其后的大群体中强化，是人偏好集体生活产生社会性依赖的根本原因。其目的

---

① 摩尔根：《古代社会》（上册），杨东莼等译，商务印书馆1977年版，第233页。
② 比尔基埃等主编：《家庭史》，袁树仁等译，三联书店1998年版，第14~15页。
③ 亚里士多德：《政治学》，吴寿彭译，商务印书馆1965年版，第7页。
④ 参见马林诺夫斯基：《原始社会的犯罪与习俗》，原江译，云南人民出版社2002年版，第31页。

归根结底无非两个，一是生存，二是生存得更好。

氏族的群体生活需要组织，政治即由此而来。政治活动起源于氏族组织，"政治的萌芽必须从蒙昧社会状态中的氏族组织中寻找"。①把分散的个人组织起来参与到生存竞争过程中，需要有一些办法，一些方式，规则由是应运而生。摩尔根说："各种社会制度，因与人类的永恒需要密切相关，都是从少数原始思想的幼苗发展出来的"。②"永恒的需要"当然包括人在生产生活上的满足，这也是人类组织起来的目的。但就社会制度来说，其直接的动因是组织的需要，它同样是永恒的，因为人类为获得生存和生存得更好所需的生产生活资料永远需要组织。但说各种社会制度"都是从少数原始思想的幼苗发展出来的"则非要旨，按赞赏他的马克思和"某种程度上执行马克思的遗言"写作《家庭、私有制和国家的起源》的恩格斯，思想本身源自生活实践，各种社会制度最终要在人的行为中才能找到它们的根据。早期人类行为导出制度的过程完全是自发的，没有什么观念的指导，而在其后文明史的进程中，一方面，观念的指导为制度建构提供了极大的帮助，另一方面，脱离生活实践的观念指导常常是制度设计最大的威胁。摩尔根其实也不是从观念出发阐释制度的起源，例如他在即将结束第十二章时说："由于人类有组织社会的需要，才产生氏族；由于有了氏族，才产生酋长、部落及其酋长会议；由于有了部落，才通过分裂作用而产生部落群，然后再联合为部落联盟，最后合并而成一个民族；由于有了酋长会议的经验，才产生成立一个人民大会以与酋长会议分掌政权的需要；最后，由于部落联盟的军事需要，才产生最高军事统帅"。③

氏族有组织的活动是政治设置、政治制度的发源地。《古代社会》是人类学著作中为数不多研究政治设置、政治制度早期形态的著作。摩尔根在该书中按时间顺序将政治形态归纳为两种基本方式。时间在先的第一种方

---

① 摩尔根：《古代社会》（上册），杨东莼等译，商务印书馆1977年版，第5页。
② 摩尔根：《古代社会》（上册），杨东莼等译，商务印书馆1977年版，序言第iii页。
③ 摩尔根：《古代社会》（下册），杨东莼等译，商务印书馆1977年版，第318页。

式是以纯粹人身关系为基础的社会，其基本单位是氏族。氏族之后，顺序相承地出现胞族、部落、部落联盟，到一定时期时，同一地域的部落联盟组成一个民族。这一序列构成自氏族出现以后古代社会普遍流行和长期保持的组织形式，直至文明社会，仍可发现它的遗迹。第二种方式是以地域和财产为基础的国家，其基本单位是拥有一定财产、以界碑划定范围的乡区或市区，政治社会即由此产生。政治社会是按地域组织起来的，并通过地域关系处理财产和个人问题。其顺序相承的阶段如下，首先是乡区或市区，然后是县或省（乡区或市区的集合体），最后是全国领土（县或省的集合体）。第一种方式建立了氏族社会，第二种方式建立了政治社会。摩尔根强调此两种方式在性质上根本不同，认为前者构建了古代社会，后者构建了近代社会。①

我们在这里关注的是政治形态的第一种方式，第二种方式的政治社会已经属于文明史范畴，不在本章讨论之列。

摩尔根先将古代社会划分为蒙昧和野蛮两个时期，每个时期各有初期、中期、晚期三个阶段，然后按时间顺序选择澳大利亚人、易洛魁人，希腊人、罗马人为对象，剖析氏族社会的政治组织。他之所以这样做基于以下两点考虑：第一，"这些部落为人类进步过程的六大期分别提供了最高范例。我们完全可以假定，如果将他们的经验合到一起，其全部内容正好体现了人类由中级蒙昧社会到古代文明终止之时的全部经验"。②第二，"人类的经验所遵循的途径大体上是一致的；在类似的情况下，人类的需要基本上是相同的；由于人类所有种族的大脑无不相同，因而心理法则的作用也是一致的。""而且，由于人类的心智有其天然的逻辑，心智的能力也有其天然的限度，所以这些制度的发展途径与方式早已注定，彼此之间虽有差异也不会过于悬殊"。③简言之，氏族社会形态各异，资料有限，不可能也没

---

① 参见摩尔根：《古代社会》（上册），杨东莼等译，商务印书馆1977年版，第61页。

② 摩尔根：《古代社会》（上册），杨东莼等译，商务印书馆1977年版，第15页。

③ 摩尔根：《古代社会》（上册），杨东莼等译，商务印书馆1977年版，第8、16页。

必要对它们一一梳理，只要能够呈现它们的主要方面、共性特征即可。摩尔根的思路是，把依次产生的这些氏族社会的组织形态看作政治制度，顺着这些政治制度的各种演进形态，推论到政治社会的建立。

摩尔根沿此思路所取得的主要研究成果，是概括梳理出易洛魁人的权利和义务（"氏族法"）、易洛魁联盟的一般特征、希腊氏族成员的权利和义务、罗马氏族成员的权利和义务。主要内容有：（1）一个处理事物的机构；（2）选举和罢免氏族首领和酋帅的权利；（3）在本氏族内互不通婚的义务；（4）相互继承已故成员的遗产的权利；（5）互相支援、保卫和代偿损害的义务；（6）收养外人为本氏族成员的权利；①（7）公共的宗教仪式；（8）一处公共墓地；（9）具有公共财产，包括土地。以上这些是易洛魁人、希腊人和罗马人共同拥有的。此外，易洛魁人有为本氏族成员命名的权利，②罗马人有使用本氏族姓氏的权利；希腊人的权利义务中除世系由男性下传、孤女与承宗女有在本氏族内通婚的权利、最高军职可以世袭，其余各项与易洛魁人的差异很小。

从政治制度的角度看，第一项所包含的内容最为重要。这个处理事务的机构在氏族中叫氏族会议，③在部落中叫酋长会议，④在部落联盟中叫首领全权大会。由于战争，产生了最高军事统帅，时间大约在中级野蛮阶段，易洛魁联盟将最高军事统帅的职位设为双职，以使两个统帅可以相互节制，这两名最高军事统帅的权力是平等的，最高军事统帅和酋长会议一起组成平等并列的"政府"。英雄时代的雅典人称最高军事统帅为"巴赛勒斯"，令其对酋长会议负责，除酋长会议和最高军事统帅，还建立了阿哥腊，即

---

① 赐予他氏族成员的权利，将他视为兄弟姐妹或子女。俘虏成为奴隶是高级野蛮阶段的事，在初级野蛮阶段不知有奴隶。（摩尔根）

② 一个成员的名字就赋予他氏族成员的权利，在改换名字的问题上，个人是没有权力处理的。（摩尔根）

③ 氏族会议是处理政治事务、统驭氏族的最高权力机构。日常事务由酋长们安排，涉及总体利益的事情须依照一次会议的决议。是古代社会用于人事的一种方法。（摩尔根）

④ 酋长会议是部落的最高权威机构。形式上是寡头的，实际上是代议制民主政体。职责：保护部落公共利益。（摩尔根）

人民大会；人民大会不提任何措施，它的职能是认可或否决，它的决定是最后的决定。"我们可以把这种政府称为'三权并立政府'；'三权'者即指预筹会议（早期的酋长会议——引者）、人民大会和最高军事统帅。这种政府一直维持到政治社会之形成，例如，在雅典人中，一直维持到酋长会议变为元老院、人民大会变为公民大会时止。"①罗马的情况相似，每一个部落都有它的酋长会议、它的人民大会和指挥军队的首领。当罗马部落合并成一个民族后，设有一个元老院，一个人民大会，一个军事长官。摩尔根说，由酋长会议所代表的部落政府、由酋长会议和一个最高军事统帅并列构成政府、由一个酋长会议、一个人民大会②和一个最高军事统帅来代表一个民族或一群人民的政府，是"政府"发展的三个阶段。

从氏族会议到"三权并立政府"经历了一个漫长过程。每一个要素都是个别地、自发地产生的，它们的演变既没有预先的设计，也没有考虑未来怎样或共同的政治目标。相对稳定的一点，是我们今天用"平等""民主"加以指称的那些现象。氏族成员在个人权利方面是平等的，首领和酋帅都不能享有和要求任何优越权；参加代表会议的人是平等的，他们代表的氏族部落是平等的，都可以提议召开会议，都可以按自己的意愿投票；酋长会议、人民大会、军事总指挥官是平等的，就像首领大会不干涉有关自治的事宜，每个部落均保留独立处理之权力一样，三个权力机构也各司其职，尽管军事指挥官通常要对最高权力机构负责。日常事务由酋长或相关首领处理，重大事项必须经由大会决定。在易洛魁部落联盟中，每一项决定必须得到首领全权大会的一致通过始为有效。"一般的习惯是，任何人如想对某个公共问题发表意见都可以自由地到酋长会议上来发表演说。即使是妇女，也允许通过她自己所挑选的演说者来表达她的愿望和意见。不过，决议之权操在会议手中"③。

---

① 摩尔根：《古代社会》（上册），杨东莼等译，商务印书馆1977年版，第116~117页。

② 人口大量增加，定居于城市之内，设置地产和畜产，是人民大会成为一个政府机构的原因。（摩尔根）

③ 摩尔根：《古代社会》（上册），杨东莼等译，商务印书馆1977年版，第114页。

变化是逐渐发生的，非常重要的一点变化是参加会议的人员身份的变化。早期的氏族会议，普通成员可以参加，那时的氏族都很小，少的几十人，多的不过上百人，酋长、军事统帅平时是"老百姓"，商讨事情、举行仪式、遇有战事时才是酋长或统帅。随着人口的增加，共同体的扩大，酋长会议的参加者已经是各氏族的酋长；易洛魁部落联盟的首领大会明确设置五十名首领，且授予他们享受终身名号的特权，这五十名首领分配在联盟所属各个部落的某些氏族中，每逢出缺时，由本氏族在自己的成员中选人补任，如有正当理由亦有权罢免其首领，但对这些首领的正式授职权则属于首领全权大会。保留了氏族会议"人民性"的是希腊人的人民大会，它的参加者是民众选出来的代表。民众对重大问题有自己的想法（舆论），"酋长会议感到很希望、也很需要同舆论协商，一则是为了公众的利益，再则是为了维持他们自身的威信。在人民大会上对提出的问题进行讨论，凡是想说话的人都可以自由发言，大会听取了讨论之后，即作出决议，在古代，通常是用举手来表决的"。人民大会既不能提出方案，也不能干涉行政，它的功能只有一项：对酋长会议作出的决策拥有最后决定权。[①]总之，"政府"发展的三个阶段，权力呈现出集中的趋势，平等是民主会议上酋长们的平等，民主是酋长会议上酋长们的民主。酋长平等和酋长民主虽然不是那个时期平等和民主的全部，却是那个时期平等和民主的主流，凡属共同体的一切事项皆由平等的酋长在民主的会议上决定。

摩尔根对氏族制度有极高的评价，说它"就其影响言，就其成就言，就其历史言，在人类进程图表上所占的地位实不亚于其他任何制度。"他所以这样说，是因为在他看来氏族制度包含了近代文明国家主要政治制度的萌芽：参议院由酋长会议发展而来；众议院由人民大会发展而来；这两者合作组成近代的立法机构。最高行政首脑，无论国王、皇帝或总统，都是从古代的军事统帅发展而来的；法官是从古代的市政长官经过曲折的演变发展而来的；平等的权利、个人的自由、民主政治的根本原则，也是从氏

---

① 摩尔根：《古代社会》（上册），杨东莼等译，商务印书馆1977年版，第246、245页。

族制度继承下来的。自由、平等和博爱，虽然从来没有明确规定，却是氏族的根本原则。[①]只是这些根本原则经历了曲折的过程在欧洲传承下来，在世界其他地方（中国、印度、阿拉伯）中断了，在这些地方，重新接续平等、民主的历程要比欧洲的情况复杂艰难得多。

3.经济

原始初民的活动主要有三类：生产（狩猎捕鱼、采集）、打仗、圣事。氏族部落间的战争不说，生产和宗教膜拜活动有密切联系。一般而言，生产活动常常含有宗教因素，宗教活动却常常排斥生产活动，宗教节日或膜拜仪式的一个明显特征是停止生产，不得从事工作是此时的强制性要求。

生产活动包括分配和交换，在马克思那里属于生产因素的还有消费。当消费被包含在内时，生产指的是社会生产的总过程，总过程意义上的生产可以和经济等同，生产活动就是经济行为，它产生生产关系，财产关系在其中占据重要地位。狭义的物质生产（狩猎捕鱼、采集）和财产关系是我们在此讨论的内容。

人类漫长的历史中有大约99%的时间不生产（种植、畜牧）食物，人类生存所需要的食物全部由自然界提供，人类获得自然馈赠的手段是狩猎捕鱼和采集，它们共同构成人类最早的生产活动。

采集或许可以由单个人完成，狩猎和捕鱼往往是集体行动。它通常在亲族关系的基础上，围绕一个人组成临时行动小组，这个人即是小组的头领，小组成员系同氏族的成员，其人数可以从四五个人到四五十人，成立后便投入某一活动中去，待任务完成，小组便解散。狩猎、捕鱼中的集体行动是从人类祖先的动物本能承袭而来的，这里没有自觉，没有集体主义的意识，只有经验性的结果：集体行动比个体行动捕获猎物的数量多，个

---

① 摩尔根：《古代社会》（下册），杨东莼等译，商务印书馆1977年版，第338、82页。一般认为氏族部落是按民主原则组织起来的，其实更准确地说，是氏族部落成员参与处理氏族部落事务的那种方式后来被称为民主原则。

头大，范围广，有些个体不能做的事情集体可以做，且捕猎者们在集体行动中的安全性高。这一经验也适用于非生产性的氏族生活：抵御自然灾害，适应严酷环境，对抗其他部落的侵袭等等。为着这个结果，个人是微不足道的，个人和集体的关系是同一关系，集体在个人在，集体不在个人也难逃厄运，同呼吸共命运用在这里再恰当不过了。个体只当能够不依赖集体活动而能获得生活资料时，他才不再微不足道，才会有个人意志、个人权利、个人自由。这种情形的普遍存在发生在生产的市场经济阶段，自然经济和原始时期只有人对人的依赖。共同狩猎时，个人擅自行动会惊跑猎物，破坏整体联合行动，致使整个集团一无所获，吃的东西跑掉了，个人利益也不存在。故此，为防范"破坏生产"的行为发生，最严厉的约束取代了平时的亲情，妇女不允许砍树，男人不允许擅自打猎。谁违反规定，不仅要没收其猎物，还要将其痛打一顿，折断他们的武器，毁坏他们帐篷，如果敢于反抗就将他们当场打死。"在一切有组织的动作中，我们可以见到人类集团的结合是由于他们共同关连于有一定范围的环境，由于他们住在共同的居处，及由于他们进行着共同的事务。他们行为上的协力性质是出于社会规则或习惯的结果，这些规则或有明文规定，或是自动运行的"①。马林诺夫斯基这段话前半部分表达了集体生存的空间，它在早期是非常狭小的，以氏族的活动空间和人对人的直接依赖为界；后半部分适用于原始社会较晚时期，集体生活的某些做法经过漫长过程的洗礼已成习惯甚或规则，反过来强化着集体行动即生活。他是对的，只不过"自动运行"并非习惯或规则的结果，而是它们的原因，很早的时候就有"自动运行"着的集体行动，习惯或规则是对它们的"追认"。

（1）狩猎、捕鱼的"制度"

狩猎、捕鱼活动依赖于若干客观条件，某个地方是否有野物或鱼类，圈套和陷阱设置的地方是否合适，使用的工具如何，等等。这些条件是必要的，对原始人来说却是不充分的，还需要其他条件——巫术的力量。为

---

① 马林诺夫斯基：《文化论》，费孝通译，中国民间文艺出版社1987年版，第7页。

此作出的规定是安排巫术活动，——举行仪式、跳舞蹈、做祷告、念咒语、烧咒符、祈求神灵保佑、召唤神秘力量等等。

凡集体行动都要有"制度"，巫术介入其中即是原始生产一项基本"制度"，贯穿于狩猎活动始终，所涉对象既包括猎物，也包括集体行动参与者——猎手。对猎物实施巫术，目的在于迫使它出现；猎物出现后举行巫术仪式，目的在于保佑即将开始的围捕取得成功（猎物掉入陷阱，被打死，受伤逃跑后能找到）；猎物被打死或捕获到手不等于狩猎完成，直至举行完收场仪式方才结束整个"生产过程"，收场仪式举行的目的是安抚牺牲者或其灵魂。对猎人实施巫术，是相信这样做可以保证他对猎物有神秘的权力，对他所希望捕获的猎物产生神秘影响，他自己以及他所使用的武器有神秘的力量，能够杀死猎物而自己不受伤害。在巫术活动和狩猎过程中，猎人们还要遵守一些具体规定：临近出发的日子里必须戒房事，必须留意自己的梦，必须净身、持斋、只吃某些规定的食物，必须以一定方式来装饰自己和给自己的身体涂色，行军时在日落前完全不吃食物等等。原始人相信，遵守这些"生产规定"才能得到期望得到的结果。[1]捕鱼活动中的情形与狩猎相似。

列维-布留尔认为，在原始人那里，战争和狩猎之间没有本质差别："我们在这里也会发现开场和收场的仪式、标志出征开始的神秘仪式、舞蹈、斋戒、净身、禁欲、圆梦、加给非军人的戒律、反对敌人的咒语、符咒、护符、灵物、能使军人免受伤害的种种医方、目的在于获得魂灵的亲善的祷告。接着，在军事行动开始时，又对马、武器、个人和集体的守护神的祈祷，用以迷惑敌人、使他失去防卫能力和使他的能力归于无效的巫术行动和经咒。最后，战斗结束以后，又有一些往往是极其复杂的仪式，战胜者们借助这些仪式或者力图防止被杀的敌人的报复（使尸体残缺或毁尸），或者安抚他们的灵魂，或者清除军人们在战斗时可能受到的污秽，最后，或者以占有战利品（如头、颅骨、上下颌、带发头皮、武器，等等）来

---

① 列维-布留尔：《原始思维》，丁由译，商务印书馆1981年版，第221～227页。

永远确立已获得的优势……勇敢、谋略、武器、数量和战术上的优势，当然不是无关紧要的因素，然而它们仍然只是一些次要的条件……如果梦不吉利，战士们甚至不想去打仗。"①这段话不仅让我们见识了原始生产，也让我们见识了原始战争。

（2）生产关系

狩猎、捕鱼中人们之间的关系怎样？马林诺夫斯基的描述为我们提供了"一斑"。他曾在太平洋西南部美拉尼西亚人居住的巴布亚新几内亚的特罗布里安德群岛驻足三年，与土著居民一起生活、一起捕鱼，参与他们的巫术表演和各种仪式，其研究成果建立在扎实的田野调查基础上。

特罗布里安德群岛的美拉尼西亚人以捕鱼为主，每条独木舟都有它的合法主人。主人同时也是全体船员的首领和捕鱼巫师，其他人是船员，他们通常来自同一个家族，彼此联系密切。捕鱼时，独木舟的主人不能拒绝他人使用自己的船只，实际上也就等于不能拒绝与他人合作，船员同样对独木舟的主人负有责任。共同使用独木舟的人们在一起捕鱼过程中有明确分工，有人担任舵手，有人担任渔网管理员，有人负责观察鱼情，他们相互协作，各司其职，每个人都要坚守岗位，恪尽职守，都承担着对对方的义务，马林诺夫斯基称其为"双向义务制度"。捕鱼结束，劳动所得并不归公，而是按照捕鱼过程中人们的地位、作用获得与其付出的劳动相等价的份额。显然，它是按劳分配的，和按需分配没有关系。"这样，独木舟的所有和使用就由一系列明确的责任和义务组成，并把一群人结合为一个分工协作的团体。"②在这里，独木舟（生产资料）的所有权属于个人，使用权属于集体。单就合作生产而言，独木舟的主人原本也可以雇佣其他氏族的人，只是由于属于同一个集体，他才不能拒绝氏族群体中其他成员使用该生产资料。相似的情形在氏族部落普遍存在，一个人去世后，他生前使用的工

---

① 列维－布留尔：《原始思维》，丁由译，商务印书馆1981年版，第235～236页。

② 马林诺夫斯基：《原始社会的犯罪与习俗》，原江译，云南人民出版社2002年版，第8页。

具如果不随其下葬，只能为家庭或本氏族成员继承，不能转让外人。

按马林诺夫斯基，美拉尼西亚人在捕鱼过程中形成的关系是互惠关系，互惠也是氏族社会结构的基础，捕鱼中的生产关系和氏族社会结构的基础在这里呈现出一致性。互惠背后隐含的是利益关照，生产关系、氏族社会的基础因此又和自身利益联系在一起，成为渔民共同努力、恪尽职守、承担义务的驱动力，进而使得"双向义务制度"更有约束力。[①]由是可以引出一个至今仍然适用的结论：没有互惠就没有义务，相互依赖是义务的驱动力。义务本来就是双向的，单向义务意味着单向权利，一部分人单向度地履行义务，一部分人单向度地享有权利，等于一部分人没有权利而另一部分人独享权利，这是不平等，是压迫，特权就是压迫。自身利益不排斥共同利益，一个美拉尼西亚人的利益和一船美拉尼西亚人的利益实际上是捆绑在一起的，倘若大家不相互合作共同努力，既无自身利益，也无共同利益，这是再明显不过的事情了。但是和最早的集体行动相比，变化还是发生了，——渔民参与集体行动已有明确的个人所得的意识。对合作的认同、责任感、双向义务关系，都与个人所得意识有关，是和它相伴而生的，捕鱼结束后的"按劳分配"即是个人所得意识的外化形式。这种基于自身利益的互惠关系不仅存在于渔民之间，也通行于美拉尼西亚人社会生活的诸多方面。一个人收到另一个人的礼物必须予以相应的回报，反之亦然。双方都不能拒绝履行回报的义务，在回报时也不能斤斤计较，更不能无限拖延。马林诺夫斯基由此得出一个一般判断：土著居民的行为都是基于准确估量后的交换原则，总是经过理性的核实并最终达到平衡的目的，完全没有不履行义务只享受特权的情况。[②]慷慨大度的抱负和炫耀食物财富的虚荣心也被马林诺夫斯基看作促使美拉尼西亚人遵循"双向义务制度"的力量，但这个力量显然是次要的或辅助的，和实实在在的物质利益不在一个层次。因

[①]　马林诺夫斯基：《原始社会的犯罪与习俗》，原江译，云南人民出版社2002年版，第11页。

[②]　马林诺夫斯基：《原始社会的犯罪与习俗》，原江译，云南人民出版社2002年版，第14～15页。

为，炫耀要有炫耀的东西，慷慨大度要有慷慨大度的实力，炫耀或慷慨大度者极度尊重并渴望能够不断积累食物和财富，才是表象背后的存在。

基于对美拉尼西亚人生产关系的认识，马林诺夫斯基认为原始集体主义的观点没有依据，只是假设。[①]他认为，弗斯、哈特兰、涂尔干等人所谓大公无私、不受个人情感影响、无限的群体忠诚是原始文化所有社会秩序的基石的观点，过分夸大了原始人的团体精神。他们的确具有这种精神，但全面地观察分析表明，原始人既不是极端的集体主义者，也不是毫不妥协的个人主义者，像普通人一样，他是二者的混合体。[②]

马林诺夫斯基的观点在其他地方得到印证。在因纽特人那里，土地是公共的，自然赐予的万物是公共的，任何人都可以去自己喜爱的地方，寻找并得到他们想要的东西，因此他们不能容忍一些人画地为牢限制他人为了寻找食物而进入的做法。另一方面，因纽特人又认为，虽然自然赋予是公共的，个人创造的却应归个人所有，谁打到一只猎物，该猎物就归谁所有，谁挖开一个海豹洞，谁就拥有该洞和海豹的所有权。一个带着鱼叉跑掉的海豹，尽管鱼叉上没有所有者的标记，仍应将海豹归还原主。在获得劳动果实方面，人们主要根据每个人在打猎中的参加顺序和实际作用进行分配。例如，谁第一个接受去刺海象的任务，可以分得海象的前半部，第一个来到他身边当助手的人，可分得海象的前半部的另一侧，下一个是脖子和头，再后来的两个分别分得后半部的两侧。[③]

有两点理由让我们相信马林诺夫斯基是正确的。其一，至少他的观点符合他从事田野调查的特罗布里安德群岛人的生产生活状况，也就是说，原始社会中存在马林诺夫斯基所描述的那种事实。其二，如果我们相信事物的发展有一个过程，不会平白无故突然产生，那么个人所有、自身利益、

---

① 马林诺夫斯基：《原始社会的犯罪与习俗》，原江译，云南人民出版社2002年版，导论第6页。

② 马林诺夫斯基：《原始社会的犯罪与习俗》，原江译，云南人民出版社2002年版，第35页。

③ 霍贝尔：《原始人的法》，严存生等译，贵州人民出版社1992年版，第70~71页。

按劳分配、互惠互利，以及权利义务关系等等，这些文明社会的现象在史前时期也存在就不应当是什么奇怪的事情，否定它们的存在反倒可能荒诞。这些事实与集体行动、集体意识、共同利益并存，恰恰体现了社会关系的本来面貌。但马林诺夫斯基的正确是否意味着他所批评的弗斯、哈特兰、涂尔干等人错误，那却不一定，"盲人摸象"的可能性在研究者中是存在的。毕竟原始社会的历史极其漫长，旧石器时代和新石器时代差别很大，不同氏族部落之间哪怕相距不远，行为、态度、处事方法、习俗惯例也有差异。因纽特人就普遍妒恨占有大量财物的人，北美平原的科曼奇人、对盗窃者说如果你想要我可以给你的晒延人，也不把财物看得那么重。所以，当我们在考量中加入时间和空间因素时，马林诺夫斯基的批评便有待进一步的证明，毕竟他的田野调查仅限于特罗布里安德群岛，其他人有其他人的观察对象。

（3）财产关系

财产观念萌芽于蒙昧阶段，对财产的欲望超乎其他一切欲望之上是文明伊始的事情。从财产观念萌芽到财产的欲望成为一切欲望之首的过程，和公有到私有的过程相伴。

财产最早是公有的。将人类社会最早共同享有的东西称为财产是为论说方便而套用的现代术语，其实它们只是一些物。就本质而言，财产不仅是物，还是限制和规定人与物的社会关系，某物只有当它被社会承认并用法律的形式同其所有者的所有权联系在一起的时候，才具有财产的性质。

人类最早公有的财产是食物和一些简单工具。它们极度匮乏，几近于无，其情形和动物之于食物的获取分享没有多少差异。在这个意义上，原始公有等于无。人们所以"实行"它，只有一个解释，在极度匮乏的条件下唯有如此才能生存。

公有财产的"公"是亲属团体或者被摩尔根视为原始社会基本单位的氏族。它们的规模通常不大，几十人的不在少数，分散于各地。共同分享食物或共同使用工具、相互继承已故成员的遗产等，只是该氏族共同体成员的权利，与其他氏族的人无关。其他氏族的人如果要把这些"财产"据为已有，便是严重的侵犯行为，它会引起暴力冲突，甚至战争，被侵犯氏族的人会拼死反抗。通行于易洛魁人、希腊人和罗马人中的"互相支援、保卫和代偿损害的义务"等做法与此不无关系，履行"互相支援、保卫和代偿损害的义务"是一种美德。倘若把氏族置于人类社会的背景中看，拥有这种美德的人保卫的其实只是自己的氏族，不是所有人的社会，他们争取的是自己氏族的利益，不是社会的利益。所以，原始公有是氏族公有，不是原始社会公有。澄清这一点对理解原始社会、公有制、人之为公或为私的道德行为不无意义。

财产公有不等于公有制。如同用"财产"指称原始公有的物品一样，以"公有制"指称原始公有现象也是套用现代用语。但套用"财产"主要是因为没有更好的术语用来指谓公有物品，套用"公有制"却是失之内涵不当。公有制是一种经济制度，它一方面需要有严格意义的财产，不可缺少社会关系和法律等标志性因素，另一方面需要作出设置安排，不可缺少明确的规则和实施机制。原始公有不能满足这些必要条件，它是公有的，但不是制度，可以看作公有制的理论资源，不可以看作公有制本身。严格意义的公有制建立于1917年的苏维埃社会主义共和国联盟，存在于20世纪以降的社会主义国家。它源自马克思的理论，是针对资本主义经济的局限和多数人贫困等社会弊端作出的制度安排。在此之前的人类历史中只有私有制，没有公有制。如果说时间上公有在前，私有在后，那么同样是时间上，私有制在前，公有制在后。

私有财产有一个从原始公有状态中逐步分离出来的过程。那些促使分离完成的因素即是导致私有制起源的因素。从天然植物到鱼类、肉类，从捕鱼、狩猎活动到农业生产活动，从谷物食物到畜牧业产出的乳类食物，生产的发展和生产生活资料的增加是私有财产产生的基础。猎杀捕获的野兽、耕种谷物的农田、河流淤积增加的土地和生根于土地上的树木，这些被罗马法律家称之为人们可以自然地取得的东西从原本是公有的物体，现在在生产发展的推动下都有了变为财产的可能性，实际上它们也的确一个个地收入到私有财产名录中。

伊富高人的财产有两种形式：个人财产包括器皿、毛毡、动物、家畜等一些动产和一些特殊的不动产如房屋、耶林；家庭财产主要有三类：稻田、祖传的世袭财产如珠宝首饰、林地。①学者们的研究提供了财产私有化的若干细节。赞恩认为，储存食物的必要性促进了财产观念的产生和人们渴望获得财产的本能冲动。②梅因说，"先占"——以归为己有为目的，蓄意占有无主物的行为——提供了一个关于私有财产起源的假说。③谢苗诺夫从史前礼品交换的习俗中看到分配关系的重要变化：劳动产品以往只有使用价值，现在有了作为礼品的交换价值；赠送礼品意味着对该物品拥有支配权，表明此阶段分配的物品被分割为两个部分，一部分用于满足生活需要，这是传统分配的特征，一部分作为个人支配的物品被用于满足社会需要。个人可支配的物品的出现虽然还不是完全意义上的私有财产，但通向私有制的第一步已经迈出。④在遗产继承方面，公有向私有的转变经历三个阶段。最早是由氏族全体成员继承，后来主要由其亲属继承，最后变为家庭成员继承。过去劳动是为共同体进行的，现在允许共同体成员从事为自己的劳动。

我们没有看到财产通过什么途径向少数人集中的案例和分析，私有制产生以后，特别是阶级出现以后，这是一个引出许多重要见识的问题。人人都有私有财产的社会可以是一个平等的社会，财产向少数人集中却一定会导致贫富差距、社会不公。这种情况确实出现了，一段时间里还很严重。财产是通过什么路径向少数人集中的？这个问题无法回避，我们尝试作出如下回答：第一，勤劳、勇敢、节俭、精打细算的积累是一个可以合理推测的路径。第二，依靠战利品致富是一种解释，但不充分，倘若掠夺的物品在氏族成员中平均分配，不管数量多大都不会集中到少数人身上。

---

① 霍贝尔：《原始人的法》，严存生等译，贵州人民出版社1992年版，第93页。

② 赞恩：《法律的故事》，孙运申译，中国盲文出版社2002年版，第30页

③ 梅因：《古代法》，沈景一译，商务印书馆1959年版，第142页。

④ 谢苗诺夫：《婚姻和家庭的起源》，蔡俊生译，沈真校，中国社会科学出版社1983年版，第233页。

第三，一个有据可查的途径是权力。不妨看一个权力获取财富的案例：美拉尼西亚人的社会是母系社会，女子出嫁后，她的兄弟负有向她提供食物帮其抚养子女的义务，因此每个男人都要为自己的姐妹操劳，而他自己的家庭也同样依赖妻子的兄弟们的帮助。每到农作物收割完毕，舅舅们会向他人展示自己的劳动成果，最主要的那部分一定是为他的姐妹准备的。几天之后，这些粮食将以同样的方式堆放在姐妹丈夫家的粮仓前，丈夫家那边又会有很多人来观赏粮堆，作出数量多少、质量优劣的评价。这种评价事关男人们的名誉，是人们非常在意的事情。当一个男人贡献出一份丰厚的礼物时，人们会对他表示满意并回报他，反之，人们会惩罚和羞辱他。[①]一个人如果能有多个妻子，每年就会有多份固定的粮食收入，娶妻越多，收入越丰厚。最有条件这样做的是头领。他可以从每个村落娶一个妻子，他看上哪一个姑娘，不管她现在的状况如何，都要嫁给他。曾经，一个权力遍及整个地区的大头领娶了八十个妻子，马林诺夫斯基估算，他得到的粮食是普通人的四百倍。这样就不难理解为什么村子中最好的房子是头领的，也不难理解为什么他是全地区最富有的人。

梅因《古代法》中的一段话提出一个重要问题："成熟的罗马法律以及紧接着它的足迹的现代法律学把共有制度看作财产权中一种例外的、暂时的状态。在西欧普遍流行着的格言：没有人能违背其意志而被保留在共同所有制中（Nemoin communione potest invitus detineri），就明显地表示出这种见解。"[②]为什么没有人能违背其意志而被保留在共同所有制中？为什么人们愿意走出"共同所有制"？是共同体中人们的关系不好？是没有人关心他、帮助他、替他复仇、替他赔偿损害？不是，直到今天这些品格和关系都是人们留恋的。促使人们走出"共同所有制"的是贫困，是共同体公有的物质财富极端匮乏的状况。原始公有的食物和工具本来几近于无，这些物

[①] 马林诺夫斯基：《原始社会的犯罪与习俗》，原江译，云南人民出版社2002年版，第21～22页。

[②] 梅因：《古代法》，沈景一译，商务印书馆1959年版，第148页。

品以公有的方式为人所分享是那个时期人类祖先适应严酷生存条件的自然选择，和其他无关。人在食物的分享方面虽然与动物没有多少差异，但人有工具，人能通过使用工具的劳动在漫长的岁月中一步一步增加自己的财富，创造自己的未来，这是人之为人的特征。人近乎本能地展现这个特征，凡是与之吻合的得以保留下来，凡是与之不合的逐渐淘汰下去，原始公有就这样在不知不觉中被破除了。人摆脱贫困的努力无可指责，却也留下一个从古至今的难题，如何平衡为自身利益而增加财富的努力与公平正义伦理道德之间的关系？它们从一开始就是紧张的，富与贫、义与利、市场经济与道德、效率与公平，都与之有渊源关系。

对原始人来说，财产越来越重要了，它已超出生存范畴，进入社会生活的方方面面。婚姻关系中最重要的是土地和家产的分配，没有均等家产的婚姻是不幸的。一个人要显示自己慷慨大方的美德需要有财产，财产是构成他的影响力和社会地位的必要因素，亦是他拥有力量的表征。祭祀祖先和治疗疾病需要有财产，前者即祭祀祖先具有满足精神价值需要的一面，氏族部落成员必须做满足精神价值需要的事情，为此不惜买卖或抵押家族的土地。最后，财产和政治发生了联系，它是头领们的特权，是推动氏族社会向政治社会转变最重要的力量。

先是为获得生存资料，后扩展为获得地位和威名，原始人每日都在为财富而奋斗。在某些经济较为发达的地方，过剩的财富可以放债，利率按当地的习惯；财产的借贷可通过中间人进行，佣金是借贷总额的一定比例。霍贝尔甚至认为伊富高人已经有了财产法、灌溉法、家庭法、销售法和债务法，它们都具有合同的性质。①原始公有的某些遗风在很长一段时间仍然保留着，伊富高人在未举行一种叫做"尤耶瓦"的宴会前，还不能获得想要的卡登扬（社会最高层）的地位，因此他必须履行一道程序，邀请所有的人赴宴，这样，他过剩的财富就会被社区的赴宴者消耗掉。这类情形普遍存在，那些个可以娶众多妻子的头领也不例外，同样要将自己得来的财富

---

① 霍贝尔：《原始人的法》，严存生等译，贵州人民出版社1992年版，第100页。

用于宴请、祭祀或公共活动，否则与其身份不匹配。对拥有大量财产却不将其用于公共目的的人，因纽特人会不经审判将其处死，他的财产也将分给大家。但原始公有的遗风毕竟阻挡不了私有财产的脚步，"到了罗木卢斯时代，在罗马城，将土地分配给个人的现象才开始习以为常，此后就十分普遍了。……这就是绝对私有制的开端。"①

4.原始的"法"

将"法"字加上引号是因为原始社会是否存在法是有争议的。有人毫不犹豫地坚持原始社会存在法，有人则认为原始社会没有法。马林诺夫斯基是前者的一个代表，他的《原始社会的犯罪与习俗》对特罗布里安德岛的法律做了探讨。美国人类学家博汉南却认为马林诺夫斯基在这里犯了一个错误，他把"一组有约束力的义务，被一方认为是权利，另一方视作是责任，通过该社会结构中固有的互惠和公开性的特殊机制保持着的强制力"等同于法，实际上这不是法，而是习惯。②哈特兰德也断言"原始法律实际上是部落习惯的总体。"③诸如此类的争论涉及如何理解法，说得更准确些，涉及如何理解处在发生阶段的法的问题，也涉及认识一个事物起源时的思维方式问题。原始社会的"法"是原始规范的一部分，用马林诺夫斯基的话说"不过是习俗总体中的一个确定的形式"④，对它的理解原则上也适用于对原始规范的理解，因此我们不妨先来看看这个问题。

主张原始社会没有法的学者，心目中有一个关于法的标准。这个标准是近代以降西方社会对法律的认知，要点如下：有明确的规定且得到社会或国家的认同；有专门的机构负责实施且只能由这个机构来实施；法律的

---

① 摩尔根：《古代社会》(下册)，杨东莼等译，商务印书馆1977年版，第288页。
② 马林诺夫斯基：《原始社会的犯罪与习俗》，原江译，云南人民出版社2002年版，第130页。
③ 霍贝尔：《原始人的法》，严存生等译，贵州人民出版社1992年版，第19页。
④ 马林诺夫斯基：《原始社会的犯罪与习俗》，原江译，云南人民出版社2002年版，第34页。

实施是强制的，以暴力为后盾。此外还有一点也为一些人所强调：立法和司法是理性的。按这个标准，原始社会没有法，因为它既没有专门的机构，其奉行的准则在内容上和程序上是否明确也十分可疑，它虽然经常让我们看到强制的一面，但也经常让我们看到不理性的一面。"可以断言，在人类初生时代，不可能想象会有任何种类的立法机关，甚至一个明确的立法者。法律还没有达到习惯的程度，它只是一种惯行。用一句法国成语，它还只是一种'气氛'。对于是或非唯一有权威性的说明是根据事实作出的司法判决，并不是由于违犯了预先假定的一条法律，而是在审判时由一个较高的权力第一次灌输入法官脑中的。"[①]马克思主义法学理论把法定义为"国家按照统治阶级的利益和意志制定或认可、并由国家强制力保证其实施的行为规范的总和"，其产生与阶级的存在相联系，其本质是阶级统治的工具。按照这个标准，原始社会也没有法，因为原始社会没有阶级。所以《中国大百科全书》（法学）"法的起源"条目直接说"原始公社没有法"。[②]严格定义，然后以此为据作出判断和阐释，是现代学术普遍流行的规范做法，其合理性自不必置疑。有时人们为了研究的需要还假设一个逻辑起点，常常也能作出令人赞叹的理论成果，足见给出明晰界定的益处。然而，这样做时也须有一自觉，方才不会因为"过"而将一正确做法演变成以偏概全。这自觉便是，事物皆有一发展过程，定义（实际上）选取了其中的一点，它对这一点以后的判断阐释有效，对这一点以前的判断阐释则超出了其效用范围，倘若生硬套用便会导致谬误。人体解剖是猴体解剖的钥匙，登高远望可使视野更加开阔，有助于发现通达远方的路径，但它不能代替猴体解剖，更不是简单地宣布猴体不是人体便算了事。那么，按照上述，当我们说以概念界定之前的状况为据简单地否定法的存在失之妥当，有时空错位之嫌时，主张原始社会存在法的学者是否就是正确？这要看他们心目中法的标准是什么。倘若以现代法学为参照，主张原始社会存在法的学者会发现，

①　梅因：《古代法》，沈景一译，商务印书馆1959年版，第5页。
②　《中国大百科全书》（法学），中国大百科全书出版社1984年版，第76、82页。

他们所谓之法东鳞西爪很难统一，甚至同类型的法在不同部落间也彼此差异，无法与以之为参照的现代法学相匹配、相融洽。倘若他们所谓的法是指含有现代法律特征的某些原始行为规范，其内容和形式在以后的演变中成为现代法律制度的源头，则毫无疑问他们是正确的。

研究法的起源以法的存在为前提，这个法当然是现代意义的法。倘若不以法的存在为前提，就无所谓法的起源问题；而倘若不以现代法为参照，认为原始社会存在法并以它为参照，法的起源就要以原始社会的法为参照向它之前更早的时期追溯。逻辑上，即按同样的思路，这种追溯是恶无限，只会带来不必要的麻烦和混乱，不能带来任何有价值的成果。所以，原始社会没有法，是指没有现代意义的法；原始社会有法，是指有蕴含现代法某些内容、形式、特征的规范因素，有习俗惯例意义上的"法"，它们以各种各样的形式——祖先之言、神秘传说、所在群体一致性言行和传统等等——展现自己的存在，深深烙在人们的头脑，扎根于潜意识中。研究法的起源，就是发掘这些含有现代法某些内容、形式、特征的规范因素或习俗惯例。在这一过程中，非此即彼的思维方式有害无益，常在不自觉间带我们陷入不可澄明之境；亦此亦彼、同一性包含差异性，应为我们坚持的方法论原则。须知，现代法的确立是很晚的事情，在此之前以万年计的漫长历史中，呈现在我们面前的都是亦此亦彼混合差异的事物。

赞恩在《法律的故事》中勾勒了一条从巴比伦的闪米特人开始，巴勒斯坦人接续，经由希腊人、罗马人、欧洲大陆人，再到英国人的法律演进线索。强调这个起始于一万年多年前的过程是不间断的、持续的，各个种族都为其后继者留下一些成就。[①]

霍贝尔在《原始人的法》中按渔猎文化、农业文化、机械文化的历史划分提供了法律演进的另一条线索。该书中文版译者概述了法在渔猎文化和农业文化时期的状态，省去了我们许多劳作：渔猎文化分简单和高级两个阶段，简单阶段时期，氏族公社法律很少，"几乎不需要它"，因而"总是

---

① 赞恩：《法律的故事》，孙运申译，中国盲文出版社2002年版，第66页。

显得处于无法状态",“没有暴力机关和审判机关",社会纠纷很少。高级阶段产生了更高一级的部落政治机构,法律仍不发达,私法尚未产生,因为财产还没有复杂到足以引起作为经济权力的各种所有权冲突的情况。普通案件不需要公共司法权力解决,而是由自己决定案件的公平正义。真正严密的法律是随着农业部落的发展而发展起来的。其原因在于,农业生产能维持较大数量的人口生存在单个的公社内,更重要的是许多公社可以在其领地延续下去,这就产生了人际关系的复杂化,动产和不动产,从而产生出相应的法律,如人法、物法,公法也开始萌芽。这时的首领已不同于以前,他们具有立法、执法的权力。首领立法的意义就在于将个人规则通过试用变为公众的法规。统治者的统治秩序经过规范的系统化,变成氏族的法规或部落的法则。[①]

赞恩的线索比较宏观,从闪米特人一路到英国法;霍贝尔的线索比较具体,着力于原始社会生活本身。论及原始状态的法,我们需要具体。

主张全部法律或是部分法律来自宗教或神授的思想,在梅因之后已为公众所接受。希腊人虽然没有通过神来颁布法律的想法,但认为他们的法律是那些充满神话色彩的立法者赐予的,是由祭司阶层监管的,其起源自然也应是神圣的。[②]神在这里虽然只是法律规则的派生者,不是法律规则的执行者,执行法律的人如酋长或首领却借助这超自然的来源确定了自己行为的合法性、权威性。“每一个原始社会的公理中都毫无例外地存在着神和超自然的权力,他们都把人的智慧归因于神灵的存在,并相信神灵会对人们的特殊行为以赞成或不赞成作为回报。他们认为人的生命必须与神灵的意愿、命令相一致。这种推论是很普遍的,在法律领域中普遍地留下其影响。”[③]虽然如此,霍贝尔并不认为所有法律都与宗教直接相关。“事实表明,尽管复杂的宗教观念产生在先,并在原始社会中就已存在,但法律

---

① 霍贝尔:《原始人的法》,严存生等译,贵州人民出版社1992年版,译者前言第6~7页。

② 赞恩:《法律的故事》,孙运申译,中国盲文出版社2002年版,第102页。

③ 霍贝尔:《原始人的法》,严存生等译,贵州人民出版社1992年版,第230页。

起源于宗教这一简单的观念，却是非常幼稚的。"[1]法还有其他源头。梅因基于亲属关系的分析认为，"由'家父权'结合起来的'家族'是全部'人法'从其中孕育而产生出来的卵巢。"并且强调"在'人法'的各章中，最重要的是有关妇女身份的一章。"[2]赞恩说："人类生活在社会环境中，这是法律存在的先决条件。"生活在社会环境中的人所以需要法律，是"为了克服部族内的争吵、争斗、伤害和杀人所产生的离心效应"。[3]这些都是基于功能角度的说法。17、18世纪的自然法学派提出的社会契约说也是一种功能说：法律源于人们订立的契约，人们所以订立契约，是因为在自然状态下出现了矛盾，出现了争斗，为了消解矛盾和争斗，人们订立契约，法律由是产生出来。

上述这些法律起源的观点都有合理性，又都合理性不足。它们各自论述了法律起源的某个方面，揭示了法律起源与某个特定事物或方面的联系，而我们知道单独一个方面不足以说明法律的起源。但我们不想以不全面为理由责备他们，鉴于原始资料的匮乏，能够从一个方面揭示法律的起源已是他们了不起的贡献。不过我们仍选择不停留在这些法律起源的说法上，而要在此基础上进一步追寻，探讨那些构成发展链条的中间环节—— 一些习惯、风俗和一些有针对性的相对固定的做法。

原始社会不像一些人说得那么好，那么纯洁、善良、无私互助、和睦相处、共产主义，它也有摩擦、有冲突、有纠纷、有各种不法行为。菲律宾吕宋岛伊富高人的不法行为有：巫术、杀人、通奸、伤害、置无辜者为罪犯、严重伤害动物、纵火、乱伦、侮辱、诽谤和诬告、违法乱捕。[4]北美印第安部落中，晒延人的以下言行会因首领不快而导致死罪：种植土地过于成功；上等阶层的人在场时吹嘘自己的财富；占有过多的物资；穿戴理应属于首领的服饰或过分地装饰自己的房屋；有失礼的地方；对首领在语

---

① 霍贝尔：《原始人的法》，严存生等译，贵州人民出版社1992年版，第235页。

② 梅因：《古代法》，沈景一译，商务印书馆1959年版，第87页。

③ 赞恩：《法律的故事》，孙运申译，中国盲文出版社2002年版，第2、55页

④ 霍贝尔：《原始人的法》，严存生等译，贵州人民出版社1992年版，第104页。

言上冲撞。[①]在许多原始群体中，某些不自觉的行为或意念也归属罪孽这个范畴，例如一个人在仪式上的不洁就被看作祸源。[②]加纳南部的阿散蒂人是霍贝尔认为站在文明门槛上的民族，这个民族不允许人言行粗鲁、自负、不礼貌、傲慢、讲大话，更不允许诽谤，否则会受到严厉惩罚。[③]如何惩罚于是进入习俗惯例即我们称之为"中间环节"而被许多人类学家叫做原始"法"的领域。以下这些是具有普遍性、代表性的做法：

血族复仇。由于争执激烈，关系紧张，产生仇恨，导致杀人。杀人不一定都是犯罪，但如果违反了某个习俗规范，其所造成了的伤害在原始初民看来就是最严重的罪孽。它会激起受害人亲属的复仇本能，选出一个人或几个人去追杀杀人者，而杀人者的亲属、他所在的氏族部落不得事前阻止，也不得事后报复。血族复仇是原始部落普遍流行的做法，可谓摩西十诫中"以牙还牙"和后世"杀人偿命"的滥觞。

格斗。杀人事件主要通过血族复仇的办法解决，但杀人者的行为是否违反了习俗规范有时难以确定，多有争议。由于惩罚很重，证据必须清楚，因此证人在作证前要用代表自己的物品起誓，伪证意味着在厄运中死去。然而即使如此仍可能有无法澄清的事实，当这种情况出现时，格斗就成为排除争议作出判断的一种方式。这种方式在北美印第安人和澳大利亚土著居民中普遍可见。格斗中取胜的一方赢得"判决"，在格斗中失败的一方承担后果，大家接受"判决"，谁都不会再去说三道四。

斗歌。通过一次唱歌比赛来相斗是流行于因纽特人中的一种最基本也可能是最古老的解决争端的方式，但它所解决的争端中不包括谋杀案。霍贝尔评价说："如果斗歌在解决争端和恢复已疏远的团体内部成员的关系方面有所帮助的话，那么它就是法律上的一种措施。参加比赛的双方的一方将获得有利于自己的'判决'。通过歌赛，参赛双方感到轻松，怨言也

[①] 霍贝尔：《原始人的法》，严存生等译，贵州人民出版社1992年版，第174页。

[②] 拉德克利夫-布朗：《原始社会的结构与功能》，潘蛟等译，中央民族大学出版社1999年版，第232页。

[③] 霍贝尔：《原始人的法》，严存生等译，贵州人民出版社1992年版，第216页。

被置于一旁，即从心理上获得了满足，权衡了恢复如初的利弊。有这些就足够了。"[1]

调解。除杀人案中的血族复仇外，争执发生后，许多部落采用公众或个人规劝的办法加以调解。伊富高人的调节程序中一般有一个叫做"莫克鲁"的中间人，"莫克鲁"的意思是"建议人"。马林诺夫斯基对调解者的作用评价不高，认为它有可能解决争端，也有可能增加当事人的负担（有时调解中的指责、争吵会持续几天之久），双方立即达成和解的很少，故"雅卡拉"（Yakala，即公众规劝）虽然是一种特殊的法律调解制度，但重要性有限。[2]霍贝尔则对"莫克鲁"给予高度评价，认为他在调停中是官方半官方的代表，是社会利益的表达者，在案件中起主要作用，代表了司法早期的一种形式，是伊富高人法律中最有意义的方面。[3]

赔偿。血族复仇可以用血钱方式替代，这就是赔偿。血族复仇方式剧烈残酷，可能导致世仇，可能扩大对抗的范围，赔偿作为替代方式，可以降低对抗烈度，防止仇恨绵延，限制范围扩大，是一种缓和冲突、维持平和的安排，带有调解的性质。赔偿不光是血族复仇的替代，更被大量地用于民事侵权行为的判处和解决。伊富高人通常的做法是，损害赔偿金由原告及其男性亲属提出和要求。赔偿之举也开辟了另一条道路，在阿散蒂，决定可否用赎金折抵罪责换取生命的权力只属于首领，"这种以仁慈为名减轻死刑的情况我们无法考究。我们只知道官员们渴望金钱，打官司可以大大地增加他们的财源。"[4]

"伊保义"。伊富高人的家庭财产可以出让，但要通过一种叫"伊保义"的仪式才能买卖。该仪式选择宗教节日时在买主家进行，仪式结束时，他付钱给卖主，也付给代理人和证人一定的费用。节日的开销和其他的花

---

① 霍贝尔：《原始人的法》，严存生等译，贵州人民出版社1992年版，第86页。

② 马林诺夫斯基：《原始社会的犯罪与习俗》，原江译，云南人民出版社2002年版，第38页。

③ 霍贝尔：《原始人的法》，严存生等译，贵州人民出版社1992年版，第101、111页。

④ 霍贝尔：《原始人的法》，严存生等译，贵州人民出版社1992年版，第207页。

费由财产的授让人承担。除特殊情况并经一致同意外，没有任何一个人可以出卖任何一种家庭财产。"伊保义"因此成为所有权转移的一种机制。[①]由是观之，伊富高人已有私有财产，且产权清晰，他们是从事灌溉农业的部落，虽处原始社会，发展阶段却已相当晚期。

"格堡"。一种支付形式，某种意义上也是解除婚约的程序，字面意思是"结束"。伊富高人的所有婚姻，无论由于死亡还是要求离婚，都必须通过"格堡"方能使婚约废弃。不对夫或妻一方的家族支付"格堡"而再婚的行为，要受到严厉制裁，直至命丧黄泉。[②]

神判。遇有纠纷争议时的神明裁判。通常以生物或人自己身体的某一部分作为检验对象，以此判断当事人的是非真伪、有罪无罪。这种验证方法是习惯法的一个例证，它极为古老，在原始各民族中普遍存在。神判的执行人多为巫师。其有效性源于对神的崇拜和顺乎天意不敢违背的心理。按列维－布留尔的说法，神判乃原始人思维和感觉的正当结果，是唯一能够揭示体现在社会集体的一个或几个成员身上的凶恶力量的"酸性试验"，只有这种试验才能拥有必需的神秘能力来摧毁凶恶力量或者至少可以使它们不能为害。[③]

组织实施者。原始部落虽没有现代社会的法院、警察，却也有自己"法律"的组织实施者，它/他们代表氏族部落作出决定，对有明确依据的事情作出判决和实施强制性制裁。伊富高人的组织实施者是在家族中有一定地位和资格的家长；易洛魁人、早期希腊人和罗马人的组织实施者是氏族会议、酋长会议、元老院以及平时担负日常职责的首领、巴赛勒斯、执政官。首领、传统规则和会议的决定、宗教和巫术的权威，所有这些构建出原始社会处理纠纷的不发达的架构，直至迈入文明门槛时出现了梭伦、克莱斯瑟尼这样的立法者。拉德克利夫－布朗让我们窥见到原始司法的一般面貌，他这样概述法律实施的主要内容：一是使之受到公开的谴责或嘲弄，

---

① 霍贝尔：《原始人的法》，严存生等译，贵州人民出版社1992年版，第93页。
② 霍贝尔：《原始人的法》，严存生等译，贵州人民出版社1992年版，第98页。
③ 列维－布留尔：《原始思维》，丁由译，商务印书馆1981年版，第412～413页。

例如强行让他负枷示众；二是永远或暂时让他不能充分参与社会生活和享有社会权利；三是使他的社会地位受损；四是强行没收财产或征收罚金；五是让他遭受肉体痛苦；六是永远将他排斥在社区以外；七是监禁；八是处以死刑。他认为，当这一系列行为由权威之人或者政治、军事机构组织实施的时候，它们便属于法律裁定。①

以上举要叙事了原始法规的存在，再进一步便是那些更琐细的规定，这里我们仅以加纳南部阿散蒂人的戒律作为样本，其余不再赘述："（1）不许狗从城里穿过；（2）头靠不能用布做；（3）儿童不能携带很重的东西；（4）在市场上出卖的鱼不许杀；（5）不许在城里打口哨，因为它招致人精神上的厌恶；（6）祭司永远不许和女巫结婚；（7）在星期四不做农活（这事实上是全国性的节日，不是一个地方的戒律，因为在木曜日全阿散蒂要祭地球）；（8）不许有意把鸡蛋打破在地上；（9）不许有意将锅打破在地上；（10）棕榈油不能有意倒在地上；（11）水不准流入棕榈油里；（12）在城里走时不能把担子放在肩上；（13）从城里经过时，担子不能举得超过头顶（这是个暗示：举担人认为曼木帕的首领和长者无足轻重，没有价值——这是一种指责祖先的极端恶劣的反射）；（14）来月经的妇女不能和牧师或宫廷随从讲话。"②

还有一个要素不能不说，它就是社会舆论。按今天的认识，社会舆论是道德规范人的行为的特征，不属于法的范畴，不应当在法的名义下讨论。但在原始社会，它作为集体情绪的表达，确是和习俗性法规有直接联系的。具体说，原始人的集体情绪和原始宗教崇拜相统一，进而与图腾，与巫术，与禁忌有千丝万缕的联系，当人的言行违反图腾禁忌、巫术禁忌时，畏惧惊恐的情绪立刻蔓延开来，严厉的强制性的惩罚要求就会接踵而至。不消说，这已经进入原始法的范围。进一步，集体情绪演生成一种固定模式，与日常生活融为一体，同法律性规范的关系斩不断，理还乱，在促使人们

---

① 参见拉德克利夫－布朗：《原始社会的结构与功能》，潘蛟等译，中央民族大学出版社1999年版，第233页。

② 霍贝尔：《原始人的法》，严存生等译，贵州人民出版社1992年版，第215页。

行为符合法律规范方面发挥出极大作用。通奸是和杀人并列的恶，尽管在节日仪式等时间点上性混乱是允许和正当的。在一些地方，通奸者会被乱石打死，这种习俗至今在伊斯兰国家还有保留。因纽特人对待与他人通奸的妻子的处罚，是将她抛弃在荒野，丈夫可带人去肆意凌辱，蹂躏到死，不可谓不残酷。但也有这样的情形，晒延妇女"'在西部诸部落中以其贞洁著称'，而且，'如果谁屈服了，就永远被人看不起'。至于男人，他们并不这样普遍地约束自己。但是一个好的丈夫，有坚强的性格和很高的理想，会在第一个儿子出生时起誓，在七到十年之内不与妻子同房。他们认为这样就会把所有的游动的神灵的力量集中到儿子身上，使他成为一个伟男子。人们谈论并赞赏其父母的自制。未能遵守誓言的将受到神灵的惩罚，他的儿子会得病而死，但不受法律的惩罚。"①当违反外婚制的行为只是私下为人所知时，知情者的态度是宽容的，自然也谈不上惩罚，然而事情一旦被公开，造成公众舆论，事态就严峻起来。偷盗在有些地方是犯罪，在有些地方不构成法律问题，但小偷会在公众面前感到羞耻。人们会对小偷说：你不必这样，我送给你就是。马林诺夫斯基曾对美拉尼西亚人所以遵循物品交易的规则的主要原因有过分析，其中第二个就是社会舆论的压力，即那些不遵守交易规则的人在社会交往中被看作是粗俗可笑、乖戾无礼的人。②拉德克利夫-布朗说："裁定之所以奏效，首先是因为个人具有通过获得同伴赞许、避免责难，来赢得社会给予的奖励和避免惩罚的愿望；其次是由于个人与其同伙一样，知道以赞许或责难的判断对具体的行为方式做出反应，从而他是在根据一种或多或少与社会主流标准相一致标准，瞻前顾后地来权衡自己的行为。因此，在最广泛的意义上，所谓的良心实际上也就是社会裁定在个人身上的反射。"③这段话不仅可以看作社会舆论在原

---

① 霍贝尔：《原始人的法》，严存生等译，贵州人民出版社1992年版，第148页。

② 马林诺夫斯基：《原始社会的犯罪与习俗》，原江译，云南人民出版社2002年版，第34页。

③ 拉德克利夫-布朗：《原始社会的结构与功能》，潘蛟等译，中央民族大学出版社1999年版，第230～231页。

始司法中作用机理的说明，更重要的是他讲到了良心，把它看作法律裁定在个人身上的反射，沟通二者的中介是社会舆论。这反映了原始社会规范的特征——法律与道德浑然一体。现代社会所产生的二者的关系问题，在远古时代已经播下了种子。

梅因和马林诺夫斯基均把原始"法"归类于民法，因此刑事犯罪和刑法是不存在的。后者认为，"民事法律——或者它在原始社会的对应物——是极其发达的，并且支配着社会组织的方方面面。"它们可以被清楚地辨识，毫无争议地属于具有约束力的法律规则，却不具有必须严格和完全服从的宗教戒律的性质，基本上是灵活的，可调整的，留有很大的弹性空间。[1]

人类学家提供的资料是有限的，我们对人类学家提供资料的梳理也是有限的。虽然有限，却已经反映出原始"法"存在的范围和样态，展现出集体意愿或社会意向的强化，让我们看到原始共同体的统一和原始秩序的维护，看到义务和权利的原初关系及观念，看到原始纠纷的解决方式及不法行为的处罚，看到非专门的"立法""司法"组织实施者们的身影。这就够了。史前史结束后，人口增加、共同体扩大、社会活动和社会关系越益复杂，有了设立法律机构和专门从事法律事务的人的需要，有了专门的人就有了法学意义的法，原始法律一经转化为"法典"，法律完全自发发展的阶段便告中止。

5.禁忌

禁忌又称塔布（Taboo或Tabu），源自波利尼西亚群岛，意为"神圣的"和"不可接触的"。神圣者乃一存在物，它可以是动物，可以是植物，也可以是某种行为，甚至是人或他所使用的东西，概括而言，就是鬼怪神灵。动植物、行为和人及他使用的东西成为禁忌对象，要么因为它是鬼怪神灵的化身，要么因为它注入了神秘的力量；动植物、行为和人及他使用

---

[1] 马林诺夫斯基：《原始社会的犯罪与习俗》，原江译，云南人民出版社2002年版，第49、18页。这和《尚书》中突显"刑"形成对比，中国社会长期缺民法。

的东西是鬼怪神灵的外化形式，鬼怪神灵本身及它所拥有的神秘力量才是"神圣的"主体。"不可接触"——触摸、吃、看、交谈——是禁忌的基本原则，表面上看它仿佛仍然是指神圣物，即神圣物是不可接触的对象，其实是对身为世俗者的人的告诫，即人在自己的生产生活中不可接触神圣物。英国宗教研究者史密斯认为，神圣一词本身即含有分离的意思，神圣观念即禁止观念，禁忌就是禁止触犯和使用神圣物。

这样便画出了一条人类行为的界线，其内容包括个人的肉体与灵魂，活人与死人，人与神，神灵与鬼怪，神灵的善恶。禁忌就是对这条界线的守护。涂尔干特别强调这条界线，认为不管禁忌体系多么纷繁复杂，最终都可归结为两点，第一，宗教生活和凡俗生活不能同在一处，前者必须被安排在一个特定的地方，后者不能介入其中。第二，宗教生活和凡俗生活不能同时并存，必须为前者提供专门确定的日期或时段，例如宗教节日。[①]他之所以将宗教生活与凡俗生活相对，是因为在他看来，宗教生活不仅表达了各种神圣事物的性质，也表达了神圣事物之间的关系以及神圣事物与凡俗事物之间的关系，它规定了人们在神圣事物面前应该具有怎样的行为举止，使得神圣事物在受到禁忌保护的同时也被禁忌隔离开来，凡俗事物必须对其敬而远之。但是如果认为禁忌物只是神圣物可能并不全面。"一物之成为禁忌，可以是由于其优秀也可以是由于其低劣，可以是由于其善也可以是由于其恶，可以是由于其有德性也可以是由于其堕落。"[②]接触不洁之物，如一个犯罪的人、一个分娩的女人、一具尸体，将某物带入一个污染的环境或人本身进入一块污染的区域，同样不允许，一些氏族部落对此有严格的禁忌。污秽（权且用这个词代表神圣的对立面，以便于论述）禁忌与神圣禁忌并行不悖，否定即肯定。确立了神圣的对象，崇拜它，敬畏它，便不能冒犯它，朝它对立的方向运动，不能接触污秽不洁之物，更不能沾

① 涂尔干：《宗教生活的基本形式》，渠东、汲喆译，上海人民出版社1999年版，第403～404页。

② 卡西尔：《人论》，甘阳译，上海译文出版社1985年版，第135～136页。

染它们；反之，禁止接触污秽不洁之物，不允许沾染它们，就是要崇拜敬畏神圣的东西，顺从它并按它所要求的方向行动。

与理解污秽禁忌和神圣禁忌的不矛盾性相比，更值得关注的是以下问题：谈到神圣禁忌的时候，人的行为只有一条界线，神圣物与凡俗物的界线；当出现污秽禁忌后，人的行为有了两条界线，既有一条优的、善的、德性、神圣的界线，又有一条劣的、恶的、堕落的、污秽的界线。事物在被分为神圣的和凡俗的两类后，又增加了污秽一类。人的世界，纷繁复杂气象万千，某种意义上，分类即是对杂多的规范。如果说人的思维中存在二元对立的倾向，定要将事物分出个是非黑白好坏善恶美丑圣俗，那也就是说人的思维本身即存有规范的种子。作为凡俗者，人存在于神圣和污秽两条界线之间。按弗洛伊德的观点，一件强烈禁止的事情，必是人人想做的事情。人人想做不一定表现在意识的自觉中，它可以存在于人的本能，是无意识的冲动。而在意识的层面，禁忌展现了人的矛盾的心态，既想要又害怕，既欲望又恐惧，既崇拜又憎恨。文明是本能的压抑，禁忌充当了压抑历程的早期手段。人既有了矛盾的心态，就有了排解的需要，在两条界线之间便有了选择的空间。他一定要选择，一定要排解，不然，长期处于矛盾状态下的他就会失常。这怕是我们看到的最早的选择。我们知道，对于道德而言，选择非常重要，而选择的存在意味着道德不可或缺的另一个因素的诞生——自由。尽管禁忌借助神秘的力量（例如玛纳）守护着界线，严格限制约束人的行为，但人毕竟有了介于神圣和污秽的空间，可以作出选择的可能，何去何从不再是全然被动的，它开始依赖于人们的行动，仪式、巫术、禁忌、苦修、服药等等是可选择的外在行动，寻找善根是可选择的内在行动。前一种路径和规则相通，后一种路径和德性相通，它们在禁忌中获得统一，禁忌既是外在的强制，也是内在的认同。[①]有些禁忌变

---

① 有学者说，"禁"字的作用来自外部力量——神灵鬼怪；"忌"表现人的好恶取向，强调的是人主体的、内在的、情感的方面。（参见金泽：《宗教禁忌》，社会科学文献出版社1998年版，第19页。）

成了一种遗传性的心理特质，例如对死亡的畏惧，人们遵从它们，出于内心的需要，成为信仰，成为一种下意识的防范。①

禁忌于是成为划定界线和约束行为双重意义上的规定，它是与惩罚相联系的最早的不能做什么的规定，是社会约束和社会控制最原始的形式之一。②在它展现的原初状态中，我们既看到了法律也看到了道德的影子。

第一，禁忌是最古老的规范。还在人类使用语言之前，禁忌就已普遍存在。一种观点认为，新石器时代是禁忌发展的黄金年代。精确地考证禁忌起源的时间或许已不可能，有一个因素可以帮助我们认识禁忌之早，那就是鬼神观念。有了鬼神观念便有了禁忌。这一判断可以得到两方面的证明。首先，禁忌出于敬畏。"禁忌来源是因为附着在人或鬼身上的一种特殊的神奇力量（玛那），它们能够利用无生命的物质作为媒介而加以传播。"③禁忌"起源于一种人类最原始且保留最久的本能——对'魔鬼'力量的恐惧。""虽然，随着时间和环境的转变，对所有包含于禁忌里的各种力量及其特性造成了很大的转变，可是它们的起源仅仅只有一个，即：'当心魔鬼的愤怒！'"④"禁忌是由于存在危险而产生的，因此它总是与唯恐违反禁忌的恐惧感联系在一起的。"⑤弗洛伊德、谢苗诺夫的这些话语不约而同指向一点：对神秘力量和魔鬼的敬畏。鬼神意识产生了，敬畏从而禁忌也就产生了。正是基于这个原因，人们常把禁忌与宗教联系在一起，把宗教崇拜视为禁忌的基础。其次，"信"（信仰、相信）。一是信仰鬼神存在和鬼神所拥有的神秘力量存在；二是相信鬼神与自己、与他人存在神秘的交感，它构成生命的源泉，决定自己和他人的命运；三是相信触怒了鬼神将会受到

---

① 万建中：《禁忌与中国文化》，人民出版社2001年版，第108页。

② 如果禁忌惩罚是强制的，而禁忌又是最早的规范，则强制性规范的出现先于非强制的道德。

③ 弗洛伊德：《图腾与禁忌》，文良文化译，中央编译出版社2005年版，第22页。

④ 弗洛伊德：《图腾与禁忌》，文良文化译，中央编译出版社2005年版，第26页。

⑤ 谢苗诺夫：《婚姻和家庭的起源》，蔡俊生译，沈真校，中国社会科学出版社1983年版，第71页。

严厉的惩罚，故而有虔诚的敬畏，故而内心深处习惯性地将怠慢、亵渎、不洁等等同灭顶之灾联系在一起。[①]由此可见，对神秘力量的信是禁忌产生不可或缺的条件，是禁忌的依据，这是一个存在于内心世界的主观条件，没有这个条件，就没有敬畏，也就没有不敢丝毫怠慢、丝毫亵渎的行动上的禁忌。禁忌伴随鬼神观念产生，鬼神观念强化禁忌的权威并推动了它的发展，鬼神观念多古老，禁忌规范就有多古老。

第二，禁忌是普遍性规范。它从最早的饮食禁忌和性禁忌开始，以一种与原始生活平行的态势扩展。一方面，"似乎没有一个社会（不管是多么原始），不曾发展出一套禁忌体系"。[②]另一方面，几乎每一个原始部落社会生活的方方面面都存在禁忌。从范围角度看，涉及的领域有生产、生活、巫术、宗教（包括图腾崇拜、祭祀仪式等）。就指涉角度看，禁忌的对象从人到动植物，从数字、空间、时间到服饰、饮食、出行、交往、言语，从日常生活行为到农事、蚕业、饲养、捕鱼、狩猎（后来还包括手工业、戏剧业、工商业），几乎无所不包，可谓360行，行行有禁忌。每一个对象范围内又有许多禁忌，如人的禁忌中包含人名、称谓的禁忌；空间禁忌中包含有关住宅、门、户、灶的禁忌；时间禁忌中包含节日节气的禁忌；捕鱼狩猎时有性禁忌；祭祀仪式中有许多"规定动作"；巫师从事巫术活动时要遵守某些法术禁忌，如饮食禁忌和时间禁忌，巫师穿过的衣服、使用的法器、接触过的事物甚至巫师本人都是禁忌的对象。不同时期禁忌对象的构成不同，禁忌要求的严厉程度不同，在涉及那个时期社会生活的方方面面这一点上没有不同。

第三，禁忌是消极性规范。"消极"和禁止否定相关，是且仅是禁止和否定的。它只是告诉人们不能做什么，没有告诉人们能够或应该做什么，

---

① 仪式性禁限是人们行为的戒律，它与某种信仰密切相关，即相信一个人若违反了这一戒律，他的破禁行为将导致他的仪式状态恶化。这种仪式状态变化在不同社会中有不同表现形式，但无论哪一种表现形式，都意味着违禁人要遭遇或大或小的厄运。（拉德克利夫－布朗：《原始社会的结构与功能》，潘蛟等译，中央民族大学出版社1999年版，第149页。）

② 卡西尔：《人论》，甘阳译，上海译文出版社1985年版，第133页。

只是禁止，没有提倡，只是惩罚，没有鼓励。禁忌即是如此，它加给人们许多责任义务，这些责任义务在不同的原始共同体中彼此可能不同甚或差异巨大，却有一个共同特点，全是消极的。原始先民从中得知的是不做什么，不是做什么；他们从禁忌体系塑造的氛围中得到的心理暗示是敬畏恐惧，不是指导帮助。正是鉴于禁忌规范这种消极性的特点，卡西尔说，宗教的一大贡献，是发现了另一种冲动，依靠这种冲动，人的全部生活被引到了一个新的方向，他们在自己身上发现了一种肯定力量，一种不是禁止而是激励和追求的力量，把被动的服从转化为积极的宗教情感。[①]

第四，禁忌是强制性规范。不许做什么的规定建构起一道屏障，阻断了人与鬼神之间随时可能发生的神秘的交感，从而使人得以免除危险，受到保护。谁如果违反触碰了禁忌，必定受到惩罚。在这一点上，无论酋长、巫师、统帅还是氏族部落的普通成员，人人"平等"，没有"特权"。对触犯禁忌的惩罚来自三方面：神灵鬼怪、共同体和违禁者自己内心。本来，违反禁忌触怒的是鬼怪神灵，惩罚应来自鬼怪神灵，是它们及它们拥有的神秘力量对人的行为的报应，原始人也相信惩罚就是鬼怪神灵的报应。但实际上，谁也说不清洪水滔天、人丁不旺、家破财尽、疾病缠身、厄运连连同鬼怪神灵究竟怎样联系在一起，二者之间的因果关系只存在于人们的信仰或相信中，存在于偶然发生的前后两件事情的强制性解释中。来自共同体的惩罚却是实实在在的，人们会以极其严厉乃至残暴的态度对待违禁者。整个社会都相信，触犯禁忌的言论和行动具有传染性，它发生在个体身上，危害的却是整个群体，故触犯禁忌不是个人私事，而是整个共同体的事情，自然要由共同体作出惩罚决定。卡西尔说："在这种体系中没有任何个人责任的影子"，[②]这便是我们满眼尽是社会惩罚却难觅神灵踪迹的原因。禁忌惩罚真正的威力来自内心。遵守禁忌潜移默化为人的义务，康德所谓"绝对命令"之情形，在这里展现得淋漓尽致，兹有一例，可见一斑：

---

① 参见卡西尔：《人论》，甘阳译，上海译文出版社1985年版，第138页。
② 卡西尔：《人论》，甘阳译，上海译文出版社1985年版，第134页。

"'在新西兰，有一次，一位国王在吃完饭后将残肴弃置在路旁。就在他刚走不久，一位饥饿的奴隶发现了这些剩菜，于是，他没问清楚即囫囵吞下。就在这时，一位惊恐的旁观者告诉他，那些食物乃属于一位国王的。'本来，他是一位强壮且勇敢的青年，可是'当他听完了这恐怖的消息后，全身开始抽筋且胃部发生激烈的绞痛，这种症状一直延续到当天傍晚，他终于因不治死亡了。'"①由此例可知，禁忌惩罚最不同凡响之处，是能够借助神灵等超自然力量的威名实现对人由内而外的绝对控制。

学者们对禁忌一般持肯定态度。认为：（1）禁忌具有调控人的行为，维护社会秩序的功能。禁忌"是人迄今所发现的唯一的社会约束和义务的体系。它是整个社会秩序的基石。社会体系中没有哪个方面不是靠特殊的禁忌来调节和管理的。"②（2）禁忌在规范人的行为时具有形构社会关系的功能。禁忌"为在社会诸方面或诸要素间建立起一个复杂的社会网络起过很大的作用。"③此外还有两点，第一，禁忌包含对人与自然关系的规范，这在图腾禁忌中表现得最为典型。人从自然界脱胎出来，当他与自然一体的时候，他是自然的一部分，无所谓关系不关系。人与自然的关系以人与自然的分离为前提，建立在劳动基础上，这一点没有疑问。但人在劳动过程中与自然界实际地建立起某种关系和人为保持其与自然的关系而主动地限制自己的行为还是有区别的，前者是不知的，表现为顺其自然，后者是自觉的，表现为人为克制自己的行动达到对自然物的保护。图腾禁忌属于后者，它开创了人"保护"自然的先河。第二，禁忌令人萌生敬畏之心。敬畏是禁忌之有力量的根本原因，但敬畏的价值不限于禁忌而有另外的文化意义。且不说作为文化现象的宗教，对上帝的敬畏原本与禁忌有不可分割的关系，也不说"上帝死了"后人们"和尚打伞"无法无天的后果，就是在日常生活中，在人际交往和争取自身利益的过程中，有无敬畏之心会对

---

① 弗洛伊德：《图腾与禁忌》，文良文化译，中央编译出版社2005年版，第47页。

② 卡西尔：《人论》，甘阳译，上海译文出版社1985年版，第138页。

③ 拉德克利夫-布朗：《原始社会的结构与功能》，潘蛟等译，中央民族大学出版社1999年版，第148页。

社会的物质生活条件产生相当不同的反应。敬畏之心意味着内在世界的界线，通常勾连着外在行为的底线，是人生不应缺少的。这个人生不应缺少的"线"发端于禁忌。

有些学者对禁忌的评价很高，视其为"较高的文化生活之初而不可缺少的萌芽"，说它有助于社会成员良好的行为模式和是非感、荣辱感、美丑感及伦理道德等等的塑造，把它看作最早的道德形式，甚至说它"是道德和宗教思想的先天原则。"[①]玛丽·道格拉斯直言，禁忌至少在四个方面维护了道德：（1）当某种状态在道德上难以确定时，禁忌提供了一种规则，人们据此可以确定自己的行为是否得当。（2）当道德原则陷入冲突时，禁忌规则可以减少其混乱。（3）当一种道德上错误的行为没有引起道德义愤时，对于违反禁忌带来灾难的信仰可以加剧问题的严重性，从而将舆论集中到正义的方面。（4）禁忌的信仰与惩罚的强制性对犯错误者形成一种威慑力量。[②]

说禁忌是"较高的文化生活之初而不可缺少的萌芽"没有问题，把禁忌和道德直接联系在一起认为前者是后者最早的存在形式值得商榷。毫无疑问，禁忌隐含着道德性因素，一些不能做什么的禁忌规范，反过来看就是后世提倡的道德规范。虐待双亲、悖逆亲属是禁忌，孝敬父母、亲亲家人就是道德规范；丈夫外出打仗或狩猎时，妻子在家通奸是禁忌，坚守贞操就是道德规范，等等。然而反过来看不代表当时就是。即使如勇敢、忠诚、相互帮助等原始时期人所具有的品格，也只是后世道德的胚胎，还不能看作与自由意志相关联的道德规范。这样一些品格是原始人行为的自然流露，和另外一些自然流露出来的品格同属一类。身处严酷生存环境中的因纽特人对缺少食物时杀掉老人、溺死婴儿的举动没有觉得有什么不妥，在同样严酷的生存环境中他们对勇敢、坚毅、互助的品格也没有觉得有什么高尚。他们的生活原本如此，会做一些事，不做一些事，赞成一些事，反对乃至惩罚一些事，但做与不做、赞成和反对的理由不在道德，而在别的地方，

---

① 卡西尔：《人论》，甘阳译，上海译文出版社1985年版，第133页。

② 见万建中：《禁忌与中国文化》，人民出版社2001年版，第497页。

例如对神灵的敬畏，对禁忌的恐惧。当古波斯国王大流士问习惯于吃掉他们死去的父亲的卡雷逊人怎么才能让他们烧掉他们父亲的尸体，又问习惯于对尸体进行火葬的希腊人怎么才能让他们吃自己父亲的尸体时，[①]双方之所以都表现出震惊和恐惧，就在于他们对同样的行为有着完全不同的信念和生活依据。这样看来，把禁忌看作最早的道德形式的观点是不当的；说禁忌有助于塑造人的荣辱感、美丑感及伦理道德以及玛丽·格拉斯关于禁忌至少在四个方面维护了道德的论述，不适用于早期人类的无意识的行为。他们"从后思索"构建了禁忌和道德的关联，这种关联的状态在文明史时期或许是存在的，在史前社会早期不存在。

换个角度也可以证明我们的观点。禁忌只关注结果不关注动机，是强制的不是自律的，违反禁忌带来的是内心的恐惧不是良心的谴责，而我们知道，动机、自律、良心谴责恰恰是道德之为道德的特征。显然，禁忌的本质特征同道德的本质特征大有不同，前者可能是后者的早期萌芽，不可能是后者的早期形式，后者不可能从前者中直接引出或在前者作为最古老的行为规范那段时期同它发生互为表里的相互作用。在这个问题上，涂尔干的观点较为可取，他说消极膜拜（禁忌体系）只是阻止而非激励或修正行为的无意的后果，对于培养个体的宗教性和道德性却具有最为重要的积极作用，一个人倘若不能去掉自己所有凡俗的东西，就不能与神圣事物建立亲密的关系；消极膜拜可以为积极膜拜开辟道路，做好铺垫。[②]对禁忌与道德的相同点涂尔干也提供了资源，他说"系统的苦行主义是从消极膜拜的过度发展中产生出来的。""消极膜拜就是靠制造痛苦才得以维持的。"痛苦具有神圣化的力量，这在一些人那里成为一种信仰。"只有一个人学会了抛弃凡俗、克制自己、脱离自我、忍受痛苦，积极膜拜才成为可能。面对痛苦，他必须毫无惧色，从某种程度上说，他甚至只有热爱痛苦，才能欣然

---

① 参见雷切尔斯：《道德的理由》（第5版），杨宗元译，中国人民大学出版社2009年版，第17页。

② 涂尔干：《宗教生活的基本形式》，渠东、汲喆译，上海人民出版社1999年版，第404、406页。

履行他的各项责任。"①涂尔干这番话是在论述宗教时说的，它使我们想到中世纪，想到佛教。基督徒和佛教徒们的禁欲苦行在表现形式上与涂尔干所说一脉相承，在心理动机上却有了彻底反转。它不再基于社会禁忌由外向内引起的恐惧，而是完全建立在个体自愿基础上，因此它有了道德色彩，并且实事上也被看作道德或在道德层面上被提倡。不仅儒家青睐贞节牌坊，倡导"灭人欲"，就是今天的道德宣传也经常通过"制造痛苦"来塑造道德楷模。禁忌与道德终于相通了，然而过去借助禁忌去做的事现在借助道德去做是件好事还是坏事？这中间有什么玄机？道德如果要通过"制造痛苦"来彰显自己，它是异化了还是回归了自己？个中滋味，品尝言说者差异极大，我们将在后面加以反思。

在一些学者将禁忌视为道德的表现形式时，马林诺夫斯基把禁忌视为法律的表现形式。他引了哈特兰《原始法律》的论述："法律的核心是一系列的禁忌"，"几乎所有的古代法典都是由禁止性规定组成的"。"对超自然惩罚的必然性的普遍信仰和对同伴同情心的疏离，营造了一种足以预防违反部落习俗的恐怖氛围。"②弗洛伊德也认为，人类最早的刑罚可追溯到禁忌。的确，在先民们的意识中，违反禁忌是罪孽，必须付出代价受到惩罚。禁忌的一些内容由是逐渐成为习惯法的组成部分，禁忌的诸多规定后来汇入到法典中，有些禁忌规定在今天的法律中还可以找到它们的踪迹。笔者认为禁忌是法律的源头应无疑义，需当谨慎之处是认知时分寸的把握。

禁忌的禁止性、否定性、强制性和法律相通，禁忌的内在性、自律性以及其信仰信念的特征和道德相通。它被一些学者看作道德的早期形式，被另一些学者看作法律的早期形式，实际上既不是道德的早期形式，也不是法律的早期形式，而是原初的规范形式。为了避免误解，我们需要再次重申，道德和法律这两个概念是按照现代意义界说和理解的，基于现代界

---

① 涂尔干：《宗教生活的基本形式》，渠东、汲喆译，上海人民出版社1999年版，第406～407、408、411页。

② 马林诺夫斯基：《原始社会的犯罪与习俗》，原江译，云南人民出版社2002年版，第36页。

说和理解，我们认为它既不是道德的早期形式也不是法律的早期形式；基于现代界说和理解，我们认为禁忌是无文字历史时期的社会规范，既包括伦理因素，也包括法律因素，它们浑然一体。正因为它们浑然一体，禁忌才能成为伦理和法律的源头，而后者的早期形式在原始晚期交界处萌芽，在文明史的早期阶段呈现在我们面前。

三、原初规范的特点

原初规范有自己的特点，共性显明者有三：实用性、非理性和自然性。

1.实用性

原初规范从无开始。人类使用工具的活动——产生规范的母体——发生在这样的物质生活条件下，除了自己的身体、以家庭为中心的分散的群体和自然界提供的资料外，一无所有。考古工作者发现，打制石器、摩擦取火出现在旧石器中期，用兽皮缝制衣服出现在旧石器晚期，最早的弓箭和半窖穴式地下住所出现在公元前八千年，在公元前七千年的遗址中发现了驯养的狗的骨骼，在公元前六千年的遗址中发现了独木舟，新石器时代出现氏族部落聚居的村落，一部分地区才有了原始农业和原始畜牧业。在中国，农业生产有一定程度的发展是五千年前的事，大约在4000年前先民们才又发明了土台式建筑。——这些今天看来很遥远的事情，在史前史中已是很晚的事情。

处于这种物质生活条件的人，生存是第一位的，原始初民所做的一切都围绕着氏族部落从而也是他自己的生存展开。生产性的集体行动不用说，一些非生产性活动——巫术、祭祀仪式、神灵膜拜——也显明地表现出这个特点，有关它们的研究在人类学著作中占有重要地位。

巫术。巫师的主要活动是占卜、祭祀、巫术、医病、送葬，祈求丰收，维护秩序，保护氏族成员，实施巫术是贯穿其中的核心。巫术活动在原始社会普遍流行。弗雷泽认为，它可用于谋取各种公众利益，最根本的是提供大量的食物。弗雷泽的意思并不是说巫术活动本身提供食物，而是说食物提供者们——猎人、渔民、农夫——在各自的活动中都求助于实施巫术。很多学者持有相同的观点，例如马林诺夫斯基说，耕种需要巫术，这是不言而喻的，否则，在初民看来，灾荒立即降临；更严重的是，还会伤及每个人的感情，令舆论大为震怒，所有的工作就无从组合了。全体氏族部落成员共同经营的事业里最有效的组织及统一的力量，这或许是巫术体系最重要的一点。[1]但就巫术本身而言，后面我们会看到，最畅行的领域是人的健康，巫术是那个时代的医学。

祭祀仪式。相当一部分仪式同一些时间节点密切相关，要么同人生的生理时期特别是转变时期密切相关，如受孕、妊娠、生产、结婚、死亡等；要么同气候和季节变化密切相关，如干旱、洪涝、春季、雨季。这不是偶然的，背后隐含有神秘意识的成分——春天来临，万物复苏，动物也大量繁殖起来；到了雨季，植物像被施了魔法一样雨后春笋般地破土而出，等等。阿兰达人举行仪式的目的是希冀作为氏族图腾的动植物物种能够得到繁衍，用活人作为牺牲献祭鬼神是原始社会祭祀仪式最血腥的一面，它通常发生在遇到重大事件的时候，借以表达自己的虔诚和极度渴望的心情：改变天旱无雨或江河泛滥、阻止瘟疫流行或饥荒蔓延、打败敌人或不被敌人打败、防范某个特殊人物的死亡或召唤某个神灵的降临。[2]马林诺夫斯基列举了各种巫术仪式的相似之处，发现和充满着愤恨、恐惧或恋爱的感情相并列的一点，是它们都具有一个希望达到的实际效果。[3]拉德克利夫-布朗说："任何事物或事件，只要对社会的人（物质的或精神的）有重要影响，或任何东西，只要能代表上述事物或事件中的任何一个，都会成为仪式态度所涉及的对象。"并

---

[1]　马林诺夫斯基：《文化论》，费孝通译，中国民间文艺出版社1987年版，第54页。
[2]　玛雅文化中某些神秘现象的存在使得关于"外星人"的争论至今不断。玛雅人没有这个争论，他们相信神的存在，"外星人"就是他们的神，他们相信神离开地球时许诺要回来的传说，为了祈求神回来，他们把大批的人送上祭坛。
[3]　马林诺夫斯基：《文化论》，费孝通译，中国民间文艺出版社1987年版，第64页。

认为这是一个通则。①中国古代典籍《礼记·祭法》说："夫圣王之制祭祀也，法施于民则祀之，以死勤事则祀之，以劳定国则祀之，能御大菑则祀之，能捍大患则祀之。……及夫日、月、星辰，民所瞻仰也。山林、川谷、丘陵，民所取财用也。非此族也，不在祀典。"②"灵魂是健康与疾病、善与恶的施与者，那么人们博取灵魂的欢心或者安抚灵魂的愠怒就是聪明之举了；于是，便出现了供奉、祷告、祭祀等所有宗教尊奉的机制。"③

神灵膜拜。有各式各样的神灵膜拜，图腾膜拜最具共性。图腾起源于相信人与动植物的一体性④，膜拜是为祈求神灵、祖先的保佑；作为图腾膜拜对象的植物和动物，许多是膜拜者赖以为生的食物，对图腾的膜拜因此就在保佑和食用双重意义上成为膜拜者对自己及氏族部落的祈福。自然的力量是最早被神圣化的对象，前提是它与人有某种特殊的关系，与人无关的自然力不是神。印度的主要神祇之一阿耆尼（Agni）最初指的就是火；最初的守护神"生育者"是对繁育能力的表达和人格化；风雨因直接影响农作物生长、捕鱼打猎乃至军事行动，得以成为进入国家祭典的神；其他如财神、灶神、门神、战神等等莫不如此。即使对灵魂，原始先民中也有非常功利的态度。"低等社会中有一种非常普遍的信仰：即灵魂积极地参与了身体的生活。如果身体受伤了，那么灵魂也会在相应的部位受到伤害。事实上，许多民族都没有为年迈体衰的死者举行葬礼，不给他这种荣誉；因为在他们看来，这些人的灵魂也已经衰老了。更有甚者，人们还在这些人步入老年之前，定期处死他们，对诸如国王或祭司这样的特权人物来说，人们常常认为他们拥有

---

① 拉德克利夫-布朗：《原始社会的结构与功能》，潘蛟等译，中央民族大学出版社1999年版，第143页。

② 《礼记·祭法第二十三》，李学勤主编：《十三经注疏·礼记正义》（标点本），北京大学出版社1999年版，第1307页。

③ 涂尔干：《宗教生活的基本形式》，渠东、汲喆译，上海人民出版社1999年版，第65页。

④ 个体图腾基本上可以由以下两个特征来界定：（1）它以动物或植物的形式存在，其功能是保护一个个体。（2）这个个体的命运和他的保护者的命运密切相关，所有触及后者的事情将感应地传给前者。（涂尔干：《宗教生活的基本形式》，渠东、汲喆译，上海人民出版社1999年版，第366页。）

着强有力的灵魂，共同体希望这种灵魂的庇护作用应该长久地保持下去。于是，他们就想方设法使这种灵魂不受其临时持有者体质衰弱的影响；并依此出发，在灵魂持有者的年纪大到会对灵魂产生削弱作用之前，就把灵魂取走，趁它还没有失去原有的活力，把它转移到一个更年轻的身体中去，使这种活力可以原封不动继续保持下去。"[1]对膜拜，仅说人们通常关心信仰、敬畏、虔诚、神秘等等内容，现在看不够了，它会导致我们对原始社会神灵膜拜认知的片面化，还应考虑其他方面，至少要考虑隐藏在它们背后的生存。远古时代的人信仰过很多神，它们分属不同氏族部落；其后，有些神继续被人供奉，有些神踪迹全无被淘汰出局；决定诸神谁被淘汰谁继续被人供奉的，不是信仰，不是敬畏，也不是虔诚和神秘，是神与人生存的关系。

远古时代，人的生存就是氏族部落的生存，维护氏族部落的生存就是维护人的生存。图腾膜拜和祭祀仪式的价值正在于此。图腾是氏族的标识，图腾信仰是众多原始部落生存的基础和纽带。如果说在动物世界，社会性的结合离不开动物的本能，那么在人的世界，社会性的结合离不开象征符号。图腾就是这样的符号，象征氏族存在的符号。为了这个符号，人们会舍命相许，会有奋不顾身的情感。这是一种集体情感，借助一定的形式表达，祭祀仪式即是集体情感的表达形式，它和图腾一起，构成信仰观念的对象化形式。拉德克利夫－布朗说，这也是其所赞成的涂尔干的观点：一个氏族群体要团结绵延下去，就必须使其成员心怀情感的对象；欲维持这种情感，就必须使它得到相应的集体表达；所有有规则的社会情感的集体表达都侧重于采取一种仪式形式，后者对调节、维持和一代代地传递那些社会存在所依赖的集体情感不可或缺。同样，仪式也需要有某些可以充当社会群体代表物的具体对象，图腾即是社会群体的具体代表物。群体与图腾之间的仪式关系的功能是表现并保持这一群体的社会团结。[2]笔者以为，这

---

① 涂尔干：《宗教生活的基本形式》，渠东、汲喆译，上海人民出版社1999年版，第75页。

② 拉德克利夫－布朗：《原始社会的结构与功能》，潘蛟等译，中央民族大学出版社1999年版，第137、142页。

个观点把图腾膜拜和祭祀仪式的价值讲清楚了。

原始先民的活动既围绕生存展开，原初规范自然会围绕这个中心生成。当着巫术、祭祀仪式和神灵膜拜都不能例外的时候，有理由认为实用性——还有什么比生存更实际的——是原初规范的首要特征。"很久很久以前，罗马法理学家乌皮亚写道：人类自然法的基础就是男女结合、繁衍后代、保护和养育后代。"①婚姻制度的出现并非源自性道德和感官享受的原因，内中包含适应经济方面因素的考虑，为了繁衍，可以乱婚，为了生计，必须合伙。一个人可以娶几个妻子，一夫一妻还是一夫多妻，取决于生活资料的多寡。在马尔代夫和尼亚萨兰，男人娶妻的数量以他能供养的人数为限。在科钦邦的丛林部落中，一个男人在还不能供养妻子的时候绝不允许结婚。②通奸之被痛恨，列为违法，是因为在一些原始部落看来，它除了是一种偷盗行为，还会导致婴儿夭折，丈夫受到伤害，乃至粮食歉收。而"食者，万物之始，人之所本者也"。禁止乱伦虽然没有得到遗传学的证明，却得到社会学的证明——它是瓦解共同体的一个因素。诸如此类的规范在捕鱼狩猎、行军打仗、日常生活、物品交换中很多，在原始禁忌和原始"法"中很多，它们都有讲究实利的特征，即有实际效果，能带来利益。它们与原始生存的关系是远是近可以讨论，从原始生存生发出来这一点应无疑义。摩尔根说："人类制度中凡是能维持长久的都与一种永恒的需要有关。"③那些存在一时的人类制度也与一时的需要有关。马林诺夫斯基文化人类学基本观点的合理性，正在于它注重文化的功能，强调研究人的行为，强调人的行为—功能在于满足人的需求，因而应当把文化的不同层面放在它们实际用途的背景下加以考察。马林诺夫斯基下面这个观点同样值得注意：在人的需求中，生理和心理的需要是最基本的或原生的，而社会需要则是次生的。从发生学角度看，他是正确的。

---

① 赞恩：《法律的故事》，孙运申译，中国盲文出版社2002年版，第20页

② 韦斯特马克：《人类婚姻史》，李彬等译，刘宇等校，商务印书馆2002年版，第51～52页。

③ 摩尔根：《古代社会》（上册），杨东莼等译，商务印书馆1977年版，第95页。

　　文化功能论和生存论是相通的，从生存论出发才能对现代文明人看来严重违法毫无道德可言但在原始人看来却是正常的那些现象给出合理的解释，而不是简单地用道德相对主义一带而过。前面说过，因纽特人常有杀死婴儿、病残者和老年人的举动，母亲亲手杀死婴儿，儿子亲手杀死父亲，这样的情形并不罕见，一个人帮助他人自杀甚至还可以收"服务费"。这里不妨再补充一个例子，一个西方人讲述的故事，它可以让我们更清楚地看到因纽特人行为—关系的"实用性"：父亲已值暮年，一日不如一日，他"要求儿子杀死自己，他叫一个大约十二三岁的小男孩使劲地将他的一把大猎刀磨快。随后指着他胸部容易刺进的部位，让他儿子来刺。第一次儿子将刀插的不太准，没有起到应有的效果。老父亲带着严厉和忍耐的情感说道：'孩子，再高一点。'第二刀很准，可怜的父亲就去见上帝了。"①这个故事告诉我们，杀老如此正常，就连被杀的老年人也觉得天经地义。所以"正常"，所以"天经地义"，食物匮乏，无力抚养婴儿、老人、病残者，几乎是唯一原因。

　　图腾禁忌对原始人来说极具威慑力，除了特定的时间（如祭祀仪式，并附有其他规则），严禁食用图腾物。但当人快要饿死而又没有其他食物时，这条禁忌允许打破。我们还看到这样的现象：人们祭拜神灵，向祂献上牺牲，希望祂庇护保佑自己，干旱时降下甘霖，洪涝时阻止雨水，劳作时心想事成。然而，当虔诚祭拜的偶像不显灵时，极度渴望的人们会责打祂。西伯利亚的奥斯蒂亚克人出猎不获时就责打偶像；在其他一些原始部落中，不灵验的偶像会被抛弃毁坏，人们会转身寻找另外的替代者。中国古代有"厌胜之术"，又称魇镇之术，据说始于姜太公，系一种用诅咒达到制伏所厌恶之人、之物或魔怪目的的法术。无论在宫廷还是在民间，都有人利用它来加害他人。谁家被用了"厌胜之术"，轻则厄运连连，重则家破人亡。但"厌胜之术"因人因事而异，也可用于去恶得吉。如果正面膜拜祈求不灵

---

　　①　霍贝尔:《原始人的法》，严存生等译，贵州人民出版社1992年版，第67～68页。吊死、绞死、堵在雪洞里冻死也是因纽特人杀老的方法。

验，责打乃至抛弃就可能达到目的，或许"厌胜之术"就是从原始部落责打偶像演变而来的。

偶像是人心理寄托的产物，是人在无意识中按自己的意愿和方式塑造出来的形象。偶像崇拜构建了二者之间的联系，却在后来将人的寄托、人的意愿遮蔽起来，反转为偶像单方面成为始因，祂创世，祂决定人的生老病死、旦夕祸福，祂给共同体带来吉祥平安。人们所要做的，是只需听命于祂，不要有任何与之不同更别说相悖的地方。这一点在以后的历史中有影响更为深远的表现，崇拜"高大上"，贬低吃穿住，树立起偶像"高大上"的绝对权威，以它为标准建章立制等等成为一种思潮，也成为建构、评判制度和伦理的路线和准则。当它们以道德乃人与禽兽相区别者为由论证"灭人欲"的合法性时，它便使遮蔽达到了极端。本书的一个基本观点是，道德——法律和其他规则也一样——源于生存，最终也要服务于满足人生存的需要。虽然人类社会的发展早已超越了生存阶段而迈向更高，人按其本性也应该超越自我，但无论怎样超越，都不能切断其与生存的联系。它是生存前提下的超越，生物性基础上的社会性，它必须与生存、与饮食男女的生物性保持内在一致性，不然就会丧失人性。

2.非理性

原始先民的物质生活虽然贫乏，精神生活却相对丰富。以今天的标准看，他们讷于思想，敏于想象。他们的想象力与现代人相比一点也不逊色，甚至可以用有过之而无不及来形容，只不过现代社会人们的想象力贴上了"魔幻"的标签，原始先民的想象力被冠以"迷信"。

原始先民围绕生存展开的活动受他们观念的制约。他们有观念，即对周围事物的觉察或意识。他们对未知充满好奇，渴望知道事物所以如是的原因。越是不知道的事情，越想知道，越想理解和解释，越是那些现实中人的能力所不能及的事，那些人的生产生活技能所不能控制的事，越是激起他们控制把握的欲望，进而努力加以探讨。由此形成的观念意识是怎样的，他们的行动就是怎样的。在这一点上他们和现代人本质相同，并且表现的更纯粹、更真诚。他们和现代人的不同表现在认识内容和探讨把握对象的方式方法上，而认识内容和探讨把握的方式方法不是想怎样就怎样的，它们是时代的产物，是物质生活条件和环境的产物。今天的人们对先民的探讨不屑一顾，认为它荒诞不经，多有错误，即使取得一点成果，也都是"小儿科"，太普通，太低级。这类认知从结果上看仿佛是正确的，从方法论上看极不可取，因为它只以现代知识体系为参照，失去了历史的维度。历史地看，火的发明意义不亚于文明史的任何科技成就，原始宗教演化出的一套思想体系深刻影响了文明史的整个历程，先民们在漫长岁月中的点滴进步都是人类思想知识大厦不可或缺的累积，我们没有理由不对他们心怀敬意。至于原初先民那些错误的认知，应在试错的范畴下做同情的理解。回顾原始先民身处"无知之幕"，什么都不知道，又什么都需要直接面对；比较现代社会芸芸众生把自己的困惑交给思想家、科学家；再设想几万年后的人们对我们所思所想可能给出的评价，如果认为后人苛刻责备我们是不公正的，我们也不应当苛刻责备先人大概是唯一公正的态度。

原始先民有自己的世界观，即他们对自己周围世界的根本看法。在其他观念不发达的情况下，制约他们活动的主要是他们的世界观。在先民眼中，世界有三个要素，他们自己、动植物等自然事物、神灵鬼怪。三个要素浑然一体，不可分离，纯粹物质的东西是不存在的。"对澳洲人来说，他们本身就是事物，而宇宙中的每件事物都是部落的一部分，都是部落的构成要素。这就是说，每件事物都像人一样，是部落的正规成员，在社会组织的整个格局中都有一个确定的位置。""人们把他们氏族中的事物视为亲戚或同伴，称它们为朋友，并认为它们也是由如同自己一样的血肉构成的。"[①]每个个体与某个特定事物同一，整个氏族与其图腾物同一，这种现象被一些学者称作"互体"。人与动植物等自然事物"互体"，动植物等自然物与神灵鬼怪亦"互体"。图腾物之为崇拜的对象，因为它是祖先和

---

①　涂尔干：《宗教生活的基本形式》，渠东、汲喆译，上海人民出版社1999年版，第188～189、196页。

神灵的合体，许多氏族部落把某种动物视作祖先，把自己视作它的子孙后代，他们相信"祖先"有一种神秘的力量，不仅繁衍子孙，更重要的是能够庇佑子孙。即使图腾物没有祖先含义，在一些氏族那里，它也是神灵的化身。"由此，我们可以建立一种关于图腾崇拜的社会学理论。……在狩猎和采集民族中，最重要的动植物和自然现象在习俗上和神话学上都习惯性地被看作是神圣的，即它们通过各种方式不同程度地被确定为仪式态度的对象。人与自然界的仪式关系基本上是社会整体与其神圣物之间所存在的一般关系。"①由于人与动植物等自然事物"互体"，动植物等自然物与神圣物"互体"，人与神圣物也"互体"。人、物、神三位一体，构建了原初先民的世界。

人与物的"互体"，使不得杀害和食用与之关联的动植物成为原初社会一种普遍规则。物与神"互体"以及神灵具有的神秘力量，一方面强化了禁杀禁食的权威性，另一方面派生出一系列禁忌。禁忌源自附着在人或鬼身上的一种特殊的神奇力量（玛纳、瓦坎等）的特点，使它具有一些独特的功能，其中包括保护所有权的功能。在圭亚那的马库纪人那里，每个人的财产，不管是他的茅屋、他的用具，还是他耕种的土地，都是神圣的，所有者只要用一个看得见的标志来表示这个东西归属，就足以使它不可侵犯。②因此，由所有权引发的争端在原始共同体中极为罕见，斯宾塞等人甚至说，他们那里从来没有过边界争端。③这种现象在原始社会相当普遍。人与神的"互体"引出规则化的仪式；仪式本身又有一套操作规则，一套程序，一套控制人们的言行必须如此而不能他样的戒律。仪式的目的是获得幸运或避

---

① 拉德克利夫-布朗：《原始社会的结构与功能》，潘蛟等译，中央民族大学出版社1999年版，第141页。

② 另一特殊的机制，是通过附以咒语使财产受到巫术的保护。（马林诺夫斯基：《原始社会的犯罪与习俗》，原江译，云南人民出版社2002年版，第38页。）对离住处较远无法看管的果树，人们用看得见的会给人带来疾病的魔符来保护。从这种树上偷盗会受到不可救药的疾病的惩罚，当地人对此十分相信，给其以尊重，不敢乱来。（霍贝尔：《原始人的法》，严存生等译，贵州人民出版社1992年版，第183页。）

③ 列维-布留尔：《原始思维》，丁由译，商务印书馆1981年版，第327～328页。

免不幸，为了达到这个目的，必须小心遵从规则戒律。最后，先民们在人、物、神浑然一体的世界中建立起的多层次、多方面、根深蒂固的联系，塑造了他们的生产生活方式，亦即我们所看到的他们自然的行为举止。[1]

原始先民的世界观中，神灵居最高地位。自然现象和社会生活方方面面无数奇异不解之谜，都足以让处在"无知之幕"中的他们内心强烈地感受到一种无限神秘的力量对他们的支配。这深刻地影响着他们的行为：图腾崇拜本源于神圣观念；巫术活动在神圣观念影响下形成，以玛纳观念为基础；禁忌源于对神圣事物的尊崇敬畏之情；日月星辰、动物植物等自然事物的作用不是被看作它们固有的特性，而是被认为分享了神秘的力；[2]举凡捕鱼打猎、受孕得子、生老病死、风调雨顺、厄运灾难、家庭安康、氏族繁盛等等，皆由神灵操控，梦甚至都是先民们的神。

"信"是支撑原始先民世界观的柱石。相信人有灵魂，相信梦中的游离是灵魂存在的真凭实据，梦中灵魂所遇到情境是神为了把自己的意志通知人而最常采用的方法，从而梦被视为神圣的景象。[3]相信动物、植物、日月星辰、山川林泽、电闪雷鸣、季节变化、天灾人祸皆与神灵有关，它们是神灵的居所、神灵的兆示、神灵喜怒哀乐的流露亦即神灵在世显现，超自然的魔怪和神奇的动物，都是先民们建立世界观念体系的组成部分。相信存在玛纳、瓦坎、奥伦达一类神秘的力量，它们是不可抗拒的。相信神灵和玛纳等神秘力量与人之间存在普遍的不可见的种种联系并对人的生活产生重大影响。相信灵魂、精灵是健康与疾病、善与恶的施予者，死亡不是自然的，它和疾病一样出自某种神秘力量的直接作用。相信生产性活动如果不借助巫术获得神灵的帮助，就会遭遇不利结果。据此，学者们说：图

---

[1] 宗教力内在于个体，个体也必然会这样去表现它。人们感觉到这种力量存在并活跃于他们之内，感觉到是它把他们提升到了一种超越的生活之中。正是因为如此，人们才相信他们之内含有可以与图腾本原相比的本原，并因此把神圣性赋予了自己。（涂尔干：《宗教生活的基本形式》，渠东，汲喆译，上海人民出版社1999年版，第292页。）

[2] 列维－布留尔：《原始思维》，丁由译，商务印书馆1981年版，第49页。

[3] 列维－布留尔：《原始思维》，丁由译，商务印书馆1981年版，第49页。

腾制度建立在一系列信仰之上，①信神灵，信离开身体和身外存在的灵魂，信感应巫术，是图腾崇拜的基础。②故而"巫术是被相信的，不是被理解的。它是集体灵魂的一种状态，这种状态通过自身结果而得到确认和证实。不过，甚至对巫师本人来说，它也是神秘的。因此，总的说来，巫术是人所共有的集体信仰基于演绎而成的对象。正是这种信仰的性质使得事实与结论之间的断裂并不会对巫师造成什么影响。"③由是，巫术被看作史前人类自发的信仰和行为的总和，是一种信仰的技术和方法，一种企图对环境或外界作出可能的控制的行为，一种建立在信仰基础上的行为。④自然崇拜的核心是认为自然万物有意志、有生命、有情感、有灵性、有奇特能力，相信自然万物有意志、有生命、有情感、有灵性、有奇特能力是自然崇拜的基础。至于泛灵论，它有两个主要信条：第一，一切生物皆有灵魂，这灵魂在肉体死亡后能继续存在。第二，存在精灵，它们可以上升到威力强大的诸神行列。神灵被认为控制或影响着物质世界的现象和人的今生来世，从而导致对它们的崇拜或希望得到它们的怜悯。这种崇拜实践在理论上的表现形式，按照泰勒的观点，就是信仰。⑤

"信"是史前社会许多部落生存的支撑和纽带，在人的生活中有超乎想象的巨大力量。"土人受了伤，即使是一点小小的擦伤，但如果他相信伤害他的武器是被咒过的……那他一定会死。他躺着，绝食，眼睁睁地死去了。"⑥非洲的一些地方，酋长死亡后他的妻子被要求陪葬，如果妻子相信赴死是为了解放自己的灵魂来为神灵服务，能够获得新的生活，她们不仅不会反抗，反而愿意去死。她们顽固地拒绝自己活着而让酋长一个人走向

---

① 涂尔干：《宗教生活的基本形式》，渠东、汲喆译，上海人民出版社1999年版，第132页。

② 列维-布留尔：《原始思维》，丁由译，商务印书馆1981年版，第12页。

③ 莫斯：《巫术的一般理论》，杨渝东等译，广西师范大学出版社2007年版，第115～116页。

④ 宋兆麟：《巫与巫术》，四川民族出版社1989年版，第214～215页。

⑤ 泰勒：《原始文化》，连树声译，上海文艺出版社1992年版，第414～415页。

⑥ 列维-布留尔：《原始思维》，丁由译，商务印书馆1981年版，第270页。

另一个世界，以至于传教士们反对此类行为的举动成为土著人厌恶基督教的原因之一。[①]

列维-斯特劳斯对这种现象有一段经典描述："一个人如果知道自己是巫术加害的对象，那么根据他那个部落人的最神圣的传统，他便会坚信自己在劫难逃，他的亲友们对此也深信不疑。此后社会公众开始回避他。人们避开这位不幸者，好像他不仅已经死去，而且还是危害整个部落的根源。在任何场合，任何行动中，社会公众都把这位不幸的受害者当成死者。而他本人也不再希冀能逃避已被视为他的不可抗拒的命运。不久，人们便举行宗教仪式，然后，这些对新中邪者是如此专横的力量到处出现，就是为了将他赶入幽灵的世界。首先，人们无情地切断他与家庭及社会的联系并把他从一切使人产生自我意识的工作和活动中驱逐出去；继而，受害者便从活人的世界中被赶出去；那些令人极为恐怖的行动，那些由公众的默契产生的多种参照系统骤然消失，使牺牲者失魂落魄；最后，公众断然改变了口径，将他——一个曾经赋有权利和义务的活人——宣布为死人，为人类恐惧、仪式、禁忌的对象。"[②]他还引用了坎农从心理学角度对此类现象给出的解释："恐惧和愤怒一样，伴随着交感神经十分剧烈的运动。这类运动对人体通常是有作用的，它能诱发器官的变异，使人适应新的情况。但如果某人对于一种离奇的意外情景（或是此人觉得离奇）无法做出任何本能的或习得的反应，交感神经的运动便会迅速加剧，趋向紊乱；有时在几小时之内它便会导致血容量减少及随之而来的血压下降。结果，它会对血液循环器官造成无可治愈的破坏。处于极度焦虑中的病人往往拒绝进食饮水，这就更加速了上述这个过程；脱水促使交感神经运动变得更加剧烈，而随着毛细血管渗透性的加强，血容量便会愈益减少。对几起因炸弹爆炸、进入战场及外科手术而引起的精神创伤病例所作的研究证实了上述假说的正确。虽然当事人最终死去，但解

---

① 泰勒：《原始文化》，连树声译，上海文艺出版社1992年版，第446~447页。

② 列维-斯特劳斯：《结构人类学——巫术·宗教·艺术·神话》，陆晓禾、黄锡光等译，文化艺术出版社1989年版，第1~2页。

剖结果表明他们的机体并未受到任何损伤。"①

　　"信"在这里展现出强烈的社会性，它不仅是个人的意向，更是社会的选择，不仅是个人的主观偏好，更是社会的文化心理要求。"信"的巨大力量因而是一种社会力量，是社会借助于个体而对自身的展现。信念、思想、精神的力量因此可以产生"奇迹"，过去如此，现在亦复如是。心理学对此的解释提供了原始宗教得以存在的一个重要依据，也提供了现代宗教得以延续的一个重要依据。

　　原始先民的"信"是非理性的，这集中体现在两个方面。第一，因果关系的独断。先民们看到了人与自然事物之间一些前后相继的现象，看到了人与人和自然事物与自然事物之间一些前后相继的现象，看到了巫师、禁忌和仪式行为与一些事件之间前后相继的现象，把它们联系起来，一个视为原因，一个视为结果。这种联系无需讲理，不做分析，我相信有便有，我认为是便是。禁忌的特征即是不依靠经验就先天地把某些事情说成是危险的，只不过这里的"我"不是个体而是群体，"我相信""我认为"是集体共识。如果追问他们为什么这样认为，得到的答案或许是：我们的祖先历来如此。因此，因果关系在原始人那里是一种习俗，一种传承。"原始思维和我们的思维一样关心事物发生的原因，但它是循着根本不同的方向去寻找这些原因的……看得见的世界和看不见的世界是统一的，在任何时刻里，看得见的世界的事件都取决于看不见的力量。用这一点也可以解释梦、兆头、上千种形形色色的占卜、祭祀、咒语、宗教仪式和巫术在原始人的生活中所占的地位。用这一点还可以解释为什么原始人忽视我们叫做自然原因的那种东西，并把全部注意力集中在那个似乎是唯一有效的神秘原因上。"②第二，思维逻辑的缺失。原始人思维不讲逻辑，他们不在意是不是有矛盾，只要基于信仰，即便事实与观念之间不一致对他们也不会造成什

---

　　① 列维-斯特劳斯：《结构人类学——巫术·宗教·艺术·神话》，陆晓禾、黄锡光等译，文化艺术出版社1989年版，第2页。

　　② 列维-布留尔：《原始思维》，丁由译，商务印书馆1981年版，第418页。

么影响，更不会引起反思。巫师治病，如果实施法术后病没被治好，很少有"医生"对此负责。患者及其家属会把思绪转到另一个方向——相信存在着一魔力更高的神秘力量，进而将失败归因于来自这个敌对的神灵或人的高级巫术的凶恶作用。他们只会产生一个新问题：这是什么神灵？这个敌人是谁？他为什么会有这般威力？[1]更有趣的例子出自一位亲历者的讲述：我"向一只蹲在树上的鸟开枪，没有射中。我不久前服了奎宁，手发抖。但是，站在周围的黑人们立即喊叫说这是一只我不能打死的神鸟。我又射了一枪，还是没有中。在场的人们洋洋得意了。可是我……再一次退出弹药，用心瞄准，打死了鸟。瞬时的慌乱以后，黑人们解释说，我是白种人，灵物的戒律对我不完全有效；这样一来，我的最后一枪对他们来说是不算数的。"[2]

布留尔将原始人的思维称作原逻辑思维，用以区别于文明社会产生后的逻辑思维。原逻辑思维很不喜欢分析，它在本质上是综合的。但这个综合与逻辑思维所运用的综合不同，它不要求那些把结果记录在确定的概念中的预先分析。而在逻辑思维中，被用于综合的概念、范畴、资料等是经过分析的产物。因为这个原因，原始先民的思维在很多场合中都表现出对矛盾的不关心。[3]

非理性对科学而言或许不那么重要，它能影响从事科学研究或进行科学思维的人，不能影响学术共同体进行逻辑推导或因果分析的集体意识。非理性对信仰、价值、伦理而言则不同，它不仅可以直接影响与之相关的人，而且能够直接影响共同体对信仰、价值、伦理的认知和态度。这是因为，科学研究思考的是客观对象，信仰、价值、伦理本身就是人的一种认知和态度。对科学，研究过程一旦注入情感、偏好等主观因素，得出的结论就会失去客观性；对信仰、价值、伦理，研究过程一旦离开情感、偏好

---

① 列维-布留尔：《原始思维》，丁由译，商务印书馆1981年版，第267页。

② 转引自列维-布留尔：《原始思维》，丁由译，商务印书馆1981年版，第57页。

③ 列维-布留尔：《原始思维》，丁由译，商务印书馆1981年版，第101～102页。

等主观因素，得出的结论就会失去合理性。科学本身的状态和理性、知识正相关，理性化程度越高、知识积累越多，科学研究的水平就越高；信仰、价值、伦理本身的状态和理性、知识没有正相关性，并非一个人越理性、越有知识，其信仰、价值观、道德情操越坚定正确高尚。是故，一个目不识丁的老太太可能比一个政府官员、大学教授更善良，一个乞丐倾其所有捐出一块钱得到的社会评价可能比一个捐献百万巨资的亿万富翁高。伦理思想史上，休谟、卢梭、达尔文都把情感与道德关联，或者认为道德是一种赞同或不赞同的情感，或者认为道德是同情心的产物，或者认为道德情感是人与动物区别最有意义的地方。黑格尔则把对命运的敬畏看作伦理学的开端和原则。孟子说："恻隐之心，人皆有之；羞恶之心，人皆有之；恭敬之心，人皆有之；是非之心，人皆有之。"[1]他特别强调："无恻隐之心，非人也；无羞恶之心，非人也；无辞让之心，非人也；无是非之心，非人也。恻隐之心，仁之端也；羞恶之心，义之端也；辞让之心，礼之端也；是非之心，智之端也。"[2]这就清楚地呈现了情感与伦理的联系。当然，孟子这样说时，他是非常理性的，对他的表述也不可全在情感一面理解，但他用理性的方式表达了非理性的情感则属无疑。就起源而言，非常重要的一点，是他告诉我们仁义礼智发端于恻隐之心、羞恶之心、辞让之心、是非之心，给出了一条伦理源流的线索。这条线索始于原始先民。

伦理在以后的发展中注入了大量理性成分，唯其如此，它才成为自觉的社会规范，上升为治国理政、百姓生活的要义之一。但非理性因素并没有因之而消弭，它始终存在，唯其如此，它在规范人的行为时才有独特魅力。例如，借用涂尔干的话说，舆论之能够号令人们行动，"借助的不是物质胁迫或者诸如此类的取向，而是因为它把自己所包含的心理能量放射了出来。它的效力仅仅来自于它的心理属性，而恰恰就是依据这个迹象，人

---

① 《孟子·告子章句上》，朱熹集注：《四书集注》，岳麓书社1985年版，第415页。

② 《孟子·公孙丑章句上》，朱熹集注：《四书集注》，岳麓书社1985年版，第292～293页。

们才认识到了道德权威的存在。"①

制度在以后的发展中走上一条趋近科学的道路，越发强调理性（包括自觉地认识自发性），防范非理性的干预（包括盲目地以为理性可以成就一切）。唯其如此，它才能扬弃人治，走向法治，成为现代社会治国理政的不二法门。非理性因素的一面依然存在，借助人道主义、公平正义等理性口号呼喊宣泄出来，制约着制度的设计和安排，引起诸如法与情的困惑和争论，唯其如此，制度或法才被牵制，不至于成为冷冰冰的工具。但正如科学思维本身不能掺杂情感等非理性的因素一样，制度设计和安排也不能以愿望为据。毕竟，按马克思的理路，只有改变人们的物质生活条件，人道主义、公平正义才能变现。

3.自然性

原初规范的产生是自然的，发展也是自然的。这里所谓"自然的"，指事物按自己的本性生长发育，没有人为设计，没有合理性争论，也没有道德楷模高风亮节范导的过程。哲学家、思想家常常设想某种状态——黄金时代、大同社会、人的本质等等，以它们为标准批判现实，以它们为目标激励人们。从史实的角度看，原始社会不存在这种状态，既没有那样的社会，也没有那样的人，有的只是顺从，顺从本性，顺从天意。"诗人是这样形容法律的：'它的过去隐藏在原始的岩石里，是漫长岁月一点一点将它造就。'"②

自然性或本性在人而言，除了饮食男女，还包括群体共居、团结协作、互助分享，包括头领和秩序。没有群体共居、团结协作、互助分享，便没有饮食男女；没有头领和秩序，则无法维系群体共居、团结协作、互助分享。而这些文明社会的人熟悉和赞美的要素，在蜜蜂、蚂蚁、猿猴、狼等

---

① 涂尔干：《宗教生活的基本形式》，渠东、汲喆译，上海人民出版社1999年版，第278～279页。

② 赞恩：《法律的故事》，孙运申译，中国盲文出版社2002年版，第23页。

"社会性"动物中已然存在，在最社会化的人类动物祖先中自然更不例外。人的社会性由人的自然本性自然生发。正是因为这一点，我们方才看到，原初规范主要是那些维系家族或氏族共同体的规范，那些有助于团结协作、分享互助的规范。亲属制度、婚姻制度、祖先崇拜、集体行动的规定、财产公共、互相继承已故成员的遗产、互相支援、保卫和代偿损害、血族复仇的习俗等等，无不属于这类规范。它们是如此的突出，以至于得到集体主义、大公无私、原始共产主义等后人的美誉。自然本性包含社会性不等于自然本性可以自动演化出被称作社会规范的行为规定，倘若人像自己的动物祖先那般生活，就会和蜜蜂、蚂蚁、猿猴、狼一样，只有最原始的社会性，没有最原始的——能够同现代意义相联接的——社会规范。动物只是适应自然，人则能够以自身为尺度改变自然。造成这一差别并将人与动物区别开的，是劳动，使用工具来制造工具的劳动。唯其如此，原始先民才得以创造出和现代意义相联接的初始规范，借助它们以及仪式、符号等一步一步扩展强化彼此之间的社会联系和关系，使之成为人的本质，成为人须臾不可脱离的结构形式。

人看到电闪雷鸣、旱涝灾害、饥饿瘟疫、凶猛野兽、神奇植物、严寒酷暑等自然现象，不得其解，又要得其解，就把它们看作神灵意志的表现，看作天意。顺从天意因此本质上是顺从自然的本性，用今天的话说就是顺从自然规律。天意是不了解自然奥秘的先民们对自然奥秘的赋名，神灵膜拜是敬畏自然的人对自然巨大力量的膜拜。人之为人伊始，遵循自然法则，自然法则决定人的生死，决定人的生存状态，是人无力反抗必须屈从的神秘力量。在自然法则面前，人和生物一样，适者生存。适者生存是生物进化的规则，人在生物进化规则制约下注入自己的活动，那种叫做图腾崇拜、巫术、祭祀、仪式等融合了他们的世界观的活动，形成禁忌，形成和生产生活相关的规则。生物进化是缓慢的，禁忌和规则的演变也是缓慢的。今天的人们已不愿将社会规范同人的生物性相联系，人类社会的进步表现为超越生物性走向人的世界，走向以制度和伦理为重要表征的人类文明。在这个过程中，与生物性相联系的自然法则逐渐被超越生物性的社会规则所湮灭，其踪迹越来越难寻觅，许多人因此相信在现代社会中任何将制度与伦理同人的生物性、人的本能和欲望相联系的观点都是错误的。然而，真理向前多迈出一小步就会变成谬误，因此在这个问题上我们必须谨慎。对人的行为规范给予超越生物性的考量，不能建立在割断人与其生物性联系的基础上，而是人的生物性或本能的需要以文明的方式得以满足或实现。割断人与其生物性的联系是简单否定，简单否定是发展的中断，将人的生物性和本能以文明的方式展示或实现是扬弃，扬弃是发展的连续，是真正意义上的超越。发展中断的后果，是社会陷入黑暗，高尚道德成为泯灭人性的工具，制度成为奴役人的枷锁；扬弃意义上的超越才能使政治制度、伦理道德彰显人道，发出人性的光芒。

人和自然本性的统一是原初规范自然性的重要面相。我们强调这个面相，强调它是原初规范的源头，同时也强调无论单纯的人的本性还是单纯的自然本性以及二者的结合，都不能形成社会规范。原初规范是自然本性和原始文化交织的产物，它包含了人的努力，注入了意识等人所特有的因素。这个过程本身也是自然的。"种种社会性的本能——这是人类道德组成的最初原则——在一些活跃的理智能力和习惯影响的协助之下，自然而然地会引向'你愿意人怎样对待你们，你们也要怎样对待人'这一条金科玉律，而这也就是道德的基础了。"[1]一般来说，这个自然过程要经过几个阶段的反复筛选试错，最终选择一种做法，该做法在某个范围内被普遍接受，重复进行，养成习惯、风俗，成为社会规范。除了神灵，自然过程中再无绝对命令，但神灵从不说话，祂的命令是由人来传达和解释的，因此超验的道德律令实际上并不存在，实际存在的是从做什么和不做什么的生活中得到的。正确与错误的界限在哪儿？或者，何谓正确行为的标准？对这个问题的回答规定了原始先民活动的路线，规定了做什么和不做什么的取向。他们的实践告诉我们，他们选择对自己有利的行为，然后用规范固定、强化这些行为。怎样做对自己（个体和共同体，主要是共同体）有好处成为

---

① 达尔文：《人类的由来》（上），商务印书馆1983年版，第190页。

他们所有试错、选择、探求、确认的方向，他们是非善恶的判断也以此为据。①原始先民可能是保守的，在不知道怎样做时便坚守祖训，沿袭传统，这成为他们规避风险最有效的方法。一旦有可能改变，他们也会破旧立新。私有财产的确立、物品交换的产生就是这样冲破原始公有惯例的，尽管这类"制度创新"在漫长的远古时期极为稀缺，以至于我们看到的变化极为缓慢。现代人的制度创新在两点上和原始先民一样，一是对己有利的取向，二是边际突破的方式。所不同的是，现代人对有利与否的判断建立在理性计算基础上，原始先民的判断主要依据感性经验。这个差别是时代的差别。

原初规范因为是从做什么和不做什么的实际生活中得到的，生活中某个因素的变化便成为它演变的诱因。氏族制度的瓦解是一个例子。史前人类共同体的规模通常不大，易洛魁人的"塞内卡部三千人平均分属八个氏族，每一个氏族约合三百七十五人。鄂吉布瓦部一万五千人平均分属二十三个氏族，每一个氏族约合六百五十人。切罗基部的每一个氏族平均在一千人以上。就主要的印第安部落的现状而言，每一个氏族的人数大约在一百人至一千人之间。"②不同氏族部落的成员聚居于他们的地域内，归属分明，不容外人渗入，氏族内部事务也在"酋长—氏族会议"的框架内解决。随着人口增加（包括胞族、部落、部落联盟等联合因素）、私有财产产生和社会事务日益复杂，一系列新情况随之发生：血缘基础上的亲属关系开始松动，氏族部落成员按财产划分为不同的阶层。过去公有的土地变为私有，可以买卖，买卖土地的人不一定是本氏族部落的成员。使一个氏

---

① 巫术的生理基础是：在一切情感的溃决和原始形态的巫术动作中，总有一个希望着的目标在那里支配着，语言和动作都倾向于该目标。这种使生理的不平衡得到发泄之处的替代动作，有一种主观的价值：就是在这种动作中，我们会觉得已近于达到所想望的目的，因此我们又得到了生理的平衡。（马林诺夫斯基：《文化论》，费孝通译，中国民间文艺出版社1987年版，第68页。）

② 摩尔根：《古代社会》（上册），杨东莼等译，商务印书馆1977年版，第83页。有人推算，中国夏代直至商初诸侯方国平均人口仅一千三百多人，经过后来的兼并及人口增长，到商末周初平均人口数增加到了近八千人。中国夏至周，社会已迈入文明的门槛，人口规模尚且如此，远古时代可想而知。

族部落的成员继续聚居在原有的地域变得越来越困难了，人口开始流动迁徙，许多人从一个地方到另一个地方，一方面丧失了与原氏族部落的联系，另一方面又未能融入另一氏族的关系结构中，以至于出现在每一个部落中都有相当多的人不属于任何氏族的情况。"一个民族发展到这种地步，若以氏族组织作为一个国家的基础就嫌其太狭隘了。"①为应对这些变化，希腊的政治结构中增加了人民大会，目的就在于使那些不能通过氏族部落通道进入元老院的平民有参与社会管理的平台，平民即是那些无所归属又享有公民权的人。为应对这些变化，被摩尔根称为人类第二个伟大政治方式创建人的克莱斯瑟尼斯（公元前509年）设立乡区，乡区是有组织的政治团体，居民享有公民身份和自由和平等的权利，他们选举乡长、司库，规定税额和征税办法，确定本乡区为国家所应分担的兵役名额。乡区的设立，摩尔根认为，奠定了政治社会的基础。若干乡区组成乡部，十个乡部组成了雅典国家。从梭伦开始到克莱斯瑟尼斯时政治国家建立，历经百年之久；而在梭伦变革之时，摩尔根说，希腊社会已进入文明两个世纪了。即使如此，氏族制度瓦解后，它的残余仍作为一种血统世系关系和宗教生活的源泉，保留了数百年之久。

所有这一切都是自然而然发生的，梭伦立法、克莱斯瑟尼斯的变革列在其中。有人认为，排除了自觉意识主动参与的过程才能看作自然的或自生自发的，其实不然。自然界确实如此，原始时代早期或许也可以说是这样，一旦和文明联系在一起事情就有了不同，人的行为越来越和自觉意识纠缠在一起，运用理性谋划行动、提供方案、建章立制、构建社会对人来说是自然而然的，不这样做反而是人为的和不自然的。自然与否不在于理性参与、自觉建构，而在于是否遵循事物的本性。英国人对尼日利亚的泰夫部落进行殖民统治时，曾经想以自己的标准创建一种由首领、法官、警察组成的行政制度，依英国的观念管理社会事务，但没有成功。原因不在于他们的理念不先进，欲建立的制度不先进，而在于它们与泰夫部族自然

---

① 摩尔根：《古代社会》（上册），杨东莼等译，商务印书馆1977年版，第267页。

生长出来的政治组织和其得以建立的半自治的血缘群体联盟的基础背道而驰，不被泰夫人接受。可以想见，当群体不赞成某事时，强制推行是多么的不自然。进一步说，一种制度安排即使一时得到人们的拥护，如果它不是源自事物发展的本性，同样也会失败。理想主义者就是这样，他们描绘的蓝图是浪漫的，提出的口号是高尚的，从事的实践是激进的，秉持的态度是真诚的，带来的结果却是失败的亦即和其承诺相悖的。

"个体心灵只有从它本身中表现出来，才能相互进行联络和沟通，除非通过行动，否则就做不到这一点。所以，正是这些行动的同质性使群体意识到自身，也就是形成了群体意识。这种同质性一旦确立，这些行动一旦采取了经久不变的形式，它们就会成为相应的表现符号。但是，它们之所以能够成为集体表现的符号，只是因为它们有助于形成这些表现。"①涂尔干是在谈到作为氏族标记的图腾时说这番话的，借用过来谈论原初规范同样适用。涂尔干强调，以图腾为标记的想法"应该是在共同生活的条件下自发产生的"，②这与我们所谓自然的意思一致。我们知道，在原始社会，舆论是权威之母，任何被舆论谴责的人都会感受到巨大压力，陷入深度苦恼之中。原初规范之有效，建立在舆论基础上，舆论表达的集体意识和一致态度在共同生活的条件下自发生成。

人类的发明，包括规则的发明，越早的时候越简单，越简单的时候与人的基本欲望的联系越直接，越早越简单的规则也越难产生。哈特评价原初规范，说它存在静态性的缺陷，只有缓慢的进化，没有有意识地通过清除旧规则或引进新规则而使规则适应正在变化的情况的手段。③摩尔根高度肯定原初规范："人类在蒙昧阶段的进步，就其对人类整个进步过程的关系而言，要大于在此后野蛮阶段三期中的进步；同样，人类在整个野蛮阶段

---

① 涂尔干：《宗教生活的基本形式》，渠东、汲喆译，上海人民出版社1999年版，第302页。

② 涂尔干：《宗教生活的基本形式》，渠东、汲喆译，上海人民出版社1999年版，第301页。

③ 哈特：《法律的概念》，张文显等译，中国大百科全书出版社1996年版，第94页。

所取得的进步要大于其后整个文明阶段的进步。"①哈特是以现代社会为参照提出他的批评的，因此有些强人所难。原始社会本身的变化就非常缓慢，规则的演变自然也非常缓慢；即使没有有意识的适应变化的手段也很正常，否则就不叫原始社会了。摩尔根是以历史为参照的，将原初规范的产生发展放在那个时代考察评价。我们同意摩尔根。

自然生成的原初规范带有自然生成的印迹。它不成体系，总体上呈现出星状分布状态，每个氏族部落有自己的一套规则，部落及部落联盟内部享有自治权的团体成员奉行的规则或许相同，或许不同。它比较粗糙，混沌一体，界限不清，除了生物性与社会性的杂糅，法律与道德亦不分，以至于我们说许多禁忌既可以视作最早的道德形式，也可以视作最早的法律形式。以婚姻家庭关系为例，性关系一方面是混乱的，另一方面又是严格规定的；通奸既可以受到乱石投死的严厉惩罚，也可以通过赔偿、决斗等个人方式解决；男人外出捕鱼打猎时，禁止与妻子同房，但这不影响他与本氏族以外的女性发生关系。②法律方面，刑事和民事不分，诸如偷盗一类的刑事犯罪在原初规范中属于民事范畴，一些学者因此认为原始社会只有民法。法律实施方面存在同样的情形。马林诺夫斯基在其田野调查中发现，特罗布里安德群岛上的居民"对犯罪据以惩罚的原则非常含混，执行惩罚的方式也是不确定的，更多的是为偶然性和个人情绪而非明确的制度机制所掌控。事实上，更重要的方式是非法律制度、习俗、巫术和自杀的安排与事件、首领的权力、魔法、禁忌的超自然后果和个人报复行为的副产品。……根据规则和明确的方式，我们尚未发现任何安排或习俗可被归类

---

① 摩尔根：《古代社会》（上册），杨东莼等译，商务印书馆1977年版，第34页。

② 这种现象存在反映了一种情形，有些领域或方面的问题受到法律和道德的双重制约。它既不能没有法律强制的高压，又是单凭法律不能解决的，故需要道德规范的帮助。这种情形相当普遍，即使现代社会也不例外，1980年9月10日中华人民共和国第五届全国人民代表大会第三次会议通过的婚姻法中第一章第六条有明确的规定，直系血亲和三代以内的旁系血亲禁止结婚，但违犯此法律规定者受到的更大压力来自道德舆论。换句话说，乱伦今天也是双重规范的对象。所不同者，今天的法律和伦理至少在程序上被明确界分了。

为'主持正义'的形式，相反我们发现所有具有法律效力的制度，都是设法消除事物的非法或极端状态，重建社会生活的平衡及宣泄个人受压抑的情感和不公正对待的渠道的手段。"①

本章最后，我们表达一个观点：严格说来原始社会没有制度也没有伦理，只有制度性因素和伦理性因素，且总体上是浑然一体的。这样说主要基于两点：首先，人类学研究的是史前史，它提供的大量文献表明，史前社会的行为规范主要是禁止性、否定性或者说消极性的规范，很少见鼓励性、肯定性或者说积极性的规范。中国伦理思想史的研究一般从周代开始，最多论及夏。西方伦理思想史的研究一般从古希腊开始。苏联学者古谢伊诺夫和伊尔利特茨的《西方伦理学简史》第一章在"前伦理学"的标题下将时间提至荷马史诗年代（公元前12～7世纪），但给出的判断是：这些文献"反映了希腊氏族制度的瓦解和阶级文明的形成"；得出的结论是："总之，荷马所描绘的道德情形的特点就在于，存在着活生生的道德个人——史诗英雄，而不存在道德意识。"②没有道德意识，不会产生道德规范。荷马史诗反映的即使不是阶级文明的形成，也是原始社会最晚期的情形，这个时候尚无道德意识，很难想象在此之前会有道德规范。如是来看，伦理思想史追溯的脚步停留在文明的门槛上并非偶然，如果研究者们在史前史研究中满眼见到的是消极性规范，很少见到（包括田野调查）积极性规范，他们的脚步自然无法迈入其中。其次，仅仅从史料角度提供论据还不够，还需原因的分析。前面说过，早期人类围绕生存展开的活动基于本能，生存本身就是本能。为了生存，他们什么都可以做，既能团结协作，又能杀婴弃老，既依赖共同体，又有源自本能欲望的破坏共同体的冲动。弗洛伊德说，禁忌的对象都是人所欲望的。禁忌存在的理由就在于，倘若放纵本能欲望，就会瓦解血缘家庭，自取灭亡。然而本能的力量是强大的，且不说没有道

---

① 马林诺夫斯基：《原始社会的犯罪与习俗》，原江译，云南人民出版社2002年版，第64页。

② 古谢伊诺夫、伊尔利特茨：《西方伦理学简史》，刘献洲等译，中国人民大学出版社1992年版，第13、16页。

德概念、不知修身养性的早期人类，即使在现代社会，仅靠伦理道德加以规范也难以奏效。因此，禁忌从而社会规范必须具有强制性，直至使用暴力。舍此不能在一定程度上压抑本能欲望，不能维系共同体的存在，更谈不上发展和繁荣。消极性的规范因此成为原始先民生存发展的条件，在满足了这个条件的前提下，他们才会提出新的要求，产生新的需要，其中包括要求人们不是消极服从而是积极遵守，不是被迫接受而是自愿选择，进而要求有道德规范，以满足社会的这种需要。这种前后相继的顺序，我们认为，在人类学上是自然的。

我们不同意原始人没有道德意识的观点。他们固然没有道德概念，但他们有后来被称为道德的行为，有后来归属于道德的情感。当这样的行为在千百代人之间重复地进行时，不可避免地产生出道德意识，它们先以道德情感的方式存在，进而忠诚、勇敢、互助、良知、自尊、悔恨、怜悯、羞耻、谦逊、同情、友爱等道德情感成为意识的对象。道德意识的存在虽然不等于道德规范存在，没有道德意识却等于没有道德规范存在。道德规范要等人们知道什么是道德或者说要等人们把某些行为叫做道德时才会产生，大体说来这是迈入文明门槛后的事情，但它的种子——道德意识，杂糅在原初"法"中的德性因素，得到人们普遍赞赏的行为——在原始社会已经萌芽。没有这些萌芽，伦理思想史不可能从上古三代或古希腊发端。

第二章　同一与分立

大约五千年前，人类文明史拉开了帷幕，其标志是在两河流域、古埃及、印度、中国、希腊先后出现了文字、国家，制度和伦理也开始了它们同一、分立、互动的历程。

一、文明伊始的概况

文字的出现给我们留下了文献资料，最早的文献资料所记述的，许多是文字出现以前的历史，它们不仅稀缺，而且常常残缺不全。历史学家只能根据文献的记述去研究那些时代发生的事情，文献倘若有误，历史学家的研究也就有误；有时候文献本身是不是古人所撰也是问题，后人假托古人编纂典籍的事情也让文献本身的可信度有所降低，《周礼》即是一例。虽然如此，若我们只是想知道文明初期大致的状况，文献典籍和历史学家的工作还是可以满足要求的。

世界上有据可考的第一个国家是公元前3500年左右出现在美索不达米亚南部的苏美尔人的城邦。整个苏美尔的面积不大，比今天的比利时小一点，比以色列大一点，遍布着大大小小的城邦，主要城邦有14个，城邦的人口约在2万到10万人之间。世界上最早的集权化农业国家是古埃及，这里的居民早在国家产生之前就结束了狩猎和游牧生活，转而开始农耕，公元前3000年左右，散落在尼罗河流域的部族村落统一在一个君主之下，从此开始了古埃及的历史。大约在公元前2360～前2305年间，除了苏美尔城邦和古埃及，尼罗河流域和两河流域还形成了其他一些国家：苏美尔东面的埃兰王国，苏美尔北部的阿卡德帝国以及阿舒尔、埃尔比勒、尼尼微三个城邦，从迦南南部到加沙和埃及，是众多小城邦林立之地。公元前1792年，汉穆拉比统治之下的巴比伦征服了美索不达米亚南部，摧毁了马里帝国，统治着从海湾到地中海的广阔地区。大约在公元前1500年，阿拉伯世界出现了"三国争霸"，它们是埃及（史称新王国）、赫梯帝国和米坦尼王国，随后亚述帝国和巴比伦王国也加入争霸行列。公元前1025～前587年的以色列王国和犹大王国是两个弱小的国家，"但是这两个国家，特别是犹大王国，代表了对以往政府传统的革命性突破。"它们采用的是一种完全不同的统治形式，"这一政体被西欧的国家传统吸收，进而融入到了当今的政治组织规范之中。"①

阿拉伯世界之外，人类文明还有几个源头，分别是中国、希腊和印度。黄帝时期，中国原始社会进入它的最高阶段——军事民主制时期，中国历史也在这个时期进入文明的前夜。禹时，早期国家形成，以禹传位其子启、建立夏朝为标志，时间约在公元前21世纪，②这比苏美尔城邦国家的出现晚了约1500年。中国文明几乎完全是独立发展起来的，③有自己鲜明的无法复制的特征。另一个具有鲜明特征并在世界历史上产生了重大影响的是希腊城邦。大约从公元前900年开始，在南至小亚细亚、西到西西里、意大利、利比亚的普兰尼和埃及的诺克拉斯提，出现了大量的希腊定居点，这些定居点成为希腊城邦的源头，希腊城邦国家由此开始，并在公元前5世纪达到顶峰——伟大的希腊古典时代。

国家的产生，按恩格斯的观点，是由于社会出现了对抗的阶级，它们存在冲突且无法避免，为了使这些彼此对抗冲突的阶级不至于使社会崩溃，

---

①　芬纳：《统治史》卷一，王震、马百亮译，华东师范大学出版社2014年版，第249页。

②　这个时间段出现的二里头文化被著名考古学家夏鼐先生看作中国文明的开始，但夏先生说这个时期属商代前期。

③　20世纪80年代始，有一种观点，该观点依据三星堆遗址考古发掘获得的资料，认为中国文明在起源阶段受到阿拉伯文明的影响。

需要有一种表面上凌驾于阶级之上的力量，它能够调节冲突，把冲突限制在一定秩序的范围内，恩格斯认为，这种由社会中产生又凌驾于社会之上的力量就是国家。

国家的产生还可以从另一个角度说明。人类社会是一个共同体，所有的共同体——从家庭、氏族到国家——都存在这样的结构：组织领导共同体的首领，协助首领进行管理的人，数量众多被领导、被管理的人。国王统治国家需要有人协助，领主行使权力，哪怕是最小的庄园，也需要有"管家"代表主人组织土地耕作，征用劳力并监督劳役的正常进行，收取租税，维持庄园的人际关系和生活秩序。即使教会也不例外，它不仅有组织，而且有等级——教阶体系。许多学者探讨论证过这种结构的必然性，特别是统治者存在的必然性、合理性，以至于有英雄创造历史的观念。例如，但丁就认为，每一项合作事业都需要加以指导，因此每一个共同体都必须有一个统治者。他用这种方法证明共同体处在一个统治者领导之下的合理性，他把这种统治者的统治同上帝对自然界的统治相比拟：由于自然界是统一的，所以它是完美的；同样，只有当所有的人都受一个单一政权之统治的时候，一个民族才能臻于完美。除非有一位完全超脱于贪婪和偏爱的最高审判官能够裁决国王与王公贵族之间的争端，否则人们之间是不可能有和平的。同样，除非世界上有一种位于暴政和压制之上的权力，否则自由是不可能的。①

不是谁想成为统治者就可以成为统治者，在早期社会历史条件下，天赋决定"资格"。共同体成员们发现，在自己生活的圈子里只有特定的人——经验丰富的长者，军事技能出众者，与神灵能够沟通者——适合作出决定、分派任务，他们自发地遵从这些人领导，这样的人也就成为最早的领袖。能够成为统治者的人除了天赋还要满足其他一些条件：社会地位、等级和权力。在美拉尼西亚，一个人倘若不是基于社会地位而拥有卓越才

①　萨拜因：《政治学说史》（第四版）上卷，邓正来译，世纪出版集团上海人民出版社2010年版，第311页。

能和额外财富、倘若超越了等级和权力而展现个人杰出的成就和德行，是会遭人忌恨的。[①]这应当是早期统治者形成过程中较后阶段的事情。

共同体成员对统治者充满了敬畏。在特罗布里安德岛，普通人必须对首领表示敬意，当他们经过首领住地时，要蹲下来高呼"吐卡给"，这时首领会站起来，他们深深地弯下腰来，低下头，慢慢走过去。首领的最大权力是控制着庄稼生长的咒语。他们或者亲自主持这样的仪式，或者指派他的兄弟、儿子或外甥来主持。大头领对他的属民有无限权力，让他们为他做事。他有一两个世袭刽子手，其任务就是杀死严重侵犯头领利益的人。任何人都不敢在议事会议上对头领分配土地及使用年限的决定持有异议。[②]

史前史的这些因素和文明史的因素结合——严格说来是它们在自然而然的发展过程中保持着内在的联系——产生了国家。这些文明史的因素是：（1）相对稳定、具有边界的地域；（2）地域中生活着一定的人口，他们有相同或相近的文化传统，共同组成情感化的礼俗社会；（3）有君主或执政者（希腊城邦），有最高统治机构，机构中有专门的文武官员，他们的主要任务是税收和保卫共同体的安全。

早期国家的治理结构不同于原始部落的自然结构。生活在文明发源地的人们开始时彼此不相往来，他们在自然为其提供的环境中各行其是，在没有交通的背景下各自组成自己的国家——与部落不可同日而语的大规模的社会共同体，但却形成了本质相同的治理结构：都是组织起来的，都有神圣的君主，有并行不悖的行政机构，有宫廷和神殿，权力被君主和行政机构所掌握。君主是最高统治者，是神的化身，君主制被认为是自然秩序的一部分，其统治的合法性依据来自神，来自宗教观念的强化。多数情况下君主本人即是神庙的大祭司和主神，他的权力是绝对的，除了作为人的

---

①　马林诺夫斯基：《原始社会的犯罪与习俗》，原江译，云南人民出版社2002年版，第60页。

②　霍贝尔：《原始人的法》，严存生等译，贵州人民出版社1992年版，第172～175页。

天然局限以及他的自我限制，再没有什么能够对他形成制约。"大金字塔在每一个方面都是独裁观念的体现，国王就是活的何鲁斯和埃及；其他任何人都是从属性的；所有的一切都是为国王荣耀而来，所有的一切都体现着他的荣耀……大金字塔……也提供了一种完全的证明，那就是所有的资源都被一个人所控制，并为个人目的所支配。"①官僚系统是不可缺少的，君主通过由少数贵族精英掌管的官僚机构进行统治，这一部分精英在早期各个国家都占人口的少数，其他绝大多数人是目不识丁的平民百姓。

人类文明有许多不可思议的事情，在相互隔绝没有联系的情况下产生相同的现象——语言、文字、数字、工具、度量衡、神灵观念等等，国家及其治理结构的相似性也是其中之一。这些现象颇有些量子纠缠的意思，表明有一种力量在起作用，而我们对这种力量迄今还有认识上的不足。属于这类现象、与国家相伴随的还有制度和伦理，各文明共同体不约而同产生出制度和伦理，其实践和观念方面的情形大致如下：

1.早期创制

文明最早的发源地出现了人类社会最早的法典，按时间顺序主要有《乌尔纳穆法典》（约公元前2100年）、《利比特-伊始塔尔法典》（约公元前1920年）、《埃施奴纳法典》（约公元前1800年）、《汉穆拉比法典》（约公元前1772年）、《赫梯法典》（约公元前1500年）、《亚述法典》（约公元前1100年）。

《乌尔纳穆法典》为迄今所知历史上第一部法典，由苏美尔的乌尔第三王朝制定，考古发现的法典片断中有禁止欺凌孤儿寡妇、不许富者虐待贫者等内容。

《汉穆拉比法典》是世界上最早的一部比较完备的成文法典，也是迄今世界上最早的一部完整保存下来的成文法典。由古巴比伦的第六代国王汉

---

① 转引自芬纳：《统治史》卷一，王震、马百亮译，华东师范大学出版社2014年版，第145页。

谟拉比制定，约公元前1772年颁布，汉谟拉比称其为太阳神授予的法典。法典分序言、正文和结语三部分。正文共有282条，内容从伦理道德到国家义务，涉及社会生活的各个领域和方方面面，包括诉讼程序，保护私有财产，租佃、债务、高利贷，婚姻家庭，继承收养，人身伤害，医生、工匠、工人的工资，租赁牲畜、船只以及佣工的规定，关于奴隶的纠纷等等，有的法条还涉及会计制度、票据处理。"以眼还眼、以牙还牙"是《汉穆拉比法典》最重要的原则。

《亚述法典》书写在泥板上，考古发现时许多地方已经破损，无法修补。法典大约制定于提格拉特帕拉沙尔一世统治时期，有些法律条文可以追溯到公元前15世纪。

早期法典并非只是法律，毋宁说是以法典命名的社会制度。生产关系、财产和人伦秩序构成它们的主要内容，具有统一的统治规则是古埃及之为国家的显著特征，也是早期国家普遍具有的特征。中国和希腊城邦是两个范型，分别代表君主制和共和制。

在中国，国家的出现大致从夏代开始，接续而来有商、周两代。《尚书》是中国现存最早的史书，记述了上古三代君王的言行政令（典、谟、训、诰、誓、命、征、贡、歌、范）。"《尚书》者，以为上古帝王之书"[①]。其中涉及制度和伦理的有以下篇章：

《尧典》。规定了按尊卑地位依次举行祭祀，定历法（天数），统一音律、度量衡，制定了公侯伯子男朝聘的礼节，赞美五典（伦理），提及五刑（刑法），特别强调要慎用刑罚。

《洪范》。传说是上帝赐予禹的大法，看作古代政治经验总结更为合适，至于是不是禹本人的总结并不重要。大法共有九条。一是五行：金、木、水、火、土。二是做好五事：容貌、言论、观察、听闻、思考。三是施行八种政务：管理民食、财物、祭祀、居民、教育、朝觐、军事、治理盗贼。四是五种记时方法：年、月、日、星辰出现的情况、日月运行所经历的周

---

① 《论衡·正说第八十一》，黄晖撰：《论衡校释》，中华书局1990年版，第1139页。

天度数。五是君王做事要有法则。六是人的三种品德：正直、过于刚强、过于柔弱。七是用卜决疑。八是观察好坏征兆：仿自然之雨、晴、暖、寒、风，君王有五种好的行为征兆和五种坏的征兆，分别是肃敬、修治、明智、善谋、通圣；和狂妄、不信、逸豫、严急、昏昧。九是用五福六极掌控臣民百姓：五福为长寿、富、健康安宁、遵行美德、善终；六极（六种不幸的事）是早死、疾病、忧愁、贫穷、邪恶、不壮毅。以上各种规定和法理被认为是社会统治的常理。从内容上看，它涵盖自然、社会、人品、民生、天文、决策行为等，可谓规则之大全。徐复观说，《洪范》已有强烈的规范意识，"尤以'二，五事'中之'貌曰恭，言曰从，视曰明，听曰聪，思曰睿'等最为明显。并且'五事'与'庶征'相应；即是以人之行为，可以影响到天时之顺逆，从即开始认定神所要求于人者，并非祷祝式的阿谀，而是行为上的规范"。①

《康诰》。阐明尚德慎刑的理政方针，强调用德政教化殷民，规定用刑的准则和刑律。

《顾命》。王国维《周书顾命考》说它是唯一留传下来反映周代礼制的上古文献。篇中周成王对大臣们讲，要用礼法自治，不可使姬钊（周成王即将即位的儿子）行为陷于非法。

《吕刑》。中国最早的系统的刑法文献，叙述了刑的起源、五刑及各刑的条目数量：墨刑（一千条）、劓刑（一千条）、剕刑（五百条）、宫刑（三百条）、死刑（二百条），共计三千条；制定了赎刑的条例。强调依据刑律定罪和量刑适中原则，主张慎用刑，鼓励养成德性。

《立政》。周公晚年告诫成王建立官制的诰词，是研究周代官制的重要文献。

《召诰》。核心是施行德政，以德治国。王国维《殷周制度论》说："文、武、周公所以治天下之精义大法，胥在于此。"

《甘誓》。启讲正德、利用、厚生三大政务。

---

①　徐复观：《中国人性论史》（先秦篇），上海三联书店2001年版，第406页。

中国早期社会制度集中反映在《周礼》《仪礼》《礼记》中。由"三礼"可以看到，从政治到经济，从宫廷到民间，从国家到村社，从伦理到法律，从天文历法到手工技艺，大到祭祀、朝觐、封国、巡狩，小到冠、婚、丧、乡、射，从用鼎制度、乐悬制度、车骑制度、服饰制度等具体准则到各种礼器的等级、组合、形制、度数等等，都有一套安排和规定，形成中国独特的宗法等级结构和礼治体系。

《周礼》讲官制，是一部汇集国家行政机构和官员设置及职责的文献，字里行间又可以窥见到那时人们的宇宙观念、对天人关系的认识，以及治国理念和思想。

相传黄帝根据天象地形设置官员机构，后人亦仿照此法，谓之"人法天"。天、地、春、夏、秋、冬是为天地四方六合，构成古人认知的宇宙，《周礼》与之相合，设天官、地官、春、夏、秋、冬官。天官主治。"惟王建国，辨方正位，体国经野，设官分职，以为民极。乃立天官冢宰，使帅其属而掌邦治，以佐王均邦国。"[①]地官主教。"惟王建国，辨方正位，体国经野，设官分职，以为民极。乃立地官司徒，使帅其属而掌邦教，以佐王安扰邦国。"[②]春官主礼。"惟王建国，辨方正位，体国经野，设官分职，以为民极。乃立春官宗伯，使帅其属而掌邦礼，以佐王和邦国。"[③]夏官主政。"惟王建国，辨方正位，体国经野，设官分职，以为民极。乃立夏官司马，使帅其属而掌邦政，以佐王平邦国。"[④]秋官主刑。"惟王建国，辨方正位，体国经野，设官分职，以为民极。乃立秋官司寇，使帅其属而掌邦禁，以

---

① 《周礼·天官冢宰第一》，李学勤主编：《十三经注疏·周礼注疏》(标点本)，北京大学出版社1999年版，第1~6页。

② 《周礼·地官司徒第二》，李学勤主编：《十三经注疏·周礼注疏》(标点本)，北京大学出版社1999年版，第223页。

③ 《周礼·春官宗伯第三》，李学勤主编：《十三经注疏·周礼注疏》(标点本)，北京大学出版社1999年版，第432页。

④ 《周礼·夏官司马第四》，李学勤主编：《十三经注疏·周礼注疏》(标点本)，北京大学出版社1999年版，第742页。

佐王刑邦国。"①冬官主百工经济。按此篇注疏言："象冬所立官也。是官名司空者，冬闭藏万物，天子立司空，使掌邦事，亦所以富立家，使民无空者也。"②

每官之下各设官职，一说为设60官职，有60个官员，六官的官员总数为360人。他们彼此分工，各司其职，又有一套做法和规定。例如"大宰之职，掌建邦之六典，以佐王治邦国"：一曰治典，二曰教典，三曰礼典，四曰政典，五曰刑典，六曰事典。"小宰之职，掌建邦之宫刑，以治王宫之政令，凡宫之纠禁。掌邦之六典、八法、八则之贰，以逆邦国、都鄙、官府之治。执邦之九贡、九赋、九式之贰，以均财节邦用……"③

《周礼》的机构设置和行政规则对后世有重要影响，成为历代政治家取法的范本。研究者认为，隋代开始实行的"三省六部制"中的"六部"，即是仿照《周礼》的"六官"设置的。唐代将六部之名定为吏、户、礼、兵、刑、工，作为中央官制的主体，为后世所遵循，一直沿用到清朝灭亡。历朝修订典制，如唐《开元六典》、宋《开宝通礼》、明《大明集礼》，也都是以《周礼》为蓝本，斟酌损益而成。

《仪礼》是行为—关系规范大全。唐代贾公彦说，《周礼》和《仪礼》同出一源，都是周公摄政大平之书。《周礼》为了与夏、商二代区别，故言周，《仪礼》不言周，说明所讲之礼"兼有异代之法"。"又《周礼》是统心，《仪礼》是履践，外内相因，首尾是一。"④

《仪礼》（郑玄注本）共十七篇，内容如下：（1）《士冠礼》。贵族子弟的成人礼，经此仪式成为本族一个正式成员，《士冠礼》记述了加冠典礼

① 《周礼·秋官司寇第五》，李学勤主编：《十三经注疏·周礼注疏》（标点本），北京大学出版社1999年版，第887页。
② 《周礼·冬官考工记第六》，李学勤主编：《十三经注疏·周礼注疏》（标点本），北京大学出版社1999年版，第1054页。
③ 《周礼·天官冢宰第一》，李学勤主编：《十三经注疏·周礼注疏》（标点本），北京大学出版社1999年版，第53页。
④ 李学勤主编：《十三经注疏·仪礼注疏》（标点本），北京大学出版社1999年版，第1、4页。

的礼节规定。（2）《婚礼》。结婚是上事宗庙、下继后世的人生重大事件，《婚礼》记述了男女双方在家长主持下从纳采到婚后庙见的一系列礼仪。（3）《士相见礼》。记述贵族之间第一次交往，带礼物登门求见和对方回拜的礼节。（4）《乡饮酒礼》。古代基层定期举行的以敬老为中心的酒会仪式，直到清朝道光年间才因经费问题而废止。（5）《乡射礼》。是关于古代基层定期举行的射箭比赛大会的具体仪节。（6）《燕礼》。详细记载了诸侯和他的大臣们举行酒会的礼节。（7）《大射礼》。记载的是在国君主持下举行的射箭比赛大会的具体仪节，参加比赛大会的人都是各级贵族。（8）《聘礼》。记载的是国君派遣大臣到他国进行礼节性访问的具体细节。（9）《公食大夫礼》。国君举行宴会招待来访外国大臣的礼节。（10）《觐礼》。诸侯朝见天子的礼节。（11）《丧服》。有关人们对死去的亲属根据远近亲疏而在丧服和服期上有种种差别的制度。（12）《士丧礼》和（13）《既夕》记载的都是一般贵族从死到埋葬的一系列的详细仪节。（14）《士虞礼》。贵族埋葬其父母后回家所举行的安魂礼。（15）《特牲馈食礼》。一般贵族定期在家庙中祭祀祖祢的礼节。（16）《少牢馈食礼》和（17）《有司彻》都是大夫一级的贵族在家庙中祭祀祖祢的礼节。

　　《仪礼》的论说按卑尊排序，地位低下者在先，地位尊贵者在后。例如，《婚礼》的论说顺序是，士为先，大夫次之，诸侯再次之，天子最后。《乡饮酒礼》中，诸侯乡饮酒为先，天子乡饮酒次之。其他如乡射、燕礼皆如此。而在十七篇的排列顺序上也有讲究。例如，开始三篇《士冠礼》《婚礼》《士相见礼》的安排顺序，就是和二十而冠，三十而娶，四十强而仕相一致的。[①]《仪礼》本身体现的是等级秩序，连篇章的安排都要突显这一理念，可谓用心良苦。有一点要特别强调，仪礼及其等级秩序适用的对象是士及以上的贵族阶层，不包括庶民，平民百姓也没有能力举办仪式或按《仪礼》的规定婚丧嫁娶，所以《仪礼》虽是一幅社会长卷，描绘的却是古代贵族阶层

---

　　① 李学勤主编：《十三经注疏·仪礼注疏》（标点本），北京大学出版社1999年版，第4页。

自下而上的生活画面。这幅画面传达出来的信息和平民百姓的生活不在一个频道，它不管平民百姓如何，而主导着古代社会的风俗时尚、生活方式和人伦秩序。不唯中国如此，世界各国大致也是如此。

《礼记》是中国古代一部重要的典章制度书籍，内容极为丰富。东汉郑玄将其分为通论、制度、祭祀、丧服、吉事等八类；近代梁启超将其分为通论、解释、孔子及弟子言行、古代制度礼节、《曲礼》《少仪》《儒行》等篇的格言名句等五类；我们概而论之，分为三类：思想、制度、仪礼。属于思想的有《礼运》《经解》《乐记》《学记》《大学》《中庸》《儒行》《坊记》《表记》《缁衣》等篇，我们把记录孔子及弟子言行的《孔子闲居》《孔子燕居》《檀弓》《曾子问》和《曲礼》《少仪》《儒行》中的格言名句也归入思想一类。属于制度的有《王制》《曲礼》《玉藻》《明堂位》《月令》《礼器》《郊特牲》《祭统》《祭法》《大传》《丧大记》《丧服大记》《奔丧》《问丧》《文王世子》《内则》《少仪》等篇。属于仪礼的有《冠义》《昏义》《乡饮酒义》《射义》《燕义》《聘义》《丧服四制》等，它们是对《仪礼》解释。

如果没有《周礼》《仪礼》，《礼记》中有关制度和仪礼的篇章无疑应当是重点挖掘的对象，有了《周礼》《仪礼》，事情便有所不同。《王制》等篇虽然对制度有精彩阐发，但也仅是精彩阐发而已，对制度本身并无增益。研究者说，《仪礼》枯燥乏味，难读难懂，而《礼记》不仅记载了许多生活中实用性较强的细枝末节，而且详尽地论述了各种典章的意义和制礼的精神，相当透彻地宣扬了儒家的礼治主义，可见也是解释，是将难读变易懂，便于人们掌握和运用。所以《礼记》的价值不在所论制度或仪礼本身，而在对典章制度意义和礼治精神的阐发解释。这是后人说它集中体现了先秦儒家政治、伦理、哲学思想的主要原因，也是它受到历代王朝的青睐，被推上经典地位的主要原因。

希腊文明出现在公元前850年左右。在这之前，摩尔根认为希腊的社会状态与一般野蛮部落处于同一发展阶段时的特征相同。城市的出现表明已经有了稳定发达的农业，有了大量的商品贸易，有了房产和地产；也表明城市共同体有了因人口和财富增加以及利益的不一致引出的日益繁忙的公共事务，要有专人、专门机构和相应的制度方可应对处理。[①]

公元前624年，德腊科为雅典人制定了一部法律，标志着以成文法代替习俗的开始。德腊科之前，国家高级官吏的任用都以门第和财富为准，且是终身制，后来方改为十年一任。财产在这里成为政治考量的重要因素，德腊科制订的法典规定，能自备武装的人有公民权，可被选举担任较低级别的官员，担任司令官的人则必须有一百明那，不能有债务。[②]官员离职前有账目检查。议事会成员抽签决定，轮流担任，轮换一遍后再重新抽签。担任议员的人须是年满30岁以上的公民，担任议员后他必须出席会议，否则要被罚款。[③]

瑟秀斯、梭伦、克莱斯瑟尼斯被看作同雅典人民三大运动相关的三个标志性人物，被公认为雅典民主政治创始人的是梭伦（公元前638至前559年）。瑟秀斯超越氏族关系，将民众分为三个阶级：士族、农民、工匠。梭伦依据一个人所生产粮食和橄榄油的产量，把社会划分为四个阶级：贵族、骑士、自耕家、日用级。这些人都是公民，但在政治（城邦事务）上的地位和作用不同。义务的、没有报酬的、繁重的公益捐主要由富裕的贵族承担；自耕农阶层高度独立，富有个人主义精神，但不是民主依赖的政治力量；

[①]　据估计，雅典城邦在公元前432年时，其人口在21～30万之间。其中，公民及其家人约8到11万，外邦人及其家人约2.5到4万，奴隶人数8到11万。经济主要依靠种植谷物。公元前490～479年希腊战胜波斯后，雅典成为第一大商业和工业中心，其工业主要是冶金，私有财产也受到最好的保护。（芬纳：《统治史》卷一，王震、马百亮译，华东师范大学出版社2014年版，第365～366页。）

[②]　这种做法一直延续下来，拥有一定数量的财产成为出任公职近乎必要的条件。原因之一是，担任官员的人没有薪酬，出任公职是履行作为公民的义务，不仅如此，他还要拿出自己的财产用于公共事务；此外，贫穷的公民也没有条件放弃生计投身于公共事务中。由是导致一种趋势，权力越来越向富人集中，而与穷人渐行渐远。到罗马国家时，财产因素一跃成为支配一切的力量，它决定了政府的性质，使贵族政治和特权大为突出，大幅度地剥夺人民支配政府的权力，将这种权力交给富人。从此以后，创造财产、保护财产便成为政府的主要目的。［摩尔根：《古代社会》（下册），杨东莼等译，商务印书馆1977年版，第332、335页。］

[③]　亚里士多德：《雅典政制》，日知、力野译，商务印书馆1959年版，第5、7页。

民主派的政治力量主要是商人和手工业者。"梭伦现在已经把以财产作为一种政治体制的基础这个观念灌注在新的以财产划分阶级的方案中了。"①梭伦所立之法中有杜绝人们不关心国家事务的规定：任何人当发生争论时袖手旁观，不加入任何一方，将丧失公民权利。亚里士多德将梭伦宪法中最具民主特色的内容概括为三点："第一而且是最重要的是禁止以人身为担保的借贷，第二是任何人都自愿替被害人要求赔偿的自由，第三是向陪审法庭申诉的权利，这一点据说便是群众力量的主要基础，因为人民有了投票权利，就成为政府的主宰了。"陪审法庭成为一切公私事情的公断人。这种法律被亚里士多德称为"具有民主性质的法律"。②

克莱斯瑟尼斯（公元前509年）被称为雅典第一位立法者，人类第二个伟大政治方式——文明社会政治结构——的创始人。近代文明民族就是按这个方式组织起来的。③他在政治体制方面的贡献是："酋长会议以元老院的形式保留下来了，阿哥腊以公民大会的形式保留下来了；三位最高执政官仍同过去一样分别为国家事务、宗教和司法三个部门的长官"。没有最高行政长官是这个制度的突出特征之一。人民大会掌握实权，决定雅典的命运。"给国家带来安定与秩序的新因素是享有完全自治权的乡区和地方自治政府。"④

梭伦等人立法后，希腊城邦以制度规范调整公共行为就成为人们日常生活中的普遍现象。⑤立法和改革意味着希腊人对城邦社会的有意识的建构，除了犹太王国，这一点是其他国家所没有的，在他们那里，政体是自然深化的。⑥亚里士多德在《雅典政制》中论述了雅典宪法从伊嗡到费利和拜里

---

① 摩尔根：《古代社会》（上册），杨东莼等译，商务印书馆1977年版，第263页。

② 亚里士多德：《雅典政制》，日知、力野译，商务印书馆1959年版，第10、12页。

③ 摩尔根：《古代社会》（上册），杨东莼等译，商务印书馆1977年版，第268页。

④ 摩尔根：《古代社会》（上册），杨东莼等译，商务印书馆1977年版，第273页。

⑤ 在柏拉图看来，区分好与不好的标准是统治者是否守法。在亚里士多德那里，好与不好以统治者谋取公共利益还是一己私利为尺度。

⑥ 芬纳：《统治史》卷一，王震、马百亮译，华东师范大学出版社2014年版，第352页。

厄斯的演变之路、议事会的权限、经济行为的若干规定、司法、官员设置及职责、公职人员的薪酬、陪审员的选择程序、审判程序等；在《政治学》中区分了希腊城邦三种类型的六种政体：王制、僭主制、贵族制、寡头制、公民政体、平民政体。

希腊城邦有五个基本特征：主权独立，政治统一，宗教认同，有农业地区环绕周围，除极少数例外没有王权。没有王权也就意味着公民权的兴起，它是城邦存在的前提，表现了希腊城邦的共和国性质。希腊人把我们带入一个和同时期其他任何地方都不一样的政治世界：没有国王，没有上帝，只有公民自己建立和管理的共和国。[①]犹太人政治制度也不同凡响，但它的新颖之处只在于破除了"君权神授"，以君主和臣民在上帝面前平等为由，促使君权受到上帝绝对权威的制约。雅典政体则打破了"宫廷模式"，城邦是公民的联合体，实施由公民自己当家作主的直接民主。这种芬纳称之为"广场模式"的政治体制，在国家产生之后延续了氏族民主的治理方式，对后世的影响远远超过犹太人的创制。

雅典政体有三个基本要素：行政机构，议事会，民众大会。

行政。行政官和司法人员每年以抽签方式产生，他们受公民大会监督，每年要向其做10次工作汇报，接受其信任表决。没有真正意义上的官僚机构。行政官是议事会和公民大会意志的执行者，任期一年，除少数例外，禁止连任。

公民大会。雅典人分10个部落，其代表一年中轮流主持召开议事会和公民大会。公民大会讨论议事会提交的议案，且只能讨论议事会提交的议案，任何公民都可以对议案提出修改意见；与之相关的职权范围很广，宣战、议和、结盟、军队的规模、财政、货币和关税、裁决犯罪，所有这些最终都由它决定。公民大会不唯雅典具有，"一切形式的希腊政体（除了超法律的独裁制），不论是贵族制还是民主制，都包括了某种人民大会，尽管

[①]　芬纳：《统治史》卷一，王震、马百亮译，华东师范大学出版社2014年版，第336页。

它在治理中所发挥的作用实际上可能很小。"[1]

议事会。即政府或行政机构，是雅典政体的核心，其承担的一项重要任务是提出各项措施供公民大会去考虑。议事会由500人组成（每个部落各50人），每人任期一年，只能连任一次。由于津贴很少，只有手工工人的一半，且公元前461年才开始有津贴补助，故议事会中的穷人很少。每个部落轮流主持会议，每天任命一位执行主席，每个公民一生只能担任一次执行主席。议事会是雅典公民控制政府的两个关键机构之一，另一个是法院。

城邦之下是村社。村社是人们生活的定居点。每个村社都有自己的自治机构（议事会、村长和其他官员），有自己的公有土地和祭祀活动，每个公民都要在村社登记，官员候选人也要由村社提名。这种制度安排显然是与城邦一致的。而在城邦之间，有些希腊城邦建立了邦联制，芬纳称其为希腊人的"第二项伟大的政治创新"。希腊城邦之间和苏美尔城邦一样，彼此争斗，战乱不断，邦联制是经历了一次次的战败和征服后亡羊补牢的产物。[2]

公民是希腊城邦的主体，公民的存在"构成了城邦和以前所有政体的革命性决裂。"与附庸相对的公民概念和民主一起，被芬纳看作希腊人发明的当今世界两个最为重要的政治要素。民主的逻辑是统治者对被统治者负责，公民之为公民本质上在于能够参与城邦事务，至于以何种形式参与并不重要。一个人具有公民身份意味着他可以分享权利，同时也意味着要承担一定的义务——捍卫城邦、服从法律、信仰宗教、需要时担任一定职务等等。雅典政体设计的目标是尽可能让所有公民轮流担任公职，除将军外，其他职位的任期都不能超过一年，"这个原则贯彻得非常彻底"。"在近200年的时间里，这个体制没有经历多大变动，最终也是因为外来破坏才结束的。"[3]要成为公民必须满足两个绝对条件，一是出身，二是土地所有权。

---

① 萨拜因：《政治学说史》（第四版）上卷，邓正来译，世纪出版集团上海人民出版社2010年版，第34页。

② 芬纳：《统治史》卷一，王震、马百亮译，华东师范大学出版社2014年版，第338页。

③ 芬纳：《统治史》卷一，王震、马百亮译，华东师范大学出版社2014年版，第358、384页。公元前322年被马其顿毁灭。

"拥有土地不仅仅是公民身份的先决条件，也被广泛看作是生来就有公民资格者的权利。"后来的罗马共和国创立了纳税人选举制，"到了19世纪，法国人称其为'纳税人民主'。"①

希腊城邦政治和法律密切关联在一起。希腊城邦的司法系统由两部分组成，分别是行政官和法庭。前者负责审理诉讼，后者只是判决前者提供的案件。审理程序大致如下：首先由原告在两位目击者的支持下向行政官提出起诉，行政官定下日期进行预审，通过预审决定是否有必要提交诉讼，如果有必要，就会有六位司法执政官确定一个日子和一个法庭陪审团，到了正式审理的日子，由提交诉讼的行政官主持审理过程，判决由多数人决定。公民参与政治事务最直接的途径是担任陪审团成员。希腊城邦的司法活动有以下特点：其一，区分审议权、执行权和司法权，行政人员和司法人员分工。其二，所有诉讼都要由私人提出。其三，针对司法或执行机构的判决和行为的上诉。其四，设立巡回法官。②

"由公民选举产生的'议事会'及其向'公民大会'负责的制度以及由公民选举产生且独立的陪审团制度，乃是雅典民主制所特有的制度。"③这一制度在民主运动史上的地位是奠基性的，在人类社会史上也由于民主成为当代发展不可阻挡的趋势而彰显出独特的价值。它为什么被摧毁了？又为什么在新的基础上重生？内中"奥秘"是为政治学和政治哲学的问题。

2.思想观念

任何制度和伦理背后都有思想观念支撑，制度、伦理和思想观念共同建基于历史活动。思想观念一方面反映制度和伦理的状况，一方面以自身

---

① 芬纳：《统治史》卷一，王震、马百亮译，华东师范大学出版社2014年版，第359、360页。

② 芬纳：《统治史》卷一，王震、马百亮译，华东师范大学出版社2014年版，第381、380页。

③ 萨拜因：《政治学说史》（第四版）上卷，邓正来译，世纪出版集团上海人民出版社2010年版，第39页。

为中介把实践诉求投射到制度和伦理的建构中。

为什么建章立制？为什么需要制度和伦理？文明初始，人们已有自觉认识，中国先贤的论说尤为精彩，这些论说以"礼"为中心展开，我们按逻辑次序撷取一二，以为代表。

没有规矩不成方圆。"道德仁义，非礼不成。教训正俗，非礼不备。分争辨讼，非礼不决。君臣、上下、父子、兄弟，非礼不定。宦学事师，非礼不亲。班朝治军，莅官行法，非礼威严不行。祷祠祭祀，供给鬼神，非礼不诚不庄。是以君子恭敬撙节退让以明礼。鹦鹉能言，不离飞鸟。猩猩能言，不离禽兽。今人而无礼，虽能言，不亦禽兽之心乎？夫唯禽兽无礼，故父子聚麀。是故圣人作为礼以教人，使人以有礼，知自别于禽兽。"①做仁义之事，处人际关系，教学、治国理政、祭祀等等，都需要礼，否则一事无成。

所以一事无成，皆因人有私欲纷争。"礼起于何也？曰：人生而有欲，欲而不得，则不能无求，求而无度量分界，则不能不争。争则乱，乱则穷。先王恶其乱也，故制礼义以分之，以养人之欲，给人之求。使欲必不穷乎物，物必不屈于欲，两者相持而长，是礼之所起也。"②墨家也说，私欲纷争不能克服，则天下乱。古时没有刑政，民杂而无一。"天下之百姓，皆以水火毒药相亏害。至有余力，不能以相劳；腐朽余财，不以相分；隐匿良道，不以相教。天下之乱，若禽兽焉。"③

因此需要治。"子曰：'礼者何也？即事之治也。君子有其事，必有其治。治国而无礼，譬犹瞽之无相与！伥伥乎其何之？譬如终夜有求于幽室之中，非烛何见？若无礼，则手足无所错，耳目无所加，进退揖让无所制。'"④故坏国、丧家、亡人，必先去其礼。礼实际上是不可去的，但一个

---

① 《礼记·曲礼上第一》，李学勤主编：《十三经注疏·礼记正义》（标点本），北京大学出版社1999年版，第14～15页。

② 《荀子·礼论》，章诗同注：《荀子简注》，上海人民出版社1974年版，第203页。

③ 《墨子·尚同上》，吴龙辉等译注：《墨子白话今译》，中国书店1992年版，第46页。

④ 《礼记·仲尼燕居第二十八》，李学勤主编：《十三经注疏·礼记正义》（标点本），北京大学出版社1999年版，第1384页。

国家的制度如果不好，足以使其困顿衰败，丧家、亡人也在其中了。

治乱需要组织机构。"明乎民之无正长以一同天下之义，而天下乱也，是故选择天下贤良、圣知、辩慧之人，立为天子，使从事乎一同天下之义。"天子无力独做此事，故选择贤良圣知辩慧之人辅助，设立三公。①三公亦知自己不能独自辅佐天下，故而分国建诸侯。诸侯知自己不能独立治理境内之事，故立卿之宰；同理，卿之宰又立乡长、家君。②

依礼而治的结果，是社会合一盛强。荀子的论述颇有思趣。他对人为什么组成社会，社会为什么要有礼是这样说的："人何以能群？曰：分。分何以能行？曰：义。故义以分则和，和则一，一则多力，多力则强，强则胜物；故宫室可得而居也。"③这段话既可看作依礼而治的结果，又可看作礼的作用功能，其分、义、和、一、强胜的论述更颇有意味。因为人生活在一起有贫富、长幼、知愚、能不能和贵贱的度量分界，所以组成社会；因为有义，所以不同的人能度量分界。将义用于度量分界就会使群体中的人和；和则组成一个力量大的整体，使人虽然在许多方面不如物，却可以胜物。礼对社会的意义在于，一方面它通过对人的行为度量分界避免了人因欲望而争导致的乱和穷，另一方面它允许人们有满足欲望的要求和行动，使欲不能穷乎物，使物不能屈从于欲，形构两者平衡的关系。梁超启说这一思想极为重要，是荀子政治思想的基础。荀子视人的欲望及满足欲望之所求为人的本性，视因求而争为不可避免。对因争而起的"乱"，他采取了不同于孟子的"辞让之心"的路线，认为先王制定礼义，目的不是不让人们满足自己的欲望，而是给人以规范，给人以指导，制止或避免争得满足时发生乱，使之"行私而无祸，纵欲而不穷"④，一方面平衡人与人的关系，一方面平衡人与自然（物）的关系。所以在人与人的关系之外还要平衡人与自然的关系，是因为"欲多

① 《墨子·尚同中》，吴龙辉等译注：《墨子白话今译》，中国书店1992年版，第50页。
② 《墨子·尚同下》，吴龙辉等译注：《墨子白话今译》，中国书店1992年版，第60页。
③ 《荀子·王制》，章诗同注：《荀子简注》，上海人民出版社1974年版，第85页。
④ 《荀子·富国》，章诗同注：《荀子简注》，上海人民出版社1974年版，第92页。

而物寡，寡则必争矣。"①梁启超说此言"剖析极为精审，而颇与唯物史观派之论调相近，盖彼生战国末受法家者流影响不少也。"又说："通观《论语》所言礼，大率皆从精神修养方面立言，未尝以之为量度物质工具。荀子有感于人类物质欲望之不能无限制也，于是应用孔门所谓礼者以立其度量分界，其下礼之定义曰'礼者，断长续短，损有余益不足，达爱敬之文，而滋成行义之美者也。'"②礼有物质维度一面是荀儒不同他人之处。

治乱须有法度。礼是儒家的法度，法是法家的法度。法家认为："天地设而民生之。当此之时也，民知其母而不知其父，其道亲亲而爱私。亲亲则别，爱私则险。民众，而以别险为务，则有乱。当此时也，民务胜而力征。务胜则争，力征则讼，讼而无正，则莫得其性也。故贤者立中，设无私，而民说仁。当此时也，亲亲废，上贤立矣。凡仁者以爱利为务，而贤者以相出为道。民众而无制，久而相出为道，则有乱。故圣人承之，作为土地、货财、男女之分。分定而无制，不可，故立禁；禁而莫之司，不可，故立官。官设而莫之一，不可，故立君。既立君，则上贤废而贵立矣。"③这一看法与儒家无本质差异，分歧在治理之道。法家认为，儒家主张的仁政及所谓"民之父母"适用于血缘关系主导的社会，至战国时期已不适用，故而反对。它所谓"古者未有君臣上下之别，未有夫妇妃匹之合，兽处群居，以力相征。于是智者诈愚，强者凌弱，老幼孤弱不得其所。故智者假众力以禁强者虐，而暴人止"④，其中的要旨是法。法家对"法制"和"仁政"有一比较："故法之为道，前苦而长利；仁之为道，偷乐而后穷。圣人权其轻重，出其大利，故用法之相忍，而弃仁之相怜也。"⑤又说："母不能

---

① 《荀子·富国》，章诗同注：《荀子简注》，上海人民出版社1974年版，第92页。

② 梁启超：《先秦政治思想史》，北京联合出版公司2014年版，第110页。

③ 《商君书·开塞第七》，石磊译注：《商君书》，中华书局2009年版，第78页。

④ 《管子·君臣下第三十一》，刘柯、李克和：《管子译注》，黑龙江人民出版社2003年版，第217页。

⑤ 《韩非子·六反第四十六》，陈奇猷校注：《韩非子集释》，上海人民出版社1974年版，第950页。

以爱存家，君安能以爱持国？明主者，通于富强则可以得欲矣。故谨于听治，富强之法也。明其法禁，察其谋计。法明则内无变乱之患，计得则外无死虏之祸。故国存者，非仁义也。"①梁启超认为，法家的根本精神是视法律为绝对的神圣，不许政府动轶法律范围以外。②此言虽有过之嫌，却也道出了儒法之别。法家之法主要对百姓施加，不许政府动轶法律范围以外，形式大于内容，法家的问题是，如何保证法律不为"君欲"所动，这也是儒家论及"君仁"时不能翻越的障碍。

法家的认识与儒家显著不同。其一，它以人性恶为前提，否认同情心相结合形成社会的儒家之说。其二，它以混沌为开端，否认初始之际存有人伦秩序。而在儒家看来，尊卑之序天生就有，"若羊羔跪乳，鸿雁飞有行列"，无需人设人教。所以，天地初分之后，就有君臣治国，只是"年代绵远，无文以言"而已。

礼是制度与伦理的混合，礼的认识包含伦理的认识，包含伦理规范。《尧典》中有五典，《皋陶谟》讲检验人之行为的九种美德。其他规范有：

五伦。"父子有亲，君臣有义，夫妇有别，长幼有序，朋友有信"。

五常。仁、义、礼、智、信。是用以调整、规范人伦关系的行为准则。

四维。礼、义、廉、耻。礼——上下、贵贱、长幼、贫富的等级秩序；义——对国家社会的道德义务；廉——坦荡无私，清正廉洁；耻——对坏事的羞耻心。

八德。中国传统社会表彰的八种德行，即孝、悌、忠、信、礼、义、廉、耻。

十义。父慈、子孝、兄良、弟悌、夫义、妇听、长惠、幼顺、君仁、臣忠。

这些规范多为春秋战国时代儒家学者所阐明，表明道德在那时已成为

---

① 《韩非子·八说第四十七》，陈奇猷校注：《韩非子集释》，上海人民出版社1974年版，第975页。

② 梁启超：《先秦政治思想史》，北京联合出版公司2014年版，第171页。

非常重要的范畴。若再追溯"德"的观念，则它至少在西周时代就已经产生。而要说到道德意识和以习俗惯例形式存在并实际调节着人们行为的道德规范，则可以追溯到更为久远的过去。

道德规范晚于道德意识出现，这在各个文明发源地都是一样的。中国公元前8世纪左右出现"伦""理"二字，将"伦"之"类、辈份、顺序、秩序"，"理"之"治玉、分别、条理、道理"等含义厘清，进而引申为不同辈份的人之间应有的关系和社会治理，在学理层面是逐渐完成的。将"伦理"二字合用最早见于《礼记》（"凡音者，生于人心也；乐者，通伦理者也"），大约在西汉初年，人们才开始广泛使用"伦理"一词，用于指称人与人之间的道德关系和规范。[①]在西方和阿拉伯世界，希腊神话和智者派、苏格拉底、柏拉图、亚里士多德之间，《圣经》和阿拉伯故事、宗教伦理之间，也存在相似的脉络。其后，伦理学的研究论著就卷帙浩繁了。

和中国相比，西方先贤对制度的研究更丰富些，且有自己的特点。中国先贤对礼（制度）的认知阐释带有一般性，西方先贤关注的目光多在具体制度，有关政治制度、法律制度的研究成果可谓蔚为大观。[②]柏拉图、亚里士多德之前即有关于国家和法律的片断论说，亚里士多德除了《政治学》还撰有《雅典政制》，他对希腊150多个国家的政治制度做过比较研究，《雅典政制》只是这项研究留下的一个残篇。其他者有色诺芬的《斯巴达的国家制度》、柏拉图的《政治家》《法律篇》等等。[③]"按亚里士多德著作的古代书目，据说研究政制的著作有158部。"[④]希腊之后西方学者的研究著作是大家所熟悉的，无需赘说，但我们难觅去掉政治、经济等限制词的一般制度研究。密尔认识到，"以前的社会哲学有两大缺陷：第一，边沁时代的政治

---

① 《中国大百科全书》（哲学卷I），中国大百科全书出版社1987年版，第515页。

② 比较而言，西方先贤对伦理的论述较为一般，中国先贤对伦理的论述较为具体。

③ 亚里士多德：《雅典政制》，日知、力野译，商务印书馆1959年版，中译本序，第III页。

④ 亚里士多德：《雅典政制》，日知、力野译，商务印书馆1959年版，英译者序言，第I页。

学和经济学试图从少数几项普遍的人性法则（被认为在一切时间和地点都是普遍相同的法则）出发，并且直接适用于人们在特定社会、特定时间和特定立法体系框架之内的政治行为、经济行为。因此，老牌功利主义者并没有充分认识到制度的重要性，或者他们并没有认识到这样一个事实，即制度可以说是介于个人心理与特定时空之具体实践之间的第三现实。第二，由于制度没有被视作独立的现实，所以历史生长或发展因素也就未被赋予它所应有的重要性。"①密尔把握住了两个要点，一是政治制度依赖于社会制度；二是社会具有心理的性质。正如萨拜因所说，英国经验论哲学从个人心理学角度解释人的行为后来被证明是不够的，必须用对制度的研究予以补充。②虽然如此，虽然黑格尔在他的社会哲学中也把社会看成是一套制度，有关制度的"专门"研究仍然不彰，直到新制度经济学出现情况才有所改观。新制度经济学虽然着眼于社会经济活动，对制度的阐释却已具有一般性质和意义。例如，在诺思那里，除了经济学所关注的经济制度，制度还包含政治制度和法律，他甚至把伦理道德、习俗惯例也视为制度，即非正式规则的制度。一部文明史，就共同体和人的关系而言，就是一部制度史。和伦理相比，无论中西，总体来说制度在过往的研究中没有得到与其地位相称的重视，现在是我们开辟这块研究领域的时候了。

二、制度与伦理的同一

人类社会早期不约而同地产生了制度，这制度与伦理是同一的。

制度与伦理的同一有历史的缘由。文明史前的社会规范混沌一体，政治、法律、伦理界限不清，基于路径依赖的不可避免性，文明伊始制度与伦理不分是延续而至的自然结果。我们今天看到的法律规定中包含了一些

---

① 萨拜因：《政治学说史》（第四版）下卷，邓正来译，世纪出版集团上海人民出版社2010年版，第402页。

② 萨拜因：《政治学说史》（第四版）下卷，邓正来译，世纪出版集团上海人民出版社2010年版，第405页。

道德因素，诸如偷盗、诈骗、通奸、虐待妇女儿童老人等既是法律问题也是伦理道德问题，其源头即是混沌一体的原初规范。制度与伦理同一更直接、更重要的缘由，是人们对美好社会的认知。那时候的人们普遍认为，一个美好的理想的社会是一个道德的或善的社会。这种认知直到现在仍然影响着人们社会评判的取向和尺度，中国人尤其如此。除上面两个因素外，文化也是重要因素。这个因素影响了不同文明发源地社会发展的走向，有些国家在长时间里一直坚守制度与伦理的同一，如中国，有些国家则在历史的某些关节点上生发变化，使制度与伦理逐渐分立，如西方。职是之故，在这一节中我们把制度与伦理同一当作普遍现象来看待，在下一节中则只能以西方为主分析制度与伦理的分立。

《尚书》中制度与伦理的同一明显可察。《洪范》中的木、金、火、水、土各有其德，与之对应的分别是仁、义、礼、智、信。帝应五行，故曰五德之帝。《康诰》《顾命》《召诰》讲尚德慎刑，德政教化，礼法自治，施行德政，以德治国。《吕刑》虽专门记述刑罚，但立法者有关于法德关系的论说，从中可以看到儒家重德轻法的源头，看到善良的人审案就没有不公正这样的普遍意识。文中还有一种思想：刑罚也是一种德，有德于百姓的德。上天的惩罚若不加到违法者身上，百姓就不知道天下有美好的政治。

王国维在《殷周制度论》中说，殷、周之间有质变性质的大变革，不仅旧制度废而新制度兴，而且旧文化废而新文化兴。周代所兴新制度有三：一是"立子立嫡"之制，此制派生出宗法及丧服之制，进而派生出封建之制、君天子臣诸侯之制。二是"庙数之制"。三是同姓不婚之制。此三者构成西周宗法等级制度的主干，它们的作用分别是：君位定，异姓势弱，天子位尊，产生宗法、服术，天下合为一家，贤才得以进，男女之别严。"有立子之制，而君位定；有封建子弟之制，而异姓之势弱，天子之位尊；有嫡庶之制，于是有宗法、有服术，而自国以至天下合为一家；有卿、大夫不世之制，则贤才得以进；有同姓不婚之制，而男女之别严。"周代制度的要旨，是"纳上下于道德，而合天子、诸侯、卿、大夫、士、庶民以成一道德之团体。"王国维说周公制作之本意实在于此。周代制度为道德而设，是道德之器械，即尊尊、亲亲、贤贤、男女有别四者的合体。遵循此道德制度典礼者方谓之民彝，不遵循者谓之非彝，非彝者的行为不在周礼调节范围，他们是刑罚的对象。[1]

周代以后的事情不用多说，经儒家的世代努力和历代君王的坚持，中国制度的伦理化和伦理的制度化一直延续到近代。

中国以外的情形大致如下：

"摩西十诫"是宗教法律，它由上帝缔造，是上帝在西奈山上通过摩西而与犹太人所立之"约"。[2]上帝一方极为强势，将自己所立律法强加给犹太人，所有的犹太人，无论君主还是平民，都必须服从和遵守"上帝之约"。上帝对人唯一关注的是其道德行为，目的在于令人行善，行善即为正义。犹太法律表达上帝的关注，其规范出于正义的动机，这些道德规范作为"约"的组成部分被公之于众，犹太人的义务便是恪守它们，凡是与之违背的行为，都在诅咒之列。由于道德规范和基本宗教律令直接同一，违反法律的犯罪行为也就等于背叛上帝。犹太人视背叛上帝的行为如同禽兽，故而对违"约"的惩罚极为严厉。犹太人的律法因此成为和每个人息息相关的道德法典，它从公元前537年犹太人重归故土后开始主导其全部生活，形成政教合一的神权政治。该政体中真正的国王不是君主，而是上帝。世俗君主不能违背上帝启示于犹太人的律法，因此他不享有绝对权力，相反，君主和百姓在上帝面前都是人，上帝赋予他们同等的权利，国王和平民因此是平等的，有限君主制就这样被发明出来并成为西欧传统的一部分。

犹太人的观念和行为影响了基督教。早期基督教（旧约）那里，道德与法律同一，是所谓伦理法律。完美地遵守法律就是完美的伦理行为，反

---

① 王国维：《观堂集林》（二），中华书局1959年版，第453～454、474、477页。

② 上帝与摩西在西奈山立约是一个传说，现已无从考证。"但今天的一个广泛共识就是：摩西确实是一个历史人物；西奈山（或何烈山）确实发生过重大事件；从这一天开始民众认为他们与上帝有了'约'这一特殊关系；'摩西十诫'确实是从这一时期开始的（一些学者甚至认为它确实是被书写了下来）。"（芬纳：《统治史》卷一，王震、马百亮译，华东师范大学出版社2014年版，第260页。）

之亦然。法律或伦理戒律的权威性来自上帝，它是上帝意志和意愿的表达。故罗尔斯说，基督教伦理不是自由而律己的结果，它屈从于教会的权威，满足教会对道德神学的实践需要，把人的道义责任看作是依赖于神圣法律的东西，视道德为上帝颁布的法律。

犹太人依据《旧约》和《旧约》的注释创立了律例，《古兰经》和圣训①则是伊斯兰教立法的两大源泉。它起始于穆罕默德在麦加居住的17年间，这个时期是阿拉伯人真正立法的时期。《古兰经》的目的是确立伊斯兰教的基础，阐明安拉的一性，确定伦理原则，陶冶人类的心性。《古兰经》中有关律例的经文内容涉及社会的方方面面，有关于教律的，如礼拜、斋戒、天课；有关于民事的，如买卖、债务、利息；有关于刑事的，如杀人、偷盗、抢劫；有关于婚姻家庭的，如结婚、离婚、遗产继承；有关于国家的，如战争、与敌方订立和约、处理战利品。在先产生的麦加《古兰经》篇章以宗教原理为主，全是宗教原理的解释。内容包括信仰真主、先知、末日；命令人类实行公正、行善、践约、宽恕等高尚的道德；禁止人们犯奸淫、杀人、活埋女儿、使用小秤、小斗等罪恶；敬畏唯一之主，禁止人们悖逆真主，等等。其后产生的麦地那篇章以宗教律例为主，类似国家法律，有关民事、刑事、婚姻家庭律例和社会制度包罗在麦地那篇章里，而伊斯兰教的政治基础正是在麦地那时代逐渐巩固的。②

芬纳在谈到"沙里亚法"③时，说它远远超出了西方人的法律范畴，是一套允许或禁止教徒做某事，并带有对未遵循者处罚的规则，其所揭示的正是真主的意志。它是宗教义务无所不包的载体，是安拉对每一位穆斯林

---

① 《古兰经》的文字和意思都是安拉的默示，圣训的言辞都是穆圣口说的，是对《古兰经》的解释。穆罕默德的解释、判断、言语和行为，都是伊斯兰教的法律。

② 艾哈迈德·爱敏：《阿拉伯-伊斯兰文化史》第一册，纳忠译，商务印书馆1982年版，第242～247页。

③ 沙里亚法又称"沙里亚"，原意为"通往水源之路"，意为宗教的规定的一切，好像一个口渴的人需要水一样，是其生命必须的，引申为"应该遵循的正道和常道"。穆斯林学者一般认为，沙里亚法系指安拉的诚命，为伊斯兰教法的总称，因其源自安拉的启示，故又称"天启大法"。逊尼派穆斯林学者认为，"沙里亚"是判断世人行为或善或恶的根据。

生活各个层面进行指示和规范的集大成者，还涉及宗教仪式和宗教崇拜，以及教徒的日常生活。与西方法律中黑白分明的规定不同，伊斯兰教法涵盖了义务性、劝告性、无关紧要的、应该谴责的以及被禁止的等各个层面的内容。因此"沙里亚"教法是神的戒律，它并非哈里发们的发明，而是在哈里发出现以前就已经存在。原则上，"沙里亚"教法不是穆斯林社会的产物，相反，是"沙里亚"塑造了穆斯林社会。它作为真主意志的体现，只能被阐释和解读，永远不能进行修改。①

犹太教、基督教和伊斯兰教的法规和制度有两个显著的共性特征：都信仰一个伟大全能的造物主，祂是宇宙的主宰，是永生不灭的；都强调伦理道德，劝导人们向善。宗教和神、上帝、造物主结合在一起，而神、上帝、造物主和善或伦理结合在一起，使得无论哪个国家的制度，只要遵循神、上帝、造物主的意旨，就必定是与伦理同一的。这一点在印度再次得到印证。婆罗门教（至公元8世纪演变为印度教）的教义就是法律，它是僧众和信徒的行为规范，强调对神和祖先的崇拜，强调祭司万能和婆罗门至高无上，以因果报业、人生轮回和非暴力之说诱导人们寻求来世福祉。作为古代印度法律之大成的《摩奴法典》（约公元前2世纪）是一部综合性的历史文献，内容包括宗教、哲学、伦理、政治、经济和法律，其中法律约占全书的四分之一。这部法典传说由"梵天"之子摩奴制定，按印度学者考证，摩奴是依次支配世界的七位神的共名。《摩奴法典》将宗教伦理转变为政治和法律，法被定义为脱离爱与恨欲望的行为规范。法典中的"家居期法"与中国的《仪礼》相似，涉及日常生活的方方面面，具有浓郁的宗教、伦理色彩；法典中的"国王法"呈现古印度的政治制度、法律制度和社会制度，核心是王权的至高无上。无论"家居期法""国王法"，最后都回归到行为的果报——转世与解脱。②

中国虽然没有西方和阿拉伯世界意义上的宗教，但有表征神灵的

---

① 芬纳：《统治史》（卷二），王震译，华东师范大学出版社2014年版，第86页。
② 由嵘主编：《外国法制史》，北京大学出版社1992年版，第35～41页。

"天"，当中国古代社会制度与"天"联系在一起时，它也同宗教世界一样，产生出相似的制度现象。但中国社会的制度与伦理同一多了一些实践理性和价值理性，它有周公对殷商灭亡经验教训的总结，更有孔子及儒家从理论方面所做阐释倡导的贡献。周公、孔子所作所为展现了另一种路径：通过理性解读现实。上帝可以存在，可以不存在，它不是证明善良社会的唯一途径，不是制度合法性的必要条件，理性可以通过对历史、现实、未来的思考，起到上帝解读同样的功效。希腊人也是这样做的，尽管从希腊人到启蒙运动建立起理性的法庭还有一段漫长岁月。

"希腊的政治制度体现了政治、自由辩论和法的概念形成过程中的理性原则。"[①]从希腊人的理性思维中亦可见到政治、法律与伦理同一的特征。以柏拉图和亚里士多德为例，前者的理念世界里，善占有最高地位，它像太阳一样构成真正具有创造力和组织力的原则。"善的理念……是一切正确和美好的东西的原因。在有形的领域，它产生世界及其主宰，而在无形的领域，它就是主宰本身，真理和智慧都决定了这个主宰，而且凡是想在个人和社会生活中自觉行动的人，都应联系到这个主宰。"[②]柏拉图憎恨僭主制的一个重要原因，是在他看来，僭主制乃不道德的最高表现。如果说柏拉图遵循的是从理念到现实，从应有到现有的思维路线，亚里士多德则更多地从现实角度考量。亚里士多德的伦理学属政治科学，它服从于政治，即服从于管理城邦和城邦生活的需要，好的政治建立在道德基础之上，建立在现存的风尚、习俗基础之上。职是之故，德国著名哲学史家里特说："在亚里士多德那里，政治理论就是城邦的道德法规的理论。"[③]

柏拉图、亚里士多德及希腊人的思想是丰富的，我们只是点到为止，

---

① 转引自芬纳：《统治史》（卷一），王震、马百亮译，华东师范大学出版社2014年版，第351页。

② 转引自古谢伊诺夫、伊尔利特茨：《西方伦理学简史》，刘献洲等译，中国人民大学出版社1992年版，第102页。

③ 转引自古谢伊诺夫、伊尔利特茨：《西方伦理学简史》，刘献洲等译，中国人民大学出版社1992年版，第141页。

能够从中窥见那个时空节点上制度与伦理关系的基本色调便达到目的。这个目的达到了。但我们要说，希腊人不仅为人类社会贡献了城邦民主制度，贡献了自由和法律，还为人类社会贡献了理性的思维方式，比起我们所要达到的目的，它们无疑更具有发展史价值。

希腊之后，制度与伦理同一的状态在很长一段时间里仍旧延续着。6～10世纪欧洲诸民族的民俗法是与宗教和道德相结合的，它服从于对亲属、领主和王室的忠诚。11世纪前的日耳曼法处于政治、宗教、道德、习惯的包围中，"在法兰克帝国或盎格鲁－撒克逊的英格兰以及那个时候欧洲别的地方都没有作以下两种明确的区分：一方面是法律规范与诉讼程序的区分和另一方面是法律规范与宗教的、道德的、经济的、政治的、或其他准则和惯例的区分。"[1]类似现象相当普遍地存在于欧洲各国，不再一一叙述。

产生制度与伦理同一的最重要的认识根源，是人们对"德"、社会及其二者关系的认识，核心是将伦理等同于美好社会或善的生活。美好社会是一种状态，这种状态被看作是善的，因此，善或伦理具有了社会状态的含义，它或者是过去的，或者是未来的，都是应当要么恢复要么努力实现的。这种认识长期占据人们头脑，在文化熏陶下融进人的行为和期盼中。

让我们对这一认识根源即将伦理等同于美好社会或善的生活做些梳理。

"德"在早期人们心目中具有某种神秘的意蕴。中国的"德"与"天"相联系，是为天道。因为与"天"的关系，"德"首先不是一种个人品格，而是上苍赐予的一种力量，人们可以接受继承它，也能够背离舍弃它。但接受继承和背离舍弃会产生截然不同的后果。中国以外，"德"与上帝或造物主联系在一起，是上帝或造物主的意志，亦即上帝或造物主对人的绝对命令，谁违背破坏它同样会受到严厉的惩罚。对个人来说，这种惩罚是下地狱，对社会来说，这种惩罚是降临巨大的灾难。对统治者来说，个人上

---

① 伯尔曼：《法律与革命》，贺卫方等译，中国大百科全书出版社1993年版，第97、10页。

天堂或下地狱无关紧要，重要是惹怒神明降临巨大的灾难会动摇他的统治。统治者维护自己的统治，就要许诺建立美好社会，不管他实际做的怎样，也不管他是真心实意还是虚情假意，表面上他必须这么说，而在实践中我们也不能否认，历史上确有一些雄才大略的政治家为此鞠躬尽瘁。

什么样的社会是美好社会？柏拉图提出理想国，孔子提出大同社会，圣·奥古斯丁提到"黄金时代"，宗教学说向人们展示天堂、来世。

孔子说："大道之行也，天下为公，选贤与能，讲信修睦。故人不独亲其亲，不独子其子，老有所终，壮有所用，幼有所长，矜寡孤独废疾者，皆有所养，男有分，女有归。货恶其弃于地也，不必藏于己；力恶其不出于身也，不必为己。是故谋闭而不兴，盗窃乱贼而不作，故外户而不闭。是谓大同。"①孔子的大同社会有面向未来的维度，后来的人们也把它当作一个理想目标，盼望着它在某天的到来。但在孔子那里，那是对已经消逝的美好社会的怀念。"昔者仲尼与于蜡宾，事毕，出游于观之上，喟然而叹。仲尼之叹，盖叹鲁也。言偃在侧，曰：'君子何叹？'孔子曰：'大道之行也，与三代之英，丘未之逮也，而有志焉。'"②把过去的某种状态——它是否真正存在此时并不重要——看作美好社会，一方面怀念它，另一方面又想复归它的不只孔子一人。奥古斯丁相信，人类堕落之前存在一个黄金时代，那时人们生活在神圣、纯洁、正义的状态中，人人平等自由，相亲相爱，不存在奴隶制度，不存在人统治人的现象，社会财富为所有人共享。③基督教的失乐园一进天堂、佛教的前生一来世、自然法学派的自然状态说，也是相似的理路。

柏拉图的《理想国》关注善和善的生活问题，理想国就是一个善的国

---

① 《礼记·礼运第九》，李学勤主编：《十三经注疏·礼记正义》（标点本），北京大学出版社1999年版，第658～659页。

② 《礼记·礼运第九》，李学勤主编：《十三经注疏·礼记正义》（标点本），北京大学出版社1999年版，第656页。

③ 博登海默：《法理学：法律哲学与法律方法》，邓正来译，中国政法大学出版社2004年版，第28页。

家。在善的国家中，人们具有不同的社会地位和职责，哲学王应该占据最高阶层的最高地位，成为统治者，其他阶层的人们也有自己的使命和任务。正义就是人们各安其分，踏实地践履他所处的地位要求他践履的那些义务，公平就是根据其能力和训练，使每个人得到他应该得到的恰如其分的对待，——理想国是一个等级秩序的王国。托马斯·阿奎那与柏拉图一样，他试图建立一种以和谐一致为核心的普世的社会综合体系，该体系也是一个上下有别的等级体系，最高处的是上帝，最低处的是最低级的生物。每一级的生物都按自己的本性行事，找到自己应有的位置，追求其种类所固有的善或者完美。每一种生物都有自己的价值，都有自己的位置、义务和权利。高级者指导、统治、利用低级者，低级者为高级者服务。"在所有的生物当中，惟有人既有身体又有灵魂，而指导其生活的制度和法律就是建立在这一基本事实之上的。"①

在这里我们看到善的又一种含义：它是一种社会秩序。具体到柏拉图和阿奎那，善就是一种社会等级秩序。儒家的"礼"也是等级秩序，当孔子说"克己复礼，天下归仁也"时，他已经把"礼"之等级秩序与善或伦理的关系表达得非常清楚了。

善还有第三种含义，它是一种参与公共事务的活动。柏拉图和亚里士多德都认为，城邦的每个公民都应参与城邦的活动。城邦意味着共同生活，公民资格的含义就是分享这种共同生活。分享或参与城邦生活是一种"生活的模式"，其宗旨和目标是促使共同生活和谐。因此，参与城邦活动是最高的善，在道德上比义务观念和权利观念更重要。参与城邦活动也是每个公民所应承担义务，这些义务并不是城邦强加给他的，而是源出于他实现自己种种潜能的需要。一个美好社会要构建或组织公民的这种共同生活，确定每个人在城邦生活中应有的地位、职位和作用，保障公民享有各种权利，特别是他们自由思考、辩论和参与城邦公共事务的权利。自由和法律

---

① 萨拜因：《政治学说史》（第四版）上卷，邓正来译，世纪出版集团上海人民出版社2010年版，第301页。

是希腊城邦社会的两大支柱。

萨拜因在《政治学说史》中认为："雅典人的理想可以被概括为这样一个说法，即关于一个自由国度中的自由公民身份的观念。政府的运作过程也就是公正无私的法律的运作过程，而这种法律之所以具有约束力，乃是因为它是正当的。公民的自由乃是他能够自由地理解、自由地辩论和自由地贡献，而这所依凭的并不是他所拥有的地位或财富，而是他的天赋才能和德性。这一切的目的就是为了实现一种共同生活——这种共同生活对个人来说乃是其天赋能力能够得到训练的最完善的学校，而对共同体来说则是一种具有无比价值的文明生活，因为它所拥有的宝贵财富是物质上的舒适、艺术技艺、宗教活动和自由的智性发展。在这样一种共同生活中，对个人来说最高的价值就在于他能够运用他的能力和他的自由去做出重要的贡献，亦即去担任公民生活这一共同事业中即使是很卑微的职位。"①此说可谓雅典人心目中善的总纲。

上述善之指称——某种社会状态、某种社会秩序以及参与某种活动例如城邦政务——和通常理解的道德有区别，它是广义的，不是狭义的，实际上就是理想社会，是人们认为美好的、优良的、值得追求的社会状态和目标。基于广义善的视角，任何一项社会举措，任何一种人的活动（包括方式方法），只要与人们认为美好、优良、值得追求的社会目标一致，是该目标的一部分，或者有助于这个社会目标的实现，都可认为是善的；当我们把善归属伦理学时，也可以认为都是伦理或道德的。这一点我们可以在希腊人的理想中看到，在亚里士多德的《尼各马科伦理学》中看到。在那里，德性并非只是为他人行善，还包含最佳的做事方式、同自己的本性或使命相适应，以及与之相关的人的能力的含义。"我们的基本命题是，伦理德性是一种……以最好方式行动的品质，相反的品质就是坏的。"②智慧、理解、

---

① 萨拜因：《政治学说史》（第四版）上卷，邓正来译，世纪出版集团上海人民出版社2010年版，第47～48页。

② 亚里士多德：《尼各马科伦理学》，苗力田译，中国社会科学出版社1990年版，第29页。

明智是好的行为品质，因此它们是德性，称作理智的德性；知识和智慧、理解、明智以及最好的行为方式形影不离，因此知识即美德。

通常所谓道德，要么谈德性，要么论规范，强调人的品质，强调与他人相处的原则。它从个体内心出发，以自律为圭臬，由近及远，形成"差序格局"的伦理关系并在个体、群体（阶级阶层）、社会和时代等不同范围内讨论，属狭义的善。狭义的善是善的社会的组成部分，从属于善的社会。一方面，它只有融入社会有机体中才有存在的意义，才被肯定为善、肯定为道德；另一方面，柏拉图讲得很清楚，唯有在善的社会里，个体的善或道德才有可能，倘若不考虑城邦的善，要使个体普遍成善，注定白费心机。由此不难发现，狭义道德和作为美好社会的善是有区别的，部分最佳不等于系统最佳，有道德不等于有社会善，不等于社会是美好的；反过来，社会是善的，不管个体、个案情况如何，大多数人的生活一定是有道德和美好的。

事情原本不复杂，广义上把美好的社会——人们追求的目标——视为善，将善归属伦理范畴，伦理因此象征美好社会，是或应当是人们追求的目标。制度作为规范，要和行为追求的目标一致，与伦理同一是顺理成章的事情。美好的社会是一个善的社会，好制度是与伦理同一的制度。倘若把美好社会的实现看作一个过程，那么在这个过程不同阶段构建的制度要成为与伦理吻合的各个环节，它可以不满足最终目标实现的需要，但必须是它的一部分，最重要的是不能和它相背离。

将广义的善和狭义的善混同在一起，让德性、道德规范纠缠在美好社会身上使之成为象征和目标，事情就复杂了。原本诸善之一，登上至尊宝座，非"礼"勿视，非"礼"勿听，非"礼"勿言，非"礼"勿动，其他诸善，人们在各个领域的活动，秩序的建构都要奉"旨"而行，听从德性和道德规范"调遣"。①这会带来诸多问题，包括与广义善背离的问题。这些问

---

① 某种意义上，狭义善受到尊崇是必然的。追求美好社会要从具体做起，修身养性、用道德规范矫正人的行为就是具体。但如果独尊道德，忽视其他具体（它们也是善），事情就要另当别论了。

题首先在政治家那儿反映出来。

政治家和思想家不同，政治家总是从维护统治的角度考虑问题，对自己有利的便拿过来，哪怕它是洪水猛兽，对自己不利的便弃之九霄，哪怕它是人伦底线。这为后来政治与伦理的分立播下了种子。但思想家们关于善的社会的理论还是会对政治家产生影响，因为它在某些方面和政治家的历史记忆一致，有利于维护统治秩序。所以，当托马斯·阿奎那提出构建与善相一致的社会制度时，他的以下看法得到圣俗两界君主的赞同："一种有序的政治生活甚至对于实现这一终极目的来说也是一项具有促进作用的事业。从更为具体的角度来看，人间统治者的任务就在于：第一，经由维护治安和秩序而为人类的幸福奠定基础；第二，经由确使行政管理、司法和防务等所有必要的服务都得到切实的践履而介质这种幸福；第三，经由随时纠正各种弊端和经由铲除一切可能摧毁善生活的障碍而增进这种幸福。"①

在构建与伦理（善的社会）同一的制度方面，周公和先秦儒家做的最为精致和成功。

周公总结历史经验，特别是殷商灭亡和周天下崛起的历史经验，创立了一套后人称之为周礼的社会制度。这套制度的核心是把家和国结合起来，辅以礼仪等社会规范，然后让道德"牵线搭桥"，担负起联结家国的职责。道德与"天道"通，决定国家、社会的命运，谁得到它，谁就可以拥有天下，谁失去它，谁就被他人取代失去天下。"欲观周之所以定天下，必自其制度始矣。""是殷、周之兴亡，乃有德与无德之兴亡；故克殷之后，尤兢兢以德治为务。"②

家国同构的制度即是宗法等级制度，它是政治制度，也是有周一代的社会基本制度。分封诸侯的封建制度以宗法制为前提，这是中国封建制不同于欧洲封建社会之处。周天子是国家家长，天下大宗；诸侯相对周天子

---

① 萨拜因：《政治学说史》（第四版）上卷，邓正来译，世纪出版集团上海人民出版社2010年版，第302页。

② 王国维：《观堂集林》（二），中华书局1959年版，第453、479页。

说来是小宗，但在自己的封国内是大宗，同样，每个封国内的卿大夫又是小宗，这样层层下来，就组成了一个以周天子为顶端的金字塔形的国家结构。葛兆光对这一结构做了如下梳理："周代礼制的核心，是确立血缘与等级之间的同一秩序，由这种同一的秩序来建立社会的秩序，换句话说，就是把父、长子关系为纵轴、夫妇关系为横轴、兄弟关系为辅线，以划定血缘亲疏远近次第的'家'，和君臣关系为主轴、君主与姻亲诸侯的关系为横轴、君主与领属卿大夫的关系为辅线，以确定身份等级上下的'国'重叠起来。在这里面，包含了相当复杂深刻的道德和伦理内涵，《礼记·大传》说，'上治祖祢，尊尊也，下治子孙，亲亲也，旁治昆弟，合族以食，序以昭穆，别之以礼义，人道竭矣'，这是'家'的伦理。《礼记·丧服小记》说，'王者，禘其祖之所自出，以其祖配之，而立四庙……别子为祖，继别为宗，继祢者为小宗，有五世而迁之宗，其继高祖者也。是故祖迁于上，宗易于下。尊祖故敬宗，敬宗所以尊祖祢也'，这是'国'的伦理。家是缩小的国，国是放大的家，'亲亲、尊尊、长长、男女有别，人道之大者也'，把这些原则放大到国家，就是'王道之大者也'，《礼记·大传》说，可以变革的，是'立权度量，考文章，改正朔，易服色，殊徽号，异器械，别衣服'，而不可以变革的就是'亲亲也，尊尊也，长长也，男女有别'，所谓不能变革的，其实就是传统，就是确立了这种传统基础的价值和意义。"[①]王国维的《殷周制度论》不仅梳理了有周一代的宗法关系，而且指出了宗法结构的政治精髓："古之所谓国家者，非徒政治之枢机，亦道德之枢机也。使天子、诸侯、大夫、士各奉其制度典礼，以亲亲、尊尊、贤贤，明男女之别于上，而民风化于下，此之谓'治'；反是，则谓之'乱'。是故天子、诸侯、卿、大夫、士者，民之表也；制度典礼者，道德之器也。周人为政之精髓实存于此。"[②]

---

① 葛兆光：《七世纪前中国的知识、思想与信仰世界》第1卷，复旦大学出版社1998年版，第107～108页。

② 王国维：《观堂集林》（二），中华书局1959年版，第475页。

先秦儒家将周公创立的制度理论化、系统化，构建出精致的礼治主义。礼治主义强调礼之重要，把它置于"所以别嫌明微，傧鬼神，考制度，别仁义"，[①]治邦安君的核心地位。对国家来说，礼"犹衡之于轻重也，绳墨之于曲直也，规矩之于方圜也"。[②]没有礼则政不正，"故政不正则君位危，君位危则大臣倍、小臣窃。刑肃而俗敝，则法无常，法无常而礼无列，无礼列则士不事也。刑肃而俗敝，则民弗归也，是谓疵国。"[③]对人来说，"非礼无以节事天地之神也，非礼无以辨君臣、上下、长幼之位也，非礼无以别男女、父子、兄弟之亲，昏姻疏数之交也。"[④]没有礼，不讲礼，人和野兽无异。"相鼠有体，人而无礼。人而无礼，胡不遄死。"是故，孔子说，"夫礼，先王以承天之道，以治人之情，故失之者死，得之者生。"[⑤]

礼治秩序和家国关系自亲亲始。"子曰：'立爱自亲始，教民睦也。立教自长始，教民顺也。教以慈睦，而民贵有亲。教以敬长，而民贵用命，孝以事亲。顺以听命，错诸天下，无所不行。'"[⑥]孔子此话是从君王教化百姓角度讲的，亦是他本人倡导的社会伦理关系的建构路径。人与人要相互爱护，爱人要先爱亲，从最亲近的家人、亲人开始。亲亲就是父慈、子孝、兄友、弟恭，进而将这种爱由家人、亲人向外推展开来，形成仁慈和睦的社会关系，费孝通称此建构路径为"差序格局"。如果说由近及远是社会伦理关系的"差序格局"，爱、敬自尊长始可谓亲亲关系内部的"差序格

① 《礼记·礼运第九》，李学勤主编：《十三经注疏·礼记正义》（标点本），北京大学出版社1999年版，第682页。

② 《礼记·经解第二十六》，李学勤主编：《十三经注疏·礼记正义》（标点本），北京大学出版社1999年版，第1371页。

③ 《礼记·礼运第九》，李学勤主编：《十三经注疏·礼记正义》（标点本），北京大学出版社1999年版，第682页。

④ 《礼记·哀公问第二十七》，李学勤主编：《十三经注疏·礼记正义》（标点本），北京大学出版社1999年版，第1373页。

⑤ 《礼记·礼运第九》，李学勤主编：《十三经注疏·礼记正义》（标点本），北京大学出版社1999年版，第662页。

⑥ 《礼记·祭义第二十四》，李学勤主编：《十三经注疏·礼记正义》（标点本），北京大学出版社1999年版，第1320页。

局"。在国君为尊，在家父为尊，在族宗为尊。父和宗同时也是长者。因为是一家，故亲亲。亲亲故尊祖，尊祖故敬宗，敬宗故收族。由是，在百姓中和百姓间相互织成亲属关系之网，形成小宗尊其小宗，群小宗尊其大宗，大宗率群小宗尊其国君的宗法结构关系。不仅家庭内部要尊尊，贵族之间、贵族与平民之间、君臣之间都要讲尊卑关系，家事即国事，亲亲（伦理）即政治，反之亦然，家国一体的大一统格局因此形成。

国君在宗法等级秩序中的地位至高无上。君不可尊人、养人、事人，只能被尊、被养、被事，否则便是失其位，君失其位是君之过。"故君者所明也，非明人者也。君者所养也，非养人者也。君者所事也，非事人者也。故君明人则有过，养人则不足，事人则失位。"百姓应效法国君、供养国君、服侍国君，以达到自我管理、自我安定、自我提高。"故百姓则君以自治也，养君以自安也，事君以自显也。"尊者居上，卑者处下，以下事上，于礼当然，人皆知之，礼由是晓达，上下分定。当国君遇到危难时，人人皆欲救之，宁愿以义而死，耻患不义而生。"故礼达而分定，故人皆爱其死而患其生。"①

君王治国理政、言谈举止对百姓影响重大，要承担起自己的责任。"政者正也，君为正，则百姓从政矣。君之所为，百姓之所从也。君所不为，百姓何从？"②君王怎样算是"为正"？"天子者，与天地参，故德配天地，兼利万物，与日月并明，明照四海而不遗微小。其在朝廷则道仁圣礼义之序，燕处则听《雅》《颂》之音，行步则有环佩之声，升车则有鸾和之音。"君王做到这些就是"正"，就会"居处有礼，进退有度，百官得其宜，万事得其序"，③实现天下之治。

---

① 《礼记·礼运第九》，李学勤主编：《十三经注疏·礼记正义》（标点本），北京大学出版社1999年版，第686、686～687页。

② 《礼记·哀公问第二十七》，李学勤主编：《十三经注疏·礼记正义》（标点本），北京大学出版社1999年版，第1375页。

③ 《礼记·经解第二十六》，李学勤主编：《十三经注疏·礼记正义》（标点本），北京大学出版社1999年版，第1370页。

天下之治是德治。君王为政，在于得人；要得贤人，君王先要修正己身；修正己身，先要修行天下之达道；[1]欲修天下之达道，先修仁义。"故为政在人，取人以身，修身以道，修道以仁。"君王知道为什么修身，便知道怎样治人，知道怎样治人，便知道怎样治理天下国家。[2]"先王之所以治天下者五，贵有德，贵贵，贵老，敬长，慈幼。此五者先王之所以定天下也。贵有德，何为也？为其近于道也。贵贵，为其近于君也。贵老，为其近于亲也。敬长，为其近于兄也。慈幼，为其近于子也。"[3]在其他地方孔子还有许多论述，例如在回答为政如之何时，孔子答："夫妇别，父子亲，君臣严。三者正，则庶物从之矣。"[4]概言之，国家治理与"道"相通，"道"与"德"相通；君主有德，便能得道；"道得众则得国，失众则失国。是故君子先慎乎德。有德此有人，有人此有土，有土此有财，有财此有用。德者本也，财者末也。"[5]

德治可谓贤人政治。主张贤人政治的不唯孔孟儒家，墨子亦如是。墨子将尚贤与尚同相结合，所形成的理想的贤人政治图景是：国君选择仁者为乡长，乡长选择仁者为里长，国君仁，乡长仁，里长仁，天下仁。[6]无独有偶，波斯人在评判三种政体时也认为，君主往往会堕落成僭主，民主政体极易变成暴民之治，群贤之治是可取的，最好的做法是由一个最贤明的人来实行统治。[7]对君主制国家来说，贤人政治是最好的了，只不过能否得贤人之治，谁也无法确定，全凭运气。

---

[1] 天下之达道者五，君臣，父子，夫妇也，昆弟，朋友之交。（《中庸》）

[2] 《礼记·中庸第三十》，李学勤主编：《十三经注疏·礼记正义》（标点本），北京大学出版社1999年版，第1440页。

[3] 《礼记·祭义第二十四》，李学勤主编：《十三经注疏·礼记正义》（标点本），北京大学出版社1999年版，第1319～1320页。

[4] 《礼记·哀公问第二十七》，李学勤主编：《十三经注疏·礼记正义》（标点本），北京大学出版社1999年版，第1375页。

[5] 《礼记·大学第四十二》，李学勤主编：《十三经注疏·礼记正义》（标点本），北京大学出版社1999年版，第1601页。

[6] 梁启超：《先秦政治思想史》，北京联合出版公司2014年版，第150页。

[7] 萨拜因：《政治学说史》（第四版）上卷，邓正来译，世纪出版集团上海人民出版社2010年版，第52页。

周公创立了礼治秩序，先秦儒家对它做了精致的阐发。在这个融实践和理论为一体的礼治秩序中，神灵、道德、政治以"天命""敬德""保民"的形式获得统一。"敬德"上承"天道"，下接"保民"，是"天道"和"保民"的中介。通过这中介，"天道"投射到人的身上，具体来说就是投射到君主身上，君主用于承接"天道"或能够承接"天道"的是他的"德"，他将自己的"德"施政于天下，就是"保民"或者就能够"保民"。因此，"德"之所以重要，以至于要发自内心地"敬"，一是因为唯有它可以配天，使统治具有合法性；二是因为它是治国之"道"，能将家庭和睦延伸到宗族、国家，建构美好社会。

谈到社会不能不谈百姓，现代语义之百姓。①百姓有怜悯之心、恻隐之心，偏好温暖的关系和令人感动的行为，也渴望生活在稳定、和睦、有序的社会中。德治契合了百姓的心愿，既与百姓怜悯之心、恻隐之心吻合，也与百姓期盼稳定、和睦、有序的社会愿景吻合。早期社会是极为严酷的，统治者腐败无德极其残暴，他们用严刑酷法进行统治，使百姓痛苦不堪。这个时候有人提出德治，说君主要修行道德，实施仁政，建立一套与道德相同一的社会制度和秩序，无疑合乎民心，顺乎民意。在这种背景下，由周公创立、先秦儒家阐发的礼治秩序无疑是中华文明史上的一大进步。其他国家为实现善的社会所作出的制度与伦理同一的安排，也是历史进步。

周公和孔子的结合，是政治家设立的制度和思想家创建的理论的结合。这一结合在内容和形式上达到完美的统一，它以亲亲、尊尊、长长和男女有别为基本原则，兼具政治、伦理、亲情三种功能，是同时期其他文明圈中任何一个国家都不能比拟的，尽管这些国家的早期制度也具有与伦理同一的特征。先秦以后中国社会发展中虽有对后世影响重大的秦朝的废封建、兴郡县，隋朝的三省六部制②和科举制，但制度与伦理同一的宗法等级制直到清朝从

---

① "百姓"的原初意思，是古时一部落之代表的贵族的专名。

② 三省：尚书省、中书省、门下省；六部：吏部、礼部、兵部、工部、度支（后改为民部）、都官（后改为刑部）。

未改变，且经历代王朝和董仲舒们的不懈努力更加完善。它在促进家国和顺，消解争利忘义，防止不孝、不敬、以下犯上叛乱弑君、维系王朝秩序和社会稳定方面，可谓达到了极致。这也是其他国家所没有的。中国传统社会所以形成"超稳定结构"，制度和思想的统一、一致是经济基础以外的根本原因。皇权至上的宗法等级制度蕴含着"行为—关系"的目标取向、价值理念，当它深入人心后（它也的确深入到了中国人的心灵深处），社会结构自然稳定。由是观之，制度和国家所提倡的思想观念、理论学说一致，对长治久安至关重要。倘若秉持的思想观念、理论学说和实际的制度安排彼此龃龉甚至相互冲突，则要么是制度，要么是理论，要么是二者一起，陷入动荡危机。

中国历代王朝都曾陷入过动荡危机，故而有你方唱罢我登场的历史更迭，有"其兴也勃焉，其亡也忽焉"的历史周期律。究其原因，主流观点认为是帝王将相们——尤其是帝王——破坏了规矩，腐败失德，违背了儒家学说表达的行为准则。因此开出的药方是修德，从格物、致知、诚意、正心开始，修身、齐家、治国、平天下。这是一个重要转换，礼由外在规范转化为内在修行，首先做好自己（内圣），然后治理好国家（外王）。但这一药方有一致命弱点，它不能解决帝王们"内圣"的问题，也不能合理地解释历代王朝为什么都行"儒表法里"之道。故而梁启超提出"最后之问题"："如何方能使天子必为天下之仁人"？①这也是黄炎培"历史周期律"的要害所在。帝王把国家视为自己的家，希望"家人"亲密和睦，遵守忠、孝、礼等伦理秩序，但倘若自己不遵守，且无人和事能够约束他，整个链条就在最关键的环节破缺了，除了丢失天下，再无其他结果。帝王为什么自己不遵守，仅仅因为他荒淫无道？非。"儒表法里"其实已经告诉我们，帝王在治理国家时还有一些事情是他用道德规范解决不了的。这些事情和经济，和民生，和上至宫廷下至民间的利益关系，和国家的外部环境有关，只能用"法"等伦理之外的手段处理。由此看来，将道德等同于善的社会的认识是把复杂的社会生活简单化了，它只着眼于人人成善从而社会美好的

---

① 梁启超：《先秦政治思想史》，北京联合出版公司2014年版，第150页。

理路，没有考虑人们的道德状况要受政治、法律、经济等多种因素影响制约，以及这些因素本身的社会价值和意义，致使道德与这些因素的关系失衡。中国社会制度与伦理同一的缺陷即在于此。

制度和伦理同一有此缺陷却能朝代有变而"超稳定结构"不变，和中国传统社会的相对独立、封闭有关。它没有地中海沿岸国家的互动，没有波斯人和欧洲人的战争，东边是大海，西边是高山和沙漠，它就在大海和高山之间广袤的土地上存在发展着，它所创造的文明和文化远高于东夷、西戎、南蛮、北狄，有理由自认为是天下的中心。中国历史上虽然有两次外族入主，却总是用自己高雅的文化将入主者同化，若不是西方文化借助坚船利炮强行介入，它还会按自己的轨迹运行，不知何时方能改变。而那个凭借坚船利炮强行介入的西方文化，在自己的演进历程中展现出制度与伦理关系的另外一种进路。

三、制度与伦理的分立

制度与伦理的分立经历了一个漫长过程。今天当我们回过头来追溯这个过程时，只发现一些分散的事件，没见到集中统一的显著标志，既无专门史料，也无系统理论。由于没有关于制度的一般理论，奢求看到前人有关它与伦理分立的论著是不现实的，即使在分门别类的各个领域中，也难以觅得到满意的历史资料和研究成果。除了法律与道德关系有针对性的讨论，这已经是12世纪以后的事情，政治制度与伦理的分立至今仍多有朦胧之处，与它相比，经济制度与伦理分立的探讨虽然出现的更晚些，[1]却要清晰许多，在资本主义和市场经济背景下，经济制度被看作与伦理道德完全不同的设置，大多数情况下，人们在批判意义上将它们对立起来。

从史实角度看，作为两种规范设置，制度和伦理早在人类社会之初伴

---

[1] 现今所谓"经济学"，按熊彼特的说法，在17～18世纪才得到人们的承认。（熊彼特：《经济分析史》第一卷，朱泱等译，商务印书馆1991年版，第84页。）

随着国家的诞生即已分立。原始社会末期已有刑罚，"苗民弗用灵，制以刑"。始作法者有皋陶、伯夷和三苗。"夏有乱政而作禹刑"，设监狱，又作"赎刑"，即交纳一定财物可以减刑。自夏代始，设有专职司法官员。"商有乱政而作汤刑，周有乱政作九刑"。[①]苏美尔和埃及的情况已如上述，两河流域出现立法高潮，中国社会成文法的公布则最迟出现在春秋晚期。与此同时，伦理也在这个时期成为社会重要的设置，我们在《尚书》的《尧典》《洪范》《康诰》《召诰》等文献中经常见到伦理的身影，它们是与法律并列呈现的，从而伦理和法律一开始就表现出统治者用于维系社会秩序的两个相辅相成的规范体系的特征。专讲法律的《吕刑》说，古时蚩尤作乱，百姓争抢盗窃、诈骗强取，故制订五刑来惩罚对付他们。[②]但只有刑罚，没有仁德，滥杀无辜，产生暴政和许多冤假错案。先王予以纠正，采取的办法是贤人执法，扶持常道，认为贤人作出的惩罚人人都会畏服，贤人所尊重的事情人人都会尊重，这样就没有人不勤劳行政，就能做到赏罚分明公正。主管刑罚的官员不是以威服人，而是以德服人，终于仁厚，让百姓既戒又敬。照此说来中国早期社会的规范系统最早是法律，然后是伦理，圣王提出仁政后，伦理高于法律。不管怎样，德刑分立在《尚书》中反映的非常清楚。不仅德刑，德与其他制度的分立也是事实，古今中西大致如此。

如果制度与伦理在事实上已然分立，又何来分立问题，或者说谈论一个已然存在的事实有何必要？这和制度与伦理的同一有关，分立并不是在存在诸如法律和道德两个规范体系意义上说的，而是相对于制度与伦理的同一说的。制度和伦理同一的要旨不在于否定伦理和法律等两个规范体系的独立存在，而在于用和天或上帝相通的伦理将法律等制度统领起来，即伦理是纲，纲举目张。在这个基础上进一步所做的，是让伦理渗透到各项具体制度，与之融为一体。相对制度与伦理的这种同一，制度与伦理分立

---

① 白纲:《中国政治制度通史》第一卷，人民出版社1996年版，第452～453、460页。

② 五刑外还有五罚、五过。其中五过是讲法官之过，分别是法官畏权势，报恩怨，诌媚内亲，索取贿赂，受人请求。

的要旨是破除伦理为纲，上帝的归上帝，恺撒的归恺撒，二者并肩而立。在这个基础上进一步要做的，是明晰二者的关系，使之发挥各自的作用，相辅相成，"同舟共济"。某种意义上，制度与伦理的同一和制度与伦理的分立是认识问题，即它们是基于不同的认识而作出的选择的结果。人类行为的特点是受思想观念意识支配，"任何事情的发生都不是没有自觉的意图，没有预期的目的的。"①认为制度与伦理应当同一，就把它们同一起来；认为制度与伦理分立，就把它们分离开来。这绝不是说制度与伦理的同一或分立是人凭借主观意愿拍脑袋决定的，无论同一还是分立都是基于对现实的认识，都有历史的根据。一种认识一旦产生，又会对制度和伦理的存在状况有重要影响，所以，认识的转变是制度与伦理分立的一个部分。

按照上述理解，中国历史中不存在制度和伦理的分立，以德治国，德主刑辅是中国社会制度三千年不变的基调。国家制度按伦理原则"设计"，法服从于国家制度的"设计"，服务于统治秩序和德治目标，谁胆敢不服从统治，破坏德治目标实现，就用刑罚对付他，是为制度与伦理同一。

按照上述理解，制度与伦理的分立是在希腊、罗马一脉的西方社会长期演变中逐渐完成的，相对清晰的时间点是近代（15～16世纪）。在此之前，表现制度与伦理分立的因素是零碎片断的；在此之后，制度和伦理也有斩不断理还乱的关系。

早期希腊有大大小小200多个城邦，前面说过亚里士多德将这些城邦的政治制度概括为三种类型六种政体。亚里士多德之前，他的老师柏拉图借苏格拉底之口作出过概括，只是少了一种，分别为国王或贵族制、荣誉至上的政体、寡头政体、僭主政体、民主制。亚里士多德之后，西塞罗也有概括，他实际上承袭了亚里士多德的说法，只是名称稍有变化：君主制、僭主制、贵族制、寡头制、民主制。这些政体有何性质和特征，柏拉图、亚里士多德、西塞罗论说如下：

柏拉图认为，国王或贵族制是最优秀的人的统治，追求的是善或美德，

---

① 《马克思恩格斯文集》第4卷，人民出版社2009年版，第302页。

乃为正义城邦的政体；寡头政体是最重财富的人的统治；僭主政体是最不正义的人的统治；民主制是最重自由的自由人的统治。

亚里士多德指出了这些政体的权力特征：君主制和僭主制是一个人的统治，贵族制和寡头制是少数人（比如元老院）的统治，平民政体是多数人的统治。决定它们性质的是和利益相关的德性。由一个人统治，如果他是有德性的，以臣民的共同利益为目标，就是王制；如果他没有德性，是邪恶的，所做的一切都为满足自己的利益，就是僭主制。如果是少数人统治，这些人因其美德被选出并且照管民众的福利，即是贵族制；倘若他们因其财富和权力而非德性被选出且使所处理的一切城邦事务服从于他们自己的利益，即是寡头制。多数人统治城邦，若这些人是有德性的，称之为公民政体，多数人不可能都具有统治所需的德性，却又要以他们全体实行集体统治，则是所谓平民政体。亚里士多德说："依绝对公正的原则来评判，凡照顾到公共利益的各种政体就都是正当或正宗的政体；而那些只照顾统治者们的利益的政体就都是错误的政体"。①因此，王制、贵族制和公民政体是优良的、正义的，僭主制、寡头制和平民政体是不良的、非正义的，亚里士多德称它们是正宗政体的变态，并强调"如果他或他们所执掌的公务团体只照顾一人或少数人或平民群众的私利，那就必然是变态政体。"②

西塞罗在亚里士多德的分类基础上突出强调帝王制、贵族制和民主制，把僭主制、寡头制和暴民统治依次视为帝王制、贵族制、民主制的对应物，认为它们的产生源自帝王制、贵族制、民主制自身的缺陷亦即其自我毁灭的种子。"在王者统治中，臣民很少有参与国家事务及实施正义的权力；在贵族制中，大众几乎不享有自由，因为他们完全被排除在国家事务及政权之外；而当所有的权力都落入人民之手时，即使他们公正、节制地行使权力，由此造成的平等本身仍然是不公正的，因为它不允许有任何等级差别。"③由于有

---

① 亚里士多德：《政治学》。吴寿彭译，商务印书馆1965年版，第132页。

② 亚里士多德：《政治学》。吴寿彭译，商务印书馆1965年版，第133页。

③ 转引自施特劳斯、克罗波西主编：《政治哲学史》（第三版），李洪润等译，法律出版社2009年版，第150～151页。

此缺陷，便派生出僭主制、寡头制和暴民统治。僭主制、寡头制和暴民统治也不能长久，每一种形式都会不可避免地走向自己的反面，在未来某个时刻被别的形式所取代。"因此国家统治权就像一只球，僭主们从国王手中攫去，贵族或人民从僭主们的手中抢走，寡头集团或暴君又从他们手中夺回，结果没有一种政府形式长久不衰。"①

柏拉图、亚里士多德和西塞罗都关心一个问题：什么政体是最好的？柏拉图答案明确，最好的政体是"哲学王"式的君主制。亚里士多德没有明确指出什么样的政体最好，因此思想史上有两种观点：一种认为，他从与现实中不完善的政体对比的角度提出最好政体问题，"但几乎肯定无疑的是，他把最好的政体理解为一种贵族制。它是本来意义的贵族制：公开致力于追求美德的统治集团的纯粹统治。"②另一种观点认为，他比较倾向于混合政体。一个人统治，如果他有德性，自然是好政体，但我们无法保证他有德性；贵族是有德性有实践理性和智慧的人，但长老终身制不能保证年老体衰的贵族仍然有充沛的精力和体力；公民享有统治权可以使他们对现状满意，有助于社会稳定，但几乎可以肯定，参与统治的公民不可能都有统治所需要的德性。如果有一种方式，能够将上述政体混合起来，城邦组织就会更好，混合程度越高，政体越优良。西塞罗在指出每一种政体都有自己的缺陷后也认为，如果能够有一种集君主制、贵族制和民主制优点的混合政体那是最好的，它可以避免单一政体所固有的缺陷，君主有足够的权威，贵族有足够的影响，人民有足够的自由。但这种混合政体并不存在，它只不过是西塞罗的理想，在现实性上，西塞罗更看重贵族制。③君主制、贵族制之被认为是最好的政治制度，主要因为统治者具有高贵的品格，

---

① 转引自施特劳斯、克罗波西主编：《政治哲学史》（第三版），李洪润等译，法律出版社2009年版，第151页。

② 施特劳斯、克罗波西主编：《政治哲学史》（第三版），李洪润等译，法律出版社2009年版，第135页。

③ 施特劳斯、克罗波西主编：《政治哲学史》（第三版），李洪润等译，法律出版社2009年版，第151页。

是最优秀的一个人或少数人，能够着眼于对城邦或国家成员最为有益的事情引导人民的行为，实施国家统治。一个城邦或国家的完善、和谐在很大程度上依赖于这样一些最优秀的人一代又一代地出现。"高贵的人作恶本身就是很坏的事情，而贵人作恶时众人群起效仿危害就更大，因为贵人总是有众多的效仿者。回顾一下最近的历史就会发现，我们最杰出的人物的品格已在整个国家得到了发展；杰出人物的生活中所发生的任何变化都在全体人民中产生了影响。"①这是典型的贤人政治，与先秦儒家无异，差别在于贤人之"贤"和贤人政治的内涵。在中国，贤人之"贤"首在道德品质，贤人政治是道德化的政治。在古希腊罗马，美德虽然是"贤"之必要条件，但内涵不同于中国式伦理，除了道德品质，还包括君主、贵族的知识、才能、从事某项工作或某种活动的"技艺"，并且，如果将美德列表的话，主要是知识、才能、"技艺"；故而贤人政治是美德化的政治，即对城邦或国家人尽其才、物尽其力的公正、和谐、平衡一致的治理。

显然，最好的政体在柏拉图、亚里士多德、西塞罗那里是与道德相吻合的政体，他们强调、突出最好的政体，也就强调、突出了道德，只不过二者的这种关系蕴含在关于政体的评价中，多少有些隐晦。大约一千年后，深受希腊思想影响的伊斯兰思想家阿尔法拉比直截了当地将它们表述出来。

阿尔法拉比政治思想的背景是伊斯兰教，理论资源是柏拉图的《理想国》和《法律篇》，核心问题是道德政体。他认为政治学研究的对象是介于自然和神之间的人，目的是了解人的特性和人完善自身所需要的品质，以及使人得以完善的途径。道德政体的职责即在于使人完善，它是"一种以实现人的优秀品质或美德为其指导原则的政治制度。""可以界定为人在其中为了成为道德的，为了完成高尚的活动和达到幸福的目标而结合和合作的制度。这种制度的特点就在于其中存在着关于人的最终完善的知识、善与恶的区别、统治者和居民教导和学习这些事情的共同一致的努力，以及

---

① 西塞罗：《论法律》。转引自施特劳斯、克罗波西主编：《政治哲学史》(第三版)，李洪润等译，法律出版社2009年版，第152页。

发展有助于实现幸福的高尚行为所做出的那种性格的道德形态或状态的共同努力。""道德政体是一种非世袭制的君主制或贵族制，其中最优秀的人进行统治，其他居民则被划分为被统治和依次统治的集团（依他们的等级）——直至只被统治而不统治的最下层集团。"①他深受柏拉图影响，把人分为三个等级：一等人是智慧者或哲学家，二等人是第一等级的追随者，其他人为第三等，他们人数最多，也最不高尚、最不完善。区分人们等级身份的唯一标准是他的道德品格，在这方面，道德政体中的人们是有差别的。与道德政体不同的是以下六种政体：需要的政体（或必不可少的政体）、卑鄙的政体（寡头制）、下贱的政体、荣誉政体（荣誉至上的制度）、奴役政体（暴政）、共同体政体（民主制）。阿尔法拉比把民主政体也叫做"自由的"政体，认为自由是它的第一原则，而平等是它第二个原则。他明确将这六种政体看作与道德政体相反的政体，并对民主政体作出如下评价：民主政体的统治者不管造诣多高或怎样缺德少才，都只能根据居民的意志进行统治，满足居民的愿望，迎合他们的奇思异想，保护他们的自由，并使他们能够享受有差别且相互冲突的欲望，保卫他们免受外敌攻击。民主政体造就一幅无限多样和纵情享乐的色彩斑斓的景观，"但这也意味着，在所有与道德政体相反的政体中，民主政体包含了最大量和最多样的善与恶。它越发展和完善，它包含的善与恶就越多。"②阿尔法拉比赋予道德政体以最高的地位，然而这唯一的道德政体实际上却不存在，它同混合政体一样不过是阿尔法拉比的期望，仍然是"理想国"，他明确指出除了君主制和贵族制其他政体都是反道德的政治制度，却不能保证君主制和贵族制就是道德的。君主制和贵族制是否道德，取决于君主和贵族们怎样。

综合上述不难看到，思想家们的论说虽然有所差异，有一点是共同的，那就是希腊罗马史上总有一些政体在他们看来是与伦理不一致甚至反伦理

---

① 施特劳斯、克罗波西主编：《政治哲学史》（第三版），李洪润等译，法律出版社2009年版，第194、195页。

② 施特劳斯、克罗波西主编：《政治哲学史》（第三版），李洪润等译，法律出版社2009年版，第210页。

的。寡头制（最重财富的人的统治）和僭主制（最不正义的人的统治）被他们不约而同地排除在伦理之外；由于大多数人具有满足政体需要的道德是不可能的，且即使他们公正地行使权力也会导致不公平，民主制实际上也不能与伦理同一。只有君主制或贵族制可以和伦理直接统一在一起，柏拉图说它（包括贵族制）追求的是善或美德，西塞罗说君主制以亲情为特征，"对我们来说国王的名义就像是父亲的名义"。①

透过思想家们的论述，可以发见制度与伦理分立的种子。

哪些政体与伦理一致，哪些政体与伦理不一致乃至相悖，是我们得到的最直接的信息。重要的不是该信息本身，而是这样一点：无论与伦理一致的政体，还是那些与伦理不一致乃至相悖的政体，都是现实中真实存在的政体。思想家们可以对这些政体做道德评价，说君主制和贵族制是合道德的，僭主制、寡头制、民主制等是不合道德乃至反道德的，但道德评价不代表存在本身，它是政体存在之后发生的事情，不是存在本身的理由。即使按中国古代以德配天、德者得天下的逻辑将合道德视为君主制或贵族制存在的理由，只要僭主制、寡头制、民主制存在，就意味着伦理对这些政体来说不构成必要条件。换句话说，在欧洲文明源头时期，有些政体的存在和其创立者是否具有良好的道德品质无关，和它们是否与道德一致无关。那么这些政体存在的理由是什么？

"美德"为回答这个问题提供了一个切入点。如前所述，"美德"在希腊罗马时期有知识、才能、技艺的含义，包括但不限于中国文化意义上的道德。亚里士多德和西塞罗对各种政体利弊的分析，以及他们对混合政体应然性的期盼，也内在地含有单一政体存在美德缺失和混合政体可致美德完善（多方面的知识、才能互补）的意蕴。从"美德"角度看，领导者雄才大略，他所在的集团不乏知识渊博、才能突出、技艺高超之士，便具备了夺取政权成为统治者的条件。道德可以发挥作用，对外产生号召力，对内产

---

① 施特劳斯、克罗波西主编：《政治哲学史》（第三版），李洪润等译，法律出版社2009年版，第150页。

生凝聚力，但哈蒙德的《希腊史》、蒙森的《罗马史》、塞姆的《罗马革命》告诉我们，决定希腊城邦各国成败得失的不是道德，决定恺撒统一意大利的不是道德，决定罗马共和国变为罗马帝国的也不是道德。在血雨腥风的政治博弈中，道德不能战胜对手，靠道德去扳倒对手的人往往被对手扳倒，政治家、野心家们为达到目的无所不用其极，最不屑一顾的就是道德，尽管他们可能天天把道德挂在嘴边。

古希腊罗马不仅存在政治制度的多样化，思想中也留下了制度与伦理分立的种子，亚里士多德是一个代表。亚里士多德的学说关注实践，政治学被视为实践的科学。实践的科学只关心人，目的不是人的知识而是人之行为的改善。所以，亚里士多德不从不变的人性角度展开推论，也不试图建立一套远离实际政治生活的范畴术语以便自己的理论建立在这些范畴术语构成的基础上。他强调实践，强调人参与城邦的活动。他的实践的政治科学广义上有三个分支：伦理学、经济学、狭义的政治学。劳德说："亚里士多德的伦理学作品显然不是作为独立的论文，而是作为政治学研究的绪论被构想的。"[1]这里所谓作为绪论被构想的伦理学，可以理解为政治学追求的目标——善的社会、善的生活。人类社会迄今都在追求这个目标。

古希腊罗马的种子经过中世纪的孕育在16世纪结出果实，制度和伦理的分立被一步步展开。

1515年马基雅维里最终修改完成了《君主论》。这部语言通俗、并无多少理论的著作，在其后几百年里对政治学说产生了重大影响，"二十世纪八十年代被西方国家一些舆论界列为当代最有影响的世界十大名著之一。"[2]《君主论》最引人注目之处，是马基雅维里向统治者所献之策：不要丢弃道德的外衣，但绝不要受道德的束缚，只要对国家有利，君主可以不择手段。马基雅维里是站在统治者的角度从现实出发献上"权谋之术"的，

---

① 见施特劳斯、克罗波西主编：《政治哲学史》（第三版），李洪润等译，法律出版社2009年版，第110页。

② 马基雅维里：《君主论》，潘汉典译，商务印书馆1985年版，译者序第ii页。

其中夹杂着将自己从政治失意的境况中解脱出来的不那么道德的私心。他在"论世人特别是君主受到赞扬或者受到责难的原因"一章中说了下面一段话："我觉得最好论述一下事物在实际上的真实情况，而不是论述事物的想象方面。许多人曾经幻想那些从来没有人见过或者知道实际上存在过的共和国和君主国。可是人们实际上怎样生活同人们应当怎样生活，其距离是如此之大，以至一个人要是为了应该怎样办而把实际上是怎么回事置诸脑后，那么他不但不能保存自己，反而会导致自我毁灭。因为一个人如果在一切事情上都想发誓以善良自待，那么，他厕身于许多不善良的人当中定会遭到毁灭。所以，一个君主如要保持自己的地位，就必须知道怎样做不良好的事情，并且必须知道视情况的需要与否使用这一手段或者不使用这一手。"① 和这段话相比，"权谋之术"只是表象，前者是后者的原因，——政治是一回事，讲不讲道德或如何讲道德是另一回事，政治家面对的现实与道德提倡的应当距离如此之大，君主只有运用手中的权力灵活应对，方能保证自己免遭毁灭。所以，不是政治服从道德，而是道德服务政治，政治与伦理是（或应当）分立的。在制度与伦理关系史上，《君主论》是一个标志。马克思说："从近代马基雅维里……以及近代的其他许多思想家谈起，权力都是作为法的基础的，由此，政治的理论观念摆脱了道德，所剩下的是独立地研究政治的主张，其他没有别的了。"② 古谢伊诺夫和伊尔利特茨在《西方伦理学简史》中说，亚里士多德以后的时期，作为理论研究的伦理学已经同政治脱离，充满情欲和利益的生活经验从伦理学中被抽了出来，成为实践理性控制的对象，德性的范围缩小成为内在的精神原则，不再是行为原则，而是某种特殊的理想境界，只有圣贤才能达到的境界，伦理学开始带有贵族沙龙的性质，成为空泛无力的道德说教。③ 古谢伊诺夫和伊尔利特茨是在古希腊城邦崩溃、大的国家政治联合体产生、欧洲进入到

---

① 马基雅维里：《君主论》，潘汉典译，商务印书馆1985年版，第73～74页。

② 《马克思恩格斯全集》第3卷，人民出版社1960年版，第368页。

③ 古谢伊诺夫、伊尔利特茨：《西方伦理学简史》，刘献洲等译，中国人民大学出版社1992年版，第211页。

中世纪的背景下说这番话的，所谓亚里士多德以后的时期伦理学同政治已经脱离，时间上看虽然包含马基雅维里以前的政治实践和政治理论，但是如果我们要为政治与伦理的分立寻找一个标志，《君主论》当之无愧。

马基雅维里之后，霍布斯延续了对政治的反思，力图将其建立在新的基础之上。这个基础并不高尚，甚或有些卑下，但却根基牢固，而传统的和道德捆绑在一起的政治基础在他看来是虚幻的。虚幻的政治基础破除后，道德的地位势必降低。新的基础从一开始就与道德幻影背离，展示给我们的是人对人是狼的丛林状态，是人们相互厮杀的战争状态。基于这种自然状态，霍布斯认为，道德无非是由畏惧而激起的对和平安宁的追求，那些被称为道德事实的自由、公平、正义等等，其实乃是人的权利。列奥·施特劳斯说，这种思想变成了近代的精神，并在其后被保存下来。①

洛克头脑中也有一个自然状态，他的自然状态和霍布斯的截然相反，那不是一种战争状态，而是自由状态、平等状态。在这种状态中人们理性和睦地生活在一起，没有也不需要一个权威来裁判决定他们之间的事情。与自然状态相应的自然法既不涉及上帝、上帝的爱，也不涉及人的优点、人与人之间的爱，"他很少使用或者根本就没有使用诸如慈善、灵魂、伦理学、美德、高贵或爱等语词。这些语词对于他对公民社会的基础的解释并不具有本质的意义。"②这表明近代以来主流政治哲学家思想中即使保留了对他们的理论而言具有重要意义的假设——自然状态和自然法（不管它们是美好的还是丑恶的），都没有改变他们从现实角度思考建构政治理论和政治制度的取向。这是一个重要转变。在此之前，人们假设了一种善的社会状态以后，就会要求建立与之相吻合的政治制度，以求借助这种政治制度将善的假设变为社会现实。在此之后，人们即使假设了一种美好状态，也会从现实出发研究政治制度的设置如何才是有效合理的，如何才能避免权力产生恶。

---

① 施特劳斯、克罗波西主编：《政治哲学史》（第三版），李洪润等译，法律出版社2009年版，第284页。

② 施特劳斯、克罗波西主编：《政治哲学史》（第三版），李洪润等译，法律出版社2009年版，第485页。

沿着这条主线，孟德斯鸠提出行政权、立法权、司法权分立的主张。三权分立建立在法的精神上。法在广义上被定义为由事物本性产生出来的必然关系，它是一种客观存在的关系，和上帝无关，也和谋求善的统治的愿望无关，法所体现的一切关系的总和——自然的（气候、地理）和社会的（自由、风俗、商业、宗教等）——构成所谓法的精神。到联邦党人制定美国宪法时，三权分立、以权力制约权力已经成为西方政治制度的基本配置，而三权分立制度的依据是人性恶，是人人都会犯错误，人人都会不道德。

让我们再回到马基雅维里。他所主张的君主要灵活地运用善恶手段，不拘泥道德应然，从另一个角度讲就是要依据实际情况作出抉择。这在方法论上具有合理性。任何依据教条工作生活的人都会失败，任何君主为了避免失败（不管其合理不合理）都不会照本宣科。但政治家们如果每每为了达到自己的目的而依据具体情况选择手段，势必使政治陷入权谋的泥淖。政治一旦权谋化，法律、道德就会被践踏，社会就不会有公平正义。如果说统治者为了自己的利益可以选择公平正义，那么他为了自己的利益也会选择突破底线、践踏公平正义。方法论上的合理性遇到目的论的诘难：政治家应当从实际出发反对本本主义；政治家每每以此为由不择手段导致权谋政治。摆脱这个实践困境需要找到一个办法，将政治家的活动限制在一定范围内，使他一方面有自由裁量权，另一方面又不至突破社会所能接受的底线。西方社会找到的办法是以权力制约权力，三权分立即是为此作出的制度安排，它为政治家的行为设定了边界，也使权力制约有了规矩。

考察制度与伦理的分立还有一条线索——法律。法律是一个可以单独探讨的领域（我们后面会有单独的探讨），也是一个可以和政治结合起来探讨的领域，西方政治制度演变的一个重要特点是始终伴随有法律，这意味着二者之间存有比表面看来更"奥妙"的关系。

行政人员和司法人员各有分工，审议权、执行权和司法权相互区分，是希腊人的发明，体现了法律的独立性。雅典城邦的公民可以通过法院控制行政官和法律本身，所以，"无庸置疑，雅典的法院是其整个民主制度的基础"①，法律与政治的关系由此可见一斑。

　　屈从于一个人的意志还是承认法律的支配地位，是贯穿欧洲制度史的基本问题之一。这个问题源于古希腊。亚里士多德和柏拉图的一个根本分歧在于，柏拉图主张哲学王的开明专制，依靠法律治理的国家在他那里始终是次优国家；亚里士多德则主张法治而非专制，即使是哲学王的开明专制在他看来也不好，专制政府的目的和效果即使是好的，也仍然是坏的政体，因为它摧毁了公民自治。孟德斯鸠后来说，专制政府的原则是恐惧，它以这种方式完成某种公共职能，同时也依赖于它的臣民缺少美德、荣誉和知识，因为美德、荣誉和知识对于专制政府来说是危险的。专制政府以此进行统治，是最不人道、充满罪恶和愚蠢的政府。②任何一个国家，如果想成为善的国家，最高统治者必须是法律而不是统治者。法律是善政的固有组分，统治者服从至高无上的法律而不是法律服从至高无上的统治者是善政的标志性特征。从善政与伦理结合，到善政与法律结合，善政不再是伦理的专利，从此以后政治开始越来越多的和法律联系在一起，演变至今天，人们已经达成共识，善或好的政治是法治。

　　政治和法律结合是一个重要事件，伦理以法律为条件也是一个重要事件。亚里士多德说，使（理论上阐释的）幸福、德性、友谊、快乐变为生活中的行动需要两个条件，一是教育，二是法律，主要是法律。这是因为"一般来说，情感是不能为语言之所动的，而只有靠强制。"德性需要养成，养成德性的过程可能会痛苦，"所以要在法律的约束下进行哺育，在变成习惯之后，就不再痛苦了。"③亚里士多德的这个主张把法律的地位突显出来，他的伦理学最后也落脚在法律。伦理依赖法律，以法律为践履的条件，这个思想和伦理

---

①　萨拜因：《政治学说史》（第四版）上卷，邓正来译，世纪出版集团上海人民出版社2010年版，第37页。

②　施特劳斯、克罗波西主编：《政治哲学史》（第三版），李洪润等译，法律出版社2009年版，第520页。

③　亚里士多德：《尼各马科伦理学》，苗力田译，中国社会科学出版社1990年版，第231页。

学义务论说有很大不同。我们感兴趣的不是它与义务论的不同，而是其背后隐含的东西。正是这个东西造就了亚里士多德用强制的办法养成人们道德习惯的主张，造就了法律的突出地位，强化了法律与道德的分立。

希腊城邦社会中普遍存在这样的现象，人们在现实生活中并没有得到他们渴望的幸福，而教导他们说能够使他们获得幸福的伦理规范，他们实际中又不去遵循。以道德意识自负的雅典人，实际行动和道德意识之间存在脱节，许多人都知道什么是最好的，口头上谁也没有对道德规范的应然性提出异议，但却不想那么去做，尽管他们有可能那么做，以至他们的实际所为和他们说的完全两样。苏格拉底看到这种现象，认为主要是教育问题，即人们所以不恪守道德规范，是因为他们不懂得道德概念。亚里士多德也看到这个问题，他不否认存在教育问题，但主要把它归咎于法律问题。苏格拉底和亚里士多德代表了两条路线，教育路线和法律路线。教育路线要求人们认识道德、理解道德、把握道德，在认识、理解、把握的基础上做一个有道德的人，相信只要能够认识、理解、把握了道德，他就能做一个有道德的人。法律路线赞成人们认识道德、理解道德、把握道德，不把人们践履道德建立在人们认识、理解把握的基础上，而是建立在法律基础上。按照教育路线，道德是主要的，法律是次要的，如果人们能像教育说的那样去做，法律实际上是不需要的。按照法律路线，法律是主要的，道德是次要的，如果人们按照法律要求去做，道德就能养成为习惯。教育路线中的法律可以与伦理同一，法律路线中的法律是自身独立的，因而其与伦理分立是题中应有之意。制度与伦理关系的演变最终呈现的是法律路线。

不妨探讨一下法律路线胜出的因由。人们按照伦理教导去做之所以不能得到渴望的幸福，不仅因为遵循道德规范要忍受克制欲望、需要、利益的痛苦，还因为许多事情是道德所不及，管不了、管不好、做了以后可能更糟的，而这些事情对人们的生产生活不可或缺，是人们在社会共同体中相互交往时必须要解决的。翻开《罗马法》就会看到，它几乎是一个无所不包的大全：有公法和私法、成文法和习惯法、万民法和自然法、市民法和裁判官法、人法、物法、诉讼法。公法中有关于国家机构的地位及其相互关系的规定，有国家与人民之权利义务关系的规定，有宗教法、僧侣法、行政官法；私法则是对所有权、债权、婚姻家庭与继承等方面的规定。每一项法律又有许多规范和法条。以查士丁尼《法学总论》（该书向我们展示了罗马的私法体系）为例，其人法部分中有自由人与奴隶、解放奴隶的方式、自权人与他权人、身份减等、婚姻家庭、家长权、法人等诸多规定；物法中则有物权法、继承法、债法。不必详述它们的具体内容，也没有必要再一一列举其他法条。这些都是道德（善）理念无法直接对应的现实，也是道德不及的内容。从罗马法起，通常模糊不定却为一些宽泛的道德原则支配的习惯，逐渐被更准确更清晰的法律制度所取代。至13世纪，人们进一步意识到，宗教、道德和法虽然都是社会所需要的，但法律毕竟最基本，并开始将其与宗教、道德区别。到欧洲封建社会早期阶段，西方人对法律有了如下认识并使之成为法律制度的基础：反映从来就有之事物的法律是天然合理的，虽然它确实受到更高道义的影响，但并非毫无保留地接受它。芬纳总结说，在经过长达一千年的分裂、混乱和封建主义之后，欧洲人对国家进行了一次其重要性怎么强调也不过分的"重新发明"，其不同于以往的主要特征是：（1）法律具有独特的、至高无上的神圣性。（2）个人不是微不足道的臣民，而是享有生命权、自由权、特别是财产权的公民。（3）罪责是个人化的，不连带家庭和村社。（4）私有财产原则受到特别尊重。[①]（5）与以上相关联，君权在某种程度上是受到限制的。（6）划清公法和私法之间、私有权和国家权力之间的界线。（7）因此，个人或团体可以像控告一个自然人那样控告抽象的"王权"或国家的代理人。（8）到1660年，大部分国家成为君主专制国家时，虽然君主们不懈努力想要废除对他们的限制，但他们离不开大量的法人实体的支持。尽管——芬纳强调——这些原则在任何地方都没有被完全或充分地执行，其中许多与其说是被尊重，不如说更多地是被违背。[②]

当政治和法律制度脱离道德的怀抱大步前进时，道德怎么样了？它也

---

① 不要忽视这一点，正是对私有财产的尊重长期抵制着统治者实行财政专制的野心。

② 芬纳：《统治史》（卷三），马百亮译，华东师范大学出版社2014年版，第257～259页。

在经历认识上的重要转变——由主要指称一种社会状况转向主要关注个人行为。亚里士多德虽然把善看作城邦生活的和谐，但他基于"善是人的行动"的立场，更着意强调公民对城邦生活的参与。他的伦理学具有双重性，一方面把善看作一种社会状态，另一方面把德性看作一种个人的状态。德性伦理学以个人为前提，"善良的人，应该是一个热爱自己的人，他作高尚的事情，帮助他人，同时也有利于自己。邪恶的人，就不应该是一个爱自己的人，他跟随着自己邪恶的感情，既伤害了自己，又伤害了他人。"[1]经过漫长的发展，特别是文艺复兴之后，滥觞于亚里士多德伦理学个人主义被近代伦理学明确突出出来，其特点就是为单独的经验的个体在道德上恢复名誉，论证他作为道德主体的自主性，确认他满足自己需求的权利。[2]

这个转变意义重大，因着它才有伦理和制度分立的可能。因为，只要把善看作一种社会状态，制度与伦理永远是或者应当是同一的。过去人们可以按照这样的理路论说，今天的人们仍可以按照这样的理路论说。罗尔斯就是这样，他把以下五项内容视为首要的善：

（1）基本的权利和自由（它们可以列出一个目录）；

（2）移居自由与多样性机会背景下对职业的选择；

（3）在基本结构之政治制度与经济制度中享有各种权力、职位特权和责任；

（4）收入和财富；以及最后

（5）自尊的社会基础。[3]

这些都是当代社会的诉求，规定在政治、经济、法律等各项制度中，把它们看

---

① 亚里士多德：《尼各马科伦理学》，苗力田译，中国社会科学出版社1990年版，第202页。

② 古谢伊诺夫、伊尔利特茨：《西方伦理学简史》，刘献洲等译，中国人民大学出版社1992年版，第295页。

③ 罗尔斯：《政治自由主义》，万俊人译，译林出版社2000年版，第192页。

作首要善，如同把理想国、大同社会、乌托邦看作善，除了理想与现实的差别，它们的理路上完全一致。按照这个理路，人类社会中一切美好的东西都是善，科学技术、教育、医疗卫生服务、社会福利保障制度是善，好的政治法律制度、经济制度是善，举凡有利于提高劳动生产率、提高人民生活水平、健康水平的举措也都是善。与此相应，一个人只要掌握了一定的知识、技能，具备了一定的能力、水平，在工作中作出自己的贡献，他就是一个善良的人，一个有道德的人。整个社会没有制度和伦理的区分，也没必要有制度和伦理的区分。遵守法律和各项规章制度就是道德，具有一定知识、技能、能力、水平的人就是有道德的人。推论至此我们已经发现不对了：如果说我们对知识即美德、守法即美德等等观点即使心存疑虑也难辨真伪，当我们听到说一个人有知识有能力就是有道德时肯定认为这是错误的。那么问题出在哪儿？出在伦理和美好的东西不分，把一切美好的东西都看作善的，把善看作道德专有的。因此，要解决问题必须把伦理和它们分开。这是一个不需要高深的理论凭借经验就可以判断的事情，而经验镶嵌在复杂的现实背景中。进入这个现实背景我们发现，近代以后人们关注的伦理问题主要不再是作为社会目标和社会状态的善，而是个人行为的善，不再是无所不包的规范和品质，而是某些特定的规范和品质。如果说把美好社会等同于善是制度与伦理同一的认识基础，把善从社会状态转变为个体状态就是制度与伦理分立的基础。

近代以降，市场经济兴起，将这样一个问题摆在欧洲人面前：一方面，人们不得不学会过个人自主的生活，另一方面，他们还要学会在一种新的社会联合体中——这种联合体比城邦大得多——和"陌生人"生活在一起。与之相应产生的两个理念及其它们之间的关系，成为欧洲社会所要解决的基本问题。"一个是有关个人的理念，而所谓个人，就是人类中的一个单位，他有着纯属个人的和私人的生活；另一个是有关普世性或普遍性的理念，这指的是整个世界范围的人类，他们当中所有的人都具有一种共同的人性。"[①]与

---

① 萨拜因：《政治学说史》（第四版）上卷，邓正来译，世纪出版集团上海人民出版社2010年版，第185～186页。

第一个理念相联系的，是个人具有其他个人必须尊重的价值；与第二理念相联系的，是把人类结合成一个共同体的社会中人与人的关系。仅仅尊重个人具有的价值是不够的，获得尊重的个人还有另外一面，他是自私的，有自己的需要和利益，他满足自己需要和利益的冲动在本性上富有侵略性和贪婪性，他对权力和财富的欲望没有止境，普通人如此，政治家也是如此，只不过政治家利己主义的动机常常掩饰在漂亮光鲜的外衣里面不易被发觉。当自私欲望的满足受到资源稀缺的限制时，在自发状态下它必然导致竞争和不择手段的争斗，如果不能加以限制，第二个理念中的人和人的社会关系就不可能和睦良善。①罗素说："由于担心每个人行为起来只顾及自己的利益，集团创立了各种设制促使个人利益和集团利益和谐起来。这其中，一个是政府，一个是法律和习俗，一个是道德。道德通过两种途径发挥效力：首先，通过邻人和权威们的赞扬和谴责；其次，通过我们称作'良心'的东西的自我赞扬和自我谴责。正是通过这些力量——政府、法律、道德，社会利益才对个人发生影响。"②在罗素之前马基雅维里早已看到这一点，和罗素比，马基雅维里更强调法律。"如果个人的本性是极端自私自利的，那么国家和法律背后的强力便是使社会团结成一体的唯一的力量；道德义务最终也必须由法律和政府来规定。"因此马基雅维里强调法律制定者在社会中具有至上的重要性："法律制定者不仅是国家的建筑师，也是社会（其中包括了道德的、宗教的和经济的制度）的建筑师。"③

马基雅维里的法律约束论在政治家和个体公民之间有双重标准之嫌，它的主要内容是公民必须遵守法律，但"评价统治者行为的标准只有一个，即他所采取的各种政治手段是否成功地扩大和保持了其国家的力量。"但马

---

① 个人和社会的关系是资本主义以来人们一直苦苦思考的一个问题：一众利己主义的个体如何能够组成彼此团结一致的联合体？

② 罗素：《伦理学和政治学中的人类社会》，肖巍译，河北教育出版社2003年版，第90页。

③ 萨拜因：《政治学说史》（第四版）下卷，邓正来译，世纪出版集团上海人民出版社2010年版，第19、18页。马基雅维里的这种观点在后来的霍布斯和爱尔维修那里得到系统阐释。

基雅维里又不是始终如一地主张君主制，他对公民自治也有期待。"因此，他只是在两种有点特殊的情况下才主张专制政治：一是在立国的时候，二是在改造腐败国家的时候。国家一旦创建，那么使国家长治久安的方法只有如下二途：一是必须允许人民在一定程度上参政，二是君主在处理国家日常事务的时候必须依法行事并适当尊重其臣民的财产权和其他权力。"①这表现了马基雅维里的矛盾性。这个矛盾其后被克服了，欧洲的政治法律制度沿着有利于民众的方向发展下去，不久后就有了这样的观点：人生来就是社会存在，社会性是人的本性，人的本性把我们引入相互的社会关系中，自然法即脱胎于人的本性。因此维护秩序良好的社会是一种重大的功利，这种功利包含某些必须予以实现的最低限度的条件或价值，主要包括财产的安全、诚信、公平交易以及在人的行为后果及其应得的赏罚之间达成一种普遍的协议。格劳秀斯把财产安全、诚信、公平交易看作自然法必须予以实现的最低限度的内容，而不是让君主的权益成为最低限度的内容，这在他生活的那个时代是革命性的。

我们都知道法律是约束人的，我们对罗素、马基雅维里们阐述的法律约束与人利己本性的关系也不陌生。比较而言我们对西方社会法律功能的另一个方面阐发不够，而这个方面非常重要：法律不仅约束人，它还保护人，保护人的合法权益。法律无规定即可为，自由权就是这样发明出来的。现在，道德不再是对人唯一的要求，在某种制度安排下，一个人只要遵循国家的法律，尽到自己作为公民应当承担的责任和义务，那么，第一，国家将保障个人在公共领域的言论自由、信仰自由、行动自由、参与自由等政治自由和自由贸易等经济自由。第二，在私人领域，在不损害和侵犯他人权利与自由的前提下，国家对个人的价值态度、道德倾向、宗教信仰、品德修养、文化认同、风俗习惯等抱持中立态度。一个人只要遵守法律，就不必担心他的宗教信仰、风俗习惯、文化传承是什么；如果他表示热爱

---

① 萨拜因：《政治学说史》（第四版）下卷，邓正来译，世纪出版集团上海人民出版社2010年版，第19、21页。

自己的族裔背景、自我选择文化归属，国家不会干涉，至少还会强制干涉；如果他选择批判他所生活的社会，国家仍然保障他的权利。总之一个人只要认同并遵循社会政治、法律、经济等制度，就可以成为自由的有安全保障的国民，而不问族群背景、宗教信仰、观念主张。当代政治哲学家对此给予高度评价，视制度认同为开放社会最典型的特征。

法律在保护个人的同时，对国家、"君主"却增加了许多限制。这些限制通过一系列政治制度安排完成，是在宪法中确认并在具体法律制度中落实的。过去法律用来对付百姓，现在法律用来保护百姓；过去法律用来保护"君主"的权力和行为，现在法律用来限制"君主"的权力和行为。其实百姓和"君主"都是个人，只是因为"君主"披了一层外衣，他便成了社会的化身。"君主"作为个人其实也应当受到保护，只是因为他一直以来过于强大，和百姓的关系极度不平衡，才需要加以限制以便二者能够达至平衡。希腊城邦生活中曾有过这样的平衡，但体现平衡的平等关系只存在于公民之间。亚里士多德的观点是："只有在一小批精选出来的公民当中才能主张平等。然而，新的观念却主张，所有的人，甚至奴隶、外国人和蛮族人，都应当是平等的。……而不考虑智力、性格和财产方面的不平等。"[1]

社会与个人关系的重建和伦理没有多少关系，它脱离了道德的主导，由政治和法律制度独立完成。无论政治制度、法律制度还是我们没有论及的经济制度，面对的是各自的现实问题，即人们在政治、法律、经济生活中的行为和关系，它们是从这些行为和关系中产生出来的，道德只是这些行为关系的一种。个体对社会有道德义务，对国家尤其是君主没有必须如此的道德义务，就像个体对他人没有必须如此的道德义务一样，因此他只要守法就可以成为公民。就制度与伦理的分立而言，这亦可以成为一个标识。

制度与伦理的关系有些类似具体科学与哲学的关系。开始时伦理无所不包，后来政治、法律、经济等一项项制度逐步分离出来，越来越多，越

---

① 萨拜因：《政治学说史》（第四版）上卷，邓正来译，世纪出版集团上海人民出版社2010年版，第186~187页。

来越细，越来越专门化、具体化，越来越不能由伦理阐释和代替。当这个过程在资本主义社会呈现出"君主"受政治制度和法律制约，个人受法律保护，道德和自由意志联系在一起的状态时，当人们把一套尊重他人权利以使自己的权利同样免遭他人侵害的方案当作一种有效的妥协接受了下来，经由这种方式产生出种种有益于人们之间交往的"游戏规则"，如果不存在这样的规则，类似正义这样的东西也就根本不存在时，我们说制度与伦理的分立完成了。

四、中西比较

老子说："故失'道'而后'德'，失'德'而后仁，失仁而后义，失义而后礼。"[1]道德仁义、智识礼仪、典章制度等所谓文明者，在老子那里皆是罪恶的产物。有趣的是，相隔万里的奥古斯丁也有类似看法：人类堕落后，色欲、贪婪、激情和权欲充斥世间，绝对善良的自然法不再有用，人们不得不利用理性去设计各种制度以应对新的情况，政府、法律、财产等由此应运而生，它们不是善良的产物，而是罪恶的产物。[2]就连孔子的"小康"之论亦复如是："今大道既隐，天下为家，各亲其亲，各子其子，货力为已，大人世及以为礼，域郭沟池以为固，礼义以为纪，以正君臣，以笃父子，以睦兄弟，以和夫妇，以设制度，以立田里，以贤勇知，以功为已。故谋用是作，而兵由此起。禹、汤、文、武、成王、周公由此其选也。此六君子者，未有不谨于礼者也。以着其义，以考其信，着有过，刑仁讲让，示民有常，如有不由此者，在埶者去，众以为殃。是谓小康。"[3]

---

① 陈鼓应：《老子注释及评介》，中华书局1984年版，第212页。

② 博登海默：《法理学：法律哲学与法律方法》，邓正来译，中国政法大学出版社2004年版，第28页。

③ 《礼记·礼运第九》，李学勤主编：《十三经注疏·礼记正义》（标点本），北京大学出版社1999年版。

中西社会制度都由原始状态源出，进入文明史期后沿着两条路线展开。中国自三代始，先分封，后一统，在完成分封制向君主制转变后，1911年前再无本质变化，走出了一条制度与伦理同一的道路。她坚持这条道路，持续强化完善制度与伦理的同一，使之达到精致的程度。在相对封闭没有外来文明侵袭自成一体的条件下，这一制度成功维持中华文明三千年之久，和同时期的西方社会相比，大部分时间里，中国不仅社会稳定，人伦有序，物质生活水平和繁华富裕程度也高，以至成为近代西方列强眼中锦衣玉食、黄金遍地的富庶之邦。西方社会从希腊城邦开始，中经杂糅交错的君主制、共和制、封建制、代议制，到资产阶级民主制，走出一条制度与伦理分立之路。同样是人心不古世风日下，同样是礼崩乐坏天下混乱，西方社会不是回到道德，而是用政治法律制度加以调控，最终发展为现代国家。当两条路线于近代交错时，中国第一次感受到落后，感受到亡国亡种的危机，陷入"三千年未遇之大变局"，以制度构建国家的西方列强将以德治国、伦理为纲的中国彻底打败了。

两条制度变迁轨迹是中西各自历史中政治、经济、文化多种因素相互作用的结果。我们在梳理制度和伦理由同一到分立的演变过程时发现，有些因素对中西制度变迁轨迹的形成发挥了重要作用，这些因素涉及权力结构、社会治理、共同体基本关系、思想文化和经济基础。本文比较这些因素，重点在"是什么"，不对"为什么"多做分析。

1. 大一统与分权

中国社会自秦始皇统一六国始，实现了大一统，从此未变。中间虽两度分裂，都以重新统一结束。任何使中国重新统一的人都被视为民族英雄、历史伟人；任何分裂统一的人都被视为民族败类、历史罪人。这不仅是政治家的共识，也是从无资格参与国家事务的普通百姓的心理。欧洲面积和中国差不多，历史上从未出现过大一统的局面，即使存在疆域辽阔的帝国——横跨欧亚非三洲的罗马帝国，属于亚洲但和欧洲历史有密切关系的亚历山大帝国和奥斯曼帝国，分崩离析后也再没有恢复，这同中国社会分裂之后再次统一恰成对照。更重要的，欧洲国家内部也未曾建立过大一统。希腊社会城邦林立；罗马帝国结构上是许多地方共同体的集合，罗马帝国灭亡后，意大利存在大量自治城市，最著名者有佛罗伦萨、威尼斯，城市自治被称为"公社运动"，"公社"一词的含义是具有自治权和自治机构的地方性共同体。"据估计，到1200年左右，意大利北部和中部地区至少有200至300个自治公社，它们都拥有各自的执政官和公民大会。"①西欧其他地方的情况也大致如此：瑞士是一个共和制的联邦，组成这个联邦的是苏黎世、伯尔尼等城市。10世纪的法国和14世纪的德意志在很大程度上是由独立的大小公国和郡县组成的名义性联邦。在这些大大小小的城市和国家之间，书不同文、车不同轨，政令百出。今天合并，明天分裂，后天重组的现象司空见惯，虽令人不快，却也没有史家把它和英雄或败类、伟人或罪人联系在一起。

中央和地方的关系事关大一统成败。中国的做法是由中央委派官员管理地方事务，因此中国的权力结构是自上而下的，一直贯通到县。中央委派地方官员无非做两件事，一是管好地方事务，二是服从中央统一领导。后一件事情在中国政治中尤其重要。一则地方有地方的利益，包括地方官员的利益，这些利益同国家或中央政府的利益并不完全一致；二则在历史上常有地方势力为了自己的利益而做大做强，同中央分庭抗礼，直至觊觎江山社稷，引发动乱。所以，和管好地方事务相比，中央政府更关注服从领导、维护统一。历代王朝为此作出的制度安排是相似的：知县、知府、布政使一众地方官员之外，中央还派专员巡视监督，且常驻不走。此项制度安排便成为体现中央和地方关系的主线，节度使、总督、巡抚一类官职即由此而来。欧洲不同，由于存在大量自治城市和自治团体，从古希腊罗马到中世纪，从封建主义到资本主义，欧洲国家的权力是分割受限的，即使君主专制国家也不例外。芬纳比较罗马帝国和同时期的中国汉朝说："这一阶段的罗马帝国只不过是一个负责协调和管理的上层结构。大政方针的

---

① 芬纳：《统治史》(卷二)，王震译，华东师范大学出版社2014年版，第375页。

确是由上层制定，但日常事务的具体管理却由自治市自己负责。这是罗马帝国和汉帝国的第一个重大差异，可能也是最为突出的差异。"①这里所谓日常事务管理不是完成中央政府指令的日常管理，而是体现地方权力和增强地方权威的日常管理，罗马化的过程不是自上而下的，是自下而上完成的。到欧洲封建时代，中央和地方的关系仍以分权为基本特征。君主不能随意干预地方事务，许多时候也无力干预地方事务。封建领主履行了自己的义务后，在治理自己的领地时享有极大自主权，可以有自己的军队，自己的财政税收，乃至自己的法庭。马克·布洛赫说，西欧封建主义的独创性在于，它强调一种可以约束统治者的契约观念。因此欧洲封建主义虽然压迫穷人，但它确实给西欧文明留下了现在人们仍然渴望拥有的一些东西。②至于发生在资本主义的那些事情就不用说了。

大一统的中国有为民作主的理念，没有关于平民百姓的政治制度安排。西方社会诸如公民选举、议事会、公民大会等能够与现代民主联系起来的因素，在中国没有。民可使由之，不可使知之，不管孔子意下如何，统治者确实如此。但若要说统治者全不关心百姓的生活，也不那么合乎事实，至少他们知道民能载舟亦能覆舟的历史教训，因而即便不情愿，也不能不顾及民生，何况还有一些励精图治的明君，有一些"当官不为民作主，不如回家卖红薯"的良臣。在中国传统文化中，这样一些人和事是人们看见并大加褒扬的。人们没有看见并充分反省的，恰恰是那个仿佛理所当然的思想——为民作主。梁启超说，of the people, for the people此二义者，我先民见之甚明，信之甚笃；惟by the people，似从未得到承认。然而，如果不能解决人民参政问题，徒言以民为本、政在养民，又有何用。此乃中国政治最大缺点。③

---

① 芬纳：《统治史》（卷一），王震、马百亮译，华东师范大学出版社2014年版，第561页。

② 马克·布洛赫：《封建社会》（下），张绪山译，郭守田等校，商务印书馆2004年版，第714页。

③ 梁启超：《先秦政治思想史》，北京联合出版公司2014年版，第6页。

　　中国的大一统是一元化的大一统，这"一元"便是皇帝或皇权。"溥天之下，莫非王土，率土之滨，莫非王臣"。①皇帝的地位至高无上，享有绝对权威和绝大自由。他想做事就做，想不做就不做。所以，汉武帝和雍正皇帝可以事无巨细大权独揽；万历皇帝也可以几十年不理朝政，将国事交与几个大臣。汉代时，皇权和相权有分，宰相主管政府事务并承担责任，皇帝不担责；明清废宰相，皇帝直接管理国家事务，但还是不担责。事情是皇帝做的，出了问题，责任却是别人的。这成了一种传统，以至于说到社会动乱、江山不保、人祸肆虐、忠良蒙冤，总是将其归罪于奸臣，有时还归罪在妇人身上。对皇上，无论怎样歌功颂德都不为过，倘若追究皇上的责任，批评责备，就有灭族之灾。唐太宗是中国历史上最开明有为的帝王，他和魏征的关系成为一段佳话，太宗也曾说魏征是自己的一面镜子。但就是这样，魏征死后，唐太宗还是借机推倒了其为魏征撰写的墓碑。对皇上的过失，臣子们只能从道德的角度规劝，这主要取决于臣子的忠诚、良心和大无畏精神，没有制度性安排的机制。这种方式远在分封时代就失去作用，君王想听就听，不想听谁也没有办法，哪怕制度设计中有谏官制度的安排。钱穆在分析中国历代政治得失时说：秦汉始，朝廷设御史大夫、御史台，有谏官。谏官归宰相管，职责是专事谏诤皇帝的过失。到宋代，谏官独立，不准宰相任用，也不归宰相管，由皇帝亲擢，反而成了政府的对头，专事纠绳宰相和政府言行，而且不谏就是失职，敢谏，哪怕是谏错，也能提高声望，反而更有升迁机会。于是宰相说东，他偏说西，宰相说西，他们又说东，总是不附和，总爱对政府表示异见。从此形成一种制度环境，御史台官监察的对象是政府，谏官诤议的对象还是政府，唯独把皇帝放在一旁，没人管了。

　　在欧洲，皇帝也被奉若神明，对其稍有不敬也会被扣上叛逆的罪名，且判决极其武断。但皇帝获得权力的方式和性质在形式上却与中国不同，它不是生来就有的，也不是继承的，而是以元老院颁布正式法令的形式授

_____

　　① 《诗经·小雅·北山》，王秀梅译注：《诗经》，中华书局2006年版，第299页。

予的。13、14世纪，先是在西班牙，后是法国、英国和意大利，再扩展到德国、斯堪的纳维亚地区、波兰和匈牙利，出现了大量议会机构。这些机构给予统治者一定的授权许可，并对其施加一定的控制。君主如果有过错，人们可以批评指责，以公开的方式表达不满和抗议，这个传统由来已久。欧洲人甚至非常认真地讨论一个政治哲学中最具争议的问题，这个问题对中国人来说是难以想象的："臣民是否有权反抗他们的统治者，或者他们是否有一种消极服从的义务，因而反抗在任何情形中都是错误的。"①主张可以反抗的理由基于君权民授；认为不能反抗只能服从的理由则基于君权神授。在这个问题上，教会站在了臣民一边。16世纪法国新教徒都持这样的立场：虽说国王是上帝设立的，但是上帝却是通过人民采取行动的。国王是为了服务于人所构成的社会而设立的一个职位，人民只有在获致正义且合法统治的保护下才有服从的义务。教会的旨趣在抬高教皇地位，贬低世俗王权，客观上却使臣民得到一支重要力量的支持，有了一个以上帝为背景的强大后盾。《萨克森法鉴》规定："一个人在他的国王逆法律而行时，可以抗拒国王和法官，甚至可以参与发动对他的战争……他并不由此而违背其效忠义务。"这一著名的"抵抗权"在斯特拉斯堡誓言中出现，在秃头查理与其附庸签订的协议里出现，在13、14世纪西欧社会的大量文件中出现。这些文件包括：1215年的英国大宪章；1222年的匈牙利"黄金诏书"；耶路撒冷王国条令；勃兰登堡贵族特权法；1287年的阿拉贡统一法案；布拉邦特的科登堡宪章；1341年的多菲内法规；1356年的朗格多克公社宣言。②从此以后人民可以反抗君主的意识在欧洲社会中扎下了根。它后来的表现形式，是从暴力推翻变为和平选举，人民对政府的批评合法化。

中国大一统政治制度演变的趋势是集权。中央权力越来越大，地方权力越来越小，而在中央，权力越来越集中在皇帝手中。皇帝集权为的是行

---

① 萨拜因：《政治学说史》（第四版）下卷，邓正来译，世纪出版集团上海人民出版社2010年版，第31～32页。

② 马克·布洛赫：《封建社会》（下），张绪山译，郭守田等校，商务印书馆2004年版，第713页。

事方便，杀伐果断，说干就干，不受掣肘，最终目的是维护大一统国家长治久安万世相传。集权和大一统内相关，大一统需要集权。大一统的"天敌"是动乱，中国帝王的政治经验是：治乱需要集权，越乱越要集权。乱主要来自国家内部，中央集权也主要用来内部控制，大一统集权制故而是防止内乱的制度安排。为了集权，为了防止内乱，就要扫除一切阻碍集权和可能产生威胁的因素，因此中国社会"没有天然的贵族，没有起制衡作用的教会，没有自治的行会、团体和城市，等等。简而言之，没有中间机构，而在欧洲，正是这样的中间机构抵制了统治者的专制要求。"[1]统一和集权之间没有必然联系，采用其他方式，国家也能保持统一。西方国家也乱，和同时期的中国比，可谓乱得厉害。一方面西方国家的政治结构决定它们无法集权，另一方面社会动乱的状况又不能任其发展，于是发展出一套政治法律制度，一种契约精神。西方国家制度与伦理分立，这是一个重要原因。钱穆评论东汉光武帝夺三公实权之举时说："汉光武自身是一好皇帝，明帝，章帝都好，然而只是人事好，没有立下好制度。因此皇帝好，事情也做得好。皇帝坏了，而政治上并不曾有管束皇帝的制度，这是东汉政治制度上的一个大问题。也是将来中国政治制度史上一个大问题。"[2]刘述先认为，朱子一语道破了中国传统政治的死结："天下事，须是人主晓得通透了，自要去做，方得。如一事八分是人主要做，只有一二分是为宰相了做，亦做不得。"[3]

2.礼与法

在社会治理方面，中国讲"礼"，西方讲"法"。中国的"礼"是一个大于西方"法"的范畴："礼也者，理之不可易者也。"[4]"礼者，因人情

---

① 芬纳：《统治史》（卷三），马百亮译，华东师范大学出版社2014年版，第263页。

② 钱穆：《中国历代政治得失》，三联书店2001年版，第32页。

③ 《朱子语类》（第7册），中华书局1988年版，第2679页。

④ 《礼记·乐记第十九》，李学勤主编：《十三经注疏·礼记正义》（标点本），北京大学出版社1999年版，第1116页。

之节文以为民坊者也。"① "礼也者，义之实也。"② "礼也者，节之准也。"③
礼，"众之纪也。"④ "礼者，人主之所以为群臣寸、尺、寻、丈检式也。"⑤
陈来梳理礼的多种意蕴如下：工艺技术文明（器物）意义的礼；祭祀礼仪意
义的礼；生活行为规范意义的礼；习俗庆典意义的礼；制度意义的礼。他
把这些礼概括为制度和礼仪两大部分。制度涉及的有官职、班爵、授禄构
成的官僚等级体系，土地、税收、行政区划、朝觐、（国家）祭祀、自然保
护、贵族丧祭、学校、养老等制度，刑律体系。礼仪是以一套象征意义的
行为及程序结构，用来规范调整个人与他人、与宗族、与群体之间的关系，
并由此使得交往关系"文"化，在相当程度上是一种宗法文化的体现。⑥法
只是礼的一个部分，是礼所包含的众多内容中不占重要地位的部分。梁启
超对古代中国的法做了广义和狭义之分："从广义的解释，则法与礼同为人
类行为的标准，可以说没甚分别。而且可以由一个人'以身作则'。法治
人治，也可混为一谈。狭义的解释不然，他们所注重的，是具体的成文法，
用国家权力强制执行。法家的特色全在这一点。"⑦

　　西方的法也包含众多内容，但此法非广义之法，不似礼那般包罗万象，
乃梁启超所谓狭义之法。西方的法在社会发展中的地位、作用要比中国狭
义之法（下同）尊贵得多，重要得多，在法律体系、法条规定、从业人员资
质要求方面也比中国的法完善得多、丰富得多、专业得多。

　　公元初，罗马就有了讲授法理学的人，安替修斯·拉比奥是教授法理学

---

① 《礼记·坊记》，李学勤主编：《十三经注疏·礼记正义》（标点本），北京大学出版
社1999年版，第1400页。

② 《礼记·礼运》，李学勤主编：《十三经注疏·礼记正义》（标点本），北京大学出版
社1999年版，第709页。

③ 《荀子·致士》，章诗同注：《荀子简注》，上海人民出版社1974年版，第146页。

④ 《礼记·礼器》，李学勤主编：《十三经注疏·礼记正义》（标点本），北京大学出版
社1999年版，第737页。

⑤ 《荀子·儒效》，章诗同注：《荀子简注》，上海人民出版社1974年版，第76页。

⑥ 陈来：《古代宗教与伦理——儒家思想的根源》，三联书店1996年版，第245、248、
258～259页。

⑦ 梁启超：《先秦政治思想史》，北京联合出版公司2014年版，第243页。

的第一人，约公元30年，马休里厄思·沙宾纳斯创立了法律学校。他们并不从事专业法律工作，而是对法律有浓厚兴趣和专业知识的罗马人。[1]1045年，由国家在君士坦丁堡设立了帝国法律学校。法律学校培养的许多学生后来成为意大利北部和中部城市的行政官，"这些人的能力使地方自治体能够推翻他们的贵族—主教而着手于市民自治政府的事业。"[2]中国有专门的司法机构，没有法律学校，有从事法律实务的人，没有研究和讲授法理学的人。在查士丁尼统治下的东罗马帝国，要想在司法领域任职，必须接受法律训练，把查士丁尼法典背下来。西方人普遍认为，司法是具有专门知识的人从事的专业。在中国，从事司法的人的首要条件是品德优良、忠诚帝王，这些人是官员，他们饱读经书，满腹道德文章，是通过科举考试选拔出来的。中国古代司法与行政不分，收取税赋和审理狱讼是地方官的主要工作，也是衡量他们政绩的两大指标。由于没有受过法律训练，对法律法条懵懵懂懂，在处理法务时不得不依赖吏胥，产生吏胥之弊。钱穆对此有精彩评说：中国传统政治的官吏之别，其判然划分要从明代算起。明成祖时，明确规定吏胥不能当御史，不准考进士，这样一来，便堵死了吏胥的出路，官和吏就此分开两途。于是在中国政治上的流品观念里，吏胥被人看不起。这一观念始于元，到明成祖时而确定。这事在中国政治史上有甚大的影响：一切事情到了胥吏手里，铨选则可疾可迟，处分则可轻可重，财赋则可侵可化，典礼则可举可废，人命则可出可入，讼狱则可大可小，工程则可增可减。政事之大者不外铨选、处分、财赋、典礼、人命、狱讼与工程七项，吏胥则是擅有此七项知识的传统的专门家。但当时官场看不起这些人，这些人也自认流品卑污，因此不知自好，遂尽量地舞弊作恶。同样的事情，说事出有因查无实据的是他，说查无实据事出有因的也是他。吏胥如此上下其手，对下鱼肉百姓，对上欺瞒隐报，总之是为了自己的利

---

① 熊彼特：《经济分析史》第一卷，朱泱等译，商务印书馆1991年版，第110页。

② 汤因比：《历史研究》（下），曹未风等译，上海人民出版社1966年版，第300页。

益，对百姓、对社会都是政治的黑暗。①由此看来韦伯所言不虚：中国的家长制的司法，使西方观念中的律师根本无法占有一席之地。家族成员中若有人受过典籍教育，就成为族人的法律顾问，否则就请一个不合格的法律顾问书写诉状。"这个现象是所有典型的家产制国家，特别是带有东方印记的那种神权的、或伦理－仪式主义的国家所具有的特色。"②

中国的政治制度和伦理联系在一起，西方的政治制度和法律关系紧密。大一统的中国强调伦理，分权的西方强调法律。在法律约束下，西方人渐成一种"社会习俗"，遇有纠纷，诉诸法律，用法律保护自己的生命财产安全。在伦理约束下，中国人渐成一种"社会习俗"，遇有纠纷，先诉诸宗族，宗族不能解决再找官府，宗族关系一旦被式微就只剩官府一条路，能否得到公平公正的结果，全赖官员是不是"包青天"。法律在西方公共生活和私人生活中无处不在，法律在中国总是被官员忽视。康熙说，如果百姓不怕上法庭，以为由此可以得到公正，则诉讼一定纷起，这很可怕。因此对那些动辄上法庭的人要毫不手软，这样他们才会讨厌法律，见官就怕。③民怕官的中国人，生命财产的安全得益于统治者休养生息、为民作主的政策；爱打官司的西方人，生命财产的安全得益于各类法律的护佑，罗马时期即有先例。罗马私法是关于法人、家族继承权、所有权、合约和不法行为等相互权利和义务的大全，世界上没有任何一个地方其私法做得像罗马这样详细精致，其所反映的自由个体的观念，为个人财产权和法律地位提供了保障，被现代法学家看作罗马的最高荣耀。芬纳说它是一项独一无二、后无来者的创新，将它和犹太人关于受法律约束的君主概念、希腊的公民概念并列，视为对以后西欧政体的发展产生了深远影响三大发明之一。④中国没有私法，主要是刑法，刑即是法。刑法的重要性毋庸置疑，但刑法是

---

① 钱穆：《中国历代政治得失》，三联书店2001年版，第123～127页。

② 韦伯：《儒教与道教》，洪天富译，江苏人民出版社1995年版，第123页。

③ 芬纳：《统治史》（卷一），王震、马百亮译，华东师范大学出版社2014年版，第88页。

④ 芬纳：《统治史》（卷一），王震、马百亮译，华东师范大学出版社2014年版，第566页。

处罚性、压制性的法，针对的是犯罪、暴动、叛国等罪行。只有刑法，没有民法，更谈不上有一部对社会发展产生重大影响的法典，一则意味着中国的法以惩罚为中心，立意于统治者的社会控制，统治者要求的是绝对服从，宽容只限于愿意服从的人，民众之间的关系只在和统治者的意愿相一致时受到法律的保护，这种保护随时可能被取消，因此人们的财产随时都有被没收的危险。二则意味着中国的法律体系是不完备、不系统的，缺少了对社会生活非常重要的一些方面或内容。此外，在中国，无论司法实践还是法学理论（如果它有理论的话）都没有将法律视为由法律原则构成的体系，在这个体系中，每一个司法判决都来自抽象原则在具体案例中的应用。中国的司法是调解诉讼双方利益的一种努力，要求对其无保留的完全的服从。西方的法律有一套相互连贯的范畴，法律建构是理性的，它源自形式推理和逻辑推理，不是源自主观的道德迸发，是经过精心阐述之后形成的一个完整的系统。在西方，无论法律的源头和程序，还是对具体案件的应用，都包含人性因素，有些法律规定完全基于人性的考量；在中国，人性因素是伦理考虑的事情。

中国法律的特点是伦理干预统摄法律。伦理干预统摄法律是中国法律体系不完备不健全的表现，也是它的原因。西汉时曾提倡以儒家经典《春秋》为审判的依据（《春秋》决狱），给审判带来极大的随意性，它削弱了公平性，给了官府随意定罪的空间。对谋反叛乱一类的重罪惩罚极重，实行亲属连坐。对谋权以下的罪行，则允许亲属相隐，即使通风报信使之逃匿，也不为罪，相反，若是举报父母、祖父母犯罪，举报者处绞刑。[①]西方法律体系保持着自己的独立性，遵守法律被视为一种美德。我们在《西方伦理学简史》中看到，赫拉克利特伦理纲领的核心是要求服从国家法律；毕达哥拉斯的所谓绝对道德命令中也包含服从法律。早期社会把道德看作自然的、无条件的，是如同自然过程一样必须遵循的法规，突出的虽然是道德，却也强调了法律，这和中国突出道德后贬低法律不同。当近代司法已

---

① 　白纲：《中国政治制度通史》（第一卷），人民出版社1996年版，第539～540页。

经获得独立时，洛克说，道德上的善和恶只是我们的自觉行为同某种法律的一致或不一致。①如果就此认为西方社会中法律的地位高于伦理，我们可能会为自己轻易地得出这个结论付出代价，但若说西方伦理绝无中国伦理那样的地位，西方社会中法律的地位远高于中国，应当是合乎历史的。这里不妨引用西塞罗的一段话："事实上存在着一种真正的法律——即正确的理性：它与自然或本性相符合，适用于所有的人，而且是永恒不变的。经由它的命令，这种真正的法律要求人们践履自己的义务；经由它的禁令，它制止人们去做违法的事情。它的命令和禁令所影响的永远是善良的人们，但对坏人却不起作用。用人定法来废止这种真正法律的做法在道德上绝不是正当的，限制这一法律的做法在任何时候也都是不能容许的，而想彻底根除这一法律的做法则是不可能的。……这种真正的法律不会在罗马定一种规则，而在雅典定另一种规则，也不会在今天是一种规则，而到了明天又成了另一种规则。所存在的只是一种法律，它不仅永恒不变，而且还在任何时候都约束着所有的民族；可以说，人类只有一个共同的主人和统治者，亦即上帝，他是这一真正的法律的制定者、解释者和监护者。不服从这种法律的人实际上是放弃了其较好的自我，而由于这种做法否定了一个人的真正本性，他还将因此而受到最严厉的惩罚，尽管他业已逃脱了人们称之为处罚的所有其他后果。"②这段话涉及上帝、理性、法律三者的关系，其中上帝神旨统治世界的事实和人类所具有的理性是法律的两个渊源，而上帝本身又是善的化身。法律的重要性得到重视，它和上帝的关系得到说明。在中国的古典文献中难得一见这样的学理讨论和说明。典籍文献是现实的一面镜子，通过这面镜子可以看到现实生活中法律一类社会因素的状态。在这个意义上，中国典籍文献缺少关于法律的讨论，表明法律在中国现实中是不足的。

---

① 古谢伊诺夫、伊尔利特茨：《西方伦理学简史》，刘献洲等译，中国人民大学出版社1992年版，第37、41、49、393页。

② 转引自萨拜因：《政治学说史》（第四版）上卷，邓正来译，世纪出版集团上海人民出版社2010年版，第209～210页。

就对社会发展的影响而言，礼与法最大的不同在其与君主的关系。礼的核心是维护皇权秩序，"忠"故而是为大德，伦理故而得到强化。虽然中国人自古相信以德配天，有德者得天下，失德者失天下，但只要皇帝没被推翻，就没人说他不道德，臣为君讳同样是自古以来的传统美德。而只要君主在位，他说的话就是法律，不是法律也胜似法律。所以，中国只有听命于君主的法律，绝无服从法律的君主。唯一能够约束君主的，是他对"天命"的惧怕，当他对"天命"不屑一顾时，就和尚打伞无法无天了。所谓的道德约束，对讲道德的君主有用，对不讲道德的君主全然无用。

法律是欧洲强大而古老的传统，帝王的权威建立在法律基础之上。罗马最专制的皇帝统治时期，也是罗马私法发展的高峰时期。"占支配地位的观念乃是一种有机共同体的观念；这种观念认为，在共同体中，各种不同的阶级乃是各个功能性部分，而法律则是这个社会的组织原则。"①自摩西和上帝立约以来，国王不能干预法律、法律独立于君主的权威、很多法规的制定和统治者无关，这个传统一直流传下来。西方社会也有君主代表法律、其意志具有法律效力的认知，但这一认知得以成立，建立在上帝和人民授权的基础上。君主的权力既源自上帝又源自人民，因此他既是法律体系的首脑，又受法律的约束。卡托尔夫写信给开始执政的查理，一方面说国王就是上帝在地上的代表，一方面劝告查理应遵循"申命记"第17章第18～20节的告诫，把神圣的律法书作为治国的手册。②因此索尔兹伯里的约翰提出，暴君与国王的区别在于是否服从法律并按法律的命令来统治其民族；他也以此为标准为铲除暴君的行为作出明确辩护，认为一个政权是否是正当的，乃在于它是否是合法的。③如果君主都要服从法律，违反了可以被推翻，政府官员和机构就更要按法律办事，倘若不是如此，官员和政

---

① 萨拜因：《政治学说史》（第四版）上卷，邓正来译，世纪出版集团上海人民出版社2010年版，第313页。

② 汤因比：《历史研究》（下），曹未风等译，上海人民出版社1966年版，第299页。

③ 萨拜因：《政治学说史》（第四版）上卷，邓正来译，世纪出版集团上海人民出版社2010年版，第299页。

府机构徇私舞弊，百姓可以将其告上法庭，而不是逐级上访哀求恩典，这是法律赋予百姓的权利。诚如芬纳所说，能够这样做的只能是那些富人和有权势的人，普通百姓负担不起。但"无论这种做法在现实中是多么有限，在未来的欧洲，这种可以控告当权者的原则将会变得万分重要。在罗马对统治史的所有贡献中，这一点最为伟大，最为持久，影响最为深远。"①

尘世重视法律，基督教也重视法律。自从亚历山大三世（1159—1181年）以来，历任教皇都不是神学家，而是教规法学家。②教会法涵盖双重领域，一方面它力求将教士和修士等所有出家人都纳入其审判权力之内；另一方面也或多或少地完全把持了一些即使只是涉及俗人也被认为具有宗教性质的案件：从异端到立誓和婚姻。阿奎那崇拜法律，尽管在他那里道德比法律更优先。法律的权威是固有的，非源自任何人的努力。法律是一种在范围上比调整人际关系的手段宽泛得多的东西，它出自上帝的理性，调整着所有生物与无生物、动物与人之间的关系。③阿奎那对法律有专门的研究，对法律作出过细致的划分。④

在法律的地位及人们对它的重视方面，伊斯兰国家更接近西方。远古时期苏美尔城邦就有立法记载。几千年后的阿拔斯时代（公元8世纪）是伊斯兰立法最为活跃的时期，从事立法活动的学者众多，形成圣训派、意见派及其内部哈尼法派、马立克派、沙斐仪派、百罕里派等十三家派别。他们在立法观点、方法和从事创制方面是自由的，当局对他们之间的意见分歧不会干涉，只要不牵扯到哈里发职位一类的问题，他们进行创制和思想上的自由也不受限制。政府没有制定一项全国都要遵循的法律，对各个教

---

① 芬纳：《统治史》（卷一），王震、马百亮译，华东师范大学出版社2014年版，第638页。

② 汤因比：《历史研究》（下），曹未风等译，上海人民出版社1966年版，第300页。

③ 萨拜因：《政治学说史》（第四版）上卷，邓正来译，世纪出版集团上海人民出版社2010年版，第304页。

④ 参见萨拜因：《政治学说史》（第四版）上卷，邓正来译，世纪出版集团上海人民出版社2010年版，第305～307页。

派依据自己的法律作出的裁决从不干涉。[①]拜占庭帝国和哈里发帝国都重视法律。[②]埃及人已有无罪推定原则，从《维齐尔普塔荷泰普教谕》中可以发现，他们有一种普遍的看法，法律必须得到保证，必须不偏不倚，法官眼中所有的原告也是平等的。[③]伊斯兰国家拥有民法和商法，它们也明确主张限制君主权力，虽然其方式和欧洲国家大相径庭，——它只是分解权力，权力分解后，不同层次的统治者在其管辖范围内仍是一个随心所欲不受任何限制的专制者。"后来，随着时代的变迁，法官的地位不断下降，人们很少再看到像以前那样令人尊敬、严肃而有威望的法官了。"[④]这是专制制度下的必然，专制越强，法律及法律人的地位越弱。

将中国与西方和伊斯兰国家做一个比较，大致可以这样说，西方国家的宗教意识、法律意识强；伊斯兰国家的宗教意识强，法律意识次之；中国的宗教意识和法律意识弱，道德意识强。

3.国家与人

国家与人无法分开，无论二者关系怎样，是善还是恶，健全还是扭曲，平衡还是偏颇，它们都统一在一起。但在这种统一中，强调国家还是强调人，在实践中会产生不同的关系和结果，构成国家和人不同的状态。国家的状态是人的生存条件。

中国强调国家，大一统的文化理念透过政治制度的设置不能不强调国家；西方强调人，分权的历史背景自然而然把每个权利者的存在显现出来。强调国家的中国不是不讲人，而是在偏好国家的前提下对人提出特定的要

---

① 参见艾哈迈德·爱敏在《阿拉伯-伊斯兰文化史》第三册第五章，商务印书馆1991年版。

② 详见芬纳：《统治史》卷二，王震译，华东师范大学出版社2014年版，第42、43、74页。

③ 芬纳：《统治史》卷一，王震、马百亮译，华东师范大学出版社2014年版，第171页。

④ 艾哈迈德·爱敏：《阿拉伯-伊斯兰文化史》第六册，赵军利译，纳忠校，商务印书馆1999年版，第224页。

求；强调人的西方不是不讲国家，而是在偏好人的前提下对国家提出特定的要求。

在中国，国家既是政治上层建筑，又象征空间意义上的多民族共同体。将"国"和"家"两个概念合而为一，沿袭的是早期社会"家庭—氏族"的组织范式。国是家的放大，家是国的缩小，国与家虽为二元存在，却是同一个命运共同体，亦即整合了所有家族的政治实体，这便是传统中国流传在人们心底最持久广泛的国家观。在这个国家观中，统治者和国家没有区别开来，统治权本质上是个人化、家族化的。国的构成原理和家的构成原理相同，在家父为君，在国君为父，家国一体，君父同伦，同构共理。以国与家论，国在先，家从之；以国家与人论，国家在先，人从之。故按其重要性排序，国第一，家第二，人最后。和国家相比，个人微不足道，国家的事再小也是大事，个人的事再大也是小事，这个传统由来已久。

作为家的集合，爱国是每个人的义务，反对分裂、维护国家统一是每个人的本分。风声雨声读书声声声入耳，国事家事天下是事事关心。每一个人都应当献身于建设和保卫国家的事业，献身于促进祖国统一的事业，每一个为国家工作的人都应当鞠躬尽瘁，死而后已。"常思奋不顾身，而殉国家之急"（司马迁）；"捐躯赴国难，视死忽如归"（曹植）；"国耳忘家，公耳忘私"（班固）；"先天下之忧而忧，后天下之乐而乐"（范仲淹）；"位卑未敢忘忧国"（陆游）；"天下兴亡，匹夫有责"（顾炎武）；"人生自古谁无死，留取丹心照汗青"（文天祥）；"苟利国家生死以，岂因祸福避趋之"（林则徐）。这些脍炙人口的名言反映了中华民族的文化精神，用一句话概括就是爱国主义。爱国主义是一种深厚的感情，一种生于斯长于斯的深切依恋之情；它是一种美德，一种道德规范；也是政治的核心，行政的原则。中华民族悠久历史之得以绵延，爱国主义作为一种精神起了支柱作用，它是维护祖国统一的心理纽带，对中华民族的生存和发展具有不可估量的价值。

西方社会也讲爱国主义，也有许多名言名句和可歌可泣的事迹，但西方社会国与家是分立的，既不同构也不共理。在英语世界，指称国家的有三个词：state、nation和country，它们在使用时有界线和区别，彼此含有不同的意蕴。表达政治和政权时用state，表达作为共同体的民族或国民时用nation，从地理和国土上说时用country。这里没有家什么事，家属于私域范畴，而state、nation和country的共同特点是公域。西方社会早期带有家国一体的痕迹，这是政治社会从氏族部落脱胎出来不可避免的现象，苏格拉底和柏拉图的共产主义与此不无关系。其后，公域和私域的区分日见明显，成为社会发展史和思想史的主流。如果说罗马私法的出现是私域存在的标志，契约论则表达了国家与人的关系。国家的立法权和行政权由每个人的天赋权利让渡而成，"它之所以是正当的，完全是因为它在保护天赋权利或自然权利方面乃是一种比每个人生而拥有的自力救济方法更好的方法。这就是人们据以'结合成一个社会'的'原始契约'"。①契约论赋予人一种权利，他可以要求国家对其统治的正义性和合法性负责。当国家丧失正义性合法性时，人们可以改变state而nation和country不变；当国家受到外敌侵略时，country范围内nation的每一个成员都有责任和义务保卫state。

罗马私法和契约论把人突出出来。西方社会自古希腊起就重视人的问题，"认识你自己"贯穿在政治、法律、伦理演变的整个过程。以人为中心，而不是像古埃及和波斯王国那样以神为中心，或者像中国历代王朝那样以国家为中心，是古希腊思想最引人入胜的地方之一。西方文化在看待人时一般有三种模式：一是超越自然，聚集于上帝，把人看作是神的创造的一部分。二是聚集于自然，把人看作是自然秩序的一部分。三是聚集于人，以人的经验作为人对自己，对上帝，对自然了解的出发点。文艺复兴后，第三种模式逐渐占据主导地位，以人为中心，重视人、尊重人是人文主义的显著特征。即使在以推翻资本主义为使命强调与私有制决裂的马克思那里，这个特征依然显著：人是目的，人所做的一切都是为了人，为了

---

① 萨拜因：《政治学说史》（第四版）下卷，邓正来译，世纪出版集团上海人民出版社2010年版，第218页。

人的解放，人的自由全面发展。

人文主义的人是个人，"文艺复兴时期人文主义按其性质来说是属于个人主义的"。①契约论中的人也是个人，"根据个人利益来阐释社会的理论在洛克的时代都已是一个前定的结论了。"洛克和霍布斯"都将这样一种假设加诸于社会理论，即个人的自我利益是明确不争的，而公共利益或社会利益则是微小且非本质的。"自然法理论以及这个时期的整个社会理论的趋势都在朝这个方向发展。利益而不是应当怎样的逻辑，是个人主义学说的依凭。霍布斯通过他的分析告诉人们，"共同体成员之间的合作始终是因为他们个人所能享有的种种利益所致；""它之所以能够成为一个共同体，完全是因为某个个人能够行使主权。"②重视人、尊敬人、肯定人现在落脚到尊重肯定每一个个人，它通过法律对个人财产和权利的保护体现出来，也通过道德对人的选择和自由的认可体现出来。在芬纳所说的欧洲人的"重新发明"中，个人占有重要位置，八个"发明"有六项与个人有关。这六项内容是：个人不是微不足道的臣民，而是享有生命权、自由权、特别是财产权的公民；罪责是个人化的，不连带家庭和村社；私有财产原则受到特别尊重；君权在某种程度上是受到限制的；区分公法和私法、私有权和国家权力，皇帝的私库和皇帝本人是完全不同的两回事；因此，个人或团体可以像控告一个自然人那样控告抽象的"王权"或国家的代理人。③同一时期伦理认知的转变也指向个人。这些现象不是偶然的。萨拜因说，作为一个人的人，始于亚历山大。④亚历山大横扫地中海沿岸各国时，正是希腊城邦衰落并最终灭亡时。城邦失败后，那些曾经把公民们维系在一起的关系被摧毁，公民也就成了一个人。蒙田说，在不确定的动荡年代，"只有一件

---

① 布洛克：《西方人文主义传统》，董乐山译，三联书店1997年版，第67页。

② 萨拜因：《政治学说史》（第四版）下卷，邓正来译，世纪出版集团上海人民出版社2010年版，第210～215页。

③ 芬纳：《统治史》（卷三），马百亮译，华东师范大学出版社2014年版，第257～259页。

④ 萨拜因：《政治学说史》（第四版）上卷，邓正来译，世纪出版集团上海人民出版社2010年版，第183页。

事有把握，那就是我自己。"①于是，在古典时代的希腊人那里从来不曾有过的有关个人的自觉意识或自我意识产生了，这是政治思想史上的大事件。历史地看，自我意识的产生，个人从教会、从封建制度或君主贵族的依附中挣脱出来，是巨大的社会进步。有了个人，方可论个人权利、个体尊严，有了个人权利、个体尊严，方可论自由、平等，进而派生出西方社会公平正义的主张，形成民主法治社会的思想基础。

把个人尊严、个人权利、个人自由推向极端，产生出个人主义。个人主义和集体主义相对。我们从个人产生的历史背景中看到了城邦解体、原有的关系纽带破碎和社会动荡不安，某种意义上可以说"个人"是国家破碎的结果。我们在中国传统的国家观念中看到，个人奋不顾身、舍生取义维护国家统一，很大程度上正是为了避免国破家亡个人陷入悲惨境地。由此形成实践理性两个致思方向，从国家到个人，国家先于个人；从个人到国家，个人先于国家。

西方社会中国家最初也占主导地位，它被认为高于个人，当国家与个人发生冲突时，个人要服从国家，为国家牺牲自己的一切，直至生命。文艺复兴特别是启蒙运动之后，个人站立起来，在历史舞台中开始作为一个独立自主的力量面对神圣的国家，进而又以市民社会的形式联合起来与国家分庭抗礼。中国社会中，国家的主导地位从来未变，个人在国家面前从来都是享有义务、缺少权利、可随意安排的对象。中西比较，西方更依赖于自由行动和个人责任，中国更依赖于集体行动和个人义务。中国没有希腊意义上的自由，也没有希腊意义上的那种个人责任，集体高于个体，集体责任湮灭个人责任，当集体上升到国家层面时，集体责任等于集体无责任。西方孕育出公民，中国只有臣民。中国看重家族，而在家族中崇拜祖先，祖先崇拜包含了父权制和家长制，事君以忠，事父以孝是中国人的传统，是中国与西方社会价值追求不同的源头之一。

我们说个人作为独立自主的力量面对神圣的国家，而不说面对社会，

---

① 布洛克：《西方人文主义传统》，董乐山译，三联书店1997年版，第62页。

说个人联合起来与国家分庭抗礼，而不说与社会分庭抗礼，是因为不存在个人独立于社会这样的问题，个人也不可能与社会分庭抗礼。社会是关系的集合，社会关系的含义是许多个人的共同活动。个人不能脱离关系的集合体，离开了与他人的合作、离开了共同活动，个人无法存在。所以，无论个人与国家的关系怎样，社会持存着，个人与社会的关系始终存在并且统一。文艺复兴以后欧洲人文主义世界里没有人反对社会，后来的世界性社会主义思潮有着现实和思想情感的深厚基础。但国家是另一回事，国家不等于社会，国家是社会的管理机构（朝廷或政府），是社会的统治者按某种政治体制运行的形式，只不过它所治理的社会有一个地域范围而已。那种把国家等同于社会，把人不能脱离社会变成人不能脱离国家，把人对社会承担的义务变成人对国家承担的义务的认识，是极大的混淆。由于国家掌握在君主手中，朕即是国家，这种混淆又把人对社会的依赖变成对君主的依附，把人对社会的义务变成对君主承担的责任，把人为社会作出的牺牲变成"君叫臣死，臣不能不死"，并赋予它们纲常伦理的品质。然而理清国家的含义（state）以及它和社会的关系后会发现，在国家的名义下，所有的人作出的所有事其实都是为了一个人，无私奉献、忠诚、爱国这些美德，最后落脚在为一家拥有的王朝服务，这是极大的悖论！

有些悖论是无法克服的，无私的道德服务于自私的个人的悖论能够克服，办法是区分国家与社会——共同体的管理机构和共同体。这是一件看似简单实则不易的事。我们很容易发现中西社会国家与人关系中的优点和不足，也很容易想到把它们统一起来就可以得到互补的理想结果。可惜现实很骨感，中西近代以降碰撞的历史明明白白告诉我们，它不是简单一句统一互补就能解决的事情，它需要历史条件。

4.基督教与儒学

谈到中西社会制度，不能不谈基督教和儒学。基督教在欧洲社会发展史上具有无可取代的地位和作用，它渗透在欧洲政治、经济、文化的方方面面，就像儒家思想渗透在中国人的血脉中一样，是欧洲文明不同于其他文明特别是中国文明的重要根源之一。详细比较基督教和儒学的深远影响不是本文的任务，只能基于本文主题简要一论。

前面所说教会为维护神权的神圣地位贬低王权，客观上成为臣民与君主分权的推动力量，是有历史原因的，它的源头可追溯到开启了皇权和神权关系滥觞的犹太王国。在犹太王国，君主制不是自然秩序的一部分，他受上帝所立律法的约束，必须按此律法办事，其内容不仅包括他必须履行的举行宗教仪式的义务，还有一系列必须遵守的有关刑事、民事以及家庭和财产权利的规定。君主的意愿从属于犹太民族的目标，这个目标就是通过遵守律法来维持与上帝的契约。这是君主被创造出来或他存在的理由。任何一个人都可以援引法律指出国王行为是否合法，甚至据此谴责国王的行为，原因在于他和君主在律法面前平等。因此，犹太国王是历史上第一位受限制的君主。当然，国王是拥有广泛权威的，他可以组织国家事务，任命官员，制订政令，但在犹太人看来，他的政令只是"子法"，要服从并在摩西律法这个"母法"范围内实施。由此引出教皇、教会与国王世俗政权的关系，西方国家早在公元5世纪就在讨论这一关系，提出"双剑论"，进而又提出人民有无权利反抗暴政的论题。有关此类的讨论可以追溯到西塞罗，并在16世纪有关保皇还是反保皇的论争中达到一个高潮。这一长达千年的论辩围绕一个主题：社会统治是一元还是二元（或多元）的。教会的结论不言而喻，一元的，神权高于皇权。教会学者在论上帝、君主、人民时说他们之间存在两种契约关系：（1）上帝为一方，国王与人民同属另一方；（2）人民为一方，国王为另一方。第二种关系从属于第一种关系。后来的事情大家都知道，神权在与皇权的斗争中败落，教会隶属于社会、服从国家利益逐渐成为共识。"先是马基雅维利、康帕内拉，后是霍布斯、斯宾诺莎、许霍·格老秀斯，直至卢梭、费希特、黑格尔则已经开始用人的眼光来观察国家了，他们从理性和经验出发，而不是从神学出发来阐明国家的自然规律"。[①]而在教会方面，也有人意识到教会对世俗社会的依赖。路德

---

① 《马克思恩格斯全集》第1卷，人民出版社1995年版，第227页。

发现，教会在德国取得成功，有赖于王公们的帮助。"我们可以毫不夸张地说，宗教群体在任何地方取得的成功都是由于它碰巧与强有力的国内政策相吻合。"① 他所发起的宗教改革运动以及由此产生的宗派之争，加强推进了业已存在的国王权力。君主专制制度成为宗教改革运动在政治上的受益者，而路德宗教改革的划时代意义被认为正是他顺应历史趋势划清了世俗国家与神圣教会的界限。

中国没有严格意义上的宗教，中国有儒家。基督教是中世纪欧洲社会的一个因素，它是一独立的力量，与世俗政权和社会有极为复杂的关系。儒家是中国社会的一个因素，但它不是一独立的力量，而是大一统国家的意识形态。它和皇权之间不存在"神权和皇权"的关系问题，也从不讨论君主与臣民的契约关系，它有水能载舟亦能覆舟的思想，没有权利分配、政治和社会平等、以及民主和大众政府的概念。基督教会无论在与国王和贵族紧密合作并肩而立时，还是严重依赖国王和贵族时，也无论教会有时显得多么失败和衰落，都从来没有放弃自己的权力，也没有沦落为哪一种世俗政治力量的附庸和工具。儒家学说则依附于皇权政治，在汉武之后"五四"之前倍受尊崇，几乎没有衰落过。基督教的存在导致西方社会二权分立的格局，新教更是主张反抗国王的权利，这在儒家绝无可能，儒家致力于维护现存秩序，它为历代王朝接受尊崇的原因正在于此。

在思想文化方面，基督教和儒学既有相似又有不同。

教会代言上帝。上帝是全能的，不仅充满智慧，而且是至善的化身。基督教关于肉体和灵魂、肉体和精神关系的学说在很长一段历史时期内都是欧洲人道德的基础，当道德被等同于社会生活时，它也是共同体的基础。启蒙运动以后，理性主导思想的舞台，人们发现世俗权力统治下的社会生活完全可以拥有不同于宗教世界的基础；灵魂和肉体的关系不在了，或者对它作出另类的解释，过去那种居高临下的道德的基础也就坍塌了。西方

---

① 萨拜因：《政治学说史》（第四版）下卷，邓正来译，世纪出版集团上海人民出版社2010年版，第30页。

社会需要寻找新的人伦秩序，它们找到了这种秩序的基础——人权。这在制度与伦理关系史上意义重大。儒家也充满智慧。儒家思想奠定了中国人道德世界的基础，当道德被等同于社会生活时，它也是中国社会生活的基础。五四运动以后，儒家式微，中国向西方学习科学和民主，传统的道德基础被打破了，中国也在寻找新的人伦秩序，这个过程一波三折，远比想象的复杂，时至今日复兴儒学又成为一种呼声。

中世纪的知识分子多是修士，那个时代教会几乎完全垄断了学术。这一方面是因为基督教世界所拥有的权威，另一方面也因为只有在修道院里，学者们才能安下心来研究学问。教会垄断学术的一个重要表征，也是基督教对文化和教育的重要贡献，是建立大学开创了高等教育。12～13世纪，大学在多个国家出现，牛津、剑桥即在其列。这些大学设立的神学、哲学、法律、医学等学院，许多是由修道士创建的，他们创建一所学院就像捐资修建一所修道院，在人们眼中被视为宗教行为。托马斯·阿奎那当时就是教授，他的《神学大全》是为初学者写的教科书。[①]儒家也创办学校，孔子之为"万世师表"当之无愧。中国的私塾不同于中世纪的大学，但形式的差异不是主要的，中世纪的大学虽有神学院，也有哲学、法律和自然科学的设置，中国的私塾没有学科分类，四书五经是唯一的教科书，科举考试以其为不二之选。因此中国有精致的价值理性，没有哪怕粗陋一点的科学理性，这一点才是主要的。做官是不需要科学理性的，中国人读书多是为了做官。

5.自然经济与商品经济

中国是自然经济，西方是商品经济。中国的自然经济从周公时代一直到20世纪上半叶历时三千年；西方的商品经济严格说来起于近代，伴随工业革命而全面兴起，但它的源头可追溯到古希腊罗马时期。公元前一百年的"地中海世界"，沿岸国家的海上贸易极为频繁，广泛的交往已习以为常，按一些史家的说法，各地间差异的重要性不仅很小而且还在越来越小。到12世纪

---

① 熊彼特：《经济分析史》第一卷，朱泱等译，商务印书馆1991年版，第120～123页。

后期和整个 13 世纪，支配着地中海贸易从而享有最大市场的南欧，特别是意大利诸城市，为了应对不断扩大的农业和非农业的商品交换、获得潜在的商业利润，着手进行多方面的试验。法国设立了六个集市，它们轮流开市，成为西欧商业中心和南北聚会的常设场所，对欧洲南北的商业起了突出的作用。定期集市衰落后，渐渐由位于城市中心地的永久性市场所取代，这一过程较早发生在意大利。14 和 15 世纪，由于饥荒、瘟疫、战争在欧洲各地连绵不绝，导致人口大量减少，但北欧和南欧之间的贸易几乎跟 13 世纪一样，市场仍然是中世纪后期调节经济活动的重要手段。如果说有什么变化，那就是制造业产品这时可以换得的农产品要多于 13 世纪的数量。"工业区一直出口制造业产品。如佛兰德和低地国家一直出口高质量的织品以换回粮食。谷物由德国和法国进口，羊毛由英国和西班牙进口，鱼则来自北方。在整个北欧，织品、羊毛、酒、粮食、木材、铁和铜的贸易一直在地区间进行。"16 世纪，北欧的国际贸易繁荣，其他欧洲国家的贸易量也都在增长，数量不断增多的欧洲船只不仅沿着传统的水道驶往地中海，更冒险横越大洋，到陌生的亚洲和新大陆去进行贸易。商业中心仍集中在意大利北部，威尼斯、佛罗伦萨、米兰、热那亚等城邦以及与它们相邻的一些较小的城市都专门从事制造业和贸易，为欧洲各地提供谷物、食盐、腌制品、油脂、酒和乳酪等各类商品以及来自东方的贵重物品。随着对明矾、珊瑚、铁和铜的需要的增加，这方面的贸易日益重要起来。"不过，在历史上最有生气的地中海贸易并不是当地的贸易，而是以印度、锡兰和印度尼西亚为起点，横越大陆后再由地中海扩散到欧洲各地的商业贸易。"欧洲人的"天下"扩大了，历史从此成为世界历史。16 世纪以后，资产阶级的崛起把市场经济一步一步推向全球，逐渐开创出一个经济全球化的时代。①

无论从马克思的观点还是从历史的角度看，商品经济的影响都是基础性的。首先，它产生了一系列相应的经济制度。13 世纪为了进行海上贸易，商

---

① 诺思、托马斯：《西方世界的兴起》，厉以平、蔡磊译，华夏出版社 1999 年版，第 70～72、96、140 页。

人们发明了委托制和合伙制，复兴了罗马时期就已存在的银行存款业务，进而又发明了募集和偿付贷款的机制，以及各种汇票和为长距离交易负担费用的直接贷款的规定，新的所有权形式产生出来，保险业初露端倪。16～18世纪，伴随着贸易的发展，提出了在更大范围内保护和实施所有权的要求，政府与民间作出许多制度性安排，以保护产品和资源拥有者的所有权以及资产转移权的实施；除了经常性市场，最初的资本市场出现于地区集市上；一套积极鼓励生产要素流动和商业创新、遏制垄断、促进自由贸易和金融业提升的规则发展出来，"还缺少的唯一的鼓励经济增长的所有权是一种有效保护知识的制度。"①这些经济制度为资本主义的诞生积累了条件。其次，它促进了法律的发展和完善。商法产生的直接动因是贸易协议的实施，大多数商法发端于商人的习俗，随着贸易的繁荣，这些习俗被逐渐编撰成文，成为清晰的成文法。意大利诸城市处于商业前列，②意大利的法律也居领先地位。"商法的一个重要组成部分是发展了一些关于债务和实施契约的行为规则。这些规则或者由互惠协定认可，或者在市场地区由封建教会法庭以外的商事法庭确认。随着商业的推广，基本的商业习俗也传播开来。于是，比萨的海商法成了巴塞罗那海商法的范式，后者在13世纪初又以编集成典的奥列诺宪章再现，最后成为在尼德兰和英国发展的商法的范式。"③实际上，罗马法乃至远古时期苏美尔地区一度出现的立法高潮，也都是源于经济活动的需要。罗

---

① 诺思、托马斯：《西方世界的兴起》，厉以平、蔡磊译，华夏出版社1999年版，第70～71、121、124、174、166～167页。

② 布克哈特描述15世纪末的威尼斯说，威尼斯是世界的珍宝箱，那里进行着全世界的商业交易。在广场四周和附近的街道的门廊里边坐着数以百计的兑换商和金匠，而在他们头上则是一排排一眼望不到头的店铺和批发栈。货栈里边有他们的货物和住处，货栈前面有他们的船舶并排地停泊在运河内，在蜂拥着搬运夫的河岸上是商人们的圆顶房屋；而从利亚尔图到圣马可广场则有很多客栈和香料店。威尼斯公用事业机关之多，没有其他地方可以比拟，其中属于公共福利机关的医院有两座。美第奇家族从1434年到1471年，大约为佛罗伦萨的慈善事业、公共建筑和捐税所付出的款项不下66万3千7百55个金币。（布克哈特：《意大利文艺复兴时期的文化》，何新译，商务印书馆1979年版，第61、77页）

③ 诺思、托马斯：《西方世界的兴起》，厉以平、蔡磊译，华夏出版社1999年版，第73～74页。

马法之被后世赞誉，很重要的一个原因是当商品生产和交换日益发展迫切需要法律规范时，它的私法体系恰好成为人们可以借鉴的形式。第三，它推进了政治制度的变革。诺思在考察西方世界的兴起时发现，伴随经济条件的变化，封建时期的庄园契约被加以调整；税收制度对国王的权力给予限制，而对臣民的权利实施了保护；民族国家诞生，"众多的封建男爵、地方公国和小王国——这些都是中古盛世的标志——被合并为英国、法国、西班牙和尼德兰。……这一过程可能是货币经济发展和贸易扩张不可避免的结果。"①他还转述了勃艮第人的制度："公爵创建了一套相当于联邦的中央制度。政务会由各省代表组成，渐渐对地主机构以外的一切事务施行权威。其司法部分于一四七三年成为马利涅斯议会，最高上诉法院。一四七一年依照康佩基尼法令建立了一支常备军。最重要的是美男子菲利普召集的三级会议，它由地方三个等级的代表组成。税金要经地方会议同意才能征收，这样三级会议事实上是地方会议的代表大会。新的联邦君主制仍为有限的，虽则其公爵具有专制主义的趋势是那个世纪的一个共同特征。简言之，由于单个企业享有自由，内部的安宁和公正得到维持，资金可以在幅员广大的全国范围内得到供给，尼德兰正在经历从中世纪后期到近代的缓慢曲折的演进。"②萨拜因把政治思想和实践方面的变化看作欧洲社会基础结构变化的反映，认为多年来不断展开的经济变革累积到 15 世纪末，导致了对中世纪各种制度的革命性重构。他提到了交通和贸易。在交通不便时，贸易只限于地方区域，其组织单位就是城市。逐渐发展起来的商人阶级在打破这种限制方面起了革命性作用：他们控制了市场，也就能够在越来越大的程度上控制生产，而行会和城市对他们无能为力，因而需要新的政治组织和控制方式。③西方思想史上许多

---

① 诺思、托马斯：《西方世界的兴起》，厉以平、蔡磊译，华夏出版社1999年版，第102页。

② 诺思、托马斯：《西方世界的兴起》，厉以平、蔡磊译，华夏出版社1999年版，第108～109页。

③ 萨拜因：《政治学说史》（第四版）下卷，邓正来译，世纪出版集团上海人民出版社2010年版，第4页。

思想家对"经济—国家"关系做过阐释，诺思认为，"在详细描述长期变迁的各种现存理论中，马克思的分析框架是最有说服力的，这恰恰是因为它包括了新古典分析框架所遗漏的所有因素：制度、产权、国家和意识形态。马克思强调在有效率的经济组织中产权的重要作用，以及在现有的产权制度与新技术的生产潜力之间产生的不适应性。这是一个根本性的贡献。"[①]

第四，它使个人获得立足的根基。摆脱对他人的依赖关系，享有自由、尊严和不可剥夺的权利，成为独立的个人，是人学史上具有重要意义的一页。这一页能够翻开，得益于商品经济的发展。洛克把自由和财产列为人的天赋权利或自然权利，并把自由这种权利主要同财产权联系在一起，其对自然法的论述也与其关于财产起源的理论结合在一起，他认为"私有财产权利乃是因为人通过劳动而把所谓的个人人格扩展至他所生产的物品而产生的。"宣称"人对于其身体劳动'嵌入'的东西具有一种自然的权利"，"也就是说，他把它们视作是个人生而具有的属性，因而也就是对社会和政府的不可取消的权利主张。"[②]可以说，没有商品生产和交换赋予个人的主体地位，个人永远无法获得独立，就像没有适宜的土壤永远不能生根开花结果。而独立的个人（他不能脱离社会）与社会的关系的重构，引发了政治、法律制度的一系列变革和伦理关系的调整，最终导致现代社会与传统社会的划界。

中国特殊的地理环境决定了其交往的有限性，人为的限制又堵死了原本可以打开的国门。她长期封闭，自成一体，以农业立国，有商品经济的萌芽，没有商品经济，自然经济一统天下。商人虽然有钱，社会地位却最低，排名士、农、工之后。重农抑商是历代王朝的基本国策，这是中国商品经济不能发展的决定性因素。而这一因素长期存在保持不变，和中国传统文化关联紧密。《庄子》有言："吾闻之吾师，有机械者必有机事，有机事者必有机

[①]　诺思：《经济史中的结构与变迁》，陈郁等译，上海三联书店、上海人民出版社1994年版，第68页。

[②]　萨拜因：《政治学说史》（第四版）下卷，邓正来译，世纪出版集团上海人民出版社2010年版，第213、214页。

心。机心存于胸中，则纯白不备，纯白不备，则神生不定，道之所不载也。吾非不知，羞而不为也。"①工具的改进对生产效率的提高大有帮助，老者知道这个道理，却宁愿挖一道斜坡通到井下汲水，也不愿用省时省力的机械，原因在于他认为机械产生的机心会让人纯白不备，神生不定，离"道"而去，故羞而不为。向老者介绍机械的子贡闻听此言，"瞒然慙，俯而不对。"这是具有象征意义的症候，表明在中国传统文化中占主导地位的儒家并不反对《庄子》所言，故可视为古代中国普遍文化心态的缩影。

有机械者确有机事机心，机事之心必然引起变化也当属无疑，但这变化是否导致纯白不备，神生不定，离"道"而去，不同文化背景下的人注定会有不同看法。这取决于对"道"的理解。道家主张无为而治，自然而然，不出头争先，清心寡欲，所以，机械不重要，生产率的提高不重要，重要的是"道"。天不变道亦不变，不变比变更容易持守，人由是被导向"消极"的生活。西方人自古希腊起就正视变化，商人活动的特征就是花样翻新，他要寻找一切成功的机会，成功可以给他带来心情愉悦和成就感，他为此感到自豪荣耀，他追求人世间"积极"的生活。

无论"消极"的生活还是"积极"的生活，在个体层面上都可以成为人们的选择，但对社会生产和发展来说结果大为不同。从事历史和跨文化研究的麦克莱兰发现，第一，强烈的成就需求，即获得成就的需求对参与企业活动来说是至关重要的；第二，一个社会中的高度成就需求与迅速的经济发展显著相关；第三，在不同伦理、宗教和少数民族群体中，成就需求表现出明显的差异，新教徒的孩子比天主教徒的孩子具有更为强烈的成就需要，而犹太人的孩子比新教徒的孩子有更为强烈的成就需要。他得出的结论是，强调个人主义的宗教，例如新教，倾向于与高度的成就需求相关，而强调权威主义的宗教，例如传统的天主教，往往只具有较低的成就

---

① 《庄子·天地》，陈鼓应注释：《庄子今注今译》（中），中华书局1983年版，第318页。

需求。①倘若不追求经济发展，可以不考虑成就需求，为了保证沿"道"前行，可以抑制人们的成就需要。倘若追求经济发展，就必须考虑人们的成就需求，为了保证沿"道"前行，势必要激发成就需求并为它提供保护。这是两条生存路线，中西经济社会发展的差异即由此出，中西政治法律制度和伦理取向的差别也由此出。

中国的问题在于，以去机事从而去机心的方式保持共同体成员的质朴，进而保持继承原初社会的风尚，实际上是停下文明的脚步。在存在生存竞争的世界民族之林，这条路注定行不通。西方的问题在于，不断地改变既有的存在，每前进一步都有风险，都有失败的可能，都是不确定的，如果付出了代价，有时是巨大的代价，人们的幸福感并没有随之提高，加快发展速度有什么意义？这样的发展又有什么意义？文明的进步带来文明的问题，人类社会总是在解决问题的过程中产生问题，这使得解决问题的行为存在风险和不确定性。尽管如此，按马克思哲学，还是应当选择变革创新之路，中国1978年以后走的就是这样一条路，人类文明的提升走的也是这样一条路。

中西比较，见仁见智。"是什么"是一个事实，能够从中得到何种见识"存乎一心"。有一点大家都认可：18世纪，中国以天下之中心自得，选择自我封闭、与世隔绝，裹足不前，而此时的欧洲国家正在加快前进步伐，这种脚步自西罗马帝国灭亡之后就已开始从此没有停下过，其结果是欧洲国家步入现代化而中国陷入深重的灾难之中，这个结果和中国历史文化相关。制度安排是中西社会发展差异的原因，影响制度变迁的历史因素是制度差异的原因，今天，当我们以制度创新促进社会发展时，这些历史因素不能不借鉴省思。

---

① 雷恩：《管理思想史》（第五版），孙健敏等译，中国人民大学出版社2009年版，第34页。

第三章　政治：应然之诉与实然镜像

在所有制度中，政治制度具有首要地位。政治制度的首要地位基于政治在人类发展史中的作用，这个作用如此显明，以至于翻开古今中西历史的卷宗，政治无不在其中构成叙事主线。历史叙事的主线即是历史活动的主线，历史不过是人的活动。或许正是由于看到政治的地位和作用，亚里士多德说，政治科学"它的目的自身就包含着其他科学的目的。所以，人自身的善也就是政治科学的目的。……以最高善为对象的科学就是政治学。"①

一、政治伦理

政治科学以善为对象让人自然地联想到政治伦理。政治伦理最容易诱致人们把以最高的善为对象的政治行为同道德联系起来，视其理所当然，对其充满期待，以至简单化了二者的关系，误读了它们之间的实践差异。

政治伦理包含多方面的内容，本节探讨它的基本含义，由此引出其后关于政治制度与伦理关系的分析。

国内学者对政治伦理有不同理解和阐释。有相当代表性的一种观点是将政治伦理界定为调整人们政治行为、政治关系的道德规范和准则。在关于这一界定的阐释中，一些学者将政治结构、政治制度、政治理想也纳入

---

① 亚里士多德：《尼各马科伦理学》，苗力田译，中国社会科学出版社1990年版，第2页。

到政治伦理调节范围中，认为所谓政治伦理，就是社会政治共同体（主要是指国家，包括诸社会政治共同体之间）的政治生活，包括其基本政治结构、政治制度、政治关系、政治行为和政治理想的基本伦理规范及道德意义。伦理作为行为规范，适用于一切人的活动的领域，在这个意义上，说政治伦理是调整人们政治行为、政治关系的道德规范和准则，虽然有道德定义套用之嫌，显得有些宽泛，却也说得过去。问题在于，将这个规范和准则阐释为处理政治关系、解决政治问题、开展政治活动"应当"遵循的普遍法则，同时又赋予它价值优先性和引领政治行为、政治关系、社会整合建构的地位和功能，这就不是从伦理学角度切入政治领域，对政治行为、政治关系（包括从政者的个人行为及其彼此之间的关系）中涉及的道德问题加以研究，而是将应用于政治领域中道德问题研究的伦理规范和准则当成指导政治行为、政治关系的一般规范和准则。如是，政治伦理就不再是政治学的一个分支或方面，政治学反而成为伦理学的一个分支或方面。伦理学与政治学的关系成为一般和个别的关系，伦理学是一般，政治学是个别，政治规则是伦理一般原则在政治领域中的应用。这里的理论预设，是赋予伦理以最高地位，视其为一切活动包括政治活动的终极目的。唯有如此，才可以将基本政治结构、政治制度、政治关系、政治行为置于伦理调节的范围，才可以视政治伦理为政治行为"应当遵循的普遍法则"，才可以用伦理评价政治的正当性、价值性、合理性。

如是界说政治伦理是一种应然之论，没有跳出中国政治的传统架构，与二千年以降儒家思想的理路完全一致，却远不如儒家思想来的自觉和深刻，我们称它为"泛道德主义"。

韦政通在《泛道德主义影响下的传统文化》一文中说："所谓'泛道德主义'，就是将道德意识越位扩张，侵犯到其它文化领域（如文学、政治、经济），去做它们的主人，而强迫其它文化领域的本性，降于次要又次要的地位；最终极的目的是要把各种文化的表现，统变为服役于道德，和表达道德的工具。中国过去因为道德意识太强，它弥漫在传统文化的各方面，也笼罩了其它的文化领域，使各方面的思想，始终处于道德奴婢的地位，缺乏健全的发展。结果，不但使各领域的文化遭受了恶劣的影响；即是道德的本身，亦因越位的关系，一面企图以道德垄断一切，竭力作虚妄的扩伸；另一面事实上只能封闭在，甚至可以说僵化在个体上，而没有一条落实的途径，使个体的道德精神通向客观的广大面去。"①

如果不同意把"泛道德主义"这顶帽子扣在儒家身上，就需要指出儒家思想及其拥趸没有扩张、越位和视道德为最终目的，就需要指出儒家思想的逻辑本性并不要求其他文化样态——政治、法律、经济、文学——服从于道德。

李明辉不同意把儒家思想视为"泛道德主义"，在《论所谓"儒家的泛道德主义"》一文中针对韦政通的观点予以辩驳："在传统儒家的政治思想中，是否也包含一种'强义的泛道德主义'？换言之，我们要问：传统儒家是否直接将道德原则当作政治原则，而不承认政治本身有其原则？"②他的回答是："我们只要能证明：孔子并未将道德原则'直接'当作政治原则，便可使其政治思想免于'强义的泛道德主义'之指摘。"他的证明如下："儒家的'德治'思想承认政治需要以道德为基础，这表现在两方面：一方面如上文所述，儒家强调为政者的品格是良好政治的基本条件之一；另一方面，儒家认为政治有其理想性，即在于满足人性之共同要求，故重视教化。换言之，儒家要求政治之道德化。表面看来，这似乎坐实了'泛道德主义'的指摘；其实不然。因为在传统儒家思想中，政治之道德化有两方面的限制：消极方面有'先富后教'的原则，积极方面则有'为政以德'的原则。前者系针对人民，后者则是针对统治者。儒家的'德治'系相对于'刑治'而提出的，道德的要求主要并非针对人民，而是针对统治者，故有'为政以德'的原则。统治者在道德上只能自我要求，而不能责求人民作圣人。道德的教化主要是以建立一个适于每个人发展其道德人格的社会为目标；而为了达到这项目标，统治者必须先满足人民基本的生活需求。此即'先富后教'

---

① 韦政通：《儒家与现代化》，台北水牛出版社1989年版，第85～86页。
② 李明辉：《儒学与现代意识》，台湾大学出版社2016年11月增订一版，第99页。

的原则。这显然不是道德原则之直接应用，因为道德原则要求无条件的服从，不能以生活需求之满足为前提。这无异于承认：政治原则并非道德原则之直接延伸，而是政治有其自己的原则。根据这套'德治'思想，我们也不难正确地理解韦先生所举的另外两项'政治神话'——'以虚构的理想化君王为蓝本'和'以君德笼罩天下'。因为这两点均包含在'为政以德'的原则中。总之，我们实在看不出有什么理由认定：传统儒家的政治思想中有一种'强义的泛道德主义'。"①

这个证明不能令人信服。"德治"和"先富后教"暂且不论，韦政通所谓"泛道德主义"，要点是道德与政治等何者第一位，何者第二位，或曰道德是否统辖政治，政治是否服从道德的训诫。李明辉将问题变为"传统儒家是否直接将道德原则当作政治原则，而不承认政治本身有其原则"，他只回答了儒家没有用道德原则取代政治原则，没有对韦政通所论之要点作出回应，实际上等于绕开了问题，而他关于儒家承认政治需要以道德为基础和儒家要求政治之道德化的说法，恰恰是韦政通所以认为儒家是"泛道德主义"的基本依据。

除了对传统政治伦理的辨析，学者们对政治伦理还有一些基于现代的认知和阐释。这些认知和阐释把政治为什么存在，宪法、政体的伦理特征，政治争论的伦理内涵，政治伦理自身具有的问题域，它的发生发展的逻辑和内在规律，政治家的道德品格等内容纳入政治伦理研究的范围；视自由、平等、公正、正义、民主、廉洁、务实、勤政、高效、任贤等为反映政治道德关系必然要求并为政治伦理基本原则和规范服务的基本范畴。认为政治伦理是人们按照政治生活的习性所确立的基本秩序，是处理政治关系、解决政治问题、开展政治活动应当遵循的普遍法则；政治伦理学作为伦理学之一种，在考察、观照、洞析政治一般规律的同时，必须寻求政治的社会本质和价值属性，探究政治的价值原则和政治的根本目的，回答诸如为

---

① 李明辉：《儒学与现代意识》，台湾大学出版社 2016 年 11 月增订一版，第 100～101 页。

什么社会要有政治、什么样的政治才是理想的政治、应当如何施政等一系列政治的"应然"原则问题。进而联系当下，说某种理念是社会道德的核心，是社会政治伦理的基本原则；某个问题（如社会财富的公正分配）是政治伦理学的核心内容，等等。也有学者认为，伦理学在政治学中的应用和伦理学在政治中的作用，并不完全等同于政治伦理。它们仅仅是政治伦理的一个组成部分。

上述观点有些可以肯定，如政治伦理有自身发生发展的逻辑，有自己独特的问题域，把政治家的道德品格作为政治伦理研究的对象；有些则宽泛失当，边界模糊。如果政治伦理是人们按照政治生活的习性确立的基本秩序，政治的存在及本质、政治的根本目的、政治的理想型、如何施政等是政治伦理研究的对象，政治学研究什么？如果自由、平等、公平、正义、民主是政治伦理的基本范畴，政治哲学的概念工具是什么？如果财富的公正分配成为政治伦理的核心内容，把通过税收实行二次分配也作为政治伦理探讨的对象，政治哲学又研究什么？有学者回答说，政治伦理学和政治学的区别是"应然"和"实然"的区别，政治学研究政治现象，注重的是政治的事实原则和操作程序，用科学的方法对各种政治关系和规则作出定量分析和精确说明；政治伦理学则超越"实然"走向"应然"，它不仅关注现象、事实、程序等人们的现实行为及后果，更关注它们背后的价值蕴含及其理论依据。这个理由看上去不错，比简单地将伦理与政治混为一谈好很多，但政治学家却未必接受，他们会问，难道柏拉图的《理想国》、亚里士多德的《政治学》不是政治学经典著作吗？政治哲学家也不会同意把"应然"当作政治伦理学的专利，在他们看来，如果政治伦理学所谓"应然"就是政治中的人文价值取向，那么它恰恰是政治哲学研究的对象，且政治哲学更适合阐释人文价值。

政治做什么？政治制度和伦理同政治所做之事是何关系？哪种规范因素在其中起主导作用？伦理是不是调整人们政治行为、处理政治关系、解决政治问题、开展政治活动"应当"遵循的普遍法则？它是不是具有价值优先性和引领政治行为、政治关系以及社会整合建构的功能？我们不妨从实践中寻求答案，看看政治生活实际发生的是什么。政治实践不比政治伦理的"应然之论"好看，却比政治伦理的"应然之论"精彩丰富。

二、"三个人"的关系

孙中山视政治为管理众人之事。[①]列宁说"政治就是参与国家事务，给国家定方向，确定国家活动的形式、任务和内容。"[②]"国家事务"不是就少数人而言的，"给国家定方向"可以理解为目标和决策，"确定国家活动的形式、任务和内容"，如果不是全部，主要可以理解为"管理众人之事"，以及其所采用的方式。按这一说法，从善的角度看政治，其所谓的"善"应当是治理之善、管理之善，是在管理国家事务，确定国家方向和国家活动的形式、内容、任务时，作出有利于众人的事。

政治是"一群在观点或利益方面本来很不一致的人们作出集体决策的过程"，"是在共同体中并为共同体的利益而作出决策和将其付诸实施的活动。""这些决策一般被认为对这个群体具有约束力，并作为公共政策加以实施"。[③]《布莱克维尔政治学百科全书》的这个定义凸显了政治的旨趣，可以视其为对"管理众人之事"进一步的说明。所谓"管理众人之事"，如果不是全部，也主要是处理具有不同观点和利益的人们之间的关系。关系问题是政治的核心问题，它围绕着人们的利益展开，所谓处理具有不同观点和利益的人们之间的关系，所谓作出集体决策，就是确定利益在不同人们之间的分配。利益，尤其个人利益与社会利益的关系，始终是道德问题生发的土壤和道德所要解决问题的核心，就此而言，政治的对象和道德的对象是同一的。近代以后利益问题更为突出，如何处理好利益关系将分散的追求自身利益的个体联合成为协调一致的社会共同体，既是近现代政治学的主题也是近现代伦理

---

①《孙中山选集》下册，人民出版社1980年版，第661页。
②《列宁文稿》第2卷，人民出版社1978年版，第407页。
③《布莱克维尔政治学百科全书》，中国政法大学出版社1992年版，第584、583页。

学的主题。不过当在实践中展开这一主题时，政治和伦理便不同了。

政治面对处理的事务及关系范围极广，举凡对社会秩序、国计民生有重大影响的事务皆在其"管理"之列，最典型者如经济、国防、教育、思想意识，道德亦在其中。作为处理这些事物及关系的前提，政治首先要解决由谁统治以及如何统治的问题，即谁掌握国家政权，以什么方式进行统治。该问题既直接规约社会秩序、国计民生状况，本身也属于管理众人之事范畴，其中涉及的具有不同利益和观点的人们的关系，可化约为"三个人"的关系，即一个人、少数人、多数人的关系，分别代表君主、贵族或统治阶层、平民大众或百姓。"三个人"不是彼此分离的孤立主体，"三个人"的关系也不是共同体中简单的相互依存关系，而是统治和被统治的关系，核心是权力归谁所有。"三个人"的关系不同，构建确定关系的方式方法不同，施政举措和规定不同，最终决定的权属不同，统治模式也就不同。所有这些均表征在政治制度中，谁统治以及如何统治的问题是政治制度问题。①

政治制度规定了一个人、少数人和多数人的政治关系以及他们共同活动的模式。一个人掌控国家权力的模式是君主制，少数人掌控国家权力的模式是"贵族制"②，多数人拥有或掌控国家权力的模式是民主制。每种制度模式都包含"三个人"的关系，就实施统治而言，三种模式都至少需要"两个人"的合作。君主制离不开贵族支持，"贵族制"通常由贵族和君主共治，多数人统治的民主制也有自己的"执政官"（总统、首相、总理）或执政团队，如此等等。

历史上，政治制度的演变呈现两条路线。一条是氏族会议——部落（联盟）酋长会议——君主（专）制——政党集权制——民主制；一条是氏族会

---

① "三个人"的关系是一种简约的表述，便于我们审视政治制度的基本脉络，让我们看到政治权力由共同体全体成员逐渐向少数人转移直至集中于君主一人之手，又从君主手中向封建贵族分权，最终又回到主权在民的过程。

② 贵族制加引号，是把它当作一个符号使用。并非少数人的统治形式就是贵族制，希腊城邦时贵族制是少数人统治的形式，在欧洲历史上，少数人的统治其后还有多种形式，封建制、代议制、共和制等都是少数人统治或带有少数人统治性质的形式。

议——部落（联盟）酋长会议——希腊城邦、罗马共和国——封建制、共和制——代议制、民主制。两条轨迹的史前史路径相同，都是氏族会议、部落（联盟）酋长会议，迄今为止的趋向相同，都是民主制，中间阶段存在交叉性抑或差异。世界上多数国家——中国、印度、伊朗、埃及等西亚北非国家——政治制度的演变走的是第一条路线。这些个文明的发源地曾经创造过辉煌的历史和文化，从近代开始逐渐衰落，沦为殖民地、半殖民地，20世纪中叶后纷纷独立，成为发展中国家的主体。欧洲国家——包括与它同源的美国、加拿大，横跨欧亚的俄罗斯除外——政治制度的演变走的是第二条路线，它们有过古希腊罗马灿烂文化的荣耀，也有过中世纪的宗教"偏好"，从近代开始强势崛起，一度统治整个世界，20世纪中叶以后，霸主地位虽然被极大削弱，却仍保持了话语主导权，成为发达国家的主体。史前史结束后，"三个人"的关系贯穿在政治制度演变的历程中，既是世界上大多数国家政治制度的主题，也是欧洲国家政治制度的主题。

1.君主制

君主制是有史以来世界各文明体最先普遍实施的基本政治制度，也是历经数千年存续时间最久的基本政治制度。在中国，它结束于1911年，在欧洲，大致可以法国大革命推翻君主专制制度为标志，在亚洲、非洲的一些国家，它存续的时间还要更长一些。过去，君主制曾和希腊城邦制、共和制、代议制并存，时至今日，它以各种变异形式隐藏着自己，是为没有君主的君主制。

不同时间空间中的共同体（国家、社会）不约而同形成君主制，表明人类第一种统治模式的产生是自然的。我们论及过它的相关要素的自然性、合理性——共同体、组织、首领、统帅等等，清楚地看到君主由部落首领演变而来。这一点在"国王"一词（King）的词源中也可得到证明：King即Cying，其根源系Cyn，意为一家族或一部落或一种族。[①] 开始时国王运用

---

① 布勒德：《英国宪政史谭》，陈世弟译，中国政法大学出版社2003年版，第7页。

其掌握的权力，既要为国家谋利益，也要为家族谋利益，后来国和家被渐渐统一起来，家是君主的国，国是君主的家。原初社会曾经的平等、民主习俗被破坏。在中国，禅让的美德被夏启所终结，他开启了中国皇权政治，开启了世袭制。当有扈氏不服时，启以道德的名义举兵讨伐："有扈氏威侮五行，怠弃三正，天用剿绝其命，今予惟恭行天之罚。"①按密尔的看法，这种王权政府，是任何社会早期阶段最适合的政府形式，古希腊城邦社会也不例外。②

君主制的自然性其后得到自觉的论证，自觉论证的发生也是自然的。"惟天地万物父母，惟人万物之灵。亶聪明，作元后，元后作民父母。"③这段话的意思很清楚，天地是万物的父母，人是万物之灵，聪明的人作君主，君主是民之父母。字里行间隐含的是，做民之父母是君主的责任，这是"天"的意志，是"天"赋予君主的"命"。

君主意欲和关心的事情构成他行动的方向，君主的行为准则隐含在他的行动方向中，各种制度安排以此为中心展开。这个过程通常是和一定的情势结合在一起的，且需要借用传统和现实、文化和经济、贵族和平民的各种资源。聪明的君主善于因势利导借用各种资源，愚蠢的君主则表现相反。按唯物史观，这些资源可视为君主统治的社会历史条件，君主不可能摆脱这些条件，但君主们的随意性始终是历史中的不确定因素，有时他甚至会跳到历史框架之外不顾历史条件的限制表现自己的特立独行和无法无天，以至于其导致的后果要经过很长一段时间后才能矫正，重归历史本然之道。

君主关心统治的稳定性和持续性。围绕这个中心，依君主看重或关心的程度派生出以下四方面的问题。一是君主的王座，二是中央和地方的关

---

① 《尚书·甘誓第二》，李学勤主编：《十三经注疏·尚书正义》（标点本），北京大学出版社1999年版，第173页。

② 密尔：《代议制政府》，汪瑄译，商务印书馆1984年版，第62页。

③ 《尚书·泰誓上第一》，李学勤主编：《十三经注疏·尚书正义》（标点本），北京大学出版社1999年版，第270～271页。

系，三是对外扩张和抵御外敌，四是社会民生。任何一个君主都关心其统治的稳定性和持续性，都要面对中央和地方、外部关系和内部民生问题，但它们的轻重缓急在君主心目中有所不同。把王座放在首位，据为己有，不容他人染指，是君主制与其他政体相比最突出的特征，所有君主都是如此，无一例外。君主制因此着意于一家一姓之王权的世代相传，"三个人"的关系、中央和地方的关系、民生问题的处理和解决，都须以王座稳定持久为准则。作出的制度安排择要而言有王位终身制、皇权世袭制、君主专制、中央集权制。其中，君主专制、中央集权制服务于王位终身制和皇权世袭制，是维护王位终身制和皇权世袭制的安排。这个制度安排如此重要，既是维护王位终身制和皇权世袭制的基本手段，也是君主制的基本原则。

君主专制和中央集权制本质相同，涉及的都是"一个人"和"少数人"的关系，但侧重点有所不同。

君主专制侧重"宫廷"，是中央政府内部关系的准则，其特征是"既无法律，又无规章，由单独一个人按照一己的意志与反复无常的心情领导一切"。①皇帝是最高立法者、司法者，也是最高行政长官，皇权没有约束，不受监督，他对臣下有"审督责"的绝对权力，臣下则无约束和监督帝王的权力。以中国"宫廷"的相权为例，汉代由宰相一人掌握全国行政大权，如遇大事，则召开有皇帝、宰相和其他廷臣参加的会议，共同商讨决定。唐代则把相权分割于中书省、门下省、尚书省三个部门。宋朝因循承袭于唐，在政治制度上被认为是最没有建树的一朝，但在一点上却与唐不同，那就是相权较唐代低落许多。相权低落意味着君权提升，从一例可见一斑：唐代群臣朝见议事，宰相有座位并赐茶，古谓"三公坐而论道"，而到宋代，宰相上朝同他人一样站着不坐。故有学者说"宋朝，是我国古代第一个皇权高度集中的王朝。此前总是强势皇帝手中权力便很强，弱势皇帝手中权力便相对较弱。自宋以后，几乎不再有弱势皇帝的存在。皇帝权力，达到

---

① 孟德斯鸠：《论法的精神》上册，张雁深译，商务印书馆1961年版，第8页。

了绝对的高度。"① 及至明代，相权已不是大小问题，而是根本不存在了。正史记载，洪武十三年因宰相胡惟庸造反，明太祖朱元璋从此废止宰相，不再设立，并且告诫子孙以后也永远不准再立宰相。所以明代政治制度中没有宰相制，清代也没有。这是中国传统政治的一大改变。

中央集权制是就国家政权的结构形式而言的，涉及的是国家整体与部分、中央与地方之间的相互关系，体现统治阶级进行统治的手段和管理的方法，即所有权力全部集中于中央政府。② 地方政府在政治、经济、军事上没有独立性可言，必须严格服从中央政府的政令，此乃中央集权制最根本的特点。仍以中国为例，唐代中央集权倾向强化，办法是作出一项制度安排——向地方派遣观察使。观察使名义上为中央派往各地巡视的官员，实际上则常驻地方，他掌握地方行政大权，把府县地方官压在下面，成为地方更高一级之长官。如是一来，则地方行政体制本来只有二级，现在变成三级。此一改变对地方行政的流弊，在节度使身上得到充分体现。节度使是受中央指派巡视边疆，在边防重地停驻下来的监察使。节是当时一种全权印信，受有此全权印信者，便可全权调度，故称节度使。节度使在其管辖范围，可以指挥军事，管理财政，该地区用人大权亦在节度使手中，由是形成"藩镇"。因防御外侵，唐代边疆节度使逐渐擢用武人，于是形成一种军人割据。唐代这一制度安排在实践中导致了不曾料想的后果：本意在中央集权，由中央派大吏到外面去，剥夺地方官职权以强化控制；结果却尾大不掉，中央派去的全权大吏在剥夺地方职权之后，回头来反抗中央。安史之乱，即由此生。安史之乱后，此种割据局面更形强大，牢固不拔，终至把唐朝推倒了。清代的情形与唐相仿。清代地方最高长官本为布政使，中央派出的总督、巡抚，就名义论，应该如钦差大臣般临时掌管军事的。但结果却是常驻地方、权力压在布政使上面，致使中央集权，地方无权。

---

① 王力主编：《中国古代文化常识图典》，中国言实出版社2002年版，第112页。
② 白纲：《中国政治制度通史》第一卷，人民出版社1996年版，第40页。

而到后来巡抚总督不受中央节制时，中央也便解体了。[①]

宋朝汲取唐朝教训，杯酒释兵权后以"事为之防，曲为之制"为宗旨设计各种制度安排，集中央之权，削大臣、武将、地方、内宫、外戚之权，设中书门下和枢密院二府分掌文武权柄。在中书门下又设参政知事作为副宰相，既是宰相辅佐，又牵制宰相权力；以枢密、三衙和帅臣分掌军政、军令、军兵，形成权力制衡。"中书枢密曰二府，国朝之制也。"[②]由这套制度安排，"赵宋以后，中国历史上再也没有通过兵变或所谓'禅让'等方式篡夺中央政权成功者；也没有严重的地方割据局面发生。"[③]但新问题又产生出来。宋朝虽然拥有雄厚人力、财力，造出世界上第一批火箭、火枪、火炮，发行了世界上第一张纸币，[④]可谓当时世界上经济、文化最发达的国家，却无力抵御外敌侵略，在金朝的攻击下迅速败落。何故？重文轻武、强干弱枝、国富兵不强是重要原因。"祖宗革去前弊，削弱藩镇，州郡之权一切委以文史。非沿边诸路，虽藩府亦屯兵不多，无敢越法行事。以处太平无事之时可以，一旦夷狄长驱、盗贼蜂起，州郡莫能有抗之者，遂至于手足不足于捍头目。"[⑤]李纲此言，一语中的。他所谓祖宗革去前弊云云，一言以蔽之，即是祖宗之法。祖宗之法的核心是由宋太祖、宋太宗确立的大政方针、典章制度、精神原则。凡事举奉祖宗之法，是赵宋一朝社会统治的鲜明特征。宋太宗继位时说："先皇帝创业垂二十年，事为之防，曲为之制，纪律已定，物有其常。谨当遵承，不敢逾越。咨尔臣僚，宜体朕心。"[⑥]宋真宗继位时说："先朝庶政，尽有成规，务在遵行，不敢失坠。"[⑦]从真宗开始，务行"祖宗故事"成为处理政务

① 钱穆：《中国历代政治得失》，三联书店2001年版，第49～50页。

② 《诚斋集》卷七十三。

③ 邓小南：《祖宗之法》，三联书店2014年版，第81页。

④ 白钢主编：《中国政治制度通史》第六卷，人民出版社1996年版，第2页。

⑤ 《三朝北盟会编》卷一〇九，建炎元年六月二十八日条。

⑥ 《续资治通鉴长编》卷十七。

⑦ 《续资治通鉴长编》卷四一。

的至上原则。敬奉祖先，遵循他们的原则治理国家，将家法推广到社会形成儒家化的国法，也是士大夫心目中理想的统治模式。在这个模式中，皇家的家法（祖宗之法）规定制约国法的取向与施行。元祐八年，时任宰相吕大防在对宋哲宗讲读经典时说："自三代以后，惟本朝百三十年中外无事，盖由祖宗所立家法最善。……陛下不须远法前代，但尽行家法，足以为天下。"[1]宋朝的特点，是将"祖宗之法"规范化、制度化，给予至高地位，从皇亲国戚到大臣都须严格遵循，不许违背。[2]由此形成一套有序的程式规矩，凡事纳入这套机制，便能自然处理。在某些特殊时刻——皇帝去世，太子年幼，皇后有非分之想，大臣一句祖宗家法，就会令其望而却步。这就保证了国家政权体系运行的相对平稳，防止干政、专权、弄权等偏离正常轨道行为的发生。赵宋时代之没有兵变，没有篡夺中央政权者，也没有严重的地方割据，全仰赖这套规矩制度。然而时间总会流逝，社会总会变化，原有的"祖宗之法"已不能满足需要，有必要变行新法、创立新政。变与不变成为宋朝中晚期的政治纠结。王安石针对社会时弊主张变法，司马光对社会现状同样忧心忡忡却反对变法。王与司马之争不在对是否存在弊端有分歧，也不在树立纲纪、整饬风俗的目标方面有分歧，而是革除弊端的路线有分歧。王安石认为"变风俗，立法度，最方今之所急也"[3]；司马光认为"守邦之要道，当世之切务"，是"继体之君谨守祖宗之成法"，谨守祖宗之法即是振纲纪，就能够安内御外。宋之中晚期的政治论争有一特点，无论主张变革的还是反对变革的，都打着"祖宗之法"的旗帜，都用"祖宗之法"证明自己的合理性。彼时各派都讲祖宗之法，

---

① 《续资治通鉴长编》卷四八〇。

② 有一故事可见祖宗之法地位：因用兵失利，宋神宗批示斩一漕臣。第二天问宰相蔡确执行了没有，蔡答正要奏知此事。"上曰：'此事何疑？'确曰：'祖宗以来未有杀士人事，不意自陛下始。'上沉吟久之，曰：'可与刺面，配远恶处。'门下侍郎章惇曰：'如此，即不若杀之。'上曰：'何故？'曰：'士可杀，不可辱。'上声色俱厉曰：'快意事便做不得一件！'惇曰：'如此快意事，不做得也好。'"（《说郛》卷三。）

③ 《王安石传》，《宋史》卷三二七。

理解、解释却各不相同。不仅王安石和司马光的理解解释不同，就是同一派别内的人也不尽相同。"祖宗家法"是什么因之就变得极为重要。由于赵宋的"祖宗家法"并无精确界定也不可能精确界定，便给了诠释者很大的解读空间，他们可以根据君王偏好、现实需要、立场观点、价值取向各取所需。向"右"偏去，祖上一言一行事无巨细都可成为"祖宗家法"；向"左"偏去，变通乃至超越祖宗成规、创立新政也是"祖宗家法"。从发展的观点看，后者比前者可取。同样从发展的观点看，"祖宗之法"既然总有过时之日，何必非要树起这面旗帜给自己戴上一个枷锁！中国思想的通病，无论过去还是现在，都愿将自己遮盖在一面旗帜下，明明自己创造的一套东西，也要在前人圣贤经典那里找到"根据"，舍此不能立足，不能得到他人承认。这与欧洲启蒙运动时期不崇拜任何权威、不迷信任何东西，一切都要在理性的法庭上证明自己存在的权利和理由，着实有极大差异。

有一点不能不提，祖宗之法之一是"守内虚外"，其核心是秉承攘外必先安内的理念，用种种措施或制度安排限制削弱掌兵的武将的权力，以杜绝藩镇割据尾大不掉之弊。这固然可以保障内部安定，但却建立在国家周边平安无事的前提下，一旦这个前提不存或被打破，内部治理再好也难以抵御外部力量的冲击，何况宋朝内部自仁宗时起纲纪已经日削月侵，贪赃纳贿，风俗日益衰坏。这一点告诉我们，制度设计固然以共同体内部事物为主要对象，外部环境亦是不能不考虑的因素，忽视这个因素，哪怕仁风尽吹、海内宴清，也会在"冷空气"南下后一片凋零。

秦汉以降，经唐宋，到明清，政治运行大体经历了一个从中央高度集权到中央地方适度分权，地方权限过大危害朝廷，最后因各种事由还是回到中央集权的过程。凡是有助于永保江山的都得到强化，凡是可能动摇危及皇权统治一姓王朝的必欲除之而后快。这里没有关于平民百姓的制度安排，没有"少数人"的"积极性"问题，有的只是君主专制、中央集权。刘述先引《朱子语类》一段话："黄仁卿问，自秦始皇变法之后，后世人君，皆不能易之，何也？曰：秦之法尽是尊君卑臣之事，所以后世不肯变。"然后说"这真是一语道破问题的基本关键之所在。"①尊君卑臣二千年不变，可见皇帝想要的是绝对权威，他绝不允许触犯他的权威。这样一项基本原则不限于中央，而是从上到下贯穿在整个政治体制的运行中。故秦汉以降，地方行政体制最大的特点是行政、司法、军事和财政合一，各地方的最高行政权力最后都集中在各级行政长官手里；不同机构和官员又都是上级的属官，故都要按上级的意愿做事；上级的意愿又要服从皇帝及中央政府要求，故地方行政机构的运行都要靠祖宗法规和朝廷不断颁布的诏、令、制、敕指导。在这样的政治体制中不可能形成有效的监督制约机制，也不可能有真正意义的监督制约机制。

2.封建制、共和制

封建制、共和制都是"少数人"治理的政体模式，它们彼此之间有差异，在"一个人"和"多数人"的关系方面不同，在"少数人"统治这一点上相同。

（1）封建制

"封建"是一个使用广泛的政治术语，被人们用来指称出现在不同时代不同地区的社会的性质。当马克思把社会划分为依次递进的五种形态后，苏联东欧和中国的学者把封建社会看作人类社会普遍存在的一种社会形态，封建制随之也成为人类社会普遍存在的政治体制。但这样指称和使用是不准确的，从封建制之为一种政治制度的角度看尤其如此。马克思五种社会形态的划分以欧洲（特别是西欧）历史为背景，中国学者如果仅看到自己社会某段历史与西欧封建主义的相似之处——有君主存在并且是国家的最高首领、君主与贵族和百姓间存在自上而下的等级地位和依附关系，看不到君主制与封建制的差别，以及君主与贵族和百姓的关系在君主制和封建制中的不同，指称其为封建制便难免失当。

---

① 刘述先：《从民本到民主》，景海峰编：《儒家思想与现代化》，中国广播电视出版社1992年版，第22页。

封建制是分封制。分封的核心要素是权力、土地和权利，它们和依附关系一起构成封建制的特征。封建制的"少数人"中包含君主，"少数人"的统治是君主和贵族共治。西欧国家君主和贵族共治不同于中国君主制下皇帝依靠大臣和一套官僚机构进行的统治，西欧的贵族是独立的，握有军事、财政资源和自治的权力，中国的大臣们恰恰相反。

欧洲学者在用封建制指称西欧社会时，首先将其与权力分割联系在一起。封建制下的欧洲君主没有绝对权力，他管辖的范围和事务是受限的，只在自己私人领地中才能通过自己任命的代理人进行直接管理，自己私人领地之外的事务，防御、税收、司法、治安等等，由地方官员来治理，而地方官员通常也就是受到分封的贵族，他们拥有广泛和极大的权力，虽从属于国王，却不由国王任免。风能进，雨能进，国王不能进。英国国王无权发动私人战争，英国国王和欧洲其他国王不能随意增加税收，对诸如家族、婚姻等事务，国王也不能介入。这些事务或者由国王和贵族协商决定，或者由教会根据宗教法律进行裁决。简言之，国王对王国的统治不是直接的，而是间接地借助于贵族进行的。"政府的功能被划分为只有中央政府和少数在法律上与之平等的地方政府可以执行的权力"联邦主义成为欧洲封建制的特征。[①]封建政体因此成为分权政体，国家治理是国王与贵族的共同活动。在这个基本政治制度框架中，地方领主管辖的领地也成为一个个小的封建独立王国。国王是大领主，封建贵族是小领主，小领主之下还有领主，直至最底层的社会细胞——骑士和依附于他们的佃农。由此形成同质化的层级结构，在这个同质化的层级结构中，国王和贵族都有一些权力，又都没有完全的、最终的、绝对的权力。无论哪个等级的首领，没有事先的协商，都不能作出重大的决定。这种协商不是与人民进行的，在他们看来，按照神意，他们就是人民的天然代表，因此他们只向他们的主要臣属和附庸征求意见，即范围仅限于封建意义上的宫廷。协商的规矩能否严格执行以及执行到什么程度，取决于君主和贵族之间的力量平衡。但无论怎

---

① 芬纳：《统治史》卷二，王震译，华东师范大学出版社2014年版，第281页。

样，公然违背这种规则从来都是不明智的，因为封建制造成这样一种情势，某一社会等级成员认为自己必须真正遵循的唯一法令，只是那些即使未经他们同意但至少也是他们在场时发布的法令。①所以，虽然不排除个别强势君主有极大的权力，总体看封建政体不是君主专制政体，它的政治结构是蜂窝状的。补充一点，这一点在欧洲封建制成为可能方面发挥了重要作用：参与分权的不仅有贵族，还有教会，"上帝"始终是"凯撒"的约束。

土地是国王和贵族、贵族和农民关系的纽带，土地赠予或土地使用权的转让被一些学者看作封建制的本质特征。这个特征具有非地域性，即受封者不受国别限制，一个国家的成员，哪怕是国王，也可以成为另一个国家国王的封臣。英格兰国王同时拥有阿基坦公爵的封号，因此他既是英格兰国王，又是法兰西国王的封臣。"香槟伯爵从法兰西国王那里获得了部分领地，又从神圣罗马帝国国王那里获得了部分领地，他也因此而成为二者的封臣。如果换成是在当代，更确切地说，是在未来的时代，国家间的边界似乎将会消失，全世界被掌握在几个由诸多小公司组成的跨国公司手中。每一个公民或臣民都隶属于其中的某一家公司。"②农民对贵族的侍服、贵族对国王的侍服，以土地使用权为基础；国王的统治依赖贵族对地方实施管理，也就是依赖作为封地上的统治者的贵族对农民等依附者实施管理，领地因而成为封建国家的缩影；就连象征国家权力的军事组织也建立在土地使用权基础之上，——贵族及骑士是构成军队的主要力量，拥有武装是贵族的特征之一，只有装备精良的职业武士才是贵族。以上这些，加上"建立在个人对个人基础上的政治忠诚，以忠诚、封建契约和'撤回效忠'的义绝权利为象征"，是塞尔斯所谓"封建主义"的四个标准。③

封建制下君主和贵族的关系是契约关系。一方面，君主要保护贵族的权利，为他们提供安全保障；另一方面，贵族要维护、尊敬、服侍君主，

---

① 参见布洛赫：《封建社会》（下），张绪山译，郭守田、徐家玲校，商务印书馆2004年版，第655页。

② 芬纳：《统治史》卷二，王震译，华东师范大学出版社2014年版，第280页。

③ 芬纳：《统治史》卷二，王震译，华东师范大学出版社2014年版，第319～322页。

包括提供军事服务的义务。贵族从君主那里获得封地，同时也就承担了一系列相应的义务。他对他获得的封地享有"私权"，他为此承担的义务则是他必须履行的"公共责任"。正是因为他享有"私权"，他必须承担公共义务。一旦贵族认为君主任意改变了契约条款，没有给予他应有的保护和支持，他就可以通过合法的仪式终止他与君主的契约关系。同样，君主如果对贵族履行契约的行为不满意，也可以宣布贵族违约，并要求收回其封地。围绕契约关系产生的权利与义务的冲突，是欧洲封建制内在主要矛盾，这一矛盾表现在从君主到贵族，从贵族到骑士和依附农民等各个层面，当市民阶层发展壮大后，演变为君主、贵族与资产阶级的矛盾。这些矛盾中，对政治制度和社会影响最大的不是君主、贵族和骑士、农民等的矛盾，而是君主和贵族的矛盾。它被看作封建社会结构的弱点。君主倾向于扩大自己的权力，放手统治整个国家；贵族倾向于保护自己的权利，全权经营分封给自己的采邑。"在整个封建统治时期，政治进程无一例外地可以归结为国王和封臣之间的斗争，这一时期甚至可以被标示成王室扩张和封臣反抗的过程。"[1]它导致严重冲突，最终依靠武力来解决，因此它引发了诸多叛乱以及后来的百年战争。直到日后成为英国君主立宪制法律基石的《大宪章》出现，才诞生了避免武力解决的政治妥协方式。

《大宪章》（1215年）是贵族们为了自己的利益要求英王签署的约束其行为的规章，条款的核心是界分国王与贵族的权利和义务。《大宪章》支持国王成为君主，接受国王扩大权力的要求，但反对国王成为独裁者，要求消除且只是要求消除国王反复无常的行为。起草宪章的贵族们没有谋求独立的想法，甚至没有要求自己有部分地免于国王惩罚的权利，他们承认国王拥有的惩罚权，但要求自己得到一种公平的司法审判，他们要求有应有的法律程序，并在实践中能做到法律至上。《大宪章》第39条规定，任何自由人，如未经其同级贵族之依法裁判，或经国法判，皆不得被逮捕、监禁、没收财产、剥夺法律保护权、流放、或加以任何其他损害。财政问题

---

① 芬纳：《统治史》卷二，王震译，华东师范大学出版社2014年版，第314页。

是欧洲封建国家共有的重大国事，国王对内治理、对外战争均需要大量资金，王室无力筹措这些资金，不得不向贵族征取，因此产生的矛盾是权利义务关系冲突的主要根源。《大宪章》第2、3、4条明确了贵族交纳的税赋额。第15、16条规定不准许任何人向自由人征取贡金，不得强迫执有武士采地或其他自由保有地之人超额服役，即使征收的贡金，数额亦务求合乎情理。第12条规定，除国王赎金（指被俘时）、册封国王长子为武士和国王长女出嫁三项税金外，若无全国公意许可，国王将不得征收任何免役税与贡金。第14条规定，国王如欲征收贡金与免役税，应用加盖印信之诏书致送各大主教、住持、伯爵、男爵，在指明的时间、地点召集会议，以期获得全国公意。第25条对地方当局的行为也作出限制，规定国王直接领地之外的一切州郡、百人村、小镇市和小区，均应按照旧章征收赋税，不得有任何增加。为保障《大宪章》落实，特制定了第61条，史无前例地规定组织25个大封建主监督大宪章的执行，当他们发现国王有违反宪章的情况时，可使用各种手段包括武力在内胁迫其改正。《大宪章》是政治制度史上的创举，大大小小的贵族联合起来，以宪章（制度）的形式规范了自己与国王的关系，成为处理封建社会基本政治问题的准则。《大宪章》反映了封建制的特征，即国王不能随心所欲，他只是最有权力的有限权力者，享有特权但受到严格限制。虽然《大宪章》签署不久就被国王撕毁，英国随即陷入内战，后又几经起伏，最终还是在1297年被英王爱德华一世肯定，成为人类历史上第一个自由宪章。

封建社会是不平等社会，人与人之间存在等级差异。纵向看，君主、贵族、百姓之间有严格的等级界分；横向看，贵族内部也是一个等级体系，彼此之间存在权力、财富、社会声誉方面的巨大差异。该等级体系先是被风俗默认，后被法规肯定。《加泰罗尼亚习惯法》规定，一个骑士冒犯了另一个骑士，如果加害方的地位高于受害方，受害一方便不可能得到加害方本人的赔罪性臣服礼。教士本身是一个合法等级，拥有特殊法律和司法权利，教士之间无论从何种意义上看又不是一个等级，存在着生活方式、权力和声望迥然殊异的各类成员。即使贵族和教士之下的平民百姓，彼此间也存在各种各样深刻的社会差别。①

封建社会最典型的特征，是社会等级中蕴含的从上到下的依附关系。封建制度一方面按照职业、权力大小或者威望高低将人们分成高低有别的等级群体，一方面为了君主、贵族和教士集团的利益，将等级关系塑造成地位卑微者对少数高贵者的依附从属关系，使封建社会的人际关系成为以依附为纽带的关系。这一纽带从一个阶层到另一个阶层延展绵延开来，将势力最小者与势力最大者联结在一起。比利时历史学家冈绍夫因此将封建主义定义为："一套制度，它们创造并规定了一种自由人（附庸）对另一种自由人（领主）的服从和役务——主要是军役——的义务，以及领主对附庸提供保护和生计的义务。"②史学大师、年鉴学派奠基人马克·布洛赫把（1）依附农民；（2）不是使用薪俸，而是给予附有役务的佃领地；（3）专职武士等级的优越地位；（4）将人与人联系起来的服从—保护关系；（5）必然导致混乱状态的权力分割；（6）在所有这些关系中其他组织形式即家族和政府的存留，看作欧洲封建主义的基本特征。③

君主制社会也存在依附关系，这可在中国古代社会以"家"为纽带联系起来的君臣关系中窥见一般。王臣即王的家臣。钱穆考证说："依照文字学原义，丞是副贰之意。所谓相，也是副。就如现俗称傧相，这是新郎新娘的副，新郎新娘不能做的事，由傧相代理来做。所以丞是副，相也是副，正名定义，丞相就是一个副官。是什么人的副官呢？他该就是皇帝的副官。皇帝实际上不能管理一切事，所以由宰相来代理，皇帝可以不负责任。为什么又叫宰相呢？在封建时代，贵族家庭最重要事在祭祀。祭祀时最重要事在宰杀牲牛。象征这一意义，当时替天子诸侯乃及一切贵族公卿管家的

---

① 布洛赫：《封建社会》（下），张绪山译，郭守田、徐家玲校，商务印书馆2004年版，第545～548、564、575页。

② 转引自布洛赫：《封建社会》（上），张绪山译，郭守田、徐家玲校，商务印书馆2004年版，英译序第8页。

③ 布洛赫：《封建社会》（下），张绪山译，郭守田、徐家玲校，商务印书馆2004年版，第704～705页。

都称宰。到了秦、汉统一，由封建转为郡县，古人称'化家为国'，一切贵族家庭都倒下了，只有一个家却变成了国家。于是他家里的家宰，也就变成了国家的政治领袖。"①汉代的九卿也由家臣演变而来，太常、光禄勋、卫尉、太仆、廷尉、大鸿胪、宗正、大司农、少府，"照名义，都管的皇家私事，不是政府的公务"，"都是皇帝的家务官"。②

王的家臣是王的家奴。古代中国将家内奴隶称为"僕""奚""俘""臣"。甲骨文中的"僕"字即作服贱役者之形，"奚"字"俘"字同象以手提类，当为战俘，强其服属为奴。"臣"字象"屈服之肤"（说文），《左傅》中国被灭后"男为人臣，女为人妾"的说法，《诗经》中"民之无辜，并其臣僕"的说法，都可证"臣"字最初有奴隶之意。

但中国古代家奴对主子的依附与欧洲封建社会的依附关系有一不同。在中国，我的"家奴"的"家奴"也是我的"家奴"，在欧洲，"我的'封臣'的'封臣'不是我的'封臣'"。③后者的依附是其与直接领主的关系，个人效忠的是他自己的领主，而非国家。贵族的领主是国王，领地内附庸的领主是贵族，一个贵族的附庸为了他的领主的事情可以合法地向国王开战。"1658年6月2日，一位名叫德兰德的上尉写给富凯的信中说：'我保证效忠于我的主人总检察官……除他之外绝不从属于任何人，我将献身于他，尽我全力追随他；我保证全面地为他效劳，毫无例外地反对所有人，除他之外不服从于任何人，甚至不与他所禁止我交往的人有所交往……我向他承诺不惜生命去反对他所反对的所有人……无论何种情况，决无例外。'"④

中西依附关系的不同，是郡县制与封建制的不同，由君主集权政体和封建分权政体造就，和伦理无关；西方依附关系的特色及封建制的产生概因彼时欧洲的历史条件，和伦理同样无关。

---

① 钱穆：《中国历代政治得失》，三联书店2001年版，第5～6页。
② 钱穆：《中国历代政治得失》，三联书店2001年版，第6～10页。
③ 芬纳：《统治史》卷二，王震译，华东师范大学出版社2014年版，第331页。
④ 布洛赫：《封建社会》（下），张绪山译，郭守田、徐家玲校，商务印书馆2004年版，第711页。

首先，欧洲各主要国家彼时并非真正统一的国家，它们只是被松散地联结在一起，其情形和中国东周时期有些相似——有统一的王朝，无统一的国家。加入国家的是众多各式各样的小块封国，每个封国都有自己的法律习惯，有时还有各自的语言、地方机构、王朝和历史传统。[①]分领这些小国的是贵族，他们掌握众多的资源，拥有军队和强大的实力。在各路公侯伯子男面前，君主们有一统江山之心，无一统江山之力，即使某个强势君主在某个时间获得政治强权，其胜利也是一时而不彻底。与贵族之间保持一定的张力或平衡是明智的，因为更多的时候君主们需要贵族的协助、支持。1740年，普鲁士腓特烈二世入侵西里西亚，刚刚即位的奥地利年青的女皇玛丽娅·特蕾西亚为了募集军队和筹集军费，含泪恳求议会团结起来支持她。这个议会完全由牢牢把握收税、农奴制和领主司法权等方面古老权利的显贵组成，他们答应了她的请求，但是作为回报，也得到了大量的特许权。[②]

其次，欧洲有自己的政治文化传统，形成独特的"路径依赖"。一是自希腊、罗马起，欧洲政治便是首领、君主和公民、贵族共同参与管理的活动，为此产生的政治机构以公民大会、元老院、议会等名称和形式存在，行使立法和行政职能，即使后来出现了君主专制统治，这些机构仍然发挥着重要作用。二是欧洲各国始终存在一种独立于世俗社会和王权政治的力量——教会，它不仅塑造了影响欧洲历史进程的文化，其与世俗社会的争权夺利也大大削弱了君主的力量。"如果教堂是中世纪全部象征的话，那么城堡也具有同等效果。而封建主义和封建制度则包含了上述两点。"[③]此外还有一个重要因素，那就是欧洲历史悠久的商贸传统，12世纪，人口急剧增长，商业恢复，城镇出现复兴势头，城镇中的市民发展起来，逐渐成为一个阶层并于11世纪开始登上历史舞台，几百年后，市民们先是与国王一

---

① 芬纳：《统治史》卷二，王震译，华东师范大学出版社2014年版，第345页。
② 芬纳：《统治史》卷三，马百亮译，华东师范大学出版社2014年版，第423页。
③ 芬纳：《统治史》卷二，王震译，华东师范大学出版社2014年版，第261页。

起打垮了贵族，后又将国王送上"历史断头台"，在欧洲大地上开启了资本主义。

再次，暴力和入侵。入侵是暴力，暴力不仅是入侵。封建时代的西欧同时受到来自三个方向的攻击，南面是信奉伊斯兰教的阿拉伯人，东面是匈牙利人，北面是斯堪的纳维亚人。公元10～11世纪，阿拉伯人频繁侵掠意大利、西班牙和地中海沿岸地区，不时深入到内陆腹地，除较大规模的战争外，让当地居民在日常生活中担惊受怕的是人数不多的阿拉伯人土匪强盗式的抢掠，他们隐藏在某个地方，昼伏夜出，杀人放火，将欧洲南部笼罩在没有安全感的氛围中。和匈牙利人、斯堪的纳维亚人比，阿拉伯人造成的损害算是小的。匈牙利人的侵掠自公元4世纪就已开始。9～10世纪，定居下来的匈牙利人从匈牙利平原出发，成群结队地侵掠周边的国家，他们不征占领土，唯一的目的就是劫掠，然后满载战利品返回居住地。意大利、德国、色雷斯是他们出没的地方，高卢修道院的编年史上几乎每年都有关于这一省或那一省遭受匈牙利人蹂躏的记载，意大利北部、巴伐利亚和土瓦本遭到的破坏尤为严重。917年，匈牙利人的铁蹄到达富庶的修道院聚集的默尔特，此后洛林和高卢北部成了他们熟悉的猎场之一。直到955年东法兰克国王奥托大帝对匈牙利取得一场酣畅淋漓的大胜，匈牙利人大规模地扩张性劫掠才宣告结束。公元800年，斯堪的纳维亚人发动了在其后一个半世纪注定困扰西欧的侵袭，到888年，仅被他们攻取的著名城市就有科隆、鲁昂、南特、奥尔良、波尔多、伦敦、约克，巴黎两次遭受洗劫。侵略者们骁勇剽悍，残忍暴虐，嗜血成性，破坏成癖。他们的力量如此强大，先是孤立的村庄和修道院，后来就连英法地区的许多国王也不得不交纳大笔金钱以向他们换取不进一步遭受破坏的协议。这种行为年复一年地重复，西欧的财富源源不断流向斯堪的纳维亚。

外部如此，欧洲社会内部也不遑多让。战争、谋杀、权力的滥用、你方唱罢我登场的权财争夺，使不安全成为一种无时不在的威胁。想坐上威严王座的人把希望寄托在刀剑之上，整个领主和骑士阶层主要靠掠夺和压迫方式生活。暴力深深地植根于社会结构和人们的心理中，使之对此已习以为常，对痛苦无动于衷，漠视生命。1024年左右，沃姆斯主教伯查德写道："在圣彼得教堂依附者中间，每天都有人像野兽那样杀人。他们因酗酒、狂妄或毫无缘由地彼此攻击。……杀人者不仅毫无悔意，而且以此为荣。"①

　　在入侵不断，暴力充斥，天下大乱的生存环境中，首当其冲的受害者是占人口绝大多数的农民以及作为普通百姓的商人，下层贵族和势力弱小的领主也没有幸免于难。他们的生命经常处在刀剑威胁之下，他们辛勤耕耘的家园可能毁于一夜之间。他们渴望和平，渴望平安，对一个国王或地方政府而言，最高的称赞莫过于"和平的缔造者"。然而国王救不了他们，地方政府没有能力维护地区的治安。于是他们自发组织起来，抵抗入侵者，但这种行为一方面每每以被杀戮告终，另一方面因其与国王权力、人身依附—保护关系有抵牾而受到统治阶层的阻挠。在国王和大贵族心目中，和平和安宁的生活只能由他们来主导。留给农民、商人、下层贵族和弱小领主的只有一条路，依附。由于国家极度衰弱，特别是其保护能力极度衰弱，国王依靠不上，能够依靠的便只有贵族，贫弱的农民把自己置于城堡领主的保护之下，弱小的领主把自己置于强大领主的保护之下。因此，在欧洲，事情有时是这样的，依附不是贵族强制人们的结果，而是人们主动的选择，他们愿意送上自己的土地、财产，愿意交纳贡赋，愿意服从领主的统治、履行依附的义务，以换取领主提供的较强的安全保障。要知道，匈牙利人很少袭击设防的城镇，当他们冒险进攻城镇时，通常都以失败告终，而那些孤立地建立于乡村地区的村落和修道院，则成为匈牙利人大快朵颐的猎物。在封建领地内部，尽管杜绝暴力是不可能的，把它控制在一定范围内却不是梦想，人们可以受许多规定的保护，如禁止抢劫教堂，禁止抢劫农民的牲畜，禁止袭击非武装的教士和商人，某些特殊日期禁止暴力行为发生等等。身处劫掠、战争的环境中，不依附强大的贵族，等待他们的只有

---

　　① 转引自布洛赫：《封建社会》（下），张绪山译，郭守田、徐家玲校，商务印书馆2004年版，第657页。

痛苦和死亡。依附成就了封建制，封建制用保护换取了依附。"如果没有日耳曼人入侵的大变动，欧洲的封建主义将是不可思议的。"①在这个意义上，又可以说封建社会是为战争而组织起来的社会。

封建制的体制特性决定封建国家的功能。布洛赫认为，封建社会不同于国家权力支配的社会，国王和大贵族实则只有三项基本职责：（1）通过宗教机构和对虔诚信仰的保护来保证它的臣民获得灵魂拯救；（2）保护他们免遭外敌侵犯；（3）维护公正和内部和平。今天人们熟知的许多国家行为在封建时代还不为人所知，国家的一些功能是由国家以外的组织或机构履行的。教育属于教会，慈善事业的济贫工作也属于教会，公共产品是主动提议者、使用者和小地方当局的事情，只是到12世纪，统治者才对公共事务产生性趣。迟至13世纪，国王和诸侯方才介入稳定物价的事务，优柔寡断地规划经济政策。公共事业的真正倡导者是城市，自它成为自治共同体之日起，就关注着学校、医院、经济法规这类事情。②

欧洲封建制大致始于公元9世纪，公元13世纪中叶以后，依布洛赫的看法，欧洲决定性地脱离了封建方式。③它存在的时间不算太久，却对欧洲早期的立宪政府和代议制政府的发展有深远影响，进而对其后欧洲历史的发展有深远影响。

（2）共和制

共和制是"少数人"统治的又一种模式。封建制的特点是"少数人"和"一个人"结合，贵族和君主共治。共和制则显现出某种程度上"少数人"和"多数人"结合的"偏好"。国家最高权力机关和国家元首由选举产生，故而共和政体被称为"全体人民或仅仅一部分人民握有最高权力的政体"。

---

① 布洛赫：《封建社会》（下），张绪山译，郭守田、徐家玲校，商务印书馆2004年版，第700页。

② 布洛赫：《封建社会》（下），张绪山译，郭守田、徐家玲校，商务印书馆2004年版，第652～653页。

③ 布洛赫：《封建社会》（下），张绪山译，郭守田、徐家玲校，商务印书馆2004年版，第709页。

"共和国的全体人民握有最高权力时，就是民主政治。共和国的一部分人民握有最高权力时，就是贵族政治。"[①]

共和制与君主制相对，将其视为君主专制的对立面也不为过。在君主制占主导的历史中（大致可以1789年为界），共和制多少显得"例外"，但实际上它源远流长，可追溯到古希腊城邦国家，时间上早于封建制。罗马实行的就既不是寡头统治，也不是少数人不称职的统治，而是共和制。罗马共和国的政体结构主要由行政官，元老院，公民大会三部分构成。行政官由公民大会选出，任期一年，一经选出，公民就必须听命于他们。共和国中没有职业化的祭司阶层，没有职业化的官僚集团，也没有职业化的军队。元老院是一个咨询机构，其成员主要是原来的行政官，元老们是终身的。只有行政官召集，元老院才能召开会议，且只能讨论行政官提交的问题。元老院的建议不经行政官同意不能生效，但有一个不成文的惯例，行政官通常会马上令其生效，元老院的积极性即来自这个惯例或原则。公民大会有三种形式，它们同时存在，各自履行自己的职责：部落大会负责宣战和议和，通过法律；百人团大会负责选举次年管理共和国的官员；平民大会只能由自己的行政官召集，没有司法权，却可以通过投票使某个决议成为法律而无须征询元老院的意见。部落大会和百人团大会的组成人员完全相同。罗马共和国的管理模式是，大政方针由上层制定，日常事务的具体管理由各自治市自己负责。罗马国是自治市的集合，仅东部地区就有1万多个自治市。通过全国范围的地方寡头网络来加强统治，中央政府建立在此网络之上，形成一种早期形式的共和国家。

罗马共和政体是经历几个世纪、在社会动荡过程中逐渐演化而成的。其所面对的危机和问题，构成它演化的动力。罗马衰败后，欧洲同世界其他地方一样无一例外地成为君主制的天下。但在王权比较弱的地方，如意大利和德国，许多城镇的力量非常强大，沉寂了几个世纪后，这些强大的城镇重新复兴了共和制并成为它的堡垒。

---

① 孟德斯鸠：《论法的精神》上册，张雁深译，商务印书馆1961年版，第8页。

城镇拥有围墙，围墙不仅是防御屏障，也是把乡村与封建领地、领主与奴隶分隔开来的象征。城镇居民是"有产者阶层"，"市民"一词不再是古罗马意义上的"参与统治管理之人"，它开始用于指称居住在城镇而非乡村的人。一个人只要在城镇住满1年零1天，就会被认为是自由的了。市民虽然不再是古罗马意义上"参与统治管理之人"，参与统治管理的人却必须是市民。作为自由人的市民拥有财产权利，他符合作为个人所必须具有的先决条件：他是自己的主人，是其全部所有（生命、自由和财产）的主人；他们不仅拥有财富（区别于贵族土地的流动资金），还拥有武装；他们的利益和看法同封建政治经济秩序大相径庭；他们意图建立自己的城市律法和税收体系，并由自己来管理。[①]

佛罗伦萨和威尼斯是城镇的典范。它们都是商业城市，其居民只喜欢经商，喜欢周游世界，商业贸易和手工业发达是它们的特征，也是共和制城市共同的特征。这两个城市因此成为商业冒险家的乐园，它们由富有的商人管理，为富有的商人服务，富有的商人同时也是贵族。商业贸易和手工业发达的自治城市奉行共和制，这个现象背后隐含的是源自商业贸易行为本性的独立自由精神和商人们从事自己活动时必然产生的平等诉求。虽然这种精神和诉求尚处于萌芽状态，却是资本主义精神的滥觞，当以它们为表征的行为发展壮大和普遍化以后，便构筑了资本主义政治经济制度的基础。

佛罗伦萨和威尼斯共和政体的基本结构同样由三部分组成：掌管司法事务的行政官对税收、司法、贸易和工业、臣民的领土等事务负责；议会（有多种形式和名称）批准重大政策；代表大会选择任命行政官员。各类议会成员通过直接或间接的选举产生，或者通过抽签进行任命，任期通常只有数月，最多一年。威尼斯是一个两院制的统治体系，下议院保留了所有的选举权，立法权基本属于规模较小、半任命性质的上议院。行政运作由总督领导下的内阁负责，施政措施一旦获得批准，就变成内阁的职责。两院和内阁之

---

① 芬纳：《统治史》卷二，王震译，华东师范大学出版社2014年版，第364～365页。

外，还分别设有一个10人委员会和一个40人委员会，前者是审判政治犯的最高法庭，后者主要负责民事诉讼。[①] 不难看出，这一政体结构与罗马共和国的政体结构基本是一致的，它们展现了共和制的若干基本特征——市民参与城市管理的权利和义务，即公民权；公职在上述市民中轮转；依照法律进行多元化管理；实行选举制、分权制，反对一人统治，等等。威尼斯有自己的"特色"：它的所有职位均经由深思熟虑和精心计算好的选举来任命，而不是像罗马和佛罗伦萨那样通过抓阄随意分派；下议员只在市民中产生，全体市民都具有正当的平等参选权；只有60岁以上的老年人才能获得公职（1400至1600年，总督人选的平均年龄为72岁），25岁才能进入下议院，30岁才能进入上议院，40岁才能进10人委员会。[②] 这样做的好处，是有利于克服当选官员缺乏行政经验的弊端，让合适的人做合适的事。

佛罗伦萨的发展历程与意大利北、中部城市一样，因而它们的政治制度也极为相似；威尼斯被认为体现了中世纪和古典意义上共和制的所有特征。[③]

共和制的基本准则是防止任何个人或其家族获得绝对权力，以及市民参与本地区的管理。从前，无论埃及、美索不达米亚、波斯这些古老的帝国，还是以色列的君主政体，乃至雅典的民主政体，最终决策权都掌握在某个机构或个人手中，而罗马共和国则设计出一种权力制衡机制，避免权力最终落入某个人或机构手中，这是他们的一大创新。这种制衡机制是：政体不是一元的，而是团体合作式的，一个部门可以取消另一个部门的行动，要想履行一项职能，许多行政官或机构必须达成一致。最重要的制衡关系存在于行政官和公民大会之间，此外还有平民大会对元老院的制衡，护民官对行政官的制衡。护民官的主要职责即是同行政权力相对立的，他们可以否决中止共和国任何个人和机构的行动，无论是行政官、元老院，还是公民大会。在波考克看来，威尼斯也有着完美的权力平衡——民主成

---

① 芬纳：《统治史》（卷二），王震译，华东师范大学出版社2014年版，第423页。
② 芬纳：《统治史》（卷二），王震译，华东师范大学出版社2014年版，第428～429页。
③ 芬纳：《统治史》（卷二），王震译，华东师范大学出版社2014年版，第409页。

分与贵族成分的平衡，多数人、少数人、一个人的平衡——因而是君主制、贵族制和民主制三种成分安宁的结合体。① 威尼斯总督高居金字塔统治结构的顶端，"威尼斯宪政史的全部要旨在于限制总督权力"。"威尼斯的政治制度强烈反对'自负、炫耀和个人权力'。贵族们从小就被培养要在制度框架内工作，即便是最小的工作也要求他们与同事相互适应、相互协作。"② 选举制、任期制、一种权力受到另一种权力的制约，都是共和制限制绝对权力的制度安排。

对绝对权力的限制不意味着民主。从罗马到佛罗伦萨和威尼斯，从未想过要实行民主制。它们虽然在共和政体下通过设立调控权力的"中间机构"，使得权力运行同独裁政体区别开来，但并没有因此和民主联系在一起。议会是贵族和富裕市民的联盟，由有钱有势之人组成，有资格成为议员的人只能是那些经过官方详细审查的市民，符合条件的人数比例很小，在威尼斯为总人口的2%，在佛罗伦萨约为总人口的5%。被征服者和臣服于大城市的城镇人口不享受市民待遇。③ 家族是政治的根基。二三十个声名显赫的大家族构成威尼斯社会的上层，他们之下另有一百个家族属于贵族。1379年，共有117位公民的财产价值在1万至1.5万达克特之间，其中91人是贵族，26人是平民。财产在300达克特以上的人总数为2128人，占全部家庭的八分之一，其中1211人为贵族，917人为平民。④ 16世纪以前，威尼斯总督职位几乎不出古老的24个家族。共和制的政治运行过程，是贵族（一个人或其家庭）与贵族（其他家族）之间互动的过程，以及贵族与民众之间的互动过程。这个过程以权力为中心，围绕"三个人"之间的利益关系展开，贵族或权贵们从未停止过他们之间以及他们同市民或民众之间控制国家（城市）的争夺。起初贵族之间对立，之后平民与贵族对立，再后平民

---

① 波考克：《马基雅维里时刻》，冯克利、傅乾译，译林出版社2013年版，第109～111页。

② 芬纳：《统治史》（卷二），王震译，华东师范大学出版社2014年版，第422、429页。

③ 芬纳：《统治史》（卷二），王震译，华东师范大学出版社2014年版，第377页。

④ 芬纳：《统治史》（卷二），王震译，华东师范大学出版社2014年版，第408页。

中由小手工业者组成的底层行会与由大商人组成的行会也存在对立，前者希望价格、薪酬和生产都能固定下来，后者则希望自由贸易和竞争。主导的趋向或政治过程是："一个人"努力引导、争取或者操纵"少数人"；贵族努力引导、争取或者操纵"多数人"，尽管1293年佛罗伦萨颁布了惩罚性的反权贵法——《正义法规》，尽管"贵族们常常要与屠夫、军械士和小店主们并肩而坐，进行协商，并顺从他们的否决。"[①]到13世纪，这一趋势产生出一个重要结果，自希腊以来的全体代表大会被由选举产生的小型议会所取代，意大利各城市的统治权相继落入王公贵族手中，共和政体变得非常脆弱，很容易受到"少数人"甚至"一个人"的操纵，这就是共和制有时候被称作"贵族政治"或"寡头政治"的原因。[②]

近代以前的共和制还是"少数人"统治，还没有出现孟德斯鸠说的全体人民握有最高权力的那种情形。全体人民握有最高权力即使在今天也是一种理想，一方面"全体人民"是存在利益差异的，另一方面也找不到一种形式把"全体人民"同最高权力统一起来。在弱一点的意义上，最高权力可以由"多数人"把握，其形式是民主制。这种不同于希腊城邦的民主制是近代以后的产物，美国革命开启了欧洲以外共和制与"多数人"结合的历程，进而成为西方民主制的大本营。联邦党人创立出一套三权分立的政治体制，他们在继承欧洲传统的同时又有自己的创新，其中之一，是不相信统治者个人的品德，将制度安排建立在人性恶基础上，以恶制恶，用权力约束权力。

3.民主制

民主一词最早由希腊人提出[③]，其词义"人民统治"由希腊文demos（人

---

① 芬纳：《统治史》（卷二），王震译，华东师范大学出版社2014年版，第399页。

② 从客观方面看，原因不外两点：一是任职资格的限制，它使许多人失去了参加代表大会的可能；二是鲜有市民能够有足够的时间来参与这种冗长、费力、没有报酬的荣誉性活动，职是之故，当他们推出自己的代表时，这些所谓的代表也不是同他们一样的小商小贩和工匠，而是贵族。

③ "民主"一词大约出现在2400年前，一般认为，希罗多德是最早使用这个词的人。

民）和 kratia（统治或权威）派生出来。民主制是多数人统治的制度形式，和它相对立的是"独裁专制"，既包括君主专制，也包括贵族阶层和既得利益集团的少数人专制。民主制因而又可以看作以反对个人化、集团化的权力，反对统治多数人的权力属于某个人或某个集团为特征的政治制度。在这样一种政治制度中，谁也不能自我选择、自我授权进行统治，谁也不能拥有无条件和不受限制的权力。民主制对一个人和少数人限制到这种程度，以至它的问题和君主制、封建制恰好相反，不是担心一个人或少数人暴政，而是要警惕"多数人暴政"。

熊彼特对民主制有一定义："民主方式是为了达成政治决定的制度上的安排，在此安排下，个人在争取人民选票的竞争中获得决定权。"[①]这个定义除了告诉我们民主制是人民决定，还告诉我们人民决定的方式：选举，竞争性选举。民主制是以竞争方式选择领导人的政治制度，民主政治故而有时被人看作选举政治。现代民主不是从天而降，选举也有一个从无到有的过程，民主和选举（它后来也有了专门的制度安排）一体两面，引出一系列不同于传统政治的新境况。

希腊城邦民主是直接民主，不需要选举。担任公职的人或者通过抽签决定，或者作为义务由大家轮流担任。这种做法长期流传，到实行共和制的佛罗伦萨等城市时仍在沿用，只有威尼斯是个例外，它对担任公职的人设定了条件要求。现代民主是间接民主，即代议制民主。共和制的演变触发了代议制的兴起。13、14 世纪，欧洲一些国家发生了政治制度史上的突变，——出现了大量议会机构。它是一个常设性机构，是由代表们组成的政治聚会，其成员拥有君主承认的权利与特权并以国家的名义行事。芬纳高度赞扬代议制，称它为中世纪的伟大政治发明，是中世纪最伟大的成就之一。

代议制可以定义为政治权威和立法权威全部或主要掌握在由自由选举产生的议会手中的政体形式。"代议制政治的产生及其普世化的基础源自一

---

① 转引自萨托利：《民主新论》，冯克利、阎克文译，东方出版社 1993 年版，第 160 页。

个概念——代表制原则，"① 今天的代议制政府所拥有的要素——至高无上的下院、竞争性政党体系、广泛的参政权，以及政府各部门要对议会负责等等，全都基于中世纪的西欧和天主教欧洲所专有的代表制原则。该原则是首创的，希腊人那里没有，罗马人所采取的基于直接公民权的做法与之完全相反，世界其他地区的帝国更是对此一无所知。教会在代表制方面先行于世俗社会一步，绝对多数、三分之二多数、秘密表决、折中/和解等，这些选举规则首次引入教会和世俗社会的时间依次是251年/1143年、951年/968年、1159年/1217年、1049年/1229年，年代在前的是宗教机构引入的时间，年代在后的是世俗机构引入的时间。② "教皇根据宪章由选举产生，随后又通过严格的程序被选举为红衣主教，这一程序在1179年甚至要求三分之二多数才能通过。这表明早在英格兰骑士被选入'郡'内的法庭之前，这种选举体系就已经形成了。"③ 一旦实行代表制，社会就站在了代议制的门槛上。尽管它还只是中世纪的代表制和代议制。

代议制的产生基于三个历史条件：第一，人口增加、共同体扩大。以往民主的形式是公民在公共地点集合在一起商讨国是，对人口较少的共同体或城邦社会而言，这种做法是可行的，人口增加、共同体扩大且许多"外人"加入进来后，直接民主便难以为继了。纯粹由人口数量引起的难题就是它无法解决的，何时集会、在什么地方集会，有着明显的地理和物力上的限制；而一个规模庞大的国家里需要协调解决的问题如此之多，管理的复杂性如此之高，更是成为直接民主难以逾越的障碍。第二，社会阶层的变化。14世纪末欧洲社会分化出无数的小社团（包括行业公会、大学），每个社团都有自己的合法权利和义务。一些国家逐渐分化出三个社会阶层，第一等级的教会、第二等级的贵族和非教会非贵族的第三等级。第三等级由城市和乡村的百姓构成。城市的百姓是市民、商人、手工业者和若干官

---

① 芬纳：《统治史》（卷二），王震译，华东师范大学出版社2014年版，第470页。

② 芬纳：《统治史》（卷二），王震译，华东师范大学出版社2014年版，第450页。

③ 芬纳：《统治史》（卷二），王震译，华东师范大学出版社2014年版，第449页。

吏；乡村的百姓是教士或贵族等级的附庸和裁判对象。第三等级承担了社会95%的工作，这95%的工作都是苦差。有学者认为，没有第三等级就没有17世纪后这些国家的一切，而放手第三等级则会让一切更为顺利。[①]第三，个人权利得到承认和肯定。从文艺复兴到启蒙运动，整个欧洲逐渐形成一个共识，个人的事应当由他自己作主，任何人都不能强人所难。人有了历史地位，个人权得到尊重，它由开始的公民扩大到从事工商贸易的市民，进而向第三等级的所有成员延展，随之而来的是他们维护自己合法权益的诉求，这种诉求强烈地反映在政治上层建筑中。

人口增加、共同体扩大是必要条件，仅仅必要条件是不够的，这可以在人口早已增加、共同体早已扩大而代议制中世纪才出现的历史事实中得到证明。大量自治社团特别是教士、贵族和市民阶层的出现奠定了代议制结构的基础，个人权利及其诉求为代议制提供了动力，它和自治社团一起推进了普选权的普及，使民主的范围由"少数人"扩大到"多数人"，代议制也逐步摆脱了起源时的状况，成为现代民主的组成部分。[②]"正如'代议制度'的一位伟大倡导者潘恩所说的那样，通过'把代议制嫁接到民主上'就创立了这样一个政府体系，它能容纳'所有不同的利益和各种领土和人口范围。'"[③]

"政治效率"也是代议制产生的重要原因。政府、议会拥有地域管辖权、

---

① 西耶斯：《论特权第三等级是什么》，冯棠译，张联芝校，商务印书馆1990年版，第18～21页。

② 议会与君主的关系是代议制政体早期的基本关系，议会与人民的关系是代议制政体在民主时期的基本关系。这种关系最终以什么样的状态呈现在世人面前，取决于权力拥有者与权力授予者力量的对比。历史上看，英国议会在17世纪挑战并击败了王权，在18世纪确立了制衡权力的宪法，根据宪法，行政部门将受选举产生的议会制约，议会与国王在妥协中达成了某种平衡。在法国，强势的君主吞并了三级会议，最终激发了大革命。波兰的情况则相反，议会（"色姆"）吞并了君主制，没有它的同意，国王做不成任何事情。美国在移植英国宪法时强化了民主化和代表大会，一方面赋予领导者足够的权力，另一方面给予他们严格的制衡和监督。

③ 赫尔德：《民主的模式》，燕继荣等译，王浦劬校，中央编译出版社1998年版，第148页。

税收权、立法权、咨政权、司法权，其对社会的影响自不待言。用直接民主方式选择公职人员存在弊端，它可能使有智慧有能力的人湮灭在公民中，让懂行的人不管懂行的事，不懂行的人管懂行的事，甚至让三无人员（无知识、无能力、无经验）坐拥重要权力。这些弊端在实际中确实频繁展现，弊端越重、展现越频繁，对共同体及成员利益的伤害越大。代议制的优点，比较而言，是有利于选出最有才智和美德的人掌管政府活动，它能平衡和制约权力，促进事好，阻止事坏。密尔力主把最有知识和技能的人选出来，他对选举的意见是：选民应当选出才智卓越者，虽然有时他们基于自己才智得出的正确意见可能与选民的意见不一致。"如果选民坚持以绝对符合他们的意见作为代表保持其席位的条件，他们这样做是不明智的。"密尔对普通民众的判断力持怀疑态度，重视受教育程度较高而才智出众的人，因此主张让他们在选举中享有复数投票权。①密尔的疑虑不是没有道理的，代议制虽然比较有利于选出最有才智和美德的人，但仍然存在缺点：议会中普遍存在无知和智力不足问题，授予权力过于慷慨，授予权力后又干预权力的运用，等等。此外议会还有一个最大的弊端，它有受到掌权者和阶级利益影响的危险。因此，密尔一方面不惜违反民主原则主张复数投票权，另一方面坚持不同阶级、不同利益之间相处的原则是保持平衡，任何阶级都不应在政府和议会中占有压倒一切的地位。少数人也应当有适当的代表，这是民主制一个不可缺少的部分，没有它不可能有真正的民主制。代议制代表的不是多数人，也不是少数人，而是一切人。"这种民主政体，它是唯一平等的、唯一公正的、唯一由一切人治理一切人的政府、唯一真正的民主政体。"②在密尔生活的时代这只是理想，因此才有后来工人阶级争取解放的社会运动，有女权主义的抗争，有20世纪五六十年代美国少数族裔的民权运动。即使今天，如何处理多数人和少数人的关系仍然是民主政治的难题。

---

① 密尔：《代议制政府》，汪瑄译，商务印书馆1984年版，第174、177页。

② 密尔：《代议制政府》，汪瑄译，商务印书馆1984年版，第85、98、106、125页。

与选举相关联，还有自由和包容问题。民主制的产生发展和自由、包容两个方面的进步分不开。无论什么样的政体，只要允许自由，鼓励包容，就会发生趋向民主的变化；无论什么样的政体，只要反对自由，奉行一方压倒另一方、不达目的誓不罢休的原则，就绝不会有民主。霍布斯对何谓政治自由作了西方公认的评说：没有外部压制，清除外部障碍，减少强制性束缚。这种自由是摆脱外部束缚的保护性自由，而非行动自由。政治自由同其他自由一样，也要求有能动性的一面，因此它不仅是保护性自由，还是行动自由，不仅是自身权利不受侵害，还是自由选择和参与国家事务。行动自由、选择自由、参与国家事物以人们具有独立地位为前提。独立因此成为自由的五个特征之一，其他四个是隐私权、能力、机会、权力。萨托利认为，前两个特征即独立和隐私权与后三个特征的关系，是条件与结果的关系，因而是一种顺序关系。政治自由的焦点问题，是怎样才能保护少数的以及有可能丧失权力的人的权力，怎样使公民有可能运用较小的权力去抵御较大的权力。政治自由虽不是唯一的自由，也无至高价值，然而它却是最基本的自由，是其他自由的必要条件。[①]

古代民主没有公民与国家的关系问题，现代民主把这个关系搬到舞台中心。公民是自由的，当欧洲人说国家源于公民时，意味着在他们心目中国家和自由是相容的。这是一个重要转变，在此之前，直到17世纪，自由和多样化还被视为不和谐和骚乱之源，认为它会导致国家的没落，全体一致才是国家长治久安不可缺少的基础。现在人们发现，只要有某种制度安排和法律规范，自由同社会秩序和国家安宁绝非互不相容。民主政体的理想之源在于这样一个原则：培育国家的"养料"是差异，不是同一。这个观点随着17世纪后的宗教改革立住了脚跟，从那时起，自由的观念主张逐渐兴起，人们开始以怀疑的精神去审视传统政治追求的全体一致。萨托利说，正是通过这种认识上的革命性转变，我们称为"自由主义"的文明才一点一

---

① 萨托利：《民主新论》，冯克利、阎克文译，东方出版社1993年版，第303～309页。

滴建立起来，正是通过这条途径我们才达到了当代民主。①

关于包容，这里简单说几句。民主选举带来开放性的多元政治，不同政见的政党候选人将这些政治主张在竞争性选举中抛出，民主制把评判优劣的权力赋予人民。倘若没有包容，选举中就不会有多元性政治主张的并存，选举后失败的一方及其支持者也不会接受和服从当选者的管理，合作没有了，剩下的只是对抗，双方履行各自承担的责任和义务自然也就无从谈起。

从选举到自由、包容，从授权到监督，从权力运行到权力制衡，大规模民主包含了一套复杂的程序和机制，任何一个国家，如果不想使社会陷入极大的混乱，就离不开这套复杂的程序和机制。我们不必对这套包含复杂程序和机制的制度安排一一述说，仅从和选举相关的制度安排即可想见一般："自由和公正的选举，每个公民在选举中的投票有同等分量；所有公民，不论他们在种族、宗教、阶级、性别等等方面有多大差别，都具有普选权；人们对于广泛的公共事务具有关心、获得信息并表达己见的自由；所有成年人有权反对政府，有权担任公职；结社自由——即公民有权结成独立的社团，包括社会运动、利益集团和政党。"②

从君主制到民主制，历史的发展呈现出政治平等的趋势。开始时一个人拥有统治权，后来少数人拥有统治权，再后来权力属于人民，每个人都享有政治权利，每个人都可以参与国家事务，都可以发表自己赞成或反对的意见，和代表他们的人平等讨论并诉诸行动。民主制也有它的问题、它的局限，它不是完美无缺的，有许多足以让人诟病的地方，但民主制度代表了多数人统治，反映了多数人的意愿，哪怕它只是形式的，也是历史的进步。

这就是政治所做的事情，这就是政治制度所起的作用。

---

① 萨托利：《民主新论》，冯克利、阎克文译，东方出版社1993年版，第294~296页。

② 赫尔德：《民主的模式》，燕继荣等译，王浦劬校，中央编译出版社1998年版，第149页。

三、马基雅维里问题

在以上论述中我们看到了政治家（统治者）关注的问题，看到了政治活动的对象和旨趣，看到了政治制度的内容和作出那种安排的原因。伦理在哪儿呢？我们没有看到它的身影。没有看到身影不是因为论说的角度可以让我们把它置之度外，更不是基于偏见对它熟视无睹，而是在形成政治制度的机制中找不到它的位置，或者，从学理和逻辑的角度，看不到它与政治制度所以如是之间内在必然的联系。它确实存在，是政治活动领域中的一个因素，但这个因素在统治者的心目中，在政治活动的旨趣中究竟占什么地位，是有待讨论的问题，并非像之前人们说的那样一目了然。退一步说，即使它有"泛道德主义"地位，如我们在制度与伦理的同一中看到的情形，那也只是政治活动、政治制度建构的指导原则和归宿，而非造就政治活动、政治制度本性的内在机制、关系和逻辑理路。

事情是否如我们说的这样？政治和伦理究竟是何关系？因马基雅维里之故——他率先捅破了政治和伦理关系的窗纸，我们不妨把这个问题叫做马基雅维里问题。

马基雅维里问题包括两个方面：政治与伦理分离，政治与伦理统一。第一个方面由马基雅维里本人提出，第二个方面是《君主论》之后人们试图缓和"实然"和"应然"的紧张而寻求政治与伦理统一的再探讨。为便于论述，我们把第一个方面称作"第一问题"，第二个方面称作"第二问题"。

1.第一问题

我们还是以"三个人"的关系为中心展开第一问题的分析。

先看不同时期的基本道德。古希腊人讲四德，智慧、节制、勇气、正义。中国传统社会讲三纲五常，三纲为宗法伦理原则，即君为臣纲，父为子纲，夫为妻纲；五常是践行道德原则的内容，即仁、义、礼、智、信；五常为三纲服务，仁是其中的核心。罗马人奉行诚实、节俭、顽强、自律和顺从，看重庄重（严肃、清醒、谨慎）、虔敬（恪尽职守、正确行事）、简朴（一种朴素的生活方式），将人际关系建立在忠诚基础上。欧洲封建社会的附庸关系和亲属关系有极大相似性，前者由后者延伸而来，当这两种关系交织一起时，忠诚成为首要的品德。私家武士是一个依附群体，也是国王军队的中坚力量，打仗对他们来说有时是一种法定义务，也是一种乐趣，当然还是获得财富的途径。因此除了对首领和神圣事业的忠诚，勇敢（无所畏惧、蔑视死亡的勇气）和对荣誉的极度渴望也是他们追求的美德。贵族从来不事稼穑，甚至不去经营自己的产业，他们的道德规范和行为准则只适用于贵族阶层，除了蔑视平民，这些规则再无其他。[①] 中世纪共和制的城市里，广泛参政是为美德，参政过程中，社会赞赏的道德品质依次是：（1）基督徒式的虔敬；（2）审慎；（3）理智；（4）知识、智慧、技巧、决心、周全、勤勉。野心甚至也被圭恰迪尼视为美德。这些美德在共和国中逐渐变成少数人的美德（或者它原本就是少数人的美德），而且它无法使自身维持下去；说一套做一套，是共和国公民大会中的一种怪相。"一切都那么公开和得体，发言既有理性又讲美德；但是说的一套跟最后做的一套并无关联。"[②] 近代开始，某种道德规范或品质在伦理关系中占主导地位的情形渐渐淡漠，伦理研究覆盖的领域越来越广，伦理学出现了众多流派，功利主义为代表的目的论和康德哲学为代表的义务论是其中两个主要流派。从18世纪的自由、平等、博爱，到20世纪的公平正义，这些占据中心地位的范畴虽然在伦理领域被人们不断探讨，却更引人注目地成为政治领域的热点问题，换句话说，它们更讲政治。

就"三个人"的关系而言，上述内容中那些纯属个人道德品质的部分影响不大，限于"少数人""多数人"内部关系的道德规范大多也可以排除在外，剩下的是与政治制度有关的伦理。将这些伦理规范进一步简化，我们选择仁、忠诚和公平正义作为伦理的符号或标志。

---

① 芬纳：统治史（卷二），王震译，华东师范大学出版社2014年版，第285～286页。

② 波考克：《马基雅维里时刻》，冯克利、傅乾译，译林出版社2013年版，第101页。

在政治领域，"仁"或许是对君主唯一适用的道德规范，仁政也是宗法等级制度外另一个政治与伦理同一的向度。儒家的泛道德主义，核心是仁政，是用"仁"统辖政治行为。除了"仁"，没有什么道德规范是君主必须遵循的，他不需要忠诚于"少数人"和"多数人"，只需要"少数人"和"多数人"对他忠诚，他的一言一行既是法律，也象征着公平和正义。白纲说，周朝的"贵族谏政，除了引述先圣哲王为政的例子和空洞的道德说教以外，并没有什么可以限制国王滥用权力的措施。因此，随着王权的加强，特别是西周后期，贵族谏政往往不起什么作用，而是唯周王自己意见为是。"①这里的"先圣哲王为政的例子和空洞的道德说教"即以仁政为核心。何谓仁政？儒家给出过理论上的说明，这些说明得到后人赞赏，倍加推崇和提倡，但它不是我们所问之事，我们要问的，是在政治实践或国家治理中何谓仁政？宋朝是以仁政著称受到夸赞的一朝，宋朝的仁政体现在不诛杀大臣、言官，政治环境相对宽松。它用"杯酒释兵权"的方式解除隐患，用优渥的待遇将开国元勋养起来，比之"飞鸟尽，良弓藏；狡兔死，走狗烹"的确仁慈许多，且在太祖、太宗、真宗、仁宗四朝做到了经济富庶，文化繁荣，社会在一个较长的时期内相对稳定，百年无内乱，百年无心腹患。程颐、朱熹、邵雍等大儒都称赞赵家一朝，认为它超过以往历代的地方即在于仁厚至诚。真德秀说："三代而下，治体纯粹莫如我朝，德泽深厚亦莫如我朝……社稷长远赖此而已。"②故宋理宗（1205—1264）说："祖宗以仁立国，朕当以仁守之"。他曾问大臣，历史上为什么治世少乱世多、君子少小人多？得到的回答是，治世少乱世多正是因为君子少小人多；君子开始时未尝少，小人开始时未尝多，他们的多少和君主有直接关系，"圣君出而君子多"，"庸君出而小人多"。理宗深以为然。在他们看来，国家的兴盛不在富国强兵，而在君德；国家的灭亡不在敌国外患，而在民心。怎样得民心，又因何失民心？答案在仁政与否。施仁政者得民心，不施仁

---

① 白纲：《中国政治制度通史》第一卷，人民出版社1996年版，第113页。
② 《西山先生真文忠公文集》卷三《直前奏札一》。

政者失民心，国家兴衰系于君仁。理宗即位时，北宋已亡，南宋偏安一隅，他是南宋时期第六位皇帝，去世后15年（1279年）南宋即告灭亡。这就是说，推行仁政的北宋皇帝未保住大宋江山，不加反思依然坚持以仁立国的宋理宗也没能扶大厦之将倾阻挡住宋朝的最后灭亡。我们知道宋朝亡于蒙古人的入侵，我们更应该知道宋朝所以不能抵御外敌入侵概因为它针对宦官专权、朋党拼争、藩镇割据作出的制度设计（参见前述）。真德秀"社稷长远赖此而已"之论实在打脸，而这位被看作朱熹之后理学正宗传人的南宋大儒下面一段话就只能用迂腐来形容："盖国之将兴，不在强兵丰财，而在君德；国之将亡，不在敌国外患，而在民心。"①制度设计、思想理念如此，国安能不亡！仁政不仁，此其一。北宋时期，"朝廷和地方的官员，贪污、腐化成风。州郡文帐送上三司，随帐都有贿赂，各有常数。足数即不发封检核，不足便百般刁难，成为通例。仁宗时，杭、越、苏、秀等州'旱涝连年'，'饿尸横路'，淮南转运史魏兼奉命去处理。魏兼到苏州三天，'穷彻昼夜，歌乐娱游'，把饥民都赶到庙里关起来，三天中饿死甚多。魏兼所到的各州，都遣送妓乐迎候。"②自诩仁政的宋朝，大大小小的农民起义不断，最著名者是方腊领导的农民起义和因小说而广泛流传的梁山泊农民起义。中国农民最能忍让，倘若不是实在生活不下去，绝不会反抗官府，他们造反，真正是"逼上梁山"。仁政不仁，此其二。在其二这一点上，实在看不出赵宋家国同其他王朝有什么不同。即使宋朝确有较其他朝代为仁的地方，百年不杀大臣言官，政治环境相对宽松等等，我们也实在看不出这和"事为之防，曲为之制"、变家为国、中央集权、防范文武重臣篡夺之祸、防范财政军政大权旁落、禁制百官凭借种种因缘相互朋比以至构成离心力量、消除地方已在或潜在的割据势力等等，有何内在的必然联系，而恰恰与之相关的制度安排实际支配着有宋一朝的政治运行。

周朝贵族谏政的仁政引导和说教不起作用，周天子想做什么就做什

---

① 《西山先生真文忠公文集》卷三《直前奏札一》。

② 蔡美彪等著：《中国通史》第五册，人民出版社1978年版，第124页。

么；宋朝自觉以仁立国，得到程颐、朱熹高度赞扬，但其政治本身与之后的明清和之前的隋唐、秦汉无本质差别。它们都是道德挂帅，一个开创了德治先河，一个以仁政著称，如果说周天子的问题是不听道德说教，宋代君王则颇有些身体力行的意思，然而历史证明，君德本身，仁与不仁，对管理国家之事的影响着实不像儒者说得那么大。所以，我们不得不面对学理上的一个选择，要么"仁"的作用很大，但与"政"无关，要么"仁"与"政"相关，但作用不大。①

在政治领域，忠诚是君主对贵族的要求，亦是君主和贵族对平民的共同要求。君主对贵族承担一定的义务，贵族对平民承担一定的义务，是欧洲封建社会的特点；君主对臣民只享有权利不承担义务，则是东方专制主义的特点。当权利和义务存在联系时，忠诚是带有政治色彩的伦理规范；当权利和义务不存在联系以单向度的形式呈现时，忠诚是被政治利用和扭曲的纯粹的伦理规范。两种情况中无论哪种，作为伦理规范的忠诚对政治制度都没有值得一提的影响力。忠诚就是忠诚，它只标示对君主或贵族的效忠，而不管君主或贵族做什么、怎样做。欧洲社会的封建领主一方面对君主负有忠诚的义务，一方面对属民享有忠诚的权利。就后一个方面而言，他与平民的关系类似君主与臣民的关系，因此无论他是仁慈还是残暴，本质上与君主制中的情形没有差别，同政治制度的关系也没有本质差别。

公平正义是现代政治制度的基本准则，"正义是社会制度的首要价值，正象真理是思想体系的首要价值一样。"②和仁、忠诚不同，公平正义出自"多数人"的心声，正因为是"多数人"的诉求，它才成为现代政治制度的基本准则或社会制度的首要价值。公平正义的前身可追溯到贵族与君主的权利义务关系，后来成为第三等级中市民阶层的呐喊和主张，并在他们那里获得经济基础，直至扩大到社会各个阶层，成为全体公民的心声。公平

---

① 以上所论皆以中国为例。中国是政治制度与伦理同一做得最好的，中国的仁政尚且如此，其他国家的情形就不用说了。

② 罗尔斯：《正义论》，何怀宏等译，中国社会科学出版社1988年版，第1页。

正义展示的是这样一个原则：权利不仅归"一个人"和"少数人"所有，也归"多数人"所有，在政治面前人人平等。政治制度应按这个基本原则作出安排，否则就是不公平不正义。前面说过，公平正义被一些人看作道德原则，被另一些人看作政治原则，因此它既被伦理学家使用和讨论，也被政治学家、政治哲学家使用和讨论。《正义论》及其围绕它的讨论是一个范例，道德和政治制度、道德哲学家和政治哲学家在这里交汇到一起。《正义论》被它的中国译者看作罗尔斯"作为一个伦理学家从道德的角度来研究社会的基本结构的，即研究社会基本结构在分配基本的权利和义务、决定社会合理的利益或负担之划分方面的正义问题"的著作，正义原则被视作一个道德标准确定为社会制度的首要价值。[1]

在作出进一步的评价之前，先要做两件事情，其一，罗尔斯对正义原则的表述；其二，罗尔斯落实正义原则的理路。

正义原则有两个。"第一个原则：每个人对与其他人所拥有的最广泛的基本自由体系相容的类似自由体系都应有一种平等的权利。"[2]第二个原则："社会的和经济的不平等应这样安排，使它们：①适合于最少受惠者的最大利益；②依系于在机会公平平等的条件下职务和地位向所有人开放。"[3]第一个原则是平等自由原则，"第二个原则大致适用于收入和财富的分配，以及对那些利用权力、责任方面的不相等或权力链条上的差距的组织机构的设计。"第一个原则优先于第二个原则，"对第一个原则所要求的平等自由制度的违反不可能因较大的社会经济利益而得到辩护或补偿。"[4]

正义原则是《正义论》的核心，作为公平的正义是正义原则的核心。单看正义原则，或许可以说它是道德标准，如果认为正义是道德范畴的话；

---

① 罗尔斯：《正义论》，何怀宏等译，中国社会科学出版社1988年版，译者前言第2、5页。

② 罗尔斯：《正义论》，何怀宏等译，中国社会科学出版社1988年版，第56页。

③ 罗尔斯：《正义论》，何怀宏等译，中国社会科学出版社1988年版，第79页。其关于两个正义原则的最后陈述见第292页。

④ 罗尔斯：《正义论》，何怀宏等译，中国社会科学出版社1988年版，第57页。

再看正义原则的内容，它们分别涉及政治、经济两个领域，一个讲自由平等，一个讲经济利益或收入财富的分配。自由平等和财富分配是道德问题吗？或者，自由平等原则和财富分配以及社会流动原则是道德原则吗？近代以来大多数思想家不这么看，他们关于自由平等和财富分配、社会流动的解决之道也不求助于道德。罗尔斯延续着近代以来大多数思想家的理路。在《正义论》第四章一开始他说："我将描述一个满足正义原则的社会基本结构，并考察正义原则所产生的义务和责任。这一社会基本结构的主要制度是立宪民主的制度。我不想论证这些制度是唯一正义的安排，而是要表明两个正义原则——迄今为止，我一直脱离制度形式而抽象地讨论它们——确定了一种可应用的政治观。"①接着他阐明了落实或运用正义原则的步骤，即"四个阶段的序列"：首先是召开一个立宪会议；其次是挑选出那种最能导致正义的和有效的程序；第三是立法，即通过反复酝酿找到一部最佳宪法；最后，"法官和行政官员把制定的规范运用于具体案例，而公民们则普遍地遵循这些规范。"罗尔斯强调，这些便是运用正义原则的一种方法，"记住这一点是很重要的"。②显而易见，罗尔斯的理路是宪政民主和法治之路，单就该理路本身看，它和道德没什么关系，许多主张道德和政治、道德和法律分立的学者走的都是这条路线。然而它却是落实正义原则的理路，如果把正义原则确定为道德原则，也可以说它是落实道德原则的理路。虽然这里已经出现龃龉，一套规范系统（道德）的核心原则要靠另一套规范系统（民主法治）落实已经破坏了它的自主性，和我们理解的道德不同，和康德理解的道德不同，和仁、忠诚不在一个频道，但它毕竟体现了道德的统帅作用。那么，可不可以说宪政民主和法治的理路就是"泛道德主义"的理路？还是那句话，倘若把世间一切美好应然的东西都视为道德的，以公平正义为原则作出的宪政民主和法治的安排可以说是"泛道德主义"的理路，不仅宪政民主和法治的理路是道德统辖的，宪政民主和法治本

① 罗尔斯：《正义论》，何怀宏等译，中国社会科学出版社1988年版，第185页。
② 罗尔斯：《正义论》，何怀宏等译，中国社会科学出版社1988年版，第186～190页。

身也是道德的。如是这般的"泛道德主义"混淆了范畴、问题、理论的学科界线，带来的困扰远大于其作出的澄清，实践中更会弊病丛生。两极相通，一切美好的东西都是道德的，等于一切美好的东西都不是道德的。道德占尽了美好，等于剥夺了其他学科的权利，用人格化的术语说，它是自私的。笔者以为，罗尔斯的正义原则是一个目标、一种理想，它和人类思想史上的诸多理想一样，只不过更具体些。他的研究和《正义论》的写作方法是康德式的，先设定一个目标，在理论上令其无可置疑，然后让现实与之趋近，不是目标与现实一致，而是现实与目标一致。他和大多数津津乐道于此种方法的人有所不同，知道自己有前定逻辑假设的成分，不停留在假设中，陶醉于其应然性、合理性的证成，而是努力寻找其在当下社会生活中可以运用和实现的对象化形式。提出目标、理想易，找到它的对象化形式难，落实到社会生活各个方面难上加难。研究罗尔斯，不应当把注意力仅仅集中在正义原则上，更应该关注他对运用和落实正义原则作出的探讨。

政治在传统社会中是统治问题，在现代社会中是治理问题，政治的存在是共同体的需要，与伦理无关，与政治制度直接相关。政治制度作为共同体的组织方式，蕴含了社会治理的历史形态。伦理在如何治理社会的层面上可以与政治制度发生关系，历史上它们也确实发生了关系，并产生出政治和伦理一体化的组织形式，——中国的礼治，伊斯兰的法制，以色列和犹太国的"摩西十诫"等等。但要明白，伦理在这里是为统治或治理服务的，不是统治或治理为伦理服务；它是统治建立起来的结果，不是统治得以建立的原因。人类社会的早期统治者常常标榜自己是道德的化身，把"以德配天"说成自己所以能够统治的原因，其实只是为了证明统治的合法性，一方面"德"只是所承"天意"的一部分，并非天、神、上帝要求统治者的全部，另一方面，正如近代以后统治者所做的那样，他们也可以以其他方式证明自己的合法性，换言之，即使就合法性证明而言，伦理也不是唯一的选项。

马基雅维里所处的时代是一个乱世。意大利不是统一国家，它由佛罗伦萨、威尼斯、米兰、那不勒斯等主要城邦和一些小邦国组成，内部有邦国之间的尔虞我诈,外部有西班牙、法国两个大国虎视眈眈。在邦国内部,社会矛盾尖锐,贵族为争夺利益冲突不断,政治舞台上你方唱罢我登场,"残忍措施和谋杀行为已成了治理的正常措施;诚信和信誉已成为幼稚的同义词,使得文化人几乎都不屑提及它们;用武力和要手段成了成功的诀窍;挥霍浪费和骄奢淫逸已是司空见惯、不足为奇了;那种以赤裸裸的且不用任何掩盖的方式去图谋私利的做法,只要成功便可以证明其为正当。"①整个意大利到处呈现腐败的景象,就连教会、教皇也不例外。在这种环境下,马基雅维里相信,除了实行君主专制,任何方式都是不可能的,而君主除非逢山开路、遇水架桥,见鬼杀鬼、见佛弑佛,能用什么手段就用什么手段,就不能进行有效统治。活在乱世,一切规则都被破坏,都失去权威,以恶制恶某种意义上也是一种平衡。洞见现实政治的马基雅维里因此提出第一问题,赤裸裸地剥去伦理的外衣,又赤裸裸地提醒君主披上这件外衣。其思想概括为一句话,君主行为不受道德及法律约束,为了维护自己的统治和国家安全,免于内部动乱或外部危机,可以做有助于成功的任何事情。他因此获得了政治思想史上的一席之地,也因此获得了骂名,成为争议极大的人物。马基雅维里本人其实不是一个心理阴暗的人,也不是一个没有道德羞耻的人。布洛克说他远远不是把邪恶当作货物来推销的冷酷无情的机会主义者,而是一个慷慨的人,他之所以讲那样的话,是因为他看不到美德获胜的希望而痛苦地感到绝望的表现。②

马基雅维里在政治上是重视平衡的。他认为罗马强盛的一个重要原因,乃在于贵族和平民的平衡,一个社会的稳定也在于能够使敌对势力之间达成平衡。但乱世的特点是无常,建立平衡谈何容易。仿佛有一种力量,看不见,摸不着,却实实在在左右着社会,左右着变化,左右着人生,15世纪末16世纪初的意大利人称这种力量为"命运"。许多人屈从于"命运",

---

① 萨拜因:《政治学说史》(下卷),邓正来译,世纪出版集团上海人民出版社2010年版,第10页。

② 布洛克:《西方人文主义传统》,董乐山译,三联书店1997年版,第34页。

马基雅维里却不肯低头，在他看来，"我们的行为只有一半受命运支配，而另一半或近乎一半，是留给我们自己主宰。"①因此他要与"命运"抗争，《君主论》即是他的抗争之作，在这部著作中，他把国家抗争的希望寄托在君主身上。君主的智慧、精力和抱负是"大德行"，道德是人际关系的"小准则"。君主不能为了"小准则"放弃"大德行"。但即使如此，马基雅维里也主张君主本人要有道德，不背离道德，只不过君主在统治国家时不应受道德的束缚。"他保留了基督教关于善恶之分的基本观点，当他提倡邪恶行为时，他从未免去这些行为的邪恶称号，也从未试图做任何伪善的掩饰。他也不敢将道德恶行的直接特性包含在他的'美德'理想之中。"②既认为统治者不择手段的行为是邪恶行为，又建议统治者可以不择手段，其理由是"必需"，即在某种情境下，为了达到目的必须这样做。"必需"是客观情境的要求，是不得已而为之，是不能不如此的选择。所以，"当问题在于拯救祖国时，一个人不应当有丝毫迟疑去考虑某事是合法的还是不合法的，是文雅的还是残酷的，是值得赞美的还是可耻的。"③这其中有种种复杂的情形，批评者也可以指出统治者以国家的名义夹带私利的可能，但在马基雅维里那里，维护统治以实现中兴是其"必需"概念的主要内涵。"他一生真正的中心思想，那就是凭借一位专制君主的'美德'，凭借'必需'所规定的一切措施的杠杆力，来实现一个沦落了的民族的新生。"④

马基雅维里第一问题的意义，是使政治成为一种事务，一个单独的领域。这个事务或领域，如同其他事务和领域一样，有自己存在的根据和理由，君主应当按政治的理由做事，不要受其他事物的干扰。迈内克（他不是第一人）将这个理由称之为"国家理由"。他说："'国家理由'是民族行为的基本原理，国家的首要运动法则。它告诉政治家必须做什么来维持国

---

① 迈内克：《马基雅维里主义》，时殷弘译，商务印书馆2008年版，第95页。

② 迈内克：《马基雅维里主义》，时殷弘译，商务印书馆2008年版，第91页。

③ 迈内克：《马基雅维里主义》，时殷弘译，商务印书馆2008年版，第106页。

④ 迈内克：《马基雅维里主义》，时殷弘译，商务印书馆2008年版，第102～103页。

家的健康和力量。"①自马基雅维里始，人们所认识的"国家理由"主要有以下几种：（1）国家的振兴；（2）国家主权，它可以体现在君主身上，也可以是无人身的国家主权；（3）"利益理由"，有君主私利、公共利益和国家利益之分；（4）君主的权威，治国方略及其手段和知识。17世纪，"国家理由"被看作一套治国方略，也被定义为出于公众利益而对共同法理的必要的超越。博纳文图拉发现，"国家理由"就是亚里士多德的"权威"，即"真正的帝王""君主的君主及其固有的真正法律""政界的普遍灵魂——没有规则就没有一切"。是旨在确立和维持一种特定的国家形态的手段和知识，连同这些手段的应用。不同形态的国家有不同的"国家理由"，有的促进普遍福祉，有的满足统治者的福祉，"国家理由"因此有好坏善恶之分。②黎塞留时期的法国，全面地理解不同国家特殊行为动机成为一个受到普遍关注的问题，"国家理由"同基于现实的"国家利益"联系在一起。黎塞留说，对国家最危险的"莫过于那些希望按照他们从书本里搬来的原则统治王国的人。"在他看来，一切国家活动的主宰因素纯粹和完全是"国家理由"亦即"公共利益"，从利益出发是国家固有的"理性"。③国家由君主统治，君主由利益支配，利益出自理性的权衡，作出决定的表面上看是国王，实际上是"理性女神"。至18世纪，随着国家理论中个人主义思想的蔓延滋长，"国家理由"在理论讨论中逐渐淡出，但仍然存在于政治家们的实践中。

"国家理由"是国家的目的。因为有"国家理由"，君主可以做任何事情，也可以置任何事情于不顾，可以受一切约束，也可以置任何约束于不顾，其中包括道德。那么马基雅维里为什么又建议君主不脱掉道德的外衣，有时候哪怕装也得装得像是一个有道德的人？因为社会需要它，"多数人"需要善良的生活，受压迫者渴望善良的人际关系。道德是人与动物分界的说法打动了生活在"丛林"氛围中的民众，同他们的心理相契合。谁能够讲

---

① 迈内克：《马基雅维里主义》，时殷弘译，商务印书馆2008年版，第51页。

② 迈内克：《马基雅维里主义》，时殷弘译，商务印书馆2008年版，第204～206页。

③ 迈内克：《马基雅维里主义》，时殷弘译，商务印书馆2008年版，第262、263页

道德，谁主张仁政，谁就会得到拥护，反之则会失去民心，故或者夺天下，或者保江山，君主都不能脱下道德的外衣。这或许就是伦理对政治最大的价值。

然而，"国家理由"就不能和伦理融为一体吗？

2.第二问题

有人说："自有《君主论》以来，西方政治学就挨了致命一刀，其创口也许是永难愈合的。"这"致命一刀"就是对经验的重视，而否定把政治理论建筑在"先验"的道德伦理上的倾向。[①]当真不能愈合吗？由此引出新一轮思考。后《君主论》时期的第二问题既是"国家理由"与伦理道德的统一问题，也是理性与经验、普遍与特殊、绝对主义与相对主义、应当与现实的关系问题。

马基雅维里没有想在形而上学层面对君主与人类社会行为准则和价值追求的关系给出解说，他只是想为君主提供现实可行的治国理政方法。马基雅维里之后的人们发现，他的思想中存在矛盾。一方面承认道德对国家来说不可缺少，宗教、法律是国家存在的基础；另一方面又以国家"必需"为由随时伤害它们。既为君主作出的伤害辩护，又鄙视毫无心肝的权势贪欲，希望防止君主的选择成为有害行为。然而，历史一再表明，"国家理由"无法阻止君主作恶，反而有助于伪善的恶棍坐稳王位。这一矛盾演生出西方社会自文艺复兴以来政治思想的一种境况，一方面是一个普遍的支配全部思想的自然法体系的观念，另一方面是历史和政治生活的不可规避的被称作"国家理由"的现实。自然法体系始于斯多葛派，后被基督教吸收和改造，再由启蒙思想重新世俗化。"它由以出发的前提假定在于，理性法和自然法说到底彼此和谐，而且它们都出自宇宙的一种无所不包的神圣统一。不但如此，上帝植入的人类理性能够理解作为整体的这种统一与和谐，

---

① 马基雅维里：《君主论》，闫克文译，台湾商务印书馆1998年版，代译序。

能够确定此类法律在人类生活中必须是权威的内容。"①在这个一般画面中，具体规范或许会有同种种较低级卑下行为相妥协的一面，但普适理念或凌驾于全部生活之上的"神圣之光"是永恒不变和统一的。政治研究和实践的任务，就在于发现能够做到这一点的最佳的国家形式。然而理论上简单的道理，实践中并不简单。"国家理由"是历史的、变化的，在不同的时间空间中有不同的诉求和目的，即使同一个"国家理由"也要面对不同情势和任务的考问。政治领导人正确的做法是不受一成不变的教条束缚，具体情况具体分析，一事一议地解决问题，在这个过程中，它不知不觉地破坏了"大一统"的思维模式和理论框架，与绝对主义、普遍主义、终极意义的自然法和理性法相冲突。"因此，讲求实际的经验主义与自然法的理性主义两相并存，时常好似油和水彼此分离，时常又在思考国家性质的人们心里以混淆不清和紊乱无序的方式摇晃在一起。"②

希望同时拥抱道德世界和现实世界的政治家，特别是学者们，寻求找到某种能够沟通二者的联系环节。博丹的做法，是提供一种普遍的绝对的法理基础，在他看来，这个法理基础即是和谐地融为一体的上帝的命令和自然法，一切法律皆出自这个源泉，统治者不受法律约束只是不受某些具体法律的约束，归根结底要受神法和自然法约束。康帕内拉的解决办法，是把世界看作一个整体，把历史看作一个大过程，人的行为在这个世界和过程中只是微小的一部分，部分必需服从整体，"国家理由"具有片面性。这等于说"国家理由"必需服从一般普遍的绝对原理。③博丹和康帕内拉的思路是持绝对主义信念者共同的思路。斯宾诺莎在《论神学与政治》中确认国家道德高于私人道德，意在表明个人利益不得不屈从于国家利益；与之相关的另一方面是，在他看来，全体个人的利益必须仍然是国家的目的。他希望二者能够达到某种平衡，他的一段能够代表17世纪自由思想家同权

---

① 迈内克：《马基雅维里主义》，时殷弘译，商务印书馆2008年版，第483页。
② 迈内克：《马基雅维里主义》，时殷弘译，商务印书馆2008年版，第486页。
③ 迈内克：《马基雅维里主义》，时殷弘译，商务印书馆2008年版，第166页。

势国家妥协到什么程度的话是："我承认你，你有权势；而且由于权势等同于权利，你还有权利，即有权去做你的自我保存所必需的任何事情。然而，当你按照理性行事时，你会最有把握、最有效、最完全地'凭你本身的力量'行事。如果你不合理性地、强暴地统治，你就会伤害自己。因此，我期望你——如果你明智的话——尊重思想自由，并且（带着我授予你的某些限制）尊重言论和教导自由。"[①]16和17世纪之交，有一种基于基督教伦理作出的新探讨，试图使"国家理由"变得无害，即在形式上它是值得尊重的，在内容上它不影响其按马基雅维里的方式继续存在下去，但其手段方面要变得比较文明。到18世纪，人们有了这样一种观念，社会生活将摆脱迷信粗俗的专制主义，迈向人世快乐和世俗福利状态，而这一状态将在旧有的国家政体形式内发育成长，并在开明君主的领导下得以实现。

上述努力虽值得尊重，但不能令人满意。秉持绝对主义理念者的解决之道，是让"国家理由"服从一般普遍的绝对原理，这等于在新的形式下重归传统；康帕内拉的"全部政治活动和社会活动就是一场反对'国家理由'的坚持不懈的斗争"；[②]斯宾诺莎和基于基督教伦理作出的探讨，共同的特点是妥协，因此还没有切入"正题"。将希望寄托在开明君主身上是18世纪许多知识分子包括伏尔泰的一种破题之路，实际效果如何呢？

普鲁士国王腓特烈二世（1712—1786）是一位开明君主。他将统治者视为人民的仆人，认为其与臣民是同等的人。理由是：统治者为"国家理由"、国家利益服务，是它的仆人；现在，人民成为"国家理由"、国家利益的主体，为"国家理由"、国家利益服务的君主也就成为人民的仆人。两类国家观念并存于腓特烈二世心中，一是人道主义国家观念，它出自启蒙运动的创造；二是权势国家观念，它源自生活和历史的经验。从前者考虑，他强调"仆人"的理念，抑制自己思想和行为中的专制因素，履行一国之君

---

① 转引自迈内克：《马基雅维里主义》，时殷弘译，商务印书馆2008年版，第332～333页。

② 迈内克：《马基雅维里主义》，时殷弘译，商务印书馆2008年版，第166页。

的职责，努力构建权势国家与启蒙思想人道主义的统一，实现君主、国家、人民三者的和谐。从后者考虑，他把群雄并立下的国家安全放在首位，维持一支强大的组织严密的军队，限制一切有可能产生危害的人道主义因素，在其权力受到反抗和存在不安全的任何地方，实施更严厉、更残酷的法则，在心底里认为这样做是必要的、正确的。这使他遇到矛盾：一方面无力抵御马基雅维里主义，另一方面无力抵御启蒙运动自然权利学说的激进伦理主义。他对矛盾有所认识，现实利益和启蒙思想的冲突时常搅动他的思绪，令其不能安宁。"在《思考》中，他将一大剂马基雅维里政治与一小剂道德解药混合起来，而在《反马基雅维里》中，他将一大剂道德原则与冷静的现实主义政治家的大量异议混合起来。"①治理国家的实践告诉他，政治家不得不越出思想设立的界限，有时被迫着在要么牺牲自己的人民，要么违背自己的诺言之间作出可怕的选择。大体而言，他是把权势政治的合理化而非合道德化放在首位。为此他首次把私人伦理与君主责任区别开来，采取了诸多马基雅维里主义式的举措，这引起了启蒙学者的不满乃至愤怒，导致了他与在他还是王储的时候就与之有亲密联系、通信长达20年之久的伏尔泰决裂。腓特烈二世未能在启蒙思想与马基雅维里式的现实之间的矛盾冲突中找到出路，陷入一种二元状态，这令他十分无奈，也令他内心痛苦。"有一次，在他七年生存苦斗的绝望和怨愤之中，他叫道：'一位公民可据以评判政治家的行为的唯一尺度，是它们对人类福祉具有的重要性，那在于安全、自由与和平。如果我从这个前提出发，那么'权势''伟大'和'权威'诸词便于我如浮云。'"可是，正如迈内克所言："生在他那个时代，生为当时普鲁士的统治者，他只能成为'国家理由'的工具而别无他途，以便以此为手段更接近他的人道理想。"②

　　马基雅维里第一问题证实了本节开始时我们的判断，或者也可以这样说，"三个人"的关系为马基雅维里分离政治和伦理提供了历史根据。马基雅维

---

① 迈内克：《马基雅维里主义》，时殷弘译，商务印书馆2008年版，第417页。
② 迈内克：《马基雅维里主义》，时殷弘译，商务印书馆2008年版，第479页。

里第二问题再次寻求政治和伦理统一的努力使事情发生了一些变化，但不是简单地回归到制度与伦理同一。其一，它是在第一问题基础上作出的努力，这意味着政治的独立性得到承认，关于"国家理由"和伦理原则二者不可偏废应当统一的论争，是在肯定"国家理由"的前提下进行的，讨论中提出的发现新的国家形式等主张，是希望找到新的可能、新的统一的一种表征。其二，理论家关于自然法和"国家理由"统一的论辩令人信服，政治家在令人信服的理论面前感到痛苦。前者可以只考虑人们应当怎样生活，不考虑人们实际上如何生活，后者却不能一厢情愿，盲人瞎马，简单地用"一方面……，另一方面……"代替事物的内在联系。其三，当自然法和"国家理由"的关系上升到普遍与特殊、绝对与相对、应当与现实关系的高度时，它已经是哲学问题。和哲学问题相比，马基雅维里问题只是一个花絮，这会使事情发生变化，产生出另外的可能。后来的学者特别是政治家有了新的选择，他们找到一种新的形式，可以不依赖伦理达到同样的目的。这种新的形式是现代国家，在西方，它依赖的主要方式是宪政民主和法治。又回到了政治制度，不是作为起点的政治制度，而是仿佛回到起点的政治制度。

四、善政

探讨马基雅维里第二问题，寻求自然法与"国家理由"、理论与实践的统一等等，无非为了实现善政。既如是，我们不妨跳过学者特别是政治家们探讨和发现新的政治形式的过程，直面善政。

善政，最简要的表达，是治理好众人之事。"众人之事"的内涵极为丰富，不同阶段有不同的主题，亦即社会发展的主要矛盾。解决社会发展的主要矛盾是政治运行的中心任务，这个过程包含政治主体、主体行为、行政方式、施政效果诸要素，善政是关于政治运行过程的评价，实践结果是最重要的判据。

善政的主体是政府，古代的君主、现代的国家领导人在其中扮演主角。善政在政府方面的表现主要是合法性、廉洁性、公正性，治理众人之事者的品格——亚里士多德意义上德性——包含其中。人们通常看重领导者的道德品性，历史表明，道德品性只是善政主体的品性之一，和善政与否没有必然联系。主体行为即政府管理，包括治国方略，路线、方针、政策和施政举措，政府做什么、追求怎样的目标通常体现在这些地方。行政方式是政府落实治国方略，路线、方针、政策和施政举措采取的基本方法或手段，集权还是分权，民主还是专制，法治还是人治，公开还是不公开，都在其中。这些方法手段之为方式，是因为它们具有常规性、模式化的特征，表现为一套制度安排，政府怎样做、借助什么实现所欲目标通常体现在这些地方。施政结果从善政角度看可简要概括为国家富裕强盛，社会繁荣稳定，人民安居乐业。自古以来，凡有助于促进国家繁荣昌盛、有助于增进人民福祉的政府举措、行为方式，在人们心中都是善政。

政府自身的合法性、廉洁性、公正性，以及领导者包括道德在内的个体才能品性，是施政行为及结果的前置条件。政府如果没有合法性、廉洁性、公正性，领导者如果不具备相应的才能和品性，是不可能推行善政的，即使推行也不可能达致善政。但条件就是条件，没有合法性、不廉洁、不公正的政府固然不可能善政，拥有合法性、廉洁公正的政府也未必成就善政。从领导者的角度看也是一样。比前置条件重要的是施政举措及方式，其中尤以方式为重。诺贝尔经济学奖得主埃莉诺·奥斯特罗姆在研究公地困境时发现："在处理与产生稀缺资源单位的公共池塘资源的关系时，如果占用者独立行动，他们获得的净收益总和通常会低于如果他们以某种方式协调他们的策略所获得的收益。在最好的情况下，他们以独立决策进行的资源占用活动所取得的收益要低于他们不独立决策所取得的收益。在最糟的情况下，独立决策进行的资源占用活动可能摧毁公共池塘资源本身。"[1]另有试验表明，在由民主方式领导的小组中，具有团队精神的人是独裁方式领导的小组的2倍，且创造力最强；在由独裁方式领导的小组中，团队表

---

[1] 埃莉诺·奥斯特罗姆：《公共事物的治理之道》，余达逊、陈旭东译，上海三联书店2000年版，第64页。

现出来的顺从是由民主方式领导的小组的10倍，一旦出现错误，团队成员会迅速指出一个人作为替罪羊去承担一切责任。事情有时候是这样的，施政举措意欲得到结果A，采用某种方式实施后得到的却是结果B，结果A是期望得到的、可能的，结果B是实际得到的、现实的。施政举措无论怎样都会得到一个结果，但得到什么结果，是不是原本期望的，则无命定，设定其他因素不变，要想得到原本期望的结果，将可能的变为现实的，必须有适切的方式，用今天的话说，就是作出恰当的制度安排。善政是和恰当的制度安排关联在一起的，没有恰当的制度安排，善政可遇而不可求。然而，作出适切的制度安排是一回事，能否作出适切的制度安排是另一回事，因此我们在历史中看到这样的现象，基于善的目的作出不同的制度安排，产生的不同的结果，其中一些结果，说什么都行，就是不能称之为善政。

善政不在于说什么，而在于做什么以及怎样做。无论哪个国家、哪个社会、哪个时代，政治如若为善，都要满足人们以物质生产生活为基础的多方面的需求，进而做到国家繁荣昌盛，百姓安居乐业，夜不闭户，路不拾遗，政通人和。满足人们吃穿住的需要是基本的善，发展经济因此成为基本目标，在善政所做之事中占中心地位。但政治本身不去（也不能）直接满足人吃穿住为基础的多方面的需要，满足这些需要的是生产及文化等活动。善政因此表现为提供一种政策环境或创造一些法律条件，使之有益于这些活动而非成为它们的障碍。这不是一件容易的事，因为它所面对的不是单向度的活动，而是由许多行为构成的多维度系统活动；不是单一的活动主体，而是分属不同阶层，具有不同地位，利益、动机、追求各异的多样化的主体；不是人与物、人与人单一的关系，而是以"三个人"的关系为主线、以利益关系为核心盘根错节的复杂关系。

由此决定了善政的前提、目的。这前提是具有不同观点和利益的人（阶级、阶层、政党、集团等）的存在，目的是协调利益关系使之有利于共同体的和谐。利益和观点的不同从而诉求和行为不同，是政治存在的价值之所在。如果人们的观点、利益一致，就没有协调利益关系的必要，也就没有了政治存在的必要，更无所谓政治的善恶。历史不以头脑中应然的在或不在为转移，历史把社会分工、社会角色和人们在生产生活中地位的差异呈现出来，也把这些具有不同观点和利益的人的冲突呈现出来，二者都是必然的，不可避免的。善政既然不以观点和利益的一致为前提，也就不以能否达成观点和利益的一致为判据。它可以将观点、利益一致作为追求目标，达到目标固然称善，达不到目标也并非意味着恶；当它使不同观点和利益间的互动达到某种均衡，这种均衡让思想主体和利益主体能够接受甚或满意时，那同样是政治的善。与之相一致，无冲突也不是善政的必要条件，善政从来都不能将自己建立在无冲突的基础上。如果说冲突彰显政治存在的价值，那么能够在某种历史背景和条件下调节控制冲突，化对抗性冲突为非对抗性冲突、激烈冲突为缓和的冲突，将冲突控制在一定范围内，彰显的就是善政。历史经验告诉我们，为消除冲突而将政治作用的方向诉诸利益一致性是不客观的，为此作出的努力——铲除利益之争的根源，禁欲、斗私、否定市场经济等——反而生恶，有时是大恶。历史没有提供这样的物质生活条件，使人们作出的这类努力具有成功的现实可能性。在没有可能的条件下强行去做，那就如同马克思批判的，不过是把自己的利益、一个阶级的利益，说成全社会共同的利益。这是意识形态虚假性的表现。意识形态的虚假性不是善，为了虚假的利益一致、观点一致采取的政治行动也不可能善，且不说它所产生的后果，单只强制本身就是不善。

善政平等地对待具有不同观点和利益的人。平等是善政的基本理念，也是善政的基本特征。善政之"平等"，主要是权利平等，包括政治权、财产权和人的基本权利。具有不同观点和利益的人们有职务、收入、社会角色上的差别，没有基本权利的差别。人的天赋不同，从而人的所得不同，善政尽管应当限制天赋不同造成的所得不同以及所得不同造成的人的实际生活状况的不同，却不应以抹平这些不同为旨趣。对天赋不同导致的所得不同不加限制任其发展，人类社会就是一个丛林社会，人的活动就处在生物法则支配下；不讲个体差异和贡献，所得一律相同，既对贡献者不公，也对发展不利。在具体的历史条件下，能够给予或实际给予的人的平等权利，是两难选择的一个均衡点，将差距限制在公认为合理的范围内，"管理众人之事"也就达到了公正。这既取决于一定的物质生活条件，也取决于具有不同观点和利益的人们怎样行动——他们行动的边界，他们愿不愿意作出妥协以及以什么方式作出妥协。很长一段历史时期中，这些条件无法满足，因此有一部分人对另一部分人的统治，有一部分人对另一部分人的反抗。现在情况有所改观，人们怎样行动以及他们行动的边界可以由法律界定，人们相互之间的妥协可以通过协商方式达成。协商方式是平等的方式，政府和百姓平等，领导者和被领导者平等，百姓或被领导者之间也平等。这意味着民主，意味着政府或领导者不能以"上"自居仅仅按照自己的认识和愿望决定他与他人的关系，他必须听取具有不同观点和利益的人们的呼声，尊重他们的意愿，满足他们的要求，在对话协商中作出相应的安排。仅仅按照自己的认识和愿望作出的安排，哪怕安排者诚心正意代表被安排者的利益，也是"被平等"。"被平等"不是真正的平等，替当事人决定这种做法本身就是高高在上的表现，何况政府或领导者不可能完全了解被领导者的愿望。只有当这种安排建立在商谈基础上时，事情才会有变化，"受动"成为"主动"，安排的过程即行政方式本身也是平等的。

由此引出另一个标识，善政允许具有不同观点和利益的人表达自己的诉求。这些诉求可以是维护性、建设性、肯定性的，也可以是批判性、反对性、否定性的。善政之善，主要表现在不是允许人们讲维护性、建议性、肯定性的话，而是允许人们讲批判性、反对性、否定性的话。善是一种关系，有不同才有不同者的关系，一个声音、一种观点无所谓善，也无所谓不善。世界原本是"和声"，只有一个声音它便不美。当我们这样说时，也等于否定了"嘈杂"。"和声"是有"规矩"的。

在"规矩"的前提下，我们不妨对"和声"所以为美谈几点理由：第一，表达自己的观点，提出不同的意见和建议，是人的基本权利。既然人是平等的，就不能剥夺人的这个权利，以任何借口不让他人讲话，都是对其权利的侵犯。第二，在善政之对各种利益关系的处理中，合理性是其不可缺少的内涵。设定合理性为"真"，则"真"只在不同观点的碰撞和相互激荡中才能显现。"真"不是从来就有，"真"在论辩中产生。论辩之初，

"真"是诸多观点之一，每个参与论辩的人都可以认为自己的观点"真"，无论他的观点是否"真"，他认为自己观点"真"这一点在言行上都不属于恶。接下来的事情，是各种观点论辩并接受实践检验。即使被我们认为"真"的先贤们的思想，由于时代变迁，也要在实践中修正和完善。所有这些，都需要其他观点存在，都需要有论辩机制。我们知道，认为自己"真"的观点中肯定有谬误，我们还知道，某些谬误的观点一段时间里能够迷惑人。因此有一种认识，这种认识成为压抑不同观点的理由：只允许正确的观点存在，不允许错误的观点泛滥。这种认识的合理性毋庸置疑，但它有一个误区，即忽视了"正确"与"错误"的区别并非源于开端，而是表现为结果，没有理解真理只有在与谬误的斗争中方能产生从而没有谬误就没有真理的真实含义。不得不说，如果承认真理和谬误相伴而生，那么不让谬误存在的"禁声"，也会同样取消真理的存在。历史经验证明，"病菌"会使人生病，"健康"却不因与"病菌"隔绝而能得来，真正的"健康"源自机体自身对"病菌"的抵抗力。为了机体"健康"大量使用"药物"，乃至努力塑造一个"真空"环境，表面上去除隔离了"病菌"，实则使"生命"变得极为脆弱。不善之大，莫过于此！第三，现实生活中没有纯粹的"是"，也没有纯粹的"非"，"是"中有"非"，"非"中有"是"。把"是"中"非"剔除出去，把"非"中"是"汲取出来，相互激荡和相互作用是不可缺少的条件。非此即彼的形而上学做法排除了相互激荡、相互作用，使一方失去另一方的制约，其后果可以这样表述：人总是理性有限，因而人总有缺点不足，无论这个人是个体还是群体、政党还是团队、政府还是民众，一旦失去制约，少了紧盯自己如芒刺在背的眼睛，有限理性和缺点不足就会膨胀放大，事情就会向对立面转化。这是一条铁律，任何人都不能摆脱的铁律，包括那些伟大的人物。于是我们看到这样的情形，正因为他伟大，一旦他的有限理性膨胀起来，造成的危害也大。这是一条铁律，任何思想都不能摆脱这条铁律，包括那些最引人入胜的思想，于是我们看到这样的情形，正因为引人入胜，一旦它们被绝对化为唯一的真理，便成为束缚人们思想的教条。一个国家、一个民族一旦思想僵化，便失去发展的活力。善政不允许发展失去活力，因此善政允许不同观点存在和表达，把它当作增强社会活力的条件加以建构。第四，允许不同观点表达，从道德方面看，有助于消除伪善。利益不同是客观存在，客观存在的社会景观决定人们的意识，产生与之相应的观点，它们是存在所决定的人们的真实想法。倘若不允许利益主体把内心真实的想法表达出来，甚或造就一种高压态势让人们不敢表达内心真实的想法，就会有相当一部分人学会掩饰，讲一套趋炎附势投机取巧指鹿为马自己也不相信的话，做一套鸡鸣狗盗争权夺利欺上瞒下敢于突破任何底线的事，成为一个双面人。伪善是大不善。一个国家、一个民族如果假话流行，伪善司空见惯，这个国家和民族的政治无论如何都不善。

传统的善政观认为，有一个开明、廉洁、富有仁爱公正之心的君主，实行轻徭薄赋、休养生息、备战慎兵、政治宽松的方针政策，得到政通人和、国家富强，社会稳定，人民安居乐业的结果，就是善政。笔者赞同这种认识，但认为以史为鉴还应当超越这种认识。

贞观之治书写了中国古代政治辉煌的一页，可谓善政典范。贞观之治遵循中国传统之道，法尧、舜、禹、汤，求仁义、诚信、节俭，轻徭薄赋，备战慎兵，以德治国。"贞观元年，太宗曰：'朕看古来帝王以仁义为治者，国祚延长，任法御人者，虽救弊于一时，败亡亦促。既见前王成事，足是元龟。'"贞观二年又说："是以为国之道，必须抚之以仁义，示之以威信。"① 用道德教化人民之法方能长治久安，百姓心存义理，安居乐业，便是善政，这个理论源自孔子，唐太宗的治国理念接受和遵循的无疑是孔子的主张。因此"贞观二年，诏停以周公为先圣，始立孔子庙堂于国学。稽式旧典，以仲尼为先圣，颜子为先师……是岁大收天下儒士，赐帛给传，令诣京师……国学之内，鼓箧升讲筵者，几至万人。儒学之兴，前古未之闻也。"②

---

① 〔唐〕吴兢：《贞观政要》，中州古籍出版社2008年版，第193、194页。

② 〔唐〕吴兢：《贞观政要》，中州古籍出版社2008年版，第278~279页。

贞观有治，李世民厥功至伟。和历史上其他帝王比，除了雄才大略，李世民突出的特征一是纳谏，二是克己。他鼓励大臣们积极谏言，看到自己有什么不对的地方一定要指出，曰："人臣顺旨者多，犯颜则少，今朕欲亲闻其失，诸公其直言无隐。"①对敢于诤谏的人给予奖励，对惧怕触犯龙颜的人给予批评，留下一段他与魏征关系的佳话。他能克制自己的欲望，不大兴土木修建楼堂馆所，不四处畋猎观花赏月，当大臣们直言不讳批评他的言行时，也能忍下心中的不悦承认错误加以改正，有时甚至宁愿丢面子。贞观元年，朝廷大开选举，有人其中作弊。太宗下令，凡作弊不自首者处死刑。大臣戴胄奏言，此举不合法律，建议不杀。"太宗曰：'卿自守法，而令朕失信耶？'胄曰：'法者，国家所以布大信于天下，言者，当时喜怒之所发耳。陛下发一朝之忿，而许杀之，既知不可，而置之以法，此乃忍小忿而存大信，臣窃为陛下惜之。'太宗曰：'朕法有所失，卿能正之，朕复何忧也！'"②李世民不仅纳谏从善，克制自己，还常常自我告诫要一直这样保持下去，做一个善始善终的君主，总体上看他做到了这一点。他目睹隋朝的灭亡，文、炀二帝惨痛的教训在他心头打下难以磨灭的印记，使他深谙船能载舟，亦能覆舟的道理；他也看到历史上许多帝王开始能够励精图治，一旦天下安定就骄奢淫逸，最后国破家亡的教训，所以多次与大臣们谈论善始善终问题，期望保持江山安定，社稷万代流传。他可以说是一个以天下为怀一心为公的人，也可以说是一个以家为怀一心为私的人，他身体力行的所作所为不管是为公（国）还是为私（家），客观上为百姓带来了福利，也为大唐开创了盛世气象。

可以这样说，没有李世民就没有贞观之治。然而仰一人之善政是偶然的，③如若说偶然中有必然，那就是其兴也勃焉，其亡也忽焉。诚如太宗君

---

① 〔宋〕司马光编著：《资治通鉴》（三），岳麓书社1990年版，第580页。

② 〔唐〕吴兢：《贞观政要》，中州古籍出版社2008年版，第213页。

③ 魏征以敢谏著称，太宗多次表彰奖励他。一次，当太宗表达他的赞赏之情时，魏征说："陛下导臣使言，臣所以敢言。若陛下不受臣言，臣亦何敢犯龙鳞、触忌讳也！"（〔唐〕吴兢：《贞观政要》，中州古籍出版社2008年版，第48页。）

臣所言，君正臣贤，各尽职责，仁义道德，上下同心，必保万世太平。但这就如同说人人都是君子世上便没有小人一样，可以期待，不可以为据，一时的群贤汇聚不代表永世的持续。还在贞观年间，太子承乾"好营造主亭观，穷极奢侈，费用日广"，"疏远贤良，狎昵群小"。太子左庶子张玄素屡屡劝阻，承乾不满，先派人在张玄素上朝路上将其暴打一顿，几乎要了性命，后又欲派人行刺。李世民一向重视儿子们的教育，选派正人君子辅导他们，承乾尚且如此，我们又能对人人君子保万世太平抱多大希望！即使太宗本人，天下大治以后也常有越轨放纵的冲动，魏征曾上书批评："昔在贞观之初，侧身励行，谦以受物。盖闻善必改，时有小过，引纳忠规，每听直言，喜形颜色。故凡在忠烈，咸竭其辞。自顷年海内无虞，远夷慑服，志意盈满，事异厥初。高谈疾邪，而喜闻顺旨之说；空论忠谠，而不悦逆耳之言。私嬖之径渐开，至公之道日塞，往来行路，咸知之矣。"①并列举了太宗"渐不克终"的十种表现。②魏征去世后，太宗痛哭流涕，说"朕亡一镜矣！""自制碑文，并为书石"。然而最后还是借故（魏征生前推荐之人一个被黜，一个被诛），罢了魏征儿子的封号，推了自己撰文的墓碑。

唐太宗教导自己儿子："尔思王道之艰难，遵圣人之炯戒，勤修六德，勉行三善。……尔身为善，国家以安；尔身为恶，天下以殆。"③宋太宗也教导自己的儿子："汝等生于富贵，长自深宫，民庶艰难，人之善恶，必恐未晓，略说其本，岂尽予怀。夫帝子亲王，先须克己励精，听卑纳谏。每著一衣则悯蚕妇，每餐一食则念耕夫。至于听断之间，勿先姿其喜怒。朕每亲临庶政，岂敢惮于焦劳；礼接群臣，无非求于启沃。汝等勿鄙人短，勿恃己长，乃可永守富贵而保终吉。先贤有言曰：'逆吾者是吾师，顺吾者是吾贼。'此不可不察也。"④帝王如能象唐宋两位太宗所言，克己勤修，品

---

① 〔唐〕吴兢：《贞观政要》，中州古籍出版社2008年版，第231页。

② 〔唐〕吴兢：《贞观政要》，中州古籍出版社2008年版，第374～382页。

③ 《唐大诏令集》卷二八《皇太子·册文》。

④ 《续资治通鉴长编》卷二九《宋朝事实》卷三。

德高尚，以圣人为榜样，挂念百姓疾苦，确有助于善政。但一方面，有了克己勤修、品德高尚不等于必然能够使其政善，清嘉庆帝即是一例。另一方面，更重要的，即如唐太宗、宋太宗那般谆谆教诲、身体力行，也没能达成长治久安。我们在腓特烈二世那里看到一个具有人文情怀的君主在他在位时不能兑现人文主义诉求的例子，在唐太宗那里看到一个在他去世以后善政不能持续的例子。这样的案例绝非个别，它们是历史中的普遍现象。

密尔说得对，有人认为，如果能保证有一个好的君主，君主专制就是最好的政府形式，这是"一种极端的也是最有害的误解"。[①]一则，有一个时常改革弊政的专制君主，就有99个只知制造弊政的专制君主。故好的专制政治完全是虚假的理想，是最无意义和最危险的奇异想法。在一个文明有所发展的国度，好的专制比坏的专制政治更为有害，因为它更加松懈和消磨人民的思想、感情和精力。[②]二则，"好的专制政治意味着这样的一个政府：在这个政府里，就依靠专制君主说，不存在国家官吏的实际压迫，但人民的一切集体利益由政府代他们进行管理。有关集体利益的一切考虑由政府替他们去做，他们的思想形成于并同意于这种对他们自己的能力的放弃。一切事听任政府，就像听任上帝一样，意味着对一切事毫不关心，并把它们的结果，如不合自己的意思，当作上天的惩罚加以接受。所以，除对思维本身有智力上的兴趣的少数好学的人以外，整个人民的才智和感情让位给物质的利益，并且当有了物质利益时让位给私生活的娱乐和装饰。"[③]换句话说，在这样的状态下，除了一个人的绝对权力，其他一切人的思想都将多余，其他一切人的行为都不存在主体性。他们没有自由意志，是被动的而不是主动的，是依赖他人的而不是独立存在的，是被把握命运的而不是把握自己命运的，是牧羊人的羊而不是牧羊人的同伴。一切与他无关，他对一切也觉得无关。一个对一切感兴趣的人，管理着众多对

---

① 密尔：《代议制政府》，汪瑄译，商务印书馆1984年版，第37页。
② 密尔：《代议制政府》，汪瑄译，商务印书馆1984年版，第42页。
③ 密尔：《代议制政府》，汪瑄译，商务印书馆1984年版，第39～40页。

一切不感兴趣的人，一个有追求的人，管理着众多追求享乐的人，这样的国家不可能拥有生机活力！如是，民族衰亡的时候就来到了，——这是君主专制政府的自然倾向，是它的内在必然性。

改变这种情形必须改变政治制度，长治久安不能依靠个人，只能依靠制度。制度提供一套行为准则，一套做事的方法和程序，适切的制度安排可以解决如下问题：（1）把权力关进笼子里，使其行为有界、受到监督，不能随心所欲，为所欲为。（2）为具有不同利益和观点的人提供行为准则和程序，一方面确定其遵循的义务，另一方面保障其合法权利，包括其参与国家事务的权利。（3）以客观尺度平衡一个人、少数人和多数人的关系，打破特权，走向平等，既赋予政府、领导者履行职责的充分权力，又使其被监督受制约，不能凌驾于人民意志之上，既调动一个人、少数人的积极性、能动性，又调动多数人的积极性、能动性。（4）把冲突控制在一定秩序的范围内，既保证法律规章得到严格遵守，又为每个人的自由提供空间，既使社会具有生机活力，又使社会稳定有序。

在制度方式主导的社会中，克里斯玛式的人物仍然有魅力有作用，但这作用只是边际作用，不起主导作用；个体偶然性仍然存在于政治殿堂内，但已成为必然性的一个部分，融入制度结构的功能中；领导人仍然你方唱罢我登场，但人存政举、人亡政息的弊端却在相当程度上得以消除。比较开明、廉洁、轻徭薄赋、经济发展、生活改善、安居乐业，制度更根本。开明、廉洁，轻徭薄赋、经济发展、生活改善、安居乐业可能是暂时的，制度是长久的。有一套适切的制度，不管什么人执政，开明、廉洁，轻徭薄赋、经济发展、生活改善、安居乐业是可期的，没有一套适切的制度，要想开明、廉洁，轻徭薄赋、经济发展、生活改善、安居乐业，只能乞求天上掉下救世主。因此，善政与否的根本在于制度，制度善是最大的善，制度不善是最大的不善。又因此，政治制度的每一种改善、都是善政演进的脚步。善政是历史的。

中国传统善政观，道德居核心地位。善政即德治抑或德治的彰显，是人们普遍的认识，以道德尺度裁判衡量政治，是政治伦理研究的普遍取向。

这种认识和取向长久地影响着中国的政治思维和行政理性，其所形成的政治化的道德意识和道德化的政治意识在中国人的心智上打下深深的烙印，以至于在向现代社会转型的今天人们仍然或是自发或是自觉地站在道德的立场上审视政治的善与不善。这个传统定式应该打破了。

西季威克在《伦理学方法》中谈到伦理学与政治学的关系时说："伦理学和政治学都是实践的研究，它们都把存在于实证科学范围之外的某种东西，即对应当追求的目的或应当无条件服从的规则的确定，包括于它们的研究范围之内。""伦理学旨在确定个人应当做什么，而政治学则旨在确定一个国家或政治社会的政府应当做什么，以及它应当如何构成"，"初看起来，这样设想的政治学似乎是伦理学的一个分支"，实际上"这一论点不是决定性的"。[①]

善政与道德有什么不同？

善政的主体是政府，道德的主体是个人。个体可以通过修身养性提升道德境界，政府不能修身养性，能够修身养性的是政府成员。政治家或领导者可以在政治活动中打上个人的深刻印记，他们所从事的活动、他们在活动中显现出的力量本质上却是集体行动、集体力量的化身。如果把修身养性成就的道德情操看作集体行动中个体成员的一种素质，则这种道德素质可以帮助政府、政党、社会集团和组织的成员——特别是领导者——更好地从事他们的活动。这样说时我们必须清醒地意识到，"更好"建立其上的基础不是道德素质，具备人们赞扬的道德品质不等于他们能够作出正确的决策，不等于能够推行善政。使决策成为善政还需要政治智慧，需要相应的认识水平，需要民主法治的素养和态度，需要恰当的方式和方法。同这些方面相比，道德素质是次要的、辅助的。

善政的着眼点是社会，对象是人民大众，道德的着眼点是个人，对象是内心世界。政治既为管理众人之事，作出的决策、选择等等一定是针对大众的，一般来说它不考虑个人，事实上它也不可能考虑到每个个人。所

---

① 西季威克：《伦理学方法》，廖申白译，中国社会科学出版社1993年版，第39页。

以，与善政相关联的，是社会各阶级阶层、行业部门、集团、民族以及它们的关系。即使政府、政党、组织的政治诉求反映的是某些特殊利益，也不能不考虑如何平复其他利益；而如果政治诉求以善政为旨趣的话，就更不能不考虑他人，舍此不能合理平衡各方面的关系。道德不同，一个道德主体在行动过程中可以不把自己所做之事建立在他人如何的基础上，他只遵循"绝对命令"，做源自内心认同的应当之事，即使众人皆醉，他也要独善其身，即使别人不知道他是谁、在做什么，他也要慎独。倘若不是如此，人云亦云随波逐流，他便没有道德高尚性可言，是故，与道德相关联的是自我认定，是个人修身养性之"绝对命令"。

善政基于现实，道德基于崇高。崇高为人文精神所倡导，善政应当体现人文精神，表现人文关怀。虽如是，政治决策和政治行为的选择却不以崇高的道德为根据，建立什么样的社会，作出什么样的制度安排，实施什么样的路线、方针、政策，一切要从实际出发。提出崇高的目标并不困难，历史告诉我们这样的目标从古到今很多很多。困难在于将其变为现实，因此历史实际呈现给我们的，常常与理想画面相距甚远。就变为现实而言，"应当"的根据，用马克思的话说，来自对历史规律的把握，用邓小平的话说，来自实事求是。舍此不能合理，不能达成目的性与规律性的统一，不能实现所欲之事。用理想代替现实，用崇高代替规律，把未来的事拿到现在来做，尽管善的旗帜高高飘扬，政治上却可能不善。道德不然，它就是要超越现实，不管外部环境怎样，坚定不移地持守道德情操，坚守德性家园。在这个意义上，道德是我行我素的，外部环境越是恶劣，越是乌烟瘴气，道德我行我素的品格越显高贵。

善政背后有强制，道德背后是自律。善政之善以制度为本，对具有不同观点并追求各自利益的人们来说，制度是他们必须遵守的规则，虽然规则的遵守不排除说服，能够让人们自觉自愿地遵循制度的规范对它来说是再好不过的事情，但它不把自己的实施建立在人们自愿的基础上。制度的人性假设是"恶"，因而它强制性地要求人们遵守契约，遵守法律，遵守以"仪式"方式正式颁布的规则，并随时准备惩罚违反契约、违反法律、违反规则的人。这种强制为社会所必须，故法治社会是善良社会。道德不能强制，一旦用强制方式加以推行，道德便不再是它自身。众所周知，道德和自由意志相联系，强制是自由意志的否定，否定了自由意志便否定了道德责任，不承担道德责任也就没有道德义务。不仅如此，用强制的方式推行道德，善还会转化为恶，它会摧残人性，会把人送上断头台。这类现象我们在古代中国见过，在欧洲中世纪见过，在法国大革命和"文化大革命"中也见过。它们给出的深刻教训是，道德乃个人自由选择之事，不能由国家强迫。

基于上述差异，善政和道德不能用同一个标准评判。善政评判的基本标准是"三个人"关系的平衡，是平等、自由、公平正义。道德评判的基本标准是仁，是义，是友善、诚信、忠孝、节俭等规范。个体只要按照道德规范做好自己的事，就可以成为一个高尚的人。政府只有制定正确的政策，作出正确的决策，采取正确的方式或施之合理的制度安排，才可谓善政。最理想的状态，是政治家的个人行为善，推行的政策和作出的制度安排也善；最糟糕的状态，是政治家既无德性又无善政；最常见的状况，是政治之善恶和道德之善恶没有必然联系。一个生活节俭的政治家在道德上是善的，但倘若正是其所推行的政策导致了普遍饥馑，政治上便为不善。政治家廉洁自律固然为善，但倘若维护或作出的制度安排成为腐败的温床，政治上便为恶。以道德为标准评价领导人、政治家，其实是把道德和政治的"善"混淆了。注意到历史上这样一种现象是有益的：道德上可嘉的人可以将美好的东西撕碎，道德上可指责的人却可能增进社会福利。

善政是天下之善，道德是个人之善。中国古代社会的先贤们认为，个人之善与天下之善可以相通。天有秩序，人间也有秩序，天有"道"，人也有"道"，人从天命，"人道"遵循符合"天道"。将人与天沟通的是"德"，"德"是"天道"与"人道"的中介，是天上秩序在人间的化身。帝王因有"德"而获天命，得天下，取得统治的合法性；子孙也须"修德敬命"方能保有天下维持统治。这种观念——在理论上实践上——应当超越，以血缘关系为纽带的社会不复存在，家国同构的宗法等级制度已被破除，皮之不存，毛将焉附！同样需要被超越的还有这样一种情怀：崇拜克里斯玛式的人物，被他们的豪迈所激动，为他们的大智大勇所折服，把自己和国家的命运寄托在他们身上。政治文明的一大进步，是超越了英雄创造历史的局限。我们今天仍然需要伟大人物，现代社会也不排斥克里斯玛式的人物，但在现代社会，政治家的伟大与否已不取决于他的个人修为，而取决于他创制的制度，取决于他能否让制度在自己生活的土地上开花结果。一个看似平淡的政治家，如果能够作出好的制度安排并使之在实践中贯彻落实，将是一个超越克里斯玛式人物的政治家，在他身上体现出来的是这样的境界：大音稀声、大象无形。

第四章　法律：联系的目的和区分的意义

　　法律是政治借以控制社会生活、实施国家治理的手段，并且是唯一得到认可的强制性暴力手段。法律一头连着政治，一头连着经济社会，在调节规范经济活动中扮演着重要角色。政府借助这套体系涉足经济，政治因而通过法律与经济联系在一起；市场主体借助这套体系展开自己的活动，"经济人"因而凭借它规范自己和政府行政的关系。马克思把法律看作经济关系的特定术语；韦伯认为，没有可靠的法律制度和行政管理制度就没有西方合理的资本主义经济。在依法治国的社会中，政府行为也受制于法律。

　　历史上，道德也曾是一个中介，一头连着政治，一头连着社会。道德规范体系具有巨大的感召力，由于它和人们内心向往的某些东西灵犀相通，故而被视为"应当"，由于它和某种美好的社会生活状态联系在一起，故而被视为目的。在传统中国，它被置于国家治理理念的顶端。细心的读者会发现，在我们的表述中，道德连接的另一头是社会，不是经济。这是因为，经济在许多人眼里是"利"，"君子喻于义，小人喻于利"。

　　本章不讨论政治、经济、法律的关系，只讨论法律与道德的关系。法律与道德的关系是法学和伦理学共同关注的话题，曾经为19世纪欧洲法学的三大主题之一，在21世纪中国学者反思中国道德现状时也备受关注，有关它们的讨论可追溯到公元前5世纪的希腊思想家和大约同时期的中国儒家，由孔子时代向前再推600年，周公的治国理念中已经孕育了二者关系的萌芽。从公元前1100年到现在，法律与道德时而被统一在一起，时而被区分开来，人们时而放弃德与法的比较，时而又将比较重新拾起。17、18世纪的西方社会，道德理念大量涌入法律，道德义务被视作法律义务，道德原则同时也被认为是法律原则，"此阶段所有法律体系的特征是：法律制定必须完全符合道德的倾向，道德理念随之融入法律理念的进程，以及将没有法律制裁内容的道德转化为有效的法律制度。"[①]与此同时，法律科学也滥觞于这一阶段，从科学的角度审视，法律被看作客观独立的领域，有自己无涉道德的本性；近代，分析的法学家和历史法学家在探讨法德关系时反对18世纪根据道德来识别法律的做法。[②]这段纷繁复杂的漫长历程既涉及法律规则与道德的关系，也涉及法律行为与道德的关系；既涉及法律内部的道德问题，也涉及法律外部的道德问题。这些关系可分为两个层面，一是法律与道德的关系，二是法治与德治的关系。本章从法律与道德的联系和区分入手探析二者的关系，在区分法律与法治、道德与德治的基础上探析德治和法治。

一、联系的目的

法律起源于习俗，是习惯的派生物。法律和纯粹的智识不同，和道德的标准不同，也和纯粹的物质条件不同，它需要由人来实施，既是物质的又是意识形态的。"至少在理论上讲，被马克思看作革命主要动因的社会—经济条件与政治—道德的意识形态之间所存在的冲突，可以通过法律解决。"[③]

法律行为和道德在二种场合发生联系，一是立法，包括法规的解释；二是司法，包括法律的适用和法官的自由裁量权。在这两种场合，如同一些学者所说，法律和道德的界线是不清晰的，道德对法律有重要影响，庞德甚至认为，在法律适用和自由裁量两个方面道德的影响起着决定作用。

---

① 庞德：《法律与道德》，陈林林译，中国政法大学出版社2003年版，第44页。

② 庞德：《法律与道德》，陈林林译，中国政法大学出版社2003年版，第一版序言，第1页。

③ 伯尔曼：《法律与革命》，贺卫方等译，中国大百科全书出版社1993年版，第665页。

"如果这就是指法律和道德的必然联系的含义，"哈特说，"它们的存在是应予承认的。"①

立法理念是立法的灵魂，它从立法者心灵深处影响着立法的过程、法律的确定、法律的目的、法律的准则乃至法律条文的具体规定。法律在制定之前，立法者要考虑各种情况，搜集各种信息，为该法律设计一个能经受得住质询考验、即使内容大大修改自身也能站得住脚的整体结构。自然法学派通常认为，缺失了道德环节，这一点是做不到的。制定法律的目的是满足行为—关系的需要，一项具体法条规定的目的可能与道德无涉，但它不能与社会基本道德规范相违背，法规的设定同道德取向不矛盾是立法的通则。亚里士多德说："法律所以能见成效，全靠民众的服从。"②哈特说法律的存在需要两个最低限度的条件，其中第一条就是对百姓而言它必须被普遍地遵守。③而百姓普遍遵守的前提之一，是它与自己心目中的道德一致。

或者基于自觉认识，或者基于自然发生，立法的最高理念中包含了一些有着重要道德价值的原则，正义原则、公平原则、平等原则、基本人权原则等等。"有着重要道德价值的原则"的说法是一个中性的表达，某些执着一端的观点直接把正义原则、公平原则、平等原则、基本人权原则视为道德原则，按照这种观点，道德通过立法或直接公开或潜移默化地进入法律，合乎逻辑，顺理成章。立法理念之外还存在这样的现象，有些道德规范（如诚实守信）和有些法律规范（如民商法律规定的诚实守信）是相互融通词义一致的。

如果用一个原则来表征包含了诸多有着重要道德价值的法律的最高准则，这个原则就是正义。正义和法律存在不可分割的联系，拉丁文中的法律（ius）和正义（iustum）在词义上纠缠不清，ius既是"法律"又是"正

---

① 哈特：《法律的概念》，张文显等译，中国大百科全书出版社1996年版，第199页。

② 亚里士多德：《政治学》。吴寿彭译，商务印书馆1965年版，第81页。

③ 哈特：《法律的概念》，张文显等译，中国大百科全书出版社1996年版，第116～117页。

义"。① 而在托马斯主义的自然法传统中，正义与道德联系在一起，被解释为人类可以依赖理性发现的、与道德原则相等同的概念。由是，按托马斯主义自然法道德比法律更优先的逻辑，法律是被作为道德的正义所统辖并在作为道德的正义指导下制定的。哈特不否认正义与道德的联系，但不赞成将正义原则与道德原则等同。他的做法是后退一步，把正义看作道德的一个片断或部分，认为作为道德一部分的正义主要不涉及个人行为而关注对待个人所属的阶级的方式。这是一个重要观点，喻示了正义作为法律的最高原则所指称的范围：不是个人，而是共同体或社会。在共同体或社会范围内，正义又体现在两个层面，一是法律本身的正义，二是法的适用即司法正义。法律本身的正义是个较为宽泛的概念，它以社会为参照，在与社会结构其他要素的互动关系中显现或界定自身。法的适用正义是相对较窄的范畴，仅以司法过程为旨趣。② 在第一个层面上，如果法律本身不平等、不公正，规定了部分社会成员的特权或豁免权，使权利分配发生倾斜，使义务承担专属平民百姓，或者，即使没有不平等、不公正的差别对待的规定，却对基本人权方面的伤害视而不见、全无补救，它就是不正义的，反之则是正义的。本身不正义的法律是恶法，本身正义的法律是善法。第二个层面的问题下面将会谈到，这里只想指出，司法不正义不等于法律不正义，法律得不到公正的实施是谓司法不正义，而不被公正实施的法律本身却可能是正义的。在这个问题上，哈特的观点是正确的，他说："我们可以理智地声称一个法律因其是正义的而是好法，或因其不正义而是坏法；但不能声称一个法律因其是良法而是正义的，或因其是坏法而是不正义的。"③ 这里的正义或不正义是且只是就司法而言，隐含了德法关系的微妙和复杂性。

司法的核心是公平。公平即一视同仁，法律面前人人平等，无偏见和

---

① 见萨托利：《民主新论》，冯克利、阎克文译，东方出版社1993年版，第329页。

② 哈特：《法律的概念》，张文显等译，中国大百科全书出版社1996年版，第154、155、159、165页。

③ 哈特：《法律的概念》，张文显等译，中国大百科全书出版社1996年版，第156页。

差别，同类情况同样对待，不同情况区别对待。公平是正义在司法中的集中体现，"如果有一组案件所涉及的要点相同，那么各方当事人就会期望有同样的决定。如果依据相互对立的原则交替决定这些案件，那么这就是一种很大的不公。"①不公平是法律适用上的不正义，同样情况同样对待、不同情况区别对待是法律适用上的正义。为保证法律适用的公平正义，法条法规必须保持稳定，不能朝令夕改，因人而异，一致性和稳定性是司法公平的必要条件。

司法公平的含义并不复杂，做到司法公平却不简单，即使法官竭尽努力，仍有不公平的事情发生。这和法律的特性有关，法律与道德"难舍难分"也是原因之一。

法律有两个相互关联的特性，一是普适性，即并非针对特定的人和事，而是适用于普遍人群的普遍行为准则；二是持久性，即法律是一种不可朝令夕改的规则体系，一经形成便在较长时间里保持稳定。普适性和持久性既是法律的优点，又是法律的局限。与普适性相应，法律规定由抽象的观念构成，是且只能是一般规定。任何一般都是个别，但只是个别的一个方面，一个部分，反映了个别的共性，不能涵盖个别的个性即人的存在的差异性和人的行为的多样性，因而也就不能发布一种约束所有人同时又对每个人都是最有利的命令，不能完全准确地给社会每个成员作出正当的规范并依此对他们的行为加以裁定。而它的持久性或稳定性特征则与人类事物无休止的变化性相冲突，使它在变化面前显现出保守性和"时滞性"，显现出某种程度的不适应性和"僵化性"。人们在区分法律和道德时认为，如果法律是非常明确的，能够得到准确无误的阐释从而无需依赖法律范围以外的资源，那么把法律和道德区分开来就是可能的。然而，无数事实表明，任何一个法律制度和法律体系都不曾达到也不可能达到如此明确无误的程度。法律因其抽象一般的特性所导致的具体应用时的困难和不适，使其陷入两难境地，倘若它要保持普适持久的特性，则人们无论怎样努力都不可

---

① 卡多左：《司法过程的性质》，苏力译，商务印书馆2000年版，第18页。

能制定出绝对适用于各种个别的规则；倘若它要制定出适用于各种变化和个别的规则，势必丧失普适持久的特性。不仅如此，在复杂多样不断变化的社会生活面前，法律自身也不乏自我冲突。"在德沃金看来，法官并不是运用公共政策改变和创立了法律，而是通过解释这些原则发现了适用于手中案件的法律。这些原则因此取代了正义的形式和上帝之法律。然而，如同德沃金承认的，这些原则并不构成一个前后一致的整体，其中有一些律令经常打架，比方说，任何人不得因其枉行获利与诺言必须信守等等，以至于，在如何处理违反非法合同之诉时，法官常常处于非常为难尴尬的境地。"① 当这种情境无从逃避时，人们的选择是为了维护某种有更大价值的东西，放弃其他价值或让它们退居其次，宁可法律出现模糊不清和令人疑惑的情形，也不让法律的普适性和持久稳定性受到危害。这或许就是"理性的狡计"，用略带神秘色彩的话表述，亦可说这或许就是历史的安排。

司法过程当然不会无视一般与个别、持久与变化造成的不谐，一个个具体的司法案件活生生地摆在那里，也容不得法律人视而不见。"理性的狡计"由是再次发挥作用，这一次它采取的办法，是在一般性法律原则和法律规定的框架内赋予法官自由裁量权。"霍姆斯论辩说，法律是对法官遭遇一系列事实时将如何行为的一种预测。……这个观点与更为常规的关于'法官是规则适用者，偶尔也是规则修订者和创造者'的实证法学观点具有一致性。而无论依据哪种观点，法律都只是授权执业者即法官的活动，而不是一套概念（规则、原则或任何其他东西）。法官运用裁量权来改变规则，尽管这种裁量权受到原则的约束，但它不是'原则化的'。实际上，谈论'运用裁量权'也许太宽泛了，法官会改变规则，情况就是如此。说到底，法律就是法官对你的案件所作的决定。"②

这个决定关系重大，关乎财产安全，权利保障，行为取向，人的自由，直至人的福祸生死。法官的"自由裁量"能否做到公平正义，既考验他们

① 波斯纳：《法理学问题》，苏力译，中国政法大学出版社2002年版，第28页。

② 波斯纳：《法理学问题》，苏力译，中国政法大学出版社2002年版，第26～27页。

的学识智慧，也考验他们的道德良知。今天人们都知道，法律是一种特殊的理性，只有法律人才懂得这种理性；司法是一种专业性很强的工作，只有法律人才能胜任这一工作。能够作出公平正义裁量的法官是最好的法官，最好的法官是把法理琢磨的最透的法官，他不仅精通法律条文，而且深谙司法目的，懂得法律原则的精神实质，能够预见到社会中占支配地位的群体的愿望，那种与历史潮流联系在一起的愿望。然而，仅有学识是不够的，"从长远看来，'除了法官的人格外，'埃利希说：'没有其他东西可以保证实现正义。'"①美国是一个事无巨细都讲法律的国家，这句话从美国最有影响的法学家之一、在美国司法界享有盛誉的联邦最高法院大法官本杰明·卡多左口中引出，意味深长。法官的人格在拥有丰富司法实践经验的卡多左那里被看作实现正义的保证，当其他东西被排除之后，法官的人格实际上成为实现正义的最终保证。无论对人格做何种解释，独立、自由还是富贵不能淫、贫贱不能移，良知都是它的内涵。我们可以把人格看作一个纽结，它一方面联结着法官的道德品格，一方面联结着在法律不能完全适用个案时法官借用的其他资源。法官必须是一个有道德的人，法官无德是司法的灾难。法官的道德首先是他的职业道德。各行各业都有自己的职业道德，法官的职业道德，是敬业、廉洁、忠诚于法律、不偏不倚、不泄漏或违法使用司法信息、不诱导诘问诱导发问，在观察两种抉择时保持衡平和中立性，考虑一切将受影响的人的利益，以那些可接受的一般原则作为判决的合理基础。在更高层面上，法官还有或应有公正、仁慈、审慎等美德。法官借用的资源中，道德资源是一眼可见的重要资源。道德原本就是人的行为规范，法律与道德在规范初始时期原本也是不分的，当遇到纠纷单靠法律不能解决时，借用道德资源顺理成章。法官的良知强化了这一倾向，为它提供了道义支持、心理基础和内在驱动力，使之由自然而自觉，由顺"理"而成"章"。

从古至今法律总有这样那样的"破缺"，从古至今法律都为法官留有发

① 卡多左:《司法过程的性质》，苏力译，商务印书馆2000年版，第6页。

挥自由裁量权的空间。法律的"破缺"和法官的自由裁量权共同造就了一个"中间地带"，在这个"中间地带"法律适用特别是司法裁判究竟依据的是法条还是道德良知，界线不再清晰，同一中有差异，差异中有同一。

比较而言，立法和法律的适用同政治的关联更为紧密，法官的自由裁量权同道德的关联更为紧密。总体上说，法官的自由裁量权是道德进入法律的主要途径，赋予道德发挥作用的巨大空间。细思起来，内中还有一些差异，法官的自由裁量权为道德敞开的门户可大可小，法律与道德关系中很多问题的争论，即产生于门户大一些还是小一些的认知。在这方面，法学家、伦理学家、政治哲学家充满分歧。有一种观点主张法律对道德不设防，向道德洞开门户。持这种观点的学者认为，法规是外壳，内容由道德填充，道德进入法律理所当然，只要需要就可以用法律手段实现道德的目的，道德是第一位的，法律应当服从道德，整个法律体系都可以看作道德，至于是被看作底线的道德还是别的什么道德另当别论。这种观点是泛道德论在司法领域的表现。

富勒是泛道德论的代表。他从一则寓言开始，细数创立新法失败的八种情况，将它们称作通向灾难的八条道路："第（1）种、也是最明显的一种情况就是完全未能确立任何规则，以至于每一项问题都不得不以就事论事的方式来得到处理。其他的道路包括：（2）未能将规则公之于众，或者至少令受影响的当事人知道他们所应当遵循的规则；（3）滥用溯及既往性立法，这种立法不仅自身不能引导行动，而且还会有效破坏前瞻性立法的诚信，因为它使这些立法处在溯及既往式变更的威胁之下；（4）不能用便于理解的方式来表述规则；（5）制定相互矛盾的规则；或者（6）颁布要求相关当事人做超出他们能力之事的规则；（7）频繁地修改规则，以至于人们无法根据这些规则来调适自己的行为；以及最后一种（8）无法使公布的规则与它们的实际执行情况相吻合。"[①]与这八条通向灾难相反的道路，是应当追求的八种法律上的卓越品质：确立规则；将确立的规则公之于众；不滥用溯及既

---

① 富勒：《法律的道德性》，郑戈译，商务印书馆2005年版，第46～47页。

往性立法；用便于理解的方式表述规则；不制定相互矛盾的规则；不颁布超出当事人能力之事的规则；使公布的规则能够与它们的实际执行情况相吻合。到此为止，一切还都在法律的范围内，接下来道德被引入了。

首先，富勒将追求法律八种卓越的品质视为立法者的道德义务，当品质卓越的法律被制定出来，人们也有服从它的道德责任。富勒反复指出，法律可以在一系列伦理问题上保持中立性，但它不能在关于人本身的理解上保持道德中立。要促进人的行为服从于规则之治的事业，必然要信奉这样一种观念：人是或者能够变成一个负责任的理性行为主体，能够理解遵循规则，并且能够对自己的过错负责。人如果没有能力作出负责任的行动，法律的道德性就失去了它存在的理由。[①]

其次，但绝不是重要性上的其次，富勒认为法律具有内在的道德性。法律的内在道德包含两个方面或两种类型，一是义务的道德，一是愿望的道德。义务的道德确定了使有序社会成为可能，或者使有序社会可以达致其特定目标的那些基本规则，不杀人，不放火，不偷盗抢劫等等。它是旧约和十诫的道德。它的表达方式通常是"你不得……"，有些时候也可能是"你应当……"。义务的道德不会因为人们没有抓住充分实现其潜能的机会而责备他们，但它会因为人们没有遵从社会生活的基本要求而责备他们。"愿望的道德"指善的生活所需要的道德，这是一种卓越的道德，是能够充分实现人之力量的道德。[②]从富勒论述的前后文看，愿望的道德是形而上的理想，指引着人的道德行为方向。实际上富勒本人就是明确地将愿望的道德与最高境界的道德联系在一起的："如果说愿望的道德是人类所能达致的最高境界作为出发点的话，那么，义务的道德则是从最低点出发。"[③]富勒认为，法律和义务的道德最为亲近，美学和愿望的道德最为亲近。"如果我们要寻找人类研究领域之间的亲缘关系的话，法律便是义务的道德最近的

---

① 富勒：《法律的道德性》，郑戈译，商务印书馆2005年版，第51～52、188、189页。

② 富勒：《法律的道德性》，郑戈译，商务印书馆2005年版，第7～8页。

③ 富勒：《法律的道德性》，郑戈译，商务印书馆2005年版，第8页。

表亲，而美学则是愿望的道德最近的亲属。"①他以赌博为例说明愿望的道德和法律为什么"不亲近"：赌博在西方国家不违法，但愿望的道德谴责赌博。愿望的道德所以谴责赌博，是因为在它看来，赌博不是一种适合人类才智之士所应从事的活动。这种谴责和法律没有任何关系，它所表明的，是法律无法强迫一个人做到他的才智所允许他做到的最好的程度。的确，法律无法做到这一点，用愿望的道德去衡量，现实生活没人能够达到它的要求。由此引出一个问题，这个问题在富勒看来主宰了道德论的战场：愿望的道德居于衡量人类行为尺度的顶端，义务的道德居于衡量人类行为尺度的底端，由下向上扩展的是义务道德的地盘，由上向下扩展的是愿望道德的领地，那么在什么节点自下而上的扩展或自上而下的扩展是适宜的？这个问题的意义在于，节点不同不仅产生法律和道德的界线问题——有无界线或界线在哪儿，实践中也会因此产生差异极大的结果。

富勒认为，未能区分愿望的道德和义务的道德是讨论道德与法律关系时出现许多含混之处的原因。②他曾想在义务的道德和愿望的道德之间划出一条界线："当我试图说明义务的道德与愿望的道德之间的差异的时候，我提到过一把想象中的标尺，它始于最明显和最基本的道德义务，而延伸向人所可能取得的最高成就。我还提到过一枚看不见的指针，它标示着一条分界线，在那里，义务的压力消失而追求卓越的挑战开始发挥作用。现在这一点应该是清楚的了：法律的内在道德也呈现出所有这些面向。它也包含着一种义务的道德和一种愿望的道德。它同样使我们面对这样一个问题：要知道在哪里划出一条分界线，在其下，人们将因失败而受谴责，却不会因成功而受褒扬；在其上，人们会因成功而受嘉许，而失败却顶多会导致怜悯。"富勒虽然这样说了，却并没有告诉我们这条分界线在哪儿，他的思想在本质上是这样一种见识：仅仅遵循道德义务或法律义务是消极的，无论法律、道德还是人自身，都要求由下向上提升，所以，"法律的内在道德

----

① 富勒：《法律的道德性》，郑戈译，商务印书馆2005年版，第19页。
② 富勒：《法律的道德性》，郑戈译，商务印书馆2005年版，第6页。

注定基本上只能是一种愿望的道德。"①

严格说来富勒不是在谈法律与道德的区分，而是在谈道德内部义务与愿望的区分。他把立法合理性与立法者的道德性联系在一起，称法律被清晰合理地确立起来是立法者的道德义务。如是，创立任何科学理论就都会成为理论创立者的道德义务。当他说法律是义务的道德最近的表亲时，似乎是在区分法律与道德；当他说法律的内在道德包含义务道德和愿望道德且"注定基本上只能是一种愿望的道德"时，法律与道德又融为一体。在他那里，好的法律就是内在道德的，正如好的行为是内在道德的，而好的法律引导的正是好的行为。

我们在富勒的思想中看到了柏拉图和亚里士多德的影子，他是在按照柏拉图和亚里士多德的某些理路对现代法律与道德的关系问题作出阐释。然而对法律与道德关系的阐释还有另外的进路，它可以接着柏拉图、亚里士多德说，也可以另辟蹊径，这一点从哈特那里可见一斑。

哈特认识到法律的复杂性，认为若想对法律的复杂性作出适当处理，就要区分两类规则。一类是基本的或第一性的规则，它要求人们做或不做某种行为而不管他们愿意还是不愿意，在第一性的义务规则是唯一控制手段的社会，不存在法律与道德明确的区分。另一类规则是第二性的，它规定人们可以通过做某种事情或表达某种意思引入新的第一性规则，废除或修改旧规则，或者以各种方式决定它们作用的范围，控制它们的动作。第一类规则设定义务，是义务性规则，第二类规则授予权力（公权力或私权力），是承认规则、改变规则和审判规则。第一类规则涉及和物质运动或变化有关的行为，第二类规则不仅引起物质运动或变化，而且引起义务和责任的产生或变更。哈特认为，法是第一性规则和第二性规则的结合，如果我们能够对这两类规则及其相互作用得以了解的话，法律的大部分特征就能得到最好的澄清。所以他把第一性规则和第二性规则的结合看得很重，

---

① 富勒:《法律的道德性》，郑戈译，商务印书馆2005年版，第50、52页。

赋予它以中心地位，理由是它有强大的解释力。[①]

富勒为了把法律与道德含混不清的关系理出头绪而区分义务道德和愿望道德，哈特为了把法律的复杂性理出头绪而区分第一性规则和第二性规则。富勒说义务道德与法律最亲近，哈特说在第一性的义务规则中不存在法律与道德的明确区分。在这两点上他们是大致相同的，除此之外，他们便不同了。富勒进一步强化法律的道德性，将义务的道德向上扩展为愿望的道德，认为后者高于前者，并将它们共同纳入法律的范畴。哈特则回到法律，将第二性规则界定为授予权力，认为第二性规则依附于第一性规则。富勒的出发点是道德，他表达自己思想的著作是《法律的道德性》，哈特的出发点是法律，他阐释自己观点的著作是《法律的概念》。虽然我们不能因"法律的道德性"便对法律作出就是道德的解读，但富勒含混不清的界线划分却使原本含混不清的法律与道德的关系并没有因义务道德和愿望道德的区分而清晰起来。他的论述和博登海默的如下说法颇为相近：存在两类要求和原则，第一类是社会有序化的要求，包括避免暴力和伤害，踏实地履行协议，协调家庭关系，对群体某种程度的忠诚等。第二类是那些极有助于提高生活质量和增进人与人之间紧密联系的原则，如慷慨、仁慈、博爱、无私和富有爱心等等，这些要求的特点是，超过了那种被认为是维持社会生活的必要条件所必须的要求。[②]哈特则提出了需要进一步讨论的问题：（1）区分有关具体正义观念的一般道德领域和它与法律之特有的本质联系的那些具体特征。（2）把道德规则和原则不仅与法律规则，而且同所有形式的其他社会规则或行为标准区别开来的特征。（3）许多不同的观念以及法律规则和道德学说互相联系的方式。[③]

哈特阐释进路的核心，是强调法律有自己的特征、自己的本性。他虽

---

① 哈特：《法律的概念》，张文显等译，中国大百科全书出版社1996年版，第83、153、166~167页。

② 博登海默：《法理学：法律哲学与法律方法》，邓正来译，中国政法大学出版社1998年版，第392页。

③ 哈特：《法律的概念》，张文显等译，中国大百科全书出版社1996年版，第155页。

然承认法律与道德存在联系，主张第一性规则与第二性规则结合，但始终把这种联系和结合建立在法律独特性的前提下，因而他关心的是法律与道德联系的具体特征、具体方式，它们是在什么范围、什么条件、什么状况中发生联系的，进而又在什么范围、什么条件、什么状况中道德与法律等其他社会规则相区别。哈特的阐释进路和西方法律传统的演化进路相吻合。

西方法律传统的主要特征之一，是把法律本身看作一种学说，一门科学，通过它能够对法律进行分析和评价。法律因此被设想为一个连贯的整体，一个融为一体的系统，一个"实体"。法律实体或体系的活力取决于发展能力的信念，这是一种西方独有的信念。法律的发展被认为具有一种内在的逻辑，受某种规律的支配，它不仅是对新情况的适应，也是某种变化形式的一部分。该变化不是随机发生的，而是由对过去的重新解释进行的，以便满足现在和未来的需要。①按照这一传统，视法律为科学的分析法学派提出"法律家"（当然包括拥有自由裁量权的法官）应当遵循三项准则："（1）科学家有义务以客观与诚实指导其科学研究，并且将科学价值的一般标准作为评价他们自己或其他人工作的唯一依据；（2）要求科学家采取一种怀疑的和'有机的怀疑论'的立场对待他们自己或他人的前提与结论的精确性，对于新观点直到被反证之前要宽容，要有公开承认错误的意愿；以及（3）一种内在的假设，即认为科学是一种'开放的系统'，它寻求'对真理的愈来愈接近的认识，而不是提出最终的答案'，又认为'科学不能被冻结于一套正统的概念体系之中……它是一种由具有不同程度可能性的观念所组成的一个总是处在变化之中的体系。'"②这同样是一些应然性的准则，但却是与道德有别的应然性准则。"秩序，一如我们所见，所侧重的乃是社会制度和法律制度的形式结构，而正义所关注的却是法律规范和制度性安排的内容、它们对人类的影响以及它们在增进人类幸福与文明建设方面的价值。从最为广泛的和最为一般的意义上讲，正义的关注点

---

① 伯尔曼：《法律与革命》，贺卫方等译，中国大百科全书出版社1993年版，第11页。
② 伯尔曼：《法律与革命》，贺卫方等译，中国大百科全书出版社1993年版，第189页。

可以被认为是一个群体的秩序或一个社会的制度是否适合于实现其基本的目标。如果我们并不试图给出一个全面的定义，那么我们就有可能指出，满足个人的合理需要和主张，并与此同时促进生产进步和提高社会内聚性的程度——这是维续文明的社会生活所必需的——就是正义的目标。"①如前所述，博登海默两类原则的说法和富勒相似，并且都将其与道德联系起来，但他的上述文字明确告诉我们，法律至少在形式结构上有自己的独特表现——秩序。

以上我们从两个层面梳理了法律与道德的联系，一是法律"所是"层面的联系，它通过立法、法的适用或司法、法官的自由裁量权以及法官本人的品德表现出来。"所是"层面的联系是自然的，即使实证主义者也无法否认法律与道德自然的一致性。二是法律"应是"层面的联系，它通过愿望和目的表现出来，指向一个美好社会，一种善的生活。"应是"层面的联系是人为的，在这个层面，法学家、伦理学家存在理论和实践上的分歧。

现在我们要问，人们为什么要把法律与道德联系起来？历史无意识从而自然地将它们联系起来，学者们有意识从而人为地将它们联系起来，无论在"所是"层面还是在"应是"层面，基于客观事实还是基于主观愿望，这种联系的目的是什么？

将法律与道德联系起来的直接目的，是使法律成为良法。良法的对立面是恶法，良法的诉求基于恶法的存在。法学史上一向有两种观点，一种观点认为无论良法恶法都是法，一种观点认为只有良法才是法。与之相关联，法学史上一直有一种强烈的声音，恶法人们是可以不服从的。阿奎那认为，通常被称作恶法的东西实际上不是法。因为不是法，自然谈不上遵守。法官沃恩在托马斯诉索雷尔一案（1677年）中说："一部人不可能服从或无法依循的法律是无效的，并且不算是法律，因为人们不可能服从

---

① 博登海默：《法理学：法律哲学与法律方法》，邓正来译，中国政法大学出版社1998年版，第261页。

前后矛盾（的规则）或依其行事。"①这种声音持续到20世纪后，如下观念在西方社会中得到确认：抵制侵犯正义和人权的制度是合法的。经历了1933～1945年间纳粹暴政的德国人将这一观念确定在1949年宪法第20条中，它宣称，在别无他法的时候，所有德国人都有权抵制试图破坏宪法秩序和法治原则的人。②

按照一种普遍的但却并非深思熟虑的观点，判别良法恶法的主要参照因素是道德。与道德一致的是良法，与道德不一致的是恶法。一个良法不仅要有良好的逻辑，还要有良好的内容，不仅有良好的内容，还要有良好的执行和效果。无论在哪种意义上，良好的内容还是良好的执行和效果，道德都不可缺少。阿奎那所谓恶法不是法故而不必服从的主要理由是道德，在他那里，法律如果不与美德相关，法律确立的东西不与美德吻合，就不是真正的法律。二战结束后（注意这个时间节点），德国新自然法学派的代表人物拉德布鲁赫告诉德国人，如果法律故意地蔑视正义，那么它们就是无效的；德意志民族不应服从这样的法律，法律人更要有勇气去否认这样的法律。四十年后另一位德国法学家柯英更为系统地探讨了抵制的问题："处心积虑的违反（自然法）必定遭遇消极抵制。扩展到使用暴力的积极抵制不是道德所要求的。但是，在直面一个故意按自然法所禁止的方式行事的有罪政府时，依据自然法的抵制既是可行的也是正当的。"③但另外一些学者的看法有所不同。哈特认为，虽然有些法律在道德上是不公正的，却是以正当形式制定、意义明确、符合制度效力所有公认准则的。对这样的法律，我们可以说它们是邪恶的，不应遵守服从的，但不能说它们不是法律。④恶法也是法，但人们可以不服从，这就是哈特的观点，它代表了很多

---

① 转引自富勒：《法律的道德性》，郑戈译，商务印书馆2005年版，第40页。

② 凯利：《西方法律思想简史》，王笑红译，汪庆华校，法律出版社2002年版，第377页。

③ 凯利：《西方法律思想简史》，王笑红译，汪庆华校，法律出版社2002年版，第396～397页。

④ 哈特：《法律的概念》，张文显等译，中国大百科全书出版社1996年版，第203页。

人的看法。还有一些人更"激进"，他们认为，恶法比没有法好，因此，在没有更好的法律取代时，即使它是恶的，也是应当服从的。

恶法是不是要服从是一个问题，法律与道德相吻合相一致才能成为良法是另一个问题，前者不影响后者。人们所以将法律和道德联系使之成为良法，目的是塑造一种生活，在这种生活中，人是善良的，社会是美好的。良法有助于善的生活，因而值得追求；恶法损害善的生活，因而必须抵制。良法所以有助于善的生活，因为它是公正的。公正的法律才是良法，公正的法律有助于达成善的生活。法律追求公正，"公正是一切德性的总汇"。"在各种德性之中，唯有公正是关心他人的善。"① 公正关心他人的善这一点为法律留下了发挥作用的空间。德性原本是个体性的，德性伦理学强调德性主体的首要性、自主性。一个人解决了"我应该如何生活"或"我应该成为什么样的人"的问题，他就会知道什么样的人是值得去做的，什么样的生活是值得去过的，通过修身养性的功夫，他就会成为一个有德性的、善良的人。但亚里士多德认为："做一个善良的人，和做一个善良的公民似乎并非一回事。"② 公民是城邦共同体中的一员，他区别于一般的"人"的地方，是要主动参与城邦事务，承担自己作为城邦一员的责任，履行自己作为城邦一员的义务。因此，他不仅要关注自己的言行，也要关注他人的言行，不仅关心自己善，也要关心他人的善，他是必然要与他人交往的，也是必然要和他人发生联系的。在这种情境中，仅仅做一个善良的人对城邦成员来说是不够的，他还要做一个善良的公民；而要做一个善良的公民，仅仅有个人德性是不够的，还要有"一切德性的总汇"，使自己的行为彰显"一切德性的总汇"，使自己的生活合乎"一切德性的总汇"。这就要求有一种社会要素，它能承载"一切德性的总汇"从而成为人们实践活动共同的尺度，良法或公正的法律就是这样的要素，它不针对哪个人，而以关照共

---

① 亚里士多德：《尼各马科伦理学》，苗力田译，中国社会科学出版社1990年版，第90页。

② 亚里士多德：《尼各马科伦理学》，苗力田译，中国社会科学出版社1990年版，第92页。

同体为旨趣。亚里士多德说："公正是应用于他物的德性整体，不公正则是邪恶的整体。……因为多数合法行为几乎都出于德性整体，法律要求人们合乎德性而生活，并禁止各种丑恶之事。为教育人们去过共同生活所制定的法律，就构成了德性的整体。"[1]法律在这里和德性总体同一了，也和公正同一了。"既然违法的人不公正，而守法的人公正，当然一切合法的事情在某种意义上都是公正的。因为合法是由立法者规定，所以我们应该说每一规定都是公正的。所以，法律是以合乎德性的以及其他类似的方式表现了全体的共同利益，而不只是统治者的利益。所以，从一个方面，我们说公正就是给予和维护幸福，或者是政治共同体福利的组成部分。"[2]

那么，以道德为法律的最高准则，以公正为德性的总汇，使法律与道德吻合一致从而成为良法，是否就能顺利达成预期的目的——善的生活？这里存在许多问题，对这些问题的理解和阐释各有立场和认知。最有利于"泛道德论"的，是把正义、公平乃至善的生活本身都视为道德原则或范畴，这样正义和公平在立法和司法中的核心理念地位就成为道德统领法律的证明。下面我们就从这种最有利于"泛道德论"的立场和认知出发做些分析，在不违背其自身逻辑的条件下看看能够得到什么。

历史。从古至今人们都向往美好社会、善良生活，故而有理想国，有大同社会，有乌托邦和共产主义。许多人相信，把法律与道德统一起来，用道德善化法律，用法律善化行为，善的生活即可期待。政治伦理化、法律道德化、儒家思想占主导地位的古代中国是这样想和这样做的，教会法与宗教伦理统一的欧洲中世纪和近现代伊斯兰国家也是这样想和这样做的。但历史没有因为这些诉诸实践的努力呈现出人们所期望的结果，即使儒者和宗教学家也不认为他们所处的时代达到了善的生活，倒是可以看到他们常常感叹人的堕落和社会风气败坏，并为此焦虑不安。我们不应那么功利，

---

① 亚里士多德：《尼各马科伦理学》，苗力田译，中国社会科学出版社1990年版，第92页。

② 亚里士多德：《尼各马科伦理学》，苗力田译，中国社会科学出版社1990年版，第89～90页。

以道德原则没有导致实际善的生活为理由否定它们的地位和它们之于法律的意义。正义、公平可以理解为一个目标，善的生活可以理解为一个过程，没有正义、公平的引导就没有善的生活过程的完成。这是一个有说服力的解释，笔者完全赞成这样解释。但历史呈现出来的某些现象向这个解释提出挑战，要求它作出修正：在道德旗帜飘扬的法国大革命中，在"狠斗私字一闪念"等高大全口号深入人心的"文化大革命"中，善的生活不仅不在，反倒生出了众多扭曲和罪恶。在历史的这些场景中，作为道德的公平正义在，作为法律的公平正义不在，个中教训不能不察。

正义。正义是立法的灵魂，法律应当是正义的，这一点最无争议；谁之主张、何谓正义，这一点多有争议。没有争议时，正义是抽象范畴，多有争议时，正义是具体范畴。当亚里士多德说公正不是一般意义的公正而是政治的或城邦的公正时，他所论的公正是具体的，这种公正只存在于自由和平等的人之间，不存在于其他人之间。"奴隶和儿童是主人和父亲的一部分，所以没有不公正的主人和父亲，因为没有人会对自己不公正。对妇女有与城邦公正不同的家室公正。"[1]用今天的眼光审视，亚里士多德的公正有很大局限，同样，柏拉图基于社会等级而让人们各安其命做好自己能做之事的所谓正义，今天看来也不那么正义。历史是变化的，正义的观念以及在它指导下的法律规定也是变化的，不同的人对正义有不同的理解，不同时代对正义有不同的诠释。正义的观念不同，立法和司法便有所不同，其规定的人的义务在内容和性质上存在差异；正义的观念发生变化，立法和司法也随之发生变化，其规定的人的义务在内容和性质上存在差异。让人间事物受到高贵且公正的一致性的支配的确是法律的精髓，但"公正和其他义务的具体内容是随着社会制度而变化的。"[2]正义观念的变化破坏了作为立法灵魂的一致性，这是我们看到的一个结果，除非我们对正义或公正做抽象的理解。

---

[1]　亚里士多德：《尼各马科伦理学》，苗力田译，中国社会科学出版社1990年版，第101页。

[2]　西季威克：《伦理学方法》。廖申白译，中国社会科学出版社1993年版，第44页。

抽象的理解是这样一种理解，不管怎样，是否发生变化，法律终归要体现正义，正义终归是法律的最高准则。变化的是正义的观念，不变的是以正义为法律的最高准则。那么当我们不考虑变化的因素——尽管它已经破坏了正义内涵的一致性——仅就一个时期人们依据正义理念形塑法律来看，情况又会怎样？凯尔森说："将法的概念从正义观念中摆脱出来是有困难的，因为在非科学的政治思想以至一般讲话中，这两者是不断被混淆的，而且因为这种混淆符合于使实在法看来合乎正义的意识形态倾向。如果把法律和正义等同起来，如果只是合乎正义秩序才被称为法律，那么，呈现为法律的社会秩序同时也被呈现为合乎正义的，而这意思就是说它在道德上是正当的。将法和正义等同起来的倾向是为一个特定社会秩序辩护的倾向。这是一种政治的而不是科学的倾向。"[①]把法律与道德的混淆同意识形态联系起来，把法律与正义的等同和为一个特定社会秩序辩护的倾向联系在一起，是这段话的两个要点。一旦法律与道德的联系成为意识形态，目的是维护特定的社会秩序，就存在一种可能：正义成为国家政治的工具性手段。当正义成为意识形态工具和政治手段后，它便脱离目的，逐渐地或迅速地离开善的生活本身，名义上还在追求善的生活，实际上此善已非彼善，只是意识形态或政治指定的生活。我们说这是一种可能，就是说并不必然如此，法律终归要以正义为圭臬，但对可能发生的事情不能不察，况且这种可能在历史上曾经不止一次地变为现实。因此，正义作为立法或法律的灵魂是需要分析的，它与法律的联系需要有范围和条件的限制，它自身应当怎样定位也是一个需要考虑的问题。这是我们得到的另一个结果。

公平。法律为社会生活、人们的政治、经济、文化活动提供手段和条件，现代社会中，它还承担着分配权力、限制权力、保护权利的职责。司法过程中，法律的主要功能之一是调节个人的或社会的各式各样的利益关系，司法公平适用于其全部领域和过程。法律调节的个人利益有：个人的权利和

---

① 凯尔森：《法与国家的一般理论》，沈宗灵译，中国大百科全书出版社1996年版，第5～6页。

义务、个人的财产和安全、言论自由和信仰自由等等。法律调节的社会利益有：（1）一般安全方面的利益，包括防止国内外侵略或侵害的安全、公共卫生的安全；政府、婚姻、家庭及宗教等社会制度的安全。（2）一般道德方面的利益。（3）自然资源和人力资源的保护。（4）一般进步的利益，特别是经济和文化进步方面的利益。（5）个人生活的社会利益，即每个人都能按照其所在社会的标准过一种人的生活。如何在尽可能多地满足一些利益的同时使牺牲和摩擦降低到最低程度是一项"社会工程"，法律就是旨在最小化"摩擦和浪费"的"社会工程"的机制。庞德认为，如果能完成这项工程，法律就会对社会凝聚和生活安全作出重大贡献。[①]我们引出这段文字意在两点：其一，以此为例说明法律调节的对象众多，属于道德方面的内容只是其中一部分，它们和法律作用的范围有交叉重叠，但不等同。其二，如果说法律调节的许多内容不在道德范围内，且这些不在道德范围内的内容同样在塑造善的生活，同样为善的生活所不可或缺，那么就会有个问题：属于道德范畴的公平——像一些人主张的那样——如何调节不属于道德范畴的对象？这是一个学理问题，却和是否能够达到善的生活的目的有内在关系。当许多人认为法律与道德（公平）联系在一起可以达至善的生活时，他们实际上预设了一个前提，法律调节规范的人的行为和关系与道德调节规范的行为和关系是重合的。现在这个预设不成立了，那么法律与道德（公平）联系在一起是否仍然可以达至善的生活？

来看另一种情形。司法公平指依据法律规定作出不偏不倚的裁定，它只能依据法律规定作出裁定，不能依据别的什么裁定，包括道德，因此司法公平是有限公平，是公平的一个方面、一个部分。我们在涉及遗产继承、家庭财产分割、赡养老人的民事审判中经常遇到这样的情况，事实清楚，法律关系并不复杂，完全可以据此作出公正的判决，但这样做的结果会伤害家庭成员的亲情关系，使父母子女姑表舅甥反目成仇。公平与亲情

---

① 参见博登海默：《法理学：法律哲学与法律方法》，邓正来译，中国政法大学出版社1998年版，第409、410、414～416页。

在这里发生冲突，落实了司法公平，便斩断了骨肉亲情。为了尽可能避免这种冲突，司法中的一种做法是把公平的法律判决放在第二位，先以调节方式救助亲情，其次才考虑法律形式的解决。实践证明这种做法效果好于简单的公正判决。然而这种效果好的做法却隐含了一个理论上的不谐，不是具体伦理关系服从最高道德准则，而是最高道德准则服从具体伦理关系。这种不谐在法官自由裁量中大量存在。其他情形的冲突还有许多，例如公正审判的结果可能惩罚一个有道德的人，而保护一个道德上令人不屑的人，它在法律上无可指责，在道德上备受诟病。

"联系的一致性"。人们比较容易接受这样的观点，法律不是道德，不能将二者完全等同。人们也比较容易赞同这样的说法，法律与道德相关联是达至善的生活的有效途径，不是唯一途径。如果排除了"完全等同"和"唯一途径"两种情形仅就"交叠重合"联系在一起的法律与道德而言，他们相信，那是可以促进善的生活的。也就是说，在他们看来，法律与道德可以不联系，法官可以依据法律作出判断，不必借用道德的资源，一旦联系在一起，必将有助于善的生活，至少不会损害善的生活。我们把这种看法称作"联系的一致性"，其含义是法律与道德一致，与善的生活一致。"联系的一致性"忽略了法律与道德的紧张。这种紧张既存在于法律与道德的分立中，也存在于法律与道德的联系中。哈特说："很少几个人会否认这些因素的重要性，在作出可接受的判决中，它们完全可以称为'道德'因素。……可是，如果提出这些事实作为法律与道德必然联系的证明的话，我们就需要记住：同一原则之受到破坏几乎不亚于它之被遵守。"[1]哈特描述过这种内在紧张的情形，它们在经济学中被称作"机会成本"：几乎不存在有利于或促进所有人的社会变迁或法律，唯有规定最基本需要的法律接近这一点。在大多数情况下，哈特认为，法律为一个阶层提供了利益会剥夺其他居民选择的利益。例如，为穷人提供福利就必须限制其他人的福利，强制义务教育不仅限制了愿意子女读书的父母选择私人教育的自由，而且

---

[1]　哈特：《法律的概念》，张文显等译，中国大百科全书出版社1996年版，第200页。

加强义务教育的经费也以减少和牺牲工业投资或养老金或免费医疗为代价。只有一点是清楚的，在多个有价值的对象之间选择时，未优先考虑共同体各层面的利益作出的选择将被批评为纯粹的偏见和不公。[1]沿着这条路径继续思考下去发现，法律与道德的联系存在多种可能，同一道德诉求可以和不同的法律规定相联系，不同的道德诉求可以和同一法律规定相联系，反过来从法律的角度看也一样。因此"联系的一致性"有多种选择，不同的选择会有不同的结果，每一种选择单独看都是好的，都是值得追求和应当诉诸实践的，综合在一起却会有冲突，除非作出综合考量，它们和善的生活之间没有必然联系，而综合考量是有"机会成本"的。

以上分析表明，正义、公平、"联系的一致性"都有"瑕疵"，历史中善的追求并没有导致善的生活这个事实固然有客观的社会物质生活条件方面的原因，也和正义、公平、"联系的一致性"的"瑕疵"不无关系。我们应当追求正义、公平，在一定条件和范围内也可以寻求法律与道德的联系，但要清楚明白，它只是达至善的生活的一种方式、一种做法、一种努力，不能取代他种方式、他种做法、他种努力。它可以被认为是不可或缺的，但绝非像一些人想的那样一旦贯彻到法律中就能达至善的生活。联系的目的是善的生活，联系的结果却与目的相距很远，有时甚至发生背离的事情，这是我们不能不正视的现象。当我们这样说时，我们还是基于最有利于"泛道德论"的角度，将正义、公平视为道德原则或道德范畴，没有涉及其他观点，没有提出其他问题，例如恶法，例如法律与道德的混淆。现在不妨略做一些补充：（1）现实中存在许多恶法，恶法的立法理念是什么，也是正义，现代社会中恶法普遍共性的特征就是打着公平正义的旗帜，[2]这使得它在一段时间里也可以吸引人。看看二战中的德国，纳粹最得意的时候，正是人们高亢热情兴奋狂欢的时候！当有人号召不服从恶法，抵制反抗它的统治的时候，正义——当然是立法者的正义——成为一面盾牌，起到了为恶法辩护和消解反

---

[1]　哈特：《法律的概念》，张文显等译，中国大百科全书出版社1996年版，第164页。

[2]　不能以为这全是招摇撞骗，很多时候那就是人们认为的正义。

抗的作用。（2）法律与道德容易混淆，联系者不经意间就将它们搅在一起，法律和道德之间的灰色地带，为联系者经意不经意的行为提供了客观基础。法律与道德混淆的弊端是，二者的界线如果模糊不清难分你我，法律的确定性和可预见性就会受到伤害。人们仰赖法律的，正是它的确定性，它的那种可供人们决定自己行为的可预见性；而道德的特点恰恰是不确定，它非常宽泛，可以和任何行为挂钩，也可以和任何行为分离，我们不能确定人们何时何地在什么情况下将自己的行为与道德挂钩，也不能确定人们何时何地在什么情况下将自己的行为与道德分离，我们亦不知道今天遵守道德规范的人明天是否还会遵守同样的规范。界限不清不仅使法律失去确定性，还可能使法律丧失独立性。德沃金认为，当法律首先汇合了道德，然后，在承认社会是道德多元时又溶进了各派的政治，法律就完蛋了。

探讨法律与道德的联系要关注历史，关注现实和变化，在此基础上更要关注理论观点的学理性。我们应当肯定法律与道德联系的积极作用，也应当正视将法律与道德联系存在的问题。由于法律与道德联系会产生积极作用，由于这种积极作用被不恰当地放大，我们更要反思其存在的问题。我们可以认为正义、公平是道德范畴，不可以认为它们只为道德专有，正义、公平也可以是政治范畴、法律范畴，可以是最高的道德准则，也可以是最高的政治、法律准则。接下来的问题是它们的合理性程度，即将正义、公平定位于哪类范畴更合理。

二、区分的意义

自然法学派多主张法律与道德联系，直至对二者关系做泛道德化的解析；分析法学派多主张法律与道德区分，直至对二者关系做截然二分的解析。两派的分歧源于理念差异。自然法学派秉持价值理念，时刻把法律"应当"挂在心头，道德观念自然不能弃置。分析法学派秉持实证科学理念，把法律看作一套规则体系，一个有着自己内在逻辑的实然存在，对它来说，重要的是法律事实上怎样，而不是法律应当怎样，所以道德并无包含在法律内的必要。法的科学研究"所使用的法的概念没有任何道德涵义，它仅指出社会组织的一个特定技术。法律问题，作为一个科学问题，是社会技术问题，并不是一个道德问题。"①分析法学派不否认实然法有缺陷，但它坚称："法律的存在是一回事，它的优缺点是另一回事。""一个国家的法律并不是一种理想而是某种实际存在的东西……它并不是应当这样的东西，而是实际这样的东西。"②哈特把分析法学派在法律和道德关系问题上的态度概括为一个简明的观点：法律反映或符合一定道德要求，尽管事实上往往如此，但它不是一个必然真理。③法律研究的是规则问题，不是道德或伦理问题，法律的意义不在于告诉人们应当怎样生活，而是向全社会展示，如果人们违反规则他们会得到什么结果。法律和道德的边缘部分虽然相互重叠，法律和道德的核心部分却全然不同，如同法学和政治学、经济学的核心部分不同一样。退一步说，即使法律依赖政治、经济和道德，被它们所决定，政治、经济和道德本身也不能被认为就是法律。

促使人们（不只是分析法学派）区分法律与道德的动因首先来自生活，而非来自理论或逻辑的思辨。人们在生活实践中发现，法律适用过程中存有一些"联系的一致性"所不及的情形，这些情形分为三类。第一类，与法律相关的事物与道德无涉。司法程序与道德无涉，国家安全、经济纠纷、交通秩序、危险物品的运输使用等等也与道德无涉。案件当事人在不涉及道德问题时卷入到法律纠纷中，这样的例子比比皆是。④第二类，即使与道

① 凯尔森：《法与国家的一般理论》，沈宗灵译，中国大百科全书出版社1996年版，第5页。

② 哈特：《法律的概念》，张文显等译，中国大百科全书出版社1996年版，第202～203页。

③ 哈特：《法律的概念》，张文显等译，中国大百科全书出版社1996年版，第181～182页。

④ 在高空坠物伤害路人的案例中，只要不是有意抛掷物品，无论是否查明责任人——谁家的物品掉下来伤害了路人——都只涉及法律问题而不涉及道德问题，法律必须在当事人都没有道德过错的情况下作出前因后果伤害补偿的判断，查明了责任由责任人补偿，查明不了责任由全体住户补偿。

德有涉，也存在这样的情况，损害发生了，法律却无能为力，表现为惩罚无理由、惩罚无效、惩罚无益以及惩罚无必要。法律并不赞成这样的行为，法官内心中痛恨谴责这些行为，但他不能越界，不能凭借自己的好恶加以干预。边沁认为，惩罚无益的事情大多应由伦理来干预，[①]这也是许多人的共识。第三类，道德入法。实然法中有一些规定同时也是道德的规范，若把更多的道德诉求、道德规范纳入法律之中，就可以消解法律的有限性扩大它的效用范围。但人们在实践中发现，这样做会使法律过于严厉，令整个社会陷入"强制—恐惧"中，不仅如此，它还会使人与人之间属于自组织调节范畴的一些颇有助益的社会因素遭到扼杀。社会不能没有控制，过分控制存在风险。极权统治的一个典型特征"就是对公民的生活做出了事无巨细的规定，甚至对居民家庭内部隐私关系的具体细节亦做了规定。"即使在非极权统治的19世纪的美国，"公共行政有时也因法律的极强限制性而受到了妨碍，这种限制性甚至把政府在行使权力方面必要的自由裁量权都统统禁止了。"[②]

"联系的一致性"所不及的情形基于法律与道德的区别。

法律是社会有组织的强制，道德是社会无组织的自律。这一不同在法律与道德互不交叉的时候显而易见，在法律与道德相互交叉的时候也清晰可辨。法与道德都禁止杀人，二者之间却有很大区别。"法的反应在于秩序所制定的社会有组织的强制措施，而道德对不道德行为的反应或者是不由道德所规定，或者是有规定，都不是有组织的。"[③]分析派法学家认为，凡没有有组织强制力支持的规范都不是法律。当然，如果道德成为国家有组织的活动，按同样的逻辑，它便具有了法律含义，历史上这种情形曾普遍存在，古代中国就是如此。那是一个道德与法律不分的年代，主流的观点

---

① 边沁：《道德与立法原理导论》，时殷弘译，商务印书馆2000年版，第352页。

② 博登海默：《法理学：法律哲学与法律方法》，邓正来译，中国政法大学出版社1998年版，第422~423页。

③ 凯尔森：《法与国家的一般理论》，沈宗灵译，中国大百科全书出版社1996年版，第20页。

没有意识到有组织的社会强制之于道德的伤害，故而把它与法律捆绑在一起。这样做有其合理性，但只是历史合理性。当历史进入到新的发展阶段后，曾经具有的历史合理性不能成为否定"法律是社会有组织的强制，道德是社会无组织的自律"的依据，相反，新的认知毋宁说正是对旧的历史合理性的超越。如果说"强有力的提示、呼唤良知、对过错和悔恨作用的依靠，这些都是用以维护社会道德的典型的和最突出的强制形式"，"不是以这些方式来维护的标准在社会和个人生活中不可能具有道德义务特有的地位"，①那么这种强制也是源自内心的自我强制。如果说人们迫于社会压力而调整自己的行为，那么这种压力也是伦理学所说社会舆论的压力，总之都不是通过社会有组织的威胁利诱所施加的。

道德涉及人的思想和情感，法律只涉及人的行为。道德偏好完善个体品格和行为，法律偏好规定自我和他人、个人和国家之间的关系。道德在偏好完善个体品格和行为时更关注其背后的东西，而不仅仅是行为本身；法律在偏好规定自我和他人、个人和国家之间的关系时，则以事实（行为）为依据，并以此判断它们对一般安全或一般道德所构成的危害。如果说法律也关注思想和情感的话，那也只是关注表现于行为之中的思想和情感。②一言以蔽之，道德可以"诛心"，法律不能因"腹诽"判人有罪。道德和法律在涉及思想情感问题时表现出来的差别，产生了一个具有重要意义的法律后果：思想有了一个不受强制的空间。都说自由和法律有密切关系，自由离不开法律，除了法条中明确规定的那些人的自由权利，法律在功能上把思想排除在管辖范围之外也是保护自由的表现。熟悉法律史的人都知道，法律只对行为作出判断不因思想裁定罪与非罪是现代法律之所为，历史上因言获罪者大有人在。如果今天法律仍然涉足思想情感领域，文字狱仍然存在，那就是一个症候，说明这样做的国家还停留在传统阶段。现代化并

---

① 哈特：《法律的概念》，张文显等译，中国大百科全书出版社1996年版，第176～177页。

② 庞德：《法律与道德》，陈林林译，中国政法大学出版社2003年版，第94～95页。庞德引述的是分析法学派的观点，他用"据说"加以引述，似对该派观点有所保留。

非只是工业、农业、国防和科技现代化，还有法律现代化。

法律关心什么是可能的，道德强调什么是应当的。有人赋予这个不同极高的地位，说法律在自由社会里的伟大性在于它们只说人不应该做什么，从来不说人应该做什么。基于可能和应该的差异，边沁表达了如下看法："一个私人无不应当以自己的行为来争取他本人及其同类的幸福，然而立法者有时却不应当（至少是直接地并以直接对具体的个别行为实施惩罚为手段）试图指导共同体内若干其他成员的行为。"伦理上应当或不应当做的，并非都是立法者应当用法律规定人们去做或不做的。[①]按照这个观点，义务范畴也可以作出区分，法律义务不同于道德义务，前者是可能的义务，后者是应当的义务。庞德引用黑格尔——他被庞德视为将法律与道德对立的哲学家——的观点说："权利，就是我们通过法律所预实现的目标，就是自由的可能性。道德并不决定什么是可能的，而是什么是应当的。因此，法律和道德分别作为可能的（即外部实现的可能性）义务和内在的义务，是相互对立的。"[②]将法律义务和道德义务相互对立或许并不恰当，除非我们把差异理解为矛盾，进而理解为对立。[③]法律和道德常被人津津乐道的一点，是它们在高尚性和社会重要程度方面的差异。道德是高尚的，法律不那么高尚，一旦有人强调法律的重要，另一些人就会站在道德制高点上予以置疑。换一个角度审视可能还会引起我们另外的感受：道德不会判夺人的生命，法律可以；法律一旦失守将天下大乱，道德未被遵循会使社会丑陋不至于使社会崩溃，有没有道德关乎社会的善恶，有没有法律关乎国家的生存。"跑"固然比"走"快，却建立在"走"的基础上，人要先会"走"然后才能"跑"。法律之可能和道德之应当的关系也是如此，法律不在，道德焉存！

法律可以通过立法确立或改变，道德不能通过立法确立或改变。一部

---

① 边沁：《道德与立法原理导论》，时殷弘译，商务印书馆2000年版，第351页。
② 庞德：《法律与道德》，陈林林译，中国政法大学出版社2003年版，第144页。
③ 黑格尔的《逻辑学》有这样的倾向，所以我们对他的对立说不应简单待之。

新法律的引入或旧法律的修改废除可以通过有意识的立法活动完成，道德却不能像法律那样借由"立法"行为宣告自己存在，也不能以"文件"方式引入、改变或撤销。道德为立法提供素材、基础、参照，它本身在生活实践中生成，由习俗而惯例，逐渐成为人们在相互交往中广泛认可的规范。许多道德哲学家致力于解释道德的这个特征，得出的结论是道德并非通过有意的人类选择来制定。这一事实绝不能被误解为道德可以免受其他因素的影响。法律和道德确立、改变方式的差异，不排除它们之间相互影响。事实上，一项法律的确立乃至一个司法判决案例，都可能改变社会的道德的状况。南京彭宇案即是一例，它导致了双输的结果。表面看来"扶不扶"因为判决输掉了自己，实则判决本身也戕害了法律。如果有人因此认为这恰恰体现了法律与道德联系而不是它们的区分的重要性，我们就要表示遗憾了。这里确实表现出法律与道德的联系，相互作用、相互影响意义上的联系，但相互作用、相互影响是以存在两个事物为前提。法律并非只会对道德产生消极影响，也会对道德有积极作用，有"反"就有"正"，守法是最大的"正"，"反"例的存在对司法提出更高的要求，然而这种要求不应回到法律道德化的轨道，因为，离开二者的分立，相互作用、相互影响无从谈起。

法律以社会为本位，道德以个体为本位。"私人伦理教导的是每一个人如何可以依凭自发的动机，使自己倾向于按照最有利于自身幸福的方式行事，而立法艺术（它可以被认为是法律科学的一个分支）教导的是组成一个共同体的人群如何可以依凭立法者提供的动机，被驱使来按照总体上说最有利于整个共同体幸福的方式行事。"[1]立法的要义是不针对某一个人某一件事作出设置，只考虑某类带有普遍性且对社会产生足够大的影响的事由。法律的这个特征也导致了它与道德的某些对立，一般和个别的对立。即使最具伸缩性的法律，在司法实践中也会或多或少显得有些呆板，让法律变得灵活变通同时又能满足一般性的需要，并非易事。司法实践必须遵从法

---

[1] 边沁：《道德与立法原理导论》，时殷弘译，商务印书馆2000年版，第360页。

律规范一般性和确定性的要求，必须遵从法律适用统一性和确定性的要求，这个前提一旦确立，即使法律在总体上趋向于提供符合社会道德感的结果，但在具体案例中，法律规则那种与生俱来的"机械"运作，仍会造成司法结果与道德希冀不一致的情形，以至于我们说这是有法必依、执法必严不可避免的副作用。①

法律是外在性的，用于调整人们的外部行为和关系；道德是内在性的，用于调整人们的内心生活和动机。分析法学家强调这个不同，伦理学家在这一点上与分析法学家立场相同，哲学家们也认为法律只涉及行为的外部方面，道德则涉及行为的内部方面，康德对此有详尽阐释。内外之别可谓法律与道德关系上最为流行的观点，笔者以为这个普遍流行的观点标示出法律与道德最大的不同，上述法律与道德的种种差异都以这个不同为根据。道德不能强制，不能由社会组织，不能通过立法确立和改变，关注应该而不是可能，以及以个体为本位等等，皆是因为它出自人的心灵，通过由内而外展现自己的存在，坐实自己自愿自律的特性，舍此没有第二条路径。与道德相反，法律由外而内，以制裁方式发挥作用，因而必须有强制，有执行机构，有明确的标准和尺度，面对外在的行为对象，做自己可能做的事情，舍此没有存在的理由。

道德是内在的不意味着道德不能控制外在行为，仅仅意味着外在行为的控制源自个体内心，这是道德责任的必要条件。②法律是外在的不意味着法律不能沁入个体内心，仅仅意味着个体内心的沁入源自外在控制塑造的社会环境，这是法律责任的必要条件。在法律持久发生作用的环境下，外在规定可以转化为内在准则，成为人们内心敬畏、内心依赖、内心自觉自愿的因素，甚至——按伯尔曼的说法——成为信仰的精髓。③一旦法律内化于心，便会养成习惯，即使在没有外在强制或外在强制虽然存在却不会加

① 庞德：《法律与道德》，陈林林译，中国政法大学出版社2003年版，第114～115页。
② 哈特：《法律的概念》，张文显等译，中国大百科全书出版社1996年版，第176页。
③ 伯尔曼：《法律与革命》，贺卫方等译，中国大百科全书出版社1993年版，第628页。

施其上的情境中，个体也能做到"不闯红灯"，"礼让行人"，信守承诺，履行契约。法律可以由外而内，道德也可以由内而外。内心的诉求一旦被文化锻造为明示于社会的道德规范，它就成为外在的，成为人们一出生就面对的不依其意志为转移的行为准则。人们对道德规范的遵循，仅就其遵循本身而言，与其对法律的遵循并无二致，只是在是否一定要遵循、如果违反了会怎样等方面，显出与法律的不同。法律和道德的"内外性"可以转化，这种转化有存在论基础：法律能够给生活、给人际关系带来保护，带来安全感；道德能够给生活、给人际关系带来和谐，带来友善的氛围。

法律与道德"内外性"的转化并不否定由康德加以详释的观点。法律和道德外与内的区分所以成立，主要理由不在于它们各守其身，互不越界，也不在于它们各向自己的对立面转化，而在于如下一点：法律的出发点是"外"，演进方向是由外而内；道德的出发点是"内"，演进方向是由内而外。法律的神圣所在是内化于心，道德的高尚所在是外化于形。内外不同的出发点和彼此反向的演进路线，这才是以法律外在性和道德内在性来作为区分二者的标志的实践依据和学理根源。

庞德批评19世纪的法学家，说他们在反对"混淆"、区分法律与道德时显现出另一个极端，完全忽视道德因素，忽视法律能够且应当考虑的因素，仅仅以法律与道德的区别为界，认为自己所能做的到此为止，致使新的司法方法不惜一切代价寻求抽象的一致性、形式的可预见性以及外在的确定性，对结果却漠不关心。这导致了法律与道德的再次对立。历史法学家认为，这种对立在法律史上所造成的那种情势证明了它的正确性。他们热切地指出，法律权利未必是公正的，它们可能和"应然"一致，也可能不一致，某人可以拥有不道德的法律权利。[①]庞德认为，"将法律和道德彻底分开的做法（像分析法学家所追求的那样），以及将法律和道德完全等同的做法（像自然法学家所追求的那样）都是错误的。"[②]时至今日，没有几个法学

① 庞德：《法律与道德》，陈林林译，中国政法大学出版社2003年版，第49～51页。
② 庞德：《法律与道德》，陈林林译，中国政法大学出版社2003年版，第106页。

家、伦理学家和哲学家继续坚持这样极端的观点，将法律与道德完全等同，或认为法律与道德绝对不同。然而一旦进入具体问题，分歧和争论依旧存在，只不过以不同的形式和面貌呈现而已。既然法律与道德不能完全等同也不能彻底分开，那么法律与道德就既相互联系又相互区别。这是两个规范体系的联系和区别，不是"一方吃掉另一方"的联系与区别。由双方既相互联系又相互区别这个既定前提可以推知，我们无法做到法律与道德的绝对一致，也无法做到绝对善。进而，以下观点在区分法律与道德后重新审视二者关系时具有意义：法律和道德存在联系不意味着法律必须处处展示它与道德的某些一致性；不能认为必须有服从道德义务的观念才会有对法律的服从；不能以道德作为检验法律的标准。[①]如果一个法律规则不断造成不公正的结果，它就应当并且事实上最终将会被重新塑造，但试图在每个案例中都达到绝对的公正，就不可能发展和保持一般性的法律规则，反而会破坏一般性的法律规则。避免上述结果，关键在于找到一个平衡点，在这一点上虽然法律不能做到绝对公正，道德不能做到至善，对社会整体来说却是最佳。这是一件非常困难的事情，因为它受太多因素影响制约，核心因素是利益关系。人们遵守规则，无论这规则是法律的还是道德的，是法律与道德交叉的还是道德与法律无涉的，有其益于他人、集体、社会一面，也有其克制自己的欲望，放弃自己需要的满足，牺牲自己的利益乃至于生命的一面，因而，个人与他人、集体、社会的冲突，义务、责任与需要、利益的冲突，是法学家、伦理学家和哲学家永恒的话题。永恒的话题意味着永恒的困惑。

并非每个人都同意上述观点，尽管他们同意法律与道德不能完全等同也不能彻底分开，尽管法律与道德既不能完全等同又不能彻底分开实际上已经逻辑地蕴含了上述观点。使他们产生疑惑的，有学理思考和价值追求方面的原因。法学家试图为法律找到一个理想的永恒的绝对无误的基点，这个基点可以将每一项法律规则、法律制度和法律原则统一起来，从而人

---

① 哈特：《法律的概念》，张文显等译，中国大百科全书出版社1996年版，第181页。

们能够在它的基础上构建出一个理想完善的法律体系，以之整理法律素材，指导法律实践，解释司法问题，维系社会秩序，实现公平正义。伦理学家在做同样的事情。他们在具体问题上或许存在分歧，却在如下一点上拥有共识：如果道德标准未获得普遍接受，个人生活中影响深远、令人不安的变化就会发生。为了避免令人不安的变化的发生，确定一以贯之的基点是必要的。罗尔斯说："道德法则是一个理性观念。它规定了一个原则，那个原则应用到了所有合理而理性的存在者（或简称为合理的存在者）身上，而不论他们是不是像我们一样具有各种需要的有限存在者。它为上帝和天使所持有，为宇宙中其他地方的合理的存在者所持有（假如存在着这样的存在者的话），也为我们所持有。"[①]如果把道德法则视为绝对命令，对于基点又可以做如下表达："绝对命令，作为一个命令，惟一地指向这样一些合理的存在者，由于他们是具有各种需要的有限存在者，他们把道德法则作为一个限制来经验。像这些存在者一样，我们以那种方式来经验道德法则，所以，绝对命令规定了那个道德法则将应用到我们身上的方式。"[②]罗尔斯是在解读康德。康德伦理学强调绝对性，他认为作为伦理行为基础的那一点，那个规则，必须能成为普世法律，或者，它就是一种普世的法律。康德是哲学家，哲学家的叙事难免形而上。与形而上的"道德法则""绝对命令"相比，"个人良心"更贴近感性活动。17、18世纪西方社会形成一种观点，个人与国家、个人与社会是对立的，而基于个人良心——政治制度和法律规范诉诸个人良心——可以解决它们的对立。个人良心在这里不是指每个追求一时欲望之满足的人的良心，而是指人作为一个理性的道德实体所拥有的、作为法律约束力之尺度的良心。这个真正的良心可以将人约束在完美的状态中，使作为道德实体的人不会提出任何与理想的道德不相一致的要求，不会从事与理想道德要求相违背的事情，它与国家、社会诉求相一致，是政治和法律义务的基础。庞德说，这种理论到18世纪后半期具有反

---

① 罗尔斯：《道德哲学史讲义》，张国清译，上海三联书店2003年版，第225页。

② 转引自罗尔斯：《道德哲学史讲义》，张国清译，上海三联书店2003年版，第226页。

社会的含义，因为它实质上使个人良心成为了政治义务和法律义务的最终裁判者。它事实上假设了一种标准的良心——一个勤勉而负责任的人的良心——类似于我们侵权法上理性的人所具有的审慎。只有在绝对的道德感盛行的时代才能容忍这样的学说。①

法学家、伦理学家同时追求一以贯之的理论元点（原则、基础），势必将以下问题抛在我们面前：如果理论元点完全不同，法律与道德在本根上便可以彻底分开；如果理论元点完全同一，则法律与道德在本根上便可以合二为一，或者合一在法学，或者合一在伦理学。历史中没有见到道德建立在法律基础上用法学合一伦理学的情形。相反的情形倒是存在：道德是法律的基础，道德的基本原则被贯彻到法律体系中，法律成为道德的低级部分，即使不是道德的一个部分，它也绝不高于道德。所以，如果法律与道德的理论元点是同一的，那一定是伦理学合一法学，法律与道德等同因此就是可欲的和有学理根据的。但这样一来它们便和人们普遍赞同的观点发生冲突，那个观点说，法律与道德彻底分离和完全等同都是错误的！这种情形令人困惑，然而却是历史—实践的呈现。人们不愿意看到这种情形，对它们熟视无睹乃至装聋作哑，是因为不愿意那美好的东西在期盼中撕破，不愿意自己的努力奋斗存在相反的一面。倘若如此，历史—实践会让我们更加失意。

寻求一以贯之的元点主要基于理论的要求，使理论得以具有一般性、完整性、逻辑贯通性。主张法律与道德既不能彻底分离也不能完全等同主要基于实践的要求，便于更有效地将公平正义落实在具体案例中。和实践相比，理论是形式，和规范的具体内容相比，道德原则、绝对命令是形式。形式非常重要，但没有重要到内容服从形式的程度。学理或逻辑非常重要，特别是在历史经验不能为我们提供参见的时候，但没有重要到经验须依逻

① 庞德：《法律与道德》，陈林林译，中国政法大学出版社2003年版，第125～128页。这一思路与中国儒家颇有相通，共同点是在法律与道德关系上强调本根性，认为二者在最深根基上是一致的。

辑为转移的程度。"原则不是研究的出发点，而是它的最终结果；这些原则不是被应用于自然界和人类历史，而是从它们中抽象出来的；不是自然界和人类去适应原则，而是原则只有在符合自然界和历史的情况下才是正确的。"[①]在这个意义上，霍姆斯是对的，他说"法律的生命一直并非逻辑，法律的生命一直是经验。"[②]伦理学亦复如是。由此我们可以确定研究的致思路向：理论和实践、形式和内容、逻辑和历史应当统一，当它们发生冲突不能相洽时，从实践、内容、历史出发寻求突破，而不是相反。毕竟，理论、形式、逻辑归根结底是为实践、内容、历史服务的。

这样我们就又回到目的问题上。法律和道德的目的都是善的生活，道德标准、法律规则在社会生活中都必须服务于善的目的。主张区分法律与道德的分析法学派受到的主要批评之一，是强调严格遵守法规而忘记了严格遵守法规的目的，它把法律看作一部依据科学原理制造的机器，仿佛只要输入司法原料就能合理地产出审判结果。这个批评并非妄言，分析法学派确实有忽视终极目的的局限。但这只是说分析法学派在区分时的做法上有过犹不及之处，不能由此引出对区分本身的否定。跳出就事论事的论争，从历史角度看，区分法律与道德——它不只是分析法学派一家的主张——对达到目的极为重要。

区分法律与道德，某种意义上可以看作认识到法律与道德不分之局限的结果。该局限首先表现在法律。法律如果遵从道德，成为道德的一个分支，抑或是变身为实现道德的手段，它便要依据道德立法，让法律的各项规定同道德一致。道德是广泛的，从政治到经济，从各行各业到日常生活，从现实到传统，从家庭到社会，无所不在；与道德相关的行为琐细而具体，可能即时发生，也可能即情发生，具有偶然性、不确定性。职是之故，立法势必要求广泛，法条势必要求琐细，司法势必要求无处不在，此三者势必导致法律泛滥。法律泛滥不仅贬低法律的价值，而且败坏法律的

---

① 《马克思恩格斯文集》第9卷，人民出版社2009年版，第38页。

② 转引自卡多左：《司法过程的性质》，苏力译，商务印书馆2000年版，第17～18页。

质量；"更为直接的问题在于：大量创制法律最终将会危及法律的另一个基本要素：确定性。"①法律因此成为恶法，至少是不良之法。它强迫人们道德，实际上是让人们去做自己做不到的事情，故而也可以说是让人们实际上不能守法。它将在以下两种结果中导致其一，抑或二者皆有：一是不管法条之规定人们能否做到，坚持法制，谁违法便严惩谁，绝不懈怠，这让我们想到了严刑酷法。二是不管人们能否做到，坚持将道德内容写入法条，需要时用一下，大多数时间睁只眼闭只眼，选择性执法，这让我们看到了实践中法律的权威性受到损害，能遵守的法律也渐渐不守。无论哪种结果，都既伤害了法律，也伤害了道德。严刑酷法的社会不是人乐意生活于其中的社会，自然也是不可言说善的社会；法律没有权威，法条贴在墙上，有法不依，选择性执法，执法犯法的社会，既没有法律可言，也没有道德可言。在一个社会中，倘若法律都能随意摆布，道德岂不更适合玩笑！反过来说，守法成为社会习俗，道德便有了坚实基础。因此，完善法律和司法其意义绝不亚于提升道德，道德只有以法律为对应，与法治相配合，才能最好地发挥作用。如是，我们当以一种警惕的态度仔细审查法律，防止法律扩张到明显必要的范围之外而使自己受到损害；我们当保持一份警觉，阻止通过法律和法律的制裁去获取那些在道德上值得追求的东西。②

法律与道德区分才能完善自己。区分就是完善，即完善的一个方面、一个部分、一种表现。无区分便无独立，无独立便无自主，无自主便无完善，这便是区分的意义，但还不是它的全部意义。法律与道德区分的另一重意义，是它不仅能完善自己，还能促进道德。

第一，为道德提供环境条件。道德有两重功能：道德教化和道德实践。前者教人如何行动，后者要人们身体力行。道德教化的目的是道德实践，因而身体力行是道德的旨归。只有身体力行，做，乃至不惜牺牲舍身殉道，

---

① 萨托利:《民主新论》，冯克利、阎克文译，东方出版社1993年版，第333页。
② 参见庞德:《法律与道德》，陈林林译，中国政法大学出版社2003年版，第149~150页。

道德才有地位，才有权威，才会发出令人崇敬的普照之光。只说道德，不做道德，道德就会在一些人那里沦为空谈，在另一些人那里沦为伪善，要么只在书本上存在，要么成为伪善者的虚假包装。说且做，从而使自己成为一个高尚的人，与只说不做，从而使道德由空谈到伪善，产生大相径庭的结果。前者开出普遍性社会新风，后者从上到下腐化社会和心灵。它们从正反两方面昭示道德的旨归：做。道德的旨归是做，这实在算不得观念上的新发现。可观念认识是一回事，实践如何是又一回事。恰恰从实践角度看，恐怕不能不承认，在今天的现实生活中，说道德的人多，做道德的人少，甚至说道德的人也在减少。何以如此？环境条件是重要原因。做道德需要条件，"仓廪实而知礼节，衣食足而知荣辱"是经济条件，法律规定什么、怎样规定以及司法活动的状况是社会条件。生存需要得到满足、社会有序、生命财产安全得到保障，人们才会追求爱，追求相互尊重，追求道德的或善的生活。也只有——不考虑个体而从社会角度看——生存需要得到满足、社会有序、生命财产安全得到保障，人们才能得到爱，得到尊重，过有道德的或善的生活。

第二，正确认识道德的地位和作用。法律与道德区分，使得社会在调节规范人的行为时有了两条途径。并非只有道德追求善的生活，法律也追求善的生活。并非只是道德对促进善的生活有益，法律对善的生活同样不可或缺。社会是一个复杂系统，除了法律和道德，还有其他因素，这些因素在不同时代和条件下有不同的地位作用，都可能对善的生活产生影响，至少政治和经济因素的影响就是巨大的，没有它们的发展完善，不可能有善的生活。道德作为其中一个因素，地位和作用颇为荣耀。历史上它曾被先贤和追求善的生活的人们长期置顶，法律等其他因素在它面前相形见绌，仿佛它们的作用只在枝末，对善的生活无关紧要，因此，即使社会发生巨大变革后，人们仍习惯于把净化社会风气的期望寄托在道德身上。这种认识应当改变。道德其实承担不了那么重的担子，它可以分担责任，却无力独领风骚，即使是道德问题，产生的原因和解决的办法也不尽在道德中。对于一个变革中的社会来说，首要的任务是健全完善体制、法治；对于一个完成转型处在相对稳定阶段的社会来说，道德必须与法律等其他因素相互协调和配合。当代中国正处于变革转型时期。处于变革时期的中国在道德建设上"投入产出"的效果令人沮丧。中国社会道德建设的历史经验证明，没有法律等其他因素配合，就道德讲道德是低效的，倘若监督约束机制卓有成效，法律得到遵守，社会风气倒是会为之一新。需要再次申明，这决不是说道德不重要，更不是说道德在今天的历史条件下可有可无。所以对道德的地位和作用做上述评价，不过是站在系统角度陈述一个客观事实。古希腊哲学早有名言，"认识你自己"。"认识你自己"是做好自己的前提。道德问题上也要"认识你自己"，赋予道德过高的地位，会使道德没有地位；将道德管不了的事情交由道德去管，会使它管不好该管的事情。

第三，防止道德僭越。道德作为社会有机体的一员，其独特的功能蕴涵了其适用的范围。无视范围，跨界行使功能，是为僭越。僭越的结果，不仅影响社会健康发展，而且使道德走向反面。历史上的经验不应忘记：儒家以德为本的思想成为治国方略后，既阻遏了中国现代经济发展，又产生出"吃人礼教"；基督教要人信仰至善的上帝，用苦身修行铺设进入天堂的石阶，抑制了理性，扭曲了人性；1789年法国大革命以道德振臂始，以道德杀人终。当代中国确立和发展市场经济后，道德成为人们关注的热点问题，道德谴责成为人们发泄不满的主要声音，防止道德僭越因而尤为重要。现代化的历程证明，任何试图以道德为统辖解决市场经济条件下社会发展问题的努力都是有害的，道德只能在法律以外安营扎寨，树起教诲市场主体、批判丑恶现实的旗帜，而把市场主体的行为规范交由法律和经济制度制定。窃以为，道德做好自己的事情，守好自己的领地，在与法律、经济制度平行制衡的氛围中建设自身，既符合社会发展的要求，也符合道德的本性。

区分法律与道德最根本的意义，是赋予人们以自由，使个体自由发展成为可能。

自由意志与道德的关系为人们所熟知，康德对它有深刻阐释。康德十分重视道德，把它与"灿烂星空"并列为自己一生研究的两大主题，认为位于心中的道德律令在实践性上优先于位我上者的"灿烂星空"。康德区分"自然法则"和"自然法权"，前者是外在法则，主要指自然规律；后者是内在法权，核心是人的自由。自由又分外在自由和内在自由，与法律相关的自由是外在自由，与道德相关的自由是内在自由。在这里，我们看到，康德已经把自由分别同法律和道德关联在一起，自由不仅为道德所内含，也为法律所内含，这一点非常重要。接下来要讨论的，是自由何以需要法律与道德区分。

康德认为，以往人们用遵循法律那样的眼光看待遵循道德法则，道德法则就像是受到法令强制执行的至尊的法律。如此一来，服从道德法则就像是服从法律一样，不是由于自身的缘故，而是由于外在的压迫或强制。当道德规范被看作先天独立于我们而存在时，它们便注定是为他律。将道德规范当作他律来遵守，会导致我们丧失我们的生命、财富或别的什么东西，康德因之强调内心。"一旦道德法则适当地向我们呈现而超脱了快乐的诱惑和痛苦的威胁，那么我们便从中得到了一种纯粹实践趣味。它不需要诸如此类的法令。"①源自于内心而非外在因素，是康德伦理学的基本观点。这个观点受到基督教伦理学家白舍克的批评，认为它排除了最终立法者天主，②却与后现代伦理学的一个见解吻合。后现代学者批评少数人建立起伦理规范要求人们遵循的做法，这种做法也正是康德所批评的以往人们的做法。但后现代伦理学对道德理性主义观点持异议，这又是他们与康德的不同。在后者那里，人是理性存在者，作为理性存在者，人可以把自己看作给绝对命令的内容——当它应用于我们身上时——立法的来源，所以人在自然法权意义上须服从它的要求。"这个论断可以阐述如下：我们只服从我们作为理性存在者定会制定的法律，我们只依照我们自己的意志来行动，作为赞成它的自然愿望，那个意志起着制定普遍法则的作用。"③"那个意

———————————

① 参见罗尔斯：《道德哲学史讲义》，张国清译，上海三联书店2003年版，第281页。

② 白舍克：《基督宗教伦理学》第一卷，静也等译，雷立柏校，上海三联书店2002年版，第92～94页。

③ 罗尔斯：《道德哲学史讲义》，张国清译，上海三联书店2003年版，第279页。

志"是源自内心的善良意志，"普遍法则"是人为自己所立之法，因为是人为自己所立之法，人对它的遵守便是自律，哪怕形式上它是外在的。人能够自律，能够为自己立法，与其是理性存在者分不开。康德如此重视理性，以至于我们可以说，没有理性，自律是不可能的。罗尔斯对康德道德法则五个特点的总结印证了这一点。①

康德视自律为唯一的道德原则。自律源自内心，服从的是自己意志，遵从的是自己所立之法，所以它与自由相通，自律的即是自由的。这样康德便解决了道德和自由的关系问题。②康德的解决意义重大，道德从此和内在自由联系在一起，成为个体行为的自愿选择。上帝在道德中的立法地位被否定了，普遍认可的权威亦不复存在，每个人都是自己道德行为的主人，国家、君主、社会组织和机构没有理由干预他们的道德生活，内在自由为外在自由的获得奠定了合理的基础。

---

① 参见罗尔斯：《道德哲学史讲义》，张国清译，上海三联书店2003年版，第390页。

② 康德的解决也留下一些问题。康德心中既有道德律令也有自由，在解决"法"如何方能不与自由冲突的问题时，借由自律即自由的论证，康德给出了自己的答案。这个答案没有涉及人为自己所立之法的来源问题，这意味着康德的解决只完成了理论链条后半部分的理性分析，没有理论链条前半部分的理性分析。或许康德认为"法"之来源问题已经解决，我们不能追溯到比"道德律令在我心中"更远的地方，因而并不存在所谓理论链条的前后之分。然而"法"或"道德律令"从何而来恰恰是伦理学争论不休的问题，它不是确定的，而是待定的，自律和他律的关系即是其中蕴含的问题之一。一个伦理学家如果认为他已经解决了这个问题，例如设定一"法"，把它看作先天的，他当然可以在自己设定的逻辑出发点上展开其理路，康德就是如此。然而即便如此，康德们还会面对新问题：每个人都是不同的，每个人依自己的自由意志所立之"法"如何是相同的？如果不同，人无以相处；如果相同则意味着人不仅都有自由善良意志，而且自由善良意志的内涵相同。中国先贤说"怜悯之心人皆有之"，想必康德们也要同意这样的说法，然而他们恐怕无力说服本尼迪克特等人类学家和文化相对论者。人有善良意志，也有邪恶意志，至少在弗洛伊德的攻击性理论中邪恶意志是普遍存在的，一半是天使一半是恶魔的说法更是为人们广泛认同。那么，为什么人们的行为源自善良意志而不是邪恶意志？可以给出的一个回答是，道德只能出于善良意志，不能出于邪恶意志，否则就不是道德了；而人们能够具有善良意志，是因为内心中存在一个先天结构，这个先天结构不仅使善良意志成为可能，而且因为它在每个人的内心中是相同的，也使每个人为自己所立之法的相同成为可能。这样的回答是理性给出的超越理性的回答，或者，是理性给出的自己不能回答的回答。

把康德思想嵌入到它所发生的历史背景中或许能更好地体会他的理论贡献及其意义。康德生活的时代是人、人的权利、人的自由与社会、国家的关系成为政治主题的时代。文艺复兴已然发生，启蒙运动方兴未艾，英国完成了"光荣革命"，法国发生了大革命。资产阶级正在崛起，资本主义生产方式、大规模商品生产和交换先是在尼德兰、英国蓬勃发展，后在法国、奥匈帝国等欧洲大陆国家迅速蔓延。康德的父亲是个马鞍匠，康德的出生地柯尼斯堡濒临波罗的海，既是东普鲁士的首府、德国文化的中心之一，也是内地商品集散地。英国、荷兰的商船经常出入这里，带来工业品，带走当地特产和原料，柯尼斯堡的工商业因此日益兴盛。这个时代的思想特征是理性之光普照，"一切都受到了最无情的批判；一切都必须在理性的法庭面前为自己的存在作辩护或者放弃存在的权利。思维着的知性成了衡量一切的唯一尺度。"① 这个时代的政治特征是人权与王权的斗争，《人权和公民权宣言》成为标志性事件，它明确宣称主权在民，人生而自由且始终是自由的，人在权利方面一律平等，一切政治均旨在维护人的自然权利，这些权利是自由、财产、安全和反抗压迫。自由是理性和人权因着市场经济土壤滋养出来的最引人注目的果实之一，成为政治史进入新阶段的起点。在此之前，历史处在国家统治下，国家处在国王、贵族统治下，各种形式的君主制、奴隶制、农奴制散落在世界各地，中国二千年的大一统社会则为高度集权的典范。个人服从社会，服从国家，服从国王或主人，是这些社会的共同特征，除了古希腊特殊的城邦民主和威尼斯、佛罗伦萨等商业城市的有限共和，人没有真正的独立，没有源于他自己内心的自由，没有他作为个人的权利。

人没有自由的时期，正是法律与道德不分的时期。这个时期，法律和道德都是维护秩序的工具，不是维护一般的社会秩序工具，而是维护统治者希望维护的秩序的工具。任何统治都须以秩序证明自己的存在，任何统治者都不反对有利于秩序的道德。故而我们在历史中没有看到哪个统治者

---

① 《马克思恩格斯文集》第9卷，人民出版社2009年版，第19～20页。

公然与道德作对，相反，他们都提倡道德，要求人们遵守道德，做一个忠孝仁义的人，一个为王朝统治不惜牺牲自己生命的人。他们把这样的人树为楷模，也就是希望把所有的人纳入君主制和封建制的行为框架中。道德的社会功能因此表现为顺从，不是顺从自己的内心，而是顺从外在规范，就像——如康德批评的——服从法律那样。谁有逾规越矩的行为，谁就会受到法律惩罚，谁在道德上不能满足统治者的要求，道德就会借用法律对其强制矫正。法律在君主制、封建制下因而也成为道德惩罚的工具，用来威慑禁止共同体成员作出危害统治秩序的事情。本来，禁止就是允许，禁止做一件事情，意味着允许做与之相反的事情，意味着做那些与之相反的事情是不受惩罚的。但传统社会的法律并不顾及法律逻辑的这个面向，它以统治阶层的利益为转移，不以保护百姓为根本，允许特权，不允许人权，允许州官放火，不许百姓点灯。所谓王子犯法与庶民同罪，或许在王子谋反时是适用的，其他时候永远是"皇帝的新衣"；它允许以国家、社会的名义向百姓索取，不允许以百姓的名义从国家、社会获得；它没有自己的意志，以统治阶层的意志为意志。统治阶层知道自己的所作所为仅依靠法律是不够的，于是把道德因素纳入进来，为法律披上道德的外衣，让道德充当法律的基础，让法律履行道德的职能。这样一来，统治者即使再不好，哪怕有天大的错，做臣民的也不能不忠不孝，他们的"权利"只有一项：武死战、文死谏，竭其所能尽忠报国。个人永远微不足道、可有可无，个人选择和自由由于携带忤逆君主意志或不利于统治秩序的基因，被禁止，被污名，任何基于个人的利益诉求都会受到以法律为后盾的道德的批判。统治者是唯一自由的人，在法律和道德面前想怎么做就怎么做，其他人和自由之间则竖有一道墙，墙的高矮和权力大小相关。

道德在任何时代都是必须遵守的，差别在于是否借助法律让人遵守，以及当人们没有修养好身性违反道德时是否用法律手段干预。这是一个路标，可左可右。向左而行，用法律贯彻道德，人们没有选择余地。由于道德无止境且渗透在个人与社会生活的方方面面，一旦与法律结合，人们所承担的必须如此的义务也势必是无止境的。这样一来，原本法律禁止之外留下的空间就被挤占得所剩无几，法律包含的道德越多，道德的标准越高，留给人们的空间越小，康德所谓自由意志也就越无存在的可能。向右而行，法律的归法律，道德的归道德，人们有选择自由。由于道德是无止境的且渗透在个人与社会生活的方方面面，一旦与法律区分，它便成为一个广阔的领域，法律包含的道德越少，道德的标准越高，人们在这个领域中自由选择的空间越大。①

　　古希腊人已经认识到，如果他们不愿受暴政统治那就必须受法律统治。西塞罗说，"为了可能得到自由，我们只有做法律的奴仆。"这一"星星之火"在近代变为"燎原之势"，洛克说："没有法律的地方便没有自由。"潘恩写道："自由国土上的政府……并不是依赖大人物，而是依赖法律。""卢梭的看法与西塞罗和洛克毫无二致。政治自由问题始终涉及到寻求约束权力的法规。""归根到底，从梭伦时代到今天，人们孜孜以求的办法就是服从法律而不是服从主子。"②人生而自由平等、国家是契约的产物的思想蕴含了人民主权论；孟德斯鸠把限制权力看作保障权利、实现自由的途径；边沁认为，法律的目的是最大多数人的最大幸福。"在由以卡尔·戈特利布·史华兹为首的一系列杰出法学家编纂的法典文本中，个人的普遍权利被宣布为是基于他的'在不伤害他人权利的情况下，追求和促进自身福利的自然自由'的"。③意大利宪法第2条规定了"政治、经济和社会团结方面不可予夺的义务"，第3条规定了所有公民的"同等社会尊严"；同一条款

---

　　① 有一种认识支持向左而行。它首先肯定法律守社会底线，认为底线不守天下大乱，因此一个社会必须坚守法律，不惜运用强制力量。然后强调道德向上提升，认为法律控制的社会不和谐、不美满、虽有秩序却丑恶盛行，如果我们不愿意生活在不和谐、不美满、虽有秩序却丑恶盛行的社会里，就必须依靠道德。道德是那样高尚，那样美好，那样值得追求，一旦"得道"，我们将生活在友善和谐的社会中。为着这个美好社会，应当动员一切力量，由政府组织，借用法律的强制力量促使道德得到遵守和提升，毕竟，这是为了人们向善，为了善的生活，毕竟，压抑是文明的基础，善是不能自动达成的。

　　② 萨托利：《民主新论》，冯克利、阎克文译，东方出版社1993年版，第309～310页。

　　③ 凯利：《西方法律思想简史》，王笑红译，汪庆华校，法律出版社2002年版，第252页。

要求国家"克服阻止人的充分发展及所有工人参与国家的政治、经济和社会组织的经济障碍和社会特征，它们实际上限制了公民自由和平等"。德国学者认为，"国家目的"的当代问题，是"促进人格发展，社会正义，经济繁荣和稳定，保障法律、秩序及外部安全；（其实现是通过将这些目标置于）正常的相互平衡关系，并在它们之间确定有关优先性和可能的最佳折中的正确平衡"。①

法律从道德那里获得独立使自由成为可能，法律功能（认识和实践上）的变化使自由变为现实。法律不再是单纯的禁止、惩罚，它同时对百姓及其个人权利提供允许和保护。依靠法律才能获得自由，这一论断的正确性以法律保护人的权利为前提，没有这个前提，法律存在，自由不存在，有了这个前提，自由从此就在我们生活中。我们需要法律是为了获得安全，使我们的权利免遭恶人算计。如果说惩罚是对算计我们权利的恶人的制裁，那么，对不算计别人权利的我们来说，法律给予的就是保护。在这个意义上，设置法律的目的与其说是惩罚，不如说是保护。当且仅当权利受到保护时，我们才可以说，凡法律未禁止的，皆可为公民自由的空间。过去人们畏惧法律，今天人们喜爱法律；过去人们视法律为监狱，今天人们视法律为守护神。②历史遗留下来的以特权和不合理约束为特征的法律被废止，新的制度要调和各阶级和阶层之间的需要和利益、促进人民之间的团结互助，自由从此和法律不可分割地联系在一起。

道德（按康德）和法律都赋予人自由，二者不分却损害自由。总有一些人作出危害他人、危害社会的事情，因此需要法律。总有一些人完全依靠道德不能约束他们的行为，因此法律是必要的。然而，作为一种系统的限制，法律又是一种轻度的不幸。它为了惩罚个别人的犯罪不得不作出限

---

① 凯利：《西方法律思想简史》，王笑红译，汪庆华校，法律出版社2002年版，第377～378页。

② 某种程度上我们可以以此为据判断一个国家的自由度，即一个国家里若人们普遍把法律视为惩罚之器，这个国家的自由度较低，若人们普遍把法律视为对自己的保护，这个国家的自由度较高。

制所有人的一般规定，它为了实现社会自由的最大化不得不对个体自由作出限制。法律毕竟是外在的和强制的，即使它保护了人的普遍权利，做到了对所有人一视同仁，也有自身无法克服的局限。因此，法律从外部对人的行为的干预必须有限度，它作为一种强制力量的使用必须有限度，以便尽可能地抵消局限，降低"不幸"程度。道德法律化、法律道德化有悖于上述理路，它扩大了法律的范围，不是降低了"不幸"的程度，而是提升了"不幸"的程度。当此之时，最好的办法是将法律与道德区分，法律不向道德领域延伸，道德也不借助法律强制实现自身。1950年代后期，英国人曾就法律是否有权压制不对他人造成伤害的道德行为有过争论。立法改革前，英国政府为考量这类问题设立的一个委员会表达了自己的立场："在我们眼中，法律的功能不在于干预公民的私生活"，在私人道德问题上，社会和法律应给予个人选择和行动的自由。"除非社会作出自觉的努力，通过法律的作用，将犯罪和罪的领域等同，私人道德和不道德的领地就必定继续存在，用简短而粗略的话说，这与法律无干。"①也就是说，社会生活中的许多行为，即使不为道德所接受，甚至是令人人难以容忍的，也不能用法律去限制、去干预、去改变。这里有机会成本问题，有综合平衡问题，干预产生的不良后果可能大于它试图矫正的不道德行为的后果，可能按下葫芦起来瓢。法律的强制已使人失去部分自由，道德如果借助法律也去强制，人又将失去部分自由，更大部分的自由。它在某种程度上等于说，做什么样的人以及怎样做人须由外在规定，不能自我选择，这是非常可怕的。我们知道一个社会必须有要求人们服从的强制工具。法律可以成为强制工具，但道德不能。它本来是善良意志的诉求，是社会有机体的自组织、自调节机制，一旦变成强制工具，再无善良意志可言。法律强制是必要的恶，道德强制是绝无必要的恶。强制与否从而法律与道德区分与否是传统政府和现代政府的界标。现代政府可以染指法律，不能染指道德，可以在社会范

---

① 凯利：《西方法律思想简史》，王笑红译，汪庆华校，法律出版社2002年版，第420页。

围内提倡道德，不能在社会范围内强制道德。染指法律的政府要遵守法律，不能染指道德的政府要接受道德的评判。

法律和道德的区分是历史的进步。进步的核心是人们自由选择空间的拓展增大，亦可表述为为自律创造了社会条件。过去道德借助法律扩张自己，法律借助道德梳妆自己，现在道德摆脱了法律的拐杖，法律也划出了边界；过去道德具有至高无上的地位，现在法律和道德并肩而立；过去人们经常反思法律的地位和作用，现在人们也在反思道德的地位和作用。法律与道德区分生成二者长期并存的社会景观，历史本已如此，再让道德回归法律或法律回归道德便是倒退。

三、法治和德治

法律与道德的关系蕴含法治和德治的关系，法律的社会后果和道德的社会后果是依法治理和依德治理的产物。如果说法律与道德联系的目的和法律与道德区分的意义都是善的生活，法治和德治的目的也无其他；如果说区分比联系更有助于善的生活，法治和德治也不应浑然一体。

凡是存在法律的地方就必定有这样一些人或团体，他们发布以威胁为后盾、被普遍服从的命令；而且也必定有一种普遍的确信，如果拒不服从，这些威胁就可能被付诸实行。同时也必定有一个对内至上，对外独立的个人或团体，他们被称为主权者。①按霍布斯，法律是主权者的命令；按马克思主义，法律是统治工具，是实现立法者意志的手段。一种非马克思主义者的观点支持着马克思主义观点：法律是社会中最强有力的群体的某些观念的系统化和强制性的体现，并因此会随着这些观念和群体的变化而变化。当法律成为统治工具，它便与主权者联系在一起。当法律成为主权者的工具，它便与政治联系在一起。

凡是存在道德的地方，就必定有这样一些人或团体，他们持守传统

---

① 哈特：《法律的概念》，张文显等译，中国大百科全书出版社1996年版，第27页。

和道德习俗，形成强大的社会舆论；而且必定有一种普遍的确信，如果拒不遵守道德，就会受到谴责和鄙视，一种无影无形来自人们心中的谴责和鄙视。同时也必定有一个内外有别、高高在上的个人或团体，他们被称为"道德家"。在中国传统中，道德秉承"天道"的命令，是国运长久的"秘籍"；在马克思主义那里，道德是一种意识形态。道德成为意识形态，它便成为工具，当"道德家"运用这个工具时，它便与政治联系在一起。

法律和道德都和政治联系在一起，依据何者"管理众人之事"就成为一道选择题。答案存在于治国理念、治国方略中，以治国理政基本方式的形态呈现在社会面前。

法治还是德治？在古代中国这不是问题，在现代西方也不是问题。古代中国讲德治，历代王朝对此深信不疑，从未动摇。德治中国有法制，没有法治，法治是为何物，统治者不知，儒释道三家圣贤也不知。现代西方讲法治，在经历了漫长过程将法律与道德区分开之后，它们对法治也从未动摇。但是在由传统社会向现代社会转变的百年中国史中，法治还是德治是大问题，过去有争论，现在有分歧。

"今西人号称法治国。虽然，法果可以治国乎？吾不敢信也。今有人焉，一生未犯窃盗强奸，未尝一日于触法网，而其人不仁不义、不忠不信、寡廉鲜耻，则世竟目为无人格。夫不仁不义、不忠不信、寡廉鲜耻，于法无罪也，然而不可以为人。国也者，集人类而成者；知徒守法之不可为人，则徒守法之不可为国明矣。是何以故？盖法律者，道德之一部，人生事件属于道德范围者恒十之九，而其成为法律者仅十之一。守其十之一，而遗其十之九，故以之为人则败，以之为国则乱而亡……吾国之轻法治，已二千年矣；欧化东渐，始有哗然以制定宪法编纂民商法之说进者，而约法增修，旋更帝政，宪法再颁，流为贿选。"[1]这是一个有代表性的论辩，虽发表于20世纪40年代初，仍是今天相当一部分人主张德治的依据。

---

[1] 程树德：《论语之研究》，《学林》1941年第9期，第36页。转引自《山东社会科学》2015年第12期，第90页。

追根溯源，这个依据来自二千年前的儒家。《论语》中的一段话经常被人们作为经典引用："道之以政，齐之以刑，民免而无耻；道之以德，齐之以礼，有耻且格。"①孔子对礼治和法治的比较也是精致的："凡人之知，能见已然，不能见将然。礼者禁将然之前，而法者禁于已然之后……礼云，礼云，贵绝恶于未萌，而起敬于微眇，使民日徙善远罪而不自知也。"②梁启超解读此论说，法凭政府强制发生功效，礼凭社会舆论发生功效。守不守礼，人可自愿选择，但礼既为社会所公认，不守者会被同类视为怪物。法和礼都是要遵守的，二者的差别是"民免而无耻"和"有耻且格"的差别。教育培养民众的道德意识和道德行为，使其自觉自愿服从于礼，在梁启超看来，是"礼治主义根本精神之所在也"。③他还指出，法家最大的缺点是立法权、司法权均由君出。君主可以一言立法一言废法，则法家所说"抱法以待，则千世治而一世乱"根本不能成立。法家思想中有治人而无治法，正所谓"国皆有法，而无使法必行之法。"如何方可有使法必行之法，梁启超认为，这个问题在君权国家之下断无解决之术。④何况，不管法如何繁多，终有其所不至者。葛兆光说，法家的共同特点是"不太关心人的终极理想和精神超越，不太过问历史和理性的价值与依据，而是更关心一种思想、学说如何'物化'为可以操作和实现的技术与制度，从而去解决日益迫切和紧张的社会秩序问题。"⑤这个看法应当是思想史界普遍赞成的看法。而曾经试图建立一个完全依靠外在制度与法律管理的秦朝的失败，和以经典为依据的道德教育加上以法律为依据的外在管束的汉朝的成功，也使历代统治者坚信以德治国是必然选择。

---

①《论语·为政篇第二》，杨伯峻：《论语译注》，中华书局1958年版，第12～13页。

②《大戴礼记·礼察篇》，黄怀信等撰：《大戴礼记汇校集注》，三秦出版社2005年版，第130～133页。

③ 梁启超：《先秦政治思想史》，北京联合出版公司2014年版，第94页。

④ 梁启超：《先秦政治思想史》，北京联合出版公司2014年版，第174页。

⑤ 葛兆光：《七世纪前中国的知识、思想与信仰世界》第一卷，复旦大学出版社1998年版，第269页。

法治还是德治在传统向现代转变过程中成为问题，是过渡时期传统与现代杂糅并存的反映；将法与德同法治与德治这两个不同层面的问题搅在一起，是杂糅并存的社会状况在法治与德治关系上的反映。先贤及梁启超对法家局限性的批评是中肯的，葛兆光的评价和历史事实是客观的。而程树德用道德的不可或缺性证明法治不可行的论辩，和当下一些学者的理路——以法不是万能的和法离不开道德为其提供基础和依托为据，证明法治有局限，进而以法治有局限为由认为将法治与德治对立起来是错误的，表面看似有理，实则缺乏前提性澄清。他们将法治和道德同框，将法律和法治混同，仿佛讲法治就是不要道德，虽然认为将法治与德治对立是错误的，自己却已然将二者对立起来。

法律与道德不同于法治与德治，重视法律不等于法治，强调道德也不等于德治。无论法治还是德治，各自内部都有法与德的关系，法治中有道德，德治中有法律。法治与德治的区别因此也就不在是否包含法与德，而在于谁主谁辅。以法为主辅以道德属于法治，以德为主辅以法律属于德治。传统中国之谓德治，就在于其社会治理的基本方略是"德主刑辅"，强调"大德小刑""贵德贱刑""近德远刑""务德不务刑"等理念和诉求。将其理念和诉求中"德""刑"二字的位置相互调换一下，大致也可以看作是法治的理念和诉求。这里只有德与法的主次之别，没有德与法的二元对立。"道之以政，齐之以刑"是否会导致"民免而无耻"是需要证明的，孔子生活的时代或许可能如此，法家的理论实践也确实产生有"民免而无耻"的一面。但程树德们生活的时代情况已大为不同，国人所求之法治已非古人所施之法制，故而他的论证——"今有人焉，一生未犯窃盗强奸，未尝一日于触法网，而其人不仁不义、不忠不信、寡廉鲜耻，则世竟目为无人格。夫不仁不义、不忠不信、寡廉鲜耻，于法无罪也，然而不可以为人。国也者，集人类而成者；知徒守法之不可为人，则徒守法之不可为国明矣"——是从法与德的角度，由个体的可能性推及整体的或法治的不可能性，缺失了范畴的真确性和前后间的逻辑关系，将两件不同的事情似是而非地捆绑在一起。

区分了法与德和法治与德治的不同，便有了进一步论说的基础。法治和德治都是治理国家的基本方式，一个国家在它存在的特定时期或历史条件下可以选择以法为主或者以德为主，不能同时选择以法为主和以德为主。同时选择等于不做或没有选择，在逻辑上是矛盾的，在实践中既不能收法治、德治各自之长，也不能补法治、德治各自之短。

那么，应当以德为主还是以法为主？笔者以为，这不是一个理论问题，而是实践问题。以德为主还是以法为主，选择的依据存在于历史中，由国情或历史条件决定，其基本原则是：依从社会规范系统存在的理由，以是否能够满足政治、经济实践和思想文化的需要、有效调节共同体成员的行为—关系为据，判定何者顺乎历史发展趋势。

德治源出夏商，定于周公。皋陶同禹讨论政事谈到历史经验时说："允迪厥德，谟明弼谐"[1]意思是真诚地履行德行，就会集思广益决策英明，君臣团结一致同心协力。禹在赏赐土地、姓氏给诸侯时，首先考虑那些德行好又不违抗命令的人，这样做的理由就是"允迪厥德，谟明弼谐"。周公总结夏商二朝兴亡得失的历史经验，定下以德治国的基本方略。

历史上，德治首先是统治者的自我规定。它包括两个方面，仁君和仁政。君主应当是一个仁慈的有道德的人，不能像殷纣王那样荒淫无道。君主要施仁政，将自己的仁慈之心播撒于天下，像关爱自己的子孙一样关爱百姓，不能如殷纣王那般冷酷残暴。做到这两点，上得天道，下得民心，国家何愁长治久安！德治的本义大致如此。

孔子承继周公，提出推己及人、能近取譬的行仁之法，讲人要从自身发动推行仁爱仁政。"夫仁者，己欲立而立人，己欲达而达人。"[2]普通人从自身发动之能近取譬影响的是亲情、家庭、邻里，君主影响的是朝野、国家、社会，故君主的行为特别重要，善政和理想社会的实现全赖于此。德

---

① 《尚书·皋陶谟第四》，李学勤主编：《十三经注疏·尚书正义》（标点本），北京大学出版社1999年版，第102页。

② 《论语·雍也篇第六》，杨伯峻：《论语译注》，中华书局1958年版，第69页。

治因此又成为社会对君主和统治集团的要求。

德治之治，关键在人，——治人之人，治人之仁。"天下之本在国，国之本在家，家之本在身。"[1]殷人酗酒，周公让人宣布戒酒令。《酒诰》对官员们说，你们如果自己限制饮酒作乐，就是上帝赞赏的大德。《酒诰》所要求者，官员身体力行率先垂范是也。官员们如此，君主更当如此，儒家对此看得十分清楚，故而特别强调。子曰："政者，正也。子帅以正，孰敢不正？"[2] "子欲善而民善矣。君子之德风，小人之德草。草上之风，必偃。"[3] "上好礼，则民莫敢不敬；上好义，则民莫敢不服；上好信，则民莫敢不用情。"[4] "所谓平天下在治其国者，上老老，而民兴孝；上长长，而民兴弟；上恤孤，而民不倍。"[5]孟子总结历史经验："三代之得天下也以仁，其失天下也以不仁。国之所以废兴存亡者亦然。天子不仁，不保四海；诸侯不仁，不保社稷；卿大夫不仁，不保宗庙；士庶人不仁，不保四体。"[6]故"是以惟仁者宜在高位，不仁者而在高位，是播其恶于众也。"[7] "君仁，莫不仁；君义，莫不义；君正，莫不正。一正君而国定矣。"[8]

显然，德治是有道德的人治。有道德的人会给他周围的人带来温情暖意，有道德的君主会给国民带来平安福祉。文明伊始，社会虽摆脱原始野蛮状态，却仍带有浓郁的丛林气息。统治者四处征伐攫取天下利益，一方面自己为所欲为，一方面用严刑峻法治理百姓，营造的是社会戾气，产生

[1] 《孟子·离娄章句（上）》，李双译注：《孟子白话今译》，中国书店1992年版，第154～155页。

[2] 《论语·颜渊篇第十二》，杨伯峻：《论语译注》，中华书局1958年版，第136页。

[3] 《论语·颜渊篇第十二》，杨伯峻：《论语译注》，中华书局1958年版，第137页。

[4] 《论语·子路篇第十三》，杨伯峻：《论语译注》，中华书局1958年版，第142页。

[5] 《大学章句》，朱熹集注：《四书集注》，岳麓书社1985年版，第14页。

[6] 《孟子·离娄章句（上）》，李双译注：《孟子白话今译》，中国书店1992年版，第153页。

[7] 《孟子·离娄章句（上）》，李双译注：《孟子白话今译》，中国书店1992年版，第149页。

[8] 《孟子·离娄章句（上）》，李双译注：《孟子白话今译》，中国书店1992年版，第170页。

的是弱肉强食，形成的是战栗畏惧和人们的颠沛流离，总之是暴政。当此之时，谁如果提出做仁君、施仁政，像对待家人一样关爱子民，他就会得人心；谁如果主张德治，提出一套讲仁慈、施仁政的治国理念或理论学说，他就是先进思想文化的代表。尧舜周公做到了，所以他们是千年楷模；孔子做到了，所以他是至圣先师。德治之能深入人心、得人拥护还有一个相辅相成的重要条件：古代社会，氏族虽然不在，血缘关系仍是维系社会关系的主要纽带。亲人之间最重要的是父慈子孝、兄友弟恭，家族内部最重要的是温良恭俭让，打断骨头连着筋的血缘亲情岂可以法待之！进而，小农经济、熟人社会、宗法关系等为以德治国提供了深厚的土壤。在这片土壤上，德治是可能的，而且是有效的，是可以让社会安定统一的，也是可以让自己根深叶茂的。如果说法是不能不用之器，那也是第二位的，不能作为基本理念像法家那样公开倡导，也不能作为治国方略在实践中实施。道德因而高于法律，是第一位的，它能够满足调节简单社会结构中人的行为—关系的需要，效果要比其他选择好很多。

德治是中国人最早认识到的通达善良社会的方法和途径。放在那个时代，这一认识非常先进，古代中国社会机体发育成熟度较高与之有莫大关系。早期的认识和实践当然有其局限，哪怕它是先进的。德治的局限有三，它们成为大同理想的梗阻，贤人政治的软肋，也成为平民百姓的梦魇。第一，它无法保证君主必是有德之人，也就无法保证能近取譬沿仁政的方向由君主惠及整个国家社会。此点最令儒者无奈，也最令德治尴尬。一代一代的儒者不懈努力欲其改变，一代一代的王朝却不断重复过去的故事，即使尧舜开创的基业，也在"得天下也以仁"后"失天下也以不仁"。统治者率先垂范是德治的前提，前提不存，何来德治！法家说："有道之君者，善明设法而不以私防者也。而无道之君，既以设法，则舍法而行其私也者。"① 为人君者弃法而好行私，谓之乱，将"人君者弃法而好行私"改

---

① 《管子·君臣上第三十》，刘柯、李克和：《管子译注》，黑龙江人民出版社2003年版，第209页。

一字为"人君者弃德而好行私"又何尝不能成立！传统中国有德治无治德，千百年来无人解开这个死结，于是退而求其次，由君主以身作则率先垂范变为臣民须得遵从，非礼勿听，非礼勿视，修身养性做好自己，然后忠君报国。德治的本义在这里悄然变化，自我规定的内涵被遮蔽，工具性——少数不受道德约束的人对多数人提出道德要求——成其主要特征。第二，它不能保证仁政平等地惠及大众。按孔子能近取譬的方法，仁爱必有差等，近者亲，远者疏，此乃人之常情，虽墨家以兼爱攻之，亦不能变。仿佛一出戏剧，剧本已定，各色人等悲欢离合的命运便在其中。有一点不能不提，它从理论和实践双重角度证明爱有差等，这就是"礼不下庶民，刑不上大夫"。礼可以不必是对庶民的要求，爱之所及到士人那里就适可而止；刑不能用于大夫，惩罚的对象便只有庶民。礼刑适用范围如是，哪还有平等的仁政。第三，也是最重要的，即使君主是有德之人，行仁政之事，也不能达到天下之治。有德无才，虽为仁慈之主也无力推行仁政落实善举，此其一。有德之人再有才也是理性有限之人，凭一己之力不可能治理国家，遑论治理好国家。他必须依靠他人。依靠他人绝不像皋陶说得，真诚地履行道德就能集思广益、决策英明，也不会因着道德就能做到君臣团结一致、齐心协力，它需要"法"。"田子读书，曰：'尧时太平。'宋子曰：'圣人之治，以致此乎？'彭蒙在侧，越次答曰：'圣法之治以至此，非圣人之治也。'宋子曰：'圣人与圣法何以异？'彭蒙曰：'子之乱名甚矣。圣人者，自己出也；圣法者，自理出也。理出于己，己非理也；己能出理，理非己也。故圣人之治，独治者也。圣法之治，则无不治矣。'"[1]梁启超点评说："此皆对于贤人政治彻底的攻击，以为'人存政举人亡政息'决不是长治久安之计"，[2]此其二。法律有许多不及之处，道德也有许多不及之处。无论政治、经济、文化还是法律、科技、管理，都有许多和道德不同，和道德没有关系，是道德管不了、管不好的事情，如果说法多有不及之处是它不

---

① 转引自梁启超：《先秦政治思想史》，北京联合出版公司2014年版，第161页。

② 梁启超：《先秦政治思想史》，北京联合出版公司2014年版，第162页。

能成为治国理念的依据，这个道理同样也适用于德。人们做事须遵从事理，讲究一切从实际出发，实事求是，最忌主观主义、一厢情愿，凭借善恶好恶决定做什么、怎样做。不管对象如何，事理怎样，以德治为不二法门，将道德原则、道德规范强行贯彻其中，使政治、经济、法律、文化道德化，反而适得其反，生出恶来，此其三。

德治的局限是历史局限。历史局限通常在人的物质生产生活条件发生变化后显现。近代以降这种变化发生了，集中在以下四个方面：自然经济被市场经济所取代；大规模的商品生产和交换将熟人社会变为陌生人社会，血缘关系和宗法等级秩序被打破；多数人开始寻求与少数人平等的权利，社会治理结构由纵向之维逐渐转向横向之维，其功能伴随社会不断分化和整合由简单到复杂；历史开启了世界历史的进程。过去在西亚北非特别是欧洲各国广受重视的法律，现在被进一步提升，罗马人发明的"法治国"概念广泛传播，成为国家治理的基本理念和方略。

法治即依法而治。依法而治的基本含义是任何个人、团体、组织直至政府都必须在宪法和法律规定的范围内活动，并受事先制定和宣布的规则约束。

现代社会在国家治理中面对一个基本问题：当着"陌生人"聚集在一起，市场主体和各行各业的人们追求平等的权利，国家与社会、社会与个人的关系被重新界定和塑造时，如何既促进发展又得以形成稳定的秩序、和善的关系？法治提供了可能，提供了不同于德治的另一种途径和方法。它通过把人的行为锁定在法的框架内使秩序得以稳定，进而在此基础上使具有自由意志的人在相互博弈中逐渐完善他们的关系。顺便说一句。法也是有精神的，法的精神和善良意志相通不悖。

历史上看，法治首先是对治理者的限制。它承认治理者的地位作用，但不相信他们理性无限，不相信他们没有私心、私欲、私利，故不把国家治理的希望寄托在治理者的能力和道德品质上。法治的人性假设是恶。在这里，治理者是不是恶不重要，重要的是如果他们的恶都能被掌控，倘若他们善，对社会就会更加有利了。因此它要限制治理者的权力，将其纳入法律和制度的框架内，以防范他们因一己私利或决策失误危害国家社会。

让统治者、立法者遵守法律是一大难题，卢梭将这个难题"比做几何学中的圆的方"。所以有治人而无治法，就是因为这个难题长期不能解决，而长期不能解决的根本原因是有法制没有法治。法制的特点是有超越法律之上的人的存在，他们让他人遵守法律和规章制度，自己可以不受法律和规章制度的约束，就像他们让别人遵守道德规范自己不受道德约束一样。法治和法制的区别就在于它破除了法外特权，把权力关进笼子里。法治能够做到这一点，盖因为它使法律从掌握在统治者手中的工具变为掌握在所有人手中的工具。后者过去只能被法律，现在他们能够拿起法律的武器捍卫自己的权利。法治国家的人们普遍具有一种意识，自己的权利是与法律紧密联系在一起的，要么因法律而兴，要么随法律而亡。只有在服从的是法律而不是人，以及政府也要服从法律的社会条件下，他们才会是自由的。

从不允许个人统治，只让法律统治，到英国首次宣布任何人都不得凌驾于法律之上，国王不能凌驾于法律之上，他的大臣侍卫也不得凌驾于法律之上，再到现代社会的政府不能不受法律约束；从法律是统治的工具，到法律涉及统治者的时候不会手软，任何政府部门如果攻击人民、贪污受贿、行为不端，都会受到法律的制裁，法治的建立经历了一个漫长的过程。这个过程充满着思想和行为的博弈，不乏鲜血和生命。没有什么能够保证法治一定实现，只有历史和国家民族的命运在昭示，不想被时代淘汰就必须顺应现代社会发展的趋势。

法治保护人民。政府的权力大，人民的权力小，政府的权力小，人民的权力大，限制了政府就是保护了人民。人民是共同体中的多数人，他们在人民主权的现代社会中具有自主性，每一个人都是独立的自然人或法人，都有自己的利益以及在此基础上形成的意志，他们按照自己的利益和意志行事，不听命于他人，也不允许任何人把他们的意志强加给自己。人民彼此之间是平等的，又依据人民主权和社会契约一类的理论要求政府与自己平等。

共同体中的多数人同样理性有限，同样有私心、私欲、私利，为了自己的利益和追求同他人展开竞争。市场主体最为典型，他们从事的活动本身有利益最大化的要求，为了满足自己的要求，不至于被残酷的市场竞争淘汰，他们全情投入，想方设法，不择手段。① 凡此种种导致冲突，生活在陌生人社会中的"自由民"之间的冲突更具普遍性和持久性。不消说，市场主体的行为需要限制，其他共同体成员的行为也需要限制。道德限制不了，道德准则束缚不了利欲熏心之举，况且共同体成员之间以及他们和政府的关系是平等的，要限制只能靠法律，当然是体现共同体成员意志的法律，即共同体成员自己为自己所立的法律。限制即是保护，一方面表现为违法惩罚，一方面表现为权利规定。法律的保护不是抽象的，不是简单地宣布人有权利，平等自由，而是落实在宪法、民法、刑法、诉讼法等一系列法律的具体规定中。依据宪法和法律，人们能够建立与他人的关系，处理与他人的纠纷，解决与他人的冲突，保护自己的权益，不必依赖政府、依赖官员、依赖权力。依赖他人的人不是独立自主的人，是命运掌握在他人手中的人，只有当人摆脱了对他人的依赖自己掌握自己的命运时，他才获得解放，成为平等自由的人。

依靠宪法和法律可以极大地消解社会的不确定性。不确定性是德治的软肋，无论人们怎样努力，也无法保证君主是有德之人，能够推行有德之治；退而求其次时，也无法保证多数人按道德原则行事。因此产生德治社会特有的景观：一项政策，一种制度安排，一件事情做与不做，一项活动开展不开展，一个问题的解决乃至一个案子判与不判以及怎样裁判，常常和偶然因素关联在一起，有时就是君主的一句话。君主之一言九鼎，能够作出令人拍手称快之事，也能让人痛苦不堪。君主好，社会安定，君主不好，社会动荡，除非权力更迭，君主的错误很难纠正，金字塔式的权力结

---

① 仅就全情投入、想方设法而言，市场主体和政治家、艺术家、科学家等从事其他活动的人是一样的，只不过因为活动本身的追求不同，与利益的关系和远近不同，社会给出的评价有所不同。市场主体直接追求利益，他们的活动因此最易受到诟病，其次是政治家。人们常用赞美性的语言评价艺术家、科学家的活动，其实从道德角度审视，他们中一些人的行为同样不堪，比许多市场主体有过之而无不及。

构本身缺乏长效的纠错机制，反而令其逐级放大，所谓上有好之，下必甚焉。有时我们还会看到这样的情形，君主从道德出发作出的决策短期或局部看令人称快，长远或全局角度看则正是它破坏了社会发展可持续所需的平衡，仿佛一部机器，单个零件被迅速修好，整个机器却运转不良、耗损巨大。

法治社会中的领导人及平民百姓，就他们是领导人和人而言，同德治社会中的人没有分别，同样德性不定，同样理性有限。何以法治能极大地消解不确定性而德治不能？概因为德治依赖的是人的德性和有限理性，法治依赖的是规则且这套规则在较长的时期内保持不变。法治重视人们的道德水平和理性能力，却不依赖人们的道德水平和理性能力，只要求人们遵循规则，按宪法和法律办事。任何人都不能违反宪法、法律和规则，任何行为都要合乎程序规范，这就在很大程度上限制了德性的偶然性和理性的有限性，使人性善的东西不至于变坏，恶的东西不至于膨胀，使决策民主化、科学化，使方针政策不因人而存废。由是，在法治社会中，人们能够对上至国家、下至合作伙伴的行为作出预期，在过程开始时便已知道过程结束后的结果，大大降低了行动的风险，同时产生放大效应——只要结果善，越来越多的行为会朝向于善。法治社会是这样一个社会，在这个社会中，个体的不确定性不至于撼动整体的确定性，个体理性的优长不至于遮蔽集体理性的光芒，决策机构有一套纠错机制，共同体有较强自我修复能力。

在法律的范围内行动保障了对发展来说不可或缺的稳定性。任何国家、任何政府都希望稳定，不稳定却是任何一个国家、一个政府都必须面对的。一项统计数字表明，第二次世界大战后的20年间，拉丁美洲20个国家中有17个国家发生过成功的军事政变；1958至1965年的8年中，平均每年发生军事冲突46.75次，最高年份59次（1963年），最低年份34次（1958年）。① 晚近20年，从较为发达的东欧到较为落后的非洲，从突尼斯、埃及到利比

① 参见亨廷顿：《变革社会中的政治秩序》，李盛平、杨玉生等译，华夏出版社1988年版，第3、4页。

亚、叙利亚，不稳定、大规模的冲突乃至战争像传染病一样接连发生，当代中国发展中的矛盾也使稳定受到冲击。

我们知道这些矛盾冲突因发展而起，是原有的关系、原有的平衡遭遇打破的结果。辩证法告诉我们，事物内部的矛盾是事物自我发展、自我运动的源泉。按这个观点，矛盾构成一个国家、一个民族、一个社会发展的动力。这个观点的合理性以社会稳定为条件。矛盾只在社会稳定的条件下才是发展的动力，否则它会导致变化，不会导致发展，社会崩溃、倒退是变化，社会崩溃、倒退不是发展。稳定与否不取决于有无矛盾，取决于矛盾的解决。一个国家、民族能够正确处理和解决发展中不断涌现的矛盾就会稳定，发展中的稳定或稳定中的发展；一个国家、民族不能正确处理和解决发展中不断涌现的矛盾就会不稳定，发展中的不稳定或不稳定中的发展。前者是可持续的，后者不可持续。

解决矛盾需要选择正确的方式，具体的方式要依具体矛盾的特点而定，抛开具体，取"道"一般，法治是解决矛盾从而维护社会稳定的基本方式。法治不代表没有矛盾没有冲突，不代表一个早上就能稳定社会，促进发展。法治代表的是治理之"道"、方法途径、调控机制，它可以把冲突限制在自己规定的范围内。在这个范围内，无论政治家还是平民百姓都可以公开表达自己的诉求，都可以依照规则或法律要求冲突的另一方承认尊重自己的权益，同时也要接受依照规则或法律作出的裁决，哪怕它是与己不利的。以权力这例，权力之争是最激烈的政治冲突，也是最激烈的社会冲突，它常常导致流血，导致国家动荡乃至分崩离析。传统社会里，权力之争是最高机密，黑箱操作，讳莫如深，"正大光明"背后充满阴谋诡计，胜者为王败者寇，上台以后奉行德治的人，上台以前无所不用其极，道德不过是翻手为云覆手为雨的手段。现代社会中，这种情况有所改变，权力争夺变身竞选，黑箱操作变成公开投票，失败者不因失败翻倒在地，胜利者不因胜利趾高气扬。这个过程中也有尔虞我诈，也有阴谋诡计，也有不择手段，竞选者内心也有选民不得而知的一面，但这些已经不能动摇选举制度带来的根本变化。在最难遵守法律的人身上，在最喋血的问题和领域中发生这样的变化，皆因有民主法治，有宪法下的一整套运作程序和规则。两相比较不难发现，传统方式只有"治人"没有"治法"，法治方式有"治人"更有"治法"。有"治人"无"治法"，即使投入再多时间精力、物力财力也难以长治久安，解决矛盾有时候就是制造矛盾。有"治人"更有"治法"，情况就根本不同了，至少"治人"引起的矛盾大大削减。

法治能够维护社会稳定，一个重要原因是它体现了公平。法治公平是制度公平，制度公平的含义有二：规则本身是公平的；运用规则一视同仁，没有特权，没有三六九等。"王子犯法与庶民同罪"在古代社会只是愿景，在法治社会变为现实，唯有在法治社会它才能够成为现实。虽则法治不可避免地会让一些人在一些事上利益受损，但因为它是依法得到的结果，法是人们自己制定的，建立在对每个人权利尊重的基础上，所以人们不会不满，不会视其不公走向街头。

法治公平有局限，它能解决一些问题，不能解决所有问题。在如人们最为关心的收入分配问题上，法律就只能保证收入来源的合法性，无力解决收入分配的差异性。国家可以通过立法保护每个人的财产安全，却不能保护每个人财产的多寡；国家可以通过社会福利制度弥补财产多寡的弊端，却不能保障分配的公平性、有限资源分布的均衡性，以及——更重要的——人们幸福指数的高低。解决诸如此类的问题是一个系统工程，不仅需要法治，还需要其他因素配合，包括伦理道德。

实现法治是一个过程。在传统向现代转型的社会里实施法治会遇到强大的阻力。一种阻力来自法治内部，一种阻力来自法治外部。法治内部的阻力是法治不完善，即法规不完善，体制机制不完善，司法行为也不完善。自我认知和实践能力的不足形成自我束缚，制约法治的进程，使得依法治国产生瑕疵。当法治的不完善和复杂的现实问题、敏感的利益关系、悠久的文化传统相遇时，行动会受挫折，瑕疵会被放大，自身受到扭曲。法治不完善不可怕，行动受挫不可怕，瑕疵放大不可怕，最可怕的是法治自身扭曲。成长的事物植入不良"基因"结出的一定是"歪果"，"歪果"纠正起来——即使是可能的——要比重植一棵新"树"困难得多。

扭曲法治的是它的生长环境，一些因素构成外部阻力。外部阻力之一是利益关系。法治不可避免产生利益损益，这就需要人们有接受损失的心理承受力，懂得有舍有得的道理。道理不难懂得，在利益面前按道理做事不易。每个人都有自己的利益，都想求得而不是放弃自己的利益，多数人想求得而不想放弃的是摆在眼前的当下利益，对于他们来说，"树上十只鸟，不如手中一只鸟"，让他们放弃眼前利益求得长远利益，为整体利益牺牲个人利益无疑是困难的。普通百姓的利益关系相对容易调节，利益集团就不同了，它们的力量最大，在传统体制下获利最多，一旦法治，利益损失最大，阻挠反对也会最烈，既得利益集团因此成为法治建设外部阻力中最强大的物质力量。外部阻力之二是文化传统。文化传统融于人们心灵，寻常看不见，遇事露峥嵘，仿佛一个人，整天西装革履谈吐优雅，关键时刻才发现留着"辫子"。这条"辫子"存在于立法者、司法者身上，存在于普通百姓、利益集团身上，也存在于政治、经济、文化的体制机制中。"包青天"和"为民做主"是最普遍的两种意识，它们相辅相成深得民心民意。普通百姓期盼"包青天"，把冤屈洗刷、苦难解脱、公平正义寄托在一个人身上。他们崇拜克里斯玛式的人物，特别欣赏其大刀阔斧、雷厉风行的做法。在他们心目中，重要的是做什么，是否为百姓谋福利，不是怎样做，是否遵循法律、遵循程序。一个人只要能够带来福利他们就拥护，只要带来损害他们就反对，至于这个人在给自己带来福利的同时是否损害他人的利益，不构成他们选择的理由。因此他们的不平只是因为官员的做法给他人带来福利没有给自己带来福利，而不是因为这种做法本身，倘若做法相同而受益者换成自己，他们是乐见其成的。他们羡慕别人，知道别人之所以能够从这种做法中获利是因为找到了能够这样做的人，于是自己也去拉关系、走后门；他们深知权力的重要性，自己也去追逐权力。当拉不上关系、走不了后门时，当社会阶层固化堵塞了他们流动通道时，他们产生出仇官仇富心态，把不满宣泄在官二代、富二代身上。于是又期盼"包青天"，又对不按法律不按程序的行为拍手称快。中国历代清官都把"为民做主"当作座右铭，当他们认为自己掌握了真理、看清了道路后，更把"为民做主"视为自己义不容辞的责任和义务。于是他们关心爱护百姓，为其提供生产安排，生活来源，生命财产的安全保障，排忧解难，化解纠纷争讼。觉得分散的百姓力量小，就把他们组织起来；感到百姓能力低，就告诉他们做什么、怎样做；看到百姓认知水平思想觉悟低，就对他们灌输教育。"为民做主"的前提设定是：我对，我正确，为你好，有理由替你做主，做我认为应当做的事情。在这种预设下，官员们可以不辞辛苦、任劳任怨，唯独不能容忍反对，即使自己做错了，反对也在禁忌之列。在这种预设下，官员们同样强调结果，不在乎手段，不在乎规则和程序，认准了的事，说干就干，百姓利益可以牺牲，不情愿可以强迫命令，不服从可以强制执行。如果说有分别，那就是谁的决策正确，谁的决策错误，当然还有谁掌握了最终决定的权力。他们只反对他们反对的哪一些官员做的事情，不反他们反对的哪一些官员的做法，当他们有了最终决定权后，自己也会那样做。一个国家的事情无非是政府带领着人民从事活动，人民习惯于依赖政府，政府习惯于"为民做主"，法治推行起来就会遇到极大阻力。如果说利益集团是外部阻力中最大的物质力量，历史悠久的人治文化传统就是外部阻力中最大的精神力量。

以上所说只是择要而论，由此已可见知，对法治建设的长期性要有足够的自觉，对法治遭受挫折要有充分的心理准备，低估法治建设的长期性可能导致错误，缺乏心理准备可能经不起磨难。

历史上看，法治在德治之后；逻辑上看，法治是德治的扬弃。德治和法治的交汇发生在传统和现代杂糅的转型期，其后历史—实践的趋势、现代国家的主流，是全面依法治国。作为历史的产物，法治有历史局限，和历史中的德治一样并非完美无缺，因而也和德治的历史局限一样只能由历史克服。历史怎样克服法治的局限我们不知道，我们知道在当代历史条件下法治是克服德治历史局限的有效方式。依法治国不一定实现发展的目标，不依法治国一定不能实现发展的目标。

第五章　经济：两种体制的伦理诉求

经济生活领域是伦理学最关注的领域之一，从古至今，大量道德问题发生在经济行为中，以至道德问题虽然在其他社会生活领域同样存在，伦理学却对经济"情有独钟"。另一方面，制度过去在经济学中长期被忽视，直到20世纪70年代新制度经济学崛起，才在经济研究中占据一席之地，成为与技术、偏好、资源禀赋并列的经济学核心要素。

伦理学家关注经济中的道德问题时没有把它和制度做值得一提的关联，多数经济学家也不太关心经济中的伦理问题，这一点和政治、法律领域的情况有所不同。已有的讨论集中在经济与伦理的关系上，经济制度通常被搁置一旁，其言说指涉的对象大致可分为两类：（1）对经济活动的言说；（2）对经济活动参与者行为的言说。因为指涉对象不同，对经济与伦理关系的认识多有差异，而讨论中人们自觉不自觉地将两种言说混淆在一起，则使原本复杂的问题更加复杂。有鉴于此，本章首先梳理区分有关经济活动和"参与者"行为的伦理言说，进而探讨两种经济体制下伦理的表现和诉求。

一、经济活动与"参与者"行为

经济活动是和政治、法律、科学、教育、军事、文学艺术等并列的人类活动的一个门类，它有自己的本性或法则，一端联结着自然，一端联结着人的需要。经济学研究经济活动的本性，探讨利用有限资源满足人的需要的方式，经济制度是利用有限资源满足人的需要过程中的"游戏"规则。

"参与者"行为是经济主体的对象性活动，经济活动由生产、交换、分配、消费诸环节构成，我们把参与这些环节活动的主体行为称作"参与者"行为。"参与者"包括"经济人"，不限于"经济人"，资本主义以前的"参与者"和计划经济时期的"参与者"不是"经济人"。

经济活动离不开"参与者"行为，没有"参与者"行为就没有经济活动。但从经济活动出发和从"参与者"行为出发，观察和说明事物的角度有所不同，得出的看法和结论也会有所差异，注意到这一点，在分析经济与伦理进而经济制度与伦理关系时是有益的，可以让我们在纷繁复杂时常纠缠不清的头绪里理出一条线索。①

不少经济学家认为，经济学是价值中立的，与伦理无涉。J.N.凯恩斯是其中较早的一位，也是当时具有影响的一位。当他区别经济学与伦理学的时候，经济学还是一个年轻的学科，在大学中没有独立的地位，通常是作为历史和伦理科学学位考试的一部分来讲授的。②

在《政治经济学的范围与方法》一书中，J.N.凯恩斯将经济涉及的问题区分为三类：实证的、规范的和手段的。实证问题属实证科学研究的范围，其目标是追求理论的一致性；规范问题属规范科学研究的范围，其目标是为了确定理想；手段为的是目的的实现，它的目标是产生一个规则系统。J.N.凯恩斯认为，区分三者非常重要，它可以告诉我们经济学是什么，因此也就告诉了我们经济学与伦理学的区别：经济学是一门实证的、抽象的和演绎的科学，它只关注事物的真相，寻求和揭示经济的法则。换句话说，经济是一种客观活动，它有自己的本性，自己的法则，经济学的任务是描述这个活动，揭示它的本性和法则，揭示它所蕴含的一致性。现实的人的经济行为固然不能摆脱伦理的影响和制约，但离开道德判断研究经济法则或经济的一致性是可能的。J.N.凯恩斯的上述观点针对德国历史学派而发，

---

① 其他活动领域也有相似问题，因此本节关于经济活动和"参与者"行为的探讨也适用于政治、法律等领域。

② 参见党国英、刘惠：《纪念一百年前的经济学方法大论战》，J.N.凯恩斯：《政治经济学的范围与方法》，党国英、刘惠译，华夏出版社2001年版，第2页。

在后者那里经济学具有高尚的伦理目标，不仅要谈论经济学"是什么"，也要谈论经济学"应该是什么"，即关注人类生活那些最重要的问题。伦理性是经济学的重要特性，对它的研究与经济学研究无法区别，因此历史学派心目中的经济学是一门伦理的、现实的和归纳的科学。然而在J.N.凯恩斯看来，这样不加区分地将经济学与伦理学混淆在一起会造成许多混乱，引起对经济学的偏见和关于经济与伦理的不必要的争论。摆脱这种状况的最好办法是把经济规范和它赖以建立的实证科学的结论区别开来。"可以有把握地认为，政治经济学原理的讨论越是独立于伦理和现实方面的考虑，这门科学就越能尽快走出争论阶段。伦理学闯入经济学只能导致已有的争论不断扩大并无休止地延续下去。"[①]

J.N.凯恩斯的观点有重要影响，其后，越来越多的经济学家秉持经济学价值中立的立场，把伦理道德即规范看作另外一个方面的问题。中国学者樊纲主张经济学"不讲道德"，认为经济学家讨论道德问题是"不务正业"，[②]就是基于J.N.凯恩斯那般的考虑。

我们知道，亚当·斯密是一位经济学家，古典经济学的创始人，也是一位道德哲学家，曾担任格拉斯哥大学的道德哲学教授；也知道他一边写作《国富论》一边修改《道德情操论》。对亚当·斯密既有经济学理论又有伦理学思想却又对它们分别加以阐述的做法，人们有不同认识。一种观点认为，在亚当·斯密那里经济学与道德是分离的，《国富论》与《道德情操论》相冲突，前者将人的行为归结为利己心，后者将人的行为归结为同情心，他们将这种冲突称之为"斯密问题"。另一种观点则认为，在斯密那里经济与道德是统一的，"斯密问题"是个假问题。笔者以为，一边写作《国富论》一边修改《道德情操论》的事实其实已经表明他的经济学中没有伦理学，有的只是对经济活动或经济事实的揭示，否则他就没必要像我们看到

---

① J.N.凯恩斯：《政治经济学的范围与方法》，党国英、刘惠译，华夏出版社2001年版，第29页。引文前面的论述参见该书第一章和第二章。

② 参见张曙光：《经济学（家）如何讲道德》，三联书店2001年版，第37页。

的那样去做。他之所以不厌其烦地修改《道德情操论》，正是为了弥补《国富论》欠缺的一面，这欠缺的一面在他看来非常重要，不加弥补会让他感到不安。斯密本人是一位具有强烈道德情怀的经济学家，但就《国富论》而言，将其归在价值中立范畴下更合理些。

客观独立的经济活动在一些经济学家看来与伦理是一致的，它所创造的财富可以产生善的结果。新古典经济学的领军人物马歇尔是这种观点的代表。他在《经济学原理》中一开始就提出经济学与人的关系问题："政治经济学或经济学是一门研究人类一般生活事务的学问；""一方面它是一种研究财富的学科，另一方面，也是更重要的方面，它是研究人的学科的一个部分。"[①]伦理是马歇尔谈论人这个部分时的主题，它与经济之间的关系在马歇尔那里是这样呈现出来的：经济——例如一个人收入的多寡——影响一个人的性格，因而人是怎么样的，身体是否健康，才能是否得到发挥，其精神和道德状况如何，是否寻求友谊、懂得文雅和宁静，同他们的经济状况有直接关系。"'穷人的祸根是他们的贫困'，所以研究贫困的原因，就是研究大部分人类堕落的原因。"[②]基于这种认识，马歇尔为近代以来资本主义经济的发展辩护，认为它大大改善了工人的生存状况，"其中有些人所过的生活，已经比即使是一个世纪以前的大多数上等阶级所过的生活更为美好和高尚。"[③]他批评了人们对市场经济的一些看法和今不如昔观点，认为竞争不是罪恶的代名词，近代贸易的方法包含信任他人的习惯和抵抗欺诈行为引诱的力量，与近代商人相比，东方谷物商人和放债者是最肆无忌惮地乘人之危的商人，诗人们关于远古时代是"黄金时代"的说法很少有真实性。"在社会上一切等级的人之中，对财富都有某种误用的情况。……只要财富是用来对每个家庭供给生活和文化上的必需品，以及为共同用途的许多高尚形式的娱乐，对财富的追求就是高尚的目的；而这种追求所带

---

① 马歇尔：《经济学原理》（上卷），朱志泰译，商务印书馆1964年版，第23页。

② 马歇尔：《经济学原理》（上卷），朱志泰译，商务印书馆1964年版，第25页。

③ 马歇尔：《经济学原理》（上卷），朱志泰译，商务印书馆1964年版，第25页。

来的愉快，就可随着我们用财富所促进的那些高尚活动之增长而加大。"①
这段话表达了马歇尔在经济与伦理关系问题上的基本观点。

马歇尔不否认经济活动中有不道德的行为，但他的观点很明确，经济活动是善的，是与伦理一致的，只不过他没有将自己的这一观点直接表述出来而已。马歇尔没有直接表述的，中国经济学家说了出来。茅于轼在《中国人的道德前景》中提出一条原则：凡是能够促进社会经济发展的，都是符合道德的。交换有利于经济发展，也有利于参与交换的双方，因而是符合道德的；从事交换活动的人是为了他们的个人利益，即赚钱牟利，既然交换有利于经济，有利于双方，赚钱牟利也是符合道德的，而且赚钱越多表明对社会的贡献越大；就此而言，金钱没有罪恶，向钱看没有错。②符合道德的说法会引来误解，说它与道德的目标一致可能更好。

马歇尔们的观点很多人不能接受，却又难以辩驳，因为它与事实相吻合。吃穿住是人之生存要素，无之则争乱，有之则安居。古时凡君王能满足生民吃穿者，民无不感怀而歌颂之。《太平御览》五百七十一引夏侯元《辨乐论》说："昔伏羲氏因时兴利，教民田渔，天下归之。时则有《网罟之歌》。神农继之，教民食谷，时则有《丰年之咏》。黄帝备物，始垂衣裳，时则有《龙衮之颂》。"③马克思讲得很明白，满足吃穿住需要的第一个历史活动是生产，生产是人保持生命存在和种的延续的活动，因而是人的生命活动。它和动物为生命存在而从事的觅食活动有相似的地方，不同之处在于，人依靠智力、工具和狡黠的理性，将这种活动逐渐控制在自己手中，他不仅懂得利用物的尺度，而且懂得以自身为尺度改变世界。无论对于人还是对于社会，生产都具有第一位的作用，不仅是历史观意义上的第一位作用，而且是伦理观意义上的第一位作用。经济活动是创造财富的活动，财富的增加可以消除贫困，改善提高人的生活水平，创造的财富越

---

① 马歇尔：《经济学原理》（上卷），朱志泰译，商务印书馆1964年版，第155页。

② 参见张曙光：《经济学（家）如何讲道德》，三联书店2001年版，第41～43页。

③ 《太平御览》（第5卷），任明等点校，河北教育出版社1994年版，第511页。

多，人们生活的水平越高，追求其他美好事物的可能性越大。所谓经济活动是善或道德的，主要是就这个意义而言。马歇尔说得不错，贫困是堕落的原因。马克思也曾说过，当人们为争夺生存资料而斗争时，全部陈腐的东西就会死灰复燃。人们赞美"相濡以沫"，那是特殊情境中一种高尚的美德，除非不可抗拒的因素把我们抛在那样一种极端艰难的境地，为什么不避免"相濡以沫"而选择"相忘于江湖"？！一个人在灾难发生时设粥棚以赈灾民被认为是高扬伦理的慈善之举，一个国家通过发展经济使得她的人民丰衣足食即使在自然灾害发生时也不至于饿肚子难道不是更大的慈善？！如此看来，相濡以沫、设立粥棚是小善，发展经济、增加财富是大善。人不能因善小而不为，也不能置大善于不顾，更不能因小善弃大善，这个道理应该不难理解。然而在历史上和现实中人们似乎并不真正明白这个道理，一旦与伦理发生冲突就贬斥经济活动，从事经济活动的人地位低下，在古代中国，在这个最强调伦理的社会里，农、工、商排在士之后，且越是能够创造财富的阶层排位越低。在古代希腊，柏拉图从未看到商业对人类命运的巨大影响，他尝试要把社会拉回原始行为和制度下的小国寡民状态，在这种状态下没有货币流通，只有奴隶劳作，公民们每天沐浴在苏格拉底关于正义、道德和善良的讨论的阳光下，统治者是一些哲学家。赞恩批评说，柏拉图理想国所提倡的一些东西，是原始雅利安人野蛮风俗的照搬，雅典人早已把这一制度忘了，它在梭伦立法时就被废除了，而柏拉图却让理想国的国民重新捡起它们。①

增加社会财富是善，增加社会财富的活动本身也有善的一面。经济学家中有一种观点：贸易导致诚实、公平、互相理解、明智、稳健、对他人的宽容、和平共处、资本积累、分工、生活的舒适休闲和高雅、学习的乐趣，以及习俗和行为的改善，正是这些构成了文明的绝大部分。这种观点言之有理，然而只是一个方面的理，事情还有另一方面。

在前资本主义时代，普遍的观点是，追求财富的行为卑鄙无耻、可憎

---

① 赞恩：《法律的故事》，孙运申译，中国盲文出版社2002年版，第137、140页。

可恨，难以理喻。基督教"执持反对态度的真实道德依据是：占有财富将导致懈怠，享受财富会造成游手好闲与屈从于肉体享乐的诱惑，最重要的是，它将使人放弃对正义人生的追求。事实上，反对占有财富的全部理由就是它可能召致放纵懈怠。"[①]基督教鼓励人们各事其业，辛勤工作，把劳动作为人生的目的，坚持不懈地进行体力和脑力劳动，不做虚度光阴这种最不可饶恕的罪孽之事。但劳动绝不是为了追求财富，它只是遵循上帝的圣训，接受上帝向人颁发的命令，去做为了上帝神圣荣誉该做的事而已。在当今中国，人们不仅吃得饱，而且吃得好，国家经济发展，物质财富大为丰裕，却无人像先民那样对之讴歌颂扬，反倒人心不满，怨声载道，社会矛盾重重。贫穷的时候相安无事，财富增加了反而"端起碗来吃肉，放下筷子骂娘"。

人们希望社会丰裕却贬低"经济人"的活动，希望过富庶的生活却看不起致富的行为，这是一个奇怪的矛盾！

矛盾存在有多方面的复杂原因，对追求财富的活动的谴责鄙视并非没有正当理由。我们不去论说统治者何以不屑劳动者、士农工商排序的文化蕴涵、人的需要的变化性及其影响、贫富差距的社会后果；基督教产生初期是受难者的团体，曾遭受过罗马统治者代表的有钱人的残酷迫害，这个背景与其鄙视追求财富的行为的联系等等也不是本章要做的。本章要做的是从经济与伦理关系的角度说明人们不待见财富追求活动的原因，这就涉及到"参与者"行为。

当马歇尔把经济学当作研究人的学科的一部分时，当经济学家们谈到诚实、互相理解、明智、稳健、对他人宽容、和平共处时，他们的指称或言谈中已经隐含了"参与者"行为，阿马蒂亚·森则将隐含变为显在。森认为经济学应当关注真正的人，"一个人应该怎样生活"是现实生活中人无法摆脱的问题，同时也是伦理学的核心问题。"我们的目标是理解、解释和

---

① 韦伯：《新教伦理与资本主义精神》，于晓、陈维刚等译，三联书店1987年版，第123页。

预测人类行为，从而使经济关系得到卓有成效的说明，并应用于经济预测、判断和政策制定。"伦理是影响人类行为的一个因素，在某些地方、某些时间，甚至是影响人类行为非常重要不可取代的因素，为了能够较好地理解、解释和预测人类行为，这个因素不能不考虑。因此，和伦理学分离出去更有利于经济学的观点相反，在森看来，这种分离导致了现代经济学的严重贫困化，而注入伦理的思考会使经济学更有说服力；森同时认为，经济学的方法也可以用于伦理学的研究，在这个意义上，经济学与伦理学的分离不仅对经济学是不幸的，对伦理学也是非常不幸的。①森表面上是在谈经济学，实际上说得是经济活动中的"参与者"行为。

委托—代理关系中有道德风险一说："由于委托过程中存在着信息不对称，不论是提供契约的委托人，还是强制执行契约的法律机关，一般都无法控制这些不可观察的行为。因为无法验证这些行为的具体状态，所以在契约中无法规范这些行为，于是我们称存在着道德风险。"②代理人的行为有一自由空间，在这个空间里，由于某些原因，代理人做什么、不做什么全凭他的道德良心，委托人和法律机关无能为力，这就是委托—代理关系中道德风险告诉我们的事情。

委托—代理关系中有道德风险，其他关系中也有道德风险。在现代经济中，作为商品生产、交换、服务当事人的市场主体，作为古典经济学理论支点的"经济人"，都有一个他人或法律无法监督的行为空间，都存在道德风险问题。对这些经济活动参与者行为的道德评析，成为经济与伦理关系的另一个言说角度。

马克思曾经援引过邓宁格的一段话："资本害怕没有利润或利润太少，就像自然界害怕真空一样。一旦有适当的利润，资本就胆大起来。如果

---

① 阿马蒂亚·森：《伦理学与经济学》，王宇、王文玉译，商务印书馆2000年版，第7～8、80、13、15页。

② 拉丰、马赫蒂摩：《激励理论（第一卷）——委托—代理模型》，陈志俊等译，陈志俊校，中国人民大学出版社2002年版，第110页。

有10%的利润，它就保证到处被使用；有20%的利润，它就活跃起来；有50%的利润，它就铤而走险；为了100%的利润，它就敢践踏一切人间法律；有300%的利润，它就敢犯任何罪行，甚至冒绞首的危险。如果动乱和纷争能带来利润，它就会鼓励动乱和纷争。走私和奴隶贸易就是证据。"①马克思批判的是资本家的行为，所谓资本就会胆大起来、活跃起来、冒绞首的危险等说法，不过是拟人化的表述。

马克思不是从道德角度批判资本主义经济的思想家，批判经济活动参与者行为不道德的也不仅是马克思一个人。从古至今进行这种批判的人如过江之鲫，而人们批判的依据以及由此引出的对经济与伦理关系的认知多源自周围发生的事情：见利忘义、坑蒙拐骗、假冒伪劣、商业欺诈、不择手段、不讲诚信、丧失人格、伤天害理、厚颜无耻……凡此种种，俯拾皆是。这些事情是"参与者"做出来的，"参与者"的行为于是成为言说的对象，人文学者尤其如此，尽管他们中的一些人不满足于仅仅论及"参与者"行为作出更广泛的引申和阐释。即使主张经济学价值中立的经济学家，也不否认参与者行为与道德的联系。J.N.凯恩斯说："如果我们转向经济科学在实践中的应用，即应用经济学，情形就不同了；因为涉及到人的行为，解决实际问题的办法没有什么可以认为是完备的，除非我们考虑到伦理方面的因素。很清楚，关于经济问题的现实讨论，不能与道德准则相分离，除非我们的目标仅仅是经济事物的现实关系，而不去对确定绝对的行为规则做任何尝试。还要指出，尽管过去某个经济学流派有一种倾向，试图把关于道德准则的充分理解抛开，而去解决现实的经济问题，但目前这种倾向在有些影响的经济学家中间已经不明显了。"②

与那些以经济活动为对象的论述相比，从参与者行为角度对经济与伦

---

① 《马克思恩格斯文集》第5卷，人民出版社2009年版，第871页注释250。

② J.N.凯恩斯：《政治经济学的范围与方法》，党国英、刘惠译，华夏出版社2001年版，第32页。在另一个地方J.N.凯恩斯说，经济事务中的利他动机虽然不像利己动机那样强烈和稳定，但依然可以发挥明显作用，随着社会责任感意识的增强和扩散，其意义将更加重要。(参上书第25页)

理关系的言说有一个显著特征：它是批判否定的。（1）经济和伦理在这里不一致、相冲突、遍布悖论。在马歇尔们看来改善了工人生存状况的地方，它看到的是贫穷；在马歇尔们看来财富追求具有高尚目的的地方，它看到的是堕落、扭曲和异化；在马歇尔们看来这种追求带来愉快的地方，它看到的是痛苦和空虚；在茅于轼说金钱没有罪恶的时候，它用大量事实证明赚钱牟利过程中发生的罪恶。（2）经济和伦理在这里绝非互不相关，相反，二者间存在直接的联系。"参与者"的经济行为和伦理行为在他们的经济活动中是同一个行为，经济与伦理的直接联系就统一在这同一行为中。一方面它影响"参与者"的道德情操，另一方面它影响经济效益。诚如诺思所说："'勤勉的''努力工作的'和'凭良心做事的'工人与'懒惰的''工作上懒汉式的'和'得过且过混日子的'工人之间的差别，乃是产出上的差别，它取决于用以减少逃避责任的意识形态观念在多大程度上是成功的。"[1]章海山从人力资本角度加以分析，得出了实质相同的结论："人力资本中所包含的伦理道德因素有自利、利他以及自利和利他的统一，这些伦理道德因素在人力资本的各种因素占有核心地位。它们在人力资本活动中，起着导向、制约、激励等等作用，在人力资本从事的经济活动中，可以直接转化为经济活动的动力，从而直接转化为经济因素。这样一来，非经济因素的伦理道德转化为经济因素，形成一种新的张力"。[2]不消说，当经济与伦理存在着事实上的直接联系时，价值中立是不可能的。

然而，从参与者行为角度进行的批判也有其不足，它在实践上和逻辑上存在不通透问题。一方面，在马歇尔们看到一致的地方，批判者们看到了不一致；另一方面，经济学价值中立的观点批判者们又不接受，他们努力要做的一件事情（也是批判得以进行的前提）是揭示二者的直接联系。在这种情况下，如果同时满足双方，即经济与伦理存在不一致，它们又是直

---

① 诺思：《经济史中的结构与变迁》，陈郁等译，上海三联书店、上海人民出版社1994年版，第51页。

② 章海山：《一种新的经济张力——伦理道德与经济相融合》，《思想战线》2006年第6期。

接联系的，便只能得出消极的结论：经济与伦理水火不容，发展经济必然丧失伦理，宏扬伦理必然抑制经济。换句话说，直接联系而又不一致的经济和伦理，彼此必然相互否定。可是经济和伦理对人来说都是有价值和不可或缺的，批判者们倘若不想使二者截然对立，就要寻求二者的统一——相互促进、积极意义上的统一。于是在当代中国，我们看到人文学者对经济伦理问题的关注，看到他们对经济与伦理、经济学与伦理学统一必要性的论证，看到了他们与"分析说"相似的具体分析，看到他们在分析中对个人利益、诚实守信、自由、平等、公正等的肯定，不是那种与经济无关的肯定，而是与市场经济联系在一起的肯定。但这样一来，对不一致的那些批判又当如何评价，难道它们不是实践问题和理论问题吗？韦伯直面这个问题，他用天职、合法、勤奋工作、恪尽职守、赚钱而不享乐的新教伦理精神，释去了人们投身现代经济活动时心灵上的道德负罪感。茅于轼等直言只要能使双方受益、不损害他人而又有利社会，追求金钱不是罪恶。但在中国人文学者中，主流的声音却要么语焉不详，要么回归传统，要么在外围转圈，总之没有直面问题。而只要回避批判所及的不一致，经济与伦理统一永远是些空泛之论。

一般而言，对任何一种活动、一件事情——我们说得是同一个对象——都可以从不同角度加以审视，伦理的、经济的、法律的、政治的、文化的等等，但这不代表这种活动或这件事情都具有审视者所由审视的那种角度的性质。如果从伦理角度加以审视，经济活动便具有了伦理的性质，那么从法律角度等加以审视，它也应当具有法律、政治、文化等等的性质，但这样一来经济活动究竟是什么在逻辑上就说不清楚了。一种活动什么都是，它便什么都不是。经济活动就是经济活动，它有自己的对象，自己的目的，自己的方式方法，自己的特性和法则，一言以蔽之，它有自己的"是"。经济学研究经济活动，它的任务是揭示或说明经济活动"是什么"；反过来也可以说，经济活动呈现给我们的是一幅"是什么"的画面。

经济学家当然不会不知道经济是什么、经济学做什么，问题在于他们中的一些人（自觉或不自觉地）认为可以对"是什么"的经济活动做"应当是什么"的伦理评判；而问题的焦点正在于是否该对"是什么"的经济活动做"应当是什么"的伦理评判？

马歇尔说得不错，经济发展可以增加财富，然而，另一方面，同样不错的是批判者对"不一致"的揭露。把两个不错的说法放在一起考虑，我们只能说经济活动既可以产生善，也可以产生恶，它不必然产生善，也不必然产生恶，从而它与善恶没有必然的联系。或许我们可以在具体分析中说明哪些经济行为是善的，哪些经济行为是恶的。但是其一，这已经不是对经济活动本身而是对它的一个部分作出伦理评判，故而不是关于是否应该对"是什么"的经济活动做"应当是什么"这一问题的回答。其二，我们恐怕难以找到一种经济活动，它是善的，没有恶，或它是恶的，没有善。市场经济一方面带来资源的有效配置，增加了社会财富，改善了人们生活；另一方面大量不道德的现象也正是产生在这个过程中。整体的市场经济活动如此，具体分析的市场经济活动大抵也是如此。所以，"是什么"就是什么，如果一定要问经济活动"应当是什么"，那也只可在求真的意义上理解和言说——应当怎样做才能使经济活动合乎其本性和法则从而取得良好的经济绩效，不可在伦理的意义理解和言说，经济学是价值中立的。

在这里，还有两件事情是须要区别开来的，一是活动本身，二是该活动产生的效应。经济是一种活动，它在依据自身特性展开过程中产生某些效应，其中一些效应，例如增进社会福利，激发人的私欲，可以（或能够）从善恶角度去言说，称之为伦理效应。马歇尔的"一致说"，厉以宁所谓经济学的伦理问题，细思起来，都属伦理效应范畴。同样，诸多学者对市场经济所做的伦理批判，其实也是对市场经济伦理效应的批判。注意下面一点不是多余的：产生伦理效应的不只经济一种活动，政治的、法律的、科学技术的活动也有自己的伦理效应，甚至自然运动——风调雨顺、地震、海啸，也会带来诸如有助于消除贫困、妻离子散、家破人亡一类的伦理效应。倘若不加区别，把伦理效应和产生它的活动混沌一起，该受道德谴责的就不只是经济活动、社会活动，还有自然运动！而不区别伦理效应和产生它的经济活动，正是赋予经济活动以伦理性质的一个重要原因。

　　具有伦理性质的是参与者的行为。窃以为，只是对参与者的行为才可做伦理上的褒扬或批判。这样说的一个理由来自唯物史观的道德生成论思想。参与者的行为是商品生产和交换，商品生产和交换是交往行为，交往行为产生关系，其中包括伦理关系。按照人们的社会存在决定人们的意识的观点，人们所以能从生产和交换的经济关系中获得自己的伦理观念，一定因为这种关系中包含了伦理关系。因此，参与者行为是伦理关系的发生论根据，它产生伦理关系，当它自身发生变化以后也改变伦理关系。由此形成的伦理规范记录确定下这些伦理关系，使之成为人们行为的准则，成为人们一出生就要面对的社会环境的一个部分。

　　"如何"是经济活动参与者不得不经常面对的问题，是伦理关系产生的行为机制。一般说来，交往产生伦理关系；具体说来，伦理关系的产生以"如何"为机制，参与者行为中道德事件的发生不在于他做什么，而在于他如何做。参与者所从事的活动本身决定他必须按经济的本性办事，按市场规则办事，使自己的活动朝着有利于商品生产和交换的方向前行。经济的本性是逐利，扩大生产、增加销售、降低成本、提高收益都是"利"；履行契约、公平竞争、平等交易都是市场规则。参与者照此去做（所谓"做什么"）天经地义，无论结果怎样，是否有人失业，是否有企业在竞争中倒闭，抑或是增加了就业机会、造就了双赢局面，都不存在伦理意义上的恶。而参与者所由做这些事情的自利动机，也不应当受到道德上的谴责，因为它合乎经济的本性。在这个意义上，茅于轼所说的金钱不是罪恶等是正确的。但是逐利、自利是一回事情，如何逐利、怎样自利是另一回事情。参与者可以童叟无欺，也可以坑蒙拐骗；可以货真价实，也可以假冒伪劣；可以守诚讲信，也可以尔虞我诈；可以在心目中视顾客为上帝，也可以满面笑容地玩顾客于手掌之中；可以有社会责任感，也可以除了自己谁都不顾。事情在这里有了变化，"如何做"的过程中不仅有经济问题、法律问题，还有伦理问题乃至大善大恶问题。从这个意义上说，学者们对"不一致"的批判是有根有据的。"如何做"的过程中存有善与恶的界线，界线两边的行为，可分别用一句话概括："富与贵，是人之所欲也；不以其道得之，不处也。"①"富与贵，是人之所欲也，"以其道得之，不拒也。

"如何"是可以选择的，这样做或那样做并不必然是确定的，也不必然是善恶的。是善是恶取决于参与者的决定，取决于他的价值观和道德信念。但如果以为参与者作出的决定是一个单纯伦理行为的决定，那就错了，它首先是一个经济行为的决定，其次才考虑蕴含于其中的伦理问题。因此，"决定"是"利"与"义"权衡的结果，是经济法则与道德规范权衡的结果。人生不如意处，在鱼与熊掌不能兼得，许多时候参与者不得不面对"灵"与"肉"的纠结，在"鱼"与"熊掌"之间作出抉择。这是一个博弈的过程，很可能得到"零和"结果。二者择一的残酷性折射出经济与伦理的紧张，使我们不得不承认经济和伦理之间存在的矛盾有些时候的确难以破解，难以协调一致。多数参与者在"鱼"与"熊掌"之间很难作出合乎伦理的舍弃，那需要很高的境界，或许正是因为如此，历史赋予市场经济以法治经济的特征，不强求参与者的行为合乎伦理，但要求他们必须遵守法律。一个实行市场经济体制的国家，其经济活动参与者的行为不遵守法律，抑或法治的权威不能确立，必定是一个腐败丛生的国家。而如果我们希望在法治的基础上参与者的道德水准也能够得到提升，则除了社会提供良好的环境，没有其他更好的办法。传统社会把道德水准的提升建立在个人修身养性上，现代社会不（应当）期望每个参与者都是圣人，而（应当）着力于提供有助于"道德人"成长的条件。

选择意味着自由意志，意味着具备产生道德问题的条件，并且实际上产生出一系列道德问题。无数有自由意志的参与者的行为共同构成经济活动，作为"合力"的、不以个体参与者意志为转移的经济活动本身没有自由意志，故而没有产生道德问题的条件。这是"经济活动"与"参与者行为"的一个区别，也是我们所以主张对参与者的行为才可作出伦理上褒扬或批判的重要理由。

"经济活动"与"参与者行为"混淆不分，是长期以来谈论经济与伦理

---

① 《论语·里仁篇第四》，杨伯峻：《论语译注》，中华书局1958年版，第38页。

问题时存在的普遍现象。一般学者权且不论，著名学者有时也这样。以阿马蒂亚·森为例，他在《伦理学与经济学》引了亚当·斯密一段颇有影响的话："我们每天所需要的食物和饮料，不是出自屠户、酿酒家或烙面师的恩惠，而是出于他们自利的打算。我们不说唤起他们利他心的话，而说唤起他们利己心的话。我们不说自己有需要，而说对他们有利。"然后对之作出了如下解读："其实，将这一段话认真读一遍就不难发现，亚当·斯密在这里所要强调的是，在市场中，正常的交易活动为什么会发生？如何被完成？以及这段话所在的那一章的主题：为什么会有分工、劳动分工是如何形成的？亚当·斯密强调了互惠贸易的普遍性，但这并不表明，他就由此认为，对于一个美好的社会来说，仅有自爱或广义解释的精明就足够了。"[①]阿马蒂亚·森还提到这样一点："一个自由市场经济的成功根本不可能告诉我们，在这样的经济中，潜伏在经济行为主体背后的行为动机到底是什么。事实上，在日本这一案例中，有大量的经验证据表明，责任感、忠诚和友善这些偏离自利行为的伦理考虑在其工业成功中发挥了十分重要的作用。"[②]森是在回答拥护斯密的经济学家的著作里为什么不见了同样是斯密主张的"同情心"这个问题时引用和解读斯密的，因此他的用意不言而喻。然而森的解读并没有证明什么，也不是对"斯密问题"的回答。不错，斯密是讲道德的，他还是个道德哲学家，但这不能证明他的《国富论》也是讲道德的。人们确实不能"由此认为，对于一个美好的社会来说，仅有自爱或广义解释的精明就足够了"，但这可以证明一个社会不能只有经济活动，不能证明在市场中正常交易活动的发生不是出于自爱或广义的精明。森知道斯密那段话谈得是经济活动（市场、交易、分工）中人在做什么（自利），却用斯密是否认为"足够"来回答，实在有些不相干。至于伦理有助于经济的成功（许多论者以此作为经济与伦理统一的理由），当然道出了事情的一

---

① 阿马蒂亚·森：《伦理学与经济学》，王宇、王文玉译，商务印书馆2000年版，第28页。

② 阿马蒂亚·森：《伦理学与经济学》，王宇、王文玉译，商务印书馆2000年版，第24页。

个方面，但总体上看它是另外一件事情。须知伦理有助于成功的不仅是经济，还有政治、文化、教育、体育、科技、日常生活、甚至战争，它既非经济所独有，表明它是一个独立的社会因素，否则，伦理带来的成功也就是经济自身的成功了。

混淆两种言说会导致一些不利于经济和伦理的后果。当代中国，以1978年为界，它在两个时期以两种样态呈现出来。

第一个时期，以社会主义改造和建设为背景，从参与者行为入手，揭露批判其在资本主义社会不道德、不公正、不平等的表象，进而挖掘其产生的根源。近乎一致的看法是，参与者不道德的行为有思想、社会两个根源。思想的根源是自私自利、个人主义；社会根源是私有制和资本主义生产方式——市场经济。思想根源是社会根源的反映，因此社会根源才更为根本，它是问题的实质所在，是参与者不道德行为滋生的土壤。1978年之前所做的事情于是就顺理成章了：要消除参与者行为的不道德，必须铲除它的根源，一方面在经济上拒斥市场经济，否定商品生产和交换，消灭私有制，一方面在思想上拒斥自利，否定逐利，抑制个人欲望及其利益。采取的措施是众所周知的，这就是经济上的计划经济和公有制，思想道德上的集体主义、大公无私，以及与之相联系的"灵魂深处爆发革命"。

第二个时期，以改革开放为背景，从解放发展生产力入手，经济活动得到正名，进而参与者的行为空间大为拓展。普遍的认识和做法是，只要有利于发展生产力、增强综合国力、提高人民生活水平，就可以大胆地试、大胆地闯。这一基本方针的历史合理性毋庸置疑，实践中的一个问题是，虽然一开始就意识到"两手抓""两手都要硬"，现实中实际发生的（它由多种复杂原因造成）却是伦理为经济让路。GDP凌驾于其他之上，金钱成为崇拜对象，发展经济的合理性遮蔽了如何逐利的伦理性，即使看到其中的不善，也在一俊遮百丑的认知下容忍，一些人认为，伦理道德是经济发展上去以后的事情，遂对现实漠然视之。参与者行为由是失去伦理的约束，像脱缰的野牛冲入瓷器店中，打碎了许多珍贵的东西，使得伦理领域一片狼藉。诚信危机遍布于社会生活的方方面面，各种形式的造假以近乎公开的方式进行，事情已经到了这样的程度，即使假的东西被人戳穿，造假者也毫无羞耻之心愧疚之意，他们甚至仍有自己的市场并继续受到一些人的追捧，原因只有一个，他们是"打工皇帝"。

第一个时期，"参与者行为"不恰当地推及到"经济活动"，致使伦理影响了经济，伦理本身也被扭曲。第二个时期，"经济活动"不恰当地推及到"参与者行为"，致使经济影响了伦理，经济本身也被扭曲。

第二时期是第一个时期的矫正。或许历史总以矫枉过正的形式修正自己，以致出现中国经济位居世界第二，中国的食品药品安全问题也异常严峻这样尴尬的局面。不过历史不允许矫枉过正成为常态，成熟的社会能够在"两极"之间找到"中介"。本节梳理两种言说，分析其中的关系和得失，就是尝试探讨经济与伦理关系的"中介"。得出的结论是：一种经济活动（方式）如果被实践证明最有利于创造财富同时也带来许多伦理问题，则我们应当在维护而不是否定这种经济活动（方式）的前提或基础上，矫正参与者的行为。这种做法或许在短时间内不能立竿见影，却既有利于经济，也有利于伦理的"长治久安"。

任何活动都有局限，都会产生正反两方面的效应，其中包括"参与者"行为的不道德现象和活动成果的邪恶运用。经济活动如此，政治、法律、思想文化等活动也是如此，即使科学也不例外。我们应当纠正行为的不道德，防止活动成果用于不当和邪恶，但我们不能因为纠正不道德行为和邪恶运用而反对活动本身，不能因为市场经济中存在许多不道德行为而反对市场经济。①

由是，也留下了一个把握不当就会陷入的误区：当着资源配置方式和生产、交换方式发生变化后，人们仍然用过去的伦理认知和规范（例如自然经济的）衡量（市场经济）参与者的行为。在由传统社会向现代社会转型过

---

① 只想要市场经济带来的物质丰裕的好处，不想要市场经济带来的道德层面上的恶，从而否定产生这些恶的市场经济，那便一并取消了市场经济带来的物质丰裕。但从发展的角度看，以道德的名义对市场经济加以批判也有一个好处，过去需要的得到满足后人们会有新的需要，改善市场经济的道德状况即是新的需要之一。

程中，这种事情经常发生，其中的万千姿态颇多耐人寻味之处。

区分了经济活动和"参与者"行为以及它们同伦理的关系，现在来看不同经济体制社会中的伦理问题。

二、计划经济的道德原则

计划经济体制源于苏联。苏联计划经济体制的模式，是一切生产资料归国家所有，国家根据一个总计划把所有的经济活动统领起来，由最高国民经济委员会及其下属各级工业局层层管理，同时消灭商品市场，使货币变为计算单位，实行国家范围内的有组织的生产。

国家对一切经济部门和国营企业实行有计划的领导和管理。内容包括（1）任命企业和经济部门领导人，并监督他们的工作。（2）规划领导经济发展和运行，即有计划地规定生产和国内外贸易额的规模、构成和发展速度，规定商品价格和产品的计划成本、工人和职员的工资水平，分配物力、人力和财力等。[1]

计划经济体制的生产关系从结构上看由三要素组成。（1）在工业、农业、商业等所有领域实现生产资料公有制，采取国家（全民）所有制和集体所有制两种形式。国家（全民）所有制占优势地位、起主导作用，它和集体所有制形式共同构成社会主义生产关系的基础。这个基础"是社会主义社会富强的根源，是全体劳动者富裕的和文明的生活的源泉，是神圣不可侵犯的。"[2]与两种所有制形式相应，产生两种社会主义经济成分，国营经济和集体经济。（2）劳动者不受剥削压迫，他们在生产中的关系是同志式的合作互助关系。（3）"社会所有制涉及土地和其他生产资料，个人所有制涉

---

[1] 苏联科学院经济研究所编：《政治经济学教科书》下册，人民出版社1959年版，第450页。

[2] 苏联科学院经济研究所编：《政治经济学教科书》下册，人民出版社1959年版，第438~439页。

及产品，也就是涉及消费品。"①劳动者为自己的社会工作，实行按劳分配，生产资料和生产的产品属公共财产，归社会所有；劳动者按劳分配所得到的消费品，属个人财产，归个人所有。生产的目的是增进劳动者的福利，满足他们日益增长的物质文化需要。以上要素相互联系，构成社会主义生产关系的基本特征。

计划经济体制还强调两个因素。第一，大机器生产。社会主义生产要建立在先进技术基础上，社会主义生产是国民经济一切部门中以高技术为基础的大机器生产。第二，掌握国家政权。"社会主义经济体系的前提是，国家政权掌握在劳动者手中，他们在以共产党为首的工人阶级领导下，为了全民的利益，利用这一政权来建成共产主义社会"。②这个观点来自列宁。马克思认为社会主义需要物质基础，因此它在发达国家才能取得胜利，并且是在几个发达国家同时革命时才能取得胜利。有人依据马克思这个论断，认为在经济社会发展落后的俄国不应该试图夺取政权，因为俄国不具备建立社会主义的条件。"二月革命"以后布尔什维克和孟什维克的根本分歧即在于此。列宁针对这种置疑反驳说，我们可以而且应当先夺取政权，利用手中的权力建立社会主义生产关系，进而依靠社会主义生产关系的优越性发展生产力。由此看来，计划经济体制起源于以政权为后盾的建构。这一点在社会主义国家发展史上埋下了许多伏笔，其后的事实表明，有些事情可以强制，有些事情不能强制，有些事情强制不仅没用，反而有害。按苏联教科书，在依据规律制定经济政策和计划的前提下，国家可以行使经济组织的职能。否定政府可以行使经济组织的职能，非议政府干预，是无政府主义，是与马克思列宁主义和人民利益相敌对的。③这里表现出的政府干预和思想理论统一的双重强制，后来证明是对社会主义建设有害的。

---

① 《马克思恩格斯文集》第9卷，人民出版社2009年版，第138页。

② 苏联科学院经济研究所编：《政治经济学教科书》下册，人民出版社1959年版，第408页。

③ 苏联科学院经济研究所编：《政治经济学教科书》下册，人民出版社1959年版，第448~449页。

计划经济体制要求思想文化道德条件的配合。"顺利地领导经济的必不可少的条件是，在解决经济问题时，要采取正确的政治态度，也就是在工作者个人利益同社会主义国家、全体人民的利益相结合的基础上，从全国、全民的观点出发的态度。"①这里讲的是正确的政治态度，正确的政治态度涉及的问题却是个人利益同国家、集体、社会的关系问题，而社会主义社会道德的基本问题正是个人利益与集体和社会利益的关系问题。政治态度和社会主义社会道德的这种一致性似曾相识，计划经济体制下的伦理道德具有政治性。

计划经济体制下道德的基本原则是集体主义。集体主义道德原则的提出建立在以下认识基础上：无产阶级和广大劳动人民成为国家和生产资料的主人，人与人之间是同志式的互助合作关系，个人、集体、国家在根本利益上是一致的。"全体公民都变成了国家（武装工人）的职员。全体公民都成了一个全民的、国家的'辛迪加'的职员和工人，""整个社会将成为一个管理处，成为一个劳动平等、报酬平等的工厂。"②在这个"大工厂"中，"社会主义制度下的个人所有制同作为它的基础的公有制有着不可分割的联系。随着公共财产的增加，随着国民财富的增长，用来满足社会主义社会劳动者个人需要的产品愈来愈多。劳动者从物质利益上关心自己的劳动成果就是建立在这一基础上的。""社会主义保证社会各个成员的个人利益能够同全民利益正确地结合起来。这种结合是用按照社会成员的劳动数量和质量支付劳动报酬的方法，贯彻个人物质利益的原则来实现的。违反这一原则，必然产生个人利益同公共利益之间的矛盾。"③不难看出，集体主义道德原则建立在计划经济和公有制基础上。按照唯物史观上层建筑一定要适合于经济基础的要求，计划经济体制下道德的基本原则只能是集体主义，

---

① 苏联科学院经济研究所编：《政治经济学教科书》下册，人民出版社1959年版，第452页。

② 《列宁选集》第3卷，人民出版社1995年版，第202页。

③ 苏联科学院经济研究所编：《政治经济学教科书》下册，人民出版社1959年版，第440页。

不可能是别的。实际上，集体主义道德原则的提出者也正是遵循唯物史观基本原理得出他们的判断的。因此，他们给出的以下论述是顺理成章的：

集体主义道德原则是维护整体利益的原则，体现了无产阶级和劳动人民的根本利益，正确解决了集体利益和个人利益的关系。集体主义原则从无产阶级和劳动人民的根本利益出发，坚持集体利益高于个人利益，个人利益必须无条件地服从集体利益，并在保证集体利益的前提下，把集体利益和个人利益结合起来。它集中体现了无产阶级大公无私的优秀品质和为人类解放而奋斗牺牲的精神，集中体现了共产主义道德的本质。按照这个原则，个人利益服从集体利益是道德的，集体利益服从个人利益是不道德的。把集体主义原则贯彻到自己行动中去的人，是思想纯洁道德高尚的人。

集体主义道德原则是与个人主义道德原则对立的。资产阶级道德以狭隘的个人利益为基础，尽管也提出甚至强调个人利益和公共利益结合，追求大多数人的最大利益，但归根到底其道德基本原则是使社会利益服从个人利益。个人利益原则和生产资料私有制相联系。"生产资料私有制必然把人们分开，造成统治和服从的关系，使一些人受另一些人剥削，造成利益的对立、阶级斗争和竞争"。[①]在这样的社会环境和条件下，人是自私的，他们只会考虑自己，不会着意他人，他们对他人的考虑建立在对自己是否有利的精确算计前提下，只要对自己有利，就不惜损人利己，不择手段加以实现。

集体主义道德原则与以往历史上劳动人民的道德原则也有重大区别。以往的劳动群众基本上都是小生产者、小私有者，他们痛恨剥削压迫，热爱劳动，崇尚俭朴、诚实，反对懒惰奢侈和欺骗行为，其基本道德原则是要求人与人之间的平等平均，人人享有一样的生产生活资料。但作为小生产者和小私有者，他们有对私有财产的要求，往往限于眼前的个人利益，偏于自私和保守，始终带有狭隘性。这些局限在社会主义时期就会同社会

---

① 苏联科学院经济研究所编：《政治经济学教科书》下册，人民出版社1959年版，第441页。

主义经济基础和社会主义的集体生活不相适应，发生冲突，成为社会主义道德的一种阻碍。小生产者的道德原则实际上是利己主义、个人主义的道德原则，同集体主义道德原则存在矛盾和斗争，但是非对抗性的矛盾和斗争，可以通过解决人民内部矛盾的方式方法来解决。[①]

强调集体主义原则并不否认个人利益，相反，集体主义原则重视了个人利益并能有效地争取和保障个人利益。集体是无产阶级和全体劳动者的联合体，是他们掌握了生产资料即掌握了自己的生存条件以后结成的共同体。在这样的集体中，个人与他人融为一体，相濡以沫，荣辱与共。集体利益是个人利益的基础，集体利益包含个人利益，"生产资料公有制则把人们联合起来，保证他们的利益真正一致和同志式的合作"，[②]集体利益和个人利益的统一，从根本上实现了权利与义务的统一。不仅如此，生产资料公有制条件下，集体主义还能广泛调动劳动者积极性创造性，成为他们自由全面发展的条件。"只有在共同体中，个人才能获得全面发展其才能的手段，也就是说，只有在共同体中才可能有个人的自由。……在真正的共同体的条件下，各个人在自己的联合中并通过这种联合获得自己的自由。"[③]

集体主义不仅是指导社会主义道德建设的基本原则，它还具有教育和管理功能。虽然生产资料公有制代替了私有制，剥削阶级已经不存在了，但剥削阶级的世界观、道德观的影响还长期存在，因此集体主义道德原则及其统帅下的社会主义道德规范不会自动产生，它是同传统的现代的各种道德观念斗争的结果，是教育熏陶的结果。社会主义道德教育能够造成社会舆论，形成社会风尚，树立道德榜样，塑造理想人物，培养道德观念和情感，促使人们按照一定的善恶观念规范自己的行为。道德教育离不开灌输，灌输要求从小做起，形式多样，生动活泼。而在实践中，要以集体主

---

① "文革"中我们看到，它被上升到路线斗争的高度，只要需要就可以把这个矛盾当作敌我矛盾。

② 苏联科学院经济研究所编：《政治经济学教科书》下册，人民出版社1959年版，第441页。

③ 《马克思恩格斯文集》第1卷，人民出版社2009年版，第571页。

义为原则，以各种道德规范为手段，规范、调节或管理人们的行动，凡是合乎集体主义原则的就赞美、鼓励、提倡，凡是违背集体主义原则的就谴责、禁止、贬斥。教育和管理要达到这样的效果，按斯大林的说法，就要在思想上使人们认识到，"集体行动的能力、个别同志的意志服从集体意志的决心，就是我们真正的布尔什维克的勇气。因为没有这种勇气，没有足以克服自己的自尊心，使自己的意志服从集体意志的这种品质，可以说，就不会有集体，不会有集体领导，不会有共产主义。"①

以上这些，就是计划经济体制以及在它基础上演绎出来的道德原则、道德关系和道德诉求的"经典"表述。

中国社会的基本经济制度1949～1978年间学习模仿苏联模式，是略加中国特色的计划经济体制。改革开放以后这种状况发生了改变。1986年《中共中央关于经济体制改革的决定》提出有计划的商品经济；1993年《中共中央关于建立社会主义市场经济体制若干问题的决定》提出以公有制为主体，多种经济成分共同发展的方针；1997年中共十五大政治报告对变革中的中国社会基本经济制度有了明确表述：社会主义公有制为主体、多种所有制经济共同发展是我们的基本经济制度，公有制是社会主义经济制度的基础，它不仅包括国有经济和集体经济，还包括混合所有制经济中的国有成分和集体成分；2013年《中共中央关于全面深化改革若干重大问题的决定》再次重申了这个基本经济制度，强调它是中国特色社会主义制度的重要支柱，也是社会主义市场经济体制的根基，公有制经济和非公有制经济都是社会主义市场经济的重要组成部分，都是我国经济社会发展的重要基础。这些改变是巨大的，带有根本性。根本性变化中有一点没变，这就是以公有制为主体，尽管国家的经济成分已不再是单一公有制。公有制没有变，集体主义道德原则便有存在的经济基础，但社会主义基本经济制度构成要素的变化和市场经济体制的确立，使我们有必要对集体主义道德原则重新审视。

---

① 转引自罗国杰主编：《马克思主义伦理学》，人民出版社1982年版，第230页。

马克思当初主张社会占有生产资料和组织生产，本意在更好地解放发展生产力，不在道德。他依据的是资本主义经济的基本矛盾，不是资本主义生产过程的道德问题。[1]资本主义生产已经社会化了，生产资料却为个人占有，生产社会化和生产资料私人所有这个基本矛盾严重阻碍生产力的进一步发展，表明资本主义生产关系已经不能容纳它所创造出来的生产力，只有打破这个桎梏，炸碎这个外壳，才能使生产力得到更快更好地发展。生产资料公有制蕴涵的其他思想，异化的消除、人的解放和自由全面发展的条件等等，都不能改变生产力发展这个主题，都是要从这个主题引申开方能得到合理解释的命题。经济制度关注经济发展，首先解决经济发展问题，然后考虑其他，这应当是马克思给我们的启示。

计划经济体制在实践中没有达到生产力发展的预期。它可以借助国家行政力量动员经济资源，在短期内集中力量办一些大事，却不能保证国民经济整体协调发展；它可以不计成本、不惜代价换取GDP一时的高速增长，却没有效率；它能制造出原子弹，却不能满足人们基本的生活需要，短缺是社会主义国家经济的普遍特征。推行集体农庄制度的苏联，农业生产在很长一段时间没有达到第一次世界大战以前的水平；推行合作化、人民公社化制度的中国，占人口大多数的农民常年被贫穷困扰，温饱问题是常态问题。"从一九五七年起，我们生产力的发展非常缓慢"，[2]与同期周边国家和地区形成鲜明对比。同样鲜明的差异也发生在东西德和南北朝鲜之间。具有经济学和伦理学双重含义的一个现象是，至少在中国，1957年后的20多年间，特别是50年代，毛泽东的威望是崇高的，党和政府的政令是统一的，人民对社会主义的信念是坚定的，从事社会主义建设的积极性、干劲和热情是高涨的，如此上下一致齐心协力道德高尚却不能收获成功，根本缘由在于违背经济活动的本性，或用人们熟悉的话说，违背经济规律。

---

[1]　马克思从来都是从历史出发而不是从道德出发的，这一点在他对英国对印度殖民统治的评析中也可以看到。

[2]　《邓小平文选》第3卷，人民出版社1993年版，第137页。

邓小平由是提出什么是社会主义和如何建设社会主义的问题，他依据历史经验得出的结论是："贫穷不是社会主义，更不是共产主义。""社会主义的本质，是解放生产力，发展生产力，消灭剥削，消除两极分化，最终达到共同富裕。"①他将人们对社会主义的认识重新拉回马克思的轨道：第一，共产主义社会建立在高度发达的生产力基础上，这是马克思主义的基本观点。"马克思主义最注重发展生产力。我们讲社会主义是共产主义的初级阶段，共产主义的高级阶段要实行各尽所能、按需分配，这就要求社会生产力高度发展，社会物质财富极大丰富。"②第二，党领导人民建设社会主义，很重要的一点是落实于发展生产力。"按照历史唯物主义的观点来讲，正确的政治领导的成果，归根结底要表现在社会生产力的发展上，人民物质文化生活的改善上。"③第三，生产力发展得更好更快，是社会主义优越性亦即社会主义合法性的依据。"社会主义的优越性归根到底要体现在它的生产力比资本主义发展得更快一些、更高一些，并且在发展生产力的基础上不断改善人民的物质文化生活。"④"如果在一个很长的历史时期内，社会主义国家生产力发展的速度比资本主义国家慢，还谈什么优越性？"⑤因此，他认为，不仅忽视生产力发展不是社会主义，"发展太慢也不是社会主义。"⑥

计划经济体制之所以没有达到生产力发展的预期，是因为它自身存在着根本性的缺陷。1984年《中共中央关于经济体制改革的决定》对此有如下论述：传统体制是与生产力发展要求不相适应的僵化的模式，"这种模式的主要弊端是：政企职责不分，条块分割，国家对企业统得过多过死，忽视商品生产、价值规律和市场的作用，分配中平均主义严重。这就造成了

---

① 《邓小平文选》第3卷，人民出版社1993年版，第64、373页。
② 《邓小平文选》第3卷，人民出版社1993年版，第63页。
③ 《邓小平文选》第2卷，人民出版社1994年版，第128页。
④ 《邓小平文选》第3卷，人民出版社1993年版，第63页。
⑤ 《邓小平文选》第2卷，人民出版社1994年版，第128页。
⑥ 《邓小平文选》第3卷，人民出版社1993年版，第255页。

企业缺乏应有的自主权，企业吃国家'大锅饭'、职工吃企业'大锅饭'的局面，严重压抑了企业和广大职工群众的积极性、主动性、创造性，使本来应该生机盎然的社会主义经济在很大程度上失去了活力。"①

吴敬琏从经济学的角度剖析了存在上述弊端的原因。"计划经济的实质，是把整个社会组织成为单一的大工厂，由中央计划机关用行政手段配置资源。这种配置方式的要点是：用一套预先编制的计划来配置资源。主观编制的计划能否反映客观实际，达到资源优化配置的要求，以及能否严格准确地执行，决定了这一配置方式的成败。因此，它能够有效运转的隐含前提是：第一，中央计划机关对全社会的一切经济活动，包括物质资源和人力资源的状况、技术可行性、需求结构等拥有全部信息（完全信息假定）；第二，全社会利益一体化，不存在相互分离的利益主体和不同的价值判断（单一利益主体假定）。不具备这两个条件，集中计划制度就会由于信息成本和激励成本过高而难以有效率地运转。……在现实的经济生活中这两个前提条件是难以具备的，因此，采取这种资源配置方式，在作出决策和执行决策时，会遇到难以克服的困难。"②

我们还可以从另一个角度做进一步的说明。计划经济同对社会主义社会经济发展规律的认识把握是分不开的，对经济发展规律的认识把握是制定经济计划和经济政策的基础，没有这个基础，计划不可想象。苏联版《政治经济学教科书》将社会主义制度下的经济规律概括如下：社会主义的基本经济规律、国民经济有计划按比例发展的规律、劳动生产率不断提高的规律、按劳分配的规律、社会主义积累的规律等。③何谓"社会主义的基本经济规律"？教科书语焉不详，虽专设一章予以阐释，也没有讲清楚，它只是引用了列宁的一些论述：社会主义制度下生产以空前的高速度不断发展的客观必然性和可能性，竭力加速技术进步，优先发展重工业和提高劳

---

① 《中共中央关于经济体制改革的决定》（单行本），人民出版社1984年版，第8页。

② 吴敬琏：《当代中国经济改革》，上海远东出版社2003年版，第23页。

③ 苏联科学院经济研究所编：《政治经济学教科书》下册，人民出版社1959年版，第445页。

动生产率，有计划地组织社会生产过程来保证社会全体成员的福利和全面发展，创造的财富归全体劳动人民享有，等等，说这些原理揭示了社会主义基本经济规律的实质。而列宁的论述几乎囊括了社会主义经济的全部主要内容，这些内容都是社会主义国家正在做并且希望能够做好的事情，几乎就是社会主义经济建设本身。其他"规律"也都有相同的特点，国民经济有计划按比例发展的规律和劳动生产率不断提高的规律是计划制定者希望达到的结果，按劳分配规律和社会主义积累的规律是国家的分配政策和做法。这些所谓的规律没有一个表现出事物客观的、内在的、本质的、必然的联系的特征，因而没有一个是真正的规律。苏联领导人和学者把他们正在做的事情叫做规律，把美好的愿望等同于规律，将计划经济建立在这些所谓的规律上，不可能正确认识经济发展，也不可能制定合乎经济发展实际的计划。

计划经济体制的根本缺陷决定了它所规范的人的行为不可能有效率，它所组织的国民经济发展不可能满足需要。如是，依据计划经济体制有效率、可满足人们需要而作出的论证、得出的结论就须重新认识。

人们曾经认为，集体主义道德原则是根据社会发展客观规律提出来的。现在看，它所指称的规律并不存在，或者，集体主义道德原则与社会发展客观规律没有什么联系，或者，我们需要再为集体主义道德原则寻找新的支撑。不管怎样，以往论者阐释集体主义的基础——我们前面引述了他们的阐释——现在出现了问题，在对计划经济体制反思的同时，也不能不对以往的阐释给予反思。

人们曾经认为，无产阶级道德反映了广大劳动人民根本利益，代表着先进的生产力和公有制的生产关系，因而它必将随着生产力的发展和生产资料公有化程度的提高而发展，必然随着人民民主的扩大和人民觉悟的提高而扩展，直到共产主义的高级阶段，达到人类自觉生活的理想境界。现在看，它只是一种美好的愿望，它失去了"先进的生产力"的支持，也就不存在道德"随着生产力的发展和生产资料公有化程度的提高而发展"的必然性。

　　集体利益包含个人利益，个人利益只有在集体中才能得到保障，是个人利益必须服从集体利益的依据。这个依据设定，集体利益的实现能够满足个人利益的需要，——生存的需要，发展的需要，日益增长的物质和文化要求的需要。当这些需要得到满足时，集体（社会）和个人的关系是和谐的，集体（社会）利益和个人利益是一致的。一旦这个设定不成立，当人们的需要不能得到满足、利益不能得到保障时，集体（社会）和个人的关系就会紧张，集体（社会）利益和个人利益就会不一致甚至相冲突。

　　一个社会总有利益群体、利益差异、利益冲突，不管这个社会是社会主义社会还是资本主义社会，是生产资料公有制还是生产资料私有制。就经济而言，公有制可以决定财富的分配方式，使其成员共同贫穷或者共同富裕，不能决定有没有物质利益冲突，更不能决定用于分配从而导致共同贫穷或者共同富裕的财富的多寡。消解物质利益冲突的有效途径是满足人们日益增长的物质文化需要，满足人们日益增长的物质文化需要的直接因素不是所有制，是生产力。没有生产力创造的社会财富，一切无从谈起，相反，"蛋糕"做大了，财富丰裕了，事情就可能是另一个样子。因此，集体利益包含个人利益，个人利益只有在集体中才能得到保障，以"蛋糕"做大为首要前提。这个前提不具备，生产力长期发展缓慢，温饱都成问题，个人利益不可能在集体中得到保障，它与集体利益也就不可能没有冲突，即使二者之间曾经有过统一，这种统一迟早也会被打破。顺便说一句，从来没有也不可能有不变的一致和统一。

　　没有一个社会可以满足其成员的全部需要，没有一种集体利益可以照顾到每个个人利益并同它们处处一致，况且个人利益与集体利益的一致性、统一性是动态的，人们的物质文化需求是不断变化的。集体主义道德原则强调的是根本利益的一致性，它有一个长远利益的着眼点，因而当它要求个人利益服从集体利益时，包含为根本利益、长远利益作出表象利益和眼前利益牺牲的含义。根本利益、长远利益是集体利益与个人利益关系中不可缺少的一个方面，为了根本利益、长远利益牺牲表象利益、眼前利益是必要的选择，具有不可避免性和正当性。就此而言，集体主义原则无可厚

321

非。我们要指出的是，其一，为了根本利益、长远利益作出的牺牲毕竟也是牺牲。牺牲是暂时无奈之举，不是长远应然之举，今天的牺牲是为了明天的收获。明天不能遥遥无期，遥遥无期的明天只有牺牲没有收获，没有收获的牺牲无意义，无意义的事情不是应当的选项。明天就在现世，明天的收获是看得见摸得着的回报。如果说牺牲是不可能都得到回报的，许多牺牲造福于子孙后代，牺牲者本人一无所获，从而明知一无所获而无怨无悔地选择牺牲，显示了牺牲者的伟大及其集体主义精神的高尚，每个人都应当学习这种精神，当着社会、他人、子孙后代需要时——这种需要随时都可能发生——义无反顾作出自己的牺牲。那么，这种牺牲应当是个体的自愿选择，出自个人的善良意志高尚情操。社会可以褒扬提倡这种善良意志高尚情操，却不可以强迫，不可以以社会、集体的名义逼迫个人作出这样的选择。一旦强迫牺牲，集体主义原则和精神就成为达到某种目的的祭坛，这个目的是什么以及它怎样在这里无关紧要，紧要的是它与道德已经没有关系。其二，根本利益、长远利益只是集体利益和个人利益关系中的一个方面，在它之外还有一个广阔的领域。如果说在根本利益、长远利益面前还有个人作出单向牺牲的一面，在它之外的广阔领域存在的则是集体利益和个人利益的双向关系。一个人加入到集体中才能获得工作、学习、生活的条件，他为了赡养父母、抚育子女、发展自己、实现自我，必须为集体作贡献；一个集体将许多个人汇聚在一起，必须为他们提供工作、学习、生活的条件，它只有使他们能够赡养父母、抚育子女、发展自己、实现自我，才能要求他们为集体作贡献，使之具有合法性、合道德性。这里不存在单方面的义务，也不存在单方面的权利。虚假的集体才会只考虑企业得失不考虑员工个人得失，真实的集体必须既考虑企业得失又考虑员工个人得失。平等在这里表现为没有哪一方的权利高于对方，公平在这里表现为双方的义务是对等的。因此我们不能简单地说个人利益必须服从集体利益，服从者是道德的，不服从者不道德，除非能够满足两个条件：其一，把这种服从同某种特殊情境联系在一起；其二，在另外一种情境中也可以说集体利益必须照顾个人利益，照顾者是道德的，不照顾者是不道德的。

集体利益和个人利益的关系所以成为伦理的基本问题，在本来的意义上，就是因为它包含了集体和个人两方面的关系。在这个关系中，没有一个单纯的集体利益，也没有一个单纯的个人利益，集体利益和个人利益都以对方为自己存在的条件，对其中任何一方的否定即是对自己的否定。就这个关系本身来说，它是从个人利益开始的。个人在基于"为我关系"相互结合起来共同从事他们的活动时，发现他们之间存在"共同利益"。"共同利益"是他们私人利益的交汇处，是个别中的共性，即所谓"普遍的"一面。这"普遍的"一面在私人利益相互博弈的过程中呈现出来，它没有独立的历史，因私人利益的博弈而生，因私人利益的博弈而亡，再在私人利益的博弈中重新产生。如果我们不满意这种产生了消亡，消亡了又产生的状态，试图用个人利益服从集体利益或集体利益服从个人利益的办法让其消融，那么这种做法并没有解决二者的关系问题，只是取消了这个道德的基本问题。取消道德的基本问题在实践中固然不可能，但理论上的单向性会在实践中导致道德伤害和伤害道德，这一点万不可忽视，计划经济体制下的道德实践就是一个例子。

计划经济体制强调集体利益高于个人利益，强调个人对集体、国家、社会的义务和责任。要求把集体利益、国家利益、社会利益放在第一位，提倡"一块砖"精神、无私奉献精神，树"毫不利己，专门利人""大公无私"为人生价值的目标，在个人利益和集体利益发生矛盾时，无条件地服从集体利益，不惜牺牲个人的一切直至生命去殉集体的利益，并把它作为唯一和普遍的道德准则。如前所述，这种要求具有合理性，某些时候是必要的，但它只是集体与个人关系的一个方面。对另一个方面，即集体对个人有什么义务、什么责任、什么承诺，强调集体利益高于一切的人从来没有回答过这个问题，至少没有在双向关系平衡的意义上回答过这个问题。或许在他们那里这不是一个问题，因为在他们看来，根本就不应该提个人利益，至少不应该提与集体对等的个人利益，集体利益实则已经包含了个人利益。所以，一方面，计划经济体制不能允许个体依自己的利益诉求采取行动，一旦个体这样做，计划就被打乱了。另一方面，计划经济体制支持集体对个体生活和自由的控制，反对赋予个体自由以道德合理性，认为个人不应该选择自己的命运，不应该独立于集体之外决定自己应该怎样生活。这样，计划经济体制为了保障自己的运行等于取消了个人利益，将集体利益与个人利益的关系变成自上而下的单向性关系。不消说，计划经济体制要求的集体主义道德原则是有局限的，它的局限性不在于要求个人利益服从集体利益，不在于提倡"螺丝钉"精神、"一块砖"精神、无私奉献精神，而在于对个人利益和集体利益的关系做了单向度的理解和解释。

集体利益和个人利益的关系在现实中不可能分离，当单向度的理解诉诸实践时，不可分离的关系便以扭曲的形式存在和发生作用，弊端就在其中。

一是平均主义"大锅饭"。平均主义"大锅饭"本身不需要多谈，我们关心的是它的伦理含义。平均主义合乎传统中国小生产者的心理，大家分配所得差不多，谁也不比谁高多少，谁也不能比谁高多少，是被广泛认可的"善良社会"的特征。企业吃国家的"大锅饭"职工吃企业的"大锅饭"给个体带来安全感、稳定感，消除了长期以来人们为得到一份生产生活资料日夜操劳的精神焦虑。企业虽然没有自主权，但国家统购统销安排好了一切，个人虽然失去了自我选择的可能，但集体安排好了一切，人们虽然不富裕，却也没有了利益之争、贫富差距，以往社会追求金钱而产生的各种丑恶行径也因此失去了存在条件。所有这些都和集体有关，从不同方面体现了集体利益对个人利益的包含，是人们夸赞的集体主义道德的优越性。但这种曾被夸赞的道德局面，除了我们知道的在经济上没有效率，还与其他一些美德发生冲突。一是严重压抑了企业和广大职工群众的积极性，与主动性、创造性的美德和开拓进取、自强不息的精神抵牾。二是干多干少一个样、干好干坏一个样，乃至干与不干一个样，惩罚的是勤奋，奖励的是懒惰，既不公平，也不正义。一种道德情境和另一种道德情境相冲突似乎有些吊诡，分析这两种情境会发现，前一种情境中的"善"是外部因素造成的，和个人没有关系，个人只是被动地接受者，而与它冲突的那些美德，则源自生产者个人，是他们在自己的活动中展现的，是和他们的自由意志和生命活动联系在一起的。今天我们已经知道，国家组织生产，统购统销，包工作、包分配、包生活是做不到、做不好的。今天我们还应知道，国家即使能够做好这些，对一个国家、一个民族，对千百万人民群众来说也不是好事。当只有政府在想方设法做事，其他人都在接受指令，都是被动的客体时，对集体的依附会使人丧失自古以来形成的许多美德，丧失人之为人的特性——以自由的有意识的活动标识的人的主体性，最终会使一个本来应该生机盎然的民族失去生命活力。

二是集体意识衰退。计划经济体制下个人是集体中的一员，但对集体没有什么影响，集体中多一个人不多，少一个人不少，集体也不会关注每一个个人，除了个人利益包含在集体中等一般性说法，具体内容是片断的，不系统的，暂时的或不落地的，而正是这些内容与员工的家庭、子女、个人问题密切相关，它们不能依靠集体得到解决，那就只有靠员工自己想方设法，基本倾向是疏离集体。公家的事再大也是小事，个人的事再小也是大事，公家可以受损，私人间的感情不能伤害，公家的事可以不办，私人的事不能不做。既然是全民所有，大家都可以从中拿取自己需要的，"大家拿"遂成为一种心理默契，亦成为在集体收益与个人之间没有明晰的互通机制、个体不能从眼见的劳动成果中得到自己眼见的利益时的自我安慰。凡此种种都不能摆上台面，集体主义精神就在台下暗自流失。到了市场经济兴起的今天，我们看到集体意识衰退更为极端的表现，各行各业举凡同公共资源有联系的地方，都有一些人利用自己掌握的公共资源设租寻租谋取个人利益，政府官员——他们通常是集体的领导者——首当其冲。某种意义上，这些极端表现是对过去片面理解集体和集体利益与个人利益关系的反噬。

三是公共服务领域职业道德凋零。公共服务指为满足公民生存发展、生产生活某种直接需求而提供的能使公民受益或享受的服务。根据国务院办公厅转发的国家统计局对第三产业划分的意见，第三产业包括的流通和服务两大部类涉及的内容和公共服务的内容高度重合，第三产业即是服务业。计划经济体制下不仅产品数量少质量差，服务也差，其中尤以商业服务最受人诟病。"宾至如归""笑脸相迎，笑脸相送""百拿不厌，百问不烦""为人民服务"等口号遍布旅馆、餐饮、百货大楼和副食品商店，人们得到的服务却常常与之相反。这应了一句话，提倡的就是稀缺的。而这种状态恰恰在"狠斗私字一闪念"、把"毫不利己、专门利人""全心全意为人民服务"推向极端的"文化大革命"中达到了"只有更差"的程度。商品数量少质量劣是一个原因，就这些商品，就这样的质量，想得到充分优质的服务绝无可能。职业道德差是另一个原因，不需要为商品操心，为销售操心，为经营好坏盈利亏损操心，以及为职业操心，也就不需要职业精神。不管人们愿意不愿意，都不能改变一个事实，职业道德和个人利益密切相关，一旦与个人利益脱离关系，职业道德便失去存在的根据。

马克思从人的社会性的角度强调个人在集体中才能获得全面发展其才能的手段，他说的集体是真实的集体。集体是真实的，它和个人的关系就是自然的。自然的关系中也有矛盾，但绝不是值得大书特书的矛盾，就像没有必要大书特书一对恩爱的人存在矛盾一样。只有在想打破原有的平衡，突出一个方面拒斥另一个方面时，或者制度安排在结构上存在缺失、不完善、不协调导致集体不是真实的集体时，矛盾才会尖锐起来。一方面说集体是真实的集体，说它充分考虑到个人利益并处理好了它们与集体利益的关系，另一方面又大书特书集体与个人的矛盾，把它当作伦理学的基本问题，是不合逻辑的。

计划经济体制存有使矛盾尖锐起来的缺陷。它所要求的公有制缺乏体现共同体成员意愿和权利的机制，生产资料表面上归全民和集体所有，实际上掌握在政府部门手里，而政府部门掌握在领导人手里。政治学告诉我们，谁赋予了权力，权力就对谁负责。计划经济体制实行自上而下的领导，下级的权力是上级赋予的，下级也就要对上级负责。对于保证计划的实施而言，这是自然的，也是必须的，计划经济的本性要求发出的指令自上而下得到不折不扣的执行，各级领导的职责必然是遵照执行、层层对上负责。他们的升迁和他们的政绩联系在一起，他们的政绩和指令性计划联系在一起，而指令性计划的制订和制订计划的人联系在一起，与厂长经理无关，与工人、农民、普通百姓更无关。这在权力结构上已经埋下了领导者利益与被领导者利益不一致的种子。领导者通常就是集体的代表，他对上级负责（服从领导），意味着他与下级的关系从属于他与上级的关系。如果服从或顾全大局是领导者代表集体成员作出的决定，不是集体成员委托领导者作出的决定，集体的决定就可能与集体成员的利益发生冲突。最简单的情况下有两种可能：（1）指令性决策正确时，产生集体主义原则论证逻辑中的那种情形，即集体利益与个人利益根本一致，前者包含或代表后者的利益。（2）指令性决策错误时，前述集体主义原则的论证及逻辑不能成立，集体利益与个人利益必然冲突。由于计划经济体制存在着自身无法克服的缺陷，由于领导人自身存在着无法消除的理性有限性，后一种情形的发生几乎是不可避免的。

当个人利益和集体利益不一致，个人利益在其过程中被忽视、受损害时，仍然以集体主义的名义对人们提出道德要求，就使得集体主义原则具有了维护指令性计划的功能。道德原则由是与政治发生联系，成为政治化的伦理。于是我们看到这样一些观点和说法：主张个人利益是资产阶级思想，按劳分配属资产阶级法权，"三自一包"是资产阶级路线，农民的自留地、农产品在集市上买卖是资本主义的尾巴，个人从事的商品流通活动是投机倒把，商品是旧世界的遗毒，价值规律是资本主义规律……"文化大革命"中，与集体主义相关的主要问题不是道德问题，而是政治问题抑或路线问题。举凡一切超越计划经济范围和"一大二公"体制的行为都是资产阶级反动路线，举凡有利于个人、有利于利益实现和个人生活改善的行为，只要同极左政策和法规不一致都是犯罪。虽然大多数谋取个人利益的"不当行为"被作为人民内部矛盾处理，但在"阶级斗争为纲"的背景下，任何一个人民内部矛盾的当事人随时可能因时政变化而转化为敌人。政治、法律和集体主义道德训诫双管齐下，把人们死死摁在贫穷落后的土地上，在这里，人们只应当多干活、少获取，任何为个人利益着想的观念和行为都是丑恶的。

集体主义道德原则一旦政治化，便偏离了其与个人利益原本的道德关系。它成为一种外在的工具，为特定的目的服务，对它来说，真正重要的不是集体利益与个人利益原本应当的关系，而是其所服务的目的。若要恢复集体利益与个人利益本来的关系，不能不对原有的阐释作出反思和修正。彻底的反思和修正在计划经济体制框架内不能完成，它需要新的环境和历史条件。

三、市场经济的伦理精神

经济体制的首要目的，它存在的理由和使命，是解放发展生产力，提高经济效率，增加社会财富。中共十三大政治报告说："社会主义社会的根本任务是发展生产力。在初级阶段，为了摆脱贫穷和落后，尤其要把发展生产力作为全部工作的中心。是否有利于发展生产力，应当成为我们考虑一切问题的出发点和检验一切工作的根本标准。"[1]1992年邓小平在巡视南方的谈话中用"三个有利于"对其做了补充和完善："改革开放迈不开步子，不敢闯，说来说去就是怕资本主义的东西多了，走了资本主义道路。要害是姓'资'还是姓'社'的问题。判断的标准，应该主要看是否有利于发展社会主义社会的生产力，是否有利于增强社会主义国家的综合国力，是否有利于提高人民的生活水平。"[2]

邓小平提到姓"社"姓"资"问题，他以"三个有利于"为参照，为改革开放确立了选择的尺度。政治问题如此，伦理问题也是如此。我们可以在"三个有利于"的基础上谈论伦理道德怎样向善，不能在伦理道德的基础上谈论经济体制应当怎样安排。

计划经济体制不利于发展生产力，不利于增强综合国力，不利于提高人民的生活水平，必须改革。1992年中国共产党第十四次全国代表大会确立了经济体制改革的目标模式——建立社会主义市场经济体制。次年《中

---

① 《沿着有中国特色的社会主义道路前进》，人民出版社（单行本）1987年版，第11页。
② 《邓小平文选》第3卷，人民出版社1993年版，第372页。

共中央关于建立社会主义市场经济体制若干问题的决定》（以下简称《决定》）对这一目标模式作出阐释：（1）"社会主义市场经济体制是同社会主义基本制度结合在一起的"。（2）建立社会主义市场经济体制的目的，"是要使市场在国家宏观调控下对资源配置起基础性作用"。（3）社会主义市场经济体制的主要内容是：第一，坚持以公有制为主体，多种经济成分共同发展的方针（这一方针在后来的中共十五大上被明确定为社会主义初级阶段中国的基本经济制度）；第二，建立适应市场经济要求，产权明晰、权责明确、政企分开、管理科学的现代企业制度；第三，培育和发展全国统一开放的市场体系，实现城乡市场紧密结合，国内市场与国际市场相互衔接，促进资源的优化配置；第四，转变政府管理经济的职能，建立健全以间接手段为主的宏观经济调控体系；第五，建立健全以按劳分配为主体，效率优先、兼顾公平的收入分配制度和多层次的社会保障制度。"这些主要环节是相互联系和相互制约的有机整体，构成社会主义市场经济体制的基本框架。"[①]

市场经济能够有效地配置资源，和"三个有利于"相吻合，是中国共产党人决定建立社会主义市场经济体制的根本原因，是他们自觉完成计划经济向市场经济转变的根本原因。

市场经济能够促进生产力发展，关键的关键是把经济行为和个人利益紧密联系在一起。

市场主体是市场经济不可缺少的要素，没有市场主体就没有市场经济。在经济学中，市场主体作为商品生产和交换的当事人，常被称作"经济人"。"经济人"从事自己活动的目的是利益最大化，他们必然追求利益，他们必然追求的利益是个人利益。一个行为如果能与行为者的利益正相关，行为者就会有积极性，有积极性才会有经济发展，这一点过去受到道德批判，现在得到政治肯定。

---

① 《中共中央关于建立社会主义市场经济体制若干问题的决定》，《十四大以来重要文献选编》（上），人民出版社1996年版，第520～521页。

1979年十一届四中全会通过的《中共中央关于加快农业发展若干问题的决定》，把充分发挥社会主义制度的优越性和充分发挥我国八亿农民的积极性并列作为确定农业政策和农村经济政策的首要出发点。要求在经济上充分关心他们的物质利益，在政治上切实保障他们的民主权利。认为离开一定的物质利益和政治权利，任何阶级的任何积极性都不可能自然产生，而能否调动劳动者的生产积极性，是检验我们的一切政策是否符合发展生产力的需要的标准。①

1984年《中共中央关于经济体制改革的决定》把劳动者的积极性、智慧和创造力视为企业活力的源泉，指出当劳动者的主人翁地位在企业的各项制度中得到切实的保障，他们的劳动又与自身的物质利益紧密联系的时候，劳动者的积极性、智慧和创造力就能充分地发挥出来。②

十四年后的1998年，江泽民总结中国农村改革的成功经验，第一条就是"必须把调动农民的积极性作为制定农村政策的首要出发点。"什么时候农民有积极性，农业就快速发展；什么时候挫伤了农民的积极性，农业就停滞甚至萎缩。对于必须在经济上充分关心农民的物质利益，在政治上切实保障他们的民主权利的观点，江泽民强调："这是我们花了很大代价才认识的真理。农村改革之所以获得巨大成功，就是坚持了这个正确的出发点。"③

如果说中央文件传达出的是中国改革的声音，那么这个声音的核心内容就是构建起个人利益与企业、与生产力发展、与国家利益之间的联系。这个从个人利益开始，到国家利益结束的联系，蕴涵了个人利益和集体利益新的关系：通过满足人们的利益，而且是落实在个体身上的利益，调动起他们的积极性、创造性和热情，实现中华民族的利益最大化。中华民族的繁荣昌盛建立在个体热情生产的基础上，它依赖个体生产活动，是这些

---

① 《三中全会以来重要文献选编》（上），人民出版社1982年版，第171页。
② 《中共中央关于经济体制改革的决定》单行本，人民出版社1984年版，第14页。
③ 《十五大以来重要文献选编》（上），人民出版社2000年版，第526、527页。

活动"合力"的结果或表征。① "人民群众是改革发展的主体和动力，也是稳定的力量源泉和深厚基础。只要广大人民群众真心实意拥护改革，我们就一定能够应对各种复杂情况和矛盾，即使出点这样那样的问题也好办。而要赢得群众的拥护，最根本的是要把实现和维护最广大人民群众的利益作为我们一切工作的出发点和落脚点，努力使工人、农民、知识分子等基本群众共同享受到改革发展的成果。党的一切方针政策，都要以是否符合最广大人民群众的利益为最高标准，以最广大人民群众满意不满意为根本准则。"②

经济改革之谓体制改革，某种意义上就是构筑个人利益与国家、集体、社会双向联系的具体形式，亦可谓作出适宜有效的制度安排。联产承包责任制就是农村改革发现并作出的制度安排，它能有效地处理当时条件下农业生产中"统"与"分"的关系，处理好"统"与"分"的关系是调动农民积极性的关键。

中国社会有自己的传统，中国的市场经济体制有自己的特色。从否定个人利益到肯定个人利益，从"国家—个体"的制度安排到"国家—个体—国家"的制度安排，是一个重大转变。③

与之对应，1996年中共中央对道德建设的表述是："社会主义道德建设要以为人民服务为核心，以集体主义为原则，以爱祖国、爱人民、爱劳动、

---

① 在这里，个体包括个人，不限于个人，还包括企业，主要是民营企业。

② 江泽民：《妥善处理各种利益关系，进一步做好稳定工作》，《十五大以来重要文献选编》（中），人民出版社2001年版，第1075页。

③ "高大上"者总是用崇高的精神品格衡量人塑造人，仿佛舍此不足以与伟大的事业相匹配；道德主义者总愿用纯正的动机裁判人的行为，仿佛心中存有私念行为便同道德无涉。其实令人感同身受的和美关系往往发生在日常生活中，和柴米油盐、工作学习、休闲娱乐息息相关。它或许质朴，或许平凡，乃至司空见惯不足以道，却是"高大上"和善良动机的土壤。在这片土壤上可以生长出"高大上"，孕育出善良动机，脱离这片土壤，"高大上"是"假大空"，善良动机是空中楼阁。顺便说一句，日常生活是真实的道德生活，虽然真实的道德生活不等于日常生活，倘若一个社会日常生活中的和美关系是司空见惯不足以道的，这个社会的道德状况是良好的，倘若一个社会日常生活中的和美关系被大书特书，表明这个社会的道德出了问题。

爱科学、爱社会主义为基本要求，开展社会公德、职业道德、家庭美德教育，在全社会形成团结互助、平等友爱、共同前进的人际关系。"①其后二十年间，集体主义一直是社会主义市场经济体制下道德的基本原则。在这个原则下，社会主义道德承认个人利益，提倡尊重人、关心人，同时坚决反对拜金主义、享乐主义、极端个人主义，坚决纠正以权谋私、造假欺诈、见利忘义、损人利己的歪风邪气，强调把诚信建设摆在突出位置，在全社会形成守信光荣、失信可耻的氛围。我们在这里看到了传统，看到了现代，看到了经济体制对道德的制约，也遇到了新情况和新问题。

有两本著作，笔者以为它们展示了近代以来西方社会道德的基调。一本是边沁的《道德与立法原理导论》，一本是韦伯的《新教伦理与资本主义精神》。前者表述了西方社会市场经济体制下道德的基本原则——功利主义，后者揭示了功利主义的基本精神——资本主义精神。

《道德与立法原理导论》（以下简称《导论》）出版于1789年。彼时资产阶级登上历史舞台，工业革命蓬勃展开，市场经济开始成为配置资源的主导方式，大规模的商品生产和交换在欧洲、北美迅速漫延，资本主义生产方式确立了它在西方社会的主导地位。1776年亚当·斯密出版了他最负盛名的著作《国富论》，对正在欧美各国展开的经济运动过程作了系统的研究和描述，13年后，边沁出版的《导论》被认为提供了后来经济学最重要的哲学基础。斯密在研究市场经济运行过程时对内在的道德问题深感忧虑，边沁的功利主义则对市场经济主体的行为动机的合道德性给予"正名"。

功利原理是《导论》的基石。该原理认为，快乐和痛苦——边沁说它们乃自然设定的主宰人类一切行动的两位主公——是凭依理性和法律构建福乐大厦的制度的基础。"功利原理是指这样的原理：它按照看来势必增大或减小利益有关者之幸福的倾向，亦即促进或妨碍此种幸福的倾向，来赞成或非

---

① 《中共中央关于加强社会主义精神文明建设若干重要问题的决议》，《十四大以来重要文献选编》（下），人民出版社1999年版，第2056页。

难任何一项行动。"[1] "在任何场合与之不同的无论何种原理都必定错误。"[2]

边沁对"功利"的解释是，它是任何客体的一种性质，即"它倾向于给利益有关者带来实惠、好处、快乐、利益或幸福（所有这些在此含义相同），或者倾向于防止利益有关者遭受损害、痛苦、祸患或不幸（这些也含义相同）；如果利益有关者是一般的共同体，那就是共同体的幸福，如果是一个具体的个人，那就是这个人的幸福。"[3]

个人是边沁功利主义的出发点。什么是快乐、什么是痛苦、什么是幸福，每个人自己最清楚，所以在原则上个人是他幸福的最好判断者。追求幸福的行为是自利行为，在社会生活中，自利选择占据着支配地位，凡是对自己的最大幸福能有最高的贡献，不管对自己以外的全体幸福会带来什么样的结果，他都会全力追求，这是人性的一种必然倾向。从伦理角度看，"整个伦理可以定义为这么一种艺术：它指导人们的行为，以产生利益相关者的最大可能量的幸福。""在它是指导个人自身行动的艺术的限度内，可以称作自理艺术，或曰私人伦理。"[4]私人伦理以幸福为本身目的，立法也不可能有任何别的目的。

对于个人在追求自己幸福时与他人的关系，边沁做了如下表述："一个人的幸福将首先取决于他的行为当中仅他本人与之有利害关系的部分，其次取决于其中可能影响他身边人的幸福的部分。"前者属于"他对自己的义务"，他在履行这类义务时展现出来的品质是"慎重"。后者属于"他对别人的义务"，他对待别人有两种方式：一是消极方式，即避不减损之，二是积极方式，即试图增长之。不损害他人的幸福，是谓"正直"，增进他人的幸福是谓"慈善"。[5]

关于个人和社会的关系，边沁认为，个体是真实的，社会不过是单个

---

① 边沁：《道德与立法原理导论》，时殷弘译，商务印书馆2000年版，第58页。
② 边沁：《道德与立法原理导论》，时殷弘译，商务印书馆2000年版，第64页。
③ 边沁：《道德与立法原理导论》，时殷弘译，商务印书馆2000年版，第58页。
④ 边沁：《道德与立法原理导论》，时殷弘译，商务印书馆2000年版，第348页。
⑤ 边沁：《道德与立法原理导论》，时殷弘译，商务印书馆2000年版，第350页。

个体的总和，与个体成员脱离的社会共同体是虚幻的，"不理解什么是个人利益，谈论共同体的利益便毫无意义"，[①]把共同体利益看作全体成员的利益也只是一种理想。因此，个人幸福或快乐，"是立法者应当记住的目的，而且是唯一的目的"，立法者应据此唯一标准将人的行为规范其上。[②]边沁强调，法律是保证功利原理得到遵守的主要手段。

把边沁看作极端个人主义者是不恰当的，功利原理最重要的观点是增进最大多数人的最大幸福（利益）。社会生活从来都有缺陷，一项政策或者立法使某些人受益，就可能使另外一些人受损，如果受益的人多于受损的人，增加的社会利益或人们的幸福大于减少的社会利益或人们的痛苦，就应当以此为据实施这一政策或立法。"最大多数人的最大幸福"就是社会幸福，社会幸福就是最大多数的个人的最大幸福。边沁之前，亚当·斯密在启蒙学派"自然秩序"和"理性观念"的基础上，把人性归结为个人利己主义，认为个人追求一己利益，便会自然而然地促进全社会的利益。当边沁把功利原理应用于经济学，应用于各种经济制度和经济政策时，他的"最大多数人的最大幸福"的主张暗合了古典经济学的观点。换言之，边沁以个人为出发点的研究最终还是回归到社会。

边沁并非功利主义始作俑者，在功利主义谱系中可以列出一长串思想家的名字，早期的墨子、伊壁鸠鲁，近代的洛克、哈奇森等等，甚至亚里士多德也说："我们总是以快乐和痛苦来调节我们的行动，不过有些人偏重一些，有些人则轻一些。正是由于这个缘故，一切事情必须围绕着它们进行。……不论是德性还是政治学，都以处理快乐和痛苦为己任。对这些事情处理得好就是善良的人，处理得不好就是邪恶的人。""伦理德性就是关涉到快乐和痛苦的德性"，它是一种以最好的方式行动的品质，相反的品质就是坏的。[③]边沁的贡献在于，他把功利主义和现实生活紧密联系在一

---

① 边沁：《道德与立法原理导论》，时殷弘译，商务印书馆2000年版，第58页。

② 边沁：《道德与立法原理导论》，时殷弘译，商务印书馆2000年版，第81页。

③ 亚里士多德：《尼各马科伦理学》，苗力田译，中国社会科学出版社1990年版，第29、28页。

起，除了为社会政策法规和制度安排提供判别的基本尺度，在经济学中，他的思想也影响了詹姆斯·穆勒、李嘉图、约翰·穆勒、杰文斯等一批经济学家。"经济人"概念、收益最大化的观念、边际效用理论、厂商理论、当代福利经济学某些核心思想，或直接或间接地受到边沁影响，边沁的思想俨然已成为西方社会生活不可缺少的元素，即以市场经济为轴心的社会生活不可缺少的元素。

边沁的功利主义存在一些问题，受到人们的批评。他将趋乐避苦视为人们行为的动机，没有看到或忽视了一种可能，"我们对产生于任何行为过程的快乐的期望，都主要取决于我们关于它是否正当的观念。"[①]快乐就是幸福，幸福是人追求的目的，只要能够得到幸福，其他都不重要，这种只依据结果判断行为的善恶而不管动机和手段的想法和做法，是许多伦理学者难以接受的。主观价值和幸福感受是否只有快乐和痛苦，以及给人带来快乐或幸福的效用是否能够通过量的计算来加以确证，也都存在可疑空间。

最重要的批评与"最大多数人的最大幸福"相关。一种批评基于崇高，一种批评基于学理。

宗教伦理学家白舍克对"最大多数人的最大幸福"有五点质疑：首先，人们可寻求的有幸福价值的东西很多，谁来为所有的人决定什么是最有价值的？答案只能是知识精英或权力集团。其次，如果幸福是最大的善，那人们怎么能够期待一个人为了他人而牺牲自己的幸福？第三，如果为了最大多数人的幸福可以弃个人或少数人不顾，那么剥夺、牺牲个人或少数人就天经地义了。第四，它排除了超越现世的永生价值，没有为伦理命令的绝对性提供坚实的基础，尽管追求现世的、适当的幸福也不为错。第五，幸福不是人们所追求的唯一的东西。[②]

基于学理的批评更值得重视。按照边沁的观点，一项政策或立法只要符

---

① 西季威克：《伦理学方法》，廖申白译，中国社会科学出版社1993年版，第63页。

② 白舍克：《基督宗教伦理学》第一卷，静也等译，雷立柏校，上海三联书店2002年版，第86～87页。

合多数人的利益，能实现社会福利最大化，就具有合法性和合道德性，就是政府应当实施的政策或立法。这意味着只要对多数人有好处，少数人就可以被忽视、被冷落、被排除甚至被牺牲，哪怕他们利益是正当的，哪怕他们的权利是合法的。在实践中它还有一种危险，少数人以集体、国家、多数人的名义谋取自己利益的最大化。集权主义者就是如此，他们常常以集体、国家、多数人的名义谋取自己的最大利益。边沁时代的资本家是不是同样如此？不管是与不是，我们看到这样一种普遍现象，最大多数的人——工人、农民——没有得到最大幸福，他们甚至根本就没有幸福，得到"最大幸福"的是少数人，是富裕阶层，是资本家。而在边沁设计的"圆形监狱"中，我们也看到了集权主义的倾向。故此凯恩斯说，边沁是19世纪国家社会主义的渊源。

多数人和少数人的关系是民主政治的重要问题，尊重少数人的权益、反对多数人暴政已经成为政学两界的共识。虽然认识到以牺牲少数人的幸福为代价的做法不可取，但无论在政治领域还是在经济领域，如何兼顾少数人的权益，平衡其与多数人的关系，仍是尚未定论还在探讨的问题。意大利经济学家帕累托提出"帕累托最优"：在资源分配过程中，如果不能使所有人的境况变好，只能使一部分人变得更好，那么另一部分人的境况至少没有变坏。罗尔斯提出差别原则：如果我们不能做到完全平等的话，那么社会的和经济的不平等应该这样安排，差别有利于境况较差的人，有利于最少受惠者，即在与正义的储存原则一致的情况下，适合于最少受惠者的最大利益。"帕累托最优"在现实中是不可能的，它所需要的必要条件很难得到满足；"差别原则"也被一些学者认为缺乏可操作性，它应该有比较严格的条件限制，否则有可能重新回到边沁的语境。"最少受惠者"如果是普通民众时就是如此，众所周知，在发展中国家他们占人口的大多数并且普遍贫穷，要想使普遍贫穷的人受惠，就必须大力发展经济，而这正是"最大多数人的最大幸福"之所在。

作为一项伦理原则，功利主义或许不那么高尚，却合乎"高尚"理论谴责批评的市场经济体制下人的现实行为。韦伯一方面肯定功利主义的基本精神，另一方面，也是他的独特之处，把追求金钱的功利行为向上提升，同上帝、"天职"联系起来。

《新教伦理与资本主义精神》着眼于两点，一是资本主义制度，二是资本主义精神。在韦伯的著作中，它们是资本主义独有的两个因素，统一在资本主义经济行为中。"我们可以给资本主义的经济行为下这样一个定义：资本主义的经济行为是依赖于利用交换机会来谋取利润的行为，亦即是依赖于（在形式上）和平的获利机会的行为。"①

资本主义制度是"自由劳动之理性的资本主义组织方式"，②即资本主义经济组织的治理结构，以及与这种治理结构或经济制度相应的政治、法律制度。生产活动是跨越历史时空的存在，知识、技术、科学这些在资本主义发展进程中起了巨大作用的因素，在埃及、印度、中国同样展现过自己的辉煌，即使理性的劳动组织也非资本主义所独有。"但是，只有西方资本主义在其发展中利用了它（指知识、技术、科学——引者注）"。③这种利用受到鼓励，基于经济考虑的鼓励，而经济考虑的鼓励源自西方社会结构的特性，其中"具有无庸置疑的重要性的是法律和行政机关的理性结构。因为，近代的理性资本主义不仅需要生产的技术手段，而且需要一个可靠的法律制度和按照形式的规章办事的行政机关。没有它，可以有冒险性的和投机性的资本主义以及各种受政治制约的资本主义，但是，决不可能有个人创办的、具有固定资本和确定核算的理性企业。这样一种法律制度和这样的行政机关只有在西方才处于一种相对来说合法的和形式上完善的状态，从而一直有利于经济活动。"④

---

① 韦伯：《新教伦理与资本主义精神》，于晓、陈维刚等译，三联书店1987年版，第8页。

② 韦伯：《新教伦理与资本主义精神》，于晓、陈维刚等译，三联书店1987年版，第11页。

③ 韦伯：《新教伦理与资本主义精神》，于晓、陈维刚等译，三联书店1987年版，第14页。这其中重要的一点是加入了自由因素，按韦伯的说法，不自由的劳动到处都有，自由加理性的劳动组织方式在其他地方却难得一见，不过只是略有迹象而已。

④ 韦伯：《新教伦理与资本主义精神》，于晓、陈维刚等译，三联书店1987年版，第14页。

经济之理性的行为不仅表现在依赖于理性的技术和依赖于理性的法律，而且取决于人的能力和气质。人的能力和气质受制于文化观念，"各种神秘的和宗教的力量，以及以它们为基础的关于责任的伦理观念，在以往一直都对行为发生着至关重要的和决定性的影响。"[①] 韦伯由此引出资本主义精神，他从富兰克林谈起。

富兰克林告诫人们，切记时间就是金钱，信用就是金钱，善付钱者是别人钱袋的主人，"影响信用的事，哪怕十分不屑也得注意"，"要当心，不要把你现在拥有的一切都视为已有，生活中要量入为出。"韦伯说"这些话所表现的正是典型的资本主义精神"，尽管"我们很难说资本主义精神已全部包含在这些话里了。"接下来，韦伯说："富兰克林所宣扬的，不单是发迹的方法，他宣扬的是一种奇特的伦理。违犯其规定被认为是忘记责任，而不是愚蠢的表现。这就是它的实质。"韦伯感兴趣的是，"它不仅仅是从商的精明（精明是世间再普遍不过的事），它是一种精神气质。"韦伯明确地把富兰克林"具有伦理色彩的劝世格言"指称为资本主义精神，在他那里，资本主义精神就是一种伦理精神。[②]

富兰克林的观念带有功利主义色彩。诚实、信用、守时、勤奋、节俭，这些品质所以是美德，皆因为它们有用。"这些美德如同其他一切美德一样，只是因为对个人有实际的用处，才得以成其为美德；……这就是极端的功利主义的必然结论"。[③] 何用之有？挣钱。富兰克林劝世格言的核心是挣钱，诚实、信用、守时、勤奋、节俭的目的也是挣钱。在这种伦理观中，挣钱即是善，"尽可能地多挣钱"是至善。

以挣钱为目的而不是把挣钱当成达到某种目的的手段，被赚钱的动机

---

①　韦伯：《新教伦理与资本主义精神》，于晓、陈维刚等译，三联书店1987年版，第15～16页。

②　韦伯：《新教伦理与资本主义精神》，于晓、陈维刚等译，三联书店1987年版，第33～36页。

③　韦伯：《新教伦理与资本主义精神》，于晓、陈维刚等译，三联书店1987年版，第37页。

所左右而不是由高尚优雅的动机来左右赚钱，完全是本末倒置，于理不通，怎么会是善？此种观念和行为在希腊罗马和欧洲中世纪无不受到批判排斥，被认为是贪婪，是最卑劣的观念和行为，圣·托马斯斥责追求财富的欲望为卑鄙无耻的论点因而被奉为真理；此种观念和行为即使在今天，在正经历着由传统向现代转变的社会中，同样受到批判。韦伯承认，即使在传统已经崩溃市场经济已经占据主导地位的国家，它也没有得到普遍认可和鼓励。那么，善从何来？

韦伯批判性地引入了马丁·路德的"职业"概念，把它和天职，和上帝联系起来。他说："个人道德活动所能采取的最高形式，应是对其履行世俗事务的义务进行评价。正是这一点必然使日常的世俗活动具有了宗教意义，并在此基础上首次提出了职业的思想。这样，职业思想便引出了所有新教教派的核心教理：上帝应许的唯一生存方式，不是要人们以苦修的禁欲主义超越世俗道德，而是要人完成个人在现世里所处地位赋予他的责任和义务。这是他的天职。"[①] 按马丁·路德，"个人应当永远安守上帝给他安排的身份、地位和职业，把自己的世俗活动限制在生活中既定的职业范围内。"这职业是"人不得不接受的、必须使自己适从的、神所注定的事。"[②] 每一种正式的职业在上帝那里具有完全等同的价值，它们不再是无价值的、低级的、丑恶的世俗活动，它们就蕴含着上帝的期许，可以放射出耀眼的光芒，可以增加上帝的荣耀。

在清教徒心目中，一切生活皆由上帝设定。上帝设定你为"经济人"，从事经济活动，挣钱就是你的责任，你的义务，就是上帝赋予你的天职。上帝给你一个获得利的机会，一定有其目的，如果你拒绝这个机会，不去选择上帝为你指明的获利途径，你就背离了从事职业的目的，拒绝成为上帝的仆人，这是罪恶。所以，对一个新教徒来说，"在现代经济制度下能挣

---

① 韦伯：《新教伦理与资本主义精神》，于晓、陈维刚等译，三联书店1987年版，第59页。

② 韦伯：《新教伦理与资本主义精神》，于晓、陈维刚等译，三联书店1987年版，第62～63页。

钱，只要挣得合法，就是长于、精于某种天职的结果和表现；而这种美德和能力，正如在上面那段引文中以及在富兰克林其它所有著作中都不难看出的，正是富兰克林伦理观的全部内容。"①韦伯认为，这种个人对天职负责的独特观念，是资本主义社会伦理最具代表性的东西，某种意义上可以说，它是资产阶级文化的根本基础。它与资本主义制度一起塑造了一种个人生活于其中的环境，一种由结构功能生成的舞台，一种社会成员共有的生活方式。一个人只要涉足其中，涉足市场经济活动及关系，就要按照它的准则去做，谁不这样做，谁就违背了天职，被环境淘汰，被赶下舞台。

天职观念是一种职业精神，一种职业道德观念，它要求人们恪尽职守、努力工作，取悦上帝。除此之外还有一种观念也使清教徒的行为与众不同，这就是宗教禁欲主义。职业概念是从基督教禁欲主义中产生出来的。"事实上，这种伦理观所宣扬的至善——尽可能地多挣钱，是和那种严格避免任凭本能冲动享受生活结合在一起的，因而首先就是完全没有幸福主义的（更不必说享乐主义的）成分掺在其中。"②你须为上帝而辛劳致富，但不可为肉体、罪孽而如此。新教伦理不反对合理地获取财富，只反对不合理地使用财富，特别是反对将财富用于个人享乐。"仅当财富诱使人无所事事，沉溺于罪恶的人生享乐之时，它在道德上方是邪恶的；仅当人为了日后的穷奢极欲，高枕无忧的生活而追逐财富时，它才是不正当的。但是，倘若财富意味着人履行其职业责任，则它不仅在道德上是正当的，而且是应该的，必须的。"③

由是，近代的专业化劳动分工拥有了道德上的依据，以神意来解释追逐利润也为实业家们的行为提供了正当理由。"一种特殊的资产阶级的经济

---

① 韦伯：《新教伦理与资本主义精神》，于晓、陈维刚等译，三联书店1987年版，第38页。

② 韦伯：《新教伦理与资本主义精神》，于晓、陈维刚等译，三联书店1987年版，第37页。

③ 韦伯：《新教伦理与资本主义精神》，于晓、陈维刚等译，三联书店1987年版，第127页。

伦理形成了。资产阶级商人意识到自己充分受到上帝的恩宠，实实在在受到上帝的祝福。他们觉得，只要他们注意外表上正确得体，只要他们的道德行为没有污点，只要财产的使用不致遭到非议，他们就尽可以随心所欲地听从自己金钱利益的支配，同时还感到自己这么做是在尽一种责任。此外宗教禁欲主义的力量还给他们提供了有节制的，态度认真，工作异常勤勉的劳动者，他们对待自己的工作如同对待上帝赐予的毕生目标一般。"[①]这种经济伦理解除了人的精神枷锁，消除了心理深处的负罪感，它和资本主义制度结合起来，造就了近代资本主义社会生产力的发展和劳动生产率的提高。

资本主义制度和资本主义精神已如上述，在韦伯那里，二者的一致解释了为什么只有西方社会发展起来资本主义，其他地方却不能，要知道，许多因素——从知识、技术到理性的劳动组织，甚至追求金钱的欲望和努力——是西方社会和世界上其他国家共有的。我们在韦伯的解释中看到了制度的重要性，看到了伦理精神的重要性，更看到了二者一致的重要性。他的论述告诉我们，市场经济体制和伦理可以统一，至少在资本主义早期，至少和某种伦理道德（新教伦理）是可以统一的。但还有问题，或者说韦伯并没有完全释去人们心头的困惑，尽管在韦伯看来困惑的原因，人们不能接受富兰克林的伦理观念、谴责拒斥资本主义精神的原因，是没有真正理解它，人们所以不能理解它，是因为人们还停留在传统中，被旧有的伦理观念所束缚。

如同韦伯所说，获利的欲望，对金钱的追求以及追求所得越多越好，这本身并不为资本主义所独有，自古以来它一直都有并存在于侍者、车夫、艺术家、妓女、贪官、士兵、贵族、赌徒、乞丐身上。"中国的清朝官员、古代罗马贵族、现代农民，他们的贪欲一点也不亚于任何人。不管谁都会发现，一个那不勒斯的马车夫或船夫，以及他们亚洲国家的同行，还有南

---

① 韦伯：《新教伦理与资本主义精神》，于晓、陈维刚等译，三联书店1987年版，第138～139页。

欧或亚洲国家的匠人，他们这些人对黄金的贪欲要比一个英国人在同样情况下来得强烈得多，也不讲道德得多。"[①]但这只能说明贪欲、获利的本能是人性中普遍具有的，不能证明它在现实中是合理的、合道德的，人们过去对它进行过道德批判、道德谴责和拒斥，人们今天同样对它进行着道德批判、道德谴责和拒斥。

依韦伯的观念，对财富的贪欲根本就不等同于资本主义，更不是资本主义精神，相反，资本主义倒不如说是对这种非理性欲望的一种抑制或至少是一种理性的缓解，虽然资本主义确实等同于靠持续的、理性的方式的企业活动追求利润并且不断再生利润。差别在于，同样的行为，在资本主义精神，遵循的是上帝的旨意——履行天职，禁欲主义；在其他精神，却可能是违背天理，纵欲主义。宗教派别对追求金钱财富的不同看法暂且不论，诸神之间的"战争"想必不可避免。韦伯在他书中的最后告诉我们，富兰克林时期，宗教基础已经腐朽死亡了。"大获全胜的资本主义，依赖于机器的基础，已不再需要这种精神的支持了。……天职责任的观念，在我们的生活中也像死去的宗教信仰一样，只是幽灵般地徘徊着。……在其获得最高发展的地方——美国，财富的追求已被剥除了其原有的宗教和伦理涵义，而趋于和纯粹世俗的情欲相关联"。[②]"上帝死了"，资本主义精神同"崇高"之间的联系也就被斩断，早期的清教徒或许还能以禁欲主义的态度约束自己的享乐，把创造的财富用于生产，用于取悦上帝，他们的后裔则可能和他人一起进入消费主义的时代，开始其世俗享乐的历程。同样的行为——追求金钱财富——仍在继续，就像它在过去从未间断过一样。它与市场经济体制亦即韦伯所说的资本主义制度是吻合的，它与伦理精神的吻合在上帝走了以后从哪里获得根据？曾经的形而上资源不可再用，人们找到新的资源了吗？这是资本主义面临的问题，同样是我们今天面临的问题。

---

① 韦伯：《新教伦理与资本主义精神》，于晓、陈维刚等译，三联书店1987年版，第40页。

② 韦伯：《新教伦理与资本主义精神》，于晓、陈维刚等译，三联书店1987年版，第142～143页。

显然，市场经济体制与道德并没有因为有了"天职"和禁欲主义精神就消解了彼此的紧张。韦伯只是从一个事实和方面尝试性地探讨了这个问题，还存在其他事实和方面。回顾资本主义的历史可以看到，边沁出版《导论》、韦伯发表《新教伦理与资本主义精神》的年代，是资本主义最黑暗的时期，农民失去土地，工人的生存条件极为恶劣，资本家为获取最大利益不择手段，"最大多数人的最大幸福"没有得到，贫富差距却日益凸显，人在金钱面前异化，"拜物教"是不能不承认的事实，"经济人"不道德的行为普遍存在。"资产阶级在它已经取得了统治的地方把一切封建的、宗法的和田园诗般的关系都破坏了。……它使人和人之间除了赤裸裸的利害关系，除了冷酷无情的'现金交易'，就再也没有别的任何联系了。"① 中国社会在建立市场经济体制，激发了个体创业追求财富的热情并为钱"正名"以后，也出现了严峻的道德问题，有人称之"道德滑坡"，有人称之"道德危机"。

这里我们遇到了矛盾：经济发展和"恶"动力的矛盾；市场经济与道德一致性和不一致性的矛盾。

经济的确发展了，生产力的确提高了，推动经济发展和生产力提高的却仿佛是"恶"，贪财动机亦即商品生产者和交换者的私欲，成为发展的动力。人们对此不满，却又拿它没有办法。一方面无力阻止这样一个历史进程，另一方面它又的确给人们带来了许多想要得到的东西，不仅直接满足了人们的物质需要，而且间接地满足了人们另外一些绝非不重要的需要，包括精神需要，为人们赞美追求极欲得到东西的实现创造了物质条件。因此，人们一方面不能不容忍它，另一方面不能不批判它。这种批判是必要的，因为它涉及生活的目的。经济活动的目的是求利，社会生活的目的却不能以利代之。正是由于这个原因，在中国经济体制改革目标模式的争论中，即是否应当建立市场经济体制的争论中，伦理因素成为重要的考量因素。参与其中的吴敬琏在回顾这段争论时说，市场经济在其发展过

---

① 《马克思恩格斯文集》第2卷，人民出版社2009年版，第33～34页。

程中确实存在"恶"的一面，对此，即使一些坚决主张市场经济改革的学者也有意识，故而提出市场经济有好坏之分，并对坏的市场经济表示出强烈的担忧。①

主张市场经济的人的担忧和反对市场经济的人根本不同。前者担忧的是把市场经济搞坏了，因而主张通过完善市场经济体制化解担忧的问题。后者担忧的是市场经济把国家搞坏了，因而在面对腐败、道德沦丧、贫富差距、民生等一系列社会问题时，将矛头直指"市场神话"或"市场原教旨主义"。他们这样做有其理由，市场经济发展过程中产生的问题很难摆脱与市场经济的联系，即使存在市场经济体制不完善因素，说它们与市场经济没有关系也难以让人心悦诚服。但因此否定市场经济及其制度安排，只想要它带来的物质财富，不想要它带来的问题，是马克思早已批判过的态度。②批判市场经济的弊端非常必要，简单化地批判非常有害。原因在于，市场经济既有与道德一致的一面，也有与道德不一致的一面，是二者的统一体。

市场经济与道德的不一致或冲突无需多说，自诞生之日起人们对它的揭露批判即是证明。比较而言，有必要对二者一致的方面多些论述，市场经济和一些道德行为相冲突，不和所有的道德行为相冲突，从基本原理到具体规范，道德与市场经济都有相通之处。

希腊哲学家认为，人具有聪明才智是一种美德，如果每个人都能够发挥他们的聪明才智，那就是善的生活，用亚里士多德的话说，把笛子交给最擅长演奏笛子的人使用就是善。现代人普遍同意，市场在配置资源方面是有效率的，它在价值规律作用下，用价格调剂供求关系，使得稀缺资源落在最擅长使用它们的人的手中，是发展意义上的"人尽其才"。

康德强调自由意志，没有自由意志就没有自愿，不自愿即强制，强制

---

① 参见吴敬琏：《当代中国经济改革》，上海远东出版社2004年版，第391~399页。

② 这样说是假定反对市场经济体制的人并不反对解放发展生产力、增强综合国力和提高人民生活水平，倘若不是如此，主张"宁要社会主义的草，不要资本主义的苗"一类的东西，事情就要另当别论了。

不是道德，因此没有自由意志就没有道德，没有自由意志就不能成为一个真正的有道德的人。市场经济必须有市场主体，市场主体是独立自主的，他们按自己的意志办事，不允许任何人强迫，他们有自由意志，因而他们有道德问题并有可能成为真正有道德的人。从这个角度审视，中国社会完成由计划经济到市场经济的转变，生产者从被动的客体变为有自由意志的主体，能够在市场舞台上独立自主、积极主动、创造性地展现自己，所取得的成果不仅表现为效率的提高，在道德上也是一个历史进步。

平等、公平既是政治问题、法律问题，也是道德关注的热点问题。我们在善政中谈到平等，在法治中谈到过公平，实现它们的经济基础是什么？恩格斯把平等看作历史范畴，曾经简要梳理过它的历史：古老公社的平等是公社成员的平等，不包括妇女、奴隶和外地人；如果有谁认为自由民和奴隶、公民和被保护民、罗马公民和罗马臣民之间应当平等，这在希腊人和罗马人看来一定是发疯了；基督教只承认一种平等，原罪的平等，至多还承认上帝的选民的平等；资产阶级是现代平等的代表者，"他们作为商品所有者是有平等权利的，他们根据对他们所有人来说都平等的、至少在当地是平等的权利进行交换。"①资产阶级之为现代平等的代表，乃因为他们是市场主体，在市场交往中没有高低贵贱之分，没有社会权利的差别，作为商品的生产者、占有者，他们以货币为尺度相互往来，交换产品和服务，任何强买强卖欺行霸市的行为，任何以非经济方式和手段对他人商品或劳动的占有，都会瓦解市场经济，是故，维护市场经济就必须维护平等。因此，马克思说："商品是天生的平等派"。②市场主体彼此交换产品和服务时要公平，法律和政府在对待市场主体和处理他们的矛盾纷争时更要公平，没有公平便没有矛盾纷争的化解，没有矛盾纷争的化解便没有健全的商品生产和交换。市场经济就是现代平等、公平的经济基础，政治、法律的平等、公平建立在市场经济基础上。

①《马克思恩格斯文集》第9卷，人民出版社2009年版，第109～110页。
②《马克思恩格斯文集》第5卷，人民出版社2009年版，第104页。

诚信是道德的基本规范，在市场经济中极为重要，许多厂商，尤其是知名度高、规模大的厂商，把它视为道德基本原则和安身立命之本。诚信是契约精神的核心，契约精神是契约法的核心。市场经济在契约法的基础上衍生出一套信用制度，使"一诺千金"有了正式的制度安排。这种制度安排能够规范市场主体行为，减少经济活动和交往关系中的不确定性，反过来又会使诚信在市场经济中习俗化，在人们的头脑中培育出契约精神。信用制度规定人们信守诺言、履行约定，在获取一定利益的同时，出让相应的利益或履行相应的责任和义务。市场主体愿意接受信用制度，把诚信作为基本原则和安身立命之本，是因为信用和诚信能降低交易费用，不仅合乎道德，而且关乎利益。但是，谁如果以为信用或诚信是在有利可图时建立的，那他就错了。一个人有没有信用或诚信，不是在他财源滚滚时表现出来的，而是在他财运不济时表现出来的。市场主体不可能一直财源滚滚，总有财运不济的时候，因此，信用是长期的预期。想要积累财富，首先积累信用。

韦伯把职业和"天职"联系起来，我们把职业和道德联系起来。"天职"有上帝和伦理的双重意蕴，职业道德完全是世俗的。提供优质产品和服务是职业道德的重要体现，如前所述，在计划经济体制下难觅它的踪影，产品是粗糙的，服务是冷淡或因人而异的。计划经济体制消解了生成职业道德的内在机制，只能从外部对做从业者提出道德要求，结果不必再说。市场经济体制相反，"经济人"要实现个人利益最大化就必须为他人提供优质的产品和服务，他所得到的，是和他提供的产品、服务一致的。因此他必须有职业道德，童叟无欺、货真价实、热情周到、笑脸相迎笑脸相送、百问不烦百拿不厌，舍此就不能获利。斯密让我们不要从道德的角度去感谢面包师、屠户们热情周到的服务，他们这样做完全出于利己心，但面包师、屠夫户们基于利己心提供的优质服务却包含了实实在在的职业道德，并带来买卖双方和谐的人际关系。在这里，把职业道德和利己心联结在一起的，是市场经济一个重要的内在机制——竞争。竞争在面包师、屠户们之间扮演了"判官"的角色，谁提供的产品质量好服务周到，谁在竞争中胜出，反之则被淘汰。不消说，凡是有利于自己胜出的因素都是面包师、屠户们需要的，职业道德是其中之一。

有一种观点认为，市场竞争中，一方所得正是另一方所失，前者的胜出以后者的淘汰为代价，它是一种"零和博弈"，冷酷无情，有悖道德，应当受到谴责。"零和博弈"是市场经济不道德的重要理论支点，它确实存在，但只是市场经济的一个方面，除了"零和博弈"，市场经济还有"正和博弈"。现代经济早已摆脱了小而全、大而全模式，一个产品的完成是多个厂商合作的结果。对于厂商们来说，相互合作能够产生"合作剩余"，在增进合作双方利益的同时增进社会利益。"正和博弈"中双方的力量对比、技巧运用、讨价还价会产生利益分配的比例差异问题，不会产生"零和"效应，所以，现代市场经济普遍存在一种现象——合作共赢。我们不能停留在合作共赢，"正和博弈"虽可以证明用"零和博弈"以偏概全是不对的，却没有涉及"零和博弈"范围内的道德问题。"零和博弈"范围内的道德问题是典型的矛盾问题。一方面，同行竞争极为残酷，有人笑就会有人哭，在这个过程中没有人做错什么，他只是遵循市场规则，做了自己应该做的事。另一方面，正是因为有竞争，消费者才得到自己想要的优质产品和服务，因此，如果我们是一个消费者，就不能一边享受优质产品和服务，一边谴责市场竞争，说它不道德，说它是罪恶的根源。我们必须明白，我们享用的产品和服务质量所以改善了，是因为产品质量差和服务不好的厂商被淘汰了，而在计划经济体制下我们所以享受不到优质产品和服务，正是因为没有竞争。

市场经济与道德一致的一面多是隐性的，蕴含在市场经济的逻辑中。诸如市场经济有"人尽其才"的功能；市场经济是自由意志的社会形式，培育出大批承担道德责任的个体——独立自主的市场主体；市场经济为平等、公平的提供了基础，没有这个基础，现代平等和公平只是空中楼阁；市场经济和职业道德的内相关性等等，都被万花筒般的现象遮蔽，不易被人觉识。即使是诚信，在人们视其为基本道德规范时，意识中也往往切断它与市场本性的联系，乃至与之对立。而这些不易被人觉识的方面极为重要，对道德来说带有基础性、根本性。放在变革时代、社会转型背景下看，它们是新道德的萌芽，表征着一个不同于过去的过程的开始，不在"道德滑坡""道德危机"之列。

市场经济与道德冲突的一面多是显性的，展现在现实的社会生活中。诸如不择手段、唯利是图、损人不利己、坑蒙拐骗、假冒伪劣、拜金主义、无诚信、无底线、习惯性撒谎等现象，就发生在人们周围，是日常生活里可以耳闻目睹，感同身受的。对它们的谴责已有几百年历史，因而对它们的批判司空见惯，几成心理定式。放在变革时代、社会转型背景下看，它们与和谐的人际关系的冲突格外尖锐。

市场经济与道德一致的一面多源自市场经济活动，市场经济与道德冲突的一面多源自"参与者"行为。市场经济活动按其本性要求"人尽其才"、自由意志、平等、公平、诚信、职业道德，"参与者"在这个过程中却可能不择手段、唯利是图、不道德、无底线。前者对市场经济有利，后者对市场经济不利，因此，市场经济就其本性而言是要求道德反对不道德的。然而，既如是，何以在市场经济数百年的历史中那些同质性的不道德行为还一再重复、此起彼伏？以下两点或许是寻找答案的线索：其一，市场经济释放了人们的私欲，使之既成为经济发展的动力，又成为不道德行为的根源。私欲存在是人的本能，"为我关系"在类意义上是真，在个体意义上也是真。约束人的本能——无论个体还是社会——是非常困难的事，且和社会环境或物质生活条件关联紧密，一旦"风吹草动"条件适宜，私欲便会不可抑制地膨胀起来，同质性不道德行为一再重复、此起彼伏，这是重要原因。其二，所谓没有自由意志就没有道德，实则是没有自由意志就没有道德问题。道德是善，道德问题既包括善也包括恶。善行和自由意志关联，恶行也和自由意志关联，是善是恶取决于人们的选择（自由意志），换句话说，自由意志提供了善恶行为的可能性，但不等于善恶行为的现实性，它无论和善或者恶都没有必然性联系。因为人有自由意志所以他行善，因为人有自由意志所以他作恶，此二者分别看来都成立，合在一起就不能简单视之。由于恶的行为大量存在，由于恶的行为和自由意志联系在一起，自由在一些人那里成为禁忌，担心它，害怕它，打击压制它。这样一来产生出另一个后果，自由与善的关联也被一并清除了。

市场经济有局限，包括道德方面的局限，这是不争的事实。作为一种经济活动，它只管提高经济效率、创造物质财富，增加"经济人"收益，不管在它的"游戏规则"之外的东西。凡是合乎它的本性的它都接受，凡是不合它的本性的它都排斥，道德也不例外，所以它和一些道德一致，和另外一些道德不一致。①它不是依据道德建立的一套经济体制，而是要依据一套经济体制建立与之相适应的道德，边沁和韦伯们就是这一任务的执行者。

凡事都有"度"，过"度"便会带来质变，真理变成谬误。市场经济是一棵"树"，人们栽下这棵"树"是想收获果实（财富），由此引起利益争夺，"感冒发烧"。市场经济初期，"疫情"最为严重，到了让人无法忍受的地步。于是到处寻"医"，"治病救人"。一种观点认为，追求私利、满足私欲是致病的根源，若要消除社会的"病症"，必须铲除这个根源，开出的"药方"，是在经济活动中将市场经济连根拔起，在思想道德文化上去除私欲。现在我们知道，市场经济作为不可逾越的历史阶段是无法跨越的；无视人的本性在实践中也行不通。我们已经转变了对市场经济的看法，我们还应转变对私欲的看法。不是抑制它们，不允许它们存在，而是引导它们，使之走上规范之道。用压抑人性使它不能自然流露的方式塑造善良关系，或许可收一时之效，不可能长久，让人们按其本性从事自己的活动，让道德从他们心底流出，方能一点一点积累完善，形成长期稳定的美德秩序。所以，如果我们觉得市场经济这棵"树"丑陋，只须修剪便是，不必连根刨起。我们得承认，修剪这棵"树"并不容易；我们也得承认，想不流汗不吃苦就能收获物质生活和道德水平双双提高之利，即使在道德上也不是值得过的生活。

---

① 道德情感方面的冲突也是不一致的表现：从道德情感讲人们不喜欢一门心思挣钱的人，市场经济鼓励人们挣钱；传统社会的人重亲情，市场冷漠无情；中国人讲兄良弟悌，市场经济说亲兄弟明要算账；道德情感和相濡以沫、同甘共苦相通，市场经济和优胜劣汰、适者生存相通。

过"度"是市场经济社会中的普遍现象，因此有人的异化和人的堕落，有"拜物教"和"拜金主义"。过"度"也是道德追求中的普遍现象，因此有另一种形式的异化——"道德杀人"，有思想文化上的极左思潮。如果说任何事情，哪怕是最美好的事情，一旦过"度"就会走向反面，就会产生异化，那么越是美好的东西在追求过程中越容易过"度"、异化。因为它太美好，因为人们太想得到美好。

市场经济中的过"度"问题，市场经济体制不能解决。市场中的诱惑太多太大，面对它们，市场主体很难捺住私欲冲动、御住利的诱惑，况且还有竞争带来的后顾之忧。道德此时是软弱无力的，对不讲良心没有底线的逐利者们全无约束作用，需要市场之外、道德之外的力量，需要法治。法治是市场经济的必然要求，没有法治便没有真正意义的市场经济，没有法治也没有市场经济中的道德。在此基础上，还需要政治制度、社会保障制度、社会福利制度等其他制度协调配合。政府因此成为不可缺少的因素，过"度"与否，无论是市场经济的还是思想文化的，很大程度上取决于政府。

计划经济体制有自己的伦理诉求，市场经济体制也有自己的伦理诉求，两者在经济绩效上存在巨大差别，在伦理效应上也有极大不同。破除计划经济体制，建立市场经济体制，带来伦理"范式"的转变，许多问题，包括表现上相同的道德问题，需要重新审视。集体主义原则并没有随着市场经济体制的建立而消失，只是集体和个人的关系不再是单向关系，集体主义原则也不再是计划经济体制下理解的那种原则。个人在市场经济体制中得到肯定，他和社会的关系不是斩断了，而是以另外一种形式和机制更加紧密地联系在一起，在这种形式和机制中蕴含着集体主义原则，以个人和社会关系为主线的集体主义原则，其基本特征是，人人为我，我为人人。

第六章　何者主导善的生活

　　从起源到演变，从政治、法律到经济，纷繁复杂的过程、纵横交错的关系、博弈互动的因素，有一个共同的"吸引子"——善的生活。氏族社会，先民的活动为当下所困，不具未来性，善的生活潜在于本能中。文明史以降，善的生活成为自觉追求的目标，既有当下性，又具未来性，当下的追求联系着社会未来的目标，君子人格、高尚品行、大同社会、理想国等纷纷提出。联通当下和未来的是人的活动，规范人的活动的是制度和伦理。如何成善取决于人们如何行动，如何行动受制于制度和伦理，因此制度和伦理既导致了当下的生存状态，又铺就了通往未来之路。周公、孔子赋予善的生活伦理含义，使制度和伦理同一，这种安排反映了他们对达成善的生活的途径的认识。在亚里士多德那里，参与城邦事物是善的生活，"参与"即是途径。后来的制度与伦理的分立是一个历史症候，表明二者同一不能满足善的生活的要求，这个过程虽然在欧洲历史中展现的最为淋漓尽致，千年不变的中国历史何尝不是否定形式的证明。那么，制度和伦理何者主导善的生活？如果善即道德，善的生活等于伦理生活，该问题不能成立，是个假问题。因为，伦理既已归善，制度便成唯一规范因素，无所谓主辅；倘若制度伦理化，事情也没有改变，伦理实际上成为唯一规范因素，同样无所谓主辅，只是逻辑上更加混乱而已。提出何者主导善的生活，以制度和伦理分立、并存、各有其作用为前提。在制度与伦理分立的历程中，以往人们认为，制度是辅助的，按伦理规范修身养性做人做事，就能达成善的生活。本书的观点相反：善的生活源自人的行为，制度对人的行为起主导作用，伦理是辅助的。这样说的依据来自两方面，一是前面五章关于起源、演变的梳理和政治、法律、经济活动中二者关系的分析，二是本章对道德和制度本身特性及功能的探析。

一、反思道德

道德，可以当观念去说，亦可当行为去论。在本来意义上，道德行为先于道德观念、产生道德观念，道德观念产生后有自己的独立性，它以社会规范的形式存在，反过来指导约束人的行为，伦理学因此被一些学者称作如何行为的科学。无论研究者是否从行为角度考虑，道德都以行为为旨趣，道德之"观念—规范"目的在行为。伦理学从行为开始又回到行为，彰显出行为之于观念的优先性和目的性，是伦理学研究的第一要义。

从行为出发引出一些和从观念出发不同的问题。

1.有无独立的道德活动

通常我们认为，人的活动受思想观念支配，因而道德活动受道德观念支配就成为常识，成为讨论道德问题的基础性观点。这个观点合乎人类行为的一般特点，合理性毋庸置疑，尽管我们不能由此得出结论，道德观念决定道德活动，它是第一性，人们的活动是第二性的，尽管事情毋宁是相反的，不是人们的道德观念决定人们的活动，而是人们的活动决定他们的道德观念。马克思在一般意义上将其表述为人们的社会存在决定人们的意识，在他那里，人的社会存在就是人的社会生活，社会生活在本质上是实践的。我们需要辨析的是这样一个问题：决定道德观念的是什么活动，道德活动吗？如若我们由人的活动产生观念推出人的道德活动产生道德观念，我们便默认道德是一种类型学意义上的独立活动，结论的合理性以道德活动存在为前提，以把道德活动视为和政治、法律、经济等并列的人类活动的一种形式为前提，然而这却是不当的，是未经思虑的"无意识不当"。

道德不是独立的活动。我们做工，我们务农，白天从事生产和交换，晚上消费娱乐或从事批判。我们不从事专门的道德活动，一种与做工、务农、经商、消费娱乐、批判相提并论的道德活动。所谓道德行为是我们从事自己活动时那些可以或能够从道德角度加以评判的行为，亦即从伦理角度认为应当如此的行为。这些行为并非独立于做工、务农、经商、消费娱乐、批判，它就是做工、务农、经商、消费娱乐、批判本身，是做工、务农、经商、消费娱乐、批判的一个面向或维度。因此政治活动中有伦理问题，法律活动中有伦理问题，经济活动中有伦理问题，日常生活中有婚姻家庭等伦理问题，教育、医疗卫生、竞技体育等各行各业亦复如是。我们不曾见到有谁说道德活动的伦理，究其原因就在于不存在独立性的道德活动。恩格斯说："人们自觉地或不自觉地，归根到底总是从他们阶级地位所依据的实际关系中——从他们进行生产和交换的经济关系中，获得自己的伦理观念。"[①]一般认为这段话揭示了道德观念的起源，它所说的导致阶级地位所依据的实际关系（生产和交换的经济关系）产生的活动，不是道德活动，而是经济活动。因此，不是道德活动决定人们的道德观念，而是人们所从事的活动——在马克思恩格斯那里主要是经济活动——决定人们的道德观念。

我们必须马上作出补充，因为读者立刻会用事实证明社会历史中有独立的道德活动存在。的确，古往今来，以德性为目的闭门思过、修养身心、磨炼自己品质的行为可看作独立的道德活动；现代社会也有诸如星期六义务劳动、学习英雄模范人物、精神文明建设等等道德的或含有道德性的活动。这类活动是观念指导下的活动，以观念存在为先决条件。就是说，社会形成了一套道德观念和道德规范，人们或国家运用它来调节言行品性，以期达到德性和社会道德的完善。和不依赖观念即已存在进而产生出观念的实践活动相比，它们是依附性的，既依附于观念，也依附于产生观念的实践。它们带有人为的特点，先在头脑绘制一幅道德蓝图，然后发起行动实现蓝图。这个行动需要能量，动员、组织、实施蓝图的能量。对于非个人的道德活动而言，这个能量是外部性的，一旦外部输入的能量减弱，它

---

① 《马克思恩格斯文集》第3卷，人民出版社2009年版，第99页。

便会发生变异，一旦外部输入的能量消失，它便不复存在。依靠外部力量推动和维持的道德活动若要持久，唯一的可能是转化成人的内在需要，道德修养之所以千百年来一直绵延不断，就是有人立志成善。而道德活动若要变成人的内在需要，必须与人的生活实践紧密关联。少数人的"修身、齐家"与"治国、平天下"关联，多数人的道德选择与生活世界或生存环境关联。在少数人那里，如果没有参与"治国、平天下"的途径，"修身、齐家"就失去动力；在多数人那里，如果生存环境显示利益得失取决于某种途径，依赖一个人或一种活动方式，道德选择就要另做考虑。当着道德活动与生活实践紧密关联时，我们就又回到做工、务农，回到经济的、政治的、法律的活动。

道德由习俗风尚演变而来。习俗风尚在人类漫长的生活中形成的，它并非人类有意创制的，因而道德是自然而然生成的果实。自然而然产生出来的东西，有其自然而然的理由。其后，人们意识到社会生活需要秩序，社会秩序需要建构和维系，建构维系社会秩序需要规范，道德开始以自觉的形式存在和发展，就像认识到工具的作用把它制造出来那样。在这个阶段的早期，道德自觉主要表现为梳理、概括、提升习俗风尚，使之观念化、规范化，明确有序、完整系统。它没有增加什么，只是把"自然的果实"清理出来呈现在人们面前。到后来，尤其近代以降，理性的自信带来主体性的高扬，人们开始在道德领域"制造产品"。从这时开始，人们不再满足于"自然而然"，而要展示创造性的力量。展示创造性的力量对人来说是必然的，同时也是有风险的，它常常使人陶醉于成功而忘记主体性发挥的副作用。表现之一，是将道德抽象出来，切断其与自然发生的现实活动的联系，以独立活动的方式塑造道德世界、培育健全人格。历史表明，这样做的效果远不如生产方式、政治制度的改善和法治的落实来得实在。

富勒告诉我们，义务，不论是道德上的还是法律上的，都可能从一项交换中产生，它与交换概念存在一个交叉地带。①马克思更进一步："在这

---

① 富勒：《法律的道德性》，郑戈译，商务印书馆2005年版，第24页。

里，同吉尔巴特一起说什么天然正义，这是毫无意义的。生产当事人之间进行的交易的正义性在于：这种交易是从生产关系中作为自然结果产生出来的。这种经济交易作为当事人的意志行为，作为他们的共同意志的表示，作为可以由国家强加给立约双方的契约，表现在法律形式上，这些法律形式作为单纯的形式，是不能决定这个内容本身的。这些形式只是表示这个内容。这个内容，只要与生产方式相适应，相一致，就是正义的；只要与生产方式相矛盾，就是非正义的。在资本主义生产方式的基础上，奴隶制是非正义的；在商品质量上弄虚作假也是非正义的。"①道德依赖于产生自己的生产生活，并以它的"意志"为转移，道德的基础在这些活动，撬动道德的支点也在这些活动。人为的道德活动并非没有意义，如果我们不想放弃这种活动，不想使它失去意义，期望它能发挥积极作用，产生有益的结果，变身为人们日常工作生活的"自然因素"，那就必须让它扎根于生产生活，扎根于交往实践。"这种活动、这种连续不断的感性劳动和创造、这种生产，正是整个现存的感性世界的基础，它哪怕只中断一年，费尔巴哈就会看到，不仅在自然界将发生巨大的变化，而且整个人类世界以及他自己的直观能力，甚至他本身的存在也会很快就没有了。"②马克思这番话道出了实践之于人类社会的意义，我们也可从中体悟实践之于道德的意义。

2.道德有无适用范围

道德有普遍道德、职业道德之分。普遍道德是一个社会普遍认可接受的行为规范，彻底的普遍道德不受活动空间和时间限制，无论从事何种活动的人都把它视为道德，都在行动中遵循它的规范。历史上人们是这样认为的，今天人们仍然这样认为，历史上人们遵循它的要求，今天人们仍遵循它的要求。属于普遍道德的有友善、仁爱、忠诚、诚信等等。职业道德是从事某种特殊活动的人认可和遵循的道德规范，它受空间限制，不受时

① 《马克思恩格斯全集》第46卷，人民出版社2003年版，第379页。
② 《马克思恩格斯文集》第1卷，人民出版社2009年版，第529页。

间限制。每个行业都有自己的职业道德，它们因从业者的活动不同而彼此有所区别，一个行业的职业道德不一定适用于其他行业，但就该行业本身的职业操守而言，却可以从"祖师爷"那里一直流传下来。属于职业道德的有童叟无欺、尊师重教、救死扶伤、以事实为根据以法律为准绳等等。

普遍道德受到道德相对论的挑战。古今中西人们普遍追求善，对何谓善却有不同的认识，在一个阶级阶层、国家、民族看来是善的行为，在另一阶级阶层、国家民族看来是恶的。卡雷逊人习惯于吃他们死去的父亲的尸体，希腊人认为将死者火葬是适宜的方式。古代波斯的国王大流士问希腊人怎样才能让他们吃掉自己父亲的尸体，希腊人非常震惊，回答说无论如何都不能做这样的事。大流士问卡雷逊人怎么才能让他们烧掉父亲的尸体，卡雷逊人被吓到了，对大流士说不要再提如此恐怖的事情。[1]在一个国家、民族或文化共同体中，道德只是它所认可的行为--关系，它不能接受自己认可范围以外的东西。在一个国家、民族或文化共同体内部，各阶级阶层之间同样如此，恩格斯说，19世纪的欧洲就同时存在三种道德：基督教的封建的道德、资产阶级的道德和无产阶级的道德。让文化共同体内部每个成员接受统一的道德是必要的，超越自身范围接受他人的道德在很长一段历史时期不仅不被考虑，简直不可思议。因此，如果说统一的道德是普遍道德，那么普遍道德是相对的，它是一个国家、民族、文化共同体或阶级阶层的普遍道德，只存在和适用于所属国家、民族、文化共同体、阶级阶层，不能超越这个范围和条件。社会历史中所以有各种各样的道德，没有普遍共同的道德，原因即在于此。

道德相对论引来一些伦理难题，核心是缺失统一的道德标准。由于没有统一的道德标准，我们只能说我们有自己的道德规范，不能说我们的道德规范比别人的好；我们的道德规范只是众多道德规范之一，没有特殊地位，不能用于评判指责别人；我们对其他国家、其他民族的道德要持宽容

---

① 参见雷切尔斯：《道德的理由》，杨宗元译，中国人民大学出版社2009年版，第17页。

态度，哪怕他们杀父溺婴、讲等级特权不讲平等、视个人如蝼蚁、视生命如草芥。我们甚至还可以说相对的道德具有普遍性，它有一段空间、一段时间，这段历史时空可以数百上千年，生活于其中的人们以它为统一的道德标准，真切地规范着自己的行为，道德相对主义并非想象中那么糟糕，那么翻云覆雨没有定在。但即使如此也不能改变一个事实，道德是相对的，在学理上不具有之于人类社会的统一性和之于自身的完美性，没有一种道德规范是彻底的，没有一种道德学说不存在学理上的破缺。在各个文化共同体相对隔绝的历史时代，这种学理上的破缺尚不足以对实践产生重大影响，在地球成为"村庄"的今天，文明的冲突就会把学理破缺引发的问题尖锐地呈现在我们面前。

康德意识到学理破缺危险，建立起"绝对命令"体系与道德相对论抗衡。他在理论上是彻底的，但这种彻底性建立在"自由意志"只按应然去做（"绝对命令"）不考虑结果的基石上。理论家为了构建完美的体系可以不考虑结果，实践家为了构建完美的社会不能不考虑结果。从实践的观点看，道德不考虑结果便无存在价值。人们需要道德，道德的发生发展，是为了善的生活、善的结果；人依据自由意志、责任意识将道德律令置于心中，按照它的要求去做，也是为了善的生活、善的结果。"绝对命令"的合理性不在于摆脱结果的"纠缠"，而在于唯有它才能导致善的结果。所以，不是结果服从"绝对命令"，而是"绝对命令"服从结果。某种意义上说，考虑结果和不考虑结果是理论和现实生活之间的一道选择题：为了坚守理论的彻底性而选择不考虑结果，还是尊重生活实践而选择考虑结果？我们的答案是后者。理论是灰色的，生活之树常青，无论道德相对性的现实多么冷酷，也不能为了理论的彻底性而置现实于不顾。

形成普遍道德需有普遍共识。人们对同一件事、同一行为有同样的认识，便会形成共识。这依赖于认识的基础，依赖于人们是否以同样的行为、同样的方式做同样的事。行为不同、方式不同、所做的事情不同是道德相对主义存在的根源，用同样的行为、同样的方式做同样的事是道德共识的必要条件。这个必要条件在21世纪以前的历史时代不存在，因此我们看到不同国家、不同民族、不同时期各种各样的道德，看到"相对道德"一致、统一的不可能性。全球化的出现改变了历史，创造了条件，普遍道德有了现实基础，道德尺度、观念有了一致和统一的可能，尽管这个物质生活条件刚开始萌芽，尽管它的生长要经过一个漫长过程。人们能够从物质生产生活的历史条件中汲取不同的道德观念，按同样的逻辑，也能从物质生产生活的历史条件中汲取共同的道德观念。

职业道德有适用范围，相对普遍道德有适用范围，形成了共同道德观念后的普遍道德还有没有适用范围？虽然普遍道德超越了职业的限制，超越了不同阶级阶层和文化共同体的限制，现实活动情境的限制却依然存在，不撒谎即是一例。

从古至今人们都赞同不撒谎，把它作为道德规范或尺度用以衡量评判人的品性和人之行为，"狼来了"成为社会教育成人、父母教育子女的典范，撒谎是不道德遂成为普遍共识。然而实际生活中我们却发现事情没那么简单：为了不增加身患绝症的人的精神负担，亲属和医生刻意隐瞒真相；为了不让父母担心忧虑，子女明明处境艰难也会说"一切都好"；对那些从事特殊工作的人来说，"不撒谎"分分钟钟都有生命危险，都可能使国家遭受危害。他们都知道撒谎是不道德的，却都有意识地、自觉地、尽量技巧高超地撒谎。他们的所作所为有时被称作善意的谎言，有时被看作机智勇敢。本来，谎言就是谎言，不管善意的还是恶意的，现在二者有了分别，其中一种谎言可以和善联在一起，并且实际上确实导致了善，不撒谎反而成恶！这是矛盾。看到这个矛盾，人们试图找到既不撒谎又能产生善果的办法。桑德尔探讨了这个问题，设置的场景是：行凶者追逐一个人到一幢房子，那个人藏在房屋内，房主人要保护他，前提是不能撒谎。找到的办法是误导。桑德尔说，康德是不会赞同善意的谎言的，在他看来为了保护一个人而对行凶者撒谎也不对，一旦这样做就会为普遍的道德律令开创例外的先河，统一的尺度被打破，整个道德防线将失去屏障。但康德可能赞同误导性的实话，误导者虽然客观上误导了对方，但他没有撒谎，因此没有违背道德准则。那么怎样看待将人导向迷途呢，这样做就道德吗？康德是不将结果纳入考量范围的，结果既然不在考虑之列，误导者只要没撒谎就不存在不道德的问题。桑德尔认为，误导性真话不同于谎言，它隐含了对道德法则的尊重，彻底的谎言没有这种尊重。无论我们多想达到一个好的结果，选择的做法都应当符合而不是违背道德原则。这就是桑德尔依据康德思想为"不撒谎"所做的辩护，它的前提是将道德准则贯彻到底，要旨是不考虑结果，撒谎和误导性真话在结果上没有什么不同，道德的还是不道德的只缘于动机。

"误导性真话"固然不错，但人们要有多大的智慧、多快的应急反应能力才能既不撒谎又能得到善果！它的可操作性究竟怎样姑且不说，将可以简明处理的事情复杂化为最困难的道德问题也非实践理性的最佳选择。"不撒谎问题"代表了一类颇具挑战性的道德难题，难就难在它想使道德准则普遍有效没有例外，而现实生活常与之龃龉。人们不认为道德观念和规范得到公认后将其贯彻到人生、社会的每时每刻方方面面有什么错，因此问题便不在普遍有效没有例外的伦理那里，而在实践那里，即怎样使现实生活与道德观念和规范相吻合。但是，在笔者看来，恰恰这个没有疑问的伦理取向是要追问的：凭依什么要求现实生活与伦理观念和规范时时处处相吻合？人的行为是否只受或应当只受道德观念支配？如果不是，他为什么不可以受其他观念支配、依照其他不是道德的但却是合理的观念决定自己的行为？退一步来说，即使道德观念，在不撒谎问题上人们为什么不能依据其他观念选择自己的行为，非要遵循不撒谎的规范？只要我们承认人们还受其他观念支配，道德的适用就是有范围的；只要我们承认人们还可以遵循其他道德规范，"不撒谎"的适用就是有范围的。至于为了理论的彻底性不惜排除结果的做法，在笔者看来收之桑榆失之东隅，它展示了思辨的技巧，带来了实践的笨拙。从结果方面考量（道德原本是要生活美好的），说真话还是说假话只需依情境判断即可，大可不必像桑德尔那样尽费周章。我们不想再来谈动机与效果的统一，关于它们关系的论说早已汗牛充栋。我们想说的是，任何道德（观念、规范）都有自己的适用范围，在这个范围内或条件下它是善的，超越这个范围或条件，善转化为恶。

3.道德尺度有无局限

道德是衡量一个人善恶好坏的尺度，符合这个尺度的人是善的好的，不合这个尺度的人是恶的坏的。似乎没有人怀疑这个"公理"，因而也不会有人提出道德尺度有无局限的问题。如是理解，道德尺度自然百试不爽，不可能有局限，不可能对它的普适性表示怀疑。

然而，道德如果有范围从而有局限，道德尺度也不可能没有局限。道德受社会物质生活历史条件的制约，道德尺度具有历史性；物质生活的历史条件决定了道德的相对性，道德评价因此受阶级阶层、文化共同体的制约。道德有自己的适用范围，在这个范围以外它是无能为力的，它甚至不应当被运用到自己的范围之外，因此需要法律，需要其他非道德的规范。一般来说，人们从事某种活动，受制于该活动的本性，他应当遵循这种本性，遵循与该活动相关的思想观念、理论学说，道德只是其中一个部分或方面。具体些说，政治家遵循政治活动的本性，他要处理好一个人、少数人、多数人三者间的关系，道德是其中一个方面、一种参照，却不是以为圭臬的方面或参照。政治家的善恶好坏取决于他制定的路线、方针、政策和治国理政的方式，而非他的个人品质，个人品质再好，治国无方，理政无能，也不是一个好的政治家，他的一个错误决策带来的恶，后果远超过他高尚的道德情操带来的善。经济活动的落脚点是效率，效率表现为有限稀缺的资源得到最佳配置。经济活动不能不讲道德，但评价经济活动的主要尺度是效率，举凡那些能使效率得到提高的举措都是好的，前提是公平。法律维护公平，法律的公平表现为法律面前人人平等，法官最基本的道德是坚守法律、依法办事，他因此作出的判决虽然使父母使儿子，妻子失去丈夫，子女失去父母，却闪耀着道德的光芒，倘若不是如此，徇私情讲仁爱，有法不依，法官就是丧失基本道德的人。

以上所说已经能够证明道德尺度的有限性，但还可以进一步探讨。上述道德的局限都是相对于历史条件、共同体、适用范围以及活动的本性而言的，没有涉及道德本身。如果一个道德规范，它是普遍的，社会共同认可的，情形会是怎样？

我们以忠诚为例，至少在中国，它从古至今被普遍认可了二千多年，是最重要的道德规范和美德之一。中国历代帝王最看重的品格是忠诚，欧洲封建社会最基本的行为准则是忠诚，文天祥因忠诚流芳千古，士兵因忠诚成为国家英雄，今天社会中，大到政党小到团队，只要是有组织的群体都要求其成员忠诚，谁不忠诚谁受到鄙视。然而恰恰因为人人赞美肯定，忠诚反而不好成为衡量人之行为善恶好坏的尺度。忠诚具有专属性，对一个政党忠诚就不能对另一个政党忠诚，对祖国忠诚就不能对侵略者忠诚，忠诚于君主就不能忠诚于封臣，忠诚于黑社会就不能忠诚于社会。这些专属对象彼此三观不同、利益不同，存在冲突，乃至你死我活，忠诚者在此过程中所做的事情正相反对，忠诚相同，他们对同样的事，同样的行为的认识截然不同，对忠诚的态度完全相同，用忠诚怎么衡量？！

忠诚如此，一般道德也大致如此。雷锋说，对待同志要像春天般温暖，对待敌人要像秋风扫落叶一样冷酷无情。犹太人的上帝面对敌人时冷酷无情，面对自己人时恩宠有加。里德雷说，希特勒的国家社会主义对内实行德治，对外则穷凶极恶，将两个标准完美地统一在一起。[1] "希姆莱在战争之中还能够对他的部下用非常实际的威胁来进行道德教育——'我们在道德上有权利……消灭这些想消灭我们的（犹太）人，但是我们没有权利以任何一种方式使自己发财，无论是一件毛皮大衣、一只手表、一个马克，还是一支香烟'——在秘密警察的历史上从未能找到过这样的情况。"[2] 雷锋和犹太人的上帝讲的是区别对待，道德尺度适用于一部分人，不适用于另一部分人。希姆莱要塑造一支道德良好的秘密警察部队，让他们屠杀犹太人，则表明道德既可以用以善良正义，也可以用以邪恶腐朽。历史上道德可以杀人，现代社会道德可以为不同的目的服务。

---

[1]　里德雷：《美德的起源》，刘珩译，中央编译出版社2004年版，第208页。

[2]　阿伦特：《极权主义的起源》，林骧华译，三联书店2008年版，第537～538页。

要么说有些所谓的忠诚实则不是忠诚、不是道德；要么承认忠诚就是忠诚，道德就是道德，它有局限性，不是评判人之行为善恶好坏无条件的尺度。第一种做法要在忠诚中区别忠诚，道德中区别道德，表面上划分出善恶的界线，实际上造成更大的混乱，它需要重新界定忠诚、道德，对同样的行为、同样的品格给出本质不同的阐释，势必把原本明晰的概念范畴搞的面目全非。第二种做法保持了概念范畴的同一性，但势必要承认同样的规范、同样的道德品格可为不同的人具有，用于不同的实践行为，做不同的事，为不同的目的服务，而这些人、这些行为、不同的目的是有是非对错、善恶好坏之分的。第一种做法显然不可取，所以我们只能承认道德有两面性，道德尺度有局限性。在这一点上，道德和科学技术颇为相似。它们都是人类追求的对象，都可以被不同的人用来做不同的事。科技可以造福人类，科技本身蕴含着反人类的因素；道德可以美好生活，道德本身蕴含着撕裂美好生活的因素。因此我们应当有充分的自觉：其一，并非道德的就一定是好的，并非有道德就一定至善，一种道德规范，包括它指导的道德行为，须置于同其他社会因素的关系中加以考量。其二，不能以为道德能够对一个人作出全面评判，也不能以为可以将道德尺度无条件地用于评判一切事物和行为。

反思上述三个问题，笔者有以下认识：道德源于交往行为，由于没有独立的道德活动，交往行为发生在政治、法律、经济等人们从事的各类活动中。这些活动有自己特殊的本性和使命，它们不同于道德，是交往者首先必须遵循的，是善的生活不可缺少的。道德除非与它们一致，否则，交往者只会在满足或有助于满足所事活动的本性和使命要求的前提下才去顾及道德。通常所谓道德受制于实践活动或环境条件的实质内容在于此，一个实际行动胜过一打纲领的主因也在于此。是故，道德建设不应在"认识世界"上做文章，而应在"改变世界"上下功夫。道德用于"改变世界"时有自己适用的范围和局限，"跨界"而为既扭曲人，也伤害社会，阻碍发展。社会发展到今天如果仍然坚持道德尺度无限度地使用，那表明人们的认识还停留在伦理史的早期阶段。

二、制度的主导性

道德依附于人的活动，制度主导人的活动。制度规定人做什么不做什么，该怎样做不该怎样做；它为从事活动的人提供信息，借助制度提供的信息，人们能够预期自己和他人活动的结果，在不确定的世界里给出彼此之间相对稳定的行为—关系结构；制度提供的信息对人的行为产生激励，包括肯定性的，也包括否定性的，肯定否定相辅相成，孕育人的偏好，影响人的选择，将他们的行为引至规定的范围和方向；在此过程中，制度形塑了人的行为方式，也养成了人们的思维习惯，分散的个体行为因此整合为统一的社会力量。[①]

人的活动无非做什么和怎样做，我们在制度的功能中看到，这两个方面都在其调控范围。在做什么方面，制度的关涉集中在微观层面，大政方针、发展战略一类的宏观决策不是制度所能规定的，它们是政治家关心和博弈的结果。政治家在制定路线、方针、政策时，其所秉承的思想学说、价值取向、执政理念发挥着巨大作用，道德因素包含其中。在怎样做方面，情况大不相同，落实大政方针、发展战略、实现路线、方针、政策预设的目标需要制度，并且它也正是通过变革制度或完善制度成就的，厂商企业、生产单位提高效率需要制度，并且也正是通过微观制度创新使生产力、管理水平、服务水平得到提高的。制度既对宏观上怎样做有效，也对微观上怎样做有效。

"做什么"属于目标范畴，"怎样做"属于手段范畴。在不知道做什么或选择错误时，确定目标或矫正目标是第一位的，目标一旦确定或矫正，手段的作用和意义便凸显出来。毛泽东说："我们的任务是过河，但是没有桥或没有船就不能过。不解决桥或船的问题，过河就是一句空话。不解决

---

①　参见《制度与发展关系研究》第3章第4节，人民出版社2002年版。

方法问题，任务也是瞎说一顿。"①具体目标有具体的桥或船，制度是国家、社会实现自己目标的桥或船。没有与大政方针、发展战略相适应的制度安排，观念规划的蓝图只是可能，不是也不可能变为现实。社会主义由空想到科学，在恩格斯看来是因为马克思揭示了社会发展的历史规律；社会主义国家在发展中遭遇挫折，在笔者看来是缺少适应经济和社会发展、沟通理论和实践的制度安排。决策或目标选择错误固然和理性有限相关，理性有限所导致的社会性错误很大程度上是制度问题，因此比矫正目标更重要的，是矫正目标决策的方式。

制度也产生于人的活动，道德也告诉人做什么不做什么，该怎样做不该怎样做，但这两种产生于人的活动又反过来调控人的活动的规范体系彼此有差异、有"分工"，相似职能之表象背后有不同的旨趣。道德教人怎样做人，制度教人怎样做事。按照马克思的观点，怎样做事决定怎样做人。因为，在他看来，历史不过是人通过自己劳动的创造，人怎样，社会生活、社会状态也就怎样，而人是怎样的是和他们的生产一致的。人在做事时使自己成为一个现实的人，一个这样的而不是那样的人。他的品德、他多方面的才能通过他的对象化行为表现出来，并且只能通过他的对象化行为表现出来，否则满嘴仁义道德、擅长高尚言词的人就是有道德的人，两面人、伪善等现象就不能解释。大致可以这样说，评价一个人，就是评价他所做的事，看一个人的善恶，就看他怎样做事。评价的尺度，是所做之事的"应当"。政治家从事政治活动，所做应当之事是处理好不同社会成员的利益关系，作出并施行有利于国计民生的决策；法官从事审判活动，所做应当之事是以事实为根据，以法律为准绳，不偏不倚；生产者从事商品生产和交换，所做应当之事是提高效率，创造更多的财富，提供更好的服务，满足社会发展和人的需要。政治家如果决策错误导致极大的浪费，自己再艰苦朴素也不是好领导；法官不依法办案，做再多见义勇为的事也不是好法官；生产者没有效率不能创造更多的财富提供良好的服务，再怎么一心

———————————

① 《毛泽东选集》第1卷，人民出版社1991年版，第139页。

为公也没有意义。能否做好"应当"之事取决于人的能力，更取决于制度。制度规制了展现能力的舞台，从事自己活动的人跳不出这个舞台，他只能在这个舞台上证明自己，个案有例外，概率统计没有例外。制度的这种功能是道德无法企及的。道德毫无疑问参与到人的活动中，一方面存在于人的头脑中，一方面以外在形式（规范）向人们提出要求，它若和所做应当之事结合在一起，可以使政治家、法官、生产者的行为更加完美，借用经济学的术语，我们称这种更加完美为"道德的边际效应"。经济学家非常看重"边际效应"，认为它意义重大，我们非常看重道德，认为它对善的生活至关重要，但如果将"边际效应"视为主导作用，将道德作为评判人所从事的活动的主要尺度，那就颠倒了事情的本来面貌。

"在理解伦理生活的过程中，我们必须从历史上给定的制度本身的体系出发，从其呈现在我们眼前的它的实体性方面的伦理生活出发。从这一点出发，我们便能断定，黑格尔反对的观念是，制度体系只是伦理生活的一个工具。他认为，那些制度——运用人们常用的一个语词——建构了伦理生活。"[1]罗尔斯是在讲述黑格尔自由意志时说这番话的。自由意志作为普遍精神，通过人类历史各个时期的各种形式展现自己，制度即是现实形式之一，它对自由如此重要，以至于黑格尔把自由本身理解为一种政治体制，并认为它建构了伦理生活。[2]罗尔斯自己也在更一般的意义上把正义与制度联系在一起——通过正义与制度的联结，探讨伦理生活的可能。

黑格尔的伦理不同于道德，他是那个时代少数几个将伦理与道德区别开来的人之一，伦理在他那里是法与道德的合题，道德是伦理生活的一个因素。黑格尔关于制度建构伦理生活的观点虽不能等同于制度建构道德生活的表述，对说明制度与道德的关系却是适用的。道德要实现自己的目标必须借助制度，政治制度、经济制度、法律制度、现代化建设的各项制度

---

[1]　罗尔斯：《道德哲学史讲义》，张国清译，上海三联书店2003年版，第458页。

[2]　罗尔斯：《道德哲学史讲义》，张国清译，上海三联书店2003年版，第456～457、474页。

等等；道德规范的有效性以参与到规范对象的活动为基础，须臾不可脱离。因此，一个社会的制度制约这个社会人们的活动，从而制约这个社会的道德，制度不同，人们的道德偏好和社会的道德状况有所不同。

中世纪的佛罗伦萨，虔敬被看作第一美德，审慎被看作第二美德，其他如理智、知识、智慧、技巧、决心、周全、勤勉都是不可缺少的美德，野心甚至也被圭恰迪尼视为美德。这些美德在很大程度上是一个人在城邦生活中的能力，它们助力人完成活动、达到目的。然而我们不能止步于此，展现美德需要条件，只有在共和制下，商人才能如鱼得水，展现自己的上述美德。美德不是孤立的自我品性，它需要的条件换句话说是一种适宜的环境，抑或说共同体的氛围。在共同体中，一个人的美德只有在与他人的美德的协作中才能发挥作用，独善其身者有，普遍的独善其身脱离环境条件不具可能性。"公民美德的困境是，他只能与公民同胞一起践行美德，别人一懈怠，他也会懈怠。……假如一个人的美德依靠与他人的合作，当他人不再与他合作，他就会失去了美德，所以美德要依靠完美的城邦来维持，而这永远受制于人性的失败和环境的变数。"[1]是故，共和体制下的佛罗伦萨人像此前的希腊人一样，也把参与城邦公共事务视作美德。在他们看来，例如，军事职责不是哪一个人的职责，而是公共职责，是公民精神的基本属性，公民就是战士，战士就是公民的理想，公民的爱国主义意识也就成为佛罗伦萨精神的集中体现。这个历史现象清楚地展现了美德与他人、与社会、与政治的联系。在共和派的眼中，一方面广泛参政是一种美德，另一方面，作出的决定如果是未经合格公民参与讨论的，就不可能是合理和道德的。少数人由于自身的局限性、不完美性，其智慧和美德注定会衰败。为了防止这种情形的发生导致共同体受到伤害，需要一种政体或制度安排，它能使公民以确定的形式和程序参与政治过程，担任可以为城市共同体服务的公共职务，以官员的流动和众人的智慧弥补少数人的不足，这种安排就是大议会。佛罗伦萨人的政治由大议会制度主导，佛罗伦萨人的道德状

---

① 波考克：《马基雅维里时刻》，冯克利、傅乾译，译林出版社2013年版，第81页。

况与此相一致。[①]

我们在罗马共和时期农民最看重的美德中没有看到忠诚，[②]在共和制的佛罗伦萨人那里也没有看到忠诚列入到美德的名单。我们不相信忠诚在罗马农民和佛罗伦萨商人那里不是一种美德、一种道德规范，合理的解释因此是这样的：忠诚之为美德或规范在罗马农民和佛罗伦萨商人那里是存在的，但不是最重要的。自由民和商人之间不存在忠诚问题，但在另一种体制中情况就不同了。

君主制、封建制、极权制社会中忠诚是最重要的个人美德和社会规范，它构成主奴关系的伦理基础。古代中国不用说了，忠君是第一要务，是维系一个人和少数人、多数人关系的基本纽带，既为历来的帝王所提倡，也为历来的社会所赞扬。欧洲封建社会中，忠诚带有义务的特征，它完全是人为的，直接服务于等级森严的封土封臣制度。对首领和神圣事业的忠诚，和对个人和集体荣誉的极度渴望、对命运听天由命的态度及在来世得到报偿的观念、不甘寂寞四处游荡寻求刺激的不安分的冒险精神、居住在古老的城镇中心并参与其全部活动一起，被认为是13世纪欧洲南方贵族所具有的显著特点之一。法兰西的封臣只对自己的直接领主效忠，国王没有权力介入其封臣的法庭事务。一个封臣如果公然反抗国王并发动了战争，他的封臣必须追随他，即便这是在与国王作对。服从是君主制、封建制、极权制的第一课，富有活力的性格可能得到些许赞美，但一般而言，多数人喜欢服从和恭顺性格的人。一个事实是，人类事务的一切改进都是不满足的人努力的结果；另一个事实是，消极性格的人为独裁专制的统治

---

①　另一个相一致的例子是古代中国。伦理制度化，制度伦理化，二者的同一塑造了中国传统道德。当传统与现代相遇时，我们看到传统道德的衰退，许多人称之为"滑坡"；也看到行为方式发生极大变化而新的行为规范或者尚未建立，或者极不完善，有学者称之为道德"爬坡"。中国人的道德状况和佛罗伦萨人不同，该道德状况同制度关联的紧密度和佛罗伦萨人相同。

②　这些最看重的美德有：庄重、虔敬、简朴，男性应有的气概和胆量，追求光荣、美名、没有报酬的公职。（参见芬纳：《统治史》卷二，王震译，华东师范大学出版社2014年版，第331页。）

者所欢迎。①

人身依附关系是忠诚的社会基础，君主制、封建制都制造人身依附关系。埃及的马穆鲁克士兵是一群从小被苏丹或埃米尔在市场上购买的奴隶，他们被封闭起来接受训练成为忠勇的士兵。他们可以被主人释放，获得了自由，不再成为奴隶，但他们与释放自己的主人之间始终保持着紧密的联系，至死忠诚不渝。不忠被认为是难以启齿的羞辱。获得自由的马穆鲁克和他那些出生入死的同事之间也保持着忠诚，并会与他们协调行动。②同样的情形存在于欧洲封建社会的私家武士中，主人可以给家奴高官厚禄，让他们施展自己的才能，享尽荣华富贵，家奴无论怎样都要忠诚主人；当主人对依附者的忠诚感到不满、怀疑、担忧（功高盖主）时，也可以剥夺家奴的一切。

依附关系和亲属关系有极大相似性，前者由后者延伸而来。这两种关系交织一起，加上家国一体的体制机制，忠诚就成为最被人看重的优良品德。这里没有法律，没有平等，只有忠诚。依附者是主人的一部分，就像财产一样可以由主人任意支配，不管他心甘情愿还是头有反骨，表面上都要忠诚于主人，否则，受人鄙视、遭人谴责不说，还会生命堪忧。

至于极权制度，阿伦特说，它最显著的特征之一就是个体成员必须完全地、无条件地、一如既往地忠诚，并称其是极权统治的心理基础。"这类忠诚只能产生自完全孤立的人，他们没有其他的社会联系，例如家庭、朋友、同志，或者只是熟人。忠诚使他们感觉到，只有当他属于一个运动，他在政党中是一个成员，他在世界上才能有一个位置。"③在忠诚面前，孝和爱、仁慈和友善统统退避三舍，同事监督、亲人告密被看作大义灭亲善恶分明的高尚行为。不忠诚、不服从意味着自取灭亡。"在一个国家是唯一雇主的国度里，反抗意味着慢慢地饿死，传统的原则，不劳动者不得食，已经被一种新的原则所代替：不服从者不得食。"④

---

① 密尔：《代议制政府》，汪瑄译，商务印书馆1984年版，第59页。
② 芬纳：《统治史》卷二，王震译，华东师范大学出版社2014年版，第134～135页。
③ 阿伦特：《极权主义的起源》，林骧华译，三联书店2008年版，第420～421页。
④ 转引自奥肯：《平等与效率》，王奔洲译，华夏出版社1987年版，第34页。

不同制度中的道德，本身没有孰高孰低、孰好孰坏问题，相同的道德规范在不同体制的社会中普遍存在，相同的美德在不同体制的社会中得到人们普遍赞扬。制度的作用在于赋予道德或强或弱的社会地位，塑造社会的道德偏好，把一些规范或美德推向中心，而将另外一些置于边缘。在这个过程中，有两种情形特别值得注意，它们最直接和清楚地表明，制度不同，社会距离"善的生活"的远近和方向不同，人格的健全与否也不同。这两种情形是：制度败坏道德；制度使有道德的人作恶。①

马克思给出了第一种情形的案例——普鲁士政府的书报检查制度："起败坏道德作用的是受检察的报刊。最大的恶行——伪善——是同它分不开的；从它这一根本恶行派生出它的其他一切没有丝毫德行可言的缺陷，派生出它的丑陋的（就是从美学观点看来也是这样）恶行——消极性。政府只听见自己的声音，它也知道它听见的只是自己的声音，但是它却耽于幻觉，似乎听见的是人民的声音，而且要求人民同样耽于这种幻觉。因此，人民也就有一部分陷入政治迷信，另一部分陷入政治上的不信任，或者说完全离开国家生活，变成一群只顾个人的庸人。"受制于检查制度的报刊"每天都在夸耀政府意志的创造物；但是，由于这一天必然要同另一天发生矛盾，所以报刊就常常撒谎，而且还必须掩饰自己意识到自己在撒谎，必须抛开一切羞耻。"在书报检查令面前，具有自由思想的文论成为违法作品。"由于人民不得不把具有自由思想的作品看作违法的，因而他们就习惯于把违法的东西当作自由的东西，把自由当作非法，而把合法的东西当作不自由的东西。书报检查制度就这样扼杀着国家精神。"②不管书报检查的目的是什么，对象是什么，这种制度安排本身不以安排者的意志为转移产生败坏道德的作用——扼杀国家精神：伪善、撒谎、消极性、只顾个人的庸人、正常的变为不正常不正常的成为正常等等。即使它是为了提倡某种道德，

---

① 这里的"制度"在有限意义上使用，指特定的制度安排，尽管任何制度或制度安排都有其局限性。

② 《马克思恩格斯全集》第1卷，人民出版社1995年版，第183页。

以道德为尺度检查书报的内容，结果也是一样，只不过令整个事情更加吊诡——提倡道德，以书报检查方式为手段抵制丑恶，反而败坏道德！

制度败坏道德是道德受动性的一个证明，制度使有道德的人作恶则从另一方面证明道德之于善的生活的局限性：并非只要人们有道德，社会生活就是美好的。还是以德国为例，在马克思批判书报检查制度一百年后，恶以更大规模、更高程度在更广泛的领域再次发生——集中营、大屠杀、冷漠无情、丧失人性、反社会、反人类。纳粹德国二战时的种种行径固然是希特勒们导演的，拥护希特勒并积极参与恶行的却是从精英到普通民众的德国人。众所周知，德意志民族经历过启蒙运动的洗礼，以富有理性著称，诞生过许多伟大的哲学家、科学家、艺术家和诗人，也产生过有世界性影响力的政治家、军事家、宗教改革者，德国人在日常生活中彬彬有礼、和善可亲，工作中一丝不苟、精益求精。然而在面对犹太人、共产党人、持不同政见者、抵御德国入侵的反抗者时，他们却以极为凶残的恶魔形象示人！在作恶的过程中，许多人保持着自己的道德品格，秘密警察中没有发现为个人谋求发财的情况，他们严肃、认真、一丝不苟地完成罪恶的任务，二战中德国也没有发生过任何稍具规模的军人、民众起事，倒是在盟军进入德国、攻打柏林时，希特勒青年团的孩子们成为有组织的顽抗力量。德国人并非铁板一块，但如果道德品质优良的人都加入反人类的罪恶行列中，我们就不能不问这是为什么，不能不探究其中的原因。

兰德尔·彼特沃克说，纳粹在执政期间对新闻媒体的作用有清醒的认识，它通过新闻媒体宣称自己掌握真理，正带领国家奔赴伟大目标，要人们相信元首是正确的，同时以各种方式方法激发人们对公共善、勇敢、奉献、友爱、勤勉、乐观、忠诚以及其他所有能带来美好之物的美德的兴趣。"很少有人支持希特勒，是希望他会给世界带来战争，或是杀害数百万犹太人，纳粹的宣传也没声称它会如此。相反，希特勒谈及和平、民族复兴、道德，甚至还有上帝。"[1] 任何一个国家、社会、民族，当它的人民相信自

---

① 彼特沃克：《弯曲的脊梁》，张洪译，上海三联书店2012年版，第214页。

己从事的是高尚、伟大、正义的事业，就会义无反顾满腔热情投身进去，有道德的人尤其如此。在这一点上，德国人和反法西斯战线的苏联人、同盟国人是一样的，历史上那些伟大的运动、事件也是一样的。问题在于谁之正义，何者为真？今天我们知道，纳粹的宣传不真实，它的理论和目标具有欺骗性，把黑的说成白的，把失败说成胜利，置显而易见的事实不顾，用无法证伪的谎言掩盖正在发生的蜕变。并非没有置疑，并非没有反对的声音，来自内部的质疑和反对在纳粹上台前后被清除了，来自外部的质疑和反对被纳粹宣传教育机构隔绝阻挡。纳粹要维系保证其执政地位稳定和行动所要求的一致性，这种一致性对于注重表面形象、提出绝对要求的独裁国家来说"是决定性的"，[①]它做到了，成功地塑造了一种意识形态，使德意志民族弯下了脊梁。"正如哈维尔评论的：'现实没有塑造理论，而是相反。因此，权力逐渐向意识形态而不是现实逼近；它从理论中获得力量，并且变得完全依赖于它。'宣传与世界被迫形成了一种颠倒的关系。既然一个国家不能承认错误，现实就得像脊梁一样向意识形态的需要屈服。"[②]

思想本身不是那么容易被一致的，纳粹是如何做到这一点的？

暴力，在真理性认识的产生机制被破坏后，暴力是思想一致性的工具。"戈培尔注意到'锋利之剑'是有效宣传的后盾。……每个人都知道，武力是宣传的后盾。"[③]生活在暴力阴影下的人都明白，异议意味着惩罚，反抗意味着监狱和死亡。久而久之，"对于那些甚至只需要一丁点儿勇气的行动，工人们都退缩了。"[④]久而久之，新闻工作者和参与思想文化宣传的人都明白什么话该说，什么话不该说，出现纰漏犯了错误会受到什么惩罚。久而久之，为避免"麻烦"，他们和大多数德国人一样主动采取合作态度，以至于纳粹德国没有新闻检查制度，它不需要新闻检查制度，编辑们对刊发的文章负责，记者们对文章的内容负责，他们自己就形成了一套自我审

---

① 彼特沃克：《弯曲的脊梁》，张洪译，上海三联书店2012年版，第177页。

② 彼特沃克：《弯曲的脊梁》，张洪译，上海三联书店2012年版，第219页。

③ 彼特沃克：《弯曲的脊梁》，张洪译，上海三联书店2012年版，第203页。

④ 转引自彼特沃克：《弯曲的脊梁》，张洪译，上海三联书店2012年版，第203页。

查体系，比上级检查还要彻底有效。①

真理性问题是认识论问题，也是制度问题。彼特沃克正确地将纳粹的思想控制同极权制度联系在一起、将极权制度控制的思想同"高大上"联系在一起，揭示了极权主义的特征："我将在其经典意义上使用'极权主义'这一术语。一个极权主义国家致力于对历史的一种完美的构想（an ideal vision），并以实现这一构想的世界作为自身使命。它拥有一个愿做一切必要之事以达成目标的政党，一个源于天命或历史法则而选择的领袖，一种将其主张渗透到生活各方面的世界观，一种对大众宣传充满自信的依赖，以及对至少大多数制度的中央控制。"②在这种体制机制下，一切信息和知识的传播，所有生产信息、知识的行业和部门全部受控于一个力量，它灌输一种理论，塑造权威，不准质疑，消解选择，把除此之外的一切都描绘成恶魔。由此导致的结果是，谎言成真理，真理成谎言。

暴力是社会问题，暴力的使用是制度问题。弗里德里希和布热津斯基说："（极权主义）体系，由于它的信条声称意识形态永远正确，因而对赞同和一致性有着强烈的激情，导致它不断地被引诱来增加恐怖。"③法律即是纳粹增加恐怖的主要暴力工具，它在使用这一工具时强调："任何法官都是'祖国的儿女'，必须'无条件地将国家利益置于形式主义的法律之上。'"④纳粹强调这一点，就是让法律为自己的目的服务，法律与自己的目的一致时为它服务，法律与自己的目的不一致时也要为它服务。被一致的思想、意识形态的"真理性"使德国人民对纳粹的所作所为在心理上得到"合理性"认知的抚慰，党员和公务员成为"职业信仰者"，"积极参与形塑公共舆论的德国知识分子不应该讨论自由，而应该是自我约束与责任。他

---

① 参见彼特沃克：《弯曲的脊梁》，张洪译，上海三联书店2012年版，第86、116、141页。

② 彼特沃克：《弯曲的脊梁》，张洪译，上海三联书店2012年版，第2～3页。

③ 转引自彼特沃克：《弯曲的脊梁》，张洪译，上海三联书店2012年版，第226页。

④ 穆勒：《恐怖的法官——纳粹时期的司法》，王勇译，中国政法大学出版社2000年版，第47页。

们在精神上应该效忠的最高价值不是新闻媒体，而是以其能力和力量为之服务的国家。"[1]

极权制度就这样扭曲了新闻，扭曲了心灵，扭曲了思想文化和社会。连戈培尔自己都说："任何在其骨子里对荣誉保持一定敏感性的正派新闻工作者完全不能忍受帝国政府新闻部门对待他的方式。新闻工作者被训斥，就像他们还在小学里一样。自然地，这会对新闻工作的前景产生非常严重的后果，任何还有一点儿残存荣誉感的人将会非常谨慎地不要成为一个新闻工作者。"[2]他当然很清楚这样做的真相，很清楚这样做的目的，他自己就是一个为达目的不择手段的人，绝不会因为"同情"新闻工作者的处境而放任新闻工作者的良心。他和他的极权主义者同道一样，努力让那些德国人心灵不安的行为现在变得司空见惯、理所当然，即使不能完全做到，也要退而求其次，用宣传＋暴力的方式迫使人们作出保持一致的姿态。他们规定了德国人行为的底线——绝不允许制造实际的麻烦。很少有人敢于挑战这个底线，大多数人选择根据身边人的行为来判断事物的合理性，只要指示来自合法的权威，人们便会不顾后果地盲目按指示做任何事情，有道德的人由是挥舞起了屠刀。所以，彼特沃克说得对："大屠杀不可能发生在1933年。纳粹党人还没有为此做好准备。但是经过8年无休止的宣传与采取有力的国家措施之后，很少有人打算站在犹太人一边。"[3]

极权制度具有一种功能，任何社会制度都有这样的功能，它一旦确立就会产生虹吸效应，把大多数人裹胁进去，举凡考虑生存、生活、家庭亲人、大众心理、功名利禄者，几无幸免。纳粹能够使德意志民族的脊梁弯曲，使刚直不阿的知识分子、新闻工作者变得顺从，为其效力，阿谀奉承，

---

[1]　彼特沃克：《弯曲的脊梁》，张洪译，上海三联书店2012年版，第115页。

[2]　转引自彼特沃克：《弯曲的脊梁》，张洪译，上海三联书店2012年版，第139页。

[3]　"一个苏联公民告诉一个西方新闻工作者，他有6副面孔：'一个是面对妻子的；一个是面对孩子们的，少了些坦率，恰好是防止他们把家里听到的事说出去；一个是面对亲密朋友的；一个是面对熟人的；一个是面对工作同事的；还有一个则是面对公众的表演。'"（彼特沃克：《弯曲的脊梁》，张洪译，上海三联书店2012年版，第209页）

让有道德的人做反人类的事，呈现出集体的人格分裂，根本原因在极权制度。哪个国家奉行极权制度，哪个国家就会发生与之相似的行为，产生实质相同的结果，无论时间地点、种族文化、发达不发达。

极权制度败坏道德，却不拒斥道德；纳粹鼓励人们讲道德，让他们做丧失人性反人类的事。道德在专制君主、极权主义者手里是工具，可以用作统治术。专制极权统治者选定道德准则，用以评判人的行为，这些准则通常"高大上"，一般人做不到，统治者知道人们做不到，却决不放宽尺度，相反，他们会时常把高尚的道德楷模推展在人们面前，造成道德至高无上的氛围，将其与统治下的人们紧紧联系在一起。然而，专制极权制度本身必然滋生大量贪官污吏，它形成一种模式，一种做事的途径和方式，不能适应这个途径和方式就不能适应官场，不能适应交往和社会。君主知道这种催生乃至"迫使"人们贪腐的行为模式，知道许多官员都照此方式去做，却既不铲除"土壤"，也不放弃高标准的道德尺度，只以是否有利于统治为判据，道德遂成为悬挂在各级官员头上的"达摩克利斯之剑"，君主随时可以用它去结束一个人的政治生命。这样做时，尽管相同情形乃至有过之无不及者大有人在，君主却不用同一把剑将他们全部斩落，只将其挥向自己不喜欢之人，道德控制下属惩罚异己的功能就是这样炼成的。道德既以有利于统治为据，腐败也可成为自保的手段。《史记·萧丞相世家》记载："汉十二年秋，黥布反，上自将击之，数使使问相国何为。相国为上在军，乃拊循勉力百姓，悉以所有佐军，如陈豨时。客有说相国曰：'君灭族不久矣。夫君位为相国，功第一，可复加哉？然君初入关中，得百姓心，十余年矣，皆附君，常复孳孳得民和。上所为数问君者，畏君倾动关中。今君胡不多买田地，贱贳贷以自污？上心乃安。'于是相国从其计，上乃大说。"官位如萧何者，一人之下万人之上，他想廉洁自律却不能，鞠躬尽瘁、一心为公却引来刘邦功高盖主的怀疑和猜忌，唯有做些贪污腐化的勾当方能自保，并且果然重新赢得了刘邦的信任。

萧何的故事告诉我们，政治家不对道德负责，对权力赋予者负责。人们都知道资本家为了获取利润不择手段，甘愿冒杀头的危险，道德难以有效地约束他们的行为。其实，政治家为获取权力、推行自己的主张、维护自己的利益往往也不择手段，他们同样甘愿冒杀头的危险，哪怕这种危险降临概率大于资本家。然而，有些非常聪明的大脑却非常严肃地认为道德可以约束政治家的行为，只要政治家具有良好的道德品质、高尚的道德情操，他们就能对百姓负责，为百姓谋福利，这实在是令人倍感困惑的事情！我们不得不问，这样说的依据是什么？聪明的大脑给出的回答无非是"应当"，但政治实践不这样认为。"应当"是愿望，政治实践是现实，现实的逻辑是，政治家的权力由谁赋予他便对谁负责，如果政治家的权力并非百姓赋予却要他对百姓负责，无异于痴人说梦，既不合理也不应当。弗洛姆说："希特勒不是天才，他的才能并不异乎寻常，无与伦比的只是使他的攀升成为可能的社会政治条件。我们中隐藏着成百上千个希特勒，他们的历史时刻一旦到来，这些人就会'脱颖而出'。"[1]

政治条件催生了希特勒，政治条件催生了萧何式腐败，政治制度就是那个能使一些人"脱颖而出"最主要的政治条件。如果有人把善的生活和道德等同，那么我们要说，在极权专制政体下，一个人有道德和无道德其实是一样的，无道德者作恶，有道德者也作恶；道德约束不约束政治家其实也是一样的，不用道德约束政治家，其所作所为远离善的生活，用道德约束政治家，其所作所为也远离善的生活。一定要说有道德的人和无道德的人有什么差别，那就是日后极权主义之恶遭到清算时，有道德的人会因他的忠诚、热情、一心响应"元首"号召为国家奉献牺牲毫不考虑自己的情操感到痛苦，会对自己在这种情操支配下的所作所为进行忏悔；无道德的人则把自己犯下的罪行推到极权专制体制身上，将自己描绘成一个受害者。

卢梭曾想写一部以之扬名立万的著作——《政治制度论》。"从那时起，通过对伦理学历史的研究，我的视野又扩大了许多。我发现，一切事情都从根本上与政治相联系；不管怎样做，任何国家的人民都只能是他们政府

---

[1]　转引自乌克提茨：《恶为什么这么吸引我们》，万怡、王莺译，社会科学文献出版社2001年版，第208～209页。

的性质将他们造就成的那样；因此，'什么是可能的最好的政府'这个大问题，在我看来，就变成这样一个问题：什么性质的政府能造就出最有美德、最明智、最达观、最优秀的人民？……这个问题非常接近于下面的问题，即使它们并不相同：哪种政府在性质上最接近于法呢？由此生出一个问题：什么是法？以及一连串同等重要的问题。我看出，这些问题引我去探索伟大的真理，那些真理有益于人类的幸福，尤其有益于我的祖国的幸福"。①他显然认为，可以塑造好人民的好政府是其性质上最接近于法的政府。康德说："我们不能指望一部由品德良好的人士制订的宪法必定是一部好宪法，反之，因为有了一部好的宪法，我们才能指望出现一个由品德良好的人士组成的社会。"②康德是强调个人自由的，人的道德状况离不开人的自由状况，现在他把由品德良好的人士组成的社会和一部好宪法联系在一起，这部好宪法一定是保障自由的。黑格尔否认人的自由能够脱离适当的社会条件而得到充分地实现，认为只有在一个合理的（理性的）社会里，在一个其制度保证着我们的自由的社会里，人方能过上理性、善良、道德的生活。在《法哲学原理》一个附释中黑格尔引用了古希腊的材料："一个父亲问：'要在伦理上教育儿子，用什么方法最好'，毕达哥拉斯派的人曾答说（其他人也会作出同样的答复）：'使他成为一个具有良好法律的国家的公民'。"③和个人相比黑格尔更强调社会，他对自由的看法也是社会性的，只有实体才有自由，个人无法通过自身成为实体，也就无法依据自身获得自由，他是实体即理性社会的一个偶然因素，只有通过社会才能达到真正的自由，所以，自由与其说是个人意志，不如说是社会体制。

他们说的都是人，人怎样，善的生活就怎样。邓小平和哲学家们在这一点上认识相同，他的《党和国家领导制度的改革》一文以及文中关于制度与好人、坏人行为关系的深刻认识源于"文化大革命"的经验教训。④我

---

① 卢梭：《忏悔录》，管筱明译，商务印书馆2016年版，第341页。
② 转引自富勒：《法律的道德性》，郑戈译，商务印书馆2005年版，第176页。
③ 黑格尔：《法哲学原理》，范扬、张企泰译，商务印书馆1961年版，第172页。
④ 参见《邓小平文选》第2卷，人民出版社1994年版，第333页。

们就以这个经验教训作为制度主导性的结语，学理性分析在内外因关系中展开。

三、内外因关系

道德是人的内在修为，制度是活动的外在条件，内存修为外化为活动时与制度发生碰撞，产生内外因关系问题。

一般认为，内因是变化的根据，外因是变化的条件，外因通过内因起作用。对这个人们熟悉的观点通常的理解和解释是：一个事物（或一个人、一个社会）在其发展中，起决定作用的是该事物内部的原因。内因是第一位的、根本的、主要的原因，它规定事物的性质，支配事物的发展和变化，外因是第二位的、辅助的、次要的原因，它可以影响事物的发展，但总体说来，不起决定作用，外因的作用不管多大，归根到底都要通过内因起作用。

依据这一理解或解释，人们在改变事物促进其变化发展时，在评价改变事物的活动、分析变化发展的原因时，常常将行为和思维的动因归结到事物内部某些要素上，这几乎成了一种"思维定式"，在说明某事物发生的原因时特别常见。一个关于学术腐败的谈话节目中，当主持人问为什么会有学术腐败甚至一些知名学者也卷入抄袭丑闻时，三位嘉宾（专家）中两位认为是个人的思想道德品质所使然，理由即为"内因是变化的根据"。

这是一个有代表性的事例，其意义不在于对个体学术腐败事件发生原因判断的准确与否，而在于反映了人们对于腐败这一普遍现象的一般性认知倾向。改革开放以来，在我们进行精神文明建设时，在我们面对社会生活中存在的贪污腐败、行贿受贿、诚信缺失、道德感责任感义务感下降等"滑坡"现象并下大力气着手解决时，采取的主要办法，是开展各式各样的思想道德文化建设活动（有时是自上而下的大规模的运动），并在这一过程中强调思想政治工作和宣传教育的重要性（各式各样的思想道德文化建设活动即是借此推动的）。这一办法的着力点在人的思想道德文化，我们希冀由此入手，通过提高人的内在觉悟和素质转变或完善人的外在行为和绩效，主要依据同样为"内因是变化的根据"。需要说明，这里所谓"内因是变化的根据"，指人们通常所理解的那种内因是第一位的、根本的、支配事物的发展和变化意义上的"根据"，其在此特定语境中的内涵是：社会不正之风和腐败现象的发生，源于当事者思想文化道德的低下、缺失或蜕变；因此，加强思想文化道德建设，提高人们的思想觉悟和道德水平，端正人们的人生态度和价值理念，是精神文明建设或反腐败的主要途径。

思想政治工作是重要的，开展思想道德文化建设的必要性毋庸置疑。然而，如果过于强调思想政治工作和思想道德文化建设的重要性，把它当作主要的甚至是唯一的手段或途径，我们可能犯了一个极大的错误，无论与当代社会发展实践还是与马克思主义哲学其他基本原理均存在不相吻合之处。

从当代发展实践看，它不能合理地解释，为什么四十年来我们下了那么大的气力，做了那么多的工作，社会风气没有根本性的好转，腐败却有愈演愈烈之势，人们心理预设的道德底线不断被突破？为什么80年代初不正之风主要存在于思想道德文化素质相对较低的普通百姓个体身上，进入90年代后，它却越来越多地存在于被认为思想道德文化素质相对较高的党政官员身上，存在于一些高级知识分子身上，甚至存在于某一政府机构、组织和行业的集体行为之中，以至于集体不道德不再成为令人惊异的现象？为什么相当一批被绳之以法领导干部在其从政道路的起始阶段有理想、有追求、廉洁自律，后来却逐渐蜕变，成为无理想、无追求、无道德的人，犯下滔天大罪？什么因素使他们原本的"有"（较好的思想道德品质）变为"无"（腐败）？

思想道德文化问题只是当代中国社会发展中的一个问题，如果我们把目光拓展到整个社会领域，特别是经济发展领域，就会看到，那里的许多情形也与上述传统的理解和解释不一致。

改革开放是中国社会发生巨大变化及经济快速发展的基本原因。在这里，对内改革是主要的，没有对内改革，对外开放也不可能。但是，如果没有对外开放，可以肯定，中国的经济社会发展绝无今天的局面。2002年，在世界经济普遍不景气的背景下，中国经济一枝独秀，GDP增长达到8％，比预期多了近1个百分点，取得了出乎意料的好成绩。在谈到这一结果的原因时，参加2002年中国十大经济人物评选活动的专家们普遍认为，对外贸易增加（达6200亿美元）对拉动经济增长起了关键作用。发展实践中与之形成对照的是，无论生产一种产品，还是发展一个行业，乃至整个国家的经济建设，在闭关自守强调"自力更生"时，结果总是不好。这已经成为一条普遍性的"定律"。二战以后，发展中国家在经济发展中，不管出于什么原因，想摆脱依附地位或者遭到封锁制裁等等，凡闭关锁国对外交往不畅的，经济发展没有成功的。一段时间里人们谈论比较多的一件事情对我们反思内外因关系也有帮助："三农"问题是影响当代中国社会发展的大问题，"事实上，长期以来中国一直都很重视'三农'问题，但为什么没有得到根本解决？"时任国务院发展研究中心副主任的陈锡文说："我自己是这样认为的，过去'三农'问题的解决，可能更多地注重于从农村内部来考虑农业、农村和农民问题。"现在，"多数专家的看法是，'三农'问题的解决之道还在'三农'之外。""而以十六大和这次的中央农村工作会议为标志，可以说现在在政策层面上基本上形成了一个共识，那就是中国必须走上城乡统筹的发展之路。"①

从理论上看，对内外因关系的传统理解或解释也有不周全之处。

首先，它与人们的社会存在决定人们的意识这一马克思主义哲学的基本观点违和。按照人的社会存在决定人的意识的观点，人们的思想道德文化观念既不是天生的，也不是可以任意塑造的，而是由他们的活动、他们的交往关系、他们的生存状态及其蕴涵的他们的利益决定的。如果我们要改变人们的观念，包括他们的道德观念，就必须改变那个产生了这种观念的特定历史存在。但是，当我们将"内因是第一位的、起决定作用"的观

---

① 参见邓科：《中央新领导集体更加关注"三农"》，《南方周末》2003年2月13日A4版。

点用来说明思想道德文化观念问题时，特别是用来说明当今中国的思想道德文化问题时，理论的指向恰恰放在了作为被决定者的人的思想本身，而忽视了作为决定者的特定的历史存在，这就与马克思社会存在决定社会意识的观点发生了冲突。[①]我们知道，人们特定的历史存在即是人们生存于其中的社会环境，它外在于生存者，并且不以他们的意志为转移。我们不否认任何社会里都有品德高尚者，他们中的一些人所以能够在恶劣的环境中刚正不阿、廉洁自律、助人为乐，源自他们的内在品性和修养；我们也不否认思想道德文化具有超越性，它与历史和现实并不是完全同步的。但是，一方面，如果在一个社会中腐败成为普遍现象且屡禁不止，而品德高尚者只是个别性存在，那么，关于该社会思想道德文化问题理论分析的着眼点就应是多数人行为的一般原因，而不是个别人行为的特殊原因。实际上，马克思社会存在决定社会意识的观点正是就多数人行为的一般原因而言的。另一方面，任何超越性的思想道德文化观念都有现实的基础，其存在的意义在于引导现实，如果我们不是以理想代替现实、以结果代替过程，如果我们关注的对象不是形而上学之思而是当今社会现实的道德建设，那么，我们的出发点还是要回到人们的社会存在。总之，思想的问题不能单靠思想本身来解决，内心的改变还要依赖外在的条件和行为。

其次，它与"具体情况具体分析"也有不一致之处。具体情况具体分析是马克思主义哲学中历史主义方法的一项原则，常常被看作"马克思主义底最本质的东西，马克思主义底活的灵魂"。[②]它要求我们在制定路线方针政策时，在作出计划决定时，在评价或看待事物时，在改变事物现状促进事物变化发展时，一切要以时间、地点、条件为转移，从当时当地现实的环境和具体的条件出发，对对象的具体情况做具体地分析。这种分析包

---

① 社会学中人的社会化理论和弗洛伊德"压抑是文明的基础"的观点，从不同方面为马克思的观点提供了佐证；我们在实践中也看到，一个行业处于垄断状态时，其服务质量总是不好，做再多的思想政治工作也不能从根本上解决问题，但当垄断被打破后，竞争的兴起立即使服务质量为之一新。

② 解放社编：《马恩列斯思想方法论》，解放社1949年（山东版），第73页。

括对实践者自身状况的分析，也包括对实践者所处外部环境的分析，并且主要应当是对外部环境的分析，因为时间、地点、条件主要是就实践者自身所处外部环境而言的。如果这一观点成立，我们可以得出三点看法：（1）既然具体情况具体分析包括对自身状况的分析，也包括对外部环境的分析，分析所得出的结论，就谁起决定作用这一点而言，在理论上便存在着两种可能性：内因或者外因。换言之，外因有可能起决定作用。（2）那种不加分析，凡事一概认为内因起决定作用的观点，在方法论上已经与具体情况具体分析的原则发生了背离。（3）一切以时间、地点、条件为转移，"转移"二字有"决定"的含义，其所表征的意思与人们通常对内因的解说显然是不一致的。

那么，"内因是变化的根据，外因是变化的条件，外因通过内因而起作用"的观点是否因上述问题而不能成立呢？回答是否定的，但需要做进一步的辨析。

前面所述问题只是对"传统理解或解释"提出质疑，并没有对被解释者或被理解者提出质疑。在任何情况下，外因都是变化的条件，内因都是变化的根据，外因都要通过内因起作用，这一点毫无疑问。所以，温度可以使鸡蛋变为小鸡，不能使石头变为小鸡。但注意到下面一点同样重要：温度也可以使鸡蛋变为食物，还可以使鸡蛋腐烂变质。鸡蛋的变化存在多种可能性，变为小鸡只是其中一种。无论哪种可能，其变化都要通过鸡蛋而起作用，都不能离开鸡蛋本身的特性，就此而言，"外因是变化的条件，内因是变化的根据，外因通过内因而起作用"的观点是正确的。鸡蛋的变化只有一种现实性，一个鸡蛋不能同时成为小鸡、食物或其他，最终它以何种现实的样态呈现在人们面前，取决于外部条件，就此而言，人们通常对内外因关系所做的理解或解释是不周全的，在一些具体问题上甚至是错误的。鸡蛋本身的特性决定了它变化发展的可能性范围，外部条件决定了它变化发展的现实性空间。

人类社会领域中的问题较之自然或生物领域中的问题要复杂许多，其中一个重要原因在于，人的"内在根据"不是固定的，而是变化的，他有极大的潜质，可以在外部条件不变的情况下，通过自身的努力改变外部世界，作出一些常人看来难以置信的事情。然而，人对外部世界的巨大作用以及这种作用与人的内在素质提高的正相关性，只是使人与外部世界的相互作用更为复杂，并不能为传统理解或解释提供充分的根据。因为，只要考察一下人类进化的过程，考察一下实践活动中主体客体化和客体主体化的过程，考察一下个人的社会化过程，就会发现，无论人的内在素质有多大的可变空间，它仍然是有边界的，既有特定历史阶段的边界、人类本性的边界，也有具体环境条件的边界，所以人只能做历史允许他做的事情。这意味着，社会历史领域中事物的变化同样存在多种可能性，同样只有一种现实性，外部环境和条件在由可能到现实的过程中同样起着巨大作用，并且常常是决定性作用。

合理地把握事物发展过程中内外因的关系关键在于分层，即区分二个层面的问题：一是外因是否通过内因起作用，二是内因和外因在事物发展中所起作用的大小。对于前一个问题，回答是确定的，因此我们说"外因是变化的条件，内因是变化的根据，外因通过内因而起作用"这一基本观点是正确的。对于后一个问题，回答是不确定的，有时内因起主要的决定的作用，有时外因起主要的决定的作用，究竟谁起主要的决定的作用，要依具体情况做具体分析，因此我们反对把内外因关系绝对化的观点，反对将外因通过内因而起作用简单地等同于内因起决定作用的理解，更反对不加分析而将其四处套用的模式化的思维方式。

主张"内因是第一位的、起决定作用，外因是第二位的、起次要作用"的论者，并不否认内因和外因之间的联系，也承认外部条件的作用，但是他们没有进一步考察内外因相互联系所包含的深层意蕴，没有看到外因的制约所具有的意义，即在可能的范围内，事物之所以发生这样的变化而不是那样的变化，很多情况下是由外因决定的。于是，思维的辩证历程在此停滞了，外因通过内因而起作用成为内因起决定作用的代名词。而当人们以此分析解释具体问题时，起始阶段合理的东西发生了偏斜，成为一种抽象，一种可以到处套用的模式，一种一成不变的教条，导致许多人一谈到行为及结果就把它归结到当事人的品质上去。按照这一偏斜了的思维逻辑，思维的旨趣在理论上很容易最终指向主观世界中的精神、意志和品德：我们具有一定的物质力量，这些物质力量包含人的力量并且要靠人来掌握和使用，人的行为在意识支配下进行，因此，关键在于改变人的精神面貌，提高人的意志和品德；工作的重心在实践中很容易偏执一端，就事论事，深陷其"内"不能自拔，忽视条件的创造和环境的改善在某一时期的至关重要性，错失变化或发展的机遇。

看待内外因关系有一个立场问题。不同的立场可以使人们对同一问题有不同的甚至截然相反的认识。大致来说，人们在内外因关系问题上所持的立场可分为两种，一是解释世界的观察者立场，二是改造世界的实践者立场。两种立场实际上是人们自觉地或不自觉地持有的哲学观的具体体现。

两种立场有共同之处，都需要对对象作出客观、公正、准确的分析、判断和把握。关于这一点我们不展开论证。两种立场也有不同：观察者与对象的关系属认识关系，实践者与对象的关系属存在关系。观察者所进行的活动是精神活动，实践者所进行的活动是感性物质活动。观察者置身事外，并不参与到事物本身的相互作用中，其对事物认识的正确与否因而也不影响事物本身的存在；实践者置身事中，既是剧作者，又是剧中人，其对对象的认识与其对对象的改造统一，这种统一的认识—改造活动，即是事物的相互作用，亦即内在尺度与外在尺度的统一，它既改变实践对象的存在状况，又改变实践者自身的存在状况，因而它就是人的存在。由于认识以实践为基础，所以，实践者立场包含观察者立场，同时又是对观察者立场的超越。从实践者立场出发，易于深化认识、丰富创新理论，使之始终保持鲜活的生命力；而从观察者立场出发，则易于陷入抽象、教条、僵死的泥淖。这正是马克思批判以往哲学的原因之一，也是以费尔巴哈和黑格尔为代表的哲学家们虽然提出诸如"人""社会关系""实践"等范畴却使之沦为抽象而不能产生革命性结果的原因之一。

马克思是实践的唯物主义者。"对实践的唯物主义者即共产主义者来说，全部问题都在于使现存世界革命化，实际地反对并改变现存的事物。"① 从实践者立场出发看待内外因关系问题，以下两点特别值得关注。

第一，实践者的目标。实践者所要反对、改变并使之革命化的对象是一个外部世界。这个外部世界包括自然对象，也包括既有的生产力、生产关系和他人的活动，是一种社会历史性的存在。实践者力图改变外部世界，以便满足自己生存发展的需要。这是实践者的"宿命"，亦即实践者主体性活动的旨趣所在，舍此他便不能称之为人。当实践者这样做时，他便有了目的，也就是发展的目标。他不是要达到随便一个什么结果，而是要达到一个特定的结果；不是没有目的没有目标，而是有强烈的甚至是唯一的舍此再无他求的预期。实践者的目标不仅使他受外部世界制约这一现象成为必然，从而把外部环境条件的制约凸显出来，更重要的，还使内外因关系问题成为有价值的真问题。所以这样说，是因为，在不计后果或没有目标的情况下，实践者可以凭借自己的主观愿望、能力、条件为所欲为，无论哪种后果都是他造成的，因而无论在哪种变化中他都起决定作用，外部环境和条件对他不构成限制（顺其自然的情形中无所谓限制）。在考虑到后果或目标的情况下事情就不同了，由于他只想得到对自己最有利的结果，并使自己的所有努力都围绕此一目标运作，由于他围绕此一目标的努力是一种对象性活动，他就不得不考虑对象的属性、特点和联系，不得不考虑外部环境和条件的制约，因而在事物的发展变化中，起作用的就不仅仅是实践者自身，还有客体对象、外部环境和条件。职是之故，我们说，内外因关系问题只在考虑后果或目标的情况下有价值和意义，在不计后果或没有目标的情况该问题没有价值和意义。

第二，实践者的参与。实践者在为实现自己的目标而努力的过程中，本身就是事件的当事人，他不是外在于事件，而是置身于事中；不是对事件的发展没有作用，而是相互作用中的一员。由于历史不过是人的创造，因而，实践者就是事物发展的内因，尽管他不是可以称之为内因的唯一的因素。现在的问题是，实践者在为实现自己的目标或推动事物发展过程中

---

① 《马克思恩格斯文集》第1卷，人民出版社2009年版，第527页。

考虑的主要问题是什么，自身的状况？抑或是外部环境和条件？我们以为是后者。实践者自身的状况，他的意愿、他的认知水平、他的能力和资质等等，是他从事其生产性活动的"资质"，是他所拥有的，也是他可以控制的。因此，当实践者据其意愿、认识、能力行动时，其自身"资质"可被视作一个"常量"，一个在特定事件、特定过程中已然具备了的东西。实践者不能拥有、不能控制因而千方百计想拥有和控制的是外部环境和条件。由是，任何一个聪明的实践者，在从事某项活动时，都不会迷恋于自身，他必定会把自己的主要精力用于认识、理解、把握外部对象、外部环境、外部条件。他不会依据自身的状况制定路线、方针、政策，决定其路线、方针、政策的是对象的实际情况，是身处其中的环境和条件。所以，对实践者来说，普遍原理必须与具体实际相结合，主观愿望必须与客观存在相统一，行为主体的选择必须与行为客体的本质关系相一致。

那么，实践者的主体能动性何在？实践者的主体能动性与他对外部环境和条件的强调重视并不矛盾，相反，主体能动性的重要表征之一恰恰在于当实践者发现自己的认识和实践同对象、环境、条件不一致时，他能够改变自己的认识、调整自己的行动。这种改变和调整（包括为什么会发生改变和调整，以及为什么发生这样的而非那样的改变和调整）不是实践者依据自身状况作出的，而是依据外部情况作出的。在这里，实践唯物主义与传统哲学的区别就在于，实践者对待外部环境和条件的态度本身即是主动的，他既可以主动地改变外部环境和条件，使之适合于自己的生存发展，也可以主动地适应外部环境和条件，使之保障自己的生存和发展。完全秉承外部环境条件旨意的行为是消极被动行为，脱离外部环境条件制约的行为是主观随意行为，充分考虑了外部环境和条件制约的行为才是马克思意义上的主体性行为。

实践者立场无疑是我们看待内外因关系问题时应当持有的立场。站在实践者立场，对以上论述可做以下小结：

内外因关系是实践基础上的一对关系，当实践者为实现某一目标而改变对象时，相互作用已经作为前提被包含在内。所谓内因外因谁起决定作用的问题，即是对此相互作用的评判问题。如前所述，实践中这一问题极为复杂，需依具体情况而定，无论内因还是外因的作用，决定的还是非决定的，都是相对于某种情况——意义、角度、条件、时空范围等——而言的，没有简单的定论和一成不变的模式。但就思想、就我们所论及的人的道德素养、观念、品质而言，总的趋势是人们的社会存在决定人们的意识。

内因是变化的根据，任何变化都要通过内因方能达成，但变化走向何处，是否与人的愿望或发展目标相吻合，则不是单纯内因能够决定的，它取决于内外因的互动，并且因此也给外因的作用留出很大一块空间，以至于我们在一些情况下可以说，内因提供了发展变化的可能性，外因提供了发展变化的现实性。

本来，如果内外因关系问题仅仅是个理论问题而与实践无涉，我们完全可以接受关于"内因说"的传统解释而不必在这个人们熟之又熟的问题上再做文章。然而，由于有关该问题的理论上的结论会在实践上导致不同的致思路向和解决问题不同的着力点，才使我们感觉对这一理论问题有再作探讨的必要。

内外因关系为认识制度和道德的作用提供了学理基础。道德观念可以引导人产生良好的行为，然而如若把"天下大同"的希望寄托在"人人皆君子"前提上，却无异于画饼充饥。问题不在于"人人皆君子"，问题在于良好的行为何以可能？民众道德健全何以可能？教育是一条路径，但其是否具有合理性、有效性取决于两个条件：其一，教育者必先受教育，倡导者须身体力行。教育者的观念影响被教育者，教育者的行为更胜过教育者的观念，当教育者说一套做一套时，他已经在使用善的词语"播其恶于众"了。其二，教育的内容要与现实吻合，既与教育者从事的活动吻合，也与受教育者从事的活动吻合。倘若二者分离，教育是一回事，现实情境是另一回事，教育说一套，现实做另一套，培养孕育出来的必是两面人而非真君子，是人格扭曲者而非身心健康者。

两个条件的共同点是活动，教育者的活动和受教育者的活动。它们可能是一致的，也可能不一致，当后一种情况发生时，通过教育塑造道德健全之人多是一厢情愿的强辩之词。

我们说过人们的活动主要受制度制约，制度不仅规定人们做什么，而且规定人们怎样做。我们说过教育者的行动胜过教育者的观念，最好的教育不是喋喋不休的灌输，而是人们在身边发生的事情中感受到的身体力行。我们也说过道德作用是边际效用，边际效用的含义在这里是指制度基础上的增加。制度规定了一般准则，行为流程，活动空间，在这个构架内，人可以细心一点，责任心强一点，工作态度好一点，需要的技能高一点，知识多一点，以及为提高技能、增长知识，吃苦耐劳的意志品质强一点。诸如此类的边际效应，是制度做不到管不了而道德可为的空间。

制度有管不了的事情，说明制度有局限。任何事物都有局限，制度的局限即是事物之为该事物的那种局限，这里不去多说。[①]要补充的一点，是制度有好坏之分，所谓道德的边际效用，主要发生在制度优良的社会，一旦制度过时、变坏或如极权专制那般是为恶的根源，整个事情就会颠倒，道德成为弱者的心灵抚慰，强者的驭人工具，对善的生活没有多少作用。这样说并非证伪了制度的主导性，而是证成了制度的主导性——要过善的生活，唯有"创立"好制度。

---

① 参见《制度与发展关系研究》第5章第1节，人民出版社2002年版。

第七章　制度伦理辨析

有一种观点，其对制度与伦理关系的认识与我们是相反的：不是制度与伦理分立，而是制度与伦理同一；不是把制度作为优先考虑的因素，而是把伦理作为优先考虑的因素；不是伦理辅助主导人的活动的制度，而是主导人的活动的制度要服从伦理诉求，并且正是因为制度对人的活动有重大作用，它更应当服从伦理的诉求。这种观点就是制度伦理。

2000年代，"制度伦理"成为中国伦理学界一个话题。赞成和主张它的人对它抱有极大期望，认为"制度伦理"是一个前沿问题，预示着伦理学研究范式的转变，有着广阔的拓展空间，从"制度伦理"入手既有助于思想道德文化建设，又是改变社会道德状况的有效手段或途径，具有重要实践意义。

理论对实践的作用可能是积极的，也可能是消极的。一种理论或观点如若想要对实践产生积极作用，合理性是其必须具备的条件。所谓合理性，是指思想观点或理论合乎其所阐释的对象本身的存在特性。"制度伦理"是否具备产生积极作用的合理性呢？我们从概念开始，依次对制度伦理若干主要观点、论据加以辨析。

一、概　念

对"制度伦理"的界定大致分为两类。第一，"制度伦理"就是制度伦理化和伦理制度化。多数论者持此看法，他们在具体阐释时有些许差别，在基本内涵认定上高度一致；有些针对具体论题所做的表述，例如"伦理法律化"，作为早些时候曾经出现的"道德立法"的延续，也可归入此类。第二，"制度伦理"是从伦理维度对制度所做的审视和评价。少数论者持此看法，其中有学者认为，由此维度审视社会基本制度、结构、秩序中社会性伦理文化、伦理规范和公民道德体系，为社会制度体系的建构提供必要的基本价值理念、道德论证和社会伦理资源，使正义贯穿于制度中，是当代伦理学范式发生新的转移的先兆。[①]

上述界定代表了相关学者对"制度伦理"的两种理解。在我们看来，两种理解都有不当，但不当的程度有所区别，第一种理解难以自洽，第二种理解可以完善。任何事物都可以从不同角度去观察，去理解，去说明，就此而言，从伦理的维度审视评价制度，特别是社会基本制度，并无不当之处。但是如果"制度伦理"的提法本身即不合理，是在用一个不当的术语表示一种正当的理论诉求，那么放弃这个概念对于从伦理维度审视制度来说或许是更好的选择，至少它可以避免因概念问题而带来的混乱。

"制度伦理"是一个不当的概念吗？

"制度伦理"由制度、伦理两个概念组成。在分别的表述中，学者们对制度和伦理有不同的理解和界定。我们选择主流的理解和界定，因为就我们正在讨论的问题而言，学者们正是按照主流理解和界定展开他们的思想的。

按主流观点，制度是规则，用来调节规范人的行为，因而通常被界定为社会的行为规则。伦理则无论从起源（词源）上考察还是就其理论、实践的展开，指称的都是道德，伦理学是关于道德的学说，因而"伦理"一词与"道德"一词同义。[②]道德在实践上指一种善的、好的追求或合乎价值判断的

---

① 参见万俊人：《制度伦理与当代伦理学范式转移》，《浙江学刊》2002年第4期。

② 例如亨利·西季威克说：关于伦理学的基本问题有两种不同的表述形式，"伦理学时而被看作对真正的道德法则或行为的合理准则的一种研究，时而又被看作对人类合理行为的终极目的——即人的善或'真正的善'——的本质及获得此种终极目的的方法的一种研究。这两种观点都是人们熟知的，并且将在本书中得到缜密的考察。但是一般说来，前者在现代伦理思想中似乎更突出，更易被应用于现代伦理学体系。因为在某种程度上，伦理学所研究的善只限于人的努力所能获得的善；与此相应，人们只是为了确定何种行为是达到这种善的正当（正确）手段而追求关于目的的知识的。所以，无论一种终极目的——而不论（转下页注）

行为；理论上则是指人的道德观念和道德规范。道德规范也是规则，用于调节规范人的行为。在这一点上，道德与制度具有相似性，且仅在这一点上道德与制度具有相似性。因为，只要由此向前再走一步，就会发现，二者在规范调节人的行为方面有本质的差异。

按照诺思的界定和理解，"制度伦理"是不可言说的。因为在他制度包含正式规则和非正式规则、非正式规则包含习俗惯例和道德的界定中，制度已经包含了伦理，伦理已经是制度，制度和伦理的关系是制度内部正式规则和非正式规则的关系，对于已经包含伦理于自身的制度，再谈"制度伦理"多此一举。

然而诺思的理解并非没有问题。非正式制度可以说明正式制度的源出（诺思正是这样做的），却不能说明自己从何而来。"非正规约束来自何方？"诺思问道，接着他便给出答案："它们来源于社会所流传下来的信息以及我们称之为文化的部分遗产。"[①] 显然，文化在诺思看来是非正式制度的源头，他重视非正式制度的作用，因而重视文化。"处理文化信息的长期意义在于，非正规约束在制度的渐进的演进方式中起重要作用，因此是路径依赖性的来源。""文化确定了个人处理和使用信息的方式，因此将影响非正规约束被说明的方式。"[②] 诺思的看法是对的，离开文化我们无从说明非正式制度的起源。然而，诺思没有注意到，被他视为非正式规则的习

（接上页注）对此概念能作出何种解释，如果要使它能指导实践，我们最终不过是对行为的准则或指导性规则作了些说明。"（见《伦理学方法》，廖申白译，中国社会科学出版社1993年版，第26～27页。）尽管西季威克说这两种表述形式存在差别，由此差别将引出一些相当重要的结论，但从他的整个论述可以看得很清楚，他倾向于第一种表述。黑格尔区别道德和伦理。但他的区别仅在于主观与主客观统一的区别，即道德是主观的，伦理是主客观统一的，"主观的善和客观的、自在自为地存在着的善的统一就是伦理。"（《法哲学原理》，范扬、张企泰译，商务印书馆1961年版，第162页）所以，当我们把道德看作实践学说的时候，黑格尔对道德和伦理的区别也就不重要了。

① 诺思：《制度、制度变迁与经济绩效》，刘守英译，上海三联书店1994年版，第50页。

② 诺思：《制度、制度变迁与经济绩效》，刘守英译，上海三联书店1994年版，第61、59页。

俗惯例，正是人类早期文化的核心要素，若把它们视为非正式制度，就须将其从文化中剔除，另寻导致习俗惯例生成的文化因素，这几乎是不可能的，因为排除了习俗惯例，早期人类文化近乎无。非正式制度既然是制度的基座，如果不能解释非正式制度从何而来，也就不能说明制度从何而来。笔者以为，习俗惯例属文化范畴，制度和伦理在它们的基础上产生，开始混沌不分，后来彼此独立。"制度伦理"中的制度只能是诺思意义上的正式规则，当且仅当它是不同于伦理的正式规则，才有制度与伦理的关系问题。在对"制度伦理"进一步辨析之前，说明这一点是有必要的，它让我们看到，因为有制度与伦理的区分，才产生出二者合一的可能，实际上，"制度伦理"的提出也正是在制度与伦理区分的背景下发生的。

用"制度伦理"表达制度和伦理融合一体的诉求，没有对概念本身做认真考虑，因而其内涵是不洽的。首先我们要问，合一后的"制度伦理"属于制度还是属于伦理？按照伦理制度化的说法，它应该属于制度，即把伦理的规定"下降"为制度，使伦理的规范成为社会的制度安排。按照制度伦理化的说法，它应该属于伦理，即把制度的规定"上升"为伦理，使制度安排成为社会的伦理要求。[①]但是既强调伦理制度化，又强调制度伦理化，二者同时构成"制度伦理"的内涵，我们就不知道它到底是什么了。其次，更重要的，"规则的规则"是何意思？制度是规则，伦理也是规则，任何规则都是行为的范导，都必须和某种行为或社会生活的某个方面联系在一起，我们可以说经济制度，说政治伦理，说教育制度，说职业道德等等，却不可以说"规则的规则"，因为经济、政治、教育、职业等等都是人所从事的活

---

① 所以使用"下降""上升"这样的用语，是因为在笔者看来，制度是对人的行为提出的最低要求，伦理是对人的行为提出的较高要求，制度坚守的是社会底线，伦理坚守的是社会的上线。说是上线，其实是没有边界的，贤人如曾子者，还要"吾日三省吾身"，何况普通百姓。所以，伦理制度化不是提升了伦理，而是降低了伦理。制度伦理化则由于提出较高的要求而取消了"底线"设定及其存在的意义。不仅如此，由于伦理制度化提出的高要求是多数人难以做到却又必须去做的，还会导致有违初衷的后果——普遍虚伪的文化氛围。这在"满嘴的仁义道德，一肚子男盗女娼"的古代中国和"两面人"的当代社会都可以看到。

动不是规则，而制度是规则不是人所从事的活动，将两个规则性范畴联接在一起不合逻辑，要么是同义反复，要么是自我否定。按照概念严格分析，"制度伦理"既是同义反复，也是自我否定。

提出"制度伦理"的用意之一，是将伦理的诉求、伦理的目标、伦理的原则落实在制度中，使某些道德规范成为制度规定，特别是法律规定。主张制度伦理的学者列举了许多有"说服力"的事实，证明在制度和法律中有道德的内容，过去如此，现在如此，将来也应当如此。他们认为这些事实支持着伦理制度化、制度伦理化的主张，证明以"制度伦理"为突破口在理论上是正当的，在实践中是可能的、合理的、有益的。笔者以为，这类证明似是而非。人们可以完全接受这些事实，并同意将来可能还会有一些道德规范转变为制度规定甚至法律条文，但却能够给出不同的解释，得出不同的结论。例如，道德规范转变为法律规定后就不再是道德而是法律，这些道德规范的内容没有发生变化，成为法条之前怎样，成为法条之后还是怎样，但其性质发生了变化，即它不再是自由意志的表现，而是以监狱为后盾的强制。如同一个人，当他成为工人，就不再是农民，人却还是这个人。又如同一把刀，当它用来杀人，就成为凶器，法庭不会因为它是刀而认定其为凶器，只会因为它被用来杀人而认定为凶器。由此可见，因为制度的某些内容来自道德就以"制度伦理"称之，就把它当作伦理制度化、制度伦理化主张的一般依据，实在有失考虑。退一万步说，即使制度伦理论者的论证成立，"制度伦理"概念也支撑不起它所涉及的内容。

明晰严谨是概念的基本要求，那些作为思想理论基础的核心范畴，更来不得半点含糊。"制度伦理"满足不了这一要求，它在逻辑上难以自洽，理论主张缺乏坚实可信的基础，阐释论证多有片面、混乱、矛盾之处，与历史和社会发展的经验不符，实践上不可能达到预期。

二、制度合理性的根据

道德是制度建构的前提，是制度合理性的尺度和根据，这是主张"制度伦理"的学者的又一个观点。"制度与伦理的相互关系主要表现在制度的建立是以一定的道德为前提的，道德为制度提供伦理支持。"制度必须接受道德的评价，合乎正义等价值准则，并按这些准则选择安排制度，建构制度伦理。[①]"广义上的制度的伦理性就是制度的合理性、公正性"，国家能否给出一个合理的制度体系取决于两点：其一，是否有一个正确的伦理观，其二，理性化程度。[②]"只有规定和支持特定制度存在和发展的理念符合道德的正义精神，才能创建出合理的制度。所以，制度的伦理化是构建合理制度的必然要求。"[③]

这是一种不当的观点，夸大了道德的作用，把复杂的制度生成问题简单化。为方便论述，我们称这种观点为"道德根据论"。

按唯物史观，政治、法律制度属于政治上层建筑，伦理道德属于思想上层建筑，它们的共同基础是经济，即它们来自一个国家、一个民族、一个社会在特定历史时期产生的作为各种生产关系总和的经济基础。经济基础上产生的制度为经济基础服务，尽管它不限于为经济基础服务。这个制度所以存在的理由主要以两种形式呈现在我们面前，一是将对社会发展有重大作用的生产关系通过制度凝结、巩固、确定下来，形成所谓生产的社会结构，亦即经济生活的框架，用以规范人的行为，保障生产活动的秩序和国民经济的正常运行。二是通过制度创新对不利于生产力发展的生产关系加以调节，完善生产的结构和功能，扩大生产者活动的空间，激励他们提高效率，创造更多的财富。前一种形式是制度与经济基础关系的一般样态，后一种形式是制度与经济基础关系的特殊样态。在一般样态中社会呈现出稳定，在特殊样态中社会表现为变革。除非处在社会革命时期，社会变革一般发生在相对稳定的结构框架内，新制度经济学论述的制度变迁和中国改革开放实践中展现的制度创新都属于这种情形，后者鲜明的"政府

---

① 王文贵：《"经济人"、制度和制度伦理探微》，《武汉大学学报》（人文科学版）2003年第3期。

② 晏辉：《制度伦理及其实现方式》，《齐鲁学刊》2003年第4期。

③ 王淑芹：《"以德治国"与制度伦理》，《教学与研究》2002年第8期。

主导"特征，展现出政治上层建筑强有力的作用，它是主体性的一种社会形式。

为经济基础服务还只是政治、法律制度存在的直接理由，促进生产力发展才是人们所以建构这样的而不是那样的制度的深层原因。马克思把生产力看作社会发展的最终决定力量，恩格斯从"归根结底"的意义上解释经济因素的决定性以及它与上层建筑等其他影响社会发展状况的因素的关系。尽管这个关系是复杂的，其间有许多分权、转承和不为人们清楚地看到乃至被遮蔽的地方，生产关系要适合生产力的状况，作为生产关系凝结物和确证化的制度因而也要适合生产力的状况，这个基本理路还是非常清楚的。"唯物主义历史观从下述原理出发：生产以及随生产而来的产品交换是一切社会制度的基础；在每个历史地出现的社会中，产品分配以及和它相伴随的社会之划分为阶级或等级，是由生产什么、怎样生产以及怎样交换产品来决定的。所以，一切社会变迁和政治变革的终极原因，不应当到人们的头脑中，到人们对永恒的真理和正义的日益增进的认识中去寻找，而应当到生产方式和交换方式的变更中去寻找；不应当到有关时代的哲学中去寻找，而应当到有关时代的经济中去寻找。对现存社会制度的不合理性和不公平、对'理性化为无稽，幸福变成痛苦'的日益觉醒的认识，只是一种征兆，表示在生产方法和交换形式中已经不知不觉地发生了变化，适合于早先的经济条件的社会制度已经不再同这些变化相适应了。同时这还说明，用来消除已经发现的弊病的手段，也必然以或多或少发展了的形式存在于已经发生变化的生产关系本身中。这些手段不应当从头脑中发明出来，而应当通过头脑从生产的现成物质事实中发现出来。"① 沿此理路，恩格斯说："一旦社会占有了生产资料，商品生产就将被消除，而产品对生产者的统治也将随之消除。社会生产内部的无政府状态将为有计划的自觉的组织所代替。个体生存斗争停止了。于是，人在一定意义上才最终地脱离了动物界，

---

① 《马克思恩格斯文集》第9卷，人民出版社2009年版，第283～284页。

从动物的生存条件进入真正人的生存条件。"[①]他同时认为:"这种占有只有在实现它的实际条件已经具备的时候,才能成为可能,才能成为历史的必然性。正如其他一切社会进步一样,这种占有之所以能够实现,并不是由于人们认识到阶级的存在同正义、平等等等相矛盾,也不是仅仅由于人们希望废除这些阶级,而是由于具备了一定的新的经济条件。"[②]这就是唯物史观视野中制度合理性的根据所在之处,其要旨不在于恩格斯开出和"药方",而在于他的"合理性根据"。

在道德根据论那里,我们看不到这样的思考,看不到经济基础的制约和生产力的影子,道德被提了出来,成为构建制度的前提,成为作出一项制度安排或不作出一项制度安排的依据,这与唯物史观的差异是显而易见的。

道德根据论不仅致思路向与唯物史观不同,看待问题的方法与唯物史观也不同。诚如大家所知,提出道德根据论,一个重要诱因是当代中国社会问题,这些问题的产生与中国经济发展有关,与市场经济有关。一方面市场经济极大地提高了中国的社会生产力,另一方面这个过程中出现了令人极其不满的道德状况,道德根据论是"制度伦理"论者开出的改善道德状况的一剂"药方"。类似现象在马克思生活时代也有,看看马克思如何面对类似问题对我们不无教益:

马克思对资本主义社会有许多极其尖锐的批判,包括道德批判,他要推翻资本主义制度,建立一个能够为符合人的本性和人的自由全面发展创造条件的社会,但马克思从来没有把共产主义社会的实现建立在道德基础上。在推翻资本主义的宣言中,他对资产阶级在它的不到一百年的阶级统治中所创造的巨大生产力给予充分肯定。[③]他揭露批判了人对物的依赖阶段中社会关系的物化,但却以非常确定的口吻说:"毫无疑问,这种物的联系比单个人之间没有联系要好,或者比只是以自然血缘关系和统治服从关系

①《马克思恩格斯文集》第3卷,人民出版社2009年版,第564页。
②《马克思恩格斯文集》第3卷,人民出版社2009年版,第562页。
③《马克思恩格斯文集》第2卷,人民出版社2009年版,第36页。

为基础的地方性联系要好。"它证明人们还处在创造自己生活条件的阶段，而要超越这个阶段，不能不以这个阶段为前提。"全面发展的个人——他们的社会关系作为他们自己的共同的关系，也是服从于他们自己的共同的控制的——不是自然的产物，而是历史的产物。要使这种个性成为可能，能力的发展就要达到一定的程度和全面性，这正是以建立在交换价值基础上的生产为前提的，这种生产才在产生出个人同自己和同别人相异化的普遍性的同时，也产生出个人关系和个人能力的普遍性和全面性。在发展的早期阶段，单个人显得比较全面，那正是因为他还没有造成自己丰富的关系，并且还没有使这种关系作为独立于他自身之外的社会权力和社会关系同他自己相对立。留恋那种原始的丰富，是可笑的，相信必须停留在那种完全空虚化之中，也是可笑的。"① 没有什么是比殖民统治令一个国家的人民更难以忍受的，即使对这种现象，马克思也坚持用历史唯物主义的方法给予分析。在指出不列颠在印度的统治造成的伤害和带来的变化后，马克思说："的确，英国在印度斯坦造成的社会革命完全是受极卑鄙的利益所驱使，而且谋取这些利益的方式也很愚蠢。但是问题不在这里。问题在于，如果亚洲的社会状态没有一个根本的革命，人类能不能实现自己的使命？如果不能，那么，英国不管犯下多少罪行，它造成这个革命毕竟是充当了历史的不自觉的工具。"②

马克思思想中有一种逻辑，这种逻辑蕴含在历史进程中，指称的是事物自身或一事物与他事物相互作用的"自然历史"特性。我们可以把这个逻辑诠释为历史规律，诠释为"道"，却无论如何不能诠释为道德。导致一种

① 《马克思恩格斯文集》第8卷，人民出版社2009年版，第56～57页。

② 《马克思恩格斯文集》第2卷，人民出版社2009年版，第683页。
马克思甚至说："总之，无论一个古老世界崩溃的情景对我们个人的感情来说是怎样难过，但是从历史观点来看，我们有权同歌德一起高唱：
'我们何必因这痛苦而伤心，
'既然它带给我们更多欢乐？
'难道不是有千千万万生灵，
'曾经被帖木儿的统治吞没？'"（同上，第683～684页。）

社会制度被另一种社会制度取代的是这个逻辑，因而推翻或建立一种制度的合理性根据不是道德。在马克思那里，道德和制度一样，都是特定历史条件下历史逻辑、历史运动（人的活动）、历史关系的产物。马克思所希望的，是根据历史的逻辑实现对历史的双重超越："只有在伟大的社会革命支配了资产阶级时代的成果，支配了世界市场和现代生产力，并且使这一切都服从于最先进的民族的共同监督的时候，人类的进步才会不再像可怕的异教神怪那样，只有用被杀害者的头颅做酒杯才能喝下甜美的酒浆。"[①]

道德根据论的"治病"方法与马克思的方法显然也不同。

上层建筑中的政治、法律制度固然重要，却不是制度的全部。制度存在的领域大于上层建筑，除了政治、法律制度，还有经济、文化、教育、科技、医疗和社会保障等制度，除了宏观社会制度，还有各行各业、企业单位的具体制度。唯物史观一方面告诉我们政治、法律制度合理性的根据不是道德，另一方面，也是最重要的，它所展现的致思路向对于我们揭示其他制度合理性的根据也是纲领性的。沿着这一路向，有必要对被视为根据的道德做一些考察，道德具有成为制度的根据的理由吗？道德根据论似乎认为这一点不言自明，而以下几点告诉我们它没有理由。

首先，道德不是先天的，它和制度一样不具有本根性，而本根性是一事物成为他事物根据的基础。

当道德根据论忘记了生产力，忘记了经济基础的时候，它也很自然地忘记了道德的土壤，忘记了它和制度一样来自生活，来自人们的感性活动或实践，来自交往实践基础上形成的社会关系。这种感性活动和交往关系首先围绕着生存问题展开，与之相关的生产因而成为第一个历史活动，与生产相关的关系因而成为人们首先要处理的关系，其中包括道德关系。道德就行为而言不过是在此之中的活动，就观念意识而言不过是对在此中那些活动的感受。恩格斯曾经谈到道德的历史性："善恶观念从一个民族到另一个民族、从一个时代到另一个时代变更得这样厉害，以致它们常常是互

---

① 《马克思恩格斯文集》第2卷，人民出版社2009年版，第691页。

相直接矛盾的。"①也谈到道德的阶级性:"现代社会的三个阶级即封建贵族、资产阶级和无产阶级都各有自己的特殊的道德"。②他明确反对抽象化道德:"我们拒绝想把任何道德教条当做永恒的、终极的、从此不变的伦理规律强加给我们的一切无理要求,这种要求的借口是,道德世界也有凌驾于历史和民族差别之上的不变的原则。"③而他反对抽象的、凌驾于历史和民族差别之上的道德原则的理由,就在于那个导致了道德历史性、具体性的人们的实际关系。因此,他的结论是:"我们断定,一切以往的道德论归根到底都是当时的社会经济状况的产物。"④

一个本身在以生产活动为主干的现实基础上产生、其自身的正当性也要由这个基础加以说明的道德,不能成为另一个在同一个基础上产生的制度的合理性的根据。一个本身随时代和环境不断改变、过去被肯定现在被否定或现在被否定将来被肯定的道德,不具备成为"本""根"的条件,除非上帝用道德创造了人类。

其次,倘若作为制度合理性根据的道德是抽象的,则以抽象的道德为制度合理性的根据是不合理的。

抽象道德具有这样的特征,它跨越历史时空,超乎国家和民族的界线,成为不同阶级、不同行业、不同文化背景的人们共同接受的观念和规范。人们所以接受它,因为它崇高伟大,反映了人在相互交往中的内在心声,仿佛拥有不证自明的绝对正当性。抽象、普世、为人们广泛接受、不证自明、绝对正当,这些就是道德根据论自觉不自觉的前提预设。且不说抽象的道德是否存在,我们知道在这个问题上存在极大的争议,至少恩格斯是反对永恒真理即抽象道德的,而恩格斯的声音绝不是少数人的声音。即使我们退一步,承认有抽象的道德存在,它也不能成为制度合理性的根据。理由如下:

---

① 《马克思恩格斯文集》第9卷,人民出版社2009年版,第98页。
② 《马克思恩格斯文集》第9卷,人民出版社2009年版,第99页。
③ 《马克思恩格斯文集》第9卷,人民出版社2009年版,第99页。
④ 《马克思恩格斯文集》第9卷,人民出版社2009年版,第99页。

不同时代的人们所以接受抽象的道德，乃由于抽象道德所表征的内容迄今为止尚未实现，人们期待它能够实现，期待它变为自己生活中的现实，因而把它作为社会目标。目标是人们追求的对象，是有待实现的东西，是人们努力的结果。把目标作为规范现实行为的制度的根据不合理，将有待实现的东西作为当下存在的根据不合理，将结果视为人们所以追求这个结果的根据不合理。目标有范导人们行动的功能，道德根据论恐怕是把道德的范导功能和制度的根据混淆了。一个合理的制度不能以未来为出发点，它可以与未来有联系，但只是作为历史链条的环节与未来发生联系。合理的制度与抽象道德表征的未来之间的联系始终以可能做什么为纽带，它只提出自己能够解决的任务，只做历史允许它做的事情。如果用目标代替现实，用应当代替可能，不让制度以"缩短和减轻分娩的痛苦"为宗旨，硬要制度去做未来的事情，强制实现抽象道德的要求，想方设法适应或满足抽象道德那极高尚的超越性尺度，那么我们将无法避免历史悲剧，道德因此会成为恶的根源。

第三，道德的不等于合理的，合理的不一定合道德。

笔者不想说道德根据论者主张抽象的道德，尽管在他们的论述中看不到生产力和经济基础，看不到实际的关系，笔者愿意相信他们所说的道德是具体的、历史的。那么将道德理解为具体的、历史的，它是否就能成为制度合理性的根据？回答依然是否定的。所谓合理，就是合乎事理。合理者追求事理，把它看作真，合理性本质上属于"真"；众所周知，道德追求"善"；善的东西未必真，真的东西未必善，真可以帮助人们成善，真本身不是善，善可以帮助人们成真，善本身不是真。真和善的统一既不是真的意义上的合理性，也不是善的意义上的道德，而是"美"。所以，将道德因素注入制度可以得到"美"，不能推出"合理性的根据"的结论，制度伦理从伦理角度追求制度合理性的做法，会使"美"变为"丑"。

理论倘若不足以服人，就让我们来看实践。计划经济体制是我们曾经实践的基本制度安排。计划经济体制在道德上没有多少可指责的，作为资本主义经济制度的对立物，消灭剥削、消灭压迫、铲除异化、铲除不平等是它要实现的两个主要目标之一。它不仅让国家代表生产者掌握生产资料，而且在分配制度上尽量缩小收入差距，以期实现劳动者之间的平等。应当说计划经济体制与伦理的吻合度是很高的，社会主义之能吸引人，这是一个重要原因。但计划经济这个在道德上可以赞同的制度安排没效率。所以没效率，因为不合理。第一，它在信息不完全的条件下却要做信息完全条件下才可以考虑去做的事情，显现出认识上的极大局限性。第二，它把自己存在的前提建立在实际并不存在的产品生产者、经营者利益完全一致的基础上，既否定了竞争，也不尊重价值规律，违背了经济发展的本性。因此，计划经济体制虽然在相当程度上消除了经济上的不平等，却没有带来共同富裕，生产力发展滞后是计划经济体制社会共同的特征，而生产力以更快的速度发展本来是它另一个主要目标。于是我们看到了这样一种现象：计划经济体制在实践中越彻底（越大、越公、越平均），国家经济状况越糟糕。这个历史经验告诉我们，合道德的不一定合理。

市场经济体制是中国改革后推行的基本制度安排。市场经济体制在效率上没有多少可指责的，作为计划经济体制的对立物，它调动了商品生产者、经营者的自主性、积极性和创造性，借助价格机制和竞争机制，使社会生产力得到快速发展，国家财富迅速增加，人民生活水平得到大幅提高。但市场经济这个在发展生产力上可以赞同的制度安排引发了一系列社会道德问题。所以如是，乃因为第一，它所关注的首要问题是与生存相联系的经济发展而非道德问题，什么是生产者的本性、经济发展的本性，怎样使资源配置最有效率、怎样有助于生产力的发展提高，是它的旨趣所在。其他因素，包括道德因素，围绕着经济发展这个中心展开，在市场经济体制的制度安排中只起助力作用。这或许就是亚当·斯密在《国富论》中不论道德，而在其后完成《道德情操论》的原因。第二，它把自己的前提建立在"经济人"自主经营自负盈亏基础上，合乎商品生产者的利己本性，却与社会利益存在矛盾；它对资源的有效配置与优胜劣汰联系在一起，与相濡以沫的道德诉求存在冲突。因此，市场经济体制虽然增加了社会财富，却也带来两极分化，带来紧张、压力和痛苦，而生产力以更快的速度发展本来是要让人快乐的。这个历史经验告诉我们，合理的不一定合道德。

道德根据论把复杂的问题简单化了，以为道德的即是合理的，合理的就能够解决道德问题，而没有看到社会发展中出现的道德问题同时也是经济问题、政治问题，它首先在经济和政治生活过程中滋生，然后才对经济、政治乃至整个社会生活产生影响。道德源自经济和政治生活过程，意味着即使单纯的道德问题单凭道德本身也难以解决，道德问题的解决很大程度上依赖经济、政治问题的解决。一个社会的相关经济、政治问题的解决不一定产生良好的道德状况，没有经济、政治问题的解决一定没有良好的道德状况。

道德问题的解决不能脱离经济、政治，经济和政治问题的解决却可以不依赖道德。这样说的依据，来自从"礼崩乐坏"到资本主义用血与火播撒工业文明种子的人类发展史。黑格尔说："有人以为，当他说人本性是善的这句话时，是说出了一种很伟大的思想；但是他忘记了，当人们说人本性是恶的这句话时，是说出了一种更伟大得多的思想。"恩格斯接着黑格尔这段话说："在黑格尔那里，恶是历史发展的动力的表现形式。这里有双重意思，一方面，每一种新的进步都必然表现为对某一神圣事物的亵渎，表现为对陈旧的、日见衰亡的、但为习惯所崇拜的秩序的叛逆，另一方面，自从阶级对立产生以来，正是人的恶劣的情欲——贪欲和权势欲成了历史发展的杠杆，关于这方面，例如封建制度的和资产阶级的历史就是一个独一无二的持续不断的证明。"[1] 见仁见智者可以说，黑格尔和恩格斯只是指出了一种现象，一个事实，不代表他们赞成这种现象或事实，至少对恩格斯来说，他是要改变这种现象的。但不要忘了，封建制度和资本主义制度是有历史合理性的，至少马克思和恩格斯都承认封建制度和资本主义制度的历史合理性，而这种合理性不是道德所能解释的。

道德根据论者说，合道德的制度才是合理的制度，思想史和社会实践告诉我们，制度合理性与合道德性没有必然关系，马克思、恩格斯更是强

---

① 《马克思恩格斯文集》第4卷，人民出版社2009年版，第291页。

调道德的、正义的、平等的观念不能成为一种社会制度取代另一种社会制度的原因。制度合理性的根据要到现实中寻找，到制度发生的经济、政治、文化、生活领域人的交往活动和交往关系中寻找。在这个过程中，以下几点可以作为评价制度合理性的参照：

制度的效用。能否规范人的行为，调节人的关系以及在多大程度上规范人的行为、调节人的关系。能，制度具有合理性；规范、调节的程度越高，制度合理性的成分越大。制度的效用包含在怎样规范和调节中，怎样规范和调节属于制度表征的行为方式范畴。制度或方式所以与效用联系在一起，是因为制度的规范调节或制度的实施是有成本的，不同的方式其成本不一样，从而不同的方式导致不同的效用。

制度的目的。仅有效用不够，还需目的。对效用的评价或肯定依赖于目的合理性，目的不合理，效用再大也无意义。目的的合理性是个历史范畴，其一般特征是：是否为社会发展所需要，是否是人的追求且有利于人自由全面的发展。从具体分析角度看，目的合理性还有一个隐喻：区别不同制度的用途，防止张冠李戴，以一种制度为标准去评价另一种制度。这种混淆不是没有发生，例如将资本主义社会中出现的制度安排，包括为发展生产作出的一些制度安排，统统等同于资本主义制度，进而归之于不合理的行列。

合对象性。符合规范调节对象本身的特性而非与它相悖，是判别制度合理性的最重要的依据，这一点我们已经多次提及，无需多谈。需要补充的是，合对象性不是单向度关系，而是制度与对象的双向互动，因此一方面制度要适合人和人的行为的本性，另一方面制度要能够使人和人的行为趋向于制度规范调节的目的。某种意义上我们可以说，制度所以要适合人和人的行为的本性，就是为了使人及其行为能够顺从制度的规范调节，一味跟随人和人的行为，不能对其加以改变，制度便无存在的必要。

系统性。如果把制度看作一个系统，则不同制度间的协调配合不可或缺。每一个制度都是具体的，规范调节的行为是特定的，这种行为的产生却可能有多方面的原因，是另一种或另几种行为的结果。倘若我们只是用一种制度去规范行为A，而对产生它、影响它的行为B等等却没有制度规范或没有有效的制度规范，对行为A的规范也会效用不佳，政治行为对经济行为的影响即是如此。

三、制度与伦理的差异

探析制度合理性的根据必会追究到制度与伦理的差异，制度伦理的诸多论点论据——包括"道德根据论"——都同制度与伦理的差异相关。我们在前面的章节里已经对制度与伦理的差异有过不同角度的分析，这里再做一个集中梳理，一方面将它突出出来（对制度与伦理关系的研究来说这是必要的），另一方面也为下一节的辨析做准备。

1.个性差异

制度有好坏之分，伦理没有好坏之分。我们可以说这个制度好，那个制度不好，但不能说这个道德好，那个道德不好。人们想过制度的好坏问题，在比较的意义上对它们加以区分和选择，却似乎从未想过道德的好坏问题，尽管他们知道不同时代、不同人群、不同国家民族或文化共同体有不同的道德。人们同意对制度取历史主义态度，但这不妨碍他们评判哪种制度好，哪种制度不好，特别是在这些制度相处同一时空范围的时候。人们也对伦理取历史主义态度，但即使在同一时空范围内，人们也不对其做好坏的评判，而是用文化相对主义给予诠释。道德，无论过去的还是现在的，都有一个共同的内核——善，制度，无论过去的还是现在的，都没有一个表征其共同性的内核，这或许是二者有无好坏之分的缘由之一。

道德有绝对和相对之分，制度没有绝对和相对之分。从古至今人们都把道德视为理所当然的东西，学者们于是阐释它的普遍必然性，建构绝对性的伦理体系。诸如至善、至美、作为理论基石的"我思故我在"一类无可怀疑的公理，颇能捕获大众心理——谁能拒绝至善至美至真，谁能不对集所有美德于一身的先哲顶礼膜拜，谁在苦难中不希望有一个全能的主解救

403

自己于水火之中，又有谁能反对"圣人境界"，反对做一个高尚的人，一个纯粹的人。通往至善的路是无止境的，沿着这条道路前行便会趋向绝对。从古至今人们都不把制度视为理所当然的东西，它虽然早已存在，伴随人类生活的每时每刻，却直到现代才在主流学术和发展实践中获得一席之地，即便如此，人们也只是在"工具"意义上理性地关照制度，自然不会对它有绝对、相对的审视。

制度具有现实性，道德具有超越性。制度的现实性不仅是说它调节规范的行为和关系是当下实际发生的行为和关系，而且是说它所作出的调节规范本身必须是实际有效的，否则它便无用。无用的制度形式上存在，实际不存在。制度要避免无用，必须紧紧贴近现实，贴近实际存在和发生的行为，将自己建立在它的基础上并须臾不可脱离，对它来说，只要能将人的行为限制在一定秩序的范围内就算完成使命。事实上，这也正是制度使命。道德虽然也在现实行为和关系基础上发生，也要规范调节人的现实行为和关系，但它却总是不停留在已然状态，而将目光投向更高境界。因此，制度的所作所为是道德不满足的，道德要超越制度的规定，不仅超越制度的规定，它还要超越自我规定。

制度具有特殊性，道德具有普遍性。制度规范人的活动，也依赖人的活动，它基于人的活动生发，也随着人的活动变化。制度依赖和规范的活动要么是专门性或行业性的，要么是时代性、民族性的，不同的活动和关系需要不同的制度安排，国家的基本制度安排要适应时代性、民族性的要求。道德不同，它除了具有特殊性的一面，还具有普遍性的一面，诸如义利、善恶、个人利益与社会利益、快乐与痛苦等道德基本问题，自由、平等、宽容等道德理念，集体主义、个人主义等道德原则，"己所不欲，勿施于人"的黄金法则，爱国守法、明礼诚信、团结友善、勤俭自强、敬业奉献等公民基本道德规范，不仅适用于社会生活的一切领域，还贯穿在不同时代、不同文化共同体中，且人们对它们的道德感受和道德评价尺度也大致相同。理论和实践表明，道德不会满足于特殊性的应用，制度不会追求现世活动的普遍性。

道德带有两面性，制度不带有两面性。同样的道德可以为不同的人具有，在不同的行为中发挥同样的作用，而这些行为是有是非善恶之分的，道德的这个特点前面已有论述。同样的制度则只能产生同样的结果，一种制度不能为两个或两个以上的目标服务，只要人的行为纳入它的框架，不管思想观念如何，动机和目标是什么，最终结果是确定的。制度有局限，因此也可以说制度有两面性，但这不是既可以为善良正义服务也可以为邪恶腐朽服务的那种两面性。

2.功能差异

制度和道德虽然都以人的行为和关系为对象，彼此的功能却不同，调节的范围、程度、方式方法也有很大差异。

制度是禁止性的规范系统，在调节人的行为时虽然有激励、有提倡、有告诉人们能够做什么的肯定性要求，但这些肯定性要求建立在不能做什么的禁止性规定的基础上。道德是肯定性的规范系统，在调节人的行为时，道德也告诉人们不能做什么，即禁止人的某些行为，但这种禁止建立在"应当"的基础上，所以无论何时何地它都要求人们"积极自由"。制度禁止人们做某些事情的目的是坚守住人之行为的底线。道德提倡人们做某些事情的目的是促使人之行为向上提升。对于制度来说，只要人不去做某事即算完成了自己的使命，至于人们心里所思所想不是它关心的事情，所以制度不依据思想作出裁定。对道德来说，问题不在做与不做，而在做的好坏，在该行为所展现的精神境界的高低，也就是说，人们心里所思所想恰为道德关注的对象，动机遂成为判断道德行为的尺度，"动机论"者甚至把它当作唯一尺度。

制度的禁止以强制为后盾，制度的功能是强制性的。道德的提倡以自愿为前提，道德的功能是自律的从而非强制的。我们不能以说服的方式实施制度，劝导人们遵守社会正式颁布的规则，也不能用强制的方式推行道德，规定人们必须达到某种道德境界。

强制性的制度和自律性的道德各有自己解决不了的问题。

道德不能解决自由问题。封建社会、郡县时代、人对人的依赖阶段，人有道德，没有自由。道德高尚的人身陷囹圄，这样的事情即使发生在今天也不会让人意外。然而人有道德表明人有自由意志，在没有自由的大背景下，自由意志以及它所引发的道德责任是怎样的？这个问题值得思考。奴性是那种背景下道德责任的一个结果。

道德不能解决公平问题。两个有道德的人可能分处贫富两端，可能有不同的起点、不同的机会、不同的社会境遇，有些人"天生高贵"，生活优渥，有些人"天生低贱"，处境艰辛。道德可以敦促前者仁慈，后者忠诚，却不能改变宗法等级、种性划分、阶层固化，反而维护宗法等级、种性划分、阶层固化。当人们把公平看作道德范畴时，这个问题不能不察。

道德不能解决不道德的问题。它只对讲道德的人有效，一旦人们不自愿、不自律、在竞争和利益面前选择怎么有益于自己就怎么做时，它便无能为力。因此有"马基雅维里问题"，有"良心几钱论"问题，有"两面人"问题。某些情况下——这种情况经常出现——道德问题的解决办法不在道德，而在道德以外，因饥饿引出的道德问题伴随温饱问题的解决而解决，因双轨制引出的道德问题伴随市场经济的完善而解决。

道德不能解决的问题，制度可以发挥作用，自由、公平本质上是制度问题。但制度在功能上也有自己的局限：它不能解决自愿问题，因此不能解决人的完善提升问题，它可以强制性地维护秩序，这个秩序却未必和谐，因此制度不能解决社会和谐问题。制度仿佛有机体的骨骼，无论怎样健全，也不等于丰满，这为道德留下了空间。制度和道德一样，也有遵循与否的问题，有法不依、执法不严、制度缺位失位乃至公然破坏制度不守政治规矩，是历史和现实中常见的现象，制度对此无能为力。它是人制定的，也是人执行的，当制定它的人破坏它，执行它的人无法无天时，它的功能便丧失了；当破坏它的人又用它来约束人，使社会有机体扭曲时，制度便成为大恶之源。

制度和伦理都不能解决"遵守问题"，于是一些学者把目光转回到人——不是制度决定人，而是人决定制度，只有天才的立法者才能制定完善的法律，只有坚守公平正义的人才能依法办事。天才的立法者是教育的产物，所以教育重要，富有公平正义感的人是道德教化的结果，所以道德首要。我们发现，这些仿佛有理的观点延续的是18世纪法国唯物主义的主张，而马克思对18世纪法国唯物主义早有批判："关于环境和教育起改变作用的唯物主义学说忘记了：环境是由人来改变的，而教育者本人一定是受教育的。因此，这种学说一定把社会分成两部分，其中一部分凌驾于社会之上。""环境的改变和人的活动或自我改变的一致，只能被看作是并合理地理解为革命的实践。"[1]马克思是从实践角度考虑人与环境和教育的关系的，他不会否定二者的相互作用，他所强调的是导致相互作用的实践基础。人和制度、人和伦理的关系也是如此。人在实践中产生制度和伦理的需要，即意识到总有人我行我素，为了自己的某种需要不讲规矩、突破底线，因此在考虑如何防范这种行为时有了制度和伦理的产生以及对它们的强调。也就是说，我们面对的问题是如何防范人作恶，前提或约束条件是总有人作恶且我们不知道哪些人作恶，所以求解之道不能再回到人，再回到问题的起点。防范人作恶有多种方法或途径，道德是其中之一，是人们最容易想到并经常选择的方法和途径，但历史经验告诉我们，最有效的方法或途径其实是制度。制度属环境因素，以人性恶为预设，以强制方式为手段。它不那么高尚，却反而因为坚守了底线而为高尚的道德发挥作用创造了良好条件。制度亦可能坚守不住存在的底线，在变化了的场景中它无能为力乃至成为桎梏，因此实践对环境的改变的一项重要任务是制度创新。它还是要在制度上做文章，这篇文章的做法和人的活动或自我改变是一致的。

3.取向差异

制度和伦理的取向既体现在制度和伦理研究的内容上，也体现在它们对人的行为的规范上。

---

① 《马克思恩格斯文集》第1卷，人民出版社2009年版，第500页。

制度和伦理在终极目标上是一致的，都指向美好社会、善的生活。它们和生存有关，和人的本性有关，和人的交往及社会关系有关，范导着人的生存、人的本性、人的交往及社会关系的演进轨迹。人的生存、人的本性中最原始、最基础的东西是食色和合作。食色连接人的生物性，合作连接人的社会性，人的交往及关系蕴含在社会性中。食色与合作无论缺少哪个方面，皆无人的存在，自然也谈不上健全的人性。因此，制度和伦理无论怎样变化，人的生存和本性都是其不变的内核，人们可以超越生存和本性的束缚，却不能违背生存和本性诉求，人类社会的进步不是人的毁灭和本性的丧失，而是人的存在的全面展开和人的本性的健全张扬。

终极目标之外，制度和伦理的取向有差异，主要表现在它们遵循的尺度上。制度遵循理性尺度，道德遵循价值尺度。制度在建构和规范人的行为时要符合活动本身的特性，所以须遵循以求真为圭臬的理性尺度，制度的合理性即是与其规范调节对象特性的一致性。道德在建构和规范人的行为时要求对象之间建立起应然性关系，所以必须遵循以求善为圭臬的价值尺度，道德的正当性即是规范调节本身的价值性。问题的吊诡之处在于，或者由于理性所揭示的"对象的尺度"本身就与人的道德期望、道德要求相冲突，或者由于伴随社会历史条件的变化，道德所标示的"价值尺度"本身也发生变化，两种尺度及其它们规范的行为并非总是一致，遵循"理性尺度"有可能与违背"价值尺度"，遵循"价值尺度"，有可能违背"理性尺度"。更令人苦恼的是，理性和道德的不一致不是发生在不同事物、不同过程、不同时间中，而是发生在同一事物、同一过程，同一时间中，致使人虽然想使其统一，却不能兼而有之，最终只能选择一个。经济学中的"机会成本"和日常生活所说的"鱼与熊掌不能兼得"即是这种情形的某种写照，而理性和道德又都是人的需要，都是人竭力追求的。在迄今为止的历史中，我们尚未找到一种方式、方法、途径，按照它去做，"理性尺度"可以完全合乎"价值尺度"，反之亦然。我们通过"学习"所能做的，是用不同的方式处理它们，因此有了制度，有了道德，有了制度和道德的"分工"。

制度、伦理的取向既和人的认识有关，也和历史条件有关。人的认识是怎样的，其所确立和应用制度以及提出的伦理要求就是怎样的，而人的认识受历史条件制约。人们常常谴责井底之蛙，鄙视它自鸣得意的"天有一个井大"。但对井底之蛙来说，天就是只有一个井大，如果它不受井底约束能认识到井外之物，看到广袤的山川河流，反倒是件奇怪的事情。人何倘不是如此！我们只能在有条件走出"井底"看到广袤的世界时鄙视"坐井观天"，不能在没有条件走出"井底"时鄙视"坐井观天"，我们的认识在本性上是无限的，在每一个历史阶段是有限的——它能够告诉我们的，超不出"天有一个井大"。

认识的有限性使制度和伦理的取向多了一些复杂性。除了历史条件发生变化进而认识发生变化后，制度和伦理的取向也会发生相应的变化这种能够容易想到的问题，还有制度和伦理自身内部的差异性问题。

制度取向的内部差异，指人的主观意愿与制度本身实际导向的差异。人依据某种认识作出某种制度安排，希望通过这种制度安排实现所欲达到的目标或状况。这种安排一旦确立，便会形成较长时间内相对稳定的行为方式，将人的行为导向某种状况，这种导向是不以人的意志为转移的。作出制度安排的人，如果其认识同制度本身的导向吻合一致，制度规范调节的结果就是他意愿所欲的结果，如果同制度本身的导向不吻合一致，制度规范调节的结果就与他建立该制度的初衷不一致甚至南辕北辙，而不管建立制度的是什么人、什么组织、什么政党，也不管建立制度的人出于什么动机、为着什么目的。这种情况在社会变迁中经常发生。

伦理取向也有类似情况。伦理本身指向善，将伦理用于社会生活和国家治理时却常有恶发生。典型者有禁欲主义之扭曲人性，有道德理想变身杀人工具，有道德成为统治者维护自己统治的工具，阻碍生产，破坏法治。

这里的关键之点有二。一是对人的活动特性的认识，用唯物史观的话说，就是对社会发展规律的认识。建构者以为自己的认识是与人的活动的本性一致的，作出的制度安排是适宜的，其实不然，他是理性有限者，只能认识到当下阶段，始终存在其当下的成果被以后的发展取消的危险。计划经济体制就是如此，一开始它取得的成绩令人振奋，经过一段时间才会发现，它把国民经济带进死胡同。二是对人的本性及"是"与"应当"的认识。建构者认为人的自然本性是原始的、野蛮的、动物性的，应当被现代的、文明的、社会性的规范所取代，故而提出超越性的规范和目标，要求人的行动向之看齐。一般而言这样说和做是正确的，至少没有大错，但如果将社会规范同人的自然本性对立，过于强调"应当"，贬低"是"，事情就会适得其反。

人的认识总是附加一些东西，善是其中之一。善是"道"，"道"被认为最有价值，真是"器"，"器"离开"道"没有意义。当对善作狭义理解时，"道"即道德，和以理性为尺度的制度比，道德高于制度，是制度的目标，因而理所当然统辖制度，给制度设纲领、定方向。儒家是这样做的，制度伦理倡导者也主张这样去做。由是，两种取向合二为一，伦理制度化，制度伦理化，制度的取向服从道德的取向，人的活动、人的本性服从道德的要求，真服从善，人们把自己意愿的东西看作真，看作事物的特性，称它们为规律。导致适得其反的两个关键点由是叠加到一起，制度和伦理各自的长处被削弱，短处被放大，内在冲突更加严重且没有缓解的可能和途径。

4.制度和伦理的冲突

制度和伦理是有冲突的。我们在政治领域、法律领域、经济领域看到了真实的冲突，在道德的不一定是合理的、合理的不一定合道德的观点中体会到它的潜台词。军事指挥员应当爱护士兵，珍惜他们的生命，但不能以珍惜士兵的生命为宗旨参与战争，决定他行动的是"兵法"——慈不掌兵。丈夫深爱妻子，为了给身患重病的妻子筹备医疗费盗窃钱财，法律不能因丈夫的爱不予刑罚——法不容情。这样的事情俯拾皆是，不必一一列举。将"俯拾皆是"上升到一般，理论上我们可以说，并不是每一种类的活动其本性都与道德相一致，因此也不能以道德为尺度衡量把握每一种类的活动，尽管从事每种活动的人都要有道德。是故，当人们用道德统辖制度，或者只讲制度不讲道德时，他不是缓和而是人为地加重了制度和伦理的冲突。

虽然摆出事实、给出一般理论表述已经可以说明问题，笔者还是想借马克·布洛赫的论述补充一个具体分析：附庸制悖论。

马克·布洛赫说，在文献资料中附庸制被誉为人类最可珍惜的关系纽带，"附庸"一词通用的同义词是"朋友"。[①]早期附庸制是以聚集在首领周围的武装扈从群体为基础的，它具有一种温情脉脉的家庭氛围。在表现它特有的词汇中，首领是老人（senior、herr）或给面包的人（lord），附庸是主人的亲兵、侍从、吃面包的人，二者的效忠被效忠关系是以个人接触和伙伴关系背景下的从属关系为基础的。随着时间的推移，这种原以家院为限的关系范围大大扩展了。主要原因是，在乱世社会中，强权人物特别是国王们，都希望从这种极为牢固的关系纽带或仿效这种关系形成的关系中，找到一种医治忠诚衰微的办法；而在另一方面，许多生存受到威胁的人，则视此关系为获得一位保护人的途径。[②]

附庸关系非常牢固，附庸观念支配了封建社会人的所有其他关系，完美情人的效忠观念，即是以附庸关系为样板的。附庸关系要求坚定不移的献身精神，爱其所爱，恨其所恨。附庸的首要义务是甘愿为主人赴汤蹈火、勇敢献身。这是殉道之举，将引导他进入天堂。蔑视这种关系是性质非常严重的一种罪愆。《亨利一世法典》规定："弑其领主者罪不容恕，要施以酷刑令其毙命。"[③]然而，附庸义务有时不可避免地与其他义务发生冲突，这种情况一旦发生，附庸义务总是战胜其他义务，对国家的忠诚让位于对领主的忠诚，亲属关系——它被视作较公共法更神圣的关系纽带——

---

① 布洛赫：《封建社会》（上），张绪山译，郭守田、徐家玲校，商务印书馆2004年版，第371页。

② 布洛赫：《封建社会》（上），张绪山译，郭守田、徐家玲校，商务印书馆2004年版，第379页。

③ 布洛赫：《封建社会》（上），张绪山译，郭守田、徐家玲校，商务印书馆2004年版，第373页。

让位于个人依附义务，"亲属不如领主亲近"。法律也是这样规定的，12世纪意大利《采邑书》明确告之："附庸必须帮助其领主反对任何人，包括其兄弟、儿子、父辈们。"即使领主是罪犯，也要遵从，因为他是领主。①大封建主对国王的战争，大封建主手下附庸们的反叛，对封建义务的漠视，所有这些是欧洲封建社会的常态。"相当清楚的是，这种情况下出现的这种自相矛盾，其根源应存在于别的地方，即在附庸制本身，在它的变化和多样性中。"②

布洛赫的论述很多，第十七章专门分析附庸制的悖论，第五编的标题是"下层社会的依附关系"，其他章节也有大量讨论，有兴趣的读者从中可以窥见制度和伦理冲突的诸多形式、内在因由。

黑格尔主张伦理学要与社会和解，而不是用一个很高的标准为尺度不断批评它。③的确，在道德尺度面前，现实总是丑陋，以很高的标准为衡量尺度，现实更是一无是处。中国先贤讲人人皆可成圣，实际情况是，和圣人相比，人们无论怎样修行，永远是可以批评的。关键问题在于，以很高的标准为尺度不断批评现实、批评社会，并不能够达到期望的目的，内在冲突却可能更加剧烈。

制度有自己的边界，制度合理性一个为人忽视的方面是严守自己的边界，做其范围以内的事，不越俎代庖，不跨界行动，不去做那些本该由道德或者别的因素去做的事情。同样的道理也适用于道德。泛道德化是高尚的，但却简单粗暴。用简单化的做法应对复杂的社会现实，只会把本来就不简单事情搅得更加混乱不堪；用粗暴的方法对待细腻的情感纠葛，只会让本来温情的道德世界充满戾气。还是应当尊重历史，尊重人的活动本身的逻辑，当"凯撒"诞生之后，不要再让"上帝"去做"凯撒"的事情。

---

① 布洛赫：《封建社会》（上），张绪山译，郭守田、徐家玲校，商务印书馆2004年版，第375、376页。

② 布洛赫：《封建社会》（上），张绪山译，郭守田、徐家玲校，商务印书馆2004年版，第379页。

③ 罗尔斯：《道德哲学史讲义》，张国清译，上海三联书店2003年版，第450页。

四、若干置疑

制度伦理有一些依据，用作对制度伦理可能性和合理性的证明。这些依据概括起来主要有四个：制度和伦理存在一致性；道德具有局限性；制度与伦理可以互补；制度伦理化和伦理制度化有助于道德实践。除最后一点外，前面三个依据从字面看没有什么错，但一经进入关于它们的论证或阐释便可发现，论者的理解和把握多有可置疑之处。

1.关于制度与伦理的一致

制度伦理所以可能，制度与伦理的一致性是一个重要理由。制度伦理论者自觉不自觉地都有这种看法，其比较有代表性的一种表达是："制度伦理概念的存在完全是由制度与伦理在基本职能上的一致性这一点决定的。"制度与伦理基本职能上的一致是什么呢？"从制度的起源、本质以及创新上我们看到，制度就是某种准则、规则体系，而伦理本质上也是一种规范体系。……既然都是一种规范体系，那么它们在基本功能上就是一致的，即都是通过约束人们的行为调节各种利益矛盾来实现效率和公平的。"① 且不管制度和伦理调节规范人的行为是不是为了效率和公平，制度和伦理都是规范体系，没错，它们的对象都是人的行为、职能都是对其加以规范，也没错，但问题不在于它们都是以调节人的行为为职能的规范体系，而在于它们是两种不同的规范体系，只要稍加注意就会发现它们在调节规范人的行为时非常不同。

主张制度伦理的学者也意识到这种不同，故而我们看到如下说法：制度规范是明确规定了的，伦理规范则以风俗、习惯、良心、舆论的形式存在；伦理规范依靠内心信念发挥其功能，具有非强制性，制度作为国家或政府制定的行为规范，具有强制性；二者的区别是明显的，不可把制度和

---

① 晏辉：《制度伦理及其实现方式》，《齐鲁学刊》2003年第4期。

伦理等同起来。但其后的结论却是："看到制度与伦理在存在形式和调节方式的差别，以及制度与伦理在基本功能上的一致，乃是制度伦理范畴得以成立的根本前提。"①

因为制度和伦理都是调节人的行为规范，即使看到它们的差异也强调和凸显二者的一致性，完全是为了证成制度伦理，强调制度与伦理的统一性，强调伦理是制度合理性的根据，强调从伦理道德的角度看待制度，突出制度在整合和调节各种利益矛盾时所表现出来的伦理性和伦理功能，意欲借助其强制性推行伦理准则和规范。一言以蔽之，就是为了说明制度与伦理的同一。

然而，仅仅因为制度和伦理都是调节人的行为的规范体系就说二者同一，就把制度伦理存在的依据建立其上，说它完全是由职能上的一致性这一点决定的，实在看不出有什么道理。如果这样的理由这样的论证能够成立，许多事情将变得不可思议。例如，倡行道德是为了完善人的生活，发展经济也是为了完善人的生活，我们是不是因此可以主张经济道德化、道德经济化?! 类似的一致性在道德与政治、与文化、与教育卫生医疗保障竞技体育乃至旅游和儿童游戏中都存在，它们是不是也要伦理化? 显然，"一致性"的依据太过简化，简单化的论证扭曲事情的本来面貌。

制度伦理论者或许会说我们看到了制度和伦理的差异，并给予了这些差异以明确的表述。的确如此，但看到了差异却仍然强调二者的一致，强调二者合一即制度伦理化、伦理制度化的可能性、必要性、合理性，正是令人不解之处! 制度伦理论者从道德的局限、制度与道德的互补说明何以如此的理由。关于这两个问题我们稍后再谈，现在要问的是，差异是制度和伦理存在的本质，还是一致是制度和伦理存在的本质? 本质是一事物区别于他事物的根据，是一事物所以具有个性、特性、独立性的原因。如果一致是制度和伦理存在的本质，那意味着制度和伦理是同一个东西，这或许正是制度伦理论者希望得到的结果，但如此则需要解释，为什么人类社

---

① 晏辉：《制度伦理及其实现方式》，《齐鲁学刊》2003年第4期。

会在其发展中将二者逐渐分离开来，形成两种不同的社会规范体系？制度伦理论者说从起源上看它们原本就是一体的。不错，但我们谈论的是现代社会，不是古代社会乃至原始社会，放着现代社会与早期社会的不同不去关照，放着制度与伦理分化的历史的和现实的因由不去解释，却以早期社会的情形证成现在，实在不是应有的论证思路，得出的结论自然也就没有什么可信度。①如果差异是制度和伦理存在的本质，则制度伦理论者必须解释为什么本质不同的东西仅仅因为它们都是行为规范就可以合二为一？很遗憾，我们没有见到这方面的论证，没有见到弃本质于不顾而凸显非本质方面的理由。因此我们不能不说，一味强调二者的一致性并使之成为制度伦理赖以成立的依据的做法没有学理依据，就思维方式言，它有片面性之嫌，就论证方式言，它有抓住一点不及其余之嫌，由此得出的结论不过是论者的一厢情愿。

笔者以为，制度和伦理本质上是不同的，虽然都有调节人之行为的功能，该功能却不是将二者同一在一起的理由，与其把论证的要点放在一致性上，倒不如更多地关注二者分立的历史根据，如此方有可能理清制度与伦理本来的关系。

2.关于道德的局限

道德的局限性是主张制度伦理的另一个理由：制度可以弥补道德的局限，弥补的途径是伦理制度化，制度伦理化。

具体说来，有论者指出，道德具有一般指导性，道德法则通常是普遍的、抽象的，要将其落实，需要相关制度的具体法则的补给和保证；道德要求是劝导性、提倡性、建议性要求，故而表现出软弱性，制度是强制的

---

①　这里还应插一句，有人认为，习俗惯例即是道德早期表现形式，制度源自习俗惯例，所以制度原本就是从道德中派生出来的。这种说法并不准确。人类早期的习俗惯例不仅只是道德的表现形式，也是法律等制度的表现形式，它的一部分衍生为道德，一部分衍生为制度（例如原始会议、仪式等），当然也有交叉的情形。因此，将习俗惯例等同于其中一个的来源是不妥的。参见本书第一章。

硬规，可以弥补道德的软弱性；道德是内在的，道德内化为人的内在要求的过程漫长、曲折而复杂，需要一定的环境，制度作为稳定的行为规则提供了这样的环境。①还有论者对此做了更为直接的表述："道德规范面对诸多失范行为之所以表现出无力状态，就在于它缺少一种强制性，缺少物质意义上的奖惩措施。在这种情况下，制度便应运而生。……制度作为一种以强制性为基础的社会整合手段，是在继续着道德力图完成但又无法完成的约束、调节、整合和批判功能。制度弥补了道德的局限性，延长了道德的基本功能，扩大了道德的适用范围；制度把人们之间的利益冲突公开化了，把伦理道德问题典型化了。"②按照这一表述，道德的局限性就是道德的非强制性，延长了道德的基本功能就是通过制度化使之具有了强制性，道德既是说服的又是强制的，这大概就是所谓"扩大了道德的基本范围"。

这是一个似是而非的理由。

道德确实有局限，但对道德的局限也有一个理解问题，在什么意义上说道德是有局限的，这一点并非不重要。

局限大致有两种情形。第一，事物自身存在欠缺，该欠缺表征事物自身的不完善。由于不完善，使该事物不能做某些事情，而这些事情通过完善自身本来是可以做的，且经过努力该事物能够完善自身。比如，一个人因为欠缺某种知识技能而不能做某事，该知识技能是社会存在的，通过努力是可以学到的，当这个人掌握了这种知识后，他便能够克服自己有关这方面的局限。第二，相对于其他事物而言存在欠缺。事物自身已经自足，但所做的事情仍然是有限的，有些事情是它不能做而别的事物可以做的，且它所不能做的事情无论怎样完善自身也还是无能为力，这不是由于该事物存在欠缺，而是为该事物之为该事物的性质和功能所决定，它只做自己应该做和能够做的事情，不做自己不该做不能做的事情，一旦事物跨越边

---

① 参见王淑芹：《"以德治国"与制度伦理》，《教学与研究》2002年第8期。

② 晏辉：《制度伦理及其实现方式》，《齐鲁学刊》2003年第4期。

界去做别的事物应该做的事情的时候，它便不再是它自身。

道德的局限属于第二种情形。至少在制度伦理论者所说的一般性、劝导性、内化的长期复杂性的意义上，在制度伦理论者集中关注的软弱性这一点上，它属于第二种情形。这类情形的局限不仅道德有，制度也有。不仅道德和制度有，任何一个社会结构要素在发挥其功能时都有。如果任何事物都有其局限，一般地谈论道德的局限就没有什么意义，除非人们对此全无认识。社会生活中既然没有一个因素是全能的，我们便不期望用一种方法、一种手段、一种模式去解决面对的所有问题。社会所能做的，是使不同结构要素各自发挥自己的功能，社会可期盼的是各自发挥自己功能的结构要素之间彼此能够协调。每一个结构要素的功能对于社会来说都是不可缺少的，该要素功能的发挥立基于它所具有的独特本性。道德的独特本性——姑且按制度伦理论者的说法——就是它的一般性、劝导性、内在性、自律性以及被视为软弱性的非强制性。道德因为具有这样的特性，才使得它能够促使人、人的行为、社会生活具有高尚性、超越性。这种功能是其他社会要素所没有的，是制度不能取代的。因此，被制度伦理论者视为局限的东西，恰恰是道德的优长所在。尺有所短，寸有所长，"长"是"短"所依，"短"是"长"所在，导致一事物之局限性和导致该事物之优越性的，常常是其所具有的同一个东西（特征、本性、功能等等），这个道理是普遍的。

认识到道德的局限，第二种情形的局限，意义在于使我们清醒地看到道德作用的有限性，看到社会发展的复杂性、系统性，看到其他因素存在的必要性，进而充分发展这些因素并发挥它们的作用，守适而度中，不过分，不拔高，不单边突进单向度展开，让道德做它自己的事情，把其他事情交由其他要素例如制度去做。制度伦理的拥趸如果这样理解道德的局限，我们定会举手赞同。很遗憾，他们并非如此，而是视道德之优长为道德之短缺，把道德引向制度化的方向，臆想让它拥有制度的特性，去做它原来不能做的事情；进而又要制度取伦理化的路向，臆想使之拥有道德的特性，扮演道德实施者的角色。当他们这样主张的时候不知是否想到，制度也有局限，让伦理进入到制度中去，用制度推行伦理道德，会不会走出一个

"局限"而陷入另一个"局限",例如强制性的局限?反过来,为了弥补制度的局限而将其引入伦理道德中去,会不会又陷入道德的"局限"?在这个过程中,究竟是伦理的局限性被克服了还是制度的局限性被克服了?谁的局限性也没克服,各自的优点却不见了,那情形好有一比:一个人看到五个手指长短不一,认为它们各有局限,遂用外科手术的办法截长补短,结果不言而喻。

制度伦理论者不这样认为,他们的理由是互补。

3.关于互补

制度伦理论者强调制度与伦理的互补,阐释和论证互补是他们证明制度伦理存在的合理性、必要性的一项主要内容。制度对伦理之"补",是使伦理得到具体落实性、外在显现性和(特别是)强制性的功能,这一点在前述引文中看得很清楚,无需再说。伦理对制度之"补",是使制度获得合理性的根据,使实施制度的人能够明是非、辨善恶,保障制度得以正确有效地发挥作用。"法律、制度的设计和安排再周详,也不能详尽所有的社会情景,这就需要相关的社会成员凭借良好的道德素养而明是非,辨善恶,发挥主体的能动性和创造性。""因为任何管理和活动,都是由人来支配的。人的思想和道德素养及其文化水准直接会影响制度的贯彻执行。"[①]两个方面合在一起,便是伦理制度化、制度伦理化,便是制度伦理——制度与伦理互补的标志性符号。

笔者赞成制度与伦理互补,认为制度与伦理应该互补,并且在现实生活中它们实际上也在进行互补。但笔者不赞同制度伦理论者对制度与伦理互补关系的理解,认为如此论证互补是一个错误,一个不该发生的错误。分歧的焦点在那个作为标志的"制度伦理"。

在制度伦理论者那里,制度伦理化、伦理制度化了就是互补,或者是互补本身,即制度伦理本身就表征着互补;或者是互补的结果,即制度伦

---

① 王淑芹:《"以德治国"与制度伦理》,《教学与研究》2002年第8期。

理是制度与伦理互补的结果。无论哪种理解，都是对互补的否定。

互补是一种关系。两个以上的事物才有关系，因此互补以两个以上的事物的存在为前提。两个以上事物的存在是分立的存在，不是合二为一。合二为一是为归一。"一"是同质的，同质的事物可以自足自洽，无所谓互补，也不可能或不能够互补。即使两个事物，如果它们是同质的，也不能互补。互补只发生在异质的事物之间，所以我们看到，人们只会在长与短之间寻求互补，不会在长与长或短与短之间寻求互补，分立且异质是互补的必要条件。

制度和伦理符合这个条件：制度是外在的，道德是内在的；制度是他律的，道德是自律的；制度是强制的，道德是自愿的；制度是实证的，道德是超越的；制度是禁止的，道德是提倡的；对法律的违背只有被发现以后才会受到惩罚，对道德的违背则无论别人发现与否都会受到惩罚——良心的惩罚。总之，它们是两种规范体系、两种调节方式，各有自己的范围，产生不同的结果，所以才能在社会生活中、在对人的行为加以调节时形成互补。这是系统意义上的互补，即社会有机体各个"器官"的互补，它不是结构要素内部的事情，也不是将"肠"和"胃"两个"器官"打造成"肠胃"。

制度伦理论者的错误在于，他们不满意道德之为道德的功能，也就是所谓道德的"局限"，从同质性的角度，亦即制度与伦理的一致性，将制度与伦理打造成一个东西——制度伦理，认为伦理具有制度的功能，制度具有伦理的功能，或伦理制度化、制度伦理化就是互补。这种见识背离了分立的前提，祛除了异质的条件，却不知当制度伦理论者将制度和伦理这两种具有不同性质、不同特征、不同功能、不同作用方式的行为规范合为"制度伦理"时，他们等于取消了互补。

制度伦理论者并非没有看到制度与伦理的差异，在他们的论证中常常可以看到这方面的表述。看到二者不同却仍然要把两个异质性的规范体系同质化，笔者以为，和他们对以下问题的误解不无关系。

其一，制度伦理论者认为，历史上法律是从道德中生发出来的，法律之所以产生就是因为道德已经不足以规范调节人的行为，必须有强制性手段介入；即使进入现代社会，法律规定的许多内容也是道德所要求的，因此将现代社会发展中的道德诉求法律化既有历史的依据，也有现实合理性。还有论者强调，道德法律化不是把全部道德规则都用法律的形式固定下来，而是只摄取社会秩序和人性完善所需的道德最低要求的内容。[①]历史上法律是从道德中生发出来的说法不合乎历史，稍加考察就会发现，法律和道德都源出于原始习俗惯例，它们的关系是以后的事情。退一步看，历史上曾经存在不是现代应当如此的理由，这一点我们暂且不论；现代社会，当人走出人对人的依赖关系成为独立的个体后，在对人的行为加以规范调节时，不够用的不仅是道德，还有传统社会如古代中国盛行的道德化的法律，这一点我们也暂且不论。要旨在于，如前所述，道德规范一旦化为法律条文它就不再是道德，它就是法律，尽管它仍然保持过去的内容，尽管人们仍然可以对这些内容进行道德评价。因为是法律，所以它只能摄取一部分道德——社会最低要求的道德内容，它不能取代道德，不能将全部道德规则法律化。因为是法律，最低要求的那些内容便舍弃了一般、劝导、自律等特性，不再以道德面貌出现而转换了"身份"，转换"身份"不能看作是互补。顺便问一句，既然法律化摄取的只是一部分道德，为什么使用"道德法律化"这样的全称句式？既然道德那么重要，既然道德的"局限"是所有道德共同具有的，为什么法律只摄取一部分内容而不将全部道德法律化？我们希望能够听到学理贯通逻辑自洽的回答，但我们以为制度伦理无法给出学理贯通逻辑自洽的回答。

其二，与部分道德的内容成为法律的规定相辅，制度可以产生的伦理效应也强化了一些论者"互补"的错觉：既然制度有伦理效应，为什么不通过伦理制度化、制度伦理化强化这种功能！笔者赞成制度具有伦理效应，并认为它与伦理形成互补。[②]但这种互补是建立在同一实践基础上的两个要

---

① 参见王淑芹：《道德法律化正当性的法哲学分析》，《哲学动态》2007年第9期。

② 参见《制度的伦理效应》，《哲学研究》1998年第9期。

素的互补，不是制度伦理意义上的互补。它之所以能与伦理互补，正是因为它是异质性的制度，而非伦理化的制度或制度化的伦理。有必要明晰一点：即我们应当对某种社会生活要素（制度、法律、知识、财富）产生的结果和这种要素本身有所区分。从实践角度看，某些社会要素因其所具有的功能可能产生伦理效应，但其本身不是伦理，其功能也不是伦理的，制度或法律即属于这样的要素。而某些不能产生伦理效应的要素，却不一定不是伦理，某些传统的习俗和惯例、某些过去时代的伦理规范属于这样的要素。如果因为有伦理效应就将其伦理化或使之成为××伦理化的理由，这个世界上就不止制度要伦理化了。众所周知，知识有助于道德修养和德性的提高，苏格拉底因此说"美德即知识"；经济有助于道德心的生成，管仲因此说"仓廪实而知礼节，衣食足而知荣辱"，类似知识、经济的这种作用，制度和法律同样具有，它们都能够产生伦理效应，甚至是巨大的伦理效应，然而这却不能成为将其伦理化的理由，有伦理效应不等于制度伦理化。

4.关于实践

主张制度伦理最主要的理由，乃出于实践方面的考虑。中国社会转型时期道德状况堪忧，从劝导提倡方面采取了种种措施效果不佳，制度伦理论者试图寻求突破，借助制度强制性等功能在他们看来是一个选择。

论者的善良动机无可怀疑，善良动机未必导致善良结果早已是伦理学的共识。既然谈的是实践，就让我们用实践说话。

历史上用制度实现伦理道德诉求的实践早已有之。这种伦理制度化、制度伦理化的实践并非短暂一现，而是存在于很长一段历史时期，并非限于局部、限于百姓日常生活之域，而是一种整体诉求和国家（社会）基本制度的规定。

欧洲中世纪是基督教占主导地位的世纪，在此之前，希腊人已经有了人与人平等、人是世界公民的思想，基督教将这一思想同其伦理原则结为一体，使之成为普遍的主导性规范原则。黑格尔认为，基督教是道德的宗教。基督宗教伦理学家卡尔·白舍克的说法也为此提供了证明："伦理指导是所有早期教会著作（宗徒书信，圣诺望福音及默示录）中的主要组成部分。这些伦理指导性的著作使得基督宗教以伦理宗教的身份出现在人们面前，它的伦理规条和一些关于天主、人和世界的宗教观念紧相联系。"[①]在基督宗教那里，"伦理责任义务是强制性意旨的外在表现，这个强制性意旨要求人们无条件听命。"[②]伦理命令通过伦理法律展示给人们，"从广义上讲，伦理法是一种指令，命令人将所有的活动瞄向他的目的。""从狭义上讲，伦理法是一种总的、义务性的、恒定的指令，命令人将所有的活动都指向目的。"[③]伦理法律"是绝对性的和命令性的，这些伦理法律不取决于人的自由意志，不管他是否想遵守，这些伦理法律要求一种毫无保留的听命与服从，因为它们涉及的是人存在的意义和造物主自身的目的。"并且"天主绝不会允许他的诫命受到违背而不对这种触犯行为施以惩罚。"[④]基督教（旧约）中，完美地遵守法律就是完美的伦理行为；但这种遵守必须出自对上帝的信仰，如果它不是本着天主的公义、仁慈与爱的精神，则无真正的伦理道德可言。伦理法律源于上帝，是上帝示喻于人的，这是基督教伦理的特点之一。上帝用可怖的、神秘的方式——雷鸣、电闪、吹角、冒烟的山——让众生害怕从而敬畏自己，借助强制性力量、以一种完全不容置疑的口气要人顺从，这是基督教伦理的特点之二。因为上帝是绝对的，对上帝的话是不得违背的，这是基督教伦理的第三个特征，即因为上帝，基督教伦理具有必然性和持久的效力。

中国古代社会，伦理制度化、制度伦理化也是曾经存在现实。从"以

---

① 白舍克：《基督宗教伦理学》第一卷，静也、常宏等译，雷立柏校，上海三联书店2002年版，第41页。

② 白舍克：《基督宗教伦理学》第一卷，静也、常宏等译，雷立柏校，上海三联书店2002年版，第111页。

③ 白舍克：《基督宗教伦理学》第一卷，静也、常宏等译，雷立柏校，上海三联书店2002年版，第122、123页。

④ 白舍克：《基督宗教伦理学》第一卷，静也、常宏等译，雷立柏校，上海三联书店2002年版，第111页。

德配天"到修齐治平，道德既是王朝统治合法性的依据，也是个人生产生活、建功立业的根基。儒家伦理思想渗透在刑律中，渗透在诉讼制度中，与礼仪规章和国家体制融合在一起，呈现给我们一幅家国不分、政治与道德不分的画面，其最引人入胜之处，是先贤渴望而竭力追求实现的、帝王在满足自身利益前提下也表赞同的大同社会。

但是我们既没有见到天堂，也没有看到大同社会。

早期作为穷人的宗教的基督教，在它有了权力特别是可以和世俗政权平起平坐以后，其所塑造的生活画面与世俗社会无本质差异，制定和执行伦理—宗教法规化的教会自身也像世俗政权一样腐化堕落、道德沦丧。一是生活糜烂。教会早有明文规定，神职人员不可娶妻生子，而应当学习耶稣，将自己全身心地奉献给上帝。为此，神职人员全都要有贞洁誓言，1079年罗马教会将神职人员独身立为法律。但实际情况是，这种情况在中世纪中后期尤烈，神职人员私下养情人是近乎公开的秘密，大家心领神会，见怪不怪，生儿育女者不计其数。主教中有妻妾成群的，有同时把母女俩收为情妇的，有招大量妓女到教皇宫庭举办裸体舞会的。高级神职人员的生活向贵族看齐，他们的住所往往是腐败的窝点，神父在街头争吵、赌博、饮酒作乐甚至亵渎神灵之举司空见惯。二是贪图权力。为争夺权力钩心斗角、不择手段，尤以教廷为烈，私下交易，行贿舞弊，大打出手，阴暗程度一点不比尘世宫廷差。主教一职不是根据候选人的声望和品德任用，而是权钱交易，买卖神职，谁出价高谁当选。教会的财产从土地、教堂到饰品，多为王公贵族捐赠。王公贵族捐赠教会，一方面为他们死后进天堂求得方便，另一方面有功利主义的考虑，其中包括安排自己的人到教会任职。捐赠和交换联系到一起，全不顾及"上帝意旨"、宗教教义。三是敛财。恩格斯说，主教和大主教，修道院长、副院长以及其他高级僧侣控制着大片土地，拥有许多农奴和依附农，他们像贵族和诸侯一样肆无忌惮地榨取自己属下的人民，办法上更无耻得多，除了暴力威胁刑具恐吓外，伪造文书、利用忏悔、甚至革除教籍和拒绝赦罪的威吓也用上了，总之是要增添教会的产业。如果还不能满足挥霍，就制造灵异的圣像和圣徒的遗物，组织超度礼拜场，贩卖赦罪符，这些都被用作聚敛钱财的手段，而且在长时期内收到最好的效果。[1]后人评价基督教的衰落，教廷腐败道德沦落是一个重要原因。

中国罢黜百家独尊儒术后，人们相信依靠《论语》可以治天下，我们看到的是中国社会从此趋于停滞，再无先秦时代百花齐放、百家争鸣的气象。这里不谈崇尚伦理的大一统中国抑制了经济，抑制了科技，抑制了中国人的思想创新，只谈道德。翻开春秋以降二千多年的历史，腐败始终伴随上自君主、公卿等最高统治集团，下至一般官吏的统治阶级各阶层中。首当其冲是权力腐败。（1）权钱交易。权力可以换来金钱，金钱亦可以换来权力、地位乃至生命，"奇货可居"一词出自权钱交易，"千金之子不死于市"，也出自权钱交易。东汉王朝卖官鬻爵是公开行为，"以财入官"的"捐纳"制度存在于秦汉以后历朝历代中，权钱交易始终是统治集团的腐蚀剂。（2）结党营私，用人不公。主要表现为重亲属门生、重朋党同乡、重利益关系。出于个人私利而非国家社稷的用人不公，是传统中国最大的腐败之一。（3）侵犯、滥用、践踏公权力，吏治腐败。最高统治者专权，外戚、宦官、佞臣弄权，权力私有化，个人权力凌驾于公共利益之上，公权力演化成谋求私利的工具，从中央到地方，"政以贿成"，贪污受贿、行贿徇私、贪赃枉法等官场腐败现象不胜枚举，时常导致公权力扭曲，国家机器运转不灵。其次是生活腐化。中国历史上虽有贤君明主和洁身自好的良臣，但总体上看，从帝王到胥吏，生活腐化是一种常态。统治阶层以权力为基础贪婪无度地攫取钱财物，追求极度的物质享受，"三年清知府，十万雪花银"，那种骄奢淫逸纸醉金迷的生活凡人皆知不以为怪。由此带动了整个社会风气的败坏，人们贪图享乐，崇拜权力迷恋金钱，言必说仁义礼智信，行必讲功名利禄色，典型者就是饱读诗书、经过科举步入仕途的大批儒生。权力腐败和生活腐败相辅相成，权力腐败导致生活腐败，生活腐败加速权力腐败，比较而言，权力腐败较生活腐败危害更加严重。腐败与王朝更迭

---

[1]　参见《马克思恩格斯文集》第2卷，人民出版社2009年版，第226页。

息息相关，每个王朝早期都励精图治，中后期都出现大面积、群体性、塌方式腐败，都在重复腐败亡朝的历史"周期律"。周公对道德沦丧的危害性早有深刻认识，因此主张以德治国；孔子对道德的重要性早有深刻认识，因此提倡"克己复礼"。他们不可谓不睿智，不可谓不远见卓识，伦理制度化、制度伦理化就是从他们开始的，"周期律"也是自他们的时代开始的，历代王朝无不尊尧舜周公孔子教诲，却就是不能扼制腐败跳出"周期律"！

基督教和古代中国，一个是信仰世界，一个是世俗社会，都把伦理放在首位，也都把放在首位的伦理和制度同一，结果怎样，历史已经写得清清楚楚。

今天，中国社会在改革开放过程中再次面对腐败问题、道德沦丧问题，制度伦理论者再次选择伦理制度化、制度伦理化的做法，这不是进步，而是倒退，不是创新，而是复古。如果说中世纪欧洲和古代中国这样做还有历史的理由，现代社会已没有它生长的条件。倘若没有条件创造条件也要上，那就是拿中华民族的前途做赌注，结果是可以预期的。

道德非常重要，不容沦丧。真要使道德面貌改观，发挥其应有的作用，就不要让它与制度"化"在一起。

第八章　理想与现实

　　善的生活是一种理想，人不能没有理想。人经常可以得到自己追求的某些东西，却长久地乃至永生不能实现理想。理想之为理想在于它没有实现，一旦实现它就不再是理想而是现实，亦即理想的否定，这是理想和追求不同的地方。理想的价值在于，它是黑夜中的一盏灯，给人希望、给人寄托，激励人们"愚公移山"，克服艰难困苦，向着光明砥砺前行。但从科学角度看，理想却是要能够实现的，否则它就和空想没有区别。人们不愿理想成为空想，人们愿意理想变成现实，因而人们把理想当作追求的目标，诚心正意，上下求索，不懈努力，哪怕理想的实现是理想的否定。这个过程引出了许多追求理想的人想到和没有想到的事情。

一、历史境遇

　　历史中不乏关于未来的美好理想，亚里士多德称它为可实行的善："在全部人类行为中都存在某种目的，那么这目的就是可实行的善。"[①]可实行的善需要有可实行的举措，依理想蓝图宏观和微观之分，举措有不同的内容和形式，在国家层面上，它通常表现为路线、方针、政策以及与之相应

---

　　① 亚里士多德：《尼各马科伦理学》，苗力田译，中国社会科学出版社1990年版，第10页。行为中存在的目的是否都是可实行的善显然可以置疑，但对我们的讨论来说，重要的是如果它确为可实行的善那会怎样？相对于该问题而言，行为的目的是什么以及它与可实行的善的关系就不必在这里加以辨析了。

的制度安排。举措是理想与现实的中介，象征着理想追求者的承诺——只要按其要求去做，就能"天堑变通途"。

很早的时候人们就认识到理想只有经过努力才能实现，因此很早的时候人们就提出了实现理想的举措。历史实践中，举措或努力产生的结果分为两类，一类是人们按举措去做得到所要的结果，但千辛万苦得到的这个结果（某个理想目标的实现、某种社会制度的建立等）却和预期有差别，不那么令人满意；一类是举措或努力所得到的结果与目标相悖，不仅没有达到预期，让人安居乐业，身心健康，反而带来灾难，举措或努力的过程即是灾难产生的过程，举措越坚决，贯彻越彻底，灾难越深重。

理想追求中发生的事情多属于第一类情形。儒家是理想主义，儒家的理想主义以道德为核心。儒家的道德理想主义从下文中可见一斑："乐者为同，礼者为异。同则相亲，异则相敬。乐胜则流，礼胜则离。合情饰貌者，礼乐之事也。礼义立，则贵贱等矣。乐文同，则上下和矣。好恶着，则贤不肖别矣。刑禁暴，爵举贤，则政均矣。仁以爱之，义以正之，如此，则民治行矣。""是故乐在宗庙之中，君臣上下同听之，则莫不和敬；在族长乡里之中，长幼同听之，则莫不和顺；在闺门之内，父子兄弟同听之，则莫不和亲。故乐者审一以定和，比物以饰节；节奏合以成文，所以合和父子君臣，附亲万民也。是先王立乐之方也。"①乐在这段以乐为主兼及于礼的文字中具有神话般的效用，在君臣上下等级关系中它能够和敬，在乡里宗亲关系中它能够和顺，在父子兄弟家庭关系中它能够和亲。不仅乐，还有礼，乐与礼相辅相成。《礼记·礼乐》告诉我们，礼乐上达于天，下至于地，具有行乎阴阳，通于鬼神，无远弗届，无微不至的功能。乐显示创始万物的天，礼体现形成万物的地，天尊在上，地卑在下，君臣的关系也就依此确定了。乐体现了天地间的和谐，礼体现了天地间的秩序，天不停地运动，地静止不动，一动一静，就生成了天地间的一切，故圣人治理天下

---

① 《礼记·乐记》，李学勤主编：《十三经注疏·礼记正义》（标点本），北京大学出版社1999年版，第1085、1145页。

言必称礼乐。这是《礼记》的特色，也是儒家的特色，理想主义莫过于此。礼建立起来了，乐演奏起来了，有了宗法之制、昭穆之制，有了大到社会小到家庭的伦理道德规范，但实际呈现的状态怕是儒家自己也不满意。

古希腊罗马时期已经有了人人平等、人是世界公民的思想，基督教将这一思想同其爱的原则合为一体，使之成为普遍的主导性规范原则，赢得广大民众青睐。没有理由对这一思想本身提出质疑，也可以相信基督宗教提出这种主张的真诚性。但结果如何，尽人皆知，有人将其概括为四个字：黑暗统治，虽有失公允，不能令人满意却是真的。把这种状况和基督教哲学家奥古斯丁的一个基本判断对照，能让我们发现某些颇有意味的东西的端倪：奥古斯丁认为，古希腊罗马哲学家提出的实际行为的道德模式和内省的道德模式，共同之处是谋求尘世的利益，其中心是人本身，而这是一切恶行的根源和本质。基督教否定这个一切恶行的根源，基督教追求另外的东西，基督教追求带来的东西不那么光明，尽管欧洲中世纪发生的事情也没有"黑暗统治"那么黑暗。

布洛赫论及欧洲封建社会时说，政策决定诉诸文字时，总要根据道德法则来堂而皇之地证明其正当性，所以，差不多整个封建时代的文献都披着一层虚伪的外衣，思想习惯将人类动机狰狞的面目掩藏在一层纱幕之后，直到被马基雅维里那无情的手撕破。[①]这个评价也适用于秦汉以来二千年的中国。

理想由少数人构画，付诸实践的过程也由少数人领导组织。他们提出主张，唤起民众，以各种形式争取民众的支持，共同参与到实现目标的过程中。他们的主张如果能够掌握民众，就会得到民众支持，而只要反映了民众的愿望、民众的利益和诉求，他们的主张就能掌握民众。这种情形在革命中可以看到，在改革中可以看到，在竞选政治中也可以看到。然而，一旦革命取得成功，改革取得成就，竞选胜出者上台执政后，事情便开始

———————

① 布洛赫：《封建社会》（上），张绪山译，郭守田、徐家玲校，商务印书馆2004年版，第152～153页。

出现反转。甘米奇说，宪章运动时，有人只要自称为改革家或自由主义者，说几句含糊笼统的话，就会博得大多数人的同情，仿佛他就要把他们引入天堂似的。贫民阶级对中产阶级盟友的忠诚深信不疑，以迷惘的眼光憧憬着未来生活的改善，至于改善的范围有多大，他们从不费心去调查，因此也不理解内中的道理，只觉得他说的话合乎心愿。但为时不久，当中产阶级在下议院赢得巨大多数后，所有原来建筑在空中的那些宏伟壮丽的楼阁都无影无踪了。①密尔是人民主权论者，他说："理想上最好的政府形式是代议制政府"②，认为唯一能够满足社会所有要求的政府是全体人民参加的政府，由于全体人都参加实际上是不可能的，所以代议制政府就是最好的政府。这个理想今天实现了，除了民主的敌人，专制主义者，没有人反对代议制民主，然而那些不反对代议制民主的人、那些谁反对代议制民主就会起来殊死抗争的人，也认为当代西方民主中存在许多不合心愿的弊病。

　　经济对生存有决定意义，对生活质量有直接意义，是教育、医疗、科技、社会保障水平提高，文化繁荣、国家富强、人民安居乐业的基础，在历史进程占据主导地位，政治围绕它展开，法律、伦理在它的基础上产生。马克思揭示了这一点，阐释了他的经济基础思想，邓小平把那种将政治相对独立性绝对化的倾向拉回到与经济的联系中，放弃以阶级斗争为纲，转向以经济建设为中心。实现四个现代化的目标顺乎民心，合乎民意，无数仁人志士为此不屈不挠、前赴后继。这个目标在1978年以前屡屡受挫，在1978年以后一步一步变为现实，今天的中国不仅已成为世界第二大经济体，还在全球经济中起着引擎作用。贫穷的人们期盼着富裕，富裕的人们对现实有许多不满。过去曾经以为，经济发展了许多矛盾就会迎刃而解，却没想到经济发展带来的问题比解决的问题还要多。"中等收入陷阱""拉美化"危机被屡屡提起，收入差距拉大、两极分化严重令人忧心忡忡；一部分人先富起来没有带动另一部分人共同富裕，富裕的方式令公平问题突显；社

---

① 甘米奇：《宪章运动史》，苏公隽译、张自谋校，商务印书馆1979年版，第3～4页。

② 密尔：《代议制政府》，汪瑄译，商务印书馆1984年版，第37页。

会矛盾重重，世风日下、人心不古，变革之前社会还算稳定，变革之后维护稳定成为至关重要的事情，这还不算经济发展付出的巨大环境代价！经济发展带来矛盾冲突是普遍现象，不唯中国，欧洲早期资本主义阶段社会矛盾冲突更为尖锐，因此才有世界范围内的社会主义运动。中国的特点，是经济发展同理想的关系更为紧密，而实现理想的方式，就经济体制而言，"前三十年"和"后三十年"有根本的不同。

第一类情形大致属于正常现象。恩格斯谈人改变现状的活动时曾经说过："我们不要过分陶醉于我们对自然界的胜利。对于每一次这样的胜利，自然界都对我们进行报复。每一次胜利，起初确实取得了我们预期的结果，但是往后和再往后却发生完全不同的、出乎预料的影响，常常把最初的结果又取消了。美索不达美亚、希腊、小亚细亚以及其他各地的居民，为了得到耕地，毁灭了森林，但是他们做梦也想不到，这些地方今天竟因此而成为不毛之地，因为他们使这些地方失去了森林，也失去了水分的积聚中心和贮藏库。阿尔卑斯山的意大利人，当他们在山南坡把那些在山北坡得到精心保护的枞树林砍光用尽时，没有预料到，这样一来，他们就把本地区的高山牧畜业的根基毁掉了；他们更没有预料到，他们这样做，竟使山泉在一年中的大部分时间内枯竭了，同时在雨季又使更加凶猛的洪水倾泻到平原上。在欧洲推广马铃薯的人，并不知道他们在推广这种含粉块茎的同时也使瘰疬症传播开来了。因此我们每走一步都要记住：我们决不像征服者统治异族人那样支配自然界，决不像站在自然界以外的人似的去支配自然界——相反，我们连同我们的肉、血和头脑都是属于自然界和存在于自然界之中的；我们对自然界的整个支配作用，就在于我们比其他一切生物强，能够认识和正确运用自然规律。"[①]恩格斯论及生存发展非常重要的一个方面——人与自然的关系，而他关于人改造自然活动的论述用来反思人改造社会的活动也同样有益。

第二类情形带来灾难，不仅没有令现实得到改善，反而使它比改变之

---

① 《马克思恩格斯文集》第9卷，人民出版社2009年版，第559～560页。

前更加糟糕。斯科特在《国家的视角——那些试图改善人类状况的项目是如何失败的》一书中说，20世纪许多大灾难都是统治者推行其巨大乌托邦计划的结果。他开列的名单有：右翼的德国纳粹主义，左翼的苏维埃集体化，坦桑尼亚的强制村庄化，埃塞俄比亚"理想的"国家村庄，以及和城市规划、森林有关的社会工程。我们在这个名单上还可以加上宗教裁判所、法国大革命的断头台、中国的"大跃进"和"文化大革命"、柬埔寨波尔布特政权自给自足、消灭货币、消除三大差别以及强制迁徙等理论和实践。它们有三点共同之处：（1）理想及其信仰高高在上，傲视一切，国家规划和现实的冲突被归结为现代与蒙昧、理性与迷信、科学与宗教、革命与保守、先进与落后的冲突。（2）表面上讲的是科学理性，内心深处受浪漫主义的激励和驱使，多美学情怀，少求真务实，浪漫主义和信仰结合，哪怕规划和实施者真诚而毫无利己之心，现实也会把美好的东西撕得粉碎，何况他们不是没有私心私欲的。（3）采用强制方式和手段，谁有异议谁就是反对派，谁是反对派就把谁列入敌对势力，一说到不同意见，就提到主义路线，残酷清洗、无情打击，阶级斗争一抓就灵。

中国革命和建设中，危害最大的是极左思想和路线。而"左"和理想主义有千丝万缕的联系，其突出特点就是把善、美好生活、天堂、共产主义时时处处挂在嘴上，占据平等、正义、道德的制高点，以最革命、最彻底、最纯粹、最高尚的面貌出现在人们面前。从货币到银行利息，从商品经济到个人利益，从"人人为我，我为人人"到贝多芬第九交响曲，从八级工资制到按劳分配，从社会渐进变迁到自由、平等、博爱，从传统到现代，举凡现实中的一切，要么是资产阶级法权，要么是万恶之源，要么不彻底、不完善、修正主义，要么虚情假意、无病呻吟，总之没有他们满意的，没有他们看上眼的，没有他们不批判否定的。但否定之后的肯定和"破旧"之后的"立新"怎样呢？我们知道，是普遍短缺和贫穷，是窒息思想和社会活力，是政治阴暗和经济走向崩溃边缘。现状如此糟糕，连他们自己也不能不承认，但"每当生活中产生使社会主义获得有效发展的新形式的时候，总会有那么一些人，他们以'纯粹的捍卫者'这种饶有诱惑力的姿态出现并声称，'这不是社会主义，这同根本原则是相抵触的。'"①他们的力量来自"高调"，或者以真正的马克思主义的名义痛斥和打击能够把社会主义推向前进的一切新思想，或者以伦理道德的名义谴责一切、建构一切。"高调"有神圣的外衣，有无可反驳的语意，"每当政治进程遭遇制度安排的技术性困难，它总能从高处奔泻而下，以道德激情冲破障碍，以政治上的道德判断转换政治上的技术讨论。"②罗兰夫人临刑前在自由神像傍留下悲愤之言："自由，多少罪恶假汝之名以行"。反过来，我们用我们有限的理性推知，罪恶也能假革命、平等、善、高尚、纯粹之名以行。"假汝之名"四个字让我们思绪飞扬，最后落在恶徒身上，我们认为，是那些野心家、阴谋家、魑魅魍魉之徒假借美好理想、美好主张、美好语词行苟且罪恶之事。历史告诉我们，是这样，但不全是这样，那些真诚的革命者、信仰者、毫无自私自利一心为他人为社会为国家民族者，也能造就罪恶引发灾难。

从认识论角度看，两类情形都与理性有限有关。因为理性有限，人能看到第一步，不能看到第二步、第三步，能看清局部，不能看清整体；因为理性有限，人们认为把握了真理、把握了规律、洞悉了发展奥秘，可以理直气壮、大刀阔斧推行自己的主张，遇到的阻力、付出的代价、鲜血和生命因"前途是光明的"而在"道路是曲折的"认识中获得解释，反倒更坚定了推行极左路线的信念与决心。有限理性把握了无限真理，这个在认识中说不通（无人赞同）的现象何以在实践中能大行其道？认识—实践的特性是一个重要原因。人的行为受思想观念支配，马克思把这看作最拙劣的建筑师比最精巧的蜜蜂所以高明之处，看作人与动物行为上的区别。思想观念包含目标，目标含有理想因素，抑或本身就是理想，人的行为要实现目标或理想，从认识—实践角度看是必然的、自然的。哈耶克看到了这个必然过程中隐含的危害，故而矫之以主张自生自发的秩序，认为社会秩序既不能由人的理性发明出来，也不能借助命令的方式得以建构，只能在个人

---

① 《在改革浪潮中重评斯大林》，林利、姜长斌译，求实出版社1989年版，第6页。

② 朱学勤：《道德理想国的覆灭》，上海三联书店1994年版，第213页。

彼此之间相互调适和对环境的回应过程中产生。"在各种人际关系中，一系列具有明确目的的制度的生成，是极其复杂但却条理井然的，然而这既不是设计的结果，也不是发明的结果，而是产生于诸多并未明确意识到其所作所为会有如此结果的人的各自行动。"① 理性可以将自生自发的秩序概括提炼出来，但不能人为建构秩序，因为每个人的理性都是有限的，谁都不可能握有指导人们行为的全部知识，任何凭依理性建构社会宏伟蓝图的人为努力都是致命的自负。哈耶克的论断是深刻的，触及"认识—实践"的一个痛点，但他将自生自发同人为建构对立，认为理性只能反映总结秩序不能设计规划秩序的观点，却和人本身自生自发行为的特性相悖。动物的行为是自生自发的，人的行为也是自生自发的，人的行为和动物行为的区别在于有观念，有思想，或如马克思所说结果在行动之前已经作为蓝图存在于人的头脑中，这是人之为人活动的特性。哈耶克也承认这个特性，认为人的活动离不开知识，离不开理性，那么合理的结论应当是：人自生自发地运用理性建构社会、建构秩序、建构他认为应当建构的生活样态，人只能这样做，不让他这样做反而与他自生自发的活动特性相违背。现在的问题是如何看待这个过程中存在的冲突，哈耶克没有回应这个问题，虽然如此，他的批评尖锐深刻，不容回避。

我们无法克服自身理性的有限性，无法摆脱造成理性有限性的历史条件，又不能因此停下脚步，甘愿受既定状况的束缚奴役，唯一的途径是依据有限理性不断试错。社会发展的过程就是不断试错的过程，蓝图变为现实之不如意、没有达到预期、没有想象的那般好即蕴含在这个过程中。说第一类情形大致属于正常现象，这是主要理由。

试错不以成功为前提，试错可能失败。无论成功与否，理想与现实的差距始终存在。理性有限不能改变这个事实，理性无限也不能改变这个事实。把这个事实如是地告诉人们，还是把理想蓝图描述的完美无缺？生怕理想和现实的差距公之于众会动摇理想信念的人，看到了"高大上"的动

---

① 哈耶克：《自由秩序原理》（上），邓正来译，三联书店1997年版，第67页。

员力量，却没有深思一次次失望会对人的理想信念产生何种影响；看到了理想信念动摇的危害，却不知更持久更牢固的理想信念建立在历史真实基础上。不管有意还是无意，自觉还是自发，沿着尽善尽美路径描绘诠释理想蓝图的做法是与试错的认识—实践过程相背离的，它强化了第一类情形中的缺陷，远不如实事求是好。不但如此，它还为理想与现实的对立留了后门，当他们以理想蓝图为参照对现实大加鞭挞说它这也不对那也不好时，当他们不满足于口诛笔伐而不惜一切代价让现实符合理想蓝图时，他们就使理想与现实对立起来。从不如意到灾难有时只有一步之遥。

二、己他关系

人所做的一切都是为了人。友善和谐的关系是人为着自己而追求的目标，许多时候它的重要性超过物质财富功名利禄，没有友善和谐的人际关系，物质财富功名利禄不能带来幸福，不能形生善的生活。

然而，友善和谐的人际关系又是在创造物质财富和求得功名利禄的过程中产生的，它不能脱离共同活动，也就不能脱离创造物质财富和求得功名利禄活动中的交往关系。人的关系是否友善和谐，取决于人在相互交往中怎样做。

"如果每一个人都……，就会是……"是一种常见的表达式，多用在说明人实现其所希冀的事情的做法，其中包括如果每个人都是无私而利他的，社会就会是美好的，生活就会是善的。在该表达式中，理想以"如果"的形式存在，现实以"就会是"的形式存在，它所包含的己他关系因此可以作为"一斑"，成为辨析理想与现实的具体对象。本节的辨析偏重学理，己他之"他"可以是个体，也可以是作为共同体的集体和社会，他者即社会，己他关系本质上是个人和社会的关系。历史境遇之不如意，就个人和社会关系而言，和学理方面的不通透不无关系。

己他关系的论辩历时弥久，众说纷呈，概括起来主要有两种观点。一种观点排除利己，将道德导向利他。齐格蒙特·鲍曼说，道德"原初场景"

中包含他者，与他者的相遇意味着我的责任，这种责任是无限的、无条件的。自我与他者的关系是单向性、不平衡、非互惠的，且这种关系是不可逆的。"这些正是一种道德立场不可或缺的、决定性的特点"，它只强调自我对他者的责任，自我对他者的"应当"，不考虑他者会怎样——是否给予回报，是否像"我"一样行事，是否在"给予"和"回报"之间达到平衡。他者怎样是他者的事情，与"我"无关。"'我准备为他者而死'是一个道德陈述；'他也相应地准备为我而死'就很明显不是一个道德陈述了。不管怎样值得，他人应当为祖国、为政党或者任何其他原因牺牲他们的生命都不是一个道德命令……准备为了他人而牺牲使我承担起了责任，这种责任是道德的"。道德仅在于我要/应当怎么做，抑或我对他者要/应当承担什么样的责任，其他事情不在考虑之列。"在道德关系上，所有可能想到的'责任''规则'都仅仅是由我来从事的，仅仅对我有约束力，将我并且仅仅将宾格的我建构成主格的'我'。当针对我的时候，责任就是道德的。而一旦我想用它来约束他者，它就完全失去了它的道德内涵。"[①]齐格蒙特·鲍曼的观点和康德伦理学一致，只要"我"说我所以这样做是出于"绝对命令"，二者就吻合在一起。

另一种观点包含利己，将道德导向利己与利他的相互依存。这种观点"把人的个人私利看做是自然的和善的，是能够通过理性的引导、对个人和社会都有利的"。[②]它可以在亚里士多德那里得到支持："善良的人，应该是一个热爱自己的人，他做高尚的事情，帮助他人，同时也有利于自己。""事实上，一切用来规定友谊的属性，都是从自身推及他人。"[③]在这个过程中，正如恩格斯所说："每个人的利益、福利和幸福同其他人的福利有不可分割的联系，这一事实却是显而易见的不言而喻的真理。"[④]此论和

---

① 鲍曼：《后现代伦理学》，张成岗译，江苏人民出版社2003年版，第56、58～59页。

② 转引自宾克莱：《理想的冲突》，马元德等译，商务印书馆1983年版，第43页。

③ 亚里士多德：《尼各马科伦理学》，苗力田译，中国社会科学出版社1990年版，第202、200页。

④ 《马克思恩格斯全集》第2卷，人民出版社1957年版，第605页。

马克思的观点交相辉映："'共同利益'在历史上任何时候都是由作为'私人'的个人造成的……这种对立只是表面的，因为这种对立的一面即所谓'普遍的'一面总是不断地由另一面即私人利益的一面产生的，它决不是作为一种具有独立历史的独立力量而与私人利益相对抗"。[①]个人和他人、社会的关系如此，所以，从伦理角度看，"社会性和个体性，任何只能说明其一的伦理学都是不完善的，也是不能令人满意的。"[②]

第一种观点追求伦理的纯粹，按照它的理路会将人的道德追求通畅地导向忘我、无私、专门利人的方向。但它需要解释人为什么要这样做？不能用"绝对命令""应当"回答这个问题，如果以绝对命令为据，说人就应当如是，会使问题以改变了的形式回到起点：谁之绝对命令？为什么服从它？为什么应当这样做而不应当那样做？"无需理由，人先天如此"，形而上者或许这样回答。的确，如果先天具有，就不必再追溯为什么了。与之相关，第一种观点对道德作出严格的规定，凡与利己有关或想到"我"的行为都被排除在道德之外，这使得许多原来属于道德范畴的问题不再具有道德含义。姑且接受这种限制，给出何谓道德的严格界定，但那些被排除在外至今仍被视为道德问题的问题该如何对待？它们是存在的，并且比严格限定的道德行为更普遍、更常见，无论个人还是社会都不能忽视，都必须面对和解决，否则便扰乱秩序，损害关系，焦虑心灵。思辨伦理可以躲开它们，人生、社会躲不开它们，它们不是道德意义上的问题就是其他意义上的问题，问题没变，只是问题域发生了转移，原本道德域的问题现在不再属于道德。然而，将它们交由道德以外的领域处理是否更好？这仍是问题。

第二种观点因为把"我"包含其中，所以不可能忘我，不可能无私，不可能专门利人。当人们把它作为道德问题加以看待时，也不可能对道德作

---

① 《马克思恩格斯全集》第3卷，人民出版社1960年版，第276页。

② 罗素：《伦理学和政治学中的人类社会》，肖巍译，河北教育出版社2003年版，第6页。

出像第一种观点那般严格的限定。它需要考虑结果，对道德有超越动机论的界说，需要重新梳理己与他抑或个人和社会的关系。由于在重新梳理中把"我"包含在内，因而它比把"我"排除在外的伦理分析要复杂得多，引起的争论也要多。

我们暂时放下这些观点，回到己他关系的本原。

任何一个社会都讲利他，这些社会历经了沧海桑田的历史变迁，对利他的倡导始终不变。利他仿佛公理，天经地义，但我们还是要问：人为什么利他？社会为什么提倡利他？

最简要的回答是两个字：本性；扩展为一句话说得更清楚些，是人生存和合作的本性。

人首先要生存，如果说人所做的一切都同他的利益有关，那么最大的利益便是他的生存。生存是一个属于"我"的范畴，根植于生命个体的自我本能，为了生存人本能地劳作拼争，这些努力先天带有利己性。在己他关系的论辩中，人的这一本能被许多学者称作自私，诸如自私是人的本性，如果无私，不要说违背人的本性，连人的存在也无可能一类的说法不绝于耳。这些论说得到生物学的支持，自然界中充满了生存竞争，它们的利己性是无需要赘述的事实。

其次是合作的本性。生物学所提供的绝非只有自私利己的证明，同时也为合作互惠提供了强有力的支持。动物世界中一方面存在残酷的生存竞争，另一方面合作互惠的现象比比皆是。胶树为蚂蚁提供了食宿，蚂蚁保护着胶树。马蜂住在无花果花内，又成为无花果唯一的花粉传播者。很多灵长目动物间互相疏毛舔毛，以清洁皮肤，避免疾病。当同一洞穴中的某只吸血蝙蝠没有吸到血又非常饥饿时，吸到血的蝙蝠会将自己的所得吐给它一点，由是，蝙蝠们消减了个体不时遇到的捕食失败带来的危害。已知有50种"清扫鱼"，多是小鱼，依靠为其他种类的大鱼清除身上的寄生虫维生。它们常在珊瑚礁旁会面，大鱼张开嘴巴，让清扫鱼游入嘴中，为它们剔牙和清扫鱼鳃，然后从鱼鳃游出。大鱼从不借机吃掉清扫鱼，相反它会小心相待，感觉清洁工作可以结束时会发出某种信号，小鱼接收到信号即会离去。虽有个别骗子假装清扫，咬掉大鱼的鱼鳍，大鱼与清扫鱼的关系总体上是融洽和稳定的。[①]

道金斯将动物的利己行为和利他行为都归结为基因。他从结果而非动机角度出发力图阐明的观点是：动物的行为，不管利他的还是自私的，都在基因控制之下。这种控制尽管只是间接的，但仍然十分强有力。基因通过支配生存机器和它们的神经系统的建造方式而对行为施加其最终的影响，此后会怎么办，则由神经系统随时作出决定。基因是主要的策略制定者；脑子则是执行者。随着脑子的日趋发达，它实际上接管了越来越多的决策机能，而在这样做的过程中运用诸如学习和模拟的技巧。[②]《自私的基因》一书的论点是："我们以及其他一切动物都是我们自己的基因所创造的机器。在一个高度竞争性的世界上，象芝加哥发迹的强盗一样，我们的基因生存了下来，有的长达几百万年。这使我们有理由在我们的基因中发现某些特性。我将要论证，成功的基因的一个突出特性是其无情的自私性。这种基因的自私性通常会导致个体行为的自私性。然而我们也会看到，基因为了更有效地达到其自私的目的，在某些特殊情况下，也会滋长一种有限的利他主义。"[③]道金斯这段话凸显了基因的自私性，他不承认生物进化是个体"为其物种谋利益"或者是"为其群体谋利益"，指称其为错误的观念，在他看来"明显的利他行为实际上是伪装起来的自私行为。"[④]里德雷的《美德的起源》也有相同观点，他引用阿玛蒂亚·森的话说："如果你对别人的痛苦感到难过，这就是同情……有一点极为重要，那就是基于同情的行为

① 参见里德雷：《美德的起源——人类本能与协作的进化》，刘珩译，中央编译出版社2004年版，第61～62页。该书既有大量动物自私利己的事例，也有大量动物合作互惠的事例。

② 道金斯：《自私的基因》，卢中云、张岱云译，沈善炯校，科学出版社1981年版，第81页。

③ 道金斯：《自私的基因》，卢中云、张岱云译，沈善炯校，科学出版社1981年版，第2页。

④ 道金斯：《自私的基因》，卢中云、张岱云译，沈善炯校，科学出版社1981年版，第8、5页。

是自私的行为，因为别人快乐你才快乐，别人苦恼你也难过。因此对别人的同情可以帮你实现自身价值。"①基色林的说法更加直白："只要对自己有利，任何肌体都会向同伴伸出援助之手。走投无路时它也会心甘情愿套上服务于整体的枷锁，但一旦有机会满足私心，那时就只有私欲才能阻止它残害、虐待、谋杀自己的兄弟、伴侣、父母和孩子。撕开'无私之徒'的皮囊流出的是'虚伪'的鲜血。"②他把下面这个观点称作社会科学界熟知的观点："如果对别人的善行出自你的怜悯，那你本身就是自私的。"③这些论点同《国富论》谈自私的屠户和面包师们的情形颇为相似，在那里亚当·斯密告诉读者："我们每天所需的食料和饮料，不是出自屠户、酿酒家或烙面师的恩惠，而是出于他们自利的打算。我们不说唤起他们利他心的话，而说唤起他们利己心的话。我们不说自己有需要，而说对他们有利。"④

关于基因一方面控制动物的利己行为另一方面又控制它们的利他行为产生何种效果，道金斯给出的是分类说明：就群体选择而言，那些个体成员甘愿为群体利益牺牲自己的群体在生存竞争中灭绝的可能性要小，相互照顾的群体比只顾自己的群体易于生存和发展。这与达尔文不谋而合："一个成员众多的部落如果拥有高度的凝聚力，部落成员对集体忠贞服从，英勇无畏同时又充满同情心，随时准备救助他人，为了共同的利益情愿牺牲个人的一切，那么这个部落在同其他部落的竞争中将永远立于不败之地，这就是优胜劣汰的自然法则。"⑤设定一种不同的场景，在这种场景下群体

---

① 见里德雷：《美德的起源——人类本能与协作的进化》，刘珩译，中央编译出版社2004年版，第14页。

② 转引自里德雷：《美德的起源——人类本能与协作的进化》，刘珩译，中央编译出版社2004年版，第68页。

③ 见里德雷：《美德的起源——人类本能与协作的进化》，刘珩译，中央编译出版社2004年版，第138页。

④ 亚当·斯密：《国民财富的性质和原因的研究》（上卷），郭大力、王亚南译，商务印书馆1972年版，第14页。

⑤ 转引自里德雷：《美德的起源——人类本能与协作的进化》，刘珩译，中央编译出版社2004年版，第184页。

中自私的个体利用群体中利他主义者的行为谋取私利，且只谋取私利不管他人，结果会怎样？他能保全自己，生存的可能性大，灭绝的可能性小；但这一过程持续下去经过几代人之后，群体中自私个体的数量必然增加，利他个体的数量必然减少，直至灭绝。当利他的个体不再存在，人人自私时，依靠他者谋取私利的个体再无他者可以利用，自己灭绝的时刻也就到来了。①

追求道德高尚性的人对以动物的利己行为证明人的利己性的做法嗤之以鼻，在他们看来这是将已经从动物界中摆脱出来的人重新置于动物界中。他们或许可以接受动物进化到人类建立在自我保护、自我追求的基础上的观点，却绝不接受以动物利己性为据为人的利己性辩护的观点。认为发现或承认人有自私的基因、人的行为受其利己本性影响，提高人的道德水准的希望就破灭了；如果人的利己性已经先天决定了，后天的道德教化即便不是没意义的，也作用不大。我们不知道他们对从动物的利他行为引出人的利他行为的做法持何种态度，或许还是那么不屑，尽管动物的利他行为能够为人的利他行为提供生物学支持。但这已不重要了，重要的是"人来源于动物界这一事实已经决定人永远不能完全摆脱兽性，所以问题永远只能在于摆脱得多些或少些，在于兽性或人性的程度上的差异。"②重要的是人的行为受其本能、本性的影响得到了生理学、心理学的证实，弗洛伊德的潜意识理论对此也有基于"精神分析"的阐释。

事情没有道德理想主义者想象的那么糟。承认这个事实与道德并不对立，也不影响人在后天环境塑造下经道德教化和个人修养成为一个道德高尚的人，就像赫胥黎当年坚决捍卫达尔文进化论、第一个提出人类起源问题并敢于在英国绅士们一片愤怒的指责声中承认自己的祖先是"猴子"，并没有阻碍文明的脚步反而促进了文明的发展一样。

---

① 道金斯:《自私的基因》，卢中云、张岱云译，沈善炯校，科学出版社1981年版，第9～10页。

② 《马克思恩格斯文集》第9卷，人民出版社2009年版，第106页。

具有利己本性的人是最社会化的动物，是最依赖他人或社会的动物，因而是更需要合作、更依赖他人、也更须利他的动物。这一点被史前史和文明史证明为人类的共性特质。文明史后的变化发生在两个方面：其一，人对他人或社会的依赖过去基于本能，现在更多地基于自觉意识。人把自己的本能变为自己认识的对象，知道自己在做什么以及为什么这样做，进而像对待外部事物那样塑造它，改变它，建构它。这是动物做不到的，也是史前期人类祖先没有的。有意识的生命活动把人同动物的生命活动区别开来，"动物只是按照它所属的那个种的尺度和需要来构造，而人懂得按照任何一个种的尺度来进行生产，并且懂得处处都把内在的尺度运用于对象；因此，人也按照美的规律来构造。"[①]其二，人创造出日益完善和全面的对象化利他形式，它包括人的协作方式，包括从社会制度、法律到企业规章条例的规范体系。分工协作，互通有无，从物物交换到商品交换，"这种倾向，为人类所共有，亦为人类所特有，在其他各种动物中是找不到的。其他各种动物，似乎都不知道这种或其他任何一种协约。"[②]今天人类的协作已达到全球化程度，调节规范人的关系和行为的法律、制度、伦理也与过去不可同日而语。人只要加入某种协作方式中，就参与到某种"利他—合作"的过程中，他必然要加入某种协作方式，因此必然参与到某种形式的"利他—合作"，他只要遵循制度、法律、规章条例，就在社会意义上践行了利他主义准则。

说到这里笔者想到了亚里士多德，他说人是政治动物，雅典公民应当参与到城邦事务中，参与城邦事务是一种美德。现在我们明白了，他之所以这样说是因为那是公共事务，是为他人服务的。反过来我们也明白了，什么是不利他人的自私自利，什么是极端个人主义。一是那些不提供公共产品和服务，只想得到公共产品和服务的人；二是那些损害分工协作、不遵守制度、法律、规章秩序，假公济私、以权谋私的人。窃公为私，窃国

---

① 马克思：《1844年经济学哲学手稿》，中央编译局译，人民出版社2000年版，第58页。

② 亚当·斯密：《国民财富的性质和原因的研究》（上卷），郭大力、王亚南译，商务印书馆1972年版，第13页。

为家，个人主义之极端莫过于此。有理由认为，举凡与利他的对象化形式相悖、阻碍人们参与公共事物的行为，都不是利他的，而是利己的。

伦理学研究不能只看到利他的个体化形式，还要看到利他的社会化形式。不是说一个人在工作生活中作出有利他人的事方为利他，他积极参与生产协作、公共服务并在其中作出贡献也是利他，贡献越大，越有利于他人或社会。道德理想主义主张从个人到社会的利他之路，这一主张没有错，不论哪家哪派，理论的抑或实践的，文明史以降个人与社会关系的完善发展走的都是这条路。但也有偏差发生，即对强大的合作方式凸显人的社会本性亦即人的利他性的忽视。仿佛利他只有个体到他人、集体、社会一条路线，没有他人、集体、社会到个人的另一条路线，在强调"个人—社会"路线的时候忘记了个体参与公共事务、为"利他—合作"奉献牺牲的目的，把某些特定情境中的合理选择塑造成普遍适用的唯一准则。由是，本原的面貌被遮蔽，个人和社会关系的平衡被打破，双向关系变成为单向度关系。而一旦"社会—个人"之维被排除，个人在社会中就会变得微不足道，他只对"利他—合作"承担义务，不能在"利他—合作"中要求权利，国家可以在社会的名义下任意支配个人，予取予夺。跟社会相比，个人或许真的微不足道，但忽视这个微不足道的因素却注定导致人性和社会灾难。我们在禁欲主义、贞节牌坊中看到了人性的扭曲；在"一大二公"的彻底革命中看到社会的普遍贫穷；在"饿死事小，失节事大"中看到无数鲜活生命的逝去。有人认为断绝私念可以塑造高尚人格，孰不知强烈的本能冲动是理性不能完全控制的，一当饥饿令人徘徊在死亡边缘，任何道德都软弱无力。有人相信为了实现一个崇高目标牺牲经济发展是值得的，朗朗乾坤清平世界比物欲横流的社会好，孰不知马克思早就说过："生产力的这种发展……之所以是绝对必需的实际前提，还因为如果没有这种发展，那就只会有贫穷、极端贫困的普遍化，而在极端贫困的情况下，必须重新开始争取必需品的斗争，全部陈腐污浊的东西又要死灰复燃"。①当恩格斯说人永远

---

① 《马克思恩格斯文集》第1卷，人民出版社2009年版，第538页。

不能完全摆脱兽性，只在于摆脱得多些少些，在于程度上的差异时，他没有割断人的社会性和人的自然性的联系，也就没有割断人的利他性和人的利己性学理上的相关性。人所表现出来的社会的、利他的超越性，以它与人的自然性、利己性的联系为前提，没有联系无所谓超越。因此，社会本性的凸显如果意味着对自然本性的超越，这个超越应合理地理解为人的欲望和需要的满足采取了社会化的方式，它应当满足人而不是敌视人，同时使这种满足沿着有利于他人或社会的方向演进。

现在我们可以直面本节的问题了：人之所以利他，有后天基于道德、社会自觉意识的缘由，但原初是为了生存，其后是为了生存得更好，有关道德和社会的自觉意识建立在生存、生存得更好根基上，是它们的产物。人只有结合在一起才能生存，所以人类祖先以共同活动的方式生活在一起。摩尔根对这个原初共同体有如下描述：在氏族社会中，个人完全依靠氏族来保护，亲属的团结是互相支持的一个有力因素，侵犯了个人就是侵犯了他的氏族，对个人的支持就是氏族全体成员做他的后盾，氏族中一个成员被杀害，就要由氏族去为他报仇，在易洛魁人以及其他印第安部落内部，此乃公认的义务。①我们可以把原初共同体的基本功能概括为三：（1）集体行动能够增大获取食物的几率；（2）面对敌人时个体成员能够得到保护；（3）一个人的后代能够得到集体中其他成员的照料。它们构成生存三要素：衣食、安全、繁衍。后来的社会发展带来许多变化，生存被生存得更好取代，但基本道理不变，因此不妨碍我们得出结论：人所以要利他，是因为利他维系共同体的存在，而只有在共同体中个人才能获得生存发展的条件。只是有了满足个体需要这个前提，才可以说凡有利于他人、集体、社会的是好的，应当鼓励和提倡，凡不利于他人、集体、社会的是坏的，应当反对和排斥。任何一项不利于个人物质文化需要满足的规定和倡导，长远看都不利于他人、集体、社会。

经由上述，我们得到以下结论：利他行为普遍存在；利他是为了生存和

① 摩尔根：《古代社会》（上册），杨东莼等译，商务印书馆1977年版，第74～75页。

生存得更好；一个追求自己需要满足的人是能够利他的，他只有利他才能够使自己的需要得到满足。接下来从学理角度进一步辨析的问题，是利他何以可能——反对利己利他才有可能，还是肯定个人利益利他才有可能？

假设一个人，他不为自己，不顾家人，将一切无私地奉献给他人、集体、国家、社会。当他这样做时会遇到什么问题？

首先是己与他的相对性问题。对家庭而言个人是己，对集体而言家庭是己，对国家而言集体是己，对人类社会而言国家是己；反过来亦可以说家庭、集体、国家、社会都是他。这个相对的划分产生一些麻烦，除了位居两端的个人和人类社会，中间的家庭、集体、国家都是己与他的统一，都不是纯粹的己或纯粹的他。这样看来，一个人为家庭、集体、国家奉献自己的一切不能算作彻底的利他，因为其中包含了己。那么，赞美一个人舍小家顾大家的依据是什么？讲局部利益服从全局利益的理由是什么？世界各国在国际事务中捍卫国家主权、争取国家利益、哪个他国胆敢在根本利益问题上触碰底线己国会不惜以战争相对待的道理又是什么？是自己——自己的"大家"，自己的全局，自己的国家。人们是不会为了他人去舍弃、服从、捍卫的，他为之舍弃、服从、捍卫的只不过是自己的他而已。如果我们承认这个赞美的依据、服从的理由、捍卫的道理，极端利他主义就被否定了，相应地，极端利己主义也被一同否定，前者是绝不会认同"自己的"，后者则绝不会认同"大家"。

其次是权利和义务的关系问题。个人如果不为自己考虑，不在乎个人得失乃至家人利益，他便可以只承担义务不享有权利；国家如果鼓励人们不在乎自己、不关心家人，它便可以只规定义务不规定权利，抑或只要求履行义务不要求主张权利。倘若如是，"权利"范畴可以在社会中抹去，无论在个人层面还是在社会层面它都没有存在的必要。那么，是近代以降有关权利的理论和实践错了，还是不在乎自己不关心家人的思想和实践错了？从另外一个角度看，如果一个人只能奉献牺牲、忍受苦难履行义务，他便没有美好生活，这与道德的期许相悖，道德存在的价值、意义、目的本来正是让人们生活美好。我们不妨讨论的再具体些。

只为他不为己合乎极端利他主义的期许。极端利他主义与美好生活并不全然相悖，只不过它使一部分人生活美好，使另一部分人生活不好。生活美好的人是接受奉献牺牲的人，生活不好的人是作出奉献牺牲的人。资源是稀缺的，自然是无常的，在极端情况下，例如遇到自然灾害食物紧缺时，倘若按极端利他主义的逻辑行事，讲道德的人应当把自己的一点食物让给其他处在饥饿状态的人。彻底的利他就是彻底地让予，他不能为自己保留食物，如果保留那就是心中有己。心中有己的人即使把有限的食物分一部分给他人，其行为的道德性也是不彻底的，其利他的思想境界也是不纯粹的。因此，彻底纯粹的利他行为就是毫无保留地把自己的食物全部让给他人，哪怕这意味着死亡！如果事先预计到食物匮乏是不可避免的，知道少一个人就少一张嘴的浅显道理，为了不使他人饿死或使饿死的人少些，彻底的利他者甚至应当选择自杀！果真如是，利他便等同于否定生命，讲道德便等同于将殉道者一批一批送上祭坛。真理再向前多迈一步便是谬误，此为一例。

以上两点还不是问题的全部，问题还在于，第三，利他者之外那些饱受饥饿之苦的人是否应当接受他者的牺牲？如果接受，他就是一个利己的乃至不道德的人，因为他把食物的获取建立在他人可能失去生命的前提下，以别人的牺牲换取自己的存在。这在客观上与损人利己无异，差别在于他没有主观故意，没有采取任何主动的行为。利他行为成就了利己者，它以利己者存在并接受他人奉献牺牲为自身实现的条件，我们除了得出这个结论还能得出什么？！现在我们假定，那个作为利他行为对象的人也是一个利他主义者，他不考虑自己因此不会接受他人的让予反倒把自己的食物让给身边的人，这样他就选择了一个高尚的道德行为而阻止了另一个高尚的道德行为的发生。假如（只能是假如）全社会的人都是绝不考虑自己的利他主义者，情形会怎样？在灾难发生的情况下将不会有任何利他行为，因为每个人都不愿意自己是成就他人的利己者，都会拒绝他人的给予。果真如此，道德便不会存在了。

由此可知，利他所以可能，以利己为条件，没有利己者存在，利他行为是一朵不结果实的花。这个结论合乎辩证法的一般观点。按照对立双方相互依存，互为条件的观点，排除利己的纯粹利他会产生自我否定的结果，它要建构一个普遍利他的道德的世界，却导致一个没有利他的无道德世界。

这令人不快，引起争议和反驳。较有力量的反驳可以从笔者的假设入手——假设不是现实，现实中不存在普遍的纯粹利他主义情形。确实，现实中人是"性格组合"的，并非要么纯粹利他要么纯粹利己，并非"圣人"和"小人"必居其一。他有时候做利他之道德的事情，有时候做利己之不道德的事情，在帮助一个人之后可能会行骗另一个人，赚了昧心钱后可能会慈善捐款，退一步说，纯粹的从而极端的利己主义和纯粹的从而极端的利他主义即使存在也不是主流。这样反驳是有道理的，尽管它绕开了学理或逻辑问题。现在我们沿着这个有道理的理路走下去，它把问题带入另一个层面。

利己和利他是一对矛盾。对矛盾可有两种理解：一是矛盾双方截然二分，非此即彼，界线分明；二是矛盾双方之间存在一个"中间阶段"，在这个阶段，除了非此即彼，还有亦此亦彼。恩格斯认为，第一种理解"是和进化论不相容的"；[①]列宁说："仅仅'相互作用'=空洞无物，需要有中介（联系）"。[②]与两种理解相对应，存在两种诠释意义上的己他关系，没有"中间阶段"的己他关系，存在"中间阶段"的己他关系——利己的利他和利他的利己。对假设的置疑把我们带入的就是这个"中间阶段"，前面所说家庭、集体、国家也是个人和社会之间的"中间阶段"。不考虑"中间阶段"，我们可以认为道德与利己无关，与利他有关，与自私相悖，与无私相通；利己和利他乃截然对立关系，利己就不能利他，利他就不能利己；利己是不道德的，利他道德，大公无私，毫不利己、专门利人是人应当追求的境界，为他人、集体、社会献出自己的一切直至生命是一个人的生存价

---

① 《马克思恩格斯文集》第9卷，人民出版社2009年版，第471页。

② 列宁：《哲学笔记》，人民出版社1974年版，第172页。

值所在。一旦考虑"中间阶段",事情就有了变化,极端情形在这里被否定,己中有他,他中有己,己与他相互联结、相互过渡,一个群体范围内的利己行为能够转化为一个群体范围内的利他行为,一个群体范围内的利他行为能够转化为一个群体范围内的利己行为,它们通常并行不悖,都有益于个体,也都有益于群体。极端利己主义和极端利他主义导致道德不可能的情形也被排除了,因为人有利己的本性,道德有了存在的必要,因为人有合作的本性,道德有了存在的可能。

我们赞同利他是道德的,不赞同利己是不道德的。利己的确会产生不道德行为,但不是所有的利己行为都产生不道德行为,利己和不道德之间没有必然的关系。在我们看来,任何事物都具有两面性,因为存在负面效应就将一个事物置于否定地位,必欲除之而后快,是最简单粗暴和无济于事的做法,也是最有可能导致"道德灾难"的做法。我们不能因为利己产生许多丑恶行径就要求人们放弃自己,而应当考虑怎样使私人利益与社会利益相吻合、相一致。道德与否不在于要不要利己,而在于怎样利己。用损害他人的方式利己是不道德的,用有利他人的方式利己可以合乎道德。"正确理解的利益是全部道德的基础",[①]正确理解的利己是全部利他行为的基础。过去人们强调利他,既没有对利己做深切省思,也没有对利他做深切省思,简单地认为利己是坏,利他是好,这与事实不符,与事理不和,与事物的辩证本性相悖。两极相通,无我无他。一个人人为己的社会固然极为丑恶,一个人人为他的社会也未必是好社会,它们在现实中都不可能存在。

那么应当怎样看待公而忘私、专门利人,难道它们不是高尚的值得敬佩和追求的? 按事情本身的逻辑,利己者如果反对将其所得建立在损人基础上,它就不反对为他人、集体、社会付出,不反对在为他人、集体、社会付出过程中走向公而忘私、专门利人。一个利己的人会/可能赞赏公而忘私、专门利人的行为,实际上许多有利己心的人的确发自内心赞赏这些行

---

① 《马克思恩格斯文集》第1卷,人民出版社2009年版,第335页。

为，他愿意做一个有道德的人，愿意以此为目标修身养性，磨炼、提升、完善自己，在他人遇到危险、国家遭受侵略、集体利益和个人利益不可兼得时，他也能见义勇为、舍己救人，作出为国家、集体、社会不惜牺牲个人一切的英雄壮举。因为这样做合乎一个道理，今天我这样待人，为社会付出，明天人也能这样待我，社会会为我付出，这样的人和事多了，社会从而自己的生活也就好了。一个社会关心它的每个成员，它的每个成员也会关心这个社会，一个社会不关心它的成员，它的成员也不会关心这个社会。如果一个社会中的大多数成员只关心自己不关心社会，那么这一定是该社会对每一个成员的关心存在严重不足。这样看来，公而忘私、专门利人是有条件的，它不具有唯一性，并非人在任何情况下都须如此的选择，为他人、集体、社会作出牺牲的要求也并非任何时候都为善。"'思想'一旦离开'利益'，就一定会使自己出丑。"[1]社会一旦只要求利他，每个人就会只关心自己。我们在现实中看到太多这样的现象，某种提倡在无以反驳的高尚名义下做着单向度的运动，个人却在这个过程中逐渐对他人冷漠，曾经充满理想、一腔热血的人越来越多地追逐私利和享乐，动辄以道德牺牲要求他人的人越来越多地把利他当作谋取私利的工具。由此可知，公而忘私、专门利人的基本条件，是个人的正当权力和利益得到尊重和保护，没有这个条件，公而忘私、专门利人便失去真理性。

无论人们的道德观念还是人们的道德行为，都在生活实践中产生发生，受环境条件制约。是故，在现实生活中找到平衡给予（利他）和获取（利己）关系的体制机制，比任何宣教、任何观念塑造更能有力地促进道德。马林诺夫斯基视"给予和获取"为一项原则，他把这项原则称作互惠原则，认为它构建了氏族社会结构的基础。互惠一头连着"己"，一头连着"他"，是个人与社会相通的中介，高度协作和乐于助人的行为就是由它发展出来的。

原初社会己他关系的取向是互惠，历经文明的发展，这个取向不是被

---

① 《马克思恩格斯文集》第1卷，人民出版社2009年版，第286页。

削弱而是被加强和完善了。互惠既有利于他人，也有利于自己，没有互惠，利他是不可能的，没有利他，利己也是不可能的。"这种互相依赖，表现在不断交换的必要性上和全面中介的交换价值上。经济学家是这样来表述这一点的：每个人追求自己的私人利益，而且仅仅是自己的私人利益；这样，也就不知不觉地为一切人的私人利益服务，为普遍利益服务。关键并不在于，当每个人追求自己私人利益的时候，也就达到私人利益的总体即普遍利益。从这种抽象的说法反而可以得出结论：每个人都互相妨碍别人利益的实现，这种一切人反对一切人的战争所造成的结果，不是普遍的肯定，而是普遍的否定。关键倒是在于：私人利益本身已经是社会所决定的利益，而且只有在社会所设定的条件下并使用社会所提供的手段，才能达到；也就是说，私人利益是与这些条件和手段的再生产相联系的。这是私人利益；但它的内容以及实现的形式和手段则是由不以任何人为转移的社会条件决定的。"①马克思这段话说得是"个人—社会"在商品生产和交换中的表现，他谈到了私人利益与普遍利益一致的一面，也谈到私人利益与普遍利益冲突的一面，最后落脚在"私人利益本身已经是社会所决定的利益"，落脚在"它的内容以及实现的形式和手段则是由不以任何人为转移的社会条件决定的"。这个落脚点非常重要，它表现了二者的统一：私人利益中注入了社会的因素，社会利益本身包含私人利益。当马克思说私人利益的内容以及实现的形式和手段是由不以任何人为转移的社会条件决定的时，他让社会承担起主要责任，是否承认私人利益，是否保护私人利益，给个人以多大的自由空间让他做自己喜欢的事情，给个人多大的权利让他感受到关爱和尊重，这些都因社会条件而定。决定私人利益的社会条件，也是决定利他可能性的社会条件。这些条件包括生产方式，也包括政治、法律制度的取向和规定。由于政治、法律制度的取向规定和思想信念密切相关，决定私人利益的社会条件还包括思想观念，对文化传统的路径依赖就是证明。

---

① 《马克思恩格斯全集》第30卷，人民出版社1995年版，第106页。

互惠体现了"中介",体现了相互联系、相互依存、相互作用和相互过渡或转化。它是或应当是个人和社会关系的基本原则,进而也是或应当是社会发展和社会结构完善的基本取向。互惠与否在己他关系上的差别,是利他能否实现、个人权益和需要能否得到满足的差别。在社会发展上的差别,是统制和自主、富裕和贫穷、对外开放和闭关自守、贸易自由和贸易保护、国家强盛和国家衰弱、公平正义和"丛林法则"的差别。在社会结构上的差别,是平衡和失衡、和谐与冲突、系统稳定和系统不稳定的差别。利他是人类社会的基石,因为它重要,人们不时增加向前力推的举措,但有时却在单边突进中失去对方,也失去自我。矫正的办法是回到"中道",回到互惠。

这需要条件,包括主体条件,包括主体条件中的非理性因素。孟子说人有恻隐、羞恶、恭敬之心;罗素说伦理学的基本材料是情感和激情[①],《伦理学和政治学中的人类社会》第一章专门探讨"伦理信念与伦理情感的来源"。郑也夫在《利他行为的根源》一文中从性情、亲情、移情、报复、义愤等人类情感的多个层面对利他行为追溯分析,得出情感是互惠动物的工具箱、感激之情是互惠关系的融合剂和润滑剂等判断。[②]主体条件为"自由意志"提供了空间,在它之外我们要强调对互惠来说不可缺少的两个社会条件:长期稳定的关系和相应的惩罚机制。

互惠以交往为基础,它的产生,是不同的交往行为博弈的结果,从发生学角度看,具有自然的亦即自我生成的特性。"我认为博弈规则是在一个相关的领域内参与人通过互动而内生的,因此它们是自我实施的,这与持博弈均衡论的学者们的观点一致。"[③]一次性的互惠现象在生活中虽不少见,但缺乏社会意义。社会需要持续的互惠,因此重复博弈必不可少。这就要

---

① 罗素:《伦理学和政治学中的人类社会》,肖巍译,河北教育出版社2003年版,第13页。

② 见郑也夫:《利他行为的根源》,《首都师范大学学报》2009年第4期。

③ 青木昌彦:《沿着均衡点演进的制度变迁》,梅纳尔编:《制度、契约与组织》,刘刚等译,杨瑞龙校,经济科学出版社2003年版,第22~23页。

求交往双方具有稳定的关系结构。清扫鱼和被清扫鱼能够互惠，是因为它们拥有共享的固定领地，赖此结成固定的关系；吸血蝙蝠的寿命是18年，历时长久是它们彼此间互惠的保证。人类社会同样如此，我们在亲属间看到最为稳定的关系，也在亲属间看到最易发生和最为长久的互惠行为。相反的情形是，国际政治中因为"只有永远的利益，没有永远的朋友"，所以国际社会中的"丛林"色彩至今依然浓重。

互惠包含惩罚，惩罚是互惠的另一面。在交互往来中总有一些人只考虑自己不考虑他人，为了一己私利不惜损害他人乃至共同体的利益，他们投机取巧，坑蒙拐骗，借互惠之名，行利己之事，且他人越是诚心正意遵循互惠原则，他们"暗渡陈仓"的行为越能够给自己带来巨大利益，因而危害就越大。马克思在他的论述中指出了事情的这一面向，称它为不是普遍的肯定而是普遍的一切人反对一切人的战争。"战争"必须用强制性的惩罚来对待，舍此不能清除害群之马，不能保持稳定的关系结构，不能使互惠利他持久存续，也就不能阻止己他关系向极端利己主义演变。一项实验显示，群体规模小的时候，合作占据上风，群体规模变大，叛变占了上风；这时惩罚的角色进入实验，以造成背叛者的付出不小于惩罚者，马上惩罚者的策略迅速在群体内扩大；当背叛者较少时，惩罚的成本降低，当惩罚流行时，背叛就不适宜了，于是良性循环开始了。这项实验的结果与理论理性和实践经验吻合，如果说惩罚是恶，那么这个恶有助于善，个人与他者的关系不能奉行普遍化的"以德报怨"，没有惩罚做背景，"以德报怨"只会让善良的人屈辱。

无论保持长期稳定的关系还是惩罚，都需要制度。制度能够帮助利他者做好事，防止利己者做坏事；能够规避偶然性因素冲击带来的风险，不致产生大的动荡；能够使人在与陌生人交往时，在权衡眼前利益和未来利益的关系时，对自己的选择产生什么后果有确定的预期。行为—关系制度化，个人与社会的关系也就稳定了。最后，当惩罚以法律为准绳时，"个人—社会"的公平就有了不依赖于个人意志的保证。夯实了互惠的这个基础，普遍利他是可能的，"个人—社会"美好是可期的。

三、善的转化

己他关系需要平衡，善也需要平衡。举凡保护事物的存在，都需要维系其内在关系的平衡；举凡消除事物的存在，都必须打破其内在的关系的平衡。人们在生活实践中总会对某些事物的存在不满，因此总会打破原有的关系，革命遂成为一种历史手段，尽管不是唯一手段。在这个过程中，善始终范导着人们的行动，恶始终是人们破除的对象。人类社会在长期实践中形成了一套对付恶办法，但在如何成善方面还缺少应有的自觉，表现之一，是认为凡善者就应大力推广践行，无论怎样做都不为过。因此，恶的行为无论产生什么结果都会受到批判，善的追求无论产生什么结果都不会受到批判，至少不会受到同恶的行为一样的批判，人类社会也没有设计出一套对付"极左"的办法，即使实用主义者也只是以搁置的态度让"极左"不要干扰现实，而实际上极端化的善行造成的破坏不亚于极端化的恶行。善恶问题的这一面相似乎没人重视。所以没人重视，是因为善是立场问题，极端是方法问题，有谁会因为方法问题像对待恶那样对待善！由此引出本节的问题：善的转化。善能够转化为恶，追求善的人不可忘记这一点，理想化地以为其行为只存在善之大小程度问题不会产生恶。

讨论善的转化之前，先做一些必要的说明。

善有多解。合乎真即是善（苏格拉底）；善是一生都须合乎的德性，如若德性有多种，则须合于那最美好、最完满的德性（亚里士多德）；快乐即是善，一己的或大多数人的，最大的快乐是最大的善（伊壁鸠鲁，功利主义）；善是人们的内在要求——人格理想的实现，亦即意志的发展完成，真正的善就是认识真正的自我（西田几多郎）；善是在行为中被领会的某种性质，它产生了赞许（哈奇逊）；善是可以满足所探讨的那类需要等等的东西（摩尔）。

善可分类。有个体的、社会的善，也有外在的、内在的善；既可以用来述说实体，也可以用来述说性质、关系；可以指称事物自身是善，也可以指称事物作为达到自身善的手段而是善。它又被看作一种功能，存在于人或事中，是人或事物固有的、本己的、不易取走的东西。

不同的人、不同阶级阶层、政党团体对善有不同的认识，不同时代亦有不同的认识。这些认识如此不同，以至于它们是常常冲突甚或截然相反的，以至于一些试图给出善以统一界说的学者最终发现，善是不可定义的。

善之体认不一，源自立场角度、认知差异和文化传统。蒙昧时代的阿拉伯部落中有一种现象，谁要对他们行善他们便仇视谁，因为在他们看来，别人对自己行了善事，自己就得卑躬屈节地去服从他，降低身份去对他尽自己应尽的责任。他们注重物质，反抗任何权力，如果稍稍限制他们的自由，哪怕这种限制对他们是有好处的，他们也不愿意并且必定反抗。俄莱里说：“阿拉伯历史之所以充满罪恶欺诈的记载，就是这个缘故。”[①]中国人则奉行“滴水之恩当涌泉相报”，谁如果帮助了自己，必怀感恩之心。中国人不反对权力，也能自我牺牲以极大的耐心容忍权力，他们唯一希望的，是当官能为民做主。

如果把上述所有情形统统考虑进去，讨论善的转化就无从入手。为了使讨论能够进行下去，不至于受到诸如善是什么都没有搞清楚、你所说的善在我看来是恶一类的干扰，我们舍去个人、群体、社会、时代之理论和实践的认知差异，把善看作当事人认定的所欲应当之事，即他们认为好的、有益的、应当做或追求的事情。这样做不全是为了讨论方便，它也有合理性的根据，稍加分析会发现，关于善的认识虽然不同，却有一个共性特征，即它们都是当事人认为应当如此的事情。

我们还要排除现实生活中时常可见的一种情形：“真正的罪犯常常把自己置于善的基础上，给他们的行为以‘高尚的动机’或者使人相信，其他的——整个部族、民族和文化——都是邪恶的，应该予以消灭。”[②]拉大旗

---

① 艾哈迈德·爱敏：《阿拉伯-伊斯兰文化史》第一册，纳忠译，商务印书馆1982版，第36～38页。

② 乌克提茨：《恶为什么这么吸引我们》，万怡、王莺译，社会科学文献出版社2001年版，第158页。

作虎皮、借善以行私是恶，行为恶，结果也恶，但它不是善之恶，而是人之恶，是这些人以善为借口、为掩饰、为工具而导演的恶，与善本身无关。我们要说的是善转化为恶，因此我们的第二个假设是，善是真实的，从事它的人是善良的，他们真诚地做着他们认为的应当之事，并没有"真正的罪犯"的动机。

认定一件事情为善，与之相应的现实中存在许多误识、不当、丑恶，人们自然选择将善"推广运用"到现实，以期矫正误识，铲除丑恶。这样做时通常采用两种方法，一是提倡，二是禁止。提倡和禁止相辅相成并行不悖，你中有我、我中有你。道德是提倡，法律是禁止，它们便是相辅相成并行不悖的规范体系，对社会大为有益。但如果处理不好道德与法律的关系，道德借助法律从精神上消灭恶，或者法律挥舞道德之剑将"敌对势力"送上断头台，事情也会走向反面。就此而言，善的转化即发生在提倡与禁止关系的把控上。

马克思揭示了人的异化，即人所具有的东西反过来支配人、控制人、反对和损害人。生产是人的生命活动，是创造财富的活动，人通过生产展示/证明自己存在，通过创造财富满足自己吃穿住的需要，获得生命存在和种的繁衍的物质生活条件；当财富成为目的，金钱成为尺度，人们不顾一切追逐时，他便成为金钱的奴隶，除了财富再没有其他东西。国家是治理社会的机构；设定国家奉行善政为民谋利，当它以此为目标支持一部分人反对一部分人时，它便成为阶级统治的工具，当它回归社会职能对政治、经济、文化作出事无巨细的安排规划，领导人们去做并要求人们服从领导时，它会使大多数人逐渐丧失积极性、主动性、创造性，使社会逐渐失去活力。建构一种制度，认为它之于善的实现不可缺少，实践中制度之于善的实现也确实不可缺少；为了坚持这一制度，任何与之不相符合的政策措施都在反对之列，不管它们是否有利于解放发展生产力，是否有利于增加综合国力，是否有利于提高人民的生活水平，由此带来的巨大危害我们已经在曾经发生的社会实践中目睹了。道德倡扬善，善是人们期盼的交往关系；为了道德，为了它倡扬的关系不惜"灭人欲"，原本调节人的行为、形构善良关系的规范，就把自己奠定在个体痛苦基础上，成为违反人性的举措。自由是有限度的，理论上如此，挥动拳头时也如此；凡有限度的东西一旦超越限度，都会走向反面；如是再来理解"自由，多少罪恶假汝以名进行"，罗兰夫人被送上绞刑架就不单是密谋和自相残杀的结果，背后还隐藏着同伴们真诚但却极端的思想和行为的因素。平等是人们千百年来追求的目标，在没有找到它的实现方式之前，平等是空想，是抽象，找到它的实现方式之后，平等是现实，是具体；"大锅饭"是一种方式，在收入分配方面最接近平等，然而干与不干一个样，干多干少一个样，有才华、有能力、贡献大的人没有能够"按劳分配"，就同公平发生冲突，且不说它给经济社会发展带来的其他危害。

马克思曾嘲笑过那些以人类不成熟为由推行书报检查令的人，说按他们的逻辑，"正确的结论似乎是，把人打死，以便使他摆脱这种不完善状态。至少在辩论人为了扼杀新闻出版自由是这样推论的。在他看来，真正的教育在于使人终身处于襁褓中，躺在摇篮里，因为人要学会走路，也得学会摔跤，而且只有经过摔跤，他才能学会走路。"[1] 但人类毕竟是不完善的，"难道我们因此就应该混淆一切，对善和恶、真和伪一律表示尊重吗？正确的结论只能是：正如看图画时不应当从只见画面上的斑点不见色彩、只见杂乱交错的线条不见图形的角度去看，同样，世界和人类的关系也不能只从最表面的假象的角度去看；必须认识到，这种观点是不适于用来判断事物的价值的。……这种观点是它在它周围所看到的一切不完善的东西中最不完善的东西。"[2] 基于新闻出版的本性，马克思认为："受检查的报刊即使生产出好的产品，也仍然是坏的，因为这些产品之所以好，只是由于它们在受检查的报刊内部表现了自由报刊，只是由于按它们的特点来讲它们并不是受检查的报刊的产物。自由的报刊即使生产出坏的产品，也仍然是好的，因为这些产品正是违反自由报刊本性的现象。阉人歌手即使有一

---

① 《马克思恩格斯全集》第1卷，人民出版社1995年版，第165页。
② 《马克思恩格斯全集》第1卷，人民出版社1995年版，第165~166页。

副好的歌喉，但仍然是一个畸形人。自然界即使也会产生畸形儿，但仍然是好的。""为了消除产生恶的可能性，他消除了产生善的可能性而实现了恶，因为对人说来，只有是自由实现的东西，才是好的。"①在付出了这样的努力和代价以后，结果只是改变了形式，没有任何实质的完善，对思想言论来说十分重要的批评也被扭曲。"书报检查制度没有消灭斗争，它使斗争片面化，把公开的斗争变为秘密的斗争，把原则的斗争变为无力量的原则与无原则的力量之间的斗争，以新闻出版自由的本质本身为基础的真正的书报检查是批评。它是新闻出版自由本身所产生的一种审判。书报检查制度是为政府所垄断的批评。但是，当批评不是公开的而是秘密的，不是理论上的而是实践上的时候，当它不是超越党派而是本身变成一个党派的时候，当它不是带着理智的利刃而是带着任性的钝剪出现的时候，当它只想进行批评而不想受到批评的时候，当它由于自己的实现而否定了自己的时候，最后，当它如此缺乏批判能力，以致错误地把个人当作普遍智慧的化身，把权力的要求当作理性的要求，把墨渍当作太阳上的黑子，把书报检察官涂改时画的叉叉杠杠当作数学作图，而把要弄拳脚当作强有力的论据的时候，——在这种情况下，难道批评不是已失掉它的合乎理性的性质了吗？"②马克思依据新闻出版自由的本质所做的论述相当深刻，他之所以坚持新闻出版自由的本质，一个重要原因是鲜花和毒草、真理和谬误只能在自由地探讨和论辩中方能确认，不能由任何一个人或任何一种权力确定，否则便会产生恶——万马齐喑，思想僵化，求索止步，真理变身谬误。

善者莫过于爱。爱在家庭中最真，尤以母爱最伟大最无私，它可以完全忘我不求回报，单方面倾力付出。这种付出在中国可谓做到了极致。独生子女是父母的宝贝，家人的中心，想让他们经风雨又怕他们受伤害，想让他们见世面又怕他们被欺骗，遂把他们置于自己羽翼下，无时无刻不精心呵护，生怕冻着、饿着、磕着、碰着，捧在手上怕掉了，含在嘴里怕化

---

① 《马克思恩格斯全集》第1卷，人民出版社1995年版，第170～171、171页。

② 《马克思恩格斯全集》第1卷，人民出版社1995年版，第172页。

了，护在怀里还怕挤着。但也有一条，孩子要按父母的"规划"发展，这个"规划"寄托了父母望子成龙、望女成凤的期望，有些遵循的是社会尺度，有些蕴含了父母未实现未完成的心愿。他们在许多事上都可以顺从孩子的心愿，满足孩子的要求，唯独在未来发展这个问题上，孩子必须服从"规划"。他没有选择，心愿得不到尊重，到了能够选择的年龄，潜意识早已受到压抑。在学历改变命运的中国，爱汇聚在高考独木桥上。家长为"不输在起跑线上"，规划自幼儿阶段即已开启，从小学到中学，从高中到大学，一切以学习为中心，以成绩为尺度。为此他们可以替孩子打扫卫生，替孩子完成社会活动，包揽一切不让孩子有任何"分心"之事；为此他们千方百计创造"条件"，找关系，走门路，拉选票，拿证书，请客送礼，咬紧牙关购买学区房，可谓"逢山开路，遇水架桥"。他们只有爱，并不考虑作为最好的老师的自己其言行会给孩子什么潜移默化的影响，并不考虑不让孩子做任何事情和孩子身上背着世界上最沉重的书包之间有什么关联。善莫过于此的爱异化了，它换来任性，换来自我中心，换来孩子的不满、厌烦、反叛以及对他人的冷漠。我们不说那些令人心寒的悲剧，也不说中外孩子令人担忧的比较，我们要说孩子可怜，他们从小没有童趣，没有丰富的课外生活，而童趣和丰富的课外生活是孩子的天然权利，对他们的身心健康大有助益。那些付出体质、心性代价挤过"独木桥"的孩子，普遍存在智商情商失衡的问题，这注定要让他们走向社会后付出人生代价。那些付出体质、心性代价没有挤过"独木桥"的孩子，则陷入更艰辛更没有能力摆脱出来的生存境况。自我中心却又啃老拼爹，擅长应试却缺少创造性思维，习惯于接受不习惯给予，中国式母爱让孩子受害匪浅，它已经与国民性关联在一起，绝非仅仅具个体意义。

这些都出于善，历史主体认为的善。历史中恶发生的原因并非全在于恶，因善而转化为恶也是普遍现象。如果有人认为历史主体所谓的善是不是善大有可置疑之处，那么我们要说，真正的善也是如此。如果有人指出善有历史性，善恶转化源自历史变迁，那么我们在同意的同时也认为，用历史主义方法将善置于具体历史情境中去观察，它仍然可以转化为恶。如果有人说上文所述只是个案，那么我们在这些个案后面还可以列出宗教、科学、过度医疗、超越法律打击犯罪，夺富济贫、以无限责任理念为指导促进百姓福祉等等一长串名单，尽管前文所述实际上早已超越了个案范畴。如果有人认为名单再长也是归纳，归纳不能得出必然性结论，那么我们要说，对立统一无处不在，相互转化势所必然，只要量的增加超越了"临界点"，善和所有事物一样，就会发生质变。

这样论辩，并非说善本身成恶。善就是善，它可能不那么纯粹，可能存在"模糊之处"，仔细分析甚或还能发见其内在要素相互作用时恶的因子。然而一当我们在一定范围条件下确定其为善，它便同恶有了明确的界分。转化发生在求善过程中。财富、信仰、道德、自由、平等、爱、科学等等都是重要的、珍贵的、稀缺的对象，人们追求它们，并且不管愿意不愿意，有何看法、评判、论辩，它们都是人在生活中的必然追求。我们要指出的是，正像对财富的追求有可能导致异化，对信仰、道德、自由、平等、爱、科学等等的追求也可能导致异化。我们还要指出，一切稀缺的事物对人来说都可能成为崇拜的对象，都可能导致异化，最能让人崇拜从而最易使人异化的事物，一定是那些最神圣、最美好、最重要、最宝贵的事物。

转化是如何发生的？

善的转化有自己的情境，具体情况需要具体分析。我们在历史中发现善的转化有一些共性特征，它为我们超越个案从一般意义上讨论作为普遍现象的善的转化提供了可能。这些共性特征是：强制干预，追求纯粹，重目的轻手段，过犹不及。

1.强制干预

干预不一定是强制，强制一定是干预。当干预者急于将自己认定的善推向社会时，强制被用作有效手段，——凭借自发不可能达到预期目的，让人们以自愿为基础接受自己的主张需要漫长的过程，时不我待，强制遂成为"急于者"的选择。罗伯斯庇尔在大革命中做法就是坚持将道德以强制性的方式变为社会公共状态，使之成为国家、政治乃至文明历史的唯一基础。[1] 采取这种方式的绝不只有罗伯斯庇尔。

干预可以是无止境的，强制也能够从行为到思想，从政治到伦理，小到学生书包、吃饭标准、街头摊位、结婚生子，大到经济运行、市场活动、教育、医疗保险，渗透到社会生活的方方面面。它的特点，是运用国家权力造就人们的工作习惯、生活方式、道德行为、世界观、人生观、价值观的变化，把整个社会的所有活动纳入到统一的模式中，当然是干预者期望的模式。它的结果，是大众创造性、自主性和奋发向上精神的萎靡，不能促进人自由全面发展，反倒令他们丧失个性，千孔一面。

谁最有资格担当设计者或干预者？胸怀大志，腹有良谋，洞悉历史发展规律并掌握权力的人。他们是"天子"，是"神"一样的存在，是大众膜拜的偶像，在他们面前，最明智的选择是放弃选择，一切听从指挥，按照他们的要求去做，举凡有碍听从指挥和违背要求的言论行为都应当彻底清除。汉谟拉比在《汉穆拉比法典》开篇说："我在这块土地上创立法和公正，在这时光里我赋予人类幸福。"[2] 古代社会，帝王、祭司都具有神与人中介的地位，他们代表神，代表上帝，因而也代表神圣、真理和正义，众生的绝对服从不是权利问题，而是责任义务问题，众生没有权利，只有责任和义务。由此形成专制政体，即一个人或团体能够对全体行使由他独霸的权力，把个人或特殊团体的利益等同于社会或全体的利益。相信"神"，膜拜偶像，把自己的福祉寄托在克里斯玛式人物身上，期盼他的出现，对他的绝对服从并承担相应的伦理责任和义务，是专制政体牢固的基础。

斯科特看到许多导致恶果的国家工程，对它们用心良苦却致恶的原因有以下分析：设计规划出来的社会秩序一定是简单的图解，经常会忽略真实的、活生生的社会秩序的基本特征，那些非正式的和随机的活动不可能包括在设计规划中，而它们是社会秩序无法脱离甚至依赖的因素。正式的基础实际上寄生于非正式的过程，没有这些非正式的过程，正式的项目既

---

① 朱学勤：《道德理想国的覆灭》，上海三联书店1994年版，第267页。

② 转引自赞恩：《法律的故事》，孙运申译，中国盲文出版社2002年版，第68页。

不能产生，也不能存在。然而正式项目往往不承认甚至压抑非正式的过程，这就会损害项目涉及的人群的利益，最终导致计划或规划的失败。① "我们的观点是，一个受到乌托邦计划和独裁主义鼓舞的，无视其国民的价值、希望和目标的国家，事实上会对人类美好生活构成致命的威胁。"②

乌托邦本身并不可怕，空想也有空想的价值，可怕的是乌托邦同专制制度相结合，变成当下强制实施的计划目标。这个计划目标可能善，但只要同专制制度结合一定恶。因此 "一种善对其他的善实行独裁，对善的统治者和被统治者来说都是致命的。"③ 或许正是由于这个缘故，托克维尔认为，只要平等与专制结合在一起，心灵与精神的普遍水准便将永远不断地下降。

2.追求纯粹

"纯粹"是一个外延广泛的概念，在思想学说和实践诉求中以显见或隐晦的方式存在。任何一个目标、一项任务、一种思想和行为都可以做纯粹的设定，求纯粹的实现，完美无缺、十全十美、彻底性或不妥协是它的特征。

康德伦理学追求纯粹。它将行为动机区分为追求幸福的动机和追求自己值得幸福的动机，前者在实践中遵循实用法则，后者在实践中遵循道德法则。道德法则高于实用法则，它不研究如何获得幸福，而是研究如何使幸福具有价值，"这个思想规定了康德道德学说的特色。"④ 在康德伦理学中，善良意志是不可缺少的条件，它有两个特点："它总是惟一地无条件地善的事物；它的价值远远地高于本身是善的所有其他事物。"善良意志不因

---

① 参见斯科特：《国家的视角——那些试图改善人类状况的项目是如何失败的》，王晓毅译，胡搏校，社会科学文献出版社2004年版，导言第6~7页。

② 斯科特：《国家的视角——那些试图改善人类状况的项目是如何失败的》，王晓毅译，胡搏校，社会科学文献出版社2004年版，导言第8页。

③ 波考克：《马基雅维里时刻》，冯克利、傅乾译，译林出版社2013年版，第83页。

④ 罗尔斯：《道德哲学史讲义》，张国清译，上海三联书店2003年版，第210页。

为它所促成的事物而善，不因为它期望的事物而善，也不因为它善于达到预定的目标而善，纵使那些具有善良意志的人完全缺乏实现其意图的能力，其善良意志仍然像一颗宝石一样，充满着无比的价值。[①]基于这一点，康德反对用效用的观念判断人的某种品格的道德价值，强调善良意志仅仅以一种方式存在，拥有善良意志的人具有坚定而庄重的品格并一以贯之地按照纯粹实践理性做事。罗尔斯说："我们从这里知道，他们调整着和纠正着对他们的自然禀赋以及运气的运用以达到那些原理所要求的普遍目的。但是我们不知道这些原理的内容，我们因此也不知道具有善良意志的人是如何实际作为的，或者他们承认的是什么。"[②]要想知道这些原理的内容，知道具有善良意志的人是如何实际作为的以及他们承认的是什么，不能不涉及结果。康德不反对结果，把它看作人凭依善良意志所生行为的自然产物，但康德不在意结果，他在意做事的动机，结果无论怎样，都不可以用来衡量善良意志或动机，事物或行为所以善，是且仅是它本身善。

笔者一向认为道德是做的，不考虑操作和实践结果是康德伦理学的局限，也同道德存在的理由违和。一个人是否具有善良意志通过且只能通过他的行为表现出来，而判断行为是好是坏、是善是恶离不开结果。倘若不是如此，任何一个人都可以说他有善良意志，任何一种导致罪恶的行为都可以得到道德正当性的辩护，伦理学本身也会成为学者们自娱自乐展示自己思辨能力的概念游乐园。但笔者不想因此否定康德伦理学，它是一种理论，有思想史上的价值。笔者想要指出的是这样一点：追求纯粹不能考虑结果，考虑结果就不能纯粹。康德意识到结果是有限的，必然不纯粹，所以一再申明和告诫人们，善良意志不因为它所促成的事物而善，不因为它期望的事物而善，也不因为它善于达到预定的目标而善。就其自身逻辑而言康德是对的，但这个逻辑上对的思想在实践中不通。

那么，以纯粹为取向的实践者，当他们忘记康德的告诫而将纯粹与实

---

① 罗尔斯：《道德哲学史讲义》，张国清译，上海三联书店2003年版，第210、211页。
② 罗尔斯：《道德哲学史讲义》，张国清译，上海三联书店2003年版，第211页。

践结果联系在一起时，会发生什么？

"纯粹"作为人的追求，发生在不纯粹的背景中，不纯粹是"纯粹"存在的理由。追求的结果无非两种，成功或不成功。倘若成功了，它便证明"不存在十全十美的事物"是一个错误判断，至少不周延，因为"不存在十全十美的事物"可能只是当下状态，未来它是能够变为现实的。倘若不成功，它便证明"不存在十全十美的事物"是真理，追求纯粹或永恒真理是错误。由于人世间许多美好的东西当下不存在后来变为现实，许多论者因此不同意将追求纯粹视为错误。他们把追求纯粹看作一个过程，对艰难曲折有心理准备并告诉他人要有充分准备，以"愚公移山"精神，矢志不渝地为实现理想而奋斗。于是有一次次地努力，有有组织有领导大规模疾风暴雨式的社会运动。运动的目标不容置疑，条件不能妥协，标准只能由低向高提升，不能由高向低"后退"。在这个过程中，一个人虽然做了有利他人或社会的事情，但如果有私心，想到增进个人福利（名誉地位、子女家庭等等），他的行为便不会得到褒扬。一件事能够有效地改变现状，解决经济发展百姓富裕问题，利国利民，如果与"传统"不符，与"原则"有异，那就宁可舍弃，甘愿贫穷。本来外部世界变化了，思想应当与时俱进，它却固守"祖宗之法"拒绝变化，错失发展机遇。本来，发展是一个试错过程，应及时总结不断修正，它却以原则为尺度，一次次做着削足适履的事情，还要用崇高的词句给予赞美和歌唱。恩格斯将原则不是研究的出发点的观点称作对事物的唯一唯物主义的观点。[①]这个"唯一唯物主义的观点"与"纯粹"冲突：它要求"符合自然界和历史"，而不是"自然界和历史"被符合；当与"自然界和历史"不符时，须依据"自然界和历史的情况"作出修正或改变。这意味着原则不具有优先性，意味着其所表征的出发点、标准和目的有缺陷，它不是十全十美的，因此本身亦不纯粹。将不纯粹的东西纯粹化是错误，以纯粹为准绳裁量人的活动是更大的错误。历史经验表明，人不论怎样努力都无法满足"纯粹"的要求，不是不想满足，而是做不到，

---

① 《马克思恩格斯文集》第9卷，人民出版社2009年版，第38页。

不仅被要求"纯粹"的人做不到，要求"纯粹"的人也做不到。将做不到的事情坚决做下去，强制便同"纯粹"有了联系，越追求纯粹，越需要强制。"纯粹"一旦和强制联手，就加快了转化步伐：人们知道它和现实不符，也知道强制所在顺之者昌逆之者亡，便把它整日挂在嘴上，官话、套话、假大空话四处流行。有人以此为谋利手段，一边高举着"纯粹"大旗，一边捞取着个人实惠。有人以此为自保的面具，从此不把"言必信"当作一回事，从此只管过好自己。享乐提供了一个平台，捞取个人实惠和只管过好自己的人都可以在这里找到满足。所以，我们既看到高官显贵的腐败堕落，也看到平民百姓的纵情享乐。腐败堕落和纵情享乐者中原本都不乏理想主义者，他们虔诚过、奋斗过、牺牲过、奉献过，后来改变了，成为极端功利者，腐化堕落和纵情享乐即是他们的功利。

有一个实验折射出转化的微观机制：一名被试单独关在一个房间，对其施以"电击"，其他人则在另一个房间。当"受刑者"发出惨叫让其他被试感到他快要死了，于是有人要求退出实验。此时他们被告知，如果退出，整个实验就会前功尽弃，而该实验的结果对人类有重大好处。听到这些，那些想退出的人放弃了自己基于同情心的选择。笔者以为，"纯粹"在现实中模式化、制度化后，善向恶转化的情形大致就是这样。

3.重目的，轻手段

我们见过很多关于目的和手段的讨论，这些讨论中主流的观点赋予目的尊贵的地位，而将手段视为仆从。的确，手段服务于目的，离开目的，手段毫无意义没有存在的理由，手段的合理性取决于合目的性的程度，自然也取决于目的本身的合理性，目的不合理，手段的合理性不能得到证明。然而如果我们因此轻视手段，允许目的像君主一样任意选择支配手段，那也是一个绝大错误。

目的作为有待实现的目标，其自开始到结束的过程由一系列中间环节联结构成。这个过程的时间很长，不可能一个跑步冲刺完成；这个过程的空间多样而复杂，充斥着无数任务、问题、矛盾。每一项任务、每一个问题、每一种矛盾的解决都是当下或阶段性的目的，它们需要手段，相对于最终目的而言，它们自身也是手段。能否设想每一个环节不合理而最终目的合理？能否设想用不合理的手段能够达到合理的目的？我们可以在马克思那里找到这些问题的答案。马克思把实践看作人的存在方式，把人是怎么样的看作他做什么、怎样做的结果，这就使人的善恶与其所做具有同一性。不能设想所做为恶而人是善的，不能设想人想怎样做就怎样做而结果是同一的。没有合理的手段不能实现目的，做什么的人也会在怎样做的过程中离善而去。除非目的与人无关，人本身也成为目的的手段，从而目的可以脱离人而善，成为没有人的善（这当然是不可能的），否则过程和结果一定都是恶。我们都知道人之善恶体现在他做什么和怎样做上，有时却容忍以善的名义采用恶的手段，所谓"左"是方法问题，"右"是立场问题，重目的轻手段以至于此，恶也就有了一次次发生的"正当"理由。

不择手段表征不讲规矩，规矩问题是制度问题。不讲规矩的表现，一是制度缺失无规矩可讲；二是有制度不遵循。没有制度和有制度不遵循实质相同，都是没有规矩。比较起来，不遵循制定的制度，视其若敝屣，随意破坏它，比没有制度危害更大。没有制度人们还可以抱有希望，有制度不遵循，制定规则者可以随时改变规则，人们就无望了。①在没有规矩的社会里，善是一个抽象，写在纸上，贴在墙上，挂在嘴上，落实不到行动上。它停留在——套用黑格尔的说法——纯有阶段，因此等同于无。"无"不能通过"变易"生成"有"，善恶是非也就混沌不清了。在生存法则作用下，极端功利主义、赤裸裸无底线的实用主义等等就会乘虚而入，没有什么事是不能做的，没有什么底线是不能冲击突破的，社会不断造就着享乐主义，造就着精致的利己主义。社会发展到今天，什么是善什么是恶已有一套公认的观念，何为是何为非人们也心知肚明，实践中所以表现

---

① 无望者想过"好日子"，有望"各显神通"，不择手段蕴含其中。什么对己最为有利就追逐什么，金钱和权力于是成为无望者有望的选择，他可以成于金钱和权力，也可能毁于金钱和权力，成与毁都是他不能把握的。

出善恶不分乃至是非莫辨，并非人们真的糊涂了，而是他们在无规矩的生存环境中自觉保持的清醒。"清醒地糊涂"是适者生存的本能反应，恶之大焉，莫过于此。

4.过犹不及

凡事都有度。度表征事物相对静止的状态，即事物在其发展的一定阶段和一定时期所具有的质的稳定性，在这个阶段和这个时期，它的性质不变；或者，在特定条件下它与其他事物之间的相互关系没有发生变化。从辩证的观点看，运动是绝对的，静止是相对的，个别运动趋向于平衡，总的运动又破坏平衡。然而辩证思维并非指出绝对运动就算完成了使命，它还要考虑度，考虑相对静止，考虑稳定和平衡，考虑变与不变的关系。人类社会并不是什么时候都需要质变，也不是举凡质变都是应当的或好的。有些事物人们想要得到从而提倡促进，有些事物人们不想得到从而禁止避免，个中原因在于人有价值取向。所以，人一方面追求变革，一方面追求经济社会发展的稳定平衡；一方面知道终有一死，一方面追求健康。经济发展不平衡导致经济危机，社会发展不平衡导致社会危机，身体发展不平衡导致健康危机。避免危机必须把握变与不变的度，做任何事情都要把握好度。从辩证的观点来看，一味强调运动变化是片面的，健全的人是平衡的人，健全的社会是平衡的社会，健全的发展是平衡的发展。

善也有自己的度，善转化为恶的基本原因是求善过度。并非只要干预，只要强制，只要强调善良动机、追求纯粹美好、重视目的正当就是错误，就会导致善的转化；相反，倒可以说干预是必要的，强制不可缺少，做事要有善良动机，要重视目的的正当合理性并和它保持一致，做一个纯粹的有道德的脱离了低级趣味的人。然而行为一旦过度，事情就不同了。

过度使事物发生质变，善不再是善。《吕氏春秋》说："鲁国之法，鲁人为人臣妾於诸侯，有能赎之者，取其金於府。子贡赎鲁人於诸侯，来而让不取其金。孔子曰：'赐失之矣。自今以往，鲁人不赎人矣。'取其金则无损於行；不取其金则不复赎人矣。子路拯溺者，其人拜之以牛，子路受之。孔子曰：'鲁人必拯溺者矣。'孔子见之以细，观化远也。"①这段话讲得就是一个关于度的故事。本来国家规定将流落国外被卖为奴的同胞赎回来就会给予奖励，很多鲁国人因为这条法律得以重返故里。孔子的学生子贡从诸侯国赎回来很多鲁国人却不接受奖金，此举在一些人看来是子贡品德高尚的表现，孔子却批评他做错了。孔子认为，见到落难同胞把他赎回是一善举，国家倡导并事后给予补偿和奖励的做法，可以让此善举得到光大，长此以往，愿意做善事的人会越来越多。子贡不这样做，带头做一个遵循善良意志不求回报的人，由是树立了一个高标，往后那些赎人后去向国家要钱的人在它面前会感到羞愧，在高尚的道德面前抬不起头来，是故，很多人就会对落难的同胞装作看不见，那些落难的鲁国人因此也就不能得到解救返回家乡。这样看来，子贡此举不但不是行善，反倒是可恶了，倒是子路拯救溺水者收受回报的行为，能使"鲁人必拯溺者矣"。一个品德高尚的行为带来恶，一个品德不那么纯粹的行为带来善，"孔子见之以细，观化远也"。

过度不仅表现在善之追求上，也表现在善之批判否定上。贪图钱财、权色、享乐、功名利禄是恶，善批判否定这些恶，也应该批判否定这些恶。但正如善行有度，善的批判否定也有度。贪图钱财、权色、享乐、功名利禄是恶，追求钱财、权色、享乐、功名利禄却未必恶，只当追求钱财、权色、享乐、功名利禄到了"贪图"的程度，批判否定才是适切的。人总是趋利避害，总是追求舒适快乐出人头地，做自己想做的事，过自己想要的生活。善的批判否定倘若把此类本能和追求作为对象，一味强调在财、色、权、享乐和功名利禄面前不为所动，而不管"不为所动"相对的范围条件是什么，留给人的便只有贫穷、痛苦、压抑、节制、付出、平庸。这不是善，是禁欲主义、是人性扭曲，是恶。两极相通，肯定之于否定，否定之于肯定，过度了都会走向反面。

---

① 《吕氏春秋·先识览》，陈奇猷校释：《吕氏春秋新校释》，上海古籍出版社2002年版，第1012～1013页。

　　自然界有自己反馈调节的机制，当一个事物过度膨胀的时候，会有另一个事物将它拉回到平衡态。人类社会也有自己反馈调节的机制，当某一种倾向出现时，另一种倾向随之产生。儒家是理想主义，孔子提倡"克己复礼"，己欲立立人，己欲达达人，己所不欲勿施于人，由近及远，把亲亲、尊尊贯彻到底；法家是现实主义，商鞅禁止不切实用好高骛远的理想主义，倡导"法任而国治"，将一切都纳入实际的法制规范，按照法律规则制裁和监督官吏和民众，把所有人的心灵和行为都严格管束起来。孟子主张人性善，荀子主张人性恶，他们都强调伦理教化，注重道德的自觉性；申不害等则对人性没有信心，认为仅仅希望凭借人性自觉来维护社会秩序是缘木求鱼，只有法制主义方能控制秩序。秩序混乱、朝不保夕的时代，会生出理想，"点燃"天堂和来世的期盼；理想破灭、丧失信仰的时代，会发展出最冷酷最彻底的实用理性，用一个个的行动不断突破底线，展示着对没有用处的良心和道德的鄙视。博弈论给出的一般性结论是，多次重复囚徒困境，纳什平衡就会有"无私"的改变，因为人们会发现，满足己私并非明智的选择，一项好的博弈策略的特征是友好、忍让，清晰明了而又善于报复。报复是不可缺少的，人要善，但必须以牙还牙，一味合作在博弈中不能取胜，当恶不断侵蚀善时，那些以牙还牙者成为主要生存者。当每个参与者都对他人的选择作出最佳回应，而且每个人都满意于自己的决定时，就会出现纳什平衡论中所描述的状况。[①]

　　社会的反馈调节机制在人类早期即已存在。那时的人们相信，他们与神秘力量之间有一种积极的、双向的联系，这种联系得益于一套仪式规范和组织，涂尔干称这套特殊的仪式体系为积极膜拜。供奉和共享是祭祀仪式的两个基本要素，膜拜者奉献牺牲，牺牲的一部分是给神的，另一部分留给自己，膜拜者和他崇拜的神共享牺牲（共同进餐）。这样做一方面使神的力量得到维护和补充。所有的力量，即使是最具精神性质的力量，如果得不到补充，也会随着时光的流逝而消耗殆尽，维护和补充因而具有生死

---

　　① 参见里德雷：《美德的起源》，刘珩译，中央编译出版社2004年版，第59、56页。

攸关的重要性，涂尔干认为这就是积极膜拜的真正根源。另一方面可以建立起人为的亲属纽带关系。不是为了在人与神之间制造一条人为的亲属关系纽带，而是要维持和更新原本已结合一起的亲属关系。等量交换明确表达了祭祀体系的机制，从更普遍的意义上说，也体现了整个积极膜拜的机制。人需要神，神也需要人。没有神人就不能存在；而没有人的祭祀供奉神也会死去。人与神的双向联系不仅是物质的，更是精神的，它体现了精神上的相互依赖，精神上的相互依赖是一种服务关系。①

人们不满意社会自发的反馈调节，因为它要历经长时间，付出大代价，一番大乱后达到天下大治，不知要流多少血，生出多少悲剧。人们要把存在和发展掌控在自己手中，缩短时间，减少痛苦，尽快尽好地建设善良社会、美好国家。这样做时，人们在善恶之间划出一条黑白分明势不两立的界线，推动善沿纯粹方向提升，促成恶沿灭尽方向发展，恨不能一个早上跨过界线，将恶从社会和人的心灵中清除，恨不能一场运动完成历史使命，将理想变为社会现实。我们说过，这是人的天性，是人不同于动物的地方，不应过多指责，更不应过度否定，前提是要考虑到事情的另一方面，其中包括这样一个问题：度与过度的临界点是一座界碑、一条线还是一个空间？

美国联邦最高法院大法官卡多佐在司法实践中曾经因为没有找到自己心目中的确定性而沮丧和压抑。随着岁月的流逝，"我已经变得甘心于这种不确定性了，因为我已经渐渐理解它是不可避免的。"他意识到："司法过程的最高境界不是发现法律，而是创造法律；所有的怀疑和担忧，希望和畏惧都是心灵努力的组成部分，是死亡的折磨和诞生的煎熬的组成部分，在这方面，一些曾经为自己时代服务过的原则死亡了，而一些新的原则诞生了。"②好的法律需要经历无数次错误和失败，需要无数个世纪的探索试

① 参见涂尔干：《宗教生活的基本形式》第三卷第二章，渠东、汲喆译，上海人民出版社1999年版。

② 卡多左：《司法过程的性质》，苏力译，商务印书馆2000年版，第105页。

错才能形成，因此谈论法律的时候不应以完美为前提，而应从动态变化的角度加以审视。

西季威克依据对个人利益与义务（或人类的幸福）的考察得出一个结论："在世俗经验的基础上，在我的幸福和普遍幸福的冲突中不可能有一种完满的解决办法。"[1]无论政治还是道德，都有理想和现实两个方面。西季威克指出："一般地说，政治理想应当对道德义务发生影响的范围，部分地取决于实现理想的前景显得遥远还是切近，部分地取决于直接实现它的紧迫性或便利程度。同时，这两种考虑的意义又可能随着所能接受的政治方法而变化，因而更精确地确定它们是属于政治学的事，而不属于伦理学。"[2]他认为，对理想社会中的道德的研究只是一种准备性的研究，在此之后，还需要从对理想道德的研究转向对现实道德的研究。所以，"我们不得不问，这样一个准备性的结构在何种程度上是值得向往的？"[3]如果对道德持纯粹的态度，无论环境条件怎样都坚持将理想诉诸现实，就不可能在社会现实状态和理想状态之间划出根本的界限，理想就会通过我们对现存的恶的幻想式逃遁，沿着我们恰巧想象出来的变化的方向，与现实背道而驰。[4]有鉴于此，西季威克把"应当"区分为两个层次，一是狭义的，即我们应当并且有能力做的；二是广义的，即应当但却是我们无力去做的，它只是我们尽可能去模仿的范型。[5]

大法官卡多左和伦理学家西季威克，在他们各自的论述中，给我们留下了"纯粹"之外"两端之间"的深刻印象。在这个问题上，恩格斯的思想是深刻的，他给出了有关"纯粹"之外"两端之间"的理论表达："一切差异都在中间阶段融合，一切对立都经过中间环节而互相转移，对自然

---

[1]　西季威克：《伦理学方法》，廖申白译，中国社会科学出版社1993年版，第六版序言第13页。

[2]　西季威克：《伦理学方法》，廖申白译，中国社会科学出版社1993年版，第41页。

[3]　西季威克：《伦理学方法》，廖申白译，中国社会科学出版社1993年版，第43页。

[4]　西季威克：《伦理学方法》，廖申白译，中国社会科学出版社1993年版，第44、45页。

[5]　西季威克：《伦理学方法》，廖申白译，中国社会科学出版社1993年版，第56页。

观的这样的发展阶段来说，旧的形而上学的思维方法不再够用了。辩证的思维方法同样不承认什么僵硬和固定的界线，不承认什么普遍绝对有效的'非此即彼！'，它使固定的形而上学的差异互相转移，除了'非此即彼！'，又在恰当的地方承认'亦此亦彼！'，并使对立的各方面相互联系起来。这样的辩证思维方法是唯一在最高程度上适合于自然观的这一发展阶段的思维方法。"我们要把这段话和恩格斯的另一段话联系起来："所有的两极对立，都以对立的两极的相互作用为条件；这两极的分离和对立，只存在于它们的相互依存和联结之中，反过来说，它们的联结，只存在于它们的分离之中，它们的相互依存，只存在于它们的对立之中"。[①]这样就可以清楚地看到，两极对立的双方，它们的相互依存、相互作用、相互联结和相互转移发生在中间阶段，它们之"差异的融合"和"亦此亦彼"也发生在中间阶段。这里没有界碑，没有一条严格的界线，它是一个空间，一个范围可能极为广阔的空间。这个空间或"中间阶段"的存在，表明一个人、一件事，他/它的善恶（其他方面也是一样）的复杂性、多样性、组合性，向我们解释了卡多左、西季威克们所以不能找到"心目中的确定性"和"一种完满的解决办法"的原因。也让我们看到，身处"中间阶段"，面对历史条件的限制，却要划出一条黑白分明势不两立的界线，追求完满、绝对、纯粹，是多么过度，多么不当。由于缺失对"中介"的意识上的自觉，追求完满、绝对、纯粹的人虽然也讲对立统一，也讲相互依存、相互作用、相互转化，却抽掉了思维具体的精髓，使辩证法抽象化、空心化。

变化中的人类社会没有任何一个事物绝对完美，通常所谓完美抑或说人们能够追求的完美都是相对的。相对的完美存在于实践过程中，如同真理存在于认识过程中，表现为一定时空条件下诸多事物相互关系的暂时和谐。诸多事物及其关系是异质化的在，它们的本性拒斥同质化蕴含的单一化、绝对化，表现在实践中即是人的选择和行为的多样性。因此，从实践

---

① 《马克思恩格斯文集》第9卷，人民出版社2009年版，第471、516页。

的观点看，善的追求不是一种行为独大，不是规定人一定要怎样生活，哪怕这种行为是善的，规定是美好的。善的实现最终只能是"合力"的结果，我们在这个过程中要做或能做的，是在各种行为之间建立相互依存、相互作用和相互联结的平衡关系。

辩证法给出了度、临界点或关节点，告诉我们存在一个"中间阶段"，便完成了自己的使命，它不能比这做得更多。剩下的事情是人在实践中去探索和把握，对身处的历史条件和历史任务做具体分析。我们不知道每一个具体分析的结果是怎样的，我们知道在最好的情况下这个结果从认识论角度讲也只是相对真理。因此我们不能垄断真理，不能禁止批评、探索、争鸣，不能以不犯错为前提设计规划行动的蓝图。在认识改造世界的过程中，不允许人犯错误是最大的错误。我们当然不能以允许人犯错误的名义放任错误，也不能在无休止的争论中坐失良机。因此需要找到一种方式，它能够包容繁杂的行为又不失秩序，能展开思想争鸣又不失真理，能形成统一意志又不失自由，能坚定信仰又不僵化，能给试错足够的空间又不使试错毁掉这个空间，即使出现重大纷争事件，也能做到发展持续、社会稳定。这种方式就是作出适切的制度安排。

一个国家的制度所能激励的好品质越多，发现和选拔的最有才智和美德的人越多，国家也就越好。密尔认为，这样我们就得到一套政治制度所能具有的优点的双重区分的基础。"这种基础一部分由政治制度促进社会普遍的精神上的进步的程度所构成，包括在才智、美德，以及实际活动和效率方面的进步；一部分由它将现有道德的、智力的和积极的价值组织起来，以便对公共事务发挥最大效果所达到的完善程度构成。评价一个政府的好坏，应该根据它对人们的行动，根据它对事情所采取的行动，根据它怎样训练公民，以及如何对待公民，根据它倾向于使人民进步或是使人民堕落，以及它为人民和依靠人民所做工作的好坏。"①政府能否满足这些评价条件，主要取决于它的体制机制。

---

① 密尔：《代议制政府》，汪瑄译，商务印书馆1984年版，第29页。

四、社会关系文明的客观标志

从理想回到现实是理想的开始，从现实奔向理想是文明的展开。

文明的展开有一些客观标志，表征着人类社会演进的阶段。以占主导地位的生产工具为参照，有石器时代、铁器时代、蒸汽时代、电器时代、微电子时代；以占主导地位的产业为参照，有农业社会、工业社会、信息－互联网社会；以政治关系为参照，有奴隶社会、封建社会、极权社会、民主社会；以生产关系为参照，有原始社会、资本主义社会、社会主义社会；以发展程度为参照，有传统社会、现代社会，后现代也成为现代人谈论的话题；以管理方式为参照，有人治社会、法治社会。此外，从蒙昧到理性，从迷信到科学，教育程度、知识水平、道德文化素养等等，也常被用来衡量文明。

生产工具、主导产业标志的是物质文明，理性、科学、文化道德素养标志的是精神文明，政治关系、生产关系、管理方式标志的是社会关系文明。三种文明在中国20世纪80年代的学术历程中都曾论及，论说的重点是物质文明、精神文明及其相互关系；社会关系文明在制度文明的话语下有过讨论，影响不大且淹没在精神文明讨论中，那时的认识多把社会关系的好坏同人们的思想道德文化素养联系在一起，那时的实践多从观念教育入手塑造良善的社会关系。90年代末开始，制度得到广泛关注，关注的重心是它在中国经济社会发展中的作用，人们越来越意识到制度在中国经济社会发展中的作用。

每一种类型的文明都是人的本质力量对象化的结果，也是人的本质力量或能力的表征。物质文明表征人的行为能力，行为的对象主要是自然以及与自然相关涉的社会生活。精神文明表征人的思想境界、认识能力，它解释世界，范导人的自我完善的方向，是和改造世界联系在一起的。社会关系文明表征人协调交往行为、化解矛盾冲突、组织共同体生活或共同活动的能力，它所呈现的，是具有行为能力的人怎样共同生活。

文明及其表征的人的本质力量虽然可以分类把握梳理探讨，在现实生活中却是彼此关联、相互影响、相辅相成的。人的思想观念、社会意识建立在他们生活实践的基础上，受社会存在制约；政治、法律制度建立在经济基础上，受物质生产制约；生产力是社会发展的最终决定力量，既制约着政治上层建筑，也制约着人的思想观念、社会意识。马克思洞察了社会结构要素之间的相互作用，却没有给它们同等的地位，而是在相互作用基础上作出进一步的说明。在他理论体系中，结构因素是分层的，上层是思想观念，处在中间的是政治上层建筑，底层是经济基础，基础的基石是社会生产力。马克思的划分和说明受到一些人诟病，指责其为"经济决定论"，围绕这一指责展开的论辩持续百年之久至今未息，恩格斯在"历史唯物主义通信"中给出"归根结底"的解释，肯定了社会意识的相对独立性，既与马克思的经济基础论吻合，也与历史吻合，至少到今天，人类社会的发展都是围绕经济这条主线展开。

马克思并非将人类的命运交由几个历史因素特别是经济决定，他的用意在于找到一条理解把握历史的基本线索，借由它的发现给纷繁复杂从而令人眼花缭乱疑窦丛生的历史理出一个头绪，生产力、生产关系、经济基础、上层建筑、社会意识就是这条基本线索的主要环节。纷繁复杂的历史，求解时的眼花缭乱、疑窦丛生，是马克思理论研究的背景，在他之前和之后，都有人在做理出头绪的事情，取得的成果也是解析出几个因素。和他们同样的做法相比，马克思的解释是最好的。他沿着自己发现的头绪深入社会内部对资本主义进行的剖析批判，不仅帮助了无产者，也帮助了资产者。无产者借"批判的武器"发起"武器的批判"，资产者从"批判的武器"和"武器的批判"中吸取教训，作出改良。在这里，非常重要的一点是不要忘记，贯穿唯物史观基本线索并成为线索本身的是实践，体现在马克思实践历史观中的精神特质，是批判和革命、变化和发展，承袭马克思的精神特质会使后人看到广阔的拓展空间。

人类解放是马克思理论和实践的旨归，也是生产力、生产关系、经济基础、上层建筑、社会意识的旨归。从人的解放看，物质生产不是目的，它为人的自由全面发展提供基础，创造条件，其重要程度和它对人的自由全面发展的助力程度相一致。没有物质基础和条件便没有人的自由全面发展，有了物质基础和条件不等于有人的自由全面发展。我们在历史和现实中看到，经济发展成就显著的国家，社会内部却矛盾重重；生活水平得到极大提高的人们，不满情绪也随着生活水平的提高而增加；有钱的富豪不一定幸福，没钱的夫妻不一定不幸；一个社会的价值取向金钱崇拜，这个社会的人际关系便扭曲紧张。更重要的还在于这样一点，由于人的欲望无限，得到满足后又会产生新的欲求，因而政府无论怎样发展经济增加财富，都不能使人从欲望的束缚和扭曲的关系中解脱出来，况且还有生态环境的刚性约束。所以，没有经济发展不行，有了经济发展且达到一定程度后，人的幸福感满意度，他的自由全面发展，就不再以物质生产为主要条件，尽管这个条件须臾不可缺失，尽管它一旦受到破坏"基础"和"上层建筑"都要重建。从生产到生活，从个人到社会，社会关系在历史发展中逐渐成为能否幸福、满意、自由全面发展的主导因素。这既是当代社会的现实——社会关系不和谐，权利不平等，司法不公正，分配不公平，成为经济发展、生活水平提高后人们反而不满、社会冲突反而加剧的主要原因；也是历史逻辑的必然——马克思在寻求人类解放时高度评价了生产力发展的历史作用，同时又剑指资本主义生产关系，其目的正在于达致生产力和社会关系的双重提升。当代中国经济发展取得巨大成就以后，也把社会关系问题提上议程，社会主义核心价值观中的民主、和谐、自由、平等、公正、法治、爱国、诚信、友善分属国家、社会、个人三个层面，讲的都是人的关系，它们之构成社会主义核心价值观的主要内容，足以说明当代中国社会发展的诉求。这是一个症候，表明生产力发展达到一定程度后，文明的重心由"物质"转向"关系"，思想观念越来越关心"关系"，以它们与"关系"的关系确证自己在文明中的地位。

如果说文明的进程把"关系"凸显出来，那么"关系"的提升则把制度凸显出来。如果说工具是生产力——人与自然关系的客观标志，制度就是生产关系——人与人社会关系的客观标志。前者在理论和实践中已经得到确认，后者作为社会关系文明的客观标志还需要做些说明。

马克思曾经说过："工业的历史和工业的已经生成的对象性的存在，是一本打开了的关于人的本质力量的书，是感性地摆在我们面前的人的心理学"。[①]展现人的本质力量和映射人的心理的工业不仅仅是机器，还有理性化的组织机构或如马克思说的生产关系体系和政治的、法律的上层建筑。因此在工业这部书中既有物质力量，也有社会关系。按马克思的观点，没有这种关系就没有生产；按韦伯的说法，没有理性化的组织机构就没有资本主义。

马克思对人的本质的这两个方面均有表述。在论述工业和人的本质关系的同一本书里，马克思说："生产生活就是类生活。这是产生生命的生活。一个种的整体特性、种的类特性就在于生命活动的性质，而自由的有意识的活动恰恰就是人的类特性。"[②]一年之后他又做了如下表述："人的本质不是单个人所固有的抽象物，在其现实性上，它是一切社会关系的总和。"[③]中国学术界对马克思这两段话有不同理解，多数人认为"一切社会关系的总和"是马克思对人的本质最终的确定性认识，"自由的有意识的活动"是人的类特性的观点带有费尔巴哈影响的痕迹，是马克思哲学过渡时期思想不成熟的表现；少数人认为"自由的有意识的活动"也是马克思对人的本质的科学认识，它和"一切社会关系的总和"的不同只是言说角度的差异。第一种理解明显地偏重社会关系，忽视生产生活，以至于生出一年的时间里马克思对人的本质的理解为什么会有那么大的变化之类的困惑，也只是因为把社会关系和生产生活分开才会生出这样的困惑。第二种理解指出了言说角度的差异，没有进一步阐明二者的关联所在，或者虽有学者给出过论证，这些散见的论证也没有得到学界主流认可。"一切社会关系的总和"和"自由的有意识的活动"其实是不可分的，如果要证明或为二者

---

① 马克思：《1844年经济学哲学手稿》，人民出版社2000年版，第88页。

② 马克思：《1844年经济学哲学手稿》，人民出版社2000年版，第57页。

③ 《马克思恩格斯文集》第1卷，人民出版社2009年版，第501页。

的不可分找到一个统一点，那就是"共同活动"。关于这一点，马克思在《德意志意识形态》中给出过清晰的表达："生命的生产，无论是通过劳动而生产自己的生命，还是通过生育而生产他人的生命，就立即表现为双重关系：一方面是自然关系，另一方面是社会关系；社会关系的含义在这里是指许多个人的共同活动，不管这种共同活动是在什么条件下、用什么方式和为了什么目的而进行的。"①"共同"象征社会关系，"活动"象征自由和有意识，人类既以共同活动的方式存在，又以共同活动的方式发展，既在共同活动中滋生出彼此之间的关系，又在共同活动中改变彼此之间的关系。实践总是共同活动，因此"实践是人的存在方式"亦可表述为"共同活动是人的存在方式"。是故，我们说，实践不仅是主客观相统一的活动，也是行为和关系相统一的活动。"一定的生产方式或一定的工业阶段始终是与一定的共同活动方式或一定的社会阶段联系着的，而这种共同活动方式本身就是'生产力'；由此可见，人们所达到的生产力的总和决定着社会状况，因而，始终必须把'人类的历史'同工业和交换的历史联系起来研究和探讨。"②

生产力极不发达的时代人的奴役状态主要源自人和自然的关系，生产力高度发达的今天人的奴役状态主要源自他们之间的关系。生产中的奴役状态源自生产关系，社会中的奴役关系源自社会关系。如果说从生产力不发达到生产力高度发达是人的本质力量对象化的结果，是人在自然面前展现的本质力量的证明，那么，在以生产力为代表的人的本质力量大大增加强的同时，人、生产者、共同体成员陷入奴役乃至异化的境况，则是人在社会关系领域成长缓慢，软弱无力的证明。这种境况需要改变，人需要像在自然面前那样在社会关系领域展现自己的本质力量。

这种展现始于近代，在此之前人在社会关系领域的所作所为基本是自发的，生产关系在自然经济中自发形成，政治关系延续统治和被统治的二

① 《马克思恩格斯文集》第1卷，人民出版社2009年版，第532页。
② 《马克思恩格斯文集》第1卷，人民出版社2009年版，第532～533页。

元结构，成者为王败者寇是升级版的丛林法则，其他社会关系也有强烈的路径依赖特征。伦理可谓近代以前人们自觉善化社会关系的唯一因素，它要求人们彼此关爱，要求统治者施仁政，相信彼此相爱、施行仁政的社会就是大同社会。伦理能够规范调节人们生产生活行为，又不能在根本上使人们生产生活行为得到调节；它可以和政治结合，融入国家治理结构中，占据着极高的地位甚至成为政权合法性的依据，但却始终不能迈出政治的门槛，改变自己由政治取舍定夺的命运；它是润滑剂，是社会生活不可缺少的，也是任何种类的国家机器都可以拿来使用的。近代以前社会关系的演变是一个自然历史过程，认识到它是一个自然历史过程，意味着社会关系领域自由的有意识的活动的开启。近代以降这种活动越益展开，标志性成果有四个：英国的大宪章、法国的人权宣言、美国联邦党人制定的宪法、共产主义或国际工人运动。这些成果的历史内涵及其彰显的意义足可以写几大本书，我们无意写几大本书，我们关注历史画卷中的几个点。

第一，劳动过程结束了，工具保留下来；一代一代的生产生活者不在了，方式保留下来；一个王朝消亡了，制度保留下来。每一个历史时期、每一个文明共同体、每一种社会形态都有它的制度标志，都存在制度竞争，最终成为时代和社会形态标志的是制度竞争的胜出者：古希腊罗马时期的民主制、王制、贵族制，阿拉伯地区和中国古代的君主制、君主专制，欧洲近代以降的君主立宪制、代议制，和马克思五种社会形态对应的原始公有制、奴隶制、封建制、资本主义制度和社会主义制度。这些制度大致有一个前后相继的历史排序，彼此间有不同的政治、法律、生产关系的蕴含。总体上看，时间在后的制度比时间在前的制度具有优势，既在物质力量的发展方面有优势，也在社会关系的改善方面具有优势，因此它们成为社会关系文明一步步提升的客观标志，尽管它们每一个都和人们的期盼有很大差距。

第二，为什么它们同人们的期盼有很大差距？并非人们不重视，和物质文明相比，人们对社会关系改善的热切程度一点不逊色，毕竟人的行为能力是为他的生活服务的。没有和善的社会关系，物质文明可以带来享乐不能带来幸福，可以造就丰裕不能生发意义，灯红酒绿湮灭了高尚，善的生活也就远去，生产力的发展甚至都会遭遇阻碍，这些也早已是思想家、革命家的共识。因此在改造世界的时候，历史中从来不乏改造社会关系的事件和运动，包括农民起义和以生产关系为中心的社会革命。其共同的特征，是都把社会关系的改变看作除弊革旧、打开理想之门的钥匙。遗憾的是，这些努力都没有达到努力的预期，社会关系确实在进步，但且不说理想还是那么遥远，就是现实也不能令人满意。有时候偏好关系的制度安排阻碍了行为的开展；有时候偏好行为的制度安排伤害了关系的和谐；有时候改变了行为方式却保留过去的关系体系，既扭曲行为，又伤害关系；至于看不到理论和现实的距离，固守条条本本而不实事求是，各方面的缺陷便会更加放大，直至划出与初衷渐行渐远的轨迹。

第三，追寻其中的原因无异于揭示历史的奥秘，马克思的理论进路仍然是走向历史深处的指南。

不是活动为关系服务，而是关系为活动服务，"共同活动"的落脚点在"活动"，不在"共同"，这是二者的本原关系。在熟知的理论中，这种本原关系被表述为生产关系一定要适合生产力的状况，上层建筑一定要适合经济基础的状况，当生产力与生产关系发生冲突时需要改变的是生产关系，当经济基础与上层建筑发生冲突时需要改变的是上层建筑。

一定的活动确定下来，相应的关系也就确定下来，当这种活动发生变化后，相应的关系也要随之变化。变化或适切的关系会让我们感受到满意，这种满意只和一定历史阶段相联系，无论怎样都不能摆脱产生它的活动的限制，因而随着活动的变化总有一天会达到自己的极限，总有一天人们不再容忍彼此关系的状况。他要改变这种关系，又不能脱离产生关系的活动改变这种关系，以为社会关系与生产生活是分离的，以为可以单纯通过改变社会关系（特别是伦理关系）构建和谐社会，便只能通过改变自己的活动来改变现存的关系状况。历史中自发生成的社会关系体系就是这样，它们发生在政治、经济领域，发生在家庭、社会中，并通过思想文化观念反映出来。马克思自觉的历史观也是这样，他打破生产关系桎梏是为了发展生产力，他心目中的新的生产关系建立在发展了的生产力基础上。我们由此获得的教益是，不管对现存的社会关系多么不满，除非改变产生这些关系的活动，关系本身不可能改变。

社会主义国家通过夺取政权建立起社会主义生产关系体系后，选择了与之相应的生产活动形式——国家掌控经济运行。在列宁看来，这是发展生产力的有效途径。在国民经济恢复阶段它成效显著，国民经济步入稳定发展阶段后它效果不佳，原来落后的国家依然落后，原来不那么落后的国家逐渐落后。这一现象表明，即使活动和关系是一致的，也未必达到预期。因为不能达到预期，所以有了改革，有了市场经济与社会主义制度的结合，有了中国特色的社会主义理论和实践。社会主义社会的发展远比想象的曲折，活动和关系的统一以及它和人们期盼间的一致性远比我们认识到的复杂。建立一种关系，让活动与之相符合，还是从事一种活动，让与之相符合的关系生长出来，是社会主义实践留给我们思考的空间。

每一种历史活动都有其存在的理由，或者自身具有重要价值，是人的美好生活本身不可缺少的，或者自身不产生某种结果，却为某种结果的产生提供基础、创造条件。产生结果和为某种结果的产生提供基础创造条件的活动，没有一个是至真至善至美的，它们总是在带来真或善或美的同时产生假或恶或丑。置于历史中，假恶丑是清除的对象；置于当下中，拒绝一种活动带来的假恶丑，也等于拒绝了它带来和真善美。这给我们改变社会关系的举措以极大的限制，使我们不能放手按照应然的标准去改变人际关系的世界。恩格斯批判空想社会主义说："以往的社会主义固然批判了现存的资本主义生产方式及其后果，但是，它不能说明这个生产方式，因而也就不能对付这个生产方式；它只能简单地把它当做坏东西抛弃掉。"[1]然而自然历史过程产生的结果不是想抛弃就能抛弃的，因此，对于为什么改变社会关系的努力同人们的期盼有很大差距这个问题，我们的回答是：因为还没有找到替代产生这个不理想后果的活动的活动。

---

[1] 《马克思恩格斯文集》第9卷，人民出版社2009年版，第29～30页。

第四，总的来说人类对自身解放的道路还在探索中，试错在这个过程中不是要不要的问题，而是不可避免的实践特征。我们知道生产关系不适合生产力时就应该改变，却不清楚在什么状况下生产关系不适合生产力从而应该改变；我们知道上层建筑不适合经济基础时就应该改变，却不清楚在由传统向现代转型过程中上层建筑应该怎样改变。我们对人的活动和社会关系的关系的认识也远远不够，从而并不清楚什么时候或条件下改变我们的活动，什么时候或条件下改变我们的关系，什么时候什么条件下可以不改变我们的活动而改变我们的关系或者不改变我们的关系而改变我们的活动。我们对人类社会有了许多规律性的认识，但和大千世界错综复杂的关系相比，这些规律性的认识远远不够。规律不只是单一的，还是系统的，我们的认识多停留在单一性上，没有达到系统的程度；规律不只是线性的，还是非线性的，我们的认识多停留在线性层次上，还没有达到将线性包含在自身之内的非线性的高度。规律是有适用范围和条件约束的，超过了范围，对象和人的活动的条件发生了变化，规律也会发生变化，我们有时却认为规律是不变和永恒的。我们甚至赋予规律神秘的色彩，只说有历史规律，历史规律不可抗拒，不清楚历史规律的存在方式和表现形式。"一个社会即使探索到了本身运动的自然规律，——本书的最终目的就是揭示现代社会的经济运动规律，——它还是既不能跳过也不能用法令取消自然的发展阶段。但是它能缩短和减轻分娩的痛苦。"[1]一个社会倘若还没有探索到本身运动的自然规律就着手"缩短和减轻分娩的痛苦"，可能导致"产妇"死亡。

第五，任何脱离现实活动构想的理想世界都是乌托邦，任何以乌托邦为应然尺度诉诸当下的行动都会使理想距离现实越来越远。乌托邦没有错，是想象力的飞扬；靠飞扬的想象力引导实践，想不错也难。"嫦娥奔月"从传说到实现历时几千年，缺少了中间的点点滴滴理想永远不能变为现实。因此我们不能随心所欲，不能以为只要高举善良正义的旗帜就有理由大刀

---

① 《马克思恩格斯文集》第5卷，人民出版社2009年版，第9～10页。

阔斧、大干快上，进入自由王国，实现共产主义。我们要学会等待，学会持之以恒不屈不挠，学会从我们正在进行的事情一点点做起，把我们探索的成果凝结在工具中，凝结在科学技术思想观念中，凝结在制度中。"无论哪一个社会形态，在它所能容纳的全部生产力发挥出来以前，是决不会灭亡的；而新的更高的生产关系，在它的物质存在条件在旧社会的胎胞里成熟以前，是决不会出现的。所以人类始终只提出自己能够解决的任务，因为只要仔细考察就可以发现，任务本身，只有在解决它的物质条件已经存在或者至少是在生成过程中的时候，才会产生。"[①]

社会关系的好坏不以坚守什么样的理念、尊奉什么样的思想学说为转移。一方面，"只有现在，在我们已经考察了原初的历史的关系的四个因素、四个方面之后，我们才发现：人还具有'意识'。但是这种意识并非一开始就是'纯粹的'意识。'精神'从一开始就很倒霉，受到物质的'纠缠'，……因而，意识一开始就是社会的产物，而且只要人们存在着，它就仍然是这种产物。"[②]另一方面，"社会的产物"即使在"纠缠"中正确反映了社会，它的存在理由，它的发展趋势，将其转化为良善的社会关系也要历经诸多环节。它必须外化自己，找到与自己统一的体制机制。观念不能外化，没有找到对应的体制机制，它永远只是自己。

社会关系的好坏不以人的社会角色为转移。分有不同社会角色的人——贵族、地主、资本家、权贵、农民、工人、市民——是社会关系的主体，社会关系的主体不是社会关系，主体间的关系是主体交往的产物，做什么、怎样做、以什么方式交往决定他们关系的好坏。因此，并非由某种社会角色的人主导国家，社会关系就好，由另一些社会角色的人主导国

---

① 《马克思恩格斯文集》第2卷，人民出版社2009年版，第592页。

② 《马克思恩格斯文集》第1卷，人民出版社2009年版，第533页。马克思所说的四个因素、四个方面，是指与"必须能够生活"相对应的物质生产，与已经得到满足的第一个需要以及使这个需要得到满足的活动相对应的新的需要的产生，与生命的生产相对应的家庭关系，与一定的生产相对应的共同活动。在《〈政治经济学批判〉序言》中，马克思把它们纳入到生产力与生产关系、经济基础与上层建筑的结构中。

家，社会关系就不好。本尼迪克特说："个体生活的历史中，首要的就是对他所属的那个社群传统上手把手传下来的那些模式和准则的适应。落地伊始，社群的习俗便开始塑造他的经验和行为。到咿呀学语时，他已是所属文化的造物，而到他长大成人并能参加该文化的活动时，社群的习惯便已是他的习惯，社群的信仰便已是他的信仰，社群的戒律亦已是他的戒律。"① 她说的是模式、准则、习俗等文化因素对的塑造，沿着这个思路推论下去，也可以对此处的问题给出一种解释。人们生活在剥削、压迫、不公平、不正义的社会中，他们不满这种状态，因此就反抗，就斗争，就要推翻剥削压迫者的统治。但是，他们如果不能跳出原有"文化"的框架，重复那种模式、准则、习俗，便不能改变令他们不满的社会关系，反而重建这种关系，使另一些人不满、反抗，重复他们的故事。刘邦、朱元璋是农民起义的领袖，他们建立的王朝和王公贵族建立的秦、晋、隋、唐、宋、元、清一样，都是君主制或君主专制国家。陈胜、李自成、洪秀全们没有夺取天下，即使他们夺取了天下也不过再建一个新的王朝，成为中国历史中另外几个皇帝而已，可能还是不如唐宗宋祖康熙乾隆的皇帝。相同的人用不同的方式做事，产生不同的关系；不同的人用相同的方式做事，产生相同的关系。

社会关系的好坏决定于做事和方式，做事的方式以制度为标识。人们遇到事情A，习惯性地采取行为B，这种常规化、模式化、稳定性的做法即是方式；制度标识的正是人们遇到事情A时做什么、怎样做，制度的相对稳定性使它规范下的行为反复多次地进行，从而养成习惯，每当人们每遇到事情A，都会模式化地采取行为B。它仿佛一个"吸引子"，把大量的偶然"分子"吸引到自己周围，为不确定的社会生活提供了一个确定的点，对形塑交往关系、建构社会秩序的作用不可替代。制度的这一功能既涉及行为，又涉及关系，它通过规范人的行为确定、调节社会关系，通过确定、调节社会关系规范人的行为。在这一点上，它和共同活动一样，都

---

① 本尼迪克特：《文化模式》，王炜等译，三联书店1988年版，第5页。

是行为—关系的统一，共同活动是行为—关系在实践上的统一，制度是行为—关系在规范上的统一。两种统一实则为一，共同活动中的行为—关系凝结在制度中，制度凝结的行为—关系表现在共同活动中。通过不同时期、不同社会的制度安排，我们便能知道彼时政治关系、法律关系、经济关系的大致状况：平等的还是不平等的，依附的还是独立的，自由的还是强制的，独裁的还是民主的，人们以什么方式处理彼此间的矛盾冲突，国家以什么方式对待有着不同观点和利益诉求的人群，个人、国家、社会三者间的关系怎样，等等。它们是确定的客观的关系，不是偶然的主观的关系，是实际发生的关系，不是预期想象的关系。如果我们认为社会关系的变化和依次更迭的社会形态展现了文明的脚步，前后相继的制度安排就是它们的客观标志。

相对封闭的时代，制度及其确定的行为—关系能够长期稳定，进入世界历史阶段，各民族相互交往、摩擦碰撞，某些制度及其表征行为—关系遭遇从未有过的变局，在与其他制度的比较中落败。国家衰败的表面原因在物质力，坚船利炮能够摧毁古老的帝国；造就物质力的是商品生产和交换的行为—关系体系，坚船利炮是该体系的产物，不是"买"来的产物；保障商品生产和交换行为—关系体系的是一套从经济到政治、法律的制度安排，没有它们就没有行为—关系体系及其物质生产力。在这个意义上，传统国家的失败是制度的失败。其后的历史画面中，我们看到对商品生产和交换的批判，看到对人对物的依赖性及物对人的扭曲的不满，看到因之作出改变的制度创新，也看到新的改变仍然没能战胜意欲取代的制度，反倒为了不致落败重新回到商品生产和交换。这再次证明偏好行为之制度力量的强大，证明文明发展到今天，"拳头"仍然是一个国家立足于世界民族之林的资本，也再次证明人类历史还没有从野蛮状态完全走出来。批判不是没有道理，创制不是没有理由，变化不是没有发生，只是它们不像以往想象的那样简单。我们不知道在自由经济的前提下，在与其相应的政治、法律的行为—关系框架范围内，能不能完善人与人的关系。我们能够确定的是，一个既不能促进行为又不能完善关系的制度在竞争中不能胜出，一个偏好关系阻碍行为的制度在比较中落败，一个行为与关系失衡的制度也不能持续。

物质文明的发展成就显著，社会关系文明的提升还需更加努力。我们知道社会关系的完善或曰人类解放离不开思想观念的指导，更要知道在思想观念指导下，努力的方向应着力于发现并建构沟通观念与现实的体制机制。所以，关键在于发现和建构人的本质力量对象化的"他物"，思想观念生根、开花、结果的"土壤"。"他物"和"土壤"决定社会关系的状况，也极大地制约"物质力量"的运用。前者是我们要强调的，后者是我们要补充的。

我们需要这样的制度，它能在平衡行为和关系的过程中使社会关系像物质文明一样发达，弱者不因弱小受制于他人，强者不因强大凌驾于他人；国家不靠"拳头"让人服从，而靠"道"赢得拥护；人们是平等的，也是自由的，他们追逐自己的利益，又存在和善的关系。这是一种理想，我们把这个理想看作文明的要求，看作观念指导下人们点滴努力的方向。黑格尔经常根据对人类社会生活的制度结构的进步所作出的贡献来评判历史人物的伟大性。[1]我们希望有伟大人物，不把希望寄托于伟大人物。当一个人在文明演变过程中对社会关系的完善作出历史性贡献，而使自己湮没在制度进步的光环中，他就是伟大人物。

---

[1]　罗尔斯：《道德哲学史讲义》，张国清译，上海三联书店2003年版，第495～496页。

参考文献

［1］《马克思恩格斯文集》第1～10卷，人民出版社，2009年。

［2］《马克思恩格斯全集》第1卷，人民出版社，1995年。

［3］《马克思恩格斯全集》第2卷，人民出版社，1957年。

［4］《马克思恩格斯全集》第3卷，人民出版社，1960年。

［5］《马克思恩格斯全集》第12卷，人民出版社，1998年。

［6］《马克思恩格斯全集》第19卷，人民出版社，1963年。

［7］《马克思恩格斯全集》第30卷，人民出版社，1995年。

［8］马克思：《1844年经济学哲学手稿》，中央编译局译，人民出版社，
　　2000年。

［9］《马克思古代社会史笔记》，人民出版社，1996年。

［10］《卡尔·马克思历史学笔记》，中国人民大学出版社，2005年。

［11］列宁：《哲学笔记》，人民出版社，1974年。

［12］《列宁文稿》第2卷，人民出版社，1978年。

［13］《列宁选集》第3卷，人民出版社，1995年。

［14］《毛泽东选集》第1卷，人民出版社，1991年。

［15］《邓小平文选》第2卷，人民出版社，1994年。

［16］《邓小平文选》第3卷，人民出版社，1993年。

［17］解放社编：《马恩列斯思想方法论》，解放社，1949年（山东版）。

［18］中国人民大学编：《马克思恩格斯论人性、人道主义和异化》，人民出
　　版社，1984年。

［19］《中共中央关于经济体制改革的决定》（单行本），人民出版社，
　　　1984年。

［20］赵紫阳：《沿着有中国特色的社会主义道路前进》，人民出版社（单行
　　　本），1987年。

［21］《三中全会以来重要文献选编》（上），人民出版社，1982年。

［22］《中共中央关于建立社会主义市场经济体制若干问题的决定》，《十四
　　　大以来重要文献选编》（上），人民出版社，1996年。

［23］《中共中央关于加强社会主义精神文明建设若干重要问题的决议》，
　　　《十四大以来重要文献选编》（下），人民出版社，1999年。

［24］《十五大以来重要文献选编》（上），人民出版社，2000年。

［25］《十五大以来重要文献选编》（中），人民出版社，2001年。

［26］《孙中山选集》下册，人民出版社，1980年。

［27］〔汉〕孔安国传，〔唐〕孔颖达等正义：《尚书正义》，李学勤主编：
　　　《十三经注疏》（标点本），北京大学出版社，1999年。

［28］〔汉〕郑玄注，〔唐〕贾公彦疏：《周礼注疏》，李学勤主编：《十三经
　　　注疏》（标点本），北京大学出版社，1999年。

［29］〔汉〕郑玄注，〔唐〕贾公彦疏：《仪礼注疏》，李学勤主编：《十三经
　　　注疏》（标点本），北京大学出版社，1999年。

［30］〔汉〕郑玄注，〔唐〕孔颖达等正义：《礼记正义》，李学勤主编：
　　　《十三经注疏》（标点本），北京大学出版社，1999年。

［31］〔宋〕朱熹集注：《四书集注》，岳麓书社，1985年。

［32］杨伯峻：《论语译注》，中华书局，1958年。

［33］任继愈译：《老子今译》，古籍出版社，1956年。

［34］黄怀信等撰：《大戴礼记汇校集注》，三秦出版社，2005年。

［35］陈鼓应著：《老子注释及评介》，中华书局，1984年。

［36］陈鼓应注释：《庄子今注今译》，中华书局，1983年。

［37］章诗同注：《荀子简注》，上海人民出版社，1974年。

［38］杨伯峻撰：《列子集释》，中华书局，1979年。

［39］陈奇猷校注：《韩非子集释》，上海人民出版社，1974年。

［40］刘柯、李克和：《管子译注》，黑龙江人民出版社，2003年。

［41］石磊译注：《商君书》，中华书局，2009年。

［42］吴龙辉等译注：《墨子白话今译》，中国书店，1992年。

［43］李双译注：《孟子白话今译》，中国书店，1992年。

［44］王秀梅译注：《诗经》，中华书局，2006年。

［45］尚学锋、夏德靠译注：《国语》，中华书局，2007年。

［46］陈奇猷校释：《吕氏春秋新校释》，上海古籍出版社，2002年。

［47］黄晖撰：《论衡校释》，中华书局，1990年。

［48］〔汉〕司马迁：《史记》，中华书局，1959年。

［49］〔宋〕司马光编著：《资治通鉴》，岳麓书社，1990年。

［50］〔唐〕吴兢：《贞观政要》，中州古籍出版社，2008年。

［51］〔宋〕宋敏求编，洪丕谟等点校：《唐大诏令集》，学林出版社，
　　　1992年。

［52］〔宋〕徐梦莘：《三朝北盟会编》，上海古籍出版社影印许刻本，
　　　1987年。

［53］〔宋〕真德秀：《西山先生真文忠公文集》（简称《西山集》），四部丛
　　　刊本。

［54］〔宋〕杨万里：《诚斋集》，四部丛刊本。

［55］〔宋〕李焘：《续资治通鉴长编》（简称《长编》），中华书局点样本。

［56］〔元〕脱脱等：《宋史》，中华书局，1985年。

［57］〔明〕陶宗仪等编：《说郛》，影印文渊阁四库全书本。

［58］钱穆：《中国文化史导论》（修订本），商务印书馆，1994年。

［59］钱穆：《中国历代政治得失》，三联书店，2001年。

［60］王国维：《观堂集林》（二），中华书局，1959年。

［61］梁启超：《先秦政治思想史》，北京联合出版公司，2014年。

［62］郭沫若：《中国史稿》（第一册），人民出版社，1976年。

［63］蔡美彪等著：《中国通史》第五册，人民出版社，1978年。

[64]白纲主编:《中国政治制度通史》(1~10卷),人民出版社,1996年。

[65]徐复观:《中国人性论史》(先秦篇),上海三联书店,2001年。

[66]刘述先:《从民本到民主》,景海峰编:《儒家思想与现代化》,中国广播电视出版社,1992年。

[67]葛兆光:《七世纪前中国的知识、思想与信仰世界》(第一卷),复旦大学出版社,1998年。

[68]陈来:《古代宗教与伦理——儒家思想的根源》,三联书店,1996年。

[69]王力主编:《中国古代文化常识图典》,中国言实出版社,2002年。

[70]邓小南:《祖宗之法》,三联书店,2014年。

[71]韦政通:《儒家与现代化》,台北:水牛出版社,1989年。

[72]李明辉:《儒学与现代意识》,台湾大学出版社,2016年11月增订一版。

[73]费孝通:《乡土中国》,江苏文艺出版社,2007年。

[74]费孝通:《生育制度》,商务印书馆,1999年。

[75]费孝通:《文化的生与死》,上海人民出版社,2009年。

[76]万建中:《禁忌与中国文化》,人民出版社,2001年。

[77]金泽:《宗教禁忌》,社会科学文献出版社,1998年。

[78]宋兆麟:《巫与巫术》,四川民族出版社,1989年。

[79]高国藩:《中国巫术史》,上海三联书店,1999年。

[80]何星亮:《图腾文化与人类诸文化的起源》,中国文联出版公司,1991年。

[81]宋镇豪:《中国风俗通史》(夏商卷),上海文艺出版社,2001年。

[82]陈绍棣:《中国风俗通史》(两周卷),上海文艺出版社,2003年。

[83]张亮采:《中国风俗史》,东方出版社,1996年。

[84]张千帆:《西方宪政体系》(上册),中国政法大学出版社,2000年。

[85]张千帆:《西方宪政体系》(下册),中国政法大学出版社,2001年。

[86]由嵘主编:《外国法制史》,北京大学出版社,1992年。

[87]任东来等著:《美国宪政历程:影响美国的25个司法大案》,中国法

制出版社，2004年。

［88］张曙光：《经济学（家）如何讲道德》，三联书店，2001年。

［89］厉以宁：《经济学的伦理问题》，三联书店，1995年。

［90］罗国杰主编：《马克思主义伦理学》，人民出版社，1982年。

［91］王海明：《新伦理学》（修订版，上册），商务印书馆，2008年。

［92］蔡元培：《中国伦理学史》，东方出版社，1996年。

［93］宋希仁主编：《西方伦理思想史》，中国人民大学出版社，2004年。

［94］朱学勤：《道德理想国的覆灭》，上海三联书店，1994年。

［95］吴敬琏：《当代中国经济改革》，上海远东出版社，2003年。

［96］鲁鹏：《制度与发展关系研究》，人民出版社，2002年。

［97］钱乘旦、陈意新：《走向现代国家之路》，四川人民出版社，1987年。

［98］《圣经新译本》，香港环球圣经公会，2002年。

［99］《古兰经》，马坚译，中国社会科学出版社，1981年。

［100］德雷恩：《旧约概论》，许一新译，北京大学出版社，2004年。

［101］德雷恩：《新约概念》，胡青译，北京大学出版社，2005年。

［102］奥尔森：《基督教神学思想史》，吴瑞诚、徐成德译，周学信校订，北京大学出版社，2003年。

［103］布朗：《基督教与西方思想》（卷一），查常平译，北京大学出版社，2005年。

［104］威尔肯斯、帕杰特：《基督教与西方思想》（卷二），刘平译，北京大学出版社，2005年。

［105］哈特曼：《神圣罗马帝国文化史》，刘新利等译，东方出版社，2005年。

［106］达尔文：《人类的由来》，潘光旦、胡寿文译，商务印书馆，1983年。

［107］摩尔根：《古代社会》（上、下），杨东莼等译，商务印书馆，1977年。

［108］拉德克利夫-布朗：《原始社会的结构与功能》，潘蛟等译，中央民族大学出版社，1999年。

［109］马林诺夫斯基：《原始社会的犯罪与习俗》，原江译，云南人民出版

社，2002年。

［110］马林诺夫斯基：《文化论》，费孝通译，中国民间文艺出版社，
　　　1987年。

［111］马林诺夫斯基：《巫术科学宗教与神话》，李安宅编译，上海文艺出
　　　版社，1987年。

［112］列维－布留尔：《原始思维》，丁由译，商务印书馆，1981年。

［113］涂尔干：《宗教生活的基本形式》，渠东、汲喆译，上海人民出版社，
　　　1999年。

［114］比尔基埃等主编：《家庭史》，袁树仁等译，三联书店，1998年。

［115］韦斯特马克：《人类婚姻史》，李彬等译，刘宇等校，商务印书馆，
　　　2002年。

［116］霍贝尔：《原始人的法》，严存生等译，贵州人民出版社，1992年。

［117］赞恩：《法律的故事》，孙运申译，中国盲文出版社，2002年。

［118］梅因：《古代法》，沈景一译，商务印书馆，1959年。

［119］谢苗诺夫：《婚姻和家庭的起源》，蔡俊生译，沈真校，中国社会科
　　　学出版社，1983年。

［120］泰勒：《原始文化》，连树声译，上海文艺出版社，1992年。

［121］列维－斯特劳斯：《结构人类学——巫术·宗教·艺术·神话》，陆
　　　晓禾、黄锡光等译，文化艺术出版社，1989年。

［122］列维－斯特劳斯：《图腾制度》，渠东译，梅非校，上海人民出版社，
　　　2002年。

［123］海通：《图腾崇拜》，何星亮译，广西师范大学出版社，2004年。

［124］弗洛伊德：《图腾与禁忌》，文良文化译，中央编译出版社，2005年。

［125］莫斯、于贝尔：《巫术的一般理论》，杨渝东等译，广西师范大学出
　　　版社，2007年。

［126］柏拉图：《理想国》，郭斌和、张竹明译，商务印书馆，1986年。

［127］亚里士多德：《尼各马科伦理学》，苗力田译，中国社会科学出版社，
　　　1990年。

［128］亚里士多德：《政治学》，吴寿彭译，商务印书馆，1965年。

［129］亚里士多德：《雅典政制》，日知、力野译，商务印书馆，1959年。

［130］阿奎那：《〈政治学〉疏证》，黄涛译，华夏出版社，2013年。

［131］马基雅维里：《君主论》，潘汉典译，商务印书馆，1985年。

［132］孟德斯鸠：《论法的精神》上册，张雁深译，商务印书馆，1961年。

［133］孟德斯鸠：《论法的精神》下册，张雁深译，商务印书馆，1963年。

［134］卢梭：《忏悔录》，管筱明译，商务印书馆，2016年。

［135］卢梭：《社会契约论》，何兆武译，商务印书馆，1980年。

［136］卢梭：《论人类不平等的起源和基础》，李常山译，东林校，商务印书馆，1962年。

［137］洛克：《政府论》上篇，瞿菊农、叶启芳译，商务印书馆，1982年。

［138］洛克：《政府论》下篇，叶启芳、瞿菊农译，商务印书馆，1964年。

［139］黑格尔：《法哲学原理》，范扬、张企泰译，商务印书馆，1961年。

［140］密尔：《代议制政府》，汪瑄译，商务印书馆，1984年。

［141］密尔：《论自由》，程崇华译，商务印书馆，1959年。

［142］汉密尔顿等：《联邦党人文集》，程逢如等译，商务印书馆，1980年。

［143］哈耶克：《自由秩序原理》，邓正来译，三联书店，1997年。

［144］哈耶克：《法律、立法与自由》，邓正来等译，中国大百科全书出版社，2000年。

［145］哈耶克：《个人主义与经济秩序》，邓正来译，三联书店，2003年。

［146］阿伦特：《极权主义的起源》，林骧华译，三联书店，2008年。

［147］罗尔斯：《正义论》，何怀宏等译，中国社会科学出版社，1988年。

［148］罗尔斯：《政治自由主义》，万俊人译，译林出版社，2000年。

［149］罗尔斯：《道德哲学史讲义》，张国清译，上海三联书店，2003年。

［150］罗尔斯：《作为公平的正义——正义新论》，姚大志译，上海三联书店，2002年。

［151］卡西尔：《人论》，甘阳译，上海译文出版社，1985年。

［152］曼海姆：《意识形态与乌托邦》，黎鸣、李书崇译，周纪荣、周琪校，

商务印书馆，2000年。

[153] 沃拉斯：《政治中的人性》，朱曾汶译，商务印书馆，1995年。

[154] 波考克：《马基雅维里时刻》，冯克利、傅乾译，译林出版社，2013年。

[155] 迈内克：《马基雅维里主义》，时殷弘译，商务印书馆，2008年。

[156] 萨托利：《民主新论》，冯克利、阎克文译，东方出版社，1993年。

[157] 西耶斯：《论特权第三等级是什么》，冯棠译，张联芝校，商务印书馆，1990年。

[158] 赫尔德：《民主的模式》，燕继荣等译，王浦劬校，中央编译出版社，1998年。

[159] 阿克顿：《自由与权力》，商务印书馆，2001年。

[160] 托克维尔：《旧制度与大革命》，冯棠译，桂裕芳、张芝联校，商务印书馆，1992年。

[161] 伯林：《启蒙的三个批评者》，马寅卯、郑想译，译林出版社，2014年。

[162] 亨廷顿：《变革社会中的政治秩序》，李盛平、杨玉生等译，华夏出版社，1988年。

[163] 亨廷顿等：《现代化理论与历史经验再探讨》，上海译文出版社，1993年。

[164] 亨廷顿：《文明的冲突与世界秩序的重建》，周琪等译，新华出版社，1998年。

[165] 埃莉诺·奥斯特罗姆：《公共事物的治理之道》，余达逊、陈旭东译，上海三联书店，2000年。

[166] 奥肯：《平等与效率》，王奔洲译，华夏出版社，1987年。

[167] 勒鲁：《论平等》，王允道译，肖厚德校，商务印书馆，1988年。

[168] 达尔：《论政治平等》，谢岳译，世纪出版集团上海人民出版社，2010年。

[169] 利普哈特：《民主的模式——36个国家的政府形式和政府绩效》，陈

崎译，北京大学出版社，2006年。

［170］库利：《人类本性与社会秩序》，包一凡、王源译，华夏出版社，
　　　　1999年。

［171］帕森斯：《社会行动的结构》，张明德等译，译林出版社，2003年。

［172］吉登斯：《社会的构成：结构化理论大纲》，李康、李猛译，王铭铭
　　　　校，三联书店，1998年。

［173］李普塞特：《一致与冲突》，张华青等译，上海人民出版社，1995年。

［174］艾森斯塔德：《现代化：抗拒与变迁》，张旅平等译，中国人民大学
　　　　出版社，1988年。

［175］C.泰勒：《自我的根源：现代认同的形成》，韩震等译，译林出版社，
　　　　2001年。

［176］芬纳：《统治史》（卷一），王震、马百亮译，华东师范大学出版社，
　　　　2014年。

［177］芬纳：《统治史》（卷二），王震译，华东师范大学出版社，2014年。

［178］芬纳：《统治史》（卷三），马百亮译，华东师范大学出版社，2014年。

［179］哈蒙德：《希腊史》，朱龙华译，商务印书馆，2016年。

［180］蒙森：《罗马史》（第1卷），李稼年译、李澍泖校，商务印书馆，
　　　　1994年。

［181］蒙森：《罗马史》（第2卷），李稼年译、李澍泖校，商务印书馆，
　　　　2004年。

［182］蒙森：《罗马史》（第3卷），李稼年译，商务印书馆，2005年。

［183］蒙森：《罗马史》（第4～5卷），李稼年译，商务印书馆，2014年。

［184］塞姆：《罗马革命》，吕厚量译，商务印书馆，2016年。

［185］勒高夫：《试谈另一个中世纪》，周莽译，商务印书馆，2014年。

［186］马克·布洛赫：《封建社会》（上、下），张绪山译，郭守田等校，商
　　　　务印书馆，2004年。

［187］甘米奇：《宪章运动史》，苏公隽译，张自谋校，商务印书馆，
　　　　1979年。

［188］索雷：《拷问法国大革命》，王晨译，商务印书馆，2015年。

［189］托洛斯基：《俄国革命史》（第1～3卷），丁笃本译，商务印书馆，2014年。

［190］汤因比：《历史研究》（下），曹未风等译，上海人民出版社，1966年。

［191］萨拜因：《政治学说史》（第四版）上下卷，邓正来译，世纪出版集团上海人民出版社，2010年。

［192］施特劳斯、克罗波西主编：《政治哲学史》（第三版），李洪润等译，法律出版社，2009年。

［193］鲍尔、贝拉米主编：《剑桥二十一世纪政治思想史》，任军锋、徐卫翔译，商务印书馆，2016年。

［194］莫恩：《最后的乌托邦》，汪少卿、陶力行译，商务印书馆，2016年。

［195］布勒德：《英国宪政史谭》，陈世弟译，中国政法大学出版社，2003年。

［196］彼特沃克：《弯曲的脊梁》，张洪译，上海三联书店，2012年。

［197］迈耶：《他们以为他们是自由的——1933－1945年间的德国人》，王崇兴、张蓉译，商务印书馆，2013年。

［198］《在改革浪潮中重评斯大林》，林利、姜长斌译，求实出版社，1989年。

［199］斯科特：《国家的视角——那些试图改善人类状况的项目是如何失败的》王晓毅译，胡博校，社会科学文献出版社，2004年。

［200］查士丁尼：《法学总论》，张企泰译，商务印书馆，1989年。

［201］《拿破仑法典》，李浩培等译，商务印书馆，1979年。

［202］伯尔曼：《法律与革命》，贺卫方等译，中国大百科全书出版社，1993年。

［203］博登海默：《法理学：法律哲学与法律方法》，邓正来译，中国政法大学出版社，2004年。

［204］卡多佐：《司法过程的性质》，苏力译，商务印书馆，2000年。

［205］哈特：《法律的概念》，张文显等译，中国大百科全书出版社，1996年。

［206］庞德：《法律与道德》，陈林林译，中国政法大学出版社，2003年。

［207］波斯纳：《法理学问题》，苏力译，中国政法大学出版社，2002年。

［208］富勒：《法律的道德性》，郑戈译，商务印书馆，2005年。

［209］凯利：《西方法律思想简史》，王笑红译，汪庆华校，法律出版社，2002年。

［210］凯尔森：《法与国家的一般理论》，沈宗灵译，中国大百科全书出版社，1996年。

［211］穆勒：《恐怖的法官——纳粹时期的司法》，王勇译，中国政法大学出版社，2000年。

［212］康德：《纯粹理性批判》，蓝公武译，商务印书馆，1960年。

［213］康德：《实践理性批判》，韩水法译，商务印书馆，1999年。

［214］康德：《判断力批判》（注释本），李秋零译注，中国人民大学出版社，2011年。

［215］休谟：《道德原则研究》，曾晓平译，商务印书馆，2001年。

［216］石里克：《伦理学问题》，张国珍、赵又春译，李步楼校，商务印书馆，1997年。

［217］摩尔：《伦理学原理》，长河译，世纪出版集团上海人民出版社，2003年。

［218］弗格森：《道德哲学原野》，孙飞宇、田耕译，上海世纪出版集团、上海人民出版社，2003年。

［219］边沁：《道德与立法原理导论》，时殷弘译，商务印书馆，2000年。

［220］韦伯：《新教伦理与资本主义精神》，于晓、陈维刚等译，三联书店，1987年。

［221］韦伯：《儒教与道教》，洪天富译，江苏人民出版社，1995年。

［222］罗素：《伦理学和政治学中的人类社会》，肖巍译，河北教育出版社，2003年。

［223］古谢伊诺夫、伊尔利特茨：《西方伦理学简史》，刘献洲等译，中国人民大学出版社，1992年。

［224］白舍克：《基督宗教伦理学》第一卷，静也等译，雷立柏校，上海三联书店，2002年。

［225］西季威克：《伦理学方法》，廖申白译，中国社会科学出版社，1993年。

［226］包尔生：《伦理学体系》，何怀宏、廖申白译，中国社会科学出版社，1988年。

［227］亚当·斯密：《道德情操论》，蒋自强等译，胡企林校，商务印书馆，1997年。

［228］皮亚杰：《儿童的道德判断》，傅统先、陆有铨译，山东教育出版社，1984年。

［229］里德雷：《美德的起源——人类本能与协作的进化》，刘珩译，中央编译出版社，2004年。

［230］尼布尔：《道德的人与不道德的社会》，蒋庆等译，陈维政校，贵州人民出版社，1998年。

［231］乌克提茨：《恶为什么这么吸引我们》，万怡、王莺译，社会科学文献出版社，2001年。

［232］里克尔：《恶的象征》，公车译，世纪出版集团上海人民出版社，2003年。

［233］鲍曼：《后现代伦理学》，张成岗译，江苏人民出版社，2003年。

［234］雷切尔斯：《道德的理由》（第五版），杨宗元译，中国人民大学出版社，2009年。

［235］宾克莱：《理想的冲突》，马元德等译，商务印书馆，1983年。

［236］道金斯：《自私的基因》，卢中云、张岱云译，沈善炯校，科学出版社，1981年。

［237］史密斯：《有道德的利己》，王旋、毛鑫译，华夏出版社，2010年。

［238］兰德：《自私的德性》，焦晓菊译，华夏出版社，2007年。

［239］德沃金：《至上的美德》，冯克利译，江苏人民出版社，2008年。

［240］麦金太尔：《追寻美德：道德理论研究》，宋继杰译，译林出版社，2003年。

［241］施佩曼：《道德的基本概念》，沈国琴等译，上海译文出版社，2007年。

［242］弗兰克尔：《道德的基础》，王雪梅译，石绍华、沈德灿译审，国际文化出版公司，2007年。

［243］麦凯：《伦理学——发明对与错》，丁三东译，上海译文出版社，2007年。

［244］科尔伯格：《道德发展心理学——道德阶段的本质与确证》，郭本禹等译，李伯黍等审校，华东师范大学出版社，2004年。

［245］阿马蒂亚·森：《伦理学与经济学》，王宇、王文玉译，商务印书馆，2000年。

［246］伏尔泰：《风俗论》（上册），梁守锵译，商务印书馆，1994年。

［247］伏尔泰：《风俗论》（中册），梁守锵等译，郑福熙等校，商务印书馆，1997年。

［248］伏尔泰：《风俗论》（下册），谢戊申等译，郑福熙等校，商务印书馆，1997年。

［249］希尔斯：《论传统》，傅铿、吕乐译，上海人民出版社，1991年。

［250］本尼迪克特：《文化模式》，王炜等译，三联书店，1988年。

［251］贝尔：《资本主义文化矛盾》，赵一凡等译，三联书店，1989年。

［252］詹明信：《晚期资本主义的文化逻辑》，三联书店，1997年。

［253］埃利亚斯：《文明的进程》（Ⅰ），王佩莉译，三联书店，1998年。

［254］埃利亚斯：《文明的进程》（Ⅱ），袁志英译，三联书店，1999年。

［255］布洛克：《西方人文主义传统》，董乐山译，三联书店，1997年。

［256］布克哈特：《意大利文艺复兴时期的文化》，何新译，商务印书馆，1979年。

［257］陈小川等：《文艺复兴史纲》，中国人民大学出版社，1986年。

［258］亨廷顿、哈里森主编：《文化的重要作用——价值观如何影响人类进步》，程克雄译，新华出版社，2002年。

［259］普洛格、贝茨：《文化演进与人类行为》，吴爱明、邓勇译，黄坤坊审校，辽宁人民出版社，1988年。

［260］艾哈迈德·爱敏：《阿拉伯－伊斯兰文化史》第一册，纳忠译，商务印书馆，1982年。

［261］艾哈迈德·爱敏：《阿拉伯－伊斯兰文化史》第二册，朱凯、史希同译，纳忠审校，商务印书馆，1990年。

［262］艾哈迈德·爱敏：《阿拉伯－伊斯兰文化史》第三册，向培科等译，纳忠审校，商务印书馆，1991年。

［263］艾哈迈德·爱敏：《阿拉伯－伊斯兰文化史》第四册，朱凯译，纳忠审校，商务印书馆，1997年。

［264］艾哈迈德·爱敏：《阿拉伯－伊斯兰文化史》第五册，史希同译，纳忠审校，商务印书馆，2001年。

［265］艾哈迈德·爱敏：《阿拉伯－伊斯兰文化史》第六册，赵军利译，纳忠校，商务印书馆，1999年。

［266］亚当·斯密：《国民财富的性质和原因的研究》（上卷），郭大力、王亚南译，商务印书馆，1972年。

［267］亚当·斯密：《国民财富的性质和原因的研究》（下卷），郭大力、王亚南译，商务印书馆，1974年。

［268］马歇尔：《经济学原理》（上卷），朱志泰译，商务印书馆，1964年。

［269］斯蒂格利茨：《经济学》，姚开建等译，高鸿业等校，中国人民大学出版社，1997年。

［270］苏联科学院经济研究所编：《政治经济学教科书》（下册），人民出版社，1959年。

［271］诺思：《制度、制度变迁与经济绩效》，上海三联书店，1994年。

［272］诺思、托马斯：《西方世界的兴起》，厉以平、蔡磊译，华夏出版社，1999年。

［273］诺思：《经济史中的结构与变迁》，陈郁等译，上海三联书店、上海人民出版社，1994年。

［274］威廉姆森、温特主编：《企业的性质——起源、演变和发展》，姚海鑫、邢源源译，商务印书馆，2007年。

［275］威廉姆森：《资本主义经济制度》，段毅才、王伟译，商务印书馆，2004年。

［276］鲍尔斯、金蒂斯：《民主与资本主义》，韩水法译，商务印书馆，2013年。

［277］奥尔森：《集体行动的逻辑》，陈郁等译，上海三联书店、上海人民出版社，1995年。

［278］拉丰、马赫蒂摩：《激励理论（第一卷）——委托—代理模型》，陈志俊等译，陈志俊校，中国人民大学出版社，2002年。

［279］布罗姆利：《经济利益与经济制度》，陈郁等译，上海三联书店、上海人民出版社，1996年。

［280］贝克尔：《人类行为的经济分析》，王业宇、陈琪译，上海三联书店、上海人民出版社，1995年。

［281］熊彼特：《经济分析史》第一卷，朱泱等译，商务印书馆，1991年。

［282］J.N.凯恩斯：《政治经济学的范围与方法》，党国英、刘惠译，华夏出版社，2001年。

［283］青木昌彦：《沿着均衡点演进的制度变迁》，梅纳尔编：《制度、契约与组织》，刘刚等译，杨瑞龙校，经济科学出版社，2003年。

［284］雷恩：《管理思想史》（第五版），孙健敏等译，中国人民大学出版社，2009年。

［285］皮凯蒂：《21世纪资本论》，巴曙松等译，中信出版社，2014年。

［286］图洛克：《特权和寻租的经济学》，王永钦、丁菊红译，上海人民出版社，2008年。

［287］程树德：《论语之研究》，《学林》1941年第9期。

［288］章海山：《一种新的经济张力——伦理道德与经济相融合》，《思想战线》2006年第6期。

［289］邓科：《中央新领导集体更加关注"三农"》，《南方周末》2003年2月13日A4版。

［290］万俊人：《制度伦理与当代伦理学范式转移》，《浙江学刊》2002年第

4期。

[291] 王文贵:《"经济人"、制度和制度伦理探微》,《武汉大学学报》(人文科学版)2003年第2期。

[292] 晏辉:《制度伦理及其实现方式》,《齐鲁学刊》2003年第4期。

[293] 王淑芹:《"以德治国"与制度伦理》,《教学与研究》2002年第8期。

[294] 王淑芹:《道德法律化正当性的法哲学分析》,《哲学动态》2007年第9期。

[295] 鲁鹏:《制度的伦理效应》,《哲学研究》1998年第9期。

[296] 郑也夫:《利他行为的根源》,《首都师范大学学报》2009年第4期。

[297]《新帕尔格雷夫经济学大辞典》(1~4卷),经济科学出版社,1996年。

[298]《布莱克维尔政治学百科全书》,中国政法大学出版社,1992年。

[299]《中国大百科全书》(哲学卷Ⅰ),中国大百科全书出版社,1987年。

[300]《中国大百科全书》(法学),中国大百科全书出版社,1984年。